施設園芸・植物工場ハンドブック

一般社団法人
日本施設園芸協会
企画・編集

刊行にあたって

　わが国のガラス室・ハウス等の設置面積は、高度経済成長に呼応する形で急速に増加し、平成11（1999）年にはピークの5万3000haに達したが、その後漸減し、現在は4万9000ha程度になっている。この減少の原因は、生産者の高齢化をはじめ、様々なものが複合した結果であろうが、家族による零細な経営では十分な利益を得るのが困難になってきたことが大きいのではないかと思われる。

　当協会は、施設園芸の将来像をしっかり見据え、生産効率の圧倒的な向上と施設・設備費などのコストの削減を実現させた大型栽培施設による企業的経営の確立が、この産業に喫緊の課題であろうと位置づけ、様々な活動を展開してきている。具体的には、平成18（2006）年から、野菜茶業研究所と協力して、「スーパーホルトプロジェクト」を立ち上げ、産官学オールジャパンの形で課題の整理と提言をまとめ、平成22（2010）年の農林水産省・経済産業省によるいわゆる「植物工場プロジェクト拠点事業」発足を引き出した。当協会は、各拠点での事業推進を担当し、それぞれの拠点での成果達成を支援した。その成果を踏まえた形で、平成26（2014）年からは「次世代施設園芸導入加速化支援事業」として、全国9ヵ所に大型実証施設が建設されている。当協会が掲げた目標に向かって、施設園芸が着実に歩みを進めていると言えよう。

　日本施設園芸協会は、平成24（2012）年に創立40周年を迎え、約12年改訂されて来なかった「施設園芸ハンドブック」の内容を刷新し、名称も「施設園芸・植物工場ハンドブック」として刊行することを決定した。今回の刊行に際しては、巻末に掲載させていただいた方々に、編集委員ならびに編集幹事をお引き受け願い、本書の構成を検討していただき、多くの方たちに執筆いただいた。ご多忙にもかかわらず、本書の刊行にご協力いただいたことを感謝申し上げるとともに、本書が施設園芸・植物工場に携わる多くの方々に広くご活用いただけるなら、真に幸いである。

平成27（2015）年5月
一般社団法人　日本施設園芸協会
会長　篠原　温

発行によせて

平成 27（2015）年 5 月
農林水産省生産局　穀物課長（前花き産業・施設園芸振興室長）
川合　豊彦

　園芸作物は、新規就農者の 7 割以上が、取り組みたいと選ぶ魅力ある分野であり、中でも施設園芸は、労働集約型な農業として、雇用確保の面でも大きな期待が寄せられている。
　期待される施設園芸であるが、課題もある。冬に加温が必要な品目も多く、経営コスト削減や地球温暖化対策の面から化石燃料依存からの脱却が必要である。また、高品質な作物生産を実現している農家の方々が培ってきた「匠の技」を、新たに農業を始める若い世代がスムーズに習得し、順調に経営を続けられるような仕組み作りが必要である。
　農林水産省では、攻めの農林水産業の大きな柱として、施設園芸の構造改革とも言える次世代施設園芸の拠点整備に取り組んでいる。
　具体的には、
(1) オランダのような園芸先進国に学ぶべきところは学びながら、日本の資源や技術を駆使し、これまでにない規模で施設を集積する。
(2) 国内に豊富に存在する木質バイオマス等の地域エネルギーの活用により、化石燃料依存から脱却する。
(3) 周年安定生産のために、コンピュータで環境を制御する生産・流通体制を構築する。
　これらにより、コスト削減や地域雇用を創出する新しい施設園芸を目指している。
　「施設園芸ハンドブック」は昭和 56 年の刊行以来、関連技術をまとめた参考書として、長年にわたり、施設園芸に携わる研究機関や行政機関、業界関係者の間で活用されてきた。今回の発行で、施設園芸における ICT、地域エネルギーの活用、植物工場等について新たな技術が紹介されている。
　次世代施設園芸拠点とともに、本書が、将来の施設園芸の礎となることを期待する。

発行によせて

平成 27（2015）年 3 月
（独）農業・食品産業技術総合研究機構　野菜茶業研究所
所長　小島昭夫

　わが国の農業を取り巻く情勢が厳しさを増していることから、農業構造の改革が急がれており、農業生産法人や集落営農組織を中心とする生産の大規模化・効率化や経営の複合化・6次産業化による収益性向上の取り組みが奨励され、着実に増加している。さらに、新たな担い手として他業種から農業に参入する企業も増加している。その参入形態も、農業生産法人の設立や同法人への出資のほか、平成 15 年に始まった農地リース方式による直接的な事業展開があり、特に平成 21 年 12 月の改正農地法により参入条件が大きく緩和されて以降は、大企業の参入が活発になってきている。また、社会福祉法人や NPO 法人による農福連携の取り組み等、新規参入者の多様化も進んでいる。
　これらの新たに農業へ参入した法人が生産する営農作物は野菜が最も多く、果樹、花きも含めた園芸作物を主な営農作物とする法人は新規参入の半数以上を占める。中でも、周年安定生産や面積当たりの所得等の面で有利な施設園芸への期待は大きい。また、農地以外に立地することも可能な植物工場については、資本力のある大企業の参入がいち早く進んだ。
　平成 15 年はちょうど「施設園芸ハンドブック」五訂版が刊行された年であり、それから 12 年が経過したが、この度は書名も新たに「施設園芸・植物工場ハンドブック」となり、植物工場についての記載が格段に増加した。基本的な解説や事例紹介が「第Ⅶ部　植物工場」として充実するとともに、他の部・章においても、この先進的な技術体系の構築に必要な個別技術や知見がたくさん取り上げられ、解説されている。正に時宜を得た刊行である。
　もちろん、植物工場のような大規模園芸施設に限らず、中小規模の園芸施設に適用できる技術や装置の開発・改良も、この 12 年間で大きく進展した。わが国の緻密な施設園芸技術に裏打ちされた、高品質かつ多種多様で地域性も豊かな野菜や果物、花きには、消費者への強いメッセージ発信力があり、6次産業化の重要な素材となる魅力がある。また、稲、麦、大豆等の土地利用型作物を基幹とする大規模経営や集落営農においても、農地の集積や機械化により労働生産性の向上を図る一方で、労働集約的な園芸作物を経営の一部に導入することは、女性や高齢者等の就業機会と所得確保を通して、また、6次産業化の可能性拡大にも波及して、地域全体の農業振興や収益確保につながることが期待される。
　本書が、施設園芸農業従事者、普及指導員、営農指導員、施設園芸技術指導士ほか施設園芸関係者の手許に置かれる実務書として、また、大学の農学部・農業大学校・農業高校等の教材として、広く活用され、施設園芸のさらなる発展を通して地域の活性化に寄与することを、心より願うものである。

目　次

刊行にあたって .... 篠　原　　　温
発行によせて .... 川合豊彦／小島昭夫

第Ⅰ部　施設園芸・植物工場の展望

第1章　施設園芸・植物工場の現状と展望 .... 篠　原　　　温 2
第2章　次世代施設園芸の全国展開 .... 川　合　豊　彦 6
第3章　施設園芸・植物工場の展開方向 .... 高　市　益　行 9
第4章　施設園芸経営の展望と経営管理 .... 迫　田　登　稔 12

第Ⅱ部　園芸施設の種類・設計・施工

第1章　施設の種類と形式 .... 奥　島　里　美 24
第2章　施設の設計・施工と保守管理 .... 構造診断指導委員会／森山英樹 36
　　　（1）施設の構造計画・構造設計
　　　（2）施設の施工・保守管理

第Ⅲ部　被覆資材

第1章　被覆資材の機能と特性 .... 川　嶋　浩　樹 56
第2章　外張り資材 .... 川　嶋　浩　樹 65
第3章　内張り資材 .... 川　嶋　浩　樹 68
第4章　マルチ・べたがけ資材と利用 .... 町　田　剛　史 72
第5章　防虫資材 .... 森　山　友　幸 78
第6章　プラスチックのリサイクル .... 竹　谷　裕　之 82
第7章　生分解性プラスチック .... 坂　井　久　純 90

第Ⅳ部　施設内環境の制御技術

第1章　施設内環境の特性と制御 .... 林　　真紀夫 96
第2章　光環境制御 .... 後　藤　英　司 99
第3章　温度制御 .... 林　真紀夫／石井雅久 111
　　　（1）保温　（2）暖房　（3）冷房　（4）ヒートポンプ

第4章	湿度制御 .... 渋谷俊夫／嶋津光鑑 163
第5章	二酸化炭素制御 .... 岩 崎 泰 永 179
第6章	換気・気流制御 ....佐瀬勘紀／石井雅久 191

　　（1）自然換気　（2）強制換気　（3）循環扇

第7章	土壌・培地水分制御 .... 中 野 明 正 209
第8章	環境計測と統合環境制御 .... 狩 野 　 敦 218
第9章	エネルギー利用 ....山口智治／谷野　章 227

　　（1）地下熱源　（2）バイオマス　（3）太陽光発電

第V部　栽培管理機器・装置

第1章	省力化・快適化技術の展開 .... 手 島 　 司 238
第2章	灌水機器・装置 .... 東 出 忠 桐 244
第3章	防除・収穫・運搬機器・装置 .... 手 島 　 司 257

第VI部　養液栽培

第1章	養液栽培の展開 .... 寺 林 　 敏 266
第2章	培養液の種類と管理 .... 塚 越 　 覚 282
第3章	培地の種類とその特徴 .... 伊 達 修 一 287
第4章	養液土耕栽培 .... 安 東 　 赫 292

第VII部　植物工場

| 第1章 | 太陽光型植物工場 .... 丸 尾 　 達 ......306 |
| 第2章 | 太陽光型植物工場の事例 ....吉田征司／加島洋亨／嶋本久二 ......314 |

　　（1）トマト　（2）レタス

第3章	太陽光型植物工場における生体情報計測と環境制御 .... 高 山 弘太郎 323
第4章	人工光型植物工場 .... 後 藤 英 司 328
第5章	人工光型植物工場の事例（レタス） .... 大 山 克 己 335
第6章	植物工場における生産条件の計測と計測データの「見える化」大 山 克 己 340

第VIII部　施設園芸とICT（情報通信技術）利用

第1章	ICT利用による施設園芸・植物工場の展開 .... 星 　 岳 彦 346
第2章	自律分散制御システム .... 安 場 健一郎 350
第3章	クラウドコンピューティング .... 渡 邊 勝 吉 356
第4章	生体情報計測 .... 岩 崎 泰 永 360

第Ⅸ部　園芸作物の栽培

- 第1章　種子の処理技術 .... 丸尾　達 370
- 第2章　苗生産技術 .... 板木利隆／清水耕一／中　正光／布施順也 376
  - （1）苗生産技術の変遷　（2）苗の形態と流通　（3）育苗施設と機器資材
  - （4）人工光源の育苗施設
- 第3章　作型と栽培管理 .... 大和陽一／渡辺慎一／久松　完／杉浦俊彦 397
  - （1）野菜　（2）花き　（3）果樹
- 第4章　病害虫・生育（連作）障害 .... 武田光能／津田新哉／鈴木克己 437
  - （1）施設園芸におけるIPM
  - （2）臭化メチル剤から完全に脱却した産地適合型栽培マニュアル
  - （3）野菜の生育障害対策
- 第5章　野菜の品質・機能と成分変動要因 .... 中野明正／安藤　聡／上田浩史 462

第Ⅹ部　園芸農産物の集出荷・流通・販売

- 第1章　集出荷施設 .... 和田聡一 476
- 第2章　選果・選別技術 .... 手島　司 480
- 第3章　品質保持技術 .... 永田雅靖 488
- 第4章　販売方式 .... 河野恵伸 498

資料編

- ①園芸用施設面積等の推移 508
- ②次世代施設園芸の全国展開（資料） 514
- ③低コスト耐候性ハウス 516
- ④大雪被害における施設園芸の対策指針 526
- ⑤施設の標準化 532
- ⑥諸外国の施設園芸事情 .... 斉藤　章／田川不二夫／李　基明／趙　淑梅／久保田智恵利 539

- 一般社団法人　日本施設園芸協会会員名簿（平成27年4月現在） 554
- 索引 560
- 執筆者一覧 568

第Ⅰ部

施設園芸・植物工場の展望

第1章　施設園芸・植物工場の現状と展望

1．施設園芸・植物工場の現状

新たな成長産業として農業が掲げられ、「強い農業」、「攻めの農業」が叫ばれている。施設園芸・植物工場はその旗艦産業とならなければならないという認識のもと、大型の生産施設や人工光型植物工場が各地で稼働を始めている。本章では、施設園芸・植物工場の現状に至る経過と将来の展望を概説する。

1) 植物工場とは

まず、「植物工場」という日本独特の概念について解説する。植物工場自体は、30年以上も前から実用化が図られてきたものであるが、それらは人工光を利用した閉鎖環境で生産する施設のみを指していた。現在でもマスコミを始め、このような概念が一般的であろうし、日本以外の国ではこれが常識である。しかし、わが国では2009年から「植物工場」は、より広範な意味で用いられるようになっている。農林水産省と経済産業省は、約2年間の検討の末「植物工場」の新しい定義を含む推進案を提案した。この定義を簡略に述べると、

植物工場とは、「高度に制御された環境で周年的に栽培・収穫ができる生産施設」であり、以下の2つの植物工場に大別される。
1．人工光（利用）型植物工場（100％人工光源、例えば蛍光灯、LEDなどを光源とする）
2．太陽光（利用）型植物工場（いわゆる高度に栽培環境が制御可能な温室で、光源として太陽光を利用するもの。補光の利用も含む）

すなわち「施設園芸」とか「温室栽培」と従来呼ばれてきた施設でも、高度に環境を制御でき、周年栽培が可能な施設であれば「植物工場」と呼ばれることになったのである。

この定義で挙げてある「高度に制御された環境」とは、光、温度、湿度（飽差）、CO_2、気流速、および養液栽培システムを含む地下部環境などが精密に制御された環境のことであり、それらを統合的に制御するシステムも含まれる（図—1）。統合環境制御システムでは、植物の物質生産活動である光合成、蒸散、転流などを最大にする環境制御がエネルギーコストは最小限に抑えた形で実現されなければならない。オランダのGreenhouseのほとんどは、この「植物工場」の定義にあてはまるものであるが、わが国でこの範疇にある施設は約50haに過ぎず、それに次ぐ複合環境制御のある施設としても約1,000ha以下に留まっている。

2) 施設園芸・植物工場の発展経過と現状

徳川家康は、隠居した駿河の久能で、季節

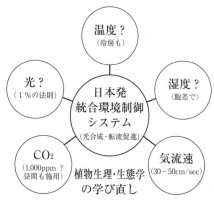

図—1　植物生理・生態にもとづく、制御すべき環境要因

外れにナスを所望した。堆肥を作ると発酵熱が出ることは知られていたので、篤農家が、わら囲いのフレームに油紙の障子をかぶせ、中で発酵熱を利用してナスを作り、献上したところ大変喜ばれた。このナスは、三保ナスとか、折戸ナスと呼ばれ、三保は促成栽培の産地となった。約400年前のことであるが、これがわが国の野菜の促成栽培、すなわち施設園芸の発祥と考えて良いだろう。

図－2は施設園芸・植物工場の発展を示したものである。曲線は温室設置面積の増加パターンを表しており、平成11（1999）年が5万3,500haでピークとなり、その後減少に転じ、平成21（2009）年には約4万9,000haとなっている。その後も漸減していると思われるが、統計値は発表されていない。

その他の施設園芸関連の技術の変遷については、開発された年とともに書かれている。この図を見る限り、各種技術開発は順調に発展してきたように見える。しかし、例えばオランダでのトマトの10a当たり収量は、1975年には日本とほぼ同じで、20t以下であったが、その後急激に増加し、2010年には平均60tに達しているのに対し、わが国は依然として20tに達しておらず、大きく水を開けられてしまっている。これは、オランダが産官学の連携による植物生理に基づいた開発研究によって、統合環境制御技術の開発が進められたのに対し、わが国では個々の技術は優れていたが、これらの技術の統合などに大きな遅れが生じたためと思われる。

昭和21（1946）年、進駐軍が調布に22ha、大津に10ha建設したハイドロポニック・ファームは、養液栽培の実用栽培としては世界一の規模であった。国産技術としては、昭和30（1955）年に礫耕栽培システムが開発され、その後栽培面積は年々増加して平成21（2009）年には約1,900haとなっているが、施設面積から見ればわずか4％程度に留まっている。しかし、養液栽培はスケールメリットが大きいので、今後大型の栽培施設が増えるにつれて、養液栽培の設置面積は増加する可能性は大いにある。

育苗技術の発展は目覚ましく、ここ20年ぐらいで育苗が新たな栽培産業として確立されている。いくつか大規模な育苗企業も誕生しており、後述の苗テラスも多数導入されている。生産者にとって、苗は購入するものであるという概念はすっかり常識化している。

人工光型植物工場は、研究の歴史は古いが、昭和60（1985）年の科学万博で注目され、90年代に普及が進められた。しかし、ほとんどが高圧ナトリウムランプを利用した平面的な栽培であったため、冷房負荷は大きく、面積の有効利用という面でもメリットが少なく、収益性も低かったため、補助事業終了とともに普及は停止していた。平成15（2003）年に、閉鎖型苗生産システム（苗テラス）が市販された。このシステムには、技術革新の著しい民生用の蛍光灯やエアコンが用いられ、近接照明を利用した栽培棚の多段化が図られた。これを契機に、レタスなどの葉菜類を栽培・出荷するシステムとしての開発が進められており、再びブームと呼べる状況を作り出している。その後、LEDも光源として加わり、気候不順地域や大都市での、生鮮かつ衛生的な野菜の生産方法として、世界的にも注目を集めている。

2．施設園芸・植物工場の展望

1）新しい動向と将来への可能性

オランダでは、80年代にロックウール栽培の開始とともに産官学の圧倒的な連携のもとで、基礎研究から現場で応用できる技術までの開発研究がなされてきた。我々がその姿をつぶさに視察する機会は多くあったものの、前述のように、肝心のオランダの技術総合力を学ぶことは、一部の企業を除いて欠け

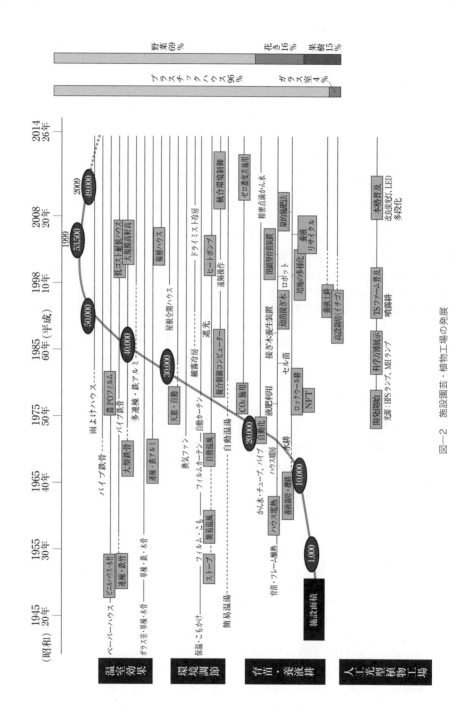

図-2 施設園芸・植物工場の発展

ていた。オランダは、1戸当たりの平均施設面積が80年代でも1 haあり、その後急速に大規模化していったのに対し、日本は0.25 haと小規模であり、資本の投下ができなかったという事情も影響したものと思われる。

　日本施設園芸協会は、この状況を打開すべく、平成18（2006）年に、野菜茶業研究所と協力して、SHP（スーパーホルトプロジェクト）協議会を立ち上げ、産官学オールジャパンの形で、0.5～1 haの経営を前提とした課題の整理と提言をまとめた。この活動が認められた形で、平成22（2010）年には、農林水産省・経済産業省によるいわゆる「植物工場プロジェクト拠点事業」が発足した。当協会は、各拠点での事業推進に関し、それぞれの拠点での成果達成を支援した。その成果を踏まえた形で、平成26（2014）年からは「次世代施設園芸導入加速化支援事業」として、全国9ヵ所に大型実証施設が建設されている。これらの事業の成果は、わが国の施設園芸の将来を左右するものになろう。

　「ICT」、「クラウド」、「ビッグデータ」、「データマイニング」、「見える化」などの言葉が頻繁に聞かれるようになり、質の高い情報が、安く扱いやすい形で入手できるようになってきた。また各種環境測定センサの価格も非常に安価に入手できるようになった。このような好条件下で、統合環境制御システムの開発が進んできている。大手の電気関係企業も参入し、それぞれの特徴を生かしたシステムがお目見えする日も遠くないものと期待している。これまでは、オランダの後塵を拝してきたが、後発の有利さを大いに発揮して、わが国のみならず、気候の類似した東アジア諸国への輸出も視野に入れて、応用の効くものにしたいものである。

　この間の新しい技術としては、「ヒートポンプによるハウスの暖冷房」、「ドライミストによる夏期冷房システム」、「ゼロ濃度差CO_2施用法」、「飽差による湿度制御法」などが挙げられる（後章参照）。これらの新技術を駆使した統合環境制御システムが完成し、この環境に順応した品種開発が進めば、太陽放射エネルギーではオランダを約30%も上回るわが国においても、オランダに優るとも劣らない効率的な施設栽培の実現も可能となろう。

　人工光型植物工場については、LEDの民生利用の普及とエネルギー変換効率の向上が待たれる。農業の場面では、大量生産による低価格化の進んだ民生品の利用が望ましく、LEDも例外ではない。民生用LEDはほとんどが昼光色だと思われるので、昼光色を主にし、その他の色を補助的に使うのが中心となろう。特定の機能性成分を増やしたり、薬用植物の生産なども推進されるであろう。

2）解決すべき課題

　施設園芸・植物工場に関して多額の国費が投入されていることは上記のとおりである。しかし、現実問題として、新たに導入された大型の施設に関しては、これらを運営するノウハウの蓄積が我が国には乏しいこと、この分野で活躍できる人材が少ないこと、その他多くの解決しなければならない問題が山積しており、一足飛びに最新の植物工場に移行することは困難な状況である。農地の流動化、建設基準の規制緩和などを通じて、施設園芸や植物工場を近代化・大型化する必要性は喫緊の課題であるので、ここ数年の動きによって日本の施設園芸の今後の発展が決まると言っても過言ではあるまい。補助金が活用される場合、往々にしてオーバースペックとも思える施設・装置の導入など、この分野の健全な発展には必ずしもならないケースなども見られる。これらのことに注意をはらいながら、今後ともに国際競争力の強化を見据えた「強い農業」、「攻めの農業」の実現に繋げたいものである。

（篠原　温＝日本施設園芸協会）

第2章　次世代施設園芸の全国展開

1．次世代施設園芸の背景

　農林水産業・地域が将来にわたって国の活力の源となり、持続的に発展するための方策を幅広く検討を進めるために、平成25年5月21日、内閣に総理を本部長、内閣官房長官、農林水産大臣を副本部長とし、関係閣僚が参加する農林水産業・地域の活力創造本部が設置された。

　同本部は、平成25年12月10日に、わが国の農林水産業・地域の活力創造に向けた政策改革のグランドデザインとして「農林水産業・地域の活力創造プラン」をとりまとめ、その中で、展開する施策として、「次世代施設園芸等の生産・流通システムの高度化の推進」を位置づけ、具体的には、「大規模に集約された施設園芸クラスターの形成を目指し、エネルギー供給から生産、調製・出荷までを一気通貫して行う次世代施設園芸拠点を整備」することとされた。

　これを踏まえ農林水産省は、平成25年度補正予算において、次世代施設園芸導入加速化支援事業を新たに創設し、平成26年度当初予算と合わせて50億円を措置した。

2．次世代施設園芸導入加速化支援事業の概要

1）事業の趣旨

　わが国の施設園芸を次世代に向かって発展させるために、施設園芸の大規模な集約によるコスト削減や、ICTを活用した高度な環境制御技術による周年・計画生産を行い、所得の向上と地域雇用の創出を図ることが重要である。また、近年の燃油価格高騰を踏まえ、化石燃料依存からの脱却を目指し、木質バイオマスなどの地域資源エネルギーを活用していくことが必要である。それらの課題を解決するため、施設を大規模に集約し、全国のモデルとなる拠点を整備する（図—1）。

2）事業実施主体

　事業実施主体は、民間企業、生産者、地方自治体等からなるコンソーシアムとなる。

　必須となるコンソーシアムの構成員は、民間企業、生産者、地方

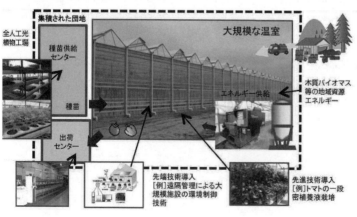

集積効果を最大化！

図—1　拠点のイメージ

自治体（都道府県）であるが、その他、研究機関や実需者等の参画を想定している。民間企業が参画することで、通信メーカーが開発する高度環境制御システムの導入や実需者による販路の確保・開拓等の連携を促進させる。また、都道府県は、地域に存在する木質バイオマスなどの地域資源エネルギーの安定的な確保等の調整の中核を担う。

3）事業内容

事業の内容は以下の3つであり、施設整備から大規模実証、差別化販売のための取組等を一体的に支援する。

(1) 次世代施設園芸推進に必要な環境整備

民間企業や生産者をはじめ、地方自治体や研究機関等が構成員となるコンソーシアムで運営方針等を協議し、異業種連携・直接流通等の差別化販売のためのマッチング等の取組を支援する。

(2) 次世代施設園芸拠点の整備

次世代施設園芸拠点の中核施設となる木質バイオマス等の地域の未利用資源を活用するエネルギー供給センター、人工光型植物工場を活用した種苗供給センター、高度な環境制御を行う温室、集出荷施設等の整備を支援する。

(3) 次世代施設園芸推進に必要な技術実証の推進

生産コスト縮減のための新技術実証や野菜の機能性等を向上させる生産技術実証、未利用資源・エネルギーの活用に係る実証等の取組を支援する。

3．実施地区の採択

平成25年度補正予算において、平成26

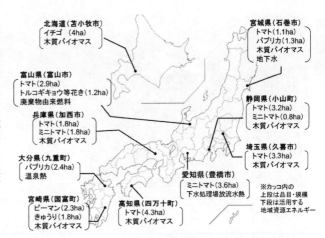

図－2　実施地区一覧（平成28年3月時点）

年2月に6地区（北海道、静岡県、富山県、兵庫県、高知県、宮崎県）を採択。続いて、平成26年度当初予算では、4月、既に採択した6地区に加え新たに3地区（宮城県、埼玉県、大分県）を採択した。各地域の概要については図－2のとおりだが、いずれも数ヘクタール規模で「地産地消エネルギーの利活用」「高度な環境制御技術による周年・計画生産の実施」「出荷センターを併設することによる、調製・出荷の効率化」「コスト削減と地域雇用の創出」を一気通貫で実現する計画となっており、平成26年秋から栽培が始まっている。

4．次世代施設園芸の今後のビジョン

1）地域の核となる拠点

全国に広がっている9地区は、例えば、北海道拠点は冷涼な気候を利用したイチゴの周年生産、富山県拠点では水田単作農業からの脱却等、地域の特徴を活かして課題を解決し、地域の発展を図るモデルとなっている。拠点が核となり成功モデルが周辺地域へ拡大していくことが何より重要と考えている。

写真—1　オランダのパプリカ農場を視察する安倍総理大臣

2）拠点整備から全国展開へ

　次世代施設園芸の成果が全国に波及していくには、特に「人材」「技術力」「資金」「販売」が重要と考えている。

　「人材」については、将来を担う農業者が核となる拠点で経営・研修を行い、地域へ波及する際の経営者となる人材を育成。また、Iターン、Uターン者等を積極的に呼び込むことにも活用する。

　「技術力」については、例えば、実施拠点の栽培品目として最も多く選ばれているトマトにおいて、長期多段栽培、低段密植栽培等、地域の実情に合わせてどの方式を選択し、どのように技術力を高め、継承していくかが重要になっている。

　「資金」では、拠点を拡大していくうえで、金融機関から融資を得るには、今回整備する拠点で経営を黒字化し信用を得なければならない。

　「販売」では、拠点周辺の既存の農業者と共存するために、拠点の販路を共有することが地域として重要になると考えている。

　採択された9地区の拠点は、整備を進めながら、上記の点を踏まえて全国にモデルとなる姿を示さなければならない。

5．おわりに

　平成26年3月、安倍総理は核セキュリティ・サミット出席のために、オランダを訪問し、ウエストランド市のパプリカ農場を視察した。また、日・オランダ首脳会談において、オランダのルッテ首相から「園芸分野での協力を進めていきたい」との発言があった。

　施設園芸の構造改革とも言える次世代施設園芸の拠点整備は、攻めの農林水産業の大きな柱としてスタートした。具体的には、オランダのような園芸先進国に学ぶべきところは学びながら、①日本の資源や技術を駆使し、これまでにない規模で施設を集積。②国内に豊富に存在する木質バイオマス等の地域エネルギーの活用により、化石燃料依存から脱却。③周年安定生産のために、コンピューターで環境を制御する生産・流通体制を構築。これにより、コスト削減や地域雇用を創出する新しい施設園芸の姿を実現する。

　農林水産省はこれまでの農業界の発想、取組の枠に捉われず、技術大国と言われる日本の産業界が持つ最先端技術やノウハウを農業の中で最大限活用しながら、産学官すべての英知を結集させて農業にイノベーションを起こすことを目標としている。次世代施設園芸の拠点整備は始まったばかりの取組だが、攻めの姿勢を持ってオールジャパンで取り組み、全国9地区で動き始めた拠点が、将来の日本の施設園芸の礎となるよう支援していきたい。

（川合豊彦＝農林水産省生産局穀物課長（前園芸作物課花き産業・施設園芸振興室長））

第3章　施設園芸・植物工場の展開方向
（持続的発展のための生産・流通システム）

1．はじめに

わが国の人口が減少し始め、生産の担い手の高齢化や農産物の国際化の流れが急速に進んでいる。施設園芸・植物工場生産では、販売戦略に応じて、生産性や収益性の高い生産体制の確立が重要である。

今後、国内外の消費地において、先進施設園芸・植物工場からの生産物が高く評価されるためには、食味・食感・機能性成分などが高い品質であることに加えて、GAP手法によるより安全な生産工程管理や、地球環境に優しい生産・流通システムを導入するなどの取り組みが必要と考えられる。

2．新たな担い手による収益性の高い生産システム

近年、産学官が連携して推進したスーパーホルトプロジェクト（SHP）や、農林水産省のモデルハウス型植物工場実証・展示・研修事業（全国6拠点）などにおいて、大型の高軒高施設を利用した多収生産の取り組みが全国的に行われた。トマトを中心に、CO_2用や細霧装置と培養液の給液制御などを合理的に連携運転する統合環境制御システムの重要性が認識され、高度な環境制御と品種選択・群落管理による多収生産の取り組みが全国的に進んでいる。今後、多収とともに品質の制御技術の高度化が期待される。

最近、日常生活でもスマートフォンなどのIT機器が急速に普及し、ハウス環境の「見える化」もインターネットを介して、低コストで企業のサーバに接続して運用できるようになり（クラウド）、どこでもデータ閲覧が可能となり利便性が大幅に向上している。

今までの施設園芸では、少品目の多量生産を行うところが多かったが、経営規模拡大の流れの中で、大規模化と同時に多品目経営にも対応できるようにしたい。このためには、ユビキタス環境制御システム（UECS）のような互換性のある共通プラットフォーム上で、各種作業情報などを統合した総合情報利用システムとして構築することが望ましい。

3．環境負荷低減型生産システムの構築

高度な生産システムの導入の際に収益増加を検討することは普通に行われるが、環境負荷の低減に貢献できるかについての検討も重要になってきた。環境負荷を評価するための手法や指標を表—1に示す。これらの指標は農業生産物に限ったものではなく、食品産業や工業製品などいろいろな産業で一般的に使われている指標である。

フード・マイレージは生産物の輸送の際に、

表—1　食料生産や農作物・食品の環境影響評価の指標

環境影響の指標	説　明	手法の基準	主な事業推進団体／事務局
ライフサイクル・アセスメント (Life cycle assessment, LCA)	農作物のライフサイクル全体（生産〜流通〜廃棄・リサイクルまで）の環境影響を評価する手法。インベントリデータと呼ばれる各項目の投入量のデータセットから、温室効果ガスのCO_2排出量に換算して評価する。	ISO14040 (JISQ14040：翻訳版)	LCA日本フォーラム (JLCA)
カーボンフットプリント (Carbon footprint, CF／CFP)	生産から消費・廃棄までの環境負荷の程度を、重量当たりのCO_2排出量として換算したもの。その算出にはライフサイクル・アセスメント手法が用いられる。	認証団体あり	一般社団法人　産業環境管理協会／カーボンフットプリントコミュニケーションプログラム事務局
フード・マイレージ (Food mileage)	食料の輸送量に輸送距離を掛けた指標。「農」と「食」の距離感が把握しやすく、地産地消や輸入・輸出状況の目安となる。		NGO団体「大地を守る会」、パルシステム連合会、生活クラブ連合会、グリーンコープ連合の4団体

輸送重量と輸送距離を掛けたもので、図—1はその利用例で、弁当の食材の調達方法を、国産材料を積極的に用達した場合、地産地消にした場合についてフード・マイレージの違いがわかる。

生産現場からの環境負荷を評価する方法として、ライフサイクル・アセスメント（LCA）がある。LCA手法を用いて生産から流通・消費、資材の廃棄・リサイクルまでの環境負荷を表わす指標をカーボンフットプリント（CFまたはCFP）という。加温ハウス栽培と雨よけ夏秋栽培で生産されたトマトを東京で消費する場合のCF値の試算例を図—2に示す。輸送時の条件として冷蔵輸送とMA（フィルム包装）貯蔵輸送が示されている。ハウス加温栽培では雨よけ栽培に比べて約3倍のCO_2排出量となり、輸送距離や貯蔵方法によるCF値の違いは小さい。生産物のCF値が小さいことは環境に優しい生産物としてアピールできるので、CF値を積極的に削減

図—1　「地産地消弁当」の食材調達の違いとフード・マイレージ（中田, 2008）

して表示する有利販売に取り組んでいる例もある。加温ハウス栽培において、この環境負荷の条件のまま収量を倍増できればCF値は1.5倍になる。自然の屋外では収穫できない時期の生産物ならば、消費者にもこの程度のCF値の増加は受け入れられると考えられる。

CO_2排出量の削減に関わる制度として、カーボン・オフセットがある。これは、企業等の事業体が自らでは削減困難な部分の排出量について、他の事業体で削減したカーボン・クレジットを購入することにより、その排出量の埋め合わせができる（表—2）。施設園

表—2 食料生産・流通における環境負荷低減のための制度

制度に関わる用語	説　明	認証制度	主な事業推進団体/事務局
カーボン・オフセット (Carbon offset)	企業等が、自らの温室効果ガス排出量を削減する努力を行い、削減困難な部分の排出量について、クレジットの購入または他の場所で排出削減・吸収を実現するプロジェクト等を行うことにより、その排出量の全部または一部を埋め合わせること。	カーボン・オフセット第三者認証基準 Ver.3.0	カーボン・オフセット制度運営委員会/気候変動対策認証センター（一般社団法人海外環境協力センター内）
クレジット（カーボン・クレジット）(Credit)	国内における自主的な温室効果ガス排出削減・吸収プロジェクトで生じる排出削減・吸収量。「国内クレジット制度」と「オフセット・クレジット（J－VER）制度」が発展的に統合して、「J－クレジット制度」となった。	J－クレジット制度	環境省・経済産業省・農林水産省/みずほ情報総研株式会社　環境エネルギー第2部　Jクレジット制度事務局

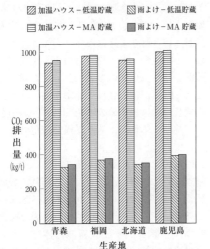

図—2　各地で生産されたトマトを東京で消費する場合のCO_2排出量の試算例（Royら，2008）

芸では、暖房機をヒートポンプに変えることでCO_2が削減でき、その排出量をクレジットとして企業体が購入しているプロジェクトがいくつか運用されている。

4．今後の展開方向

今後、わが国の農産物の積極的な輸出が推進されている。国際市場においては、世界的な基準で認証された生産物は評価が高まると考えられる。GAP（適正農業管理）については、国内ではJ-GAPが代表的であるがそれ以外にも様々なGAP認証制度がある。しかし、国際市場においてはGLOBAL-GAP（グローバル・ギャップ）の認証でないと信用されない可能性がある。

今後の施設園芸や植物工場生産では、高品質生産を進めて行くことが重要であるが、一方で、CF値を大幅に削減するための技術（省資材、省エネルギー、木質や有機性資材等のカーボンニュートラル資源利用、IPMによる農薬使用の削減等）の導入も必要である。
（高市益行＝農研機構野菜茶業研究所）

参　考　文　献

1) 中田哲也（関東農政局）(2008)：フード・マイレージについて，食料・農業・農村製作審議会企画部省委員資料
2) Royら (2008)：J.Food Engineering, 86, 225-233

第4章 施設園芸経営の展望と経営管理

1. 施設園芸経営の動向

1）施設園芸経営の概況

　日本の施設園芸は、農業基本法（1960年）以降、選択的拡大政策で急速に成長したが、1975年以降は経済の低成長化とともに供給過剰が指摘され始め、1990年以降は商品ライフサイクルの飽和期を迎えたといわれている。施設園芸経営数の増加傾向は、1990年ころから頭打ちになる一方、施設面積（ガラス室・ハウス）は1999年の53,516haをピークに減少傾向にあり、2009年時点で49,049ha（野菜69％、花き16％、果樹15％）である。この背景として、高度成長期以降の施設園芸の成長を担ってきた産地や経営においても、労働力の高齢化に伴って経営意欲が減退し、経営体数や施設面積の増加率が鈍化してきたことが考えられる。

　以上のような栽培面積や経営数の減少傾向がみられる一方、近年では、雇用労働力を主体に1haなど大規模施設を運営する法人経営が注目されるようになっている。また、農業への新規参入者の約4分の1が施設園芸を選択したり、企業の参入においても対象作目として野菜が選択される比率が高いなど、施設園芸農業は規模の大小を問わず、退出と参入が並存する状況にあり、構造変化の様相を呈している。

　直近の2010年農林業センサスによると、施設園芸に利用した施設のある経営体数は約19.3万経営体で、施設面積は約43,594haである。このうち施設野菜経営体数（販売目的）は、全国で約13.4万経営体であり、施設面積は約34,800haである。これを施設野菜作付規模別に、経営体数とそれぞれの階層の栽培面積を示した（図—1）。経営体数においては0.3ha未満が72％、栽培面積では約30％を占めているのに対し、1.0ha以上の経営体数は3.6％でありながら、面積で約26％を占めている。このように、数にすれば4％弱の1ha以上の大規模経営が、70％強を占める0.3ha未満の小規模経営と同じ程度の栽培面積を担っており、今後、小規模経営の経営者のリタイアに伴って、大規模経営のウエイトは高まっていくと考えられる。

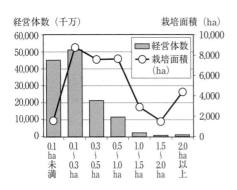

注）2010年農林業センサスより作成
図—1　施設野菜の経営体数と栽培面積（販売目的）

2）経営収支よりみた概況

日本政策金融公庫農林水産事業本部による「平成24年農業経営動向分析結果」から、第一位部門が施設野菜であるトマト経営（個人）の規模別の経営収支を見ると、売上額自体は、4,000m² 未満で約2,000万円で、8,000m² 以上では約5,000万円であり、面積規模と売上は比例している（表－1）。同時に、規模が大きな層では、費目として「労務費・人件費」、「燃料動力費」、「その他費用（この多くは、販売費及び一般管理費に相当すると考えられる）」が、大きな比率を占める。

この結果、営業利益率はいずれの層も30～36％程度であり、この中では「4,000～6,000m²」の規模層が高くなっている。収益性の面では、必ずしも規模の大きい層が高い経営成果を挙げているとは言い切れない。

また、この数字をm²当たりに換算すると、規模が大きくなるにつれてm²当たりの売上額が低下していることがわかる（図－2）。費目別には、材料費は大きな減少が見られない一方、労務費・人件費は増加しており、この結果、営業利益や専従者給与とも、規模の増加に応じて減少傾向を示している。

つまり、規模拡大に応じて出荷量が増加することで、総体的な売上額自体は増加する一方、m²単位で見た場合、資材費や人件費の面ではスケールメリットによるコストダウン効果が発揮されておらず、この結果、規模拡大が最終的な利益増加に結びついていないことが考えられる。いわば、規模拡大と同時並行的に追求されるべき経営の効率化が進んで

表－1　トマトの経営規模別経営成果（平成24年）（単位：m²，千円）

	4,000m² 未満	4,000～6,000m²	6,000～8,000m²	8,000m² 以上
栽培面積	2,943	4,734	6,704	10,732
売上高　（①）	19,114	28,251	37,373	49,670
営業費用	12,940	18,159	25,043	35,030
期首棚卸高	146	263	371	197
材料費	4,060	5,476	8,111	10,906
種苗費	730	883	1,440	1,566
肥料費	823	1,213	1,711	2,345
農薬・衛生費	521	619	877	1,346
諸材料費	1,101	1,609	2,660	4,242
修繕費	482	782	933	868
その他	403	370	490	539
労務費・人件費	957	1,906	3,163	5,323
燃料動力費	2,176	3,133	4,203	5,162
賃借料・リース料	496	287	1,371	1,918
減価償却費	1,829	2,840	2,762	3,153
租税公課	374	522	1,074	1,678
販売手数料	163	186	160	280
その他費用	2,885	3,809	4,199	6,610
期末棚卸高	-130	-211	-271	-224
営業利益　（②）	6,174	10,092	12,330	14,640
農家所得	6,014	9,865	12,267	14,257
専従者給与	2,164	3,961	5,524	5,858
営業利益率　　　　（％）（②/①×100）	32.3	35.7	33.0	29.5

注）平成24年農業経営動向分析結果（日本政策金融公庫　農林水産事業本部）

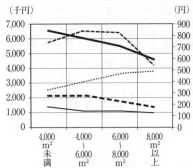

注）平成24年農業経営動向分析結果（日本政策金融公庫　農林水産事業本部）より作成

図－2　m²当たりのトマトの売上・経費・利益（平成24年）（販売目的）

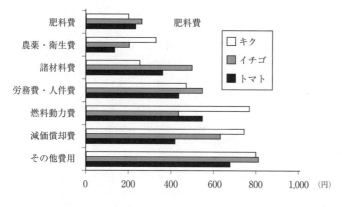

注）平成24年農業経営動向分析結果（日本政策金融公庫　農林水産事業本部）より作成
図−3　㎡当たりのおもな費用（平成22〜24年の3年平均）

いない可能性が考えられ、これは、すなわち経営管理面に課題があるということを示唆している。

もちろん、規模拡大に伴うコストダウン効果が発揮されていない理由として、1ha程度では、現行の装備や作業体系に対して、まだ過小規模である可能性も考えられる。しかし、これ以上の規模拡大に対して、現状ではスケールメリットの効果発現や、規模拡大に対応できる組織マネジメントの確立という面で課題があることを示唆していると考えられる。

また、図−3は、各品目のおもな費目に関して、3年平均の数字を㎡当たりに換算した結果である。イチゴにおいて諸材料費や人件費などで高く、キクにおいては燃料動力費や減価償却費、農薬・衛生費などで高いなど、品目別の費用面の特徴がわかる。

2．事例に見る大規模経営の現状

つぎに、果菜、葉菜、花きの事例調査から、それぞれの品目別の特徴を見ていく（表−2）。

1）A経営

2000年に現社長が設立した特例有限会社で、フェンロー型ハウス1haで中玉トマトを生産し、房取りで出荷する。おもに、家族で構成する役員3名および正従業員3名を中心にパート従業員を約18名雇用する。販売額は約1.8億で、収量は年間280tである。市場出荷の大玉トマトの約2倍のkg単価で、生産物の65％を仲卸業者（商社）に契約出荷し、残り35％は全国の卸売市場会社へ出荷している。高い技術力を背景に、高価格を実現できる品種および出荷形態により差別化に成功している。

2）B経営

東日本大震災（2011年）の被災地域において、2012年に4名の有志が設立した法人で、大型鉄骨ハウス1haでキュウリとミニトマトの輪作を行う法人である。震災復興対策の交付金で整備された5棟のハウスごとに作期をずらして周年出荷を特徴としている。栽培面では、養液土耕方式で自家製堆肥などを用いて土作りに工夫をしている。法人設立前のそれぞれの栽培経験を生かし、栽培方法にこだわりを持ちながら、販路開拓に積極的に取り組むことで事業規模の拡大を目指している。2013年度は、売上は1億円に届いていないが、2014年度よりイチゴを約1ha規模で導入する予定で、一気に経営規模の拡大を図る予定である。

3）C経営

中山間地域に所在する建設会社5社が農業参入の形で出資して2002年に設立された法人である。養液栽培方式で細ネギ、サラダホ

表―2　施設園芸経営の事例

		A	B	C	D
類型	おもな品目	果菜 トマト（中玉）	果菜 キュウリ・ミニトマト	葉菜 細ネギ	花き 輪キク
企業形態		特例有限会社	株式会社	特例有限会社	家族経営
設立年		2000年	2012年	2002年	―
地域・立地条件		関東・平坦	東北・平坦	中国・中山間	東海・中山間～平坦
直近の販売額		約1.8億円	約9,500万円（推計）	約1億円	約5,500万円
おもな生産品目		中玉トマト年間280t	キュウリ（養液土耕）、ミニトマト（養液土耕）、イチゴ（2014年9月定植、養液栽培）、長ネギ（露地）	細ネギ、サラダホウレンソウ、ミズナ、セロリ	キク100万本（秋キク45～50万本、夏キク50～55万本）
単収		中玉トマト28t	キュウリ不明 ミニトマト不明	細ネギ不明	約450本／坪（ロス率10%）
施設概要	おもな施設面積	中玉トマト1ha	キュウリ・ミニトマト約1ha、イチゴ約1ha ほか	ネギ45a、ミズナ・ホウレンソウ45a	ガラス温室約2,000㎡、硬質ハウス約6,000㎡、ビニールハウス約330㎡
	施設種類	ガラス温室1棟	大型鉄骨ハウス5棟	ビニールハウス18棟	ガラス温室3棟、硬質ハウス5棟、ビニールハウス1棟
	栽培方式	ロックウール	養液土耕	ネギ（DFT）、ミズナ・ホウレンソウ（NFT）	スプリンクラーでの液肥散布
	暖房装置	パイプレール式温湯循環暖房、ヒートポンプ14台	ヒートポンプ	ヒートポンプ	ヒートポンプ21台 など
労働力	役員	3名（含む妻）	4名（有志）	1名	世帯主、妻、長男
	正従業員	3名（含む子息）	8名	5名	―
	パート	18名	28名	12名（冬季は6名）	中国人研修生2～3名
販売チャネル		契約販売（商社65%）、市場35%	JA50%、契約50%、販路開拓に積極的に取り組んできた	JA100%	JAの部会100%（契約販売40%）
経営の特徴		・市場の評価が高く、希少性が高い中玉房取りトマトの安定供給 ・施設内で栽培時期を重ねる作形で収穫期間を延長（9.5ヶ月） ・規格外品を活用した農産加工にも取り組む	・東日本大震災後の復興を担う（施設はリース）。 ・自家製堆肥を投入した養液土耕栽培によるキュウリ―トマトの輪作 ・Global GAPに取り組む	・JGAPに取り組む。 ・栽培に生かせるデータ蓄積を心がけ、標準作業時間の策定から作業改善や労務費削減に結びついている	・年3作で周年出荷 ・施設内の環境測定装置の活用で部会内での比較や検討に役立てる
経営上の課題		・栽培面、販売面ともほぼ順調 ・投資の償還もメドが立ち、今後の展開を計画中	・周年栽培する各作型の作柄の安定、収量増加 ・全品目を伸ばし、経営の柱としていく ・労働力の育成と効率的活用	・リタイアする近郊の養液栽培農家を継承できる人材の育成	・単価の低迷、需要の減少、燃料費の高騰（重油価格2004年40円／ℓ→2014年90円／ℓ） ・周囲では冬季の栽培を中止する動きもある
今後の経営展開		・直売店舗の設置、他品目の導入など、新たな展開をこれから仕掛けていく	・売上2万円弱／坪の現状（2.5万円／坪が目標） ・イチゴの観光農園も計画	・地域ブランド確立の先導役を果たす	・出荷量倍増までの事業拡大を目指す ・売上2.5万円／坪が目標

注）ヒアリング調査より

ウレンソウなど葉菜類の生産を行う。地域で同じような養液栽培方式に取り組む複数の経営で統一して、JA単位で葉物野菜のブランド化を図っている。売上は約1億円で、出荷はJAに全量出荷している。規格的な生産体制の構築が比較的容易と思われる葉物栽培において、データの記録と分析から緻密な作業管理を実行している。また設立目的として、地域に雇用を生み出すことも挙げられており、今後、地域における養液栽培経営が引き継がれるような技術や経営能力を持った人材の育成が一つの課題である。

4）D経営

歴史ある産地における輪ギクの経営で、経営主、妻、長男に、中国人研修生2～3名で経営を行う。約 $8,000m^2$ のハウスで秋ギクと夏ギクを組み合わせて周年出荷を行っており、年間出荷量は合計100万本である。現在の売上は5,500万円であるが、今後、収量増加を図り、1億円を目指したいとしている。輪ギクの大口業務需要である葬祭需要はバブル期に比べて縮小傾向にあり、それに伴い輪ギクの単価が低迷し、需要も増える見通しは乏しい。その中で、植付本数を平均より10％ほど増やすなど、出荷量の増加を進めている。またJAの部会として契約栽培に取り組み、出荷量の40％程度は契約販売を行っている。

3. 大規模経営の経営管理のポイント

事例とした大規模経営にみられる経営管理面のポイントとして、作業・労務管理、販売管理、財務・資金管理の面を指摘する。

1）作業・労務管理

家族経営の規模を超える大規模施設園芸経営では、日々の経営管理を遂行する上で、経営管理を担う経営者のもとで組織の階層化が図られ、現場の監督・指示者の指示のもと、多数のパート労働力を活用することが一般的である。規模の拡大に応じて、経営者が日常的な作業指示をすべて担うことは難しくなり、経営者とパート労働力の中間にあたる中間管理職階層への一定の権限移譲と彼らの能力の向上が重要となる。具体的には、従業員の技能向上や作業ノウハウの習熟、監督的立場の人間における指導方法の工夫や指導力、判断力の養成などが、円滑な作業遂行と効率的な組織運営のカギとなる。

例えば、A経営では、経営管理や販売対応に忙しい経営者に代わって、家族である妻や正従業員が、おもにパート従業員への作業指示を担っている。またB経営では、正従業員の今後の独立と彼らを含めたフランチャイズ的な展開を経営目標として、経営者となれる従業員の育成に努めている。C経営では、栽培に詳しい農場長が経営管理全般を担っており、従業員も含めて先進経営視察を行ったり、作業記録を分析する中で効率的な作業方法を考案してきている。D経営では、ほぼ毎年、入れ替わる研修生の間での「先輩－後輩」関係の中で、日常作業のノウハウの伝承を行ってきている。

2）販売管理

また、事例経営は、それぞれの強みとなる商品を含めた「ビジネスモデル」を構築している点が指摘できる。たとえばA経営では、希少価値の高い中玉トマトの房取り出荷を長期間行うことで高単価と安定的な契約を確保している。これは品種、作型、技術、販売などが一体となったビジネスモデルの典型といえる。また、B経営は、自家製堆肥など土作りにこだわった栽培方針でのキュウリートマトの輪作と周年出荷体制を重視している。積極的に販路開拓に取り組む一方、イチゴなど品目を増やすことで供給力の増強を図ろうと

している。さらにC経営は、地域における複数の養液栽培経営が一体となって取り組む商品ブランドの維持を重視している。最後に、D経営は、部会単位で輪ギクの周年出荷を行うことで、安定的な契約出荷先の確保を重視している。

さらに、市場出荷だけでは価格が乱高下する影響を受けることから、契約栽培などを導入することによって、安定的な収益の確保を図ろうとする動きが多い。たとえばA経営は、出荷量の約6割を仲卸業者との契約に基づいて出荷するほか、残り4割においても地方市場の業者に対して交渉を行いながら有利な立場で出荷している(その一方で、あまり契約比率を高めると、栽培側の制約が大きくなる問題点も指摘されている)。また、B経営では、設立当初から、代表取締役が先頭に立って積極的に販路開拓の取り組みを進めてきた。その中で雇用労働力の確保のため、年間を通して安定した収益を確保する必要性が高まる結果、契約栽培の重要性を評価している。またD経営は、今後の輪ギクの需要減退と単価低迷は不可避であるという認識と年間収益の安定性を重視する観点から、部会単位での周年的なロット確保を重視し、出荷量の40%ほどの契約栽培を行っている。

一方、経営全体として収益性を高めるためには、上位級品の高価格販売だけでなく、下位級品や等外品も、できるだけ適正な価格で販売することも重要である。この点では、A経営では、房取りできなかった果実を使ったジャム、ソースなどの農産加工を取り組んでいる。B経営は販路開拓の取り組みの中で、下位級品も売り切るだけの販路を確保している。

3)財務・資金管理

一方、財務面では、一般に施設投資にあたって多額の初期投資をともなうことから、まずは初期投資を低く抑えること、および借入金の返済計画および資金繰りなどが重要になる。また、大規模経営では、資材の購入や生産物の販売などにおいて、多額の資金を動かすことから、月次収支の資金バランスを意識した財務管理が重要となる。そのため、財務担当者の役割が重要になる。

初期投資に関して、A経営においては、自らの経験と知識を基に、施設建設時に配管作業など可能な設備工事は自ら取り組み、建設費用を平均的な額の7割程度に抑えている。また、D経営は、50%補助を受けた30aを除いて、残りの施設は自己資金で建設している。

運転資金面では、近年の燃料代の高騰に伴う光熱費の負担が大きい。いずれの事例でも、燃料費低減対策の一つとしてヒートポンプを導入するほか、外張りの多層化や内張りカーテン、循環扇、施設の機密性の確保などの対策を取っている。しかし、いずれの経営においても、燃料費削減に対して、これといった切り札は見いだせていない。ちなみに、D経営においては、10年ほど前(原油価格上昇が始まったのが2004年)に比較して、重油単価が約2倍に上昇した結果、1シーズンで約900万円の燃料費を要する状況にある。また地域では、冬季のキク栽培自体を取りやめ、所得率が高い露地のキャベツ栽培に取り組むケースも出ているということである。

4. 大規模施設園芸経営における経営管理

1)経営管理の必要性

経営管理とは、一言でいえば「社会環境の変化や自らの経営の現状を踏まえて経営計画を作成し、それに従って諸作業を実行するとともに、経営成果が得られた段階で、経営計画と実現値の乖離をもたらした要因を解明する」過程といえる。つまり、Plan(計画)

表—3　経営管理の領域

おもな管理領域	おもな対象	経営管理のサイクル
栽培管理	農作物	栽培計画－実行－点検－課題発見－修正
作業管理	農作業	作業計画－実行－点検－課題発見－変更
労務・人事管理	従業員	配置計画－実行－点検－課題発見－変更
財務管理	投資・収支	収支計画－実行－点検－課題発見－修正
情報管理	情報	発信・受信計画－実行－点検－課題発見－変更
マーケティング	販路・顧客	販売計画－実行－点検－課題発見－変更
組織管理	組織	組織構造・配置計画－実行－点検－課題発見－見直し

－Do（実行）－Check（点検）－Act（行動）のPDCAサイクルの適用を前提とした一連の行動といえる。

大規模な施設園芸経営では、事業規模の大型化に伴って、固定費となる施設・装置への投資額は巨額となるほか、流動費となる労務費や、肥料や農薬などの資材費、販売管理費なども多額となることから、様々な面での経営管理の重要性がより増加する。また、販売チャネルの多様化に伴い、代金回収も複雑となり、資金ショートを防ぐためには運転資金など、資金管理も重要となる。

一般に、農業における経営管理の基本的項目と必要な管理の体系は表－3のようになる。これらの経営管理領域は、企業形態や労働力の構成など経営の発展段階に対応して異なってくる。つまり経営の発展段階に対応して、経営管理手法や組織構成、組織運営能力が適切に高度化していくことが重要であり、経営体としての発展段階と経営管理の不整合は、経営展開を妨げる要因となる。

また、これら多様な経営管理領域を統合するのが経営者能力となるが、事業規模の拡大に伴って、栽培から販売まで経営者一人ですべての情報を集め、意思決定を行うには無理が生じてくる。したがって事業規模や組織の拡大に伴って、これらの多様な管理局面における権限移譲を進め、経営者個人の能力だけに依存しない、組織としての経営管理能力を向上させていく必要がある。

たとえば経営の成長に伴って、それまで家族で構成されていた家族経営が雇用労働力の導入をすすめていくことで、組織構造は雇用依存型経営へと変化していく。家族経営から雇用型経営への変化にともなって、従来は不要であった雇用労働力に対する動機づけや、労務管理や定期的な給与を支払う必要性から資金管理などの重要性がより高くなっていく。また、1ha規模の施設など、大規模な施設園芸経営では、当初から雇用労働力を前提に事業を開始することから、最初から雇用管理の問題は重要な課題となる。

2）日常的な経営管理のポイント

(1) 作業管理

施設園芸経営において日々の栽培・管理作業を円滑に進め、確実に収益を確保していくためには、作業管理（作業遂行上の従業員の配置や作業進行など）が重要である。この点は、雇用側である経営者の発案も重要であるが、作業主体である従業員側からの改善提案なども活用する必要がある。

また、作業の円滑かつ確実な実施にあたっては、経営者の補佐的役割を果たす農場長や作業班長など、経営者と従業員の中間に位置する中間管理層の存在が重要となることが多い。作業面での経営者の負担を減らし、事業展開を考える余裕を持つためにも、中間管理層が的確に従業員を教育し、育成することが経営の要諦を握る。したがって経営規模の拡大に伴って、従業員や中間管理層の育成の重要性は高くなる。

(2) 労務管理

上の作業管理を含め、間接的に従業員の就

業環境に関連する領域を含めたもの（社会保障や賃金体系、動機付けも含む）が労務管理である。雇用労働力を入れることで雇用責任が生じ、給与水準や社会保障など従業員に対する動機づけも含むことから、経営管理上、労務管理は重要な意味を持つ。必要に応じて、社会保険労務士など専門家の助言を仰ぐほか、経営主の妻などが従業員の管理を担うケースも多い。

(3) 販売管理

生産物を商品とし、販売活動によって適正な付加価値を獲得するためには、それぞれターゲットとするユーザーのニーズに合致したスペックを持つ商品生産と同時に、販路の開拓、管理、見直しが重要となる。この活動が販売管理である。大規模な施設園芸経営の事業活動においては、マーケットインを意識した経営対応は当然といえ、顧客や市場の要求に応えることが経営の成長を左右することから、経営の成長に応じて、当然、販路は変わっていく。一般に、市場価格の乱高下から離れて、安定的な生産・販売活動を行うためには、市場出荷よりも契約先への出荷が重要となり、その契約栽培を安定的に維持していくには、質量両面で生産の安定性が求められる。

(4) 資金管理・財務管理

土地利用型農業において省力化をおもな目的とする設備投資が多く見られるのに比べて、機械化対応の部分が少ない施設園芸経営における設備投資は、高品質商品の生産や高付加価値化をめざす手段として導入される。したがって当初から、高付加価値販売による経営発展を目的とする戦略的な位置付けを持った投資となる。

設備投資は経営計画の一環であり、経営を発展させるための基本となる戦略的な位置付けを持つと同時に、財務へ与える影響を考えれば大きなリスクを伴う。投資の決定に当たっては、事業の採算性、財務面の安全性、貸借対照表、キャッシュフローなどのチェック

が重要になる。また設備導入・施設建設の時点から、低コストでの施設建設、使用資材の安価での調達、工賃の低減方策なども考慮する必要がある。

(5) リスク管理

事業規模が大きい施設園芸では、さまざまな面でのリスク管理も重要となる。まず、施設園芸においては、病害虫の被害に関しても、まず発生させない準備や工夫とともに、発生した場合に被害を最小に抑えるための事前の準備が重要になる。

また、施設園芸経営は固定費の割合が大きいため、収入減少や主な資材費の増加が、利益の大幅な減少に直結し、その影響は長期化する。流動費である労務費を固定費となる機械などで代替した結果、価格変動に弱い経営体質になることも注意が必要である。また、予想しない価格の低下や自然災害、従業員の怪我、熱中症など作業中の事故も、リスクとして軽視できない。

3) 経営管理の考え方と経営改善のツール

(1) 業務分析の適用

「業務分析」とは、業務の一連の流れを「見える化」するために、該当する作業の前後の作業も含めて整理したり、図示することで、現状の問題点を浮き彫りにし、業務改善の必要な箇所を見いだそうとする手法である。日常的に行っている一連の「仕事」を、「誰が」「何を」「どうする」「それからどうする」などの視点から前後を含めた具体的な流れとして再整理することで、それまで気づかなかった課題と改善点が見えやすくなることが期待できる。

人為的な環境制御が図りやすい施設園芸経営においても、日常の管理、収穫、運搬、選別、箱詰めなどのそれぞれの作業を、該当する作業の前後の作業も含めて検証することで改善点が見いだせる可能性がある。

(2) PDCAサイクルの適用

一般に、施設園芸経営においては、一年一

① 作業時間の記録から、作業ごとの平均時間を算出し、作業効率について検討した(問題の探索)
② 作業時間、資材投入量、収穫量などの記録から、1パネルあたりの作業時間や資材投入量は変わらないが、パネルあたり収量にバラツキがあることを発見した(問題の発見)
③ 全員で先進地視察したり、従業員が複数の作業をこなせるように教育をした(対応策の探索)
④ パネル数を増やす(回転率)よりも、1パネルあたり収量を増やす方が最終的な収穫量が多いことを見いだした(対応策の発見)
⑤ 2007年から2013年の6年間で、総労働時間を2割削減し、人件費を約300万円削減した(対応の結果)

	2012年8月	2013年8月
1パネル当たり収量	1.4kg/枚	2.0kg/枚
収穫パネル数(月)	3,470枚	3,164枚
月別収穫量	4.9トン	6.3トン

注)C事例ヒアリング調査より

図―4 データ分析からの経営改善例

作が基本となる主穀作経営に比べ、作業手順の変更や栽培方法の変更を行う場合も、比較的短期間のうちに結果が判明することが多い。したがってPDCAサイクルの適用は比較的馴染みやすいと考えられる。また、このPDCAサイクルの考え方は、さまざまなレベルで適用できる。例えば、使用する資材や作業方法の変更というレベルから、販路開拓や商品開発というレベルまで適用することができることから、入れ子のように適用することで、経営管理の対象となる下位から上位まで含めた管理体制が構築できる。

一方、PDCAサイクルを適用する上で一つの課題となるのは、Planに基づいて行うDoが確実かつ適切に行われたかという点である。これがきちんと把握できなければ、基準に基づいて判断すべきCheckが的確なものとならない可能性があり、ひいてはActionにフィードバックすべき内容も的外れのものとなる危険性がある。そのためには、Doに該当するデータを記録する上での統一的なルールを社内に徹底する必要がある。そこで有効と考えられるのが、次に述べるGAPなどのツールである。

(3) GAPを活用した労務管理と効果例

GAP(Good Agriculture Practice)は、適切な農場管理を実践することを目的に、作業履歴を記録し、基本的な項目に沿ったチェック作業を行うことで、予防的に食品事故、労働災害、環境汚染などの発生を抑制する一方、仮に事故や問題が発生したときに、その原因を遡及できるための経営体としていくためのツールである。GAPの効果として、販売面での単価向上などを第一に期待する意見も聞かれるが、これはあくまで結果であり、制度的な効果ではない。むしろ、日々の記録と実践を継続する中で、経営の問題点を相互に見直すことに重点を置いて活用すべき経営改善のためのツールと考える方が妥当であろう。

農研機構の調査(2012)によれば、GAPに取り組むことで、資材在庫面のムダが解消されたり、従業員の当事者意識や積極性が高まった、記録を分析する中で収益向上につながる作業改善のヒントが得られた、などの評価が明らかになっている。当然、これらはGAPの制度的効果ではなく、GAPのツールとしての使い方によるものである。先に取り

上げた事例においても、GAP に取り組む事例があるように、PDCA サイクルと馴染みやすい施設園芸経営においても有効な場面は多いはずである（図―4）。

5．今後、重要となる管理領域

　最後に、重要となるであろう経営管理領域を挙げる。まず施設園芸経営あるいは農業経営に限らず、経営を成長させる基本となるのは、人、商品、販路の各要素の質と組み合わせである。さらに、これらを構成要素として組み合わせた独自性の高いビジネスモデルが重要といえる。事例でも触れたように、このビジネスモデルの独自性を構築することで、各経営は独自の地位を獲得し、競争相手との差別化を図ることが可能となる。

1）販路・市場開拓

　設備投資が多額となる結果、高コストとなりがちな施設園芸での生産物は、価格競争を回避するために、競合相手となる露地の農産物とは異なる商品開発方針を立て、異なる商品コンセプトを追求していく必要がある。もちろん、施設園芸においては、環境制御技術によって、一定の品質の農産物の安定供給という強みはもちやすいといえるが、それだけでは、常に価格競争に巻き込まれる可能性は排除できない。価格競争を回避するためには、当初から露地の農産物と異なる商品開発が重要であり、新たな商品コンセプト（たとえば品質面（食味、成分など）、用途面など）に基づいた商品開発や市場開拓を進めることで、施設園芸農産物に独自の市場を開拓していくことが重要となる。

2）人材育成・組織管理

　今後、大規模化していく中で、雇用労働力を活用した組織運営を進めていく上では、栽培管理面の技能や作業遂行上のノウハウなどを持った多様な人材の育成が重要なカギを握る。高度な ICT 技術を導入することが多い施設園芸経営においては、データの蓄積が進み、管理作業面で一定のマニュアル化は図られる傾向にある。しかし、最終的な意思決定のカギとなる部分の判断に関しては、個人の技量に依存する部分は残る。そこで、個々の従業員の役割分担、能力向上、技能習熟、情報共有、コミュニケーションの活性化などとともに、それらを組織的に管理し、組織として向上させる体制が重要になる。また、これはすべてが個々の個別経営の対応に留まるものではなく、施設園芸技術に対する人材育成方策に関して組織的に対策を考える必要がある。

　ちなみに施設園芸の先進国とされるオランダにおいては、人材育成の取り組みに関して、スタディグループによる経営者間の情報交換、アドバイザーによる専門的支援、さらに研究施設での新技術の情報や研修、社内人材育成の試みなど、様々な場面で継続的な知識・技術の獲得が図られている。

3）経営データの分析と活用

　また、大規模施設園芸経営においては、栽培管理面で、気温、湿度、日照など環境制御に関する詳細なデータの蓄積は飛躍的に進む一方で、それを分析して日々の生育データのモニタリングから必要な対応策を決定し、速やかに対処していく部分に課題が残る。

　今後、生育・販売など各種データの分析に当たっても、まずどのデータを記録することが重要であり、それをどのような視点で分析し、あるいは比較することで、有効な対応策に結びつくのかという、分析から対応策の策定に関わる判断が課題となる。

　これにはモニタリング技術から得られた大量のデータを一定の視点で分析し、対応策を考案する思考プロセスが重要であり、一朝一夕に身につく能力ではないことから、時間を

かけた各経営における取り組み方が重要である。

6．今後の展望

施設園芸経営においては、政策的な支援もあり、今後、大規模施設の導入が進み、経営の規模拡大の進展や新規参入経営の増加が予想される。また、今後、国際競争に直面する場面も増加してくると考えられる。

その一方、拡大する規模に対応した次元の経営管理が的確に実践できるかが課題となる。特に、大規模施設園芸経営での経営管理においては、大面積に対応した栽培技術の確立や作業管理面の改善に留まらず、生産から販売まで視野に入れ、経営継続のために適切な利益を確保するためのビジネスモデルを確立する必要がある。一定規模の施設を回転して生産を行う施設園芸経営においては、損益分岐点分析で、現状施設を活用した場合の収支均衡点を検討できる。まずはこれを目標に、出荷量と価格の目安を定めることができる。ちなみに、事例のB・D経営では、当面、坪当たり2.5万円の売上を目標としている。

このほか、栽培管理者にとっては、作物を見る目を養うことと同時に、日々のモニタリングによるデータの蓄積と分析、対策の実行、組織内での情報の共有などが重要となる。そして経営者としては、拡大する経営規模に対応して、多様な経営管理領域における組織の能力向上や発展段階に応じた重点の置き方など、バランスを考えながら組織運営を進めていく必要がある。

(迫田登稔＝農研機構中央農業総合研究センター)

参 考 文 献

1) 日本政策金融公庫（2013）：平成24年農業経営動向分析結果
2) 農林水産省（2011）：2010年農林業センサス報告書
3) 農林水産省（2011）：園芸用施設及び農業用廃プラスチックに関する調査
4) 農研機構・経営管理技術プロジェクト（2013）：経営改善のための農場生産工程管理のポイント
5) 山田伊澄（2014）：オランダ施設園芸における農業者育成の現状と特徴，農林業問題研究，194，1-5

第Ⅱ部

園芸施設の種類・設計・施工

第1章　施設の種類と形式

1. 温室の分類と普及状況

1) 分類と呼称

　温室は、気温・光・水分・二酸化炭素などの環境因子を調節する目的で、栽培空間を日射透過性の被覆資材を覆ったもので、人が中に入って作業できるものである。トンネルとは区別される。作物上部に被覆することにより、降雨の抑制や土壌水分の調節を目的としたものを、雨よけ施設という。温室と雨よけ施設の区別は困難であるが、保温の目的で冬季に側壁面を被覆するものや、年間を通じて被覆を撤去しないものも温室に含まれている。

　温室は被覆資材によって、ガラス温室とプラスチックハウスに大別される。ガラス温室には、厚さ3mmの透明板ガラスが主に用いられるが、厚さ4mmのものも用いられることがある。ガラス自体は破損しない限り長期に使用でき、日射透過率の経年変化もほとんどない。したがって、被覆資材の交換が不要であることが特長であるが、ガラスはプラスチック資材に比較して重いため、その分構造的強度も高められ、施設の耐用年数も長い。わが国では地震の懸念から海外に比べガラス温室の比率は低めである。

　プラスチックハウスは、硬質あるいは軟質のプラスチック資材によって被覆されるもので、単にハウス、あるいは、プラスチック温室と呼ばれる。プラスチックハウスという呼称が最も広く使われているが、本来の意味からすれば、プラスチック温室と呼ぶのが妥当である。被覆資材には、硬質板（FRP板、FRA板、MMA板、PC板、複層板など）、硬質フィルム（ポリエステルフィルム、フッ素フィルムなど）、軟質フィルム（塩化ビニルフィルム、ポリエチレンフィルム、ポリオレフィン系フィルムなど）が用いられる。被覆資材の種類や特性については、別項を参照されたい。

　温室各部の名称と、構造部材の名称と、構造部材の名称を、図—1、図—2に示した。構造部材による分類では、ガラス温室は、鉄骨温室と鉄骨アルミ温室に分けられる。後者は、合掌や柱などの主要な部材は鉄

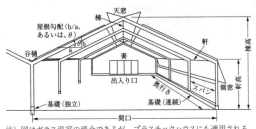

図—1　温室各部の名称

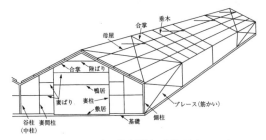

図—2　温室の構造部材の名称（高倉，1980）

表—1 温室の構造部材に用いられる主な鋼材と断面形状

鋼材	呼称	断面形状
形鋼	山形鋼	L
	I形鋼	I
	H形鋼	H
	みぞ形鋼	⊏
	C形鋼	C
	ハット形鋼	⊓
	リップハット形鋼	⊓
鋼管（曲げ管、直管）	角形鋼管	□
	丸形鋼管	○

骨であるが、棟材、垂木、樋などにアルミを用いたもので、軽量であり、錆などに対する耐久性も高い。表—1に、構造部材として用いられる鋼材の種類を示した。プラスチックハウスは、鉄骨ハウス・鉄骨補強パイプハウス・地中押し込み式パイプハウスなどに分類される。前二者は基礎を有するが、地中押し込み式パイプハウスは、構造部材であるパイプを土壌に直接挿入している。パイプハウスには、断面が円形の金属パイプの直管や、金属パイプを押し曲げた曲げ管が主要構造部材として用いられる。古くは、これら以外にも竹材や木材も用いられた。

【ガラス温室】
両屋根型（単棟）　片屋根型（単棟）　スリークォータ型（単棟）
両屋根型（連棟）　フェンロー型（連棟）

【プラスチックハウス】
丸屋根型（単棟）　丸屋根型（連棟）
肩部を曲げた丸屋根型（単棟）　両屋根型（大型単棟）

注）佐瀬（1998）を一部改変
図—3 温室の形状による分類・呼称

温室の形状による分類を図—3に示した。温室の形状は、温室内の光環境に、特に影響を及ぼす。棟の両側に、同一の平面屋根を形成する両屋根型（切妻型とも呼ぶ）が最も一般的であり、ガラス温室にもプラスチックハウスにも用いられる。フェンロー型は両屋根型の一種である。片屋根型は、わが国ではほとんど見られなくなったが、中国で普及している、日光温室がこれに当たる。プラスチックハウスでは丸屋根型が最も広く普及している。棟が一つの場合を単棟、軒部で連結している複数の棟を持つ場合を連棟（あるいは、多連棟）といい、後者は、棟数によって2連棟・3連棟、多連棟などと呼ぶ。なお、特に間口の広い温室を大型温室（あるいは、ワイドスパン温室）と呼ぶことがある。

2）普及現状

わが国では、温室のほとんどはプラスチックハウスであり、ガラス温室は、わずか4.2％にすぎない（表—2）。また、諸外国では、プラスチックハウスの被覆資材として、主にポリエチレンフィルムが使われるのに対し、わが国では温室全体の7割以上が塩化ビニルフィルムで被覆されているのが大きな特徴であったが、近年は5割程度と急速に減少しつつある。

構造部材別では、金属パイプ等を使用した簡易なパイプハウスが、全体の79％を占めるが、プラスチックハウスでも、鉄骨（アルミを含む）構造のものが20％に達している。（表—3）。温暖な気候を利用して、比較的低コストの施設を用いて発展してきた、わが国の施設園芸の特徴が表れているといえる。

2．ガラス温室の形状と特徴

1）両屋根型

もっとも一般的な形式であり、広く普及し

表—2 被覆資材の種類別施設設置面積
（平成20年7月～平成21年6月実績）
(単位：ha)

栽培作物	ガラス温室	プラスチックハウス					計
		塩化ビニルフィルム	ポリエチレンフィルム	硬質フィルム	硬質板	その他	
野菜	811	19,208	11,927	1,442	249	206	33,843
花き	1,096	3,701	1,890	714	240	98	7,739
果樹	131	2,763	4,388	64	10	111	7,467
計	2,039	25,672	18,205	2,220	499	416	49,049

注1）農林水産省農産園芸局野菜振興課（2010）より作表
注2）ポリエチレンフィルムは、ポリオレフィン系フィルムを含む

表—3 構造材の種類別施設設置面積
（平成20年7月～平成21年6月実績）
(単位：ha)

	栽培作物	鉄骨（アルミニウム骨を含む）	金属パイプ等			その他
				うちパイプ	うち雨よけ	
ガラス室	野菜	779	—	—	—	33
	花き	1,032	—	—	—	65
	果樹	45	—	—	—	87
プラスチックハウス	野菜	5,325	27,754	16,979	3,409	—
	花き	2,093	4,556	2,330	306	—
	果樹	630	6,652	4,118	1,373	—
合計		9,903	38,962	23,428	5,088	184

注）農林水産省農産園芸局野菜振興課（2010）より作表

ている。H形鋼による合掌の上に、棟方向に母屋を配し、母屋と直角に配した垂木で、ガラスを支持する構造である（図—2）。温室周囲は、コンクリートなどによる連続基礎であるが、連棟温室の谷柱（中柱）には、1本ごとに独立基礎が設けられている。天窓には、跳ね上げ式の連続天窓が用いられる。側窓にも、同様の換気窓が用いられてきたが、近年は、3枚組の引き違い式（引戸）や、プラスチックフィルムによる巻き上げ式が多く用いられる。

使用されるガラスは、その規格から、幅は508mm（20インチ）または610mm（24インチ）、長さ900mm前後、厚さ3mmが一般的である。508mm幅のガラスの場合、各スパンに5枚のガラスが使用され、垂木を入れてスパンは約2.6mとなる。一方、610mm幅のガラスの場合には、各スパンに4.5枚または5枚の割合となり、その結果、スパンはそれぞれ約2.8m、3.1mとなる。

屋根勾配は、野菜用では5/10（26.6°）が主流である。花き用では、より急な6/10（31.0°）前後が好まれる。これは、換気効率が高まるためである。また、強風時を考慮して天窓の最大開度を水平までとするのが一般的であるが、このような制限のもとでは、屋根勾配が大きいほど、最大開口部面積も増加する。

1棟の間口は、旧来の寸法の取り方が踏襲されており、7.2m（4間）～14.4m（8間）程度が一般的である。積雪地帯などで、連棟化が困難な場合には、単棟で間口が24mに達するような温室もあり、中柱が設けられる。軒高は、保温カーテン等の設備化や、通風性の向上を理由に、増加の傾向にある。3m前後の軒高を有するものが多い

2）スリークォーター型

温室メロンの栽培に用いられる、建設方位が東西棟の単棟温室であり（図—4）、畝方向も東西である。東西棟温室は、南北棟に比較して、透過日射量は10～15%優れるが、北側に弱光帯ができる。この部分を取り除いたのが、スリークォーター（3/4の意味）型である。北側の作物にも日射が均一に当たるように、栽培ベッドの高さも北側ほど高められる。採光性に優れるだけでなく、気温分布が均一になるよう、また、保温性が高まるように多くの改良がなされている。

当初は、4畝用として間口は4.4m、床面積100m^{2}程度であったが、5畝用、6畝用と徐々に間口が広げられた。近年は6畝用（間口6.6～7.5m）が主流であるが、8畝用（床

面積は約260m²）もある。棟方向の気温分布の不均一を嫌うため、奥行きに大きな変化はなく、25m前後である。換気窓は、単独の分離窓であり、個々に開度を調節することにより、温度分布を均一にできるようになっている。

3）フェンロー型

オランダで開発されたガラス温室で、1棟の間口が狭い、屋根勾配が緩い（4/10）、構造部材が細く光環境に優れる、建設費が安価、などの特徴を持つ。原理的には、連棟数を無制限に増やすことが可能で、大型温室に適している。1棟の間口を3.2mとし、トラスを用いて2棟ごとに柱を入れるものが初期に一般的で（間口方向スパンは6.4m）、3棟ごとに柱を入れるものもある（間口方向スパンは9.6mとなり、トリプルとも呼ばれる）。一方、1棟の間口を4mや4.5mに拡大し、2棟ごとに柱を入れる（間口方向スパンが8mや9m）ようになってきている。ガラス厚さは4mmのものが使用され、屋根ガラス面は、3mスパンでは0.75m、4mスパンでは0.8mまたは1mである（オランダでは1.6m幅のものも使われる）。樋の幅は0.22mから0.17mに狭められており、このような改善により、日射透過率は65％から72％に増加しているという。

わが国には昭和45（1970）年頃に導入され、わが国の気候を考慮して、側窓を取り付けたり、強風に対する強度を高めたりなどの改良を加えて利用されている。側窓に3枚1組の引き戸が用いられた場合は、全開時には側壁の2/3近くを開放することができる。また、耐風強度を高めるため、最も外側の屋根には天窓は取り付けられず、ガラスの幅も半分にされている。

軒高の増大は、フェンロー型温室の近年の大きな改良点である。初期の軒高は2.5m程度と低かったが、徐々に高められ（2.7m、3.3m、4.5m）、5m以上のものもある（図ー5）。天窓は、棟から樋までのガラス1枚を4枚に1枚の割で跳ね上げる従来のものから、一定の長さで幅の狭い跳ね上げ式天窓を、棟に交互に配置するものに変更されてきた（ただし、開閉機構は従来と同様）。図ー5において、天窓の最大開度を45°とすると、床面積に対する開口部面積の割合は25％となる。天窓の大きさは、長さが最大で3.2m（スパン4mの場合で、ガラス4枚分）、幅が最大で1.2mとなっている。これらの改良は、大きな栽培空間の確保、保温カーテンなどの環境制御機器の設備化、環境制御特性の改善などに貢献している。

被覆資材にフッ素フィルムを用いた、わが国独自のフェンロー型温室も開発されている。屋根勾配を5/10とし、天窓には、幅0.9mの連続型の跳ね上げ式を、棟片側のみ、あるいは両側に装備している。側窓を設けた場合は巻き上げ式が一般的である。1棟の間口は3.2m、4m、または4.5mが多い。また、合掌と母屋を入れて耐風強度を高めたものもある。

図ー4　スリークォーター型温室の寸法例と外観
（上：5畝用（古牧，1980）、下：6畝用、間口7.6m、奥行き25m、静岡県）

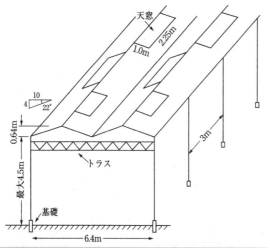

注）写真の左は旧型のものであり、高さの違いが分かる

図—5　フェンロー型温室の寸法（上）と軒高4.5mのものの外観（下、オランダ）(佐瀬, 1995)

などを利用して側壁の開放度を高められるものが多い。

被覆資材としては、主に硬質プラスチックフィルム資材が用いられるが、軟質フィルムも用いられる。MMAなどの波板を使用する場合、被覆資材自体に強度があるので、合掌に母屋のみで構成され、構造が簡易になるとともに、採光性も高まっている。

構造部材として、合掌や柱には、H形鋼や角形鋼管が用いられる。母屋には、主にC形鋼が用いられるが、ハット形鋼やリップハット形鋼は、その特殊な断面形状により強度が高く、被覆資材内面の結露水を受け止めて、水滴の落下を防止する効果もある。

2）鉄骨補強パイプハウス

屋根に曲げパイプ（アーチパイプとも呼ぶ）を用い、鉄骨と組み合わせて補強したハウスである。連棟式が主であり、コンクリート製の独立基礎を有する。被覆資材としては、主に粘質フィルムが用いられる。ハウスの種類は多種多様であるが、その多くはAPハウスから派生している。

APハウスの原型は、柱にアングル（山形鋼）を用い、棟方向に谷ばりとしてC形鋼を配して、屋根のアーチパイプを支える構造であり、高知県を中心に広まった。APの呼び名は、アングルのAとパイプのPに由来する。近年のAPハウスは、柱に角形鋼管を用い、強度や作物の誘引を考慮して、角形鋼管による水平ばりも入れられている（図—6）。アーチパイプの先端はつぶしてあり、建設時に差し込んで、90°回転させると抜けないようになっている。また、従来の谷部の構造は、谷フィルムを2枚の谷板ではさんで両側に渡すものであったが、最近では、スチール製の谷樋を用いるものが多い。さらに、フィルム内

3．プラスチックハウスの形式と特徴

1）鉄骨ハウス

鉄骨ハウスは、両屋根型が主であり、構造はガラス温室に類似しているが、独立基礎を用いる点がガラス温室と異なる点である。ガラス温室よりも軽量な構造で、構造部材が少なく、採光性に優れる。プラスチックハウスの中では、強度や耐風性にもっとも優れているといえる。屋根勾配は4/10または5/10である。天窓はガラス温室と同様のものが用いられるが、側窓には、フィルムの巻き上げ

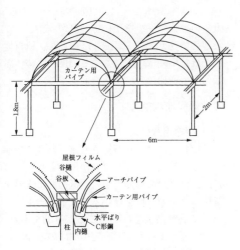

図—6　最近のAPハウス（高知県の例）

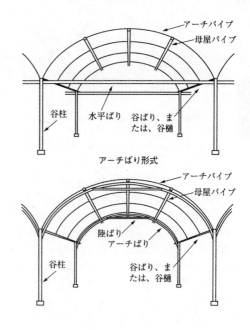

図—7　鉄骨補強パイプハウスの主な形式

面の結露水を受け止めるように内側の樋も設けられている。天窓を設けたものもある。

　鉄骨補強パイプハウスは、はりの構造から、水平ばり形式やアーチばり形式が主である（図—7）。合掌ばり形式もあるが、現在ではほとんど使われていない。水平ばり方式は、柱を水平ばりで接続し、棟方向に配置した谷ばりや谷樋で、アーチパイプを支持する構造である。アーチばり形式は、水平ばりの代わりにアーチばりを用いた構造であり、アーチばりの上に、母屋パイプを介して一定間隔でアーチパイプを設置する。いずれもアーチパイプのピッチは50cmが標準である。

　鉄骨補強パイプハウスは、上記のような形式に大まかに分けられるが、アーチパイプの寸法や形状、柱やはりに用いられる部材や形状、谷部の構造などは多種多様であり、これらが様々に組み合わされている。アーチパイプには、直径19～22mm・肉厚1.2mm程度のパイプが用いられる。2本のパイプを、棟部でジョイントで接続するのが一般的であるが、継ぎ目なしの半円状のパイプを用いることもある。後者では、屋根形状がよりなめらかな曲線となるが、間口が狭くなる。柱や水

平ばりには、主として50（縦）×50（横）×2.3（肉厚）mm程度の角形鋼管や、48（直径）×2.3（肉厚）mm程度の丸形鋼管が用いられるが、間口やスパンが広い場合には、太めの部材が用いられる。アーチばりにも、同様の角形鋼管や丸形鋼管が用いられる。間口は4～9mと選択範囲が広いが、主に5.4mや6mが用いられる。スパンは2～3m程度である。なお、側壁面や妻面に、パイプを用いて張り出しを設けたものもある。

　谷部におけるアーチパイプの支持方法は、図—6に示す以外にも種々の方法がある（図—8）。図—8（a）は、柱にC形鋼を乗せ、C形鋼に取り付けられたコの字形のジョイントにアーチパイプを接続するものである。同図（b）は、パイプの取り付けを谷樋と兼用しているものである。

3）地中押し込み式パイプハウス

　最も簡易なハウスで、基礎を用いず、肩部

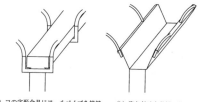

(a) コの字形金具にアーチパイプを接続　(b) 取り付けを谷樋で兼用

図—8　アーチパイプの取り付け例

で曲げられたパイプを地中に挿入し、棟部で2本のパイプを接続し、棟方向に配した母屋パイプで補強する構造である。曲げパイプのピッチは、45㎝または50㎝が標準である。単棟ハウスの間口に応じた寸法例を、図—9に示した。被覆資材が塩化ビニルの場合、各アーチパイプの中央を、外側から押さえ紐で固定するが、ポリオレフィン系フィルムの場合には、押さえ紐は省略される（バンドレスハウスと呼ぶ）。妻面側には、強度を高めるために、筋かいが入れられることもある。

地中押し込み式パイプハウスは、多くが単棟であるが、連棟化も可能である。連棟ハウスでは、アーチパイプの交差部分に直管を通してジョイントで固定し、上部に谷樋を設置する（図—10）。

強風地帯や積雪地帯では、強度を高めるための補強が行われる。これらには、アーチパイプ1〜数本ごとにダブルアーチとする、太めの補強アーチを用いる、陸ばりを入れる、などの方法がある（図—11）。また、積雪地域では、中柱は積雪に対する強度を高め、屋根勾配の増加は雪の落下を促進する。

4）傾斜地ハウス

（1）果樹用ハウス

果樹栽培には、鉄鋼補強パイプハウスや地中押し込み式パイプハウスが用いられ、一部は雨よけ施設の形態をとる。低温期に適温を維持して早期収穫をはかることや、雨よけによって品質向上をはかることが目的であり、被覆は通年ではなく、一定の期間のみの場合が多い。

構造部材は、野菜や花きのハウスと同様のものが用いられるが、ハウスの形態はかなり異なる。最も大きな特徴は、ハウスが傾斜しており、しかも、不整形である場合が多い点である（写真—1）。これは、ミカンなど多くの果樹が傾斜地で栽培され、既存の果樹園に応じてハウスが建設されることが多いためである。傾斜ハウスの棟方向は、等高線に沿う場合と等高線に直角とする場合がある。前者は急斜面の場合、後者は主に緩斜面の場合に用いられる。

一方、軒高は樹種によってまちまちである。

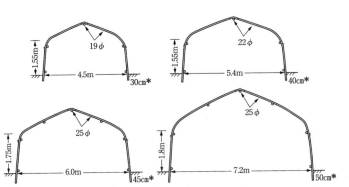

注）φはパイプの直径（mm）を示し、肉厚はいずれも1.2mmである。*はパイプの地中押し込み深さ

図—9　単棟パイプハウスの形状と寸法例（渡辺パイプ（株）カタログより）

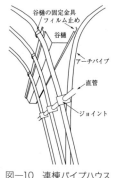

図—10　連棟パイプハウスの谷部の構造（渡辺パイプ（株）カタログより）

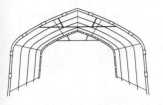 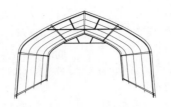

ダブルアーチと陸ばり　　　補強アーチと陸ばり

図—11　パイプハウスの補強例

棚栽培がおこなわれるブドウなどの場合、軒高は2.5～3m程度であるが、樹高の高いオウトウの場合には、7～8mに達するものもある（写真—2）。

果樹のハウス栽培では、棚栽培やコンテナ栽培、矮化剤の利用などを通じて低樹高化への改善が進められている。このような技術が達成されれば、抵コストな一般のハウスを利用することも可能となろう。

（2）足場パイプハウス

平場だけでなく傾斜地での野菜・花き生産向けの低コストハウスとして建設足場資材利用ハウスが開発された。自家施工向けマニュアルも整備されている。基本構造は、外径48.6mmの建設足場に用いられる汎用パイプを主要構造部材としてクランプ類を組み合わせた、主基礎と支柱は間隔3m、支柱長さ3mの平張型である。平屋根または片屋根構造がある。PO系フィルムで被覆し、ハウスの四方には巻き上げ幅1mの側窓を2段設けることができる。耐風速$30m \cdot s^{-1}$の鉄骨補強型パイプハウス（APハウス）と同程度の強度を持つ。

4．屋根開放型温室

温暖地域への施設園芸の広まり、温室の周年利用化、生育適温がより低温の作物の施設栽培化などに伴い、温室の開放度を高めて自然換気を向上させようとする傾向に対応した施設である。屋根自体が開閉し、屋根面を全面近くまで開放可能な、いわゆる屋根開放型温室（open-roof greenhouse）が欧米を中心として開発された。パイプハウスの構造を利用したものはわが国で開発され、フルオープンハウスと呼ばれている。

図—12に示したように、屋根開放型温室は、屋根の開放によって大きく五つに分類できる。いずれも多連棟温室に適しており、強風時の安全性を考慮して、風速センサーを用いて、一定風速以上になると屋根が自動的に全閉されるものが多い。海外のものは、屋根全閉時の耐風強度は、風速$35～40m \cdot s^{-1}$程度で設計されているが、わが国への導入に当たって補強がされているものもある。被覆資材はガラスとプラスチックフィルムに大別される。

写真—1　傾斜地に建てられたミカンハウス（愛媛県）　　　写真—2　オウトウハウスの内部（山梨県）

1) 樋部を軸として棟部から屋根を開放する温室

フェンロー型温室と類似の構造であり、棟に直角に配したトラスに柱を接合し、トラスと柱によって屋根や樋を支持する構造である。屋根の開閉機構にラック・アンド・ピニオン方式を用い、両屋根は樋部を軸としてほぼ垂直まで開放できる。被覆資材はガラスが主であるが、ポリエチレンフィルムやポリカーボネート板を使用できるものもある。欧米メーカーのもの2例を紹介する。

イタリアのフチュラ（Futura greenhouse, Artigianfer 社、写真—3）の構造強度は、イタリア建築基準に準拠しており、風荷重 $75kg・m^{-2}$（風速換算で約 $35m・s^{-1}$）、雪荷重 $25kg・m^{-2}$、その他の荷重 $5kg・m^{-2}$ が考慮された。

屋根の開閉制御は、制御レベルによって、①マニュアル開閉、②温室内気温による自動開閉、③温室内の気温と降水量による自動開閉の三つがある。いずれも、強風時や降雨時には屋根を全閉することができる。なお、屋根換気窓は全開時においても風速 $15m・s^{-1}$ に耐えられるという。

MX-Ⅱ（アメリカ Van Wingerden Greenhouse 社）は、1棟当たりの間口 12ft（3.7m）を基本に、間口方向スパンは 24ft、または、36ft である。被覆資材には、ガラス、または空気膜式の2重ポリエチレンフィルムが選択できる。柱には 6.4cm 角の角形鋼管が使われる。屋根勾配は 30°であり、通常のフェンロー型温室よりもやや急である。軒高は、最大で 6.3m に達し、屋根全開時には、屋根の突端は 8.4m の高さとなる。棟部は樋のような構造となっており、降雨時の雨に侵入を防ぐとともに、3％ほどの隙間を作ることにより屋根全閉時に換気や湿度制御が行えるようになっている。屋根全閉時の耐風強度は $36 \sim 45m・s^{-1}$ 程度である。

2) 棟部を軸として樋部から屋根を開放する温室

リッシェルハウス（フランス Richel Group）がこのタイプに該当する（写真—4）。厚さ 0.2mm の PO（ポレオリフィン系）フィルムを用いて、空気膜構造の二重被覆とした、パイプ構造の丸屋根型連棟ハウスであり、棟から樋にかけての片方の屋根を開閉することにより換気が行われる。屋根の開閉機構は、棟を固定して屋根の樋側の端をラック・アンド・ピニオン方式で持ち上げる機構である。樋からの最大開口幅は 1.25m である。間口は 6.4m または 8.0m であり、前者の場合、床面積に対する開口部面積の割合は 20％、後者では 16％となり、フェンロー温室に近い開口部面積が確保される。

3) 各屋根の片方の樋部を水平移動して開放する温室

屋根の一方の樋部を固定し、他方の樋部を水平方向に移動して屋根を折り畳む方式であり、Cabrio

図—12 屋根開放型温室の分類

両屋根型の屋根を樋部を軸として棟部から開放
(hinged roofs at the gutter)

棟部を軸として樋部から開放

丸屋根型でフィルムの巻き取りで開閉
(roll-up roof covering)

写真—3　フチュラ温室の外観（愛知県）

写真—4　リッシェルハウスの外観（愛知県）

（ベルギー Deforche 社）や Cabriolet（オランダ VB Greenhouses）が代表例である。前者は、被覆資材として、ポリカーボネート板、アクリル板、ポリエチレンフィルム、ガラスなどが使用可能である。開口方向スパンは 12.8m であり、屋根の開放度は最大 85% である。

4）フィルムの巻き取りによって開閉する温室

周年栽培を目的として、高温期に被覆資材（妻面を除く屋根面と側壁面）を、すべて開放するハウスがフルオープンハウスと呼ばれている。フルオープンハウスは、地中押し込み式パイプハウスや、鉄骨補強パイプハウスの構造を利用したもので、被覆資材としては、主に厚さ 0.15mm の PO フィルムが使用される。屋根面や側壁面のフィルムの開閉は、谷換気と同じ機構を利用しており、棟方向に設置されたパイプによってフィルムを巻き上げる方式である。開閉は手動もしくはモーター利用である。屋根面を全閉した時にフィルムがばたつかないように、パイプが枠にはまることによって張力を保つような構造になっているものもある。害虫の侵入を抑制して、殺虫剤の使用量を低減するために、網を展張したフルオープンハウスもある（写真—5）。Roll-A-Roof（アメリカ Jaderloon and Agra Tech）はポリエチレンフィルム二重の丸屋根型温室で、屋根は棟部から開放されるが、フィルムを開口端と軒部の間で巻き取る特殊な機構である。また、Roll-air（オラン

注）側壁面と屋根面に網が展張されるが、網が換気を抑制することから、棟部の一部には網は展張されていない

写真—5　網を展張したフルオープンハウス（旧千葉県農業試験場）

写真—6　フィルムの折り畳みによって開閉する Retract-A-Roof

第 1 章　施設の種類と形式　33

ダRevero社）は、屋根のフィルムを樋部から棟部方向に巻き上げて開放するもので、わが国の谷換気の発展形である。被覆材には、ネットを織り込んだポリエチレンフィルム（日射透過率80％）を使用する。温室の骨組みは、柱、トラス、屋根のアーチパイプで構成される。

5）フィルムの折り畳みによって開閉する温室

Rectractable Roof Greenhouse（カナダCrave Equipment社）は、屋根面のフィルムを桁行方向にスパンごとに折り畳む方式で、屋根面を90％まで開放することが可能である（写真－6）。被覆資材には、繊維を織り込んで強化したポリエチレンフィルムが用いられる。フィルムの展張は、水平展張と、合掌に沿った傾斜展張が可能である。前者の場合、柱とトラスが主要な構造部材であり、合掌や樋はない。雨よけや夜間の若干の保温効果を利用して品質を向上させるのが目的で、屋外でも栽培できるような花き類の栽培に利用されることが多い。設計風速は$36m・s^{-1}$が考慮されている。

5．低コスト耐候性ハウス、超低コスト耐候性ハウス

台風や雪の多いわが国では、耐候性が特に重要となる。低コストでありながら強風や積雪に強いハウス基準が定義され、それに合致したハウスは「低コスト耐候性ハウス」として販売されている。低コスト耐候性ハウスは、一般的に普及している鉄骨補強パイプハウス等の基礎部分や接合部分を強風や積雪に耐えられるよう補強・改良することで、ガラス温室や鉄骨ハウス並の耐候性（風速$50m・s^{-1}$以上または耐雪荷重$50kg/m^2$以上）を備えるとともに、設置コストが鉄骨ハウスの平均的価格の概ね7割以下であるものである。超低コスト耐候性ハウスは一般的鉄骨ハウスに対して40％以上の建設コストの節減が達成されたハウスとして販売されている。詳細は別項を参照されたい。

6．災害対策ハウス（耐風ハウス、耐雪ハウス）

台風の常襲地域のハウスは部材の太さ、塗装、止め具などに随所に工夫が見られる。メインフレームにH形鋼を使用したプラスチックハウスが野菜、果樹の栽培に利用されている。一般的な施設の仕様は、間口10mもしくは12m、棟高2.5m、軒高4.5m～5.0mである。施設は作物の台風被害を回避するために全面を厚さ0.15mmのPO系フィルムで被覆し、側面については換気のために地際から軒へ向かって巻き上げ方式である。フィルムの内側には網目間隔1mm程度の防虫網が張られている。沖縄県は本施設の耐風速を最大瞬間風速$60m・s^{-1}$に設定している。さらに、立体トラス構造の設計風速$70m・s^{-1}$の大型台風に耐える樹脂製ポールジョイントを使用したトラス型ハウスも開発されている。

台風来襲時には、フィルムの破損を防ぐために側面と屋根面のフィルムを巻き上げ、防虫網で、被覆された状態にするのが一般的である。

耐雪ハウスは、肉厚や大口径パイプ、あるいはパイプピッチを狭くして、積雪荷重に耐える構造にする。アーチパイプやタイバー、筋交い、トラスなどでの補強も組み合わせることが多い。また、屋根面に雪が留まりにくい単棟が採用されることが多い。屋根から雪が落ちやすくなるよう屋根面の傾斜角度を強くする。さらに除雪作業性を考えて、真下に雪が落ちないよう軒先形状を工夫したタイプもある。被覆も雪が滑り落ちやすいよう、硬質系のプラスチックフィルムで被覆したり、空気膜ハウスが採用される。

7. 日光温室

　中国の日光温室は無加温もしくは最小の補助加温のみで栽培を行なえるよう、北側と東西側は土やレンガの固体壁とし、南面と屋根面には外被覆保温カーテンを用いる独自の構造を持つ。日本型の日光温室として、中国の日光温室並みの高水準の保温性能を有する省エネ型パイプハウスが開発された。これは、空気膜2重構造を外被覆、内部は布団状の保温資材を開閉式の内張りとし、パイプ構造は1.5mピッチのダブルアーチとなっている。

8. スクリーンハウス

　世界的には、イスラエル、南スペインなどの乾燥地、半乾燥地での集約農業は防虫ネットで作られたスクリーンハウスに移行している。防虫による使用農薬の低減効果や適度な暑熱緩和、また露地に比べて水使用の減少効果もあるため面積が拡大している。構造的にはプラスチックフィルムハウスの被覆をスクリーンやカラーネットで代替したもので、平屋根マルチスパンが多い。

　わが国南西諸島では、ネット式鋼管施設が風害を防ぐ目的で、ゴーヤーやインゲンなどの野菜栽培で利用されている。施設の間口は6.0m、軒高2.0m、棟高3.0mである。0.6～2.0mm目合いの網で屋根面と側面を被覆し、妻面は厚さ0.1mmの農サクビを被覆している施設が多い。網の目合いは栽培作物や害虫の種類に応じて選択している。平屋根型の場合は棟高が栽培品目によって大きく異なり、キクで2.3m、バナナで3.5mである。全面が0.6～4.0mm目合いの網で被覆されている。

(奥島里美＝農研機構農村工学研究所)

参 考 文 献

1) 千葉県農業試験場 (1995)：平成6年度環境保全型農林業技術開発試験成績書，千葉県農業試験場
2) 鴨田福也 (1997)：果樹施設栽培の現状と展開方向，農業，1360
3) 三原義秋編著 (1980)：温室設計の基礎と実際，養賢堂，275
4) 日本施設園芸協会編 (2003)：五訂施設園芸ハンドブック，園芸情報センター，626
5) 農林水産省農産園芸局野菜振興課編 (2011)：園芸用施設及び農業用廃プラスチックに関する調査，日本施設園芸協会，189
6) 佐瀬勘紀 (1998)：最近の開放型施設の種類と特性，施設と園芸
7) 佐瀬勘紀 (2000)：新しい屋根開放型温室，日本農業気象学会・日本生物環境調節学会合同宮崎大会シンポジウム「新しい施設園芸と気象環境」講演要旨
8) 日本施設園芸協会 (2001)：低コスト耐候性鉄骨ハウス施工マニュアル (風対策)，日本施設園芸協会，30
9) 日本施設園芸協会 (2002)：低コスト耐候性鉄骨ハウス施工マニュアル (雪対策)，日本施設園芸協会，28
10) 長崎裕司 (2014)：低コスト・高強度ハウスの施工技術とハウス内環境改善技術の取り組み，農業および園芸89 (1)，118-122
11) 玉城麿 (2012)：南西諸島における園芸施設の台風対策に関する研究．沖縄県農業研究センター研究報告，6，1-59
13) 川嶋浩樹 (2014)：高保温性能で大幅な省エネを可能にする次世代型パイプハウスの開発．農業および園芸，89 (1)，129-136
14) 農研機構近畿中国四国農業研究センター (2008)：平張型ハウス設計・施工マニュアル，http://www.naro.affrc.go.jp/publicity_report/publication/files/naro-se/flat_dildo_house_manual.pdf
15) 山口智治 (2013)：中国の施設園芸の最新情報と日本型日光温室の今後の課題，普及指導員等研修「園芸施設の低コスト構造・環境制御技術」，農水省生産局技術普及課・農村工学研究所技術移転センター技術研修課，8

第2章　施設の設計・施工と保守管理

（1）施設の構造計画・構造設計

1．施設の構造計画

1）基本方針

　園芸施設は、植物を栽培する目的で建設される構造物であるから、使用目的に沿った構造計画・設計を心がけるべきである。すなわち、
①植物の生育に好適な環境を提供できる構造であること。
②生産性が高く、良好な作業環境を提供できる構造であること。
③安全性・耐久性が高く、経済的な構造であること。
　設計・計画に当たって、この3条件の中でも、第1条件を最優先しなければならない。
　構造部材は、植物の生育に欠かせない日照を阻害するマイナス要因であるという理由から、構造安全を無視して、部材断面を細くすることは非常に危険である。したがって、設計者はなるべく日照を妨げない架構方法（骨組みの組み方）や、部材断面形状を工夫して設計すべきである。
　また、安全性・耐久性と経済性とは矛盾することが多い。どちらを優先すべきかは一概に言えないが、常に適材適所を念頭に置いて設計すべきである。

2）構造形式の選定

　設計条件は、同一の地域に建設する施設であっても、構造形式によって、主要構造部材のサイズに大きな違いが生じる。
　一般建築物の場合、美観や使用目的を最優先とするので、不経済な構造形式を選ばねばならない場合もあるが、園芸施設の場合は、敷地・形態上の制約は少ないので、できる限り経済的な構造形式を選択すべきである。
　図－1は、単棟施設に一定の積雪荷重や風荷重が作用したとき、構造形式によって、骨組みの変形が大きく異なることを表現したものである。この図では、どの構造形式の骨組みも同一断面を使用しており、同じ荷重を作用させている。したがって、変形の大きい構造形式ほど部材に生じる応力が大きく、曲がり・ねじれなどの変形や、接合部の破壊が生じやすくなるので、構造部材のサイズが大きくなり建設費が高くなる。したがって、変形が小さい構造形式を選択すべきである。
　積雪荷重に対しては、方杖・中柱付両屋根型が最も経済的であり、次に中柱付両屋根型と控え柱付両屋根型が有利であるといえる。
　風荷重に対しては、控え柱付両屋根型が最も有利であり、次に方杖・中柱付両屋根型が経済的である。その他の形式は、補強のない両屋根型と変形がほぼ同じで、補強効果はあまり期待できない。

3）構造部材の選定

　構造部材の断面は、次の点に留意して選定する。
①部材断面形状は、H形・角形・丸形など2

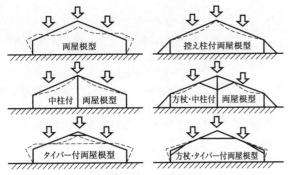

a) 積雪荷重による架構の変形

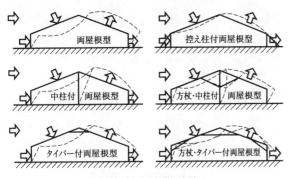

b) 風圧力による架構の変形

図—1　各種架構の変形（点線で変形を示す）

軸対称型の断面を使用する。L形・C形など非対称な断面はねじれやすく、使用方法を誤ると、強度が著しく低下するので、取付け部材によってねじれを拘束するなど、設計上の注意が必要である。なお2L形・2C形など、形鋼を背合わせにボルトや溶接で組み立てた場合は、互いにねじれを拘束するので、強度低下は生じない。
②板厚が薄い部材に圧縮や曲げが作用すると、局部的なへこみ、折れが生じて強度が低下するので、設計上の配慮が必要である。
③結露水が停滞しやすい部分は、部材断面の選定に当たって特に留意し、防錆・防腐処置を施すほか、結露水を速やかに排除できる樋を採用するなど、適切な措置を講じることが必要である。

4）暴風に対する構造計画

暴風時、施設には大きな風圧力が作用する。風圧力は、圧力（正圧）や吸引力（負圧）が施設の屋根・壁の表面に作用し、その大きさは風速の二乗に比例する。

風圧力は、形状や風向によって変化するが、一般に軒先・けらば・棟といった、コーナー部に大きな負圧が作用する。

暴風に対する構造計画を進めるに当たっては次の点に留意する。
①施設は一般の建築物に比較して、非常に柔らかい構造であるから、変形が大きくなりやすい。このため、被覆資材の剥脱、構造部材の曲がり・ねじれや基礎の傾斜・引き抜きなどが生じ、その結果、施設の倒壊・破損等の被害が生じやすいので、筋かいを数多く、釣り合いよく配置して、施設全体を箱のようにゆるみなく固めて風圧力に抵抗できる構造とする。
②屋根面は、外周全周に屋根面筋かいを配置し、奥行きの長い施設では中間部にも屋根面を横断する屋根面筋かいを配置し、屋根全面をゆるみなく固める。
③妻面に作用する風圧力に抵抗する軸組筋かいを、妻面より2スパン以内に配置する。
④施設の側柱には、風圧力による水平せん断力が作用するので、基礎が転倒しないように計画する。また、連棟の中柱には、屋根面風圧力による引き抜き力が大きく作用するので、基礎の自重を重くするなどして引き抜き力に抵抗できるように設計する。
⑤被覆資材は、暴風時に剥がれないよう構造体に緊結する。特にコーナー部には大きな負圧が作用するので、十分注意する。

⑥天窓・側窓は、暴風時の負圧によって吹き上げられたり、開いたりしないよう、確実にロックできる構造とする。

5）豪雪に対する構造計画

屋根上に雪を長期間積もらせておくと、植物の生育に支障が出るので、室温を高め、棟上または軒下散水するなどして、屋根雪を融雪または滑落させ、除雪するなど、きめ細かい管理が肝要である。

豪雪に対する構造計画では、次の点に注意する。
①施設は、豪雪時速やかに屋根雪を排除する必要があるので、多雪地帯の施設の形状は、単棟で奥行き長さの短いものが望ましい。
②軒下に堆積した雪は、速やかに融雪させるか、除雪する。そのために十分な隣棟間隔をとり、雪の捨て場を計画しておく。
③施設の構造形式は、図―1を参考にして、積雪荷重に強い形式を選定する。なお、スパンの大きい施設では、方杖・中柱付両屋根型が望ましい。
④屋根雪の滑落を容易にするため、多雪地域の施設の屋根勾配は、3/10～5/10程度が望ましい。また軒高もできるだけ高くし、軒下の雪を処理しやすくする。
⑤屋根の被覆資材の取り付け金具が、雪の滑落を阻害しないようにする。また温室側面の張り出し部を作ると、寒冷地では夜間に凍結して氷堤が生じ、雪の滑落を阻害するので、張り出し部を作らないようにする。
⑥多雪地帯で連棟施設を計画する場合は、有効な融雪装置を設備しなければならない。

2．施設の構造設計

1）施設の種類と構造設計基準

施設には、簡易なパイプハウスから規模の大きいガラス室・プラスチックハウスまで様々な構造形式がある。これらを安全な構造として、設計・施工・維持管理するため、（一社）日本施設園芸協会では、次のような基準・指針を発表している。
①園芸用施設安全構造基準（暫定基準）
②地中押し込み式パイプハウス安全構造指針
③園芸用鉄骨補強パイプハウス安全構造指針
④加工用トマト雨よけ施設安全構造指針

このうち②～④は、規模のあまり大きくない簡易なハウスの基準である。一般に温室と呼ばれる本格的な施設は①の暫定基準で設計される。

ここではこれらの基準・指針に基づいて、一般的な構造設計について説明する。

2）構造設計の概要

(1) 応力計算

施設は、柱・梁（はり）・筋かいなどの構造部材で構成されている。積雪、風、地震などの外力が作用すると、構造部材にはそれに対する抵抗力が発生する。この抵抗力を、内力または応力と呼んでいる。

応力には次の3種類がある。
①軸方向力……部材を材軸方向に圧縮したり引っ張ったりする力。（記号：N）
②曲げモーメント……部材を曲げるように作用する力。（記号：M）
③せん断力……部材をはさみで切るようにせん断する力。（記号：Q）

部材には、以上の3つの応力が単独または複合して生じる。すなわち、
①柱には軸方向力、曲げモーメントおよびせん断力が作用する。
②梁・もや・胴ぶちには、曲げモーメントとせん断力が作用する。
③筋かいには引張力が作用する。
④支柱には圧縮力が作用する。
⑤支線には引張力が作用する。

応力計算とは、これらの部材の応力を構造力学理論によって求めることである。

表―1 応力の組み合わせ

応力の種類	荷重状態	応力の組み合わせ
長期の応力	常時	$G+(P)+(V)$
短期の応力	積雪時	$G+S+(P)+(V)$
	暴風時	$G+W+(P)+(V)$
	地震時	$G+K+(P)+(V)$

注) ( ) は必要な場合のみ考慮する
G：固定荷重による応力
P：内部装備等の荷重による応力
S：積雪荷重による応力
W：風圧力による応力
K：地震力による応力
V：作物荷重による応力

(2) 部材断面の計算

施設の構造設計に当たっては、固定荷重・積雪荷重・風圧力・地震力などにより構造体に生じる部材応力を求め、これらの応力について、表―1の組み合わせを行い、そのうちの最も不利な応力（通常最大応力）を設計応力とする。次に、設計応力の大きさに応じた部材の断面および寸法を仮定し、設計応力により断面に生じる最大応力度を次式で求める。

軸方向力に対する圧縮・引張応力度は
　　$\sigma = N/A$ (tf/cm^2)
曲げモーメントに対する曲げ応力度は
　　$\sigma = M/Z$ (tf/cm^2)
せん断力に対するせん断応力度は
　　$\tau = \kappa \, Q/A$ (tf・cm^{-2})
ここで、A：断面積 (cm^2)

Z：断面係数
κ：断面形状に応じたせん断応力度の割り増し係数
σ：垂直応力度 (tf・cm^{-2})
τ：せん断応力度 (tf・cm^{-2})

最大応力度が、部材の許容応力度を超える場合には、部材の断面をサイズアップして再検討する。

次に、撓（たわ）みなど構造体の変形が、表―2の制限以下かどうか検討する。もし、制限値を超えていれば、さらに部材の断面をサイズアップする。

3) 園芸用施設安全構造基準（暫定基準）による構造設計の要旨

ここではガラス室・プラスチックハウスの構造設計に用いる、荷重について説明する。ただし、後述の地中押し込み式や鉄骨補強パイプハウスは除く。

(1) 固定荷重

固定荷重とは、施設の構造体および構造体に固定される被覆資材・天窓・側窓などすべての重量である。固定荷重は、表―3によって求める。

(2) 作物荷重

作物の栽培にあたって設置される誘引は、

表―2 変形制限

部材		種類		
		ガラス室	フェンロー型ガラス室	プラスチックハウス
①	はり材	$\leq \dfrac{l}{200}$	$\leq \dfrac{l}{150}$	$\leq \dfrac{l}{150}$
②	もや、胴ぶちたる木	$\leq \dfrac{l}{150}$	$\leq \dfrac{l}{100}$	$\leq \dfrac{l}{100}$
③	合掌、トラス	$\leq \dfrac{L}{200}$	$\leq \dfrac{L}{100}$	$\leq \dfrac{L}{100}$
④	柱の倒れ	$\leq \dfrac{h}{120}$	$\leq \dfrac{h}{80}$	$\leq \dfrac{h}{60}$

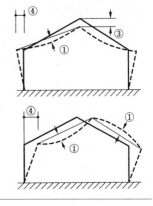

l：はり材等のスパン（cm）、L：合掌、トラスのスパン（cm）、h：柱の長さ（cm）
注) 部材の変形は図のように探る

表—3　固定荷重

構成部分		荷重　(kgf・m^{-2})	備考
構造体	木質系	10 + 0.4l	l：はり間 (m)
	鉄骨系	10 + 0.4l	骨組、もや、胴ぶち、ブレース、つなぎ等すべてを含む。
	アルミニウム合金系	5 + 0.4l	水平投影面に対する数値
被覆資材	塩化ビニルフィルム	厚さ1mm当たり1.4	見付面積に対する数値
	硬質プラスチック板	厚さ1mm当たり1.5	
	ガラス	厚さ1mm当たり2.5	

直接または水平支線を通じて、構造体の荷重となる。この作物荷重は、1m^{2}当たり15kgfとして設計する。なお、水平支線は、たるみをある程度大きく採らないと、構造体との固定部に、大きな水平力が作用するので危険である。

(3) 内部装備による荷重

換気扇・暖房用配管・二重カーテン等の環境制御機器や、モノレール等の運搬機器が構造体の荷重となるように取り付けられている場合は、それらの重量を設計荷重とする。

移動する機器は、構造体に対して、最も不利な荷重となる位置にあるとして設計する。また、運転中振動・衝撃が生じる機器は、その影響を考慮して、荷重を割増しして設計する。

(4) 積雪荷重

①積雪荷重一般

施設の積雪荷重は、施設の形状と管理状況に応じて次の値とする。

a. ガラス・硬質プラスチック板葺きまたはプラスチックフィルム張りで屋根勾配20度以上、かつ雪の滑落を阻害しない屋根葺き工法をとった単棟施設で、屋根面付近の室温を4℃以上に保つよう管理されている場合は、30kgf・m^{-2}としてよい。

b. 単棟施設で軒下の除雪、被覆資材の点検および冬期の窓の密閉などの管理が行き届いている場合は、暫定基準付表—2の新積雪重量を用い、かつ次の②項の規定に従って低減した値とする。なお、この値が80kgf・m^{-2}を超える場合は、

表—4　積雪の単位体積重量

積雪深 (cm)	50以下	100以下	200以下	400以下
単位体積重量（水平面に対しkgf・cm^{-1}・m^{-2}）	1.0	1.5	2.2	3.5

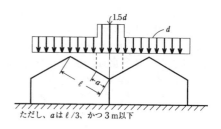

図—2　連棟谷部の積雪荷重

ただし、aはℓ/3、かつ3m以下

80kgf・m^{-2}としてよい。

c. 上記以外の単棟施設は、暫定基準付表—1の最大積雪深に、表—4の積雪の単位体積重量を乗じた値を、②項の規定に従って低減した値とする。

d. 連棟施設は、暫定基準付表—1の最大積雪深に、表—4の積雪の単位体積重量を乗じた値とする。なお、図—2の谷部付近の被覆資材およびそれを支持する垂木、もやなどの部材の設計用積雪荷重は、この値を1.5倍した値とする。

e. 連棟施設で融雪装置を設け、常時有効に作動するよう設計されている場合は、80kgf・m^{-2}としてよい。

表—5　屋根勾配による積雪荷重の低減

勾配	10°以上20°未満	20°以上30°未満	30°以上50°未満	50°以上60°未満	60°以上
積雪荷重に乗ずる数値	0.9	0.75	0.6	0.25	0

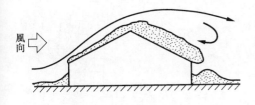

図―3 風雪状態の屋根上積雪

f. 多雪地域で、冬期間被覆資材を除去する場合でも30kgf・m^{-2}以下にしてはならない。

②屋根勾配による積雪荷重の低減

単棟のガラス室、硬質プラスチック板またはプラスチックフィルムを使用した施設で、雪の滑落を阻害しない工法とした場合には、①の積雪荷重に屋根勾配に応じた表―5の数値を乗じて低減してよい。軟質フィルムの場合でも、過度のたわみが生じないよう入念に取り付けられ、常時栽培され、暖房されている場合には、この規定が適用できる。

③屋根上の偏った積雪

施設の桁方向が冬期の主風向に対して直角な場合には、図―3のように屋根雪が偏って堆積するので、①の積雪荷重を風上側では0.5倍、風下側では1.5倍した状態についても検討する。

東西棟施設では、南側の屋根雪が日照により滑落しやすく、一時的に北側のみの偏荷重となるので、南側0・北側1倍の片荷重状態についても検討する。

(5) 風圧力

①風圧力一般

施設の屋根面・壁面に作用する風圧力は、次のようにして求める。

暫定基準付表―3から求めた設計風速(v)を用いて、(1)式より施設の各表面に作用する風圧力(P)を求める。

$$P = C \times q \times A \cdots\cdots (1)$$
$$q = 0.016v^2 \sqrt{h} \cdots\cdots (2)$$

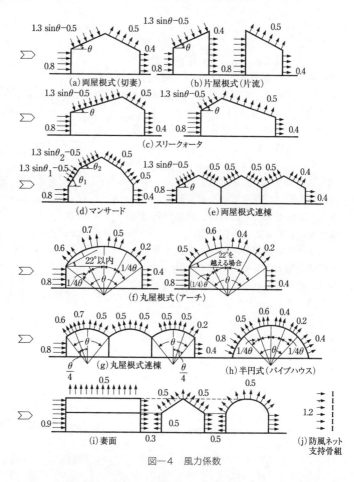

図―4 風力係数

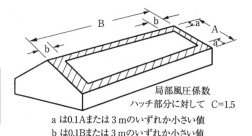

図—5 局部風圧係数
a は0.1Aまたは3mのいずれか小さい値
b は0.1Bまたは3mのいずれか小さい値

ここで、P：壁面または屋根面に作用する風圧力（kgf）
　　　　C：風力係数（図—4による）
　　　　q：速度圧（kgf・m^{-2}）（（2）式による）
　　　　v：設計風速（m・s^{-1}）
　　　　h：構造体各面の地表面からの高さ（m）
　　　　A：壁面または屋根面の表面積（m^2）

②局部風圧力

施設構造体の棟・軒・けらばなどの角張ったコーナー部では、大きな負圧が局部的に生じる。この局部風圧を検討する範囲は、図—5のハッチした部分とし、局部風圧力は風力係数Cの値を1.5（負圧）として、(1)式から求める。なお、この局部風圧力は、被覆資材およびその取付け部材についてのみ検討すればよい。

③地形等による風圧力の増減

施設の周辺に、風を有効に遮る防風林・防風ネットなどがある場合は、遮蔽方向の速度圧を、1/2まで低減してよい。
崖上部・山の稜線部・地峡など風が収束して風速の増大する場所に施設を計画する場合は、風速または速度圧を適当に割増しして設計する。

(6) 地震力

施設に作用する地震力は、(3)式の水平せん断力（Q）を用いる。

$$Q = C \times \Sigma W_i \cdots\cdots\cdots (3)$$
$$C = C_0 \times Z \times G \cdots\cdots\cdots (4)$$

ここで、Q：施設に作用する水平せん断力（kgf）
　　　　C：設計用せん断力係数
　　　ΣW_i：施設の固定荷重、作物荷重および内部装備荷重の和（kgf）
　　　　C_0：標準水平せん断力係数（0.2とする）

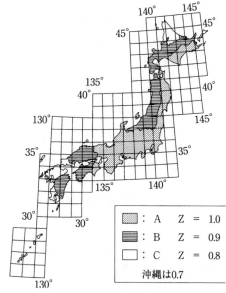

図—6 地震地域係数（Z）

表—6 地盤状態による係数

地盤種別	ガラス温室	プラスチックハウス
① 通常の地盤	1.0	1.0
② 水田跡地で地下水位が高く、湿潤している地盤および地形を平坦にするため切盛して造成した土地の盛土地盤	1.2	1.1
③ 沼地や河川敷等を埋めて造成した、特に軟弱と思われる地盤	1.5	1.3

Z：地震地域係数（図—6による）
G：地盤状態による係数（表—6による）

4）地中押し込み式パイプハウス安全構造指針の要旨

この指針は、間口3.6mの小型から7.2mの大型単棟パイプハウスの構造設計・施工を対象としている。

(1) 材料

①パイプ

パイプハウスに使用する鋼管は、JIS G 3345 STKM（機械構造用炭素鋼鋼管）もしくはJIS G 3444 STK（一般構造用炭素鋼鋼管）に規定するものを用いるのが原則

であるが、一般には表—7に示す。規格外のものがよく用いられる。

② パイプ接合金具

棟部のアーチパイプの接合形式には、図—7のような外ジョイント形式とスエッジ形式がある。外ジョイント形式は、アーチパイプ外径より少し大きい内径のパイプを、折り曲げた接合金具を用いて棟部でアーチパイプを嵌合（かんごう）接合する工法である。スエッジ形式は、片方のアーチパイプの端部を機械で絞り加工し、もう一方のアーチパイプに差し込んで接合する工法である。構造耐力は図—7のように外ジョイント形式の方が大きい。

アーチパイプと桁方向直管や、筋かいパイプとの接合金具には、鋼板製と鋼線製があるが、鋼板製の方が精度もよく強度も大きい。

③ フィルム取り付け金具

フィルム取り付け金具は、固定効果・強度・耐久性・作業性・採光性および汎用性を考慮して選定する。金具には次の種類がある。

a. スプリング式：フィルム留め材内に、鋼線製波形スプリングを押入嵌合して固定する方法。
b. パッカー方式：パッカーという硬質合成樹脂製カバーをアーチパイプに嵌合させて、フィルムをパイプに固定させる方法。
c. 抑えひも方式：弾力性のある軟質合成樹脂製バンドを締め付けて、フィルムを骨組みに押さえつけ、剥がれないようにする方法。

④ 定着杭

表—7　JIS 規格外のパイプサイズ

寸法 (mm)		重量	断面積	断面二次モーメント	断面係数	断面二次半径
外径	厚さ	(kgf·m^{-1})	(cm^2)	(cm^4)	(cm^2)	(cm)
19.1	1.05	0.467	0.595	0.243	0.255	0.639
	1.10	0.488	0.622	0.253	0.265	0.637
22.2	1.05	0.548	0.698	0.391	0.352	0.749
	1.10	0.572	0.729	0.407	0.367	0.747
25.4	1.05	0.630	0.803	0.596	0.470	0.862
	1.10	0.659	0.840	0.621	0.489	0.860

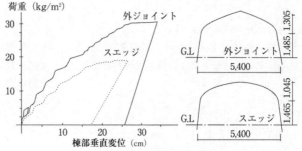

図—7　荷重—棟部垂直変位関係

抑えひもを、地盤に固定するために使用される定着杭には、図—8のようならせん杭とアンカー杭がある。許容引き抜き強度はアンカー杭の方が強く、普通の畑土で1本当たり200kgf程度であり、らせん杭は1本当たり150kgf程度である。

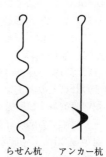

図—8　定着杭の事例

（2）構造設計

① 構造設計一般

パイプハウスに使用する被覆資材の強度は、フィルム厚によって異なるが、一般地域では、ほぼ20cm程度の積雪に耐える強度がある。したがってハウスの構造体の強度も、フィルム強度よりやや強い積雪20～30cm、荷重にして30kgf·m^{-2}程度の強度が確保できれば十分である。

表—8 パイプハウスの固定荷重

部 位	材 料	固定荷重 （kgf・m^{-2}）
骨組み材	パイプ	3+0.15L (L：スパン m)
被覆資材	軟質フィルム	厚さ 0.1mm 当たり 0.14

この程度の強度があるハウスであれば、強風地域に計画される場合を除いて、通常の暴風には耐えることができる。

②固定荷重

ハウスの固定荷重は、表—8によって算出する。

③風圧力および積雪荷重

暫定基準の付表1〜3から、再現期間15年に対する積雪深または新積雪重量および設計風速を求めて設計する。

④許容応力度

使用パイプにJIS規格品を使用する場合の長期許容応力度は、引張・曲げに対して 1.2tf・cm^{-2}、せん断力応力度に対しては 0.69tf・cm^{-2} とし、短期応力に対しては、長期の値の1.5倍とする。なお、圧縮応力度に対しては、座屈を考慮した値とする。なお、規格外のパイプを使用する場合は、許容応力度を適当に低減して設計する。

⑤応力計算上の仮定

固定荷重および積雪荷重や風圧力によるアーチパイプの応力計算に当たっては、地盤面から30cm下で固定されたアーチとして計算してよい。

⑥変形制限

アーチパイプ等に許容される柱の倒れは、柱高さの1/35以下、棟部のたわみは、スパンの1/60以下としてよい。

⑦風圧力に対する計画

正面からの風圧力はアーチパイプで抵抗できるよう設計し、妻面からの風圧力に対して、主管径の80％以上の太さのパイプを用いた桁方向筋かいを、妻側では図—9のように、中間部では30m間隔に桁方向約10mの間にアーチ状筋かいをたすきに掛け渡して抵抗させる。筋かいからの引き抜

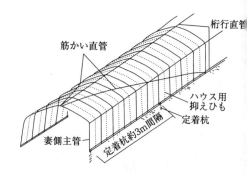

図—9 筋かい等の配置

き力に対して、妻側主管および筋かいの根元に、長さ60cm程度の定着杭等を用いて地盤に固定する。なお、筋かいと主管および桁行直管は、パイプ接合金具で緊結する。風圧力によるフィルムの剥がれや浮き上がりを止めるため、抑えひもを張って抑える。このひもは、地盤上に配置した直管に固定する。この直管には間隔3m程度ごと定着杭を設けて、地盤に固定することが望ましい。

（3）施工上の注意

①パイプの加工上の注意

アーチパイプ肩部の屈曲箇所は、積雪時・暴風時に生じる応力が最も大きくなる部分であるから、適切な治具を用いて曲げ加工する。この曲げ加工によってパイプは扁平化し、断面二次モーメントや断面係数が低下するので、強度低下を少なくするような曲げ加工方法を採用する。また、曲げ半径が小さいと扁平化しやすいので、曲げ加工はパイプ径の10倍以上の曲げ半径で行う。また、この部分に接合用のボルト穴などを設けてはならない。

②アーチパイプの棟ジョイント部

アーチパイプの棟部の嵌合ジョイントの差し込み長さは、パイプ径の3倍以上とする。

③アーチパイプの地中押し込み部

アーチパイプの地中押し込み側の先端は、押し込みを容易にし、かつパイプ内に土が

入り込まないよう、先端部を長さ5cm程度つぶし加工する。
地中押し込み深さは30cm以上とする。また、地盤が軟弱な場合は、押し込み深さを40cm以上とし、地盤から10cm程度の深さに水平の直管を配置して、根がらみとすることが望ましい。

5）園芸用鉄骨補強パイプハウス安全構造指針の要旨

コンクリート製置き基礎に柱を定着し、はり間方向は、柱上部に水平ばりを固定したラーメン構造（剛接骨組構造）とし、桁方向は側ばり・谷樋および側筋かい・谷筋かいを配置した構造である。この側ばり・谷樋に、約50cm間隔に溶接されたスタッド鉄筋にアーチパイプを嵌合させて固定し、これをもや直管で繋いで、円筒形の屋根を作る。この屋根の横倒れを防ぐため、妻面に振れ止めを、中間部に筋かいを設ける。

（1）概要

パイプハウスの形式には、前項で述べた地中押し込み式パイプハウスのほかに、連棟のパイプハウスで柱・梁を鉄骨で補強したものがある。この型式は、西日本で多く用いられ、APハウスなどと呼ばれている。

構造型式は、コンクリート製の置き基礎の上に、鉄骨の柱・梁架構を組み、桁方向に側ばり・谷樋を設けて、これにアーチパイプを約50cm間隔に固定し、その上をプラスチックフィルムで被覆するもので、外周の地割りパイプは地中に押し込んで固定する。このような形式のハウスを鉄骨補強パイプハウスという。

（2）型式

鉄骨補強パイプハウスには、次の3型式がある（図—10）。
①水平ばり型式

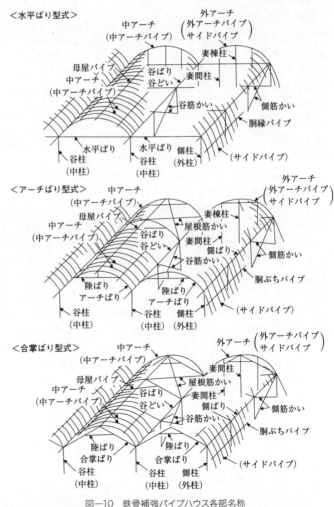

図—10　鉄骨補強パイプハウス各部名称

②アーチばり型式

はり間方向に、アーチパイプと同じ曲げ半径のアーチばりを設けたラーメン構造である。桁方向と屋根構造は、上記の水平ばり型式と同じ構造である。なお、この型式では、屋根の振れ止めはアーチばりが抵抗するので不要である。

③合掌ばり型式

はり間方向に合掌ばりを設けた構造で、構造性能はアーチばり型式と同程度である。

(3) 鉄骨架構

①はり間方向架構

鉄骨補強パイプハウスの架構形式には、上記の3型式があるが、いずれも6～8m程度のスパンで、連棟のものが多い。はり間方向架構の構造設計は、柱脚ピンのラーメン構造として応力計算し、部材断面および変形の検討を行う。

②桁方向架構

はり間方向架構は、桁方向に間隔約3mごとに設置される。これを図—11のような、軽量形鋼製の側ばり・谷ばりまたは鋼板製の谷樋で繋ぐ。これらの桁つなぎばりは、屋根のアーチパイプの受けばりを兼ねており、曲げ剛性とともにねじれ剛性も検討する必要がある。また、薄鋼板製の場合は、局部座屈の検討も忘れてはならない。

③柱梁接合部

はり間方向架構はラーメン構造であるから、柱梁接合部は、その部分に生じる曲げ

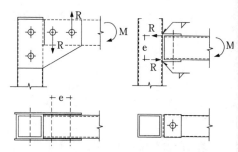

図—12 せん断ボルト型事例

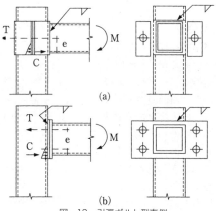

図—13 引張ボルト型事例

モーメント・せん断力が伝達でき、回転変形がなるべく小さい、剛接合型式でなければならない。一般建築物では、この部分の接合に溶接または高力ボルトが使用されるが、ハウスでは普通ボルトが使用される。普通ボルトを使用した接合型式には、せん断ボルト型と引張ボルト型がある。

せん断ボルト型接合部は、図—12のように、角形鋼管の梁を2枚のガセットプレートで挟んで、通しボルトで固定する方法がよく採られる。この場合、角形鋼管の内側に抑えパイプを入れてボルトを通しておかないと、ナットを締め付けるとき、鋼管がへこんでしまうので強く締め付

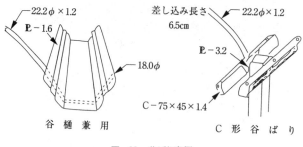

図—11 谷ばり事例

けられない。また、ボルト穴がボルト径より大きいため、初期の回転変形が大きくなるなど、この接合形式では、剛性の大きい接合部は設計できない。

引張ボルト型接合部は、図―13のように、梁端部に溶接されたプレートを、図(a)のように柱を抱きかかえるように溶接された、コの字型のプレートにボルトで接合する場合と、図(b)のように柱に溶接された平プレートにボルト接合する型式がある。いずれの方法もせん断型より剛性が高く、初期変形も少ないが、ボルトの締め付け方、プレートの耳部分の板厚や出の寸法によって、曲げ性能が左右されるので、設計・施工にあたって注意が必要である。

④筋かいの配置

側筋かいや谷筋かいは、図―14のように同一スパンごとに配置する。ただし、妻面の風圧力に対する筋かいは、妻面に近い位置に設ける。作業通路が必要な場合には、1スパンずらしてもよい。これらの筋かい構面下部には、つなぎ材を入れて、筋かいからの軸力を処理する。このつなぎ材がないと、せん断力によって基礎が転倒するので、筋かいが働かなくなる。屋根面筋かいのない場合は、図(a)のように、アーチパイプの横倒れを防ぐ振れ止めパイプを、妻柱と棟もやパイプに取り付ける。屋根面筋かいがある場合は、図(b)のように3～4スパンごととし、側筋かいおよび中間

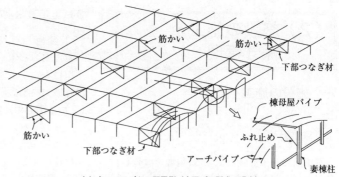

(a) 各スパンごとの配置例（水平ばり型式の場合）

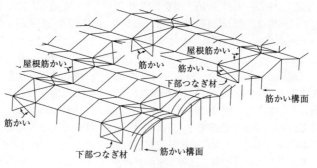

(b) 屋根筋かいを配置した例（合掌ばり型式の場合）

図―14　筋かいの配置事例

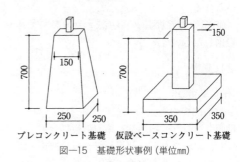

図―15　基礎形状事例（単位mm）

通りに谷筋かいを設ける。

⑤基礎

基礎はコンクリート製とし、その根入れ深さは50cm以上とする。既製コンクリート基礎の例を、図―15に示した。

((一社) 日本施設園芸協会　構造診断指導委員会)

（2）施設の施工・保守管理

1．施設の施工

1）施工計画

　着工前に施工計画を立てる。現地を調査し、各工事に必要な資材・要員・工法・工程を検討し、施工計画書・工程表・施工図を作成する。
　施工計画書は、仮設資材・仮設物・工事用機械・仮設道路・材料置場などに関する諸計画である。
　工事進捗の順序と日程を示す工程表には、横線式（バーチャート）工程表が使用される。縦軸に各工事名を、横軸に暦をとり、各工事の着工日と終了日を横線で示しているため、各工事の作業期間や工程の重複を把握しやすい。大規模な団地の工事では各工事相互の影響度がわかりやすいネットワーク工程表が用いられる。
　施工図は設計図書の事項をわかりやすく具現化したものである。

2）測量

（1）縄張り

　敷地内での施設の位置を決定するために、縄張りを行う。隣地や道路との境界を明らかにし、ロープなどを使用して施設・通路・排水溝などの位置を敷地に実際の寸法でかたどる。縄張りは必ず施主の立会いのもとで行う。

（2）やり方

　やり方とは、建物の高低・位置・方向・心の基準を示すために設ける仮設物である。縄張り外側の要所に、木杭を打ち込み、水貫を釘留めして仮設する。基準高さはベンチマークから正確に出す。ベンチマークは2箇所以上設置し、定期的に高さをチェックする。

3）土工事および地業

（1）整地

　敷地内の起伏や障害物を排除し、地表面を平坦にならす。地盤の高低を考慮し、切盛土量は極力最小にする。

（2）基礎心の決定

　やり方・水糸・下げ振りを用いて、基礎心を定める。水糸を弛ませないようにし、交点は直角にする。

（3）根切り

　正確な基礎築造のために、所定の幅・深さの地盤を掘削する。緩い地盤の場合には、適当な勾配をつけるとよい。根切り底は、所定の深さ以上に掘り過ぎてはいけない。また、周辺地盤を崩さないよう注意する。
　基礎を有しない地中押し込み式パイプハウスについては、根切り、地業、捨てコンクリートおよび基礎工事を省略する。

（4）地業（ちぎょう）

　基礎支持地盤を整えるために、砂・砂利を敷き詰め締め固める。岩盤や良質な砂れき地盤では必ずしも必要な工事ではない。軟弱地盤では木杭（松材が一般的）やコンクリート杭を打ち込む。木杭は取り扱いが容易で比較的廉価であるが、常水面下に無ければ腐食しやすい。常水面が深い場合、地下水位の変動が激しい場合には、木杭に防腐処理を施す。

（5）捨てコンクリート

　基礎の設置底面を平滑にすること、柱心・基礎心の墨出しや型枠の建て込み基盤にすることを目的として、砂・砂利の上から5cm厚さ程度のワーカビリチーの良いコンクリートを打つ。

4）基礎工事

（1）鉄筋工事

　鉄筋は組み立て前に、仕様書に示された品質・寸法に適合しているか確認する。鉄筋に付着した粉状の浮き錆・油類・ごみ・土・塩

分などは、鉄筋および鉄筋とコンクリートとの付着に対して有害であるため、予め除去しておく。

　鉄筋の組み立てに際しては、丸鋼の末端部は全てかぎ状に折り曲げなければならないが、異形鉄筋は付着力が大きいので一般にその必要はない。鉄筋を所定の位置に保持するために、鉄筋の交点の要所を直径 0.8mm 程度のなまし鉄線で結束する。かぶり厚さを確保するため、うま（仮設サポート）などを使用し鉄筋を支持する。コンクリート打設時や締め固め時の衝撃にも耐えうるよう、鉄筋は堅固に組み立てなければならない。

（2）型枠工事

　コンクリートを流し込むための鋳型として、型枠を作成する。基礎の形状・寸法を正確に保持するために、コンクリート荷重や作業時の衝撃・振動によって型枠が移動・はらみ・倒壊などを生じてはならない。また、せき板継目からのセメントペースト・モルタルの漏出を防ぐため、型枠を緊密に組み立てる必要がある。

（3）コンクリート工事

　コンクリートが所要のワーカビリチー・強度・耐久性を得られるように、原則としてレディーミクストコンクリート（生コン）を使用する。やむを得ず現場練りを行う場合には、仕様書に指定された品質のセメント・骨材を使用し、適切な配合になるよう注意する。

　コンクリート打設前には型枠内を清掃し、十分湿潤となるように散水しておく。

　コンクリートの打設は、コールドジョイントを防ぐために、1つの型枠について中断せず連続して行う。型枠内でコンクリートが横移動しないよう、目的の位置に近づけてコンクリートを降ろすように注意する。また、コンクリートの吐き口から打ち込み面までの高さは、コンクリートの分離や鉄筋への衝撃を避けるために、1.5m 以下とするのが一般的である。

写真—1　基礎工事の様子

　打設直後に、コンクリートを密実にすること、および鉄筋の周囲などにコンクリートが十分に行き渡ることを目的として、振動機や突き棒などを使用して材料分離を生じない程度に締め固める。

　締め固め後は、低温・日光の直射・乾燥などの有害な影響を避け、さらにコンクリートの水和反応を促進させる必要がある。そのため、むしろなどでコンクリートの露出面を覆い、散水して湿潤環境を維持する。

（4）アンカーボルトの植込み

　アンカーボルトの施工精度は建方（たてかた）の良否を大きく左右するため、ボルトが移動・回転しないように材木などで堅固に固定し、ボルトに衝撃を与えないようにコンクリートを打ち込む（写真—1参照）。

（5）その他の注意事項

　基礎工事では、特に柱脚部アンカーボルトの位置精度（水平・垂直とも）に注意する。

　二次製品のコンクリート独立基礎を使用する場合には、埋め戻し土を十分に締め固める。埋め戻しに使用する土は、なるべく最適含水比近傍に調整しておく。

　建方に先立ち、完成した基礎について、はり間・柱間・直角度・水平などの基本寸法を計測し、確認する。

5）本体工事

（1）部材の搬入・集積

　部材の現場搬入にあたっては、建方の能率を考慮して材料置場の場所・配置などを計画する。材料置場にはなるべく平坦地を選び、雑草地など障害物の多い場所は避ける。部材が直接土に接しないよう、枕木・敷板などを準備する。また、部材を雨露・潮風などにさらしてはならない。

　部材の積み降ろしに際しては丁寧に取り扱い、投下・滑り落としなどを行ってはならない。部材の集積については、部材に曲がり・ねじれなどの損傷が生じないよう、また汚れなど付着しないよう十分注意する。

　アルミニウム合金材は軽量・耐食性に優れているが、剛性が鋼材の1/3程度で表面の硬さも小さいため、曲がり・ねじれ・へこみ・傷などが生じないよう、取り扱いについては特別の注意が必要である。

　部材は種別ごとに区別して集積する。ボルト・金物などの小物は、長大材の陰や下積みに紛れ込まないよう注意する。

（2）建方

　建方に先立ち、部材に生じた曲がり・ねじれなどの不具合の有無を再点検し、必要に応じて修正する。

　骨組を地面に寝かせた状態で組み立てる場合には、柱脚の位置を起点にすると建て起こしに好都合なことが多い。建て起こしの前に、各部が十分接合されているか否かを確認しなければならない。

　骨組の建て起こしや吊り下げには、必要に応じて鋼材・丸太などで補強・養生し、骨組の過大なたわみ・ねじれを防止しなければならない。

　建方は、建方要領図にしたがって順序正しく安全に行う。建方中の突風などに備え、小ブロックごとに仮筋かい・支柱・控え・トラスなどの斜め材を用いて補強し、固めていく。特に最初の骨組（一般には妻壁骨組）には、斜支柱などを用いて必ず十分な安定性を与えておく。終業時には、いずれの工事段階においても、夜間の突風・強風などに対する安全対策がとられているかを再確認する。建方の途中においても、建入れの点検を行う。建方の終了したものについては建入れ検査を行い、修正後に各部の本締めを行う。

　丸鋼の筋かいでは、ターンバックルなどを締め過ぎないよう、また全部の筋かいが一様な張力を負担するよう、徐々に加減しながら締めつけていく。筋かいは本体の構造部材であるため、建入れ直しの目的に利用してはならない。

（3）その他の注意事項

　本体工事の手段は、工場における加工および現場における組み立て（プレファブ工法）と、現場のみの建方に分けられる。プレファブ工法は信頼のおける温室メーカーに発注する。

6）被覆工事

（1）ガラスの取付け

　ガラスは衝撃に弱いので、施工にあたっては十分注意する。

　特別の場合を除き、クリップ・パテ留め、押縁留めまたはガスケット留めとする（図―1参照）。

　ガラスのかかり代・エッジのクリアランス・ガラスの支持ならびに破損防止のため、垂木またはアルミサッシへのガラス取り付け寸法は、少なくとも表―1の数値をとらなければならない。

　ガラスを重ね葺きとする場合には、重ね合わせ寸法は5～10mmを標準とする。

（2）軟質プラスチックフィルムの取付け

　農ビ・ポリオレフィン系などの軟質プラスチックフィルムは、熱すると収縮・粘着などの有害な特性変化を生じ、また長時間紫外線に暴露されても変質する。そのため保管に際

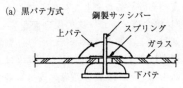
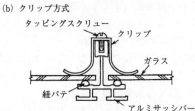
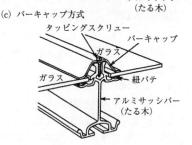

図―1 ガラス固定法の例

表―1 かかり代・クリアランス (単位mm)

ガラスの厚さ	3mm	5mm
ガラスのかかり代	5	6
エッジのクリアランス	4	4

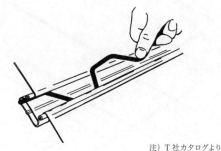

注)T社カタログより

図―2 軟質プラスチックフィルム固定法の例

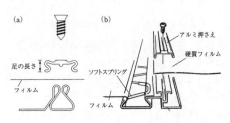

注)(a)はW社より、(b)はT社カタログより

図―3 硬質プラスチックフィルム固定法の例

しては、フィルムに直射日光があたらず、温度が40℃以上にならないよう注意する。また水濡れも避けなければならない。

展張時には、押えひも・押縁・留め金具類(図―2参照)で、弛みやしわが生じないようにする。フィルムは、鉄材やアルミニウムに直接触れると劣化するので注意する。

(3) 硬質プラスチックフィルムの取付け

フィルム固定法は図―3による。押縁・留め金具類を用い、しわ・弛み・よじれが生じないように張る。フィルムの重ね代は、垂木の間隔、屋根勾配により異なるが、10～15cmが望ましい。垂木の間隔は45～60cmを標準とする。

硬質プラスチックフィルムと軟質プラスチックフィルムを併用する場合の留め具なども供給されているので、営農条件に適合する留め具を効果的に選択する(図―3(b)参照)。

(4) 硬質プラスチック板の取付け

ガラス繊維強化板(FRP・FRA)、アクリル板(MMA)、ポリカーボネート板(PC)などの取り付けについては、特別の場合を除き、母屋または銅縁に、釘・フックボルト・ねじ・押縁・クリップ(図―4参照)などを使用した方法がある。気密性を要する場所の補強方法としては、コーキング材留めなどが挙げられる。

硬質プラスチック板は留め具部分でパンチング破壊を生じることも多いので、留め金具のピッチに十分注意する。

(5) その他の注意事項

被覆資材の展張作業は、被覆材の強度維持および作業者の安全性を考慮して、極力風のない日を選んで実施する。またフィルムは気

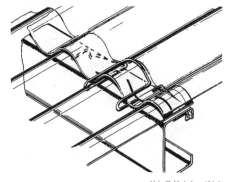

注）T社カタログより

図—4 硬質プラスチック板固定法の例

温によって収縮する。高温時に過度にきつく展張すると、低温時にフィルムが収縮して破断してしまう場合があるので留意する。連棟施設の谷部では、雨水や雪解け水が室内に越流しないよう、フィルムの捨て張りなどで工夫する。展張残り・使用済みの被覆フィルムは、異物を除去した後、所定の方法・場所で回収・処理する。決して個人で焼却処分してはならない。

2. 施設の保守管理

1）日常の保守管理

（1）錆に対する対策

施設の構造耐力の経年減退には、鋼材の腐食による強度低下の影響が大きい。鋼材の錆は、切断縁・折り曲げ部・肌合わせ部および常に水分が滞留する部分に生じることが多い。これらの箇所については常に清掃し、できるだけ乾燥状態を保つよう心掛ける。また年1回程度、発錆部分の錆を落とし、ペイントで補修塗りを行うことが望ましい。

（2）基礎の保守管理

基礎底面の土の逃げや緩みなどによる基礎の根入れ深さの減少は、柱の浮き上がり抵抗を減ずるため、強風時の被災につながる。日頃から点検を怠らず、必要が有れば埋め戻し土を再度締め固めるなどして補修しておく。

（3）部材接合部・ブレースの保守管理

構成部材および接合部の弛緩により、施設の構造耐力は低下する。構造耐力の低下は施設の寿命を短くし、また作業者の安全も脅かすため、接合部のボルトや筋かいのターンバックルが弛緩しないよう注意する。

（4）被覆資材の保守管理

被覆資材は塵芥で汚れると光線の透過性能が低下し、かつ摩耗による損傷も生じるため、時々洗浄することが望ましい。

新しいビニルフィルムは、古いものと接触すると急速に褐変・劣化する。また硬質プラスチックフィルムは、軟質プラスチックフィルムとの接触により劣化が促進されるので注意が必要である。

（5）移動・回転部位の保守管理

窓・出入口・各種の開閉装置を不調のまま使用することは、故障を拡大することになるため、振動・回転・移動する部位の点検を定期的に実施する。

2）自然災害時の保守管理

（1）強風対策

①事前準備

被覆フィルムが弛んでいると、強風にあおられることで破損・剥離が生じ、施設内に風が吹き込み、骨組の被害を受けやすくなる。そのため、被覆材留め具・押え紐の固定具合・両妻面の補強・防風ネットの状態を再点検する。特に妻面近傍やハウス団地内など気流が一定でない施設では局所的に大きな風圧力が作用するので留意する。

強風による木片・小石などの飛来で被覆材を損傷しないよう、施設周辺は片づけておく。また、家屋近傍の施設の場合は、瓦の飛来などが予想されるため十分注意する。筋かい・支柱などの臨時の補強材を準備しておき、強風警報が発令されたら直ちに取り付ける。施設の立地配置条件に特有の風

向を予め観察しておき、効果的な部位にこれらの補強材を取り付けるようにする。基礎の浮き上がりもあり得るため、らせん杭や、井桁状の部材を組み込んでアンカー能力を持たせた基礎（写真－2参照）を要所に設置する。

② 強風来襲時の対策

強風による被覆資材の剥離を防止するため、出入口を密閉する。

③ 強風通過後の処置

被覆資材の緩み・破損、構造材の曲がり・ねじれ、基礎の浮き上がり・転倒、構造材のボルト・ナットの緩みなどを総点検し、必要があれば速やかに補修しておく。

（2）豪雪対策

① 事前準備

屋根被覆資材の表面に、雪の滑落を妨げるような突出物がないか予め点検しておく。特に屋根面のネット類は忘れずに撤去しておく。

隣接する施設の棟間が小さすぎると、軒下における雪の堆積を加速してしまうため、大きな積雪が予想される地域では施設の配置について慎重な考慮が必要である。

② 降雪時の対策

降雪時には速やかに雪下ろしを行い、フィルムが雪でたわみ、滑落困難になることを防ぐ。

暖房設備、またはCO_2施用機を導入している場合は、可能な範囲で室温を高め、内部被覆（二重カーテン）を開放して屋根面を暖め、屋根雪の滑落を図る。暖房による融雪は降雪初期から実施する。無暖房施設の場合でも上記と同様の効果を期待して、施設の気密性を高め、内部被覆（二層カーテン）を開放し、地熱の放射により室温を上昇させる。散水による融雪は、水を含んだ雪の重量が増大して逆に施設を倒壊させる例も多いので、そのタイミングを見誤らないように十分注意する。

写真－2 井桁状の部材を組み込んでアンカー能力を持たせた基礎（豊田ら，1999）

日照・風の影響で屋根の片側に積雪が偏ると、主骨組に予想外の力が作用し、施設倒壊につながることもあるので注意する。

軒下の堆積雪は、屋根雪の滑落を妨げ、施設の側壁に側圧を加える。また屋根雪との連結により雪の自重以上の沈降力を生じてしまうので、堆積雪も速やかに除雪しなければならない。

応急補強用の支柱・筋かいなどは、大雪に関する警報や注意報が発令されたら早急に取り付ける。豪雪対策として支柱を使用するときは、主骨組材の棟部、および棟部を中心に対照となる位置に取り付けるのが効果的である。偏荷重の場合は補強材の設置効果が減少するので屋根上の積雪状態にも留意する（森山ら，2014）。

③ 豪雪後の処置

豪雪後は、施設各部の損傷・緩み・弛みなどの有無を総点検し、必要があれば速やかに補修しておく。また、屋根上・軒下に積雪のある場合は、次回の降雪に備えて除雪するよう心がける。

（森山英樹＝農研機構農村工学研究所）

参 考 文 献

1) 豊田裕道ら（1999）：園芸用プラスチックハウスの耐風性向上のための簡易基礎工法について（第1報），農業施設，農業施設学会，29（4），215-

2) 日本建築学会 (1973):アルミニウム合金建築構造設計施工規準案・同解説, 日本建築学会
3) 日本建築学会 (1999):建築学用語辞典, 岩波書店
4) 日本建築学会 (2002):建築工事標準仕様書・同解説 JASS 1 一般共通事項, 丸善
5) 日本建築学会 (1994):建築工事標準仕様書・同解説 JASS 2 仮設工事, 丸善
6) 日本建築学会 (1997):建築工事標準仕様書・同解説 JASS 3 土工事および山留め工事 JASS 4 地業および基礎スラブ工事, 丸善
7) 日本建築学会 (1997):建築工事標準仕様書・同解説 JASS 5 鉄筋コンクリート工事, 丸善
8) 日本建築学会 (1988):小規模建築物基礎設計の手引き, 丸善
9) 日本建築学会 (2001):鉄筋コンクリート造配筋指針・同解説, 丸善
10) 日本施設園芸協会 (1991):改訂 施設園芸における被覆資材導入の手引, 日本施設園芸協会
11) 森山英樹ら (2014):平成26年豪雪により被災した温室の実態調査, 農業施設, 農業施設学会, 45 (3), 108-120

第III部

被覆資材

第1章　被覆資材の機能と特性

1．被覆資材の機能と用途

1）被覆資材の役割

　被覆資材は、園芸作物の栽培において多種多様な場面で利用されている。1600年頃に油紙を被覆資材に用いて始められた温床は、わが国における施設園芸の始まりとされている。また、温室の語の通り、被覆資材は施設園芸における保温の手段として用いられてきた。1950年代前半、農業用ポリ塩化ビニルフィルム（農ビ）が上市されると、施設園芸面積が増加するとともに、作型開発など栽培技術が進化し、それに応じて図—1に示すように多種多様な被覆資材の改良・開発が進められその種類や機能が増大してきた。

　被覆資材利用の目的は、作物の生育環境を最適にし、作物の生育を促し増収や品質の向上を図ることである。表—1に示すように被覆資材の用途は、温室での栽培、雨よけ栽培やトンネル栽培、べたがけ栽培、マルチ栽培など利用形態も多岐にわたる。

2）被覆資材の用途

（1）外張り

　外張りは、施設園芸における温室（ガラス室やプラスチックハウスの総称）などの構造物の屋根・側壁に展張して栽培空間と外界とを遮断して作物を保護する方法である。その他、トンネル、屋根だけを被覆した簡易な構造の雨よけ施設などに適用される。外張り資材は、表—1に示したようにガラス、硬質板、

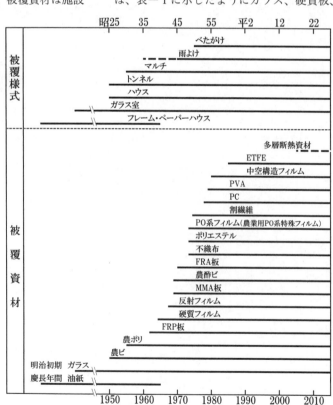

図—1　被覆様式と各種被覆資材の出現時期（林，1980の原図に加筆）

表—1 被覆資材の用途

展張方法	利用形態	適用資材
外張り	ガラス室	ガラス
	プラスチックハウス	硬質フィルム、軟質フィルム、硬質板、(ネット)
	雨よけ	軟質フィルム
	トンネル	軟質フィルム、寒冷紗、不織布
内張り(外面被覆)	固定式 可動式 カーテン式 巻き取り式 保温、遮光・遮熱	軟質フィルム 不織布 割布 寒冷紗 コモ、マット・多層断熱資材
マルチ		軟質フィルム、長繊維不織布(反射フィルム)
べたがけ	じかがけ、浮きがけ、棚がけなど	不織布、寒冷紗
遮光	内張、外面被覆、べたがけなど	寒冷紗、不織布、軟質フィルム、ヨシズ
防虫・防鳥	外張(開口部)、べたがけ	ネット、寒冷紗
防風・防霜	べたがけなど	ネット、不織布

注)農林水産省(2009)より作成

硬質プラスチックフィルムおよび軟質プラスチックフィルムなどの日射を透過させる透明な被覆資材が主に用いられる。

(2) 内張り

外張り資材が展張された温室の内側に展張し、保温や遮光などを図る方法が内張りである。内張り資材の展張方法には、固定式(温室の構造材に留め材で固定する方法)と条件に応じて開閉させることができる可動式がある。固定式では、主に光透過性の高い軟質フィルムが展張される場合が多い。また、可動式では、軟質フィルム、遮光性のある不織布や寒冷紗、反射フィルムなどが用いられる。可動式では被覆資材を巻き取り方式やカーテン方式で開閉させることから、柔軟性のある被覆資材が用いられる。

(3) マルチ

地温や土壌水分の調節、病虫害や雑草の抑制などを目的に、地面や栽培ベッドの培地表面に直接展張する方法がマルチング(単にマルチともいう)である。マルチ栽培に利用されるマルチ資材は、軟質プラスチックフィルム(主に農ポリ)が主であり、その目的に応じて、透明フィルム、黒色や白色などの着色フィルムなど種々のフィルムが用意されている。透湿性や反射性のあるフィルム・シートが用いられる。さらに、作物や栽培様式に応じて植え穴が開けられた穴開きマルチや収穫後の回収の手間を省くための生分解性マルチなど作業性を考慮した資材もある。なお、図—2に示すように、被覆資材の利用(設置)面積は、温室、トンネルと比べてマルチが最も大きい。

(4) 遮光、べたがけ

日射の透過量を調節して昇温の抑制や日長処理などに用いられる資材を遮光資材という。寒冷紗、不織布、ネット、軟質フィルムが用いられ、黒色、反射性のある白色やシルバーなどがある。温室の外張り、内張り、外張りのさらに外側に展張する外面被覆、べたがけなどの被覆方法がある。なお、べたがけは、骨組みを用いず作物に直接展張する方法(じかがけ)、簡単な骨組みを利用して作物と被覆資材との間に空間を設けて展張する方法(うきがけ)などがあり、その目的は発芽・

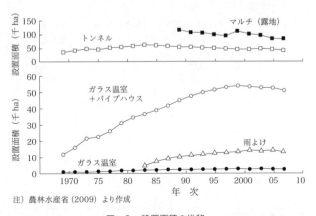

注)農林水産省(2009)より作成

図—2 設置面積の推移

出芽・生育の促進、保温（防寒、凍霜害回避など）、防風、防虫、干害防止など多種多様である。

（5）防虫、防鳥、防風など

ネット状の被覆資材は、防虫、防鳥などを目的に用いられる。防虫ネットは、害虫の侵入を防ぐ目的で温室の開口部に展張される。ネットの目合は0.4mmから5mmで、対象とする害虫より小さい目合を用いてその侵入を物理的に防止する。害虫忌避効果のある反射性の高い素材が織り込まれた資材もある。防鳥ネットは防虫ネットより目合が大きい。

2．被覆資材の特性

1）被覆資材に要求される特性

被覆資材は、作目や栽培方法に応じて適切な資材を選択する必要がある。光の透過性や保温性といった被覆資材が備えるべき環境改善機能、すなわち、表—2に示す光学的特性、熱に関する特性、水・湿度に関する特性に加え、作業性に関わる機械的特性などを考慮する必要がある。

2）光学的特性

被覆資材における光学的特性は、透過性、遮光性および散光性に区分される。光の透過は、被覆資材に入射した光がその資材を通過して伝わることであり、入射光に対する透過光の比を透過率という。温室の外張りに用いられる透明資材は、特に光合成に関係する可視光域の透過率が高いことが望まれる。一方、遮光資材は、温度上昇を抑制するなど、作物の生育環境を改善するために光の透過率を抑制する被覆資材である。

光の波長のうち、特定波長の透過率を目的に応じて調節した被覆資材を光選択性被覆資材という。被覆資材は光に対して能動的には働くことができないため、特定波長域の透過を制限することで病虫害の予防、遮熱、生育調節などの機能を付与している。病害虫防除を目的とした紫外線カットフィルム、長波放射の透過率を抑制する遮熱フィルムなどが上市されている。

被覆資材を透過した光の進行方向が、入射光と平行でなく様々な方向に向かう性質を散光性といい、全透過光量のうちの散光の割合を散光率という。梨地のように散光率を高めた被覆資材を散光性被覆資材といい、温室に展張することで構造材の影が出にくくなり、群落内へ到達する光が増えるなどの効果が期待される。

表—2 被覆資材に要求される特性（日本施設園芸協会，1991を改編）

用途		光学的特性					熱に関する特性			水・湿度に関する特性			機械的特性				耐候性
		透過性		遮光性	散光性	反射性	保温性	断熱性	通気性	防曇性	防霧性	透湿性	展張性	開閉性	伸縮性	強度	
		全光線	波長別														
外張	温室	◎	△	-	△	-	◎	△	-	◎	△	-	◎	△	△	◎	◎
	トンネル	◎	△	-	△	-	◎	△	△	△	△	-	△	△	◎	△	△
	雨よけ	◎	-	-	-	-	-	-	-	◎	-	-	◎	-	△	△	△
内張	固定	◎	△	△	△	△	◎	△	-	△	△	-	△	-	△	△	△
	可動	△	△	△	△	△	◎	△	-	△	△	-	◎	◎	△	△	△
マルチ		-	△	△	△	△	△	-	-	-	-	△	△	-	△	△	△
遮光		-	△	◎	△	◎	-	△	-	-	-	-	△	△	△	△	◎
べたがけ		△	-	△	-	-	△	-	◎	-	-	△	◎	-	△	△	△

◎：考慮すべき特性　△：必要に応じて考慮する特性　—：考慮しなくてよい特性

3）熱に関する特性

被覆資材における熱に関する特性は、保温性、断熱性および通気性に区分される。保温は化石燃料使用量・暖房費の軽減、さらには二酸化炭素排出量を削減する上でも重要であり、被覆資材を利用した保温技術はその中心技術である。温室において、人為的に熱を加えることなく温度を維持することを保温、熱の伝導・伝達を遮断することを断熱といい、それぞれの機能を保温性、断熱性という。断熱性のよい被覆資材は温室における保温と遮熱に効果を発揮する。被覆資材において断熱性のよい資材とは、長波放射を透過しにくいあるいは長波放射を反射する資材、または空気層を有するなどして熱を通しにくい資材である。

被覆資材における通気性は、資材の有する間隙を通して一方の面からその資材の他方の面へ、水蒸気や空気（ガス体）を通過させる性質をいう。ガス体と水蒸気を透過させる性質をそれぞれ通気性と透湿性という。寒冷紗や不織布が通気性を有する主な被覆資材である。外張りに用いられるフィルム状の資材においても樹脂の構造上、わずかな通気性を有するものの、被覆条件における環境にはほとんど影響を及ぼさないため通気性があるとはいわない。

4）水・湿度に関する特性

被覆資材における水・湿度に関する特性は、防曇性、防霧性および透湿性に区分される。防曇性は、その表面に凝結・付着した結露水が表面を膜状になって流れる性質をいう。界面活性剤などの添加剤を基材に配合したり塗布したりすることで防曇性を付与する。防曇性が付与された被覆資材を利用することで植物体上への水滴の落下（ぼた落ち）が防止され、病害発生を抑止する効果がある。防曇性は、流滴性、無滴性、防滴性とも呼ばれる。

温室内で発生した霧・モヤを被覆資材表面に吸着し結露させて、その発生を抑制する性質を防霧性という。透湿性や吸湿性のある被覆資材も防霧性を有する。

5）機械的特性

被覆資材における機械的特性とは物理的な強度や耐久性・耐候性に加え、展張性、開閉性など作業性・利便性に関する性質も含まれる。強度は、引張強度、弾性、引裂強度およびブロッキング（資材が密着して剥離しにくい性質）などの項目で評価される。トンネルへの展張や換気時の開閉における作業の難易の程度を作業性といい、ブロッキング、重量、引張強度などの物性がかかわる。

耐候性は、被覆資材を自然条件下に暴露しても初期の物性が継時的に劣化・低下しにくい性質をいう。さらに、開閉などが繰り返されても物理的強度が低下しない性質を耐久性という。硬質フィルムは15年以上の耐久性を有する。軟質フィルムにおいても経済性と労力、廃棄物等の環境負荷への影響を軽減する観点から長期展張性資材が開発され、10年程度の耐候性（長期間の展張にも耐久する性能）が付与されたものも上市されている。

3．被覆資材の種類と特徴

1）被覆資材の種類

被覆資材は、表—3に示すように材質により大きくガラスとプラスチックに分類できる。プラスチックはさらに軟質フィルム、硬質フィルム、硬質板、不織布（長繊維・割繊維）、寒冷紗・ネットに分けられる。主な被覆資材の種類と特徴を以下に概説する。

2）ガラス

温室の被覆資材として用いられるガラスは、厚さ3～4mmの普通板ガラスの透明

表―3 被覆資材の種類

資材の種類		原料・素材
ガラス		普通板ガラス、型板ガラス、熱線吸収板ガラス
プラスチック	軟質フィルム	農業用ポリ塩化ビニルフィルム（PVC：農ビ）
		ポリオレフィン系フィルム 農業用ポリエチレンフィルム（PE：農ポリ） 農業用エチレン・酢酸ビニル共重合樹脂フィルム（EVA：農酢ビ） 農業用ポリオレフィン系特殊フィルム（PO系フィルム、農PO）
		生分解性プラスチック (崩壊性、光分解性) 　天然高分子系（澱粉系） 　化学合成系 　　（ポリ乳酸系、脂肪族ポリエステルカプロラクトン系等）
	硬質フィルム	ポリエステルフィルム （ポリエチレンテレフタラート：PET） 農業用フッ素樹脂フィルム （エチレン－テトラフルオロエチレン共重合体：ETFE）
	硬質板	ガラス繊維強化アクリル板（FRA） アクリル板（MMA） ポリカーボネート板（PC） ガラス繊維強化ポリエステル樹脂板（FRP） その他：塩化ビニルなど
	不織布	ポリエチレン（PE） ポリビニルアルコール（PVA） ポリプロピレン（PP） ポリエチレンテレフタラート（PET、ポリエステル） アルミ
	寒冷紗・ネット	ポリビニルアルコール（PVA） ポリエチレンテレフタラート（PET）
その他		ワラ、発泡シート、油紙など

表―4 各種農ビの特徴

（日本施設園芸協会, 2003 を改編）

品種	種類	特徴
一般農ビ	透明・梨地・防曇・有滴	梨地は散光性 有滴は防曇処理されず表面に水滴が付着（水稲育苗用）
防霧農ビ		温室内の霧・靄を抑制
防塵農ビ 耐久農ビ		ほこりがつきにくく耐候性大 防塵性が長期間持続
光線選択性農ビ	有色	可視光域の波長別透過率を調整
	紫外線カット	390nm以下の紫外線域を除去
	紫外線強調	近紫外線域の波長を強調（花きの花弁の着色向上など）
保温性強化農ビ	トンネル用・ハウス用	遠赤外線の吸収率を高め保温性を強化
作業性改良農ビ	内張り用	べたつきを改善し防曇性を強化
	トンネル用	べたつきを改良し開閉性を改善
その他の農ビ	糸入り	ポリエステル糸を挟み込み、耐候性、耐久性が向上
	サイド専用	特殊格子シボ加工し開閉性改善と耐久性向上
	遮光	アルミ粉末やカーボンを混練りして遮光

品がほとんどである。ガラスの可視光透過率は約90％と高く近赤外線域の波長までよく透過する。一方、2,800nm程度以上の遠赤外線域の吸収率が高く、したがって夜間の長波放射による熱損失が少なく、保温性に優れた被覆資材である。内部の特性に経年変化はなく、耐久年数は20年以上であり被覆資材の中で最も耐久性が高い。

3）軟質フィルム

(1) 農業用ポリ塩化ビニルフィルム（農ビ、PVC）

1951年に国産の塩化ビニルフィルムが上市され、翌年には農ビと呼称されるようになった。主に外張り資材、内張り資材、トンネル資材として利用されている。透明度が比較的高く、透明軟質フィルムの中では長波放射吸収率が高く保温性に最も優れる資材である。主原料は塩化ビニル樹脂であり可塑剤（柔軟性付与）、熱安定剤、紫外線吸収剤（耐候性付与）、界面活性剤（防曇性付与）などが添加されている。塩化ビニル樹脂は種々の添加剤とよく混ざり合うため、表―4に示すように様々な機能を有する製品が開発されてきた。

(2) 農業用ポリオレフィン系フィルム

ポリオレフィン系フィルムは、農ビと比べて軽く取り扱いやすいことが特徴であり、農ポリ（農業用ポリエチレンフィルム、PE）、農酢ビ（農業用エチレン・酢酸ビニル共重合体樹脂フィルム、EVA）、農POフィルム

(農業用ポリオレフィン系特殊フィルム、農PO)がある。諸外国では温室の外張資材としてPEが広く利用されているが、わが国ではほとんど利用されていない。農ポリはマルチとして利用されることが圧倒的に多い。

農酢ビはべとつかずホコリもつきにくい。保温性は農ビより劣るものの、農ポリより優れる。内張りやトンネルで利用されるがその利用は近年減っている。長波放射透過率が高く農ビより保温性に劣るポリオレフィン系フィルムの特性を改善したのが農POフィルムである。ポリオレフィン系樹脂を多層構成して赤外線吸収材を配合するなどして保温性を向上させてきた。

農ビと農POフィルムとの比較を表—5に示す。農ビと比較した農POフィルムの比重は約2/3と軽く、べとつかないため作業性がよい。伸縮性が少ないためバンドレスで展張でき、採光性が向上することなどの長所が挙げられる。他方、擦れに弱く、留め具などの接点でキズや破れが生じるなどの留意点もある。農ビと同様に紫外線カットなどの機能を有する製品もある。耐久性向上を図るため紫外線劣化を防ぐ添加剤の研究が進み、近年は10年展張が可能な製品も登場している。また、課題であった防曇性についても、表面処理技術の開発により長期間保持できるようになっている。

4) 硬質フィルム、硬質板

硬質フィルムは軟質フィルムに比べて耐候性に優れ、主に外張資材として利用されている。ポリエステルフィルム(ポリエチレンテレフタラート、PET)と農業用フッ素フィルム(エチレン-フッ素共重合樹脂フィルム、FETE)が利用されているが、近年は大型温室においてガラスに代わる外張り資材としてフッ素フィルムの利用が増えており、PETは減少傾向にある。全光線透過率は約90%であるが、紫外線の一部または全部を透過しない。フッ素フィルムは、経年劣化が極めて少なく長期展張が可能であり、耐用年数は厚さ0.06mmのもので10〜15年、厚さ0.1mmで15〜20年とされているが実際にはそれ以上である。全光線透過率はガラス並みで透明度が高い。紫外線の透過も大きく自然光に近い。一方、赤外線の透過は小さいため保温性はよい。

硬質板(硬質プラスチック板)は厚さ0.5〜2.0mm程度のプラスチック板であり、平板あるいは波状で一定の大きさにカットされた製品である。ガラス繊維強化アクリル樹脂板(FRA)、ガラス繊維強化ポリエステル樹脂板(FRP)、ポリカーボネート樹脂板(PC)などがあるが、わが国ではあまり利用されていない。PCはプラスチック製品中で

表—5 外張資材としての農ビと農POフィルムにおける特徴の比較(岡田、2004を改編)

特徴	農ビ	農POフィルム
光線透過性	初期の光透過率は約90% 一般農ビはべたつきがあり汚れやすい 紫外線カット、強調型、赤外線吸収型、着色による光選択性など多様	初期の光透過率は約90% べたつきがなく汚れにくい 紫外線カット、赤外線吸収・反射型などが実用化されているが、光選択性フィルムなど開発途上のものもある
保温性	長波放射吸収率が高く(透過率が低い)、軟質フィルムの中では保温性が最も大きい	長波放射透過率は農サクビ〜農ビ並。製品間で差がある
防曇・防霧性	有滴、無滴、防霧など多様	防曇剤の表面塗布により性能が向上し、長期間持続するようになっている
機械的性質	伸びやすい。摩擦に強い 低温時の強度がやや落ちる	伸びにくい。ハウスバンドや留め材との擦れに弱い。低温時の強度あり
耐候性	2年(一般農ビ)〜10年(耐久農ビ)	2年〜10年
取り扱い性	柔軟性があり扱いやすいが、比重がやや重く、べたつきがあるなど展張時の作業性はやや劣る 温室ではハウスバンドで抑える必要がある	農ビより比重が小さく軽い。べたつきがなく作業性は良好 温室被覆時のバンドレス化が可能

最も衝撃強度が大きく、降雹による破損もほとんどないとされている。−40〜100℃の範囲で機械的特性に変化がなく、長期的に使用できる。ハーモニカ状の空隙を有する中空構造の複層板など、多様なパターンの製品がある。熱膨張を考慮する必要があり、縦横に3.5mm/mの余裕を見込む必要がある

5）その他（不織布、寒冷紗、ネット）

不織布や寒冷紗は、資材自身に間隙があることから、その間隙を通して資材の一方から他方の面へ水蒸気などを通過させる通気性・透湿性を有する。主に内張り資材やべたがけ資材として利用される。

不織布は、長繊維不織布と割繊維不織布とに分けられ、ポリエチレン（PE）、ポリエステル（PET）、ポリビニルアルコール（PVA）、ポリプロピレン（PP）などの素材が用いられる。長繊維不織布は、多数のノズルから溶融した樹脂を吹き出しながら延伸したものを相互にからませて融着した不織布である。素材がPETやPPのため耐候性に劣る。割繊維不織布（割布）は、フィルムを細かく裂いて作った繊維を縦横に組み合わせて熱や接着剤で接合した不織布である。長繊維不織布と比べると耐用年数が長い。

割布の中でも、数mmの幅で切られたPE、PVA、アルミ、農POなどのフィルムをPETの細糸で編み合わせたカーテン資材は、多機能なカーテン資材として、大型温室を中心に導入されている。保湿に加え、遮光・遮熱、透湿など多機能な資材であり1年を通して利用できるものが多い。アルミ（箔あるいは蒸着）や白色の反射性の高い資材は、長波放射を反射するため、保湿や遮熱の効果が特に高い。

ポリエステル綿などを不織布などの表地で挟んで多層化した多層断熱被覆資材は断熱性が極めて大きく、温室の保温性向上資材として注目されている。

寒冷紗は、ビニロンやPEを素材とする繊維を縦糸と横糸にして交互に織り合せた空隙率の高い平織物を目止め樹脂加工した資材であり、種々の色や空隙率がある。

ネットは、縦糸と横糸を絡めて編んだラッセル編みしたネットが一般的である。遮光の他、防虫、防鳥、防風などの目的で利用される。防虫ネットでは、害虫忌避効果を狙ってアルミ糸を入れたものなどがある。コナジラミなどの侵入防止には0.4mm目合いが用いられ、温室の開口部に展張される。

4．機能性被覆資材の種類と利用

従来に比べて高度化した特殊な機能を持つ被覆資材を機能性被覆資材と呼ぶが、明確に定義されているわけではない。いずれにしても、生産性を向上させる機能を有することが求められる。機能性被覆資材の例を表—6に示す。

光環境調節資材と呼ばれる被覆資材は利用場面が拡がっている機能性被覆資材の一つである。特定波長域の光の透過を制限することによって、病虫害予防、遮熱や生育調節などの機能を発揮する。

光環境調節資材の中でも近年利用が増えているのは紫外線カット資材（以下、UVCフィルム）である。UVCフィルムは390nm以下の近紫外線の透過をカットすることができる資材であり、病害虫忌避効果がある。紫外線が除去された環境では、紫外線域が可視部にあたる多くの昼行性昆虫の行動が抑制される。また灰色かび病などの胞子形成には近紫外線が必要であるため、UVCフィルムにより病害抑制効果があり、農薬使用量を削減できる資材として支持されている。一方、訪花昆虫の行動も抑制されるため、ミツバチによる受粉ができなくなる（マルハナバチは受粉を行える）、発色に紫外線を必要とする花き類などの作物では着色不良や花色の変化など

表—6 機能性被覆資材の機能、用途と製品例 (川嶋, 2008 に加筆)

主な機能性		用途	フィルム素材等	製品例
保温力強化		外張り	農ビ	ダンビーノ 等
			PO	スーパーキリナシ、クリーンアルファ 21、トーカンエースとびきり、ふくら〜夢 (空気膜ハウス用) 等
		内張り	農ビ	ヌクマールさらり Z、カーテンサンホット 等
			PO	快適空乾 (水蒸気透過の微細孔)、オービロン 等
			(中空)	サニーコート、エコカプチ、ハイマット、スカイコート暖感 (空気膜) 等
			その他	ハイブレス (吸水・透湿性)、ニュー無天露、XLS スクリーン、スーパーラブシート、XLS 等
		トンネル	農ビ	サンホット、ヌクマール、スーパーホット 等
遮熱・昇温防止		外張り	農ビ	あすかクール 等
			PO	メガクール、ハイベールクール、ベジタロン夏涼 、スーパーキリナシ梨地、等
		内張り	PO	トーカンホワイト 40
			その他	ダイオクールホワイト、サンサンハイベールクール、タイベッククールエース XLS 等
透湿・吸湿・通気資材		内張り	PVA、PVA+PE、PVA+ アルミなど	ダイオハイブレス、カラぬ〜く、ビーナスライト、サンサンカーテン
長期展張※		外張り	硬質系	エフクリーン、シクスライト 等
			PO	タイキュート 007(10 年展張)
中期展張※	3〜5 年程度	外張り	PO	クリンアルファ 21、ベジタロン健野果、ベジタロン花野果、ダイヤスター、アグリスター、スーパーソーラー 等
作業性改善		外張り	農ビ	エコサイドクリーン SE、ノンキリーあすか片端タニカン (以上、シボ入り) 等
		内張り		カーテンラクダ 等
		トンネル		ギザトン、ささやき (以上、シボ入り)、ノービエースみらい 等
近紫外線透過 (強調)		外張り	農ビ	クリーンエースだいちなす・みつばち、いちご 等
病害虫対策	紫外線除去 (UVC)	外張り	農ビ	とおしま線、カットエース 等
			PO	ベジタロン健野果 UV カット、ダイヤスター UV カット 等
			硬質系	エフクリーン GRUV 等
		トンネル	農ビ	カットエース、ロジトンとおしま線
	防虫ネット	外張り	その他	強力ダイオサンシャイン (ネットハウス)
		(開口部)		ニューサンサンネット、サンシャインスーパーソフト Q (0.3mm)、ファスナーネット (妻面用) 他
		トンネル		ダイオサンシャインクール (昇温防止)
耐薬品 (硫黄) 性		外張り	PO	クリーンアルファ 21 他
		内張り		タフカーテン 他
土壌消毒用			PO	バリアスター 他
マルチ		生分解性マルチ		ビオフレックスマルチ、土気流、コーンマルチ、サンバイオ、ビオマルチ、キエ丸、マタービー、エコフレックス 他
		果実着色促進等		OH! 甘マルチ WB (耐久性、防草)、ツインシルバー、タイベック 他
		病害虫忌避		ムシガード、ツインマルチ、シルバー SS 、ボーチューシルバー L 他
		昇温防止		ツインホワイト、こかげマルチ、ブラック＆ホワイトマルチ、シューサク、タイベック 他
べたがけ用				ベタロン (吸水・透湿性)、パオパオ、パスライト 他

注) 展張期間は明確に定義されているわけではない。ここでは、展張期間 3〜5 年程度のものを中期展張とした。メーカーのカタログ等を元に主な機能性を中心に分類したが、機能および用途は一例であり、複数の機能や用途を持つ資材が多い

の不都合が生じることなどに注意する。

近年注目されている遮熱フィルムは、可視光域をできるだけ透過して、赤外線域をカットすることで昇温抑制を図るものである。遮熱フィルムは、赤外線（熱線）吸収型（近赤外線吸収剤が添加されており赤外線域を吸収する）と反射型（反射資材が添加されており赤外線域を反射し施設内への透過を抑制する）とがある。しかし、遮熱フィルムだけで温室内の昇温抑制をできるわけではないので十分な換気も必要である。遮熱フィルムは、気温そのものというよりは地温や植物体の温度（葉温）の上昇を抑える効果がある。このため、水分の蒸発散が抑制され地面や培地の乾燥が抑えられて灌水回数・量が減少すると報告されており、慣行の管理方法を調整する必要がある。また、どちらのタイプも赤外線域と同時に可視光域の透過もある程度抑制される（透過が抑制される波長域、抑制の程度は製品により若干異なる）ので注意を要する。

散光性資材は、従来から使用されている梨地が主である。温室内へ侵入する日射が散乱光となり光分布が均一化される、作物の下葉部分まで光が入りやすくなることで光合成が増加する、軽い遮光効果による高温障害回避などの効果が期待されることから、近年再び注目されている。

光合成にあまり利用されない波長域を赤色や青色に変換して増幅して、光合成に利用させようとする波長変換フィルムが開発されている。赤色波長域を増加させたフィルム下において、キュウリ、トマトなどで生育促進や増収の効果が報告されている。

高温多湿になりがちな温室内の環境は、病害が蔓延しやすい環境でありその防止が重要であり、防曇性・防霧性を強化した資材、吸湿性のあるPVAを主体とする吸湿性資材などがある。

1年以内に廃棄されるマルチ資材では、廃棄時の問題（廃プラ）を解決するため、使用後に自然界に存在する微生物によって最終的に水と二酸化炭素などの無機物に分解される生分解性プラスチックが開発・実用化されている。

その他、作業性を改善する資材、反射光利用資材、保温性を強化した資材など、被覆資材は日々進歩しており、種々の新しい製品が改良・開発されている。

(川嶋浩樹＝農研機構近畿中国四国農業研究センター)

参考文献

1) 日本施設園芸協会編（2003）：五訂施設園芸ハンドブック，日本施設園芸協会，61-100
2) 日本施設園芸協会他監修（2004）：新訂園芸用被覆資材，園芸情報センター，pp.179
3) 農業用生分解性資材研究会編（2009）：農業用生分解性資材の手引き，農業用生分解性資材研究会，74
4) 農林水産省生産局生産流通振興課編（2009）：園芸用ガラス室・ハウス等の設置状況（平成18年7月～平成19年6月間実績），日本施設園芸協会，197
5) 川嶋浩樹（2008）：農業用フィルムの機能性と最新動向，技術と普及，全国農業改良普及支援協議会，83(6)，11-15
6) 三原義秋編著（1980）：温室設計の基礎と実際，養賢堂，102-117
7) 西村安代監修（2014）：国内外の農業用フィルム・被覆資材・園芸施設の技術開発と機能性・評価、市場および政策動向，AndTech，116
8) 小澤行雄ら著（1993）：園芸施設学入門改訂増補版，川島書店，24-36

第2章　外張り資材

1．外張り資材の機能と特性

1）外張り資材の役割と種類

　外張り資材は、温室、トンネル、雨よけなどの外張りに用いられる被覆資材である。その主な役割は、温室などの構造物の屋根・側壁に展張して栽培空間と外界とを遮断することにより作物を保護するとともに栽培に適した環境を作出することである。経済的に有利な栽培を行うため作期延長や安定生産を図るアイテムとして被覆資材は重要な役割を担っている。

　外張り資材は、日射を透過させる透明な資材が主となり、表－1に示すようなガラス、硬質板、硬質および軟質フィルムなどが用いられる。外張り資材は、光に関する特性（光学的特性）が最も重要である。光は、作物の光合成や蒸散に関与するほか、温室内の温・

表－1　外張資材の種類と特徴（岡田、2004に加筆、修正）

種別	名称	主な原料	用途および機械的特徴
ガラス	普通板ガラス	シリカ（SiO$_2$）	重装備型温室の外張。園芸用被覆資材の中では最も耐久性が高い。経年変化しない。可視光透過率が高い。赤外線吸収率が高い
軟質フィルム	農業用ポリエチレンフィルム（農ポリ）	ポリエチレン（PE）	トンネル、マルチ、内張り用が主。換気作業を省力化するための有孔品もある。伸びにくい。粘着性がない。軽い。防塵性あり
軟質フィルム	農業用エチレン酢酸ビニル共重合フィルム（農サクビ）	エチレン酢酸ビニル共重合（EVA）	トンネル、内張り用が主。粘着性がない。防塵性あり。農ポリより柔軟。ロールや折り畳み状態で、長期間高温にさらすとフィルムが融着する
軟質フィルム	農業用塩化ビニルフィルム（農ビ）	ポリ塩化ビニル（PVC）	外張り、内張り、トンネル用。粘着性やほこりの付着を抑えた加工品もある。軟質フィルムの中では重い。物理的特性は多様。焼却不可
軟質フィルム	農業用ポリオレフィン系フィルム（農PO）	PE、EVA	外張り、内張り、トンネル用。3〜5層の多層構造。伸びにくい。軽い。防塵性あり。低温に強い。こすれに弱い
硬質フィルム	農業用ポリエステルフィルム	ポリエチレンテレフタレート（PET）	外張り用。フィルムのなかで強度最大。耐低温、耐熱性大。両面テープの接着良好
硬質フィルム	エチレンフッ素共重合フィルム（フッ素樹脂フィルム）	エチレン－テトラフルオロエチレン共重合体（ETFE）	外張り用。耐候性大。防塵性大。ポリエステルフィルムより柔軟。軟質フィルム用の留め具でも展張可。フッ素を含むため、廃棄はメーカー回収
硬質板	農業用ポリカーボネイト樹脂板	ポリカーボネイト（PC）	平板、波板、複層板がある。耐候性大。耐衝撃性が大きく、降雹に強い。自己消火性があるため、延焼しない
硬質板	農業用ガラス繊維強化ポリエステル樹脂板（FRP）	ポリエステル、ガラス繊維	波板、強度、耐熱性大。樹脂の黄変やガラス繊維の分離による白化が起こりやすい。耐候性強化品もある
硬質板	農業用ガラス繊維強化アクリル樹脂板（FRA）	メタクリル酸メチル、ガラス繊維	波板。FRPよりも透光性、耐候性に優れる。ガラス繊維の分解による白化が起こる。熱伸縮性が大きいため、展張施工に注意
硬質板	農業用アクリル樹脂板	メタクリル酸メチル（MMA）	平板、波板、複層板がある。耐候性大。透明性大。防塵性大。熱伸縮性が大きいため、展張施工に注意。耐衝撃性が弱く、降雹被害あり

注）JISや業界で定められた名称。（　）内は通称または略称

表—2 外張り資材の特性比較(内藤ら,1993を改編)

種類		光学的特性			保湿性	水・湿度特性		機械的特性			耐候性
		光透過率	紫外部	拡散率		防曇性	防霧性	展張の難易	開閉性の難易	伸縮性	
ガラス		○	透	小	○	有		難	—	小	◎
硬質フィルム		○	■	小	○	◆		やや難	—	展張後次第にちぢむ	○
軟質フィルム	PVC	○	■	小〜中	○	■	■	易	やや難〜易	復元性有り	△
	農PO	○	○	小	△〜○	■	■		易	復元性難	△
	PE	○	○	小	△	◆	—		易	復元性難	×
	EVA	○	透〜不透	小	△	有			易	復元性難	△
硬質板	PC	○		小	○	◆		やや難	—	大	◎
	FRP	○	不透	中	○					中	○
	FRA	○	透	中〜大	○					中	○
	MMA	○	透〜不透	小	○					大	◎

◎優れる ○やや優れる △やや劣る ×劣る ■機能の有無を選択できる ◆塗布等で対応できる

湿度環境にも影響を及ぼす。さらに表—2に示すように、熱的特性や水・湿度に関する特性、作業性や経済性にかかわる機械的特性・耐久性を考慮する必要がある。温室の外張り資材に必要な特性は、採光性が十分であること、保温性が高いこと、必要な時に十分な換気ができること、コストに見合うことなどである。

2)外張り資材の特性

(1)光学的特性

外張り資材は、光に関する特性(光学的特性)が最も重要である。光の透過性は見た目の透明度と実際の透過性とは別である。例えば、透明プラスチックフィルム面に対して直角に入射する光の透過率は90〜92%であるが梨地フィルムでも88〜89%である。素材間の差異より光の入射角、継時的な汚れ、温室の方位などの影響が大きい。

特定の波長域を選択的に除去することも可能である。紫外線除去(カット)フィルムは病害虫忌避効果を有し最も利用されている波長選択性資材である。梨地などの散光性資材は葉焼け防止や光の均一化や影をなくす効果があるとして見直されている。

(2)水・湿度に関する特性

作物の濡れを防ぐことは病害防除と品質向上を図るうえで重要であり、その防止を図るうえで、被覆資材の防曇・防霧性は重要な特性である。防霧・防曇剤の樹脂への混入、表面塗布により付与される。塗布技術の改善により農POフィルムでもその効果が持続されるようになっている。

(3)熱的特性

被覆資材において保温性・断熱性を決定する要因は長波放射に対する特性である。低温時には、温度の高い温室内から低温の天空に向かって長波放射で放熱が起こる。ガラスは長波放射の吸収率が高く透過しないため保温性がある。透明な軟質フィルムでは長波放射吸収率が高い農ビの保温性が最も大きく農ポリは小さい。農POフィルムは農ポリの保温性を農ビに近い性能に改良した資材である。

(4)耐久性・耐候性・機械的特性

耐候性を決定する要因は被覆資材の種類によって異なるが、屋外における紫外線が劣化の大きな要因である。農ビや農POフィルムでは、耐候剤(紫外線吸収剤、光安定剤など)が添加され耐候性を強化している。一方、アクリルやフッ素樹脂は紫外線に対して安定であり、10年以上の長期展張が可能である。総合的な耐候性はガラス>硬質板>硬質フィ

ルム＞軟質フィルムの順であり、展張期間もおよそこの順である。ガラスは強度に優れるが、降雹などの耐衝撃性は硬質板より劣る。軟質フィルムでも展張期間が長期化する傾向にあり、汚れによる光透過率の低下を防ぐことが必要である。耐久農ビは防塵性が改良されその性能も長期間持続する。ガラスや硬質フィルムでは洗浄も行われる。

近年、導入が進んでいる大規模温室や耐候性ハウスでは、外張り資材と耐久性のある硬質フィルム（フッ素フィルム）が利用される傾向にある。一方、軟質フィルムでも耐候性・耐久性が向上し、展張期間が5～10年の長期展張が可能な資材も登場している。

3）外張り資材としての軟質フィルム

温室の設置面積に占めるプラスチックハウス（ガラス室以外の温室）の割合は約96％と圧倒的に多い。軟質フィルムを使った温室は一般にはビニルハウスと呼ばれることが多い。諸外国では外張資材にPEが利用されるのに対して、わが国では農ビの開発以来、農ビの利用が圧倒的に多かったことに由来する。農ビの設置面積は、統計のある1995年には約92％を占めていたが現在（2007年）は約60％に減少している。代わって増えているのが農POフィルムである。

農POフィルムは、農ビに置き換わる性能を目標に開発されてきた。ポリオレフィン原料の持つ、軽さ、低温時の強度、べたつかず汚れにくいという特性が農ビと比べて優位であり外張り資材として普及してきた。農POフィルムは多層構造であり、様々な原料・添加剤を組み合わせることで種々の機能を付与することができる。強度があり伸縮が少ないことから、省エネ技術として増えている空気膜二重構造（二重被覆した外張被覆の間に空気層を形成させる被覆方法）を形成することができる。

一方、農ビと比べて耐衝撃性が弱いこと、連続した擦れに弱く、ハウスバンドと留め具、パイプとの接点部分が擦れにより破れが生じる、などの欠点もある。

施設栽培では省エネ対策（保温性能）とともに遮熱による暑熱対策が課題である。遮熱機能を長期間維持させるような改良により、オールシーズン利用可能な高機能フィルムの開発が待たれる。

（川嶋浩樹＝農研機構近畿中国四国農業研究センター）

参 考 文 献

1) 日本施設園芸協会編（2003）：五訂施設園芸ハンドブック，日本施設園芸協会，61-100
2) 日本施設園芸協会他監修（2004）：新訂園芸用被覆資材，園芸情報センター，179
3) 農業用生分解性資材研究会編（2009）：農業用生分解性資材の手引き，農業用生分解性資材研究会，74
4) 農林水産省生産局生産流通振興課編（2009）：園芸用ガラス室・ハウス等の設置状況（平成18年7月～平成19年6月間実績），日本施設園芸協会，197
5) 農文協編（2004）：野菜園芸大百科第2版施設・資材，産地形成事例，農山漁村文化協会，5-98
6) 三原義秋編著（1980）：温室設計の基礎と実際，養賢堂，102-117
7) 西村安代監修（2014）：国内外の農業用フィルム・被覆資材・園芸施設の技術開発と機能性・評価、市場および政策動向，AndTech，116
8) 小澤行雄ら著（1993）：園芸施設学入門改訂増補版，川島書店，24-36

第3章　内張り資材

1．内張り資材の機能と特性

1）内張り資材の役割

　内張り資材は、温室の内側に展張して保温性の向上や遮光・遮熱などを目的に用いられる資材である。内張りには固定式と可動式がある。表—1に示すように多くの場合、柔軟性のある軟質フィルム、寒冷紗、不織布、ネット類が利用される。保温性向上のため不織布の間にポリエステル綿を重ねた多層構造の断熱資材も利用されつつある。

　内張りによる保温被覆の方法を図—1に示す。温室内に設置した骨組みに被覆資材を固定する方法（固定式）、被覆資材を開閉させる方法（可動式、カーテン）の他、トンネルやべたがけを設置する場合もある。硬質フィルムが使われるケースはほとんどないが、温室の内側にフィルム止め材を取り付け外張り被覆を2重構造化して保温を図る方法もある。空気膜二重構造と呼ばれ、伸縮しないフッ素フィルムや農POフィルムが用いられる。

　内張り資材に要求される性能は、スムーズに開閉できる作業性、水滴のボタ落ちあるいはハウスの霧・靄（もや）の発生を防ぐ防曇・防霧性あるいは透湿・吸湿性や通気性、ある程度の（おそらくは経済的に見合う）耐久性、利用方法により十分な光線を透過する透明性、可動式の場合は収納・収束性などである。

2）内張り資材の特性

（1）保温における特性

　保温に用いられる内張り資材は、保温性（断熱性）に優れることはもちろんであるが、水分・湿度に関する特性、取扱い性にかかわる開閉性などの機械的特性についても留意する必要がある。

　保温性については、放射伝熱にかかわる特性、すなわち被覆資材の長波放射に対する透

表—1　内張り資材の種類と特徴（日本施設園芸協会，2009を改編）

種類	特徴
農ポリ（PE）	透明でべたつきがない。保温力は農ビよりやや低い
農ビ（PVC）	透明。カーテン用製品はべたつきが少ない。保温性強化農ビは長波放射透過率を抑えて一般農ビ以上に保温性を強化している
ポリオレフィン系特殊フィルム（農POフィルム）	ポリエチレンや農酢ビなどの素材を中心に、各種材料を組み合わせた多層構造として性能向上が図られている。べたつきがなく軽い。赤外線吸収剤を配合したフィルムでは農ビ並みの保温力がある
農サクビ（EVA）	農ポリと農ビの中間的な性質
反射フィルム	光線をほとんど通さない。べたつきは少ない。保温力は透明フィルムより高い
不織布	光線透過性は透明フィルムより低い＝遮光を兼ねることができる。ややごわごわする。透湿・透水性があるため、室内の高湿度化と作物への水滴落下を防止する
割布／織布	プラスチックフィルムを裁断し、細糸で編んだ資材などで、透湿・透水性がある。アルミの反射性資材を材料に用いたものは、長波放射の放熱抑制効果がある。遮光兼用資材もある
寒冷紗	光線透過率は低い＝遮光を兼ねることができる。通気性があり、保温力は最も低い

注）不織布以下は、ビニロン、ポリビニルアルコール（PVA）、ポリエステル（PE）ポリプロピレン（PP）、ポリエステル（PET）などが素材に用いられる。また、製法により、不織布、寒冷紗などに分けられ、不織布はさらに長繊維不織布（PET，PP）と割繊維不織布（PVA，PE）とに分けられる

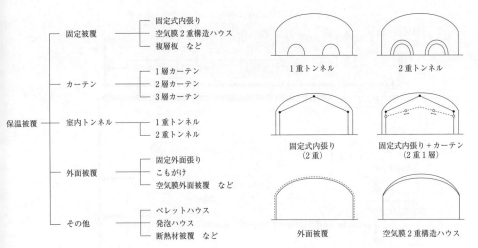

```
          ┌ 固定被覆 ─┬ 固定式内張り
          │          ├ 空気膜2重構造ハウス
          │          └ 複層板  など
          │
          ├ カーテン ─┬ 1層カーテン
          │          ├ 2層カーテン
          │          └ 3層カーテン
保温被覆 ─┤
          ├ 室内トンネル ┬ 1重トンネル
          │              └ 2重トンネル
          │
          ├ 外面被覆 ─┬ 固定外面張り
          │          ├ こもがけ
          │          └ 空気膜外面被覆  など
          │
          └ その他   ─┬ ペレットハウス
                     ├ 発泡ハウス
                     └ 断熱材被覆  など
```

注）林（2008）などを元に作成

図—1　保温被覆の方法

過性・吸収性・反射性に注目する必要がある。加えて、不織布などでは対流伝熱にかかわる通気性も考慮する必要がある。長波放射に対して反射率の高いアルミ蒸着フィルムは断熱性が大きい資材といえる。透明資材の中では、長波放射吸収率の高い農ビが最も保温性に優れ、透過率の高い農ポリは劣る。

　内張り資材を多重・多層化することで温室内の保温性を向上させることができる。長波放射を通しにくい資材を組み合わせるほど効果がある。固定式（固定張り）とする場合には、可動式と比べて密閉性を高めることができ保温の点では有利であるが、日中も内張りを開閉させないため、光透過性の高いことが必要であり透明資材が用いられる。必要に応じて開閉させる可動式とする場合には、カーテンを開けた時の影面積を小さくするため収束性が良いこと、開閉にともなう擦れや引っ張りなどに対する機械的強度があることが求められる。農ビではべたつきを軽減して開閉性を改善した内張り専用農ビが用意されている。省エネ資材として登場している気泡状の保温資材は収束性に劣るため温室側面などの固定張りで用いられる。

温室の保温時には、内張り資材表面で凝結した水滴が作物上へ落下（ボタ落ち）すると多湿性病害を誘発するためその防止を図る必要がある。内張り用の農ビや農POフィルムでは防曇・防霧性を強化した資材が用いられる。不織布や寒冷紗では透湿性・通気性があり高湿度化の防止に効果があるが、目合いが大きくなると保温性の低下を招くことになる。PVAは吸湿性の素材であるため、PVAを用いた資材は吸湿性も有する。しかし、吸湿時と乾燥時で伸縮するため展張する際には注意が必要である。

（2）遮光における特性

　遮光は日射の一部あるいは全部を遮ることで、昇温抑制、光量調節、日長処理（100％遮光）などを目的として行われる。遮光に用いられる遮光資材は、寒冷紗、不織布、着色（有色）軟質フィルムなどである。光合成有効放射の波長域だけではなく、紫外線域を除去する資材（UVCフィルム）や遮熱のため長波放射を遮る資材（遮熱資材）もある。

　遮光に用いられる割繊維不織布では、黒色、白色、シルバーなどの素材がストライプ状に組み合わされ、そのストライプと透明部分と

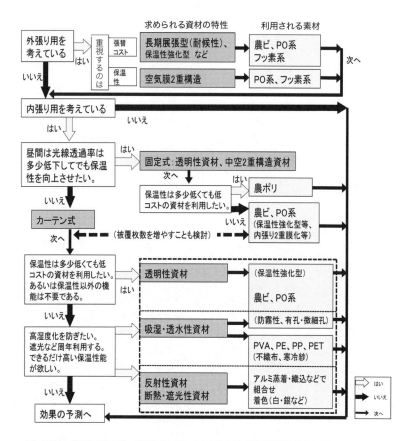

注）外張り、透明性資材では、紫外線カットフィルムなどさらに選定が必要な場合もある。
このフローチャートは、すべての被覆資材を網羅しているわけではない

図―2 被覆資材選定の手順の例（日本施設園芸協会，2009）

表―2 温室の保温性確保のための点検項目例（日本施設園芸協会，2009）

採光条件の点検	被覆資材に汚れや変色、破れはないか 温室内外に採光を妨げるような資材や機材がないか
外張り被覆の点検	外張り被覆の隙間や破れ、天窓や側窓、入口の破損や隙間はないか 被覆資材留め具の緩みはないか 冬期間使用しない換気扇シャッターの隙間対策はされているか
内張り・カーテンの点検	内張り・カーテン資材の破れ、軒部・谷部などの合わせ目、つなぎ目に隙間はないか 側面資材の裾部は地面まで届いているか、長さは十分か、隙間はないか。できれば裾部を固定する 多層化した内張り・カーテン同士が密着していないか 内張り・カーテンの1層目と2層目空間が端面で閉じられているか カーテンの開閉時刻は適切か、開閉動作が正常に行われているか
その他	送風ダクトの配置、撹拌扇などを適切に配置して温度ムラの解消を図っているか 暖房装置の保守・点検はなされているか 栽培管理温度は適切か　　　　　　　　　　　　　　　　　　　　　　　　　など

の割合で遮光率を変えている。また、寒冷紗やネットでは目合い（間隙率）や色により遮光率が相違する。遮光率が高いほど昇温を抑える効果が大きい。しかし、遮光率が同じでも資材によって昇温抑制の効果は異なる。アルミ系のシルバーや白色などの反射性資材は、長波放射を反射することから断熱性が高く遮熱性も高い。低温時には保温資材としても効果がある。遮光資材は、保温資材と兼用できる資材も多い。

　花きなどのシェード栽培は、短日処理を行う処理であり、日長を制御して花芽分化を促進・抑制し生育や開花調節をはかる技術である。日長処理を行うために、100％遮光できる被覆資材が用いられる。

3）内張り資材の利用

　内張り資材は、保温と遮光・遮熱を行うことができる比較的低コストで簡便な環境制御の手段である。内張り資材には様々な種類があり必要な機能・効果を考慮して選択する必要がある。被覆資材の選定手順の一例を図―2に示す。

　保温においては、特に被覆資材の破れがないか、合わせ目に隙間がないかなど、表―2のような保守・点検を実施することで被覆資材をより効果的に利用することができる。
(川嶋浩樹＝農研機構近畿中国四国農業研究センター)

参 考 文 献

1) 日本施設園芸協会編（2003）：五訂施設園芸ハンドブック，日本施設園芸協会，61-100
2) 日本施設園芸協会他監修（2004）：新訂園芸用被覆資材，園芸情報センター，179
3) 日本施設園芸協会編（2009）：省エネルギー化につながる被覆資材導入の手引き，日本施設園芸協会，30
4) 農業用生分解性資材研究会編（2009）：農業用生分解性資材の手引き，農業用生分解性資材研究会，74
5) 農林水産省生産局生産流通振興課編（2009）：園芸用ガラス室・ハウス等の設置状況（平成18年7月〜平成19年6月間実績），日本施設園芸協会，197
6) 農文協編（2004）：野菜園芸大百科第2版施設・資材，産地形成事例，農山漁村文化協会，5-98
7) 林真紀夫（2014）：燃油価格高騰緊急対策と省エネ技術の動向，施設と園芸，日本施設園芸協会，164，6-11
8) 三原義秋編著（1980）：温室設計の基礎と実際，養賢堂，102-117
9) 小澤行雄ら著（1993）：園芸施設学入門改訂増補版，川島書店，24-36

第4章　マルチ・べたがけ資材と利用

1．マルチ

　マルチとは、栽培に好適な土壌環境に近づけるためにプラスチックフィルムや稲わら等で地表面を覆うことであり、また、覆う資材そのものを指すこともある。

　マルチを使った栽培方式であるマルチ栽培は、稲わら等による敷わらに始まる。古くから、地温の調節、雨による土の跳ね上がり防止、土壌の乾燥や固結の防止、雑草の抑制等を目的に、稲わらや牧草等が用いられてきた。

　マルチ栽培の本格的な普及は、1958年にマルチフィルムの原料となるポリエチレンの国産化開始以降である。ポリエチレンマルチ（ポリマルチ）は耐候性に優れ、量産化に伴って安価で供給されたこともあり、様々な場面で利用が拡大した。主に低温期の地温上昇を目的として、作期の前進に絶大な効果を発揮し、地域によっては土壌浸食や肥料流亡の防止を目的として導入が進んだ。

1）マルチの種類

　マルチは、ポリエチレンや生分解性樹脂等によるプラスチック系マルチ、古紙等による紙マルチ、稲わら等の植物残渣による有機質マルチに大別される（表―1）。

　プラスチック系マルチの素材は、ポリエチレンのフィルムが最も一般的で、一部にポリオレフィン系フィルムが利用されている。トンネル等に用いた塩化ビニルフィルムをマルチとして再利用する地域もある。また、透水性や通気性のある不織布を使う場合もある。

　生分解性プラスチックマルチは、ポリマルチとほぼ同様な効果が得られるが、土中において最終的には二酸化炭素と水に分解されるため、すき込み処理でき、回収の手間が省ける。ポリ乳酸や脂肪族ポリエステルを主成分に、デンプン等との混合物が素材となっている。近年、素材の改良により伸縮性に優れる資材が増え、やや難のあった展張作業への適性はポリマルチと同等になってきている。

　プラスチック系マルチには、幅、厚さ、色、孔（有無、条間、株間、条数、孔径、並列・千鳥、丸孔・スリット）、中心線等の多様な規格があり、用途によって選択が可能である。さらに、反射による害虫忌避、通気といった機能性のあるマルチも使われている。

　有機質マルチは、稲わら等の作物残渣や敷草用に栽培した麦、サトウキビ、牧草等を用いる。被覆による昇温抑制、土の跳ね上がり防止に加え、土壌へすき込むことで緑肥としての効果もある。大麦等をネギやコンニャクイモの畝間に生育させることで、土壌の昇温抑制や天敵生物の温存を目的とするリビングマルチも有機質マルチの一種である。天敵生物の温存（バンカープランツ）という側面は、近年加えられたマルチの新たな用途といえよう。

2）マルチの効果

　マルチには、地温調節、土壌水分の保持、雑草防除に加え、行動攪乱による害虫抑制、土壌からの隔離や湿度低下による病害抑制、土壌浸食の抑制、肥料流亡の抑制、土壌構造の維持、土の跳ね返り抑制、リンゴ等の果実の着色促進、塩類集積の抑制等の多様な効果がある。これらの効果が複合的に作用するこ

表—1 マルチの種類

機能別分類	資材名	備考
地温上昇	透明ポリフィルム	厚さ 0.015～0.03mm
雑草防止	黒色ポリフィルム	厚さ 0.02～0.03mm、黒色・銀ねず
地温上昇＋雑草防止	グリーンマルチ	アザヤカグリーン、エメラルドグリーン、ブルーグリーン、ダークグリーン等多様な緑色がある
	バイオレットマルチ	
	ブラウンホットマルチ	
	配色マルチ	植付け部分のみ透明
	ホオンマルチＢＵ	可視光線を遮断し赤外線を透過
	サンブラックマルチ	石灰配合で保温性高い
	暖々マルチ、保温マルチＢＵ	特殊酸化鉄配合で保温性高い
反射光利用地温上昇抑制	デュポンタイベック	透湿性があり、気化熱による温度低下
	ミカクール	
反射光利用地温上昇抑制＋防虫	アルミ蒸着フィルム	フィルム材質に各種あり
	三層シルバーポリ	三層構造シルバーフィルム
	ホワイトシルバー	
	シルバーポリトーＮ	
	ムシコンワイド	
	ムシコンセミワイド	
	ムシャット	表面に銅イオン配合層
反射光利用地温上昇抑制＋雑草防止	チョーハンシャ	特殊資材で反射性高い
	白黒ダブルマルチ、ドリームマルチ白黒、リバースマルチ白黒、Ｂ＆Ｗマルチ、ツインホワイト、こかげマルチ、こかげマルチデラックス	白色に黒色で裏打ち
	銀黒ダブルマルチ、銀黒マルチ、リバースマルチ銀黒、ツインマルチ、シルバーＳＳ	シルバーに黒色で裏打ち
	白黒サマーマルチ	白黒・銀黒ダブルマルチに通気孔
	銀黒サマーマルチ	
防虫＋雑草防止	ＫＯマルチ	透明、黒色、グリーンの３種類
	ヒムシー	
	ムシコン	銀線印刷フィルムで、地色は透明、黒色の２種類
植え穴設定対応	有孔マルチ、ホーリーシート、ポアシート、スミホール等	各種マルチに組み合わせて、植え穴設定
条播、散播対応	メデルシート	帯状の切れ目により条播、散播可能
	芽出しマルチ	
生育中除去作業の省力	らくはぎマルチ	連続的な切込みで生育中のマルチ除去を省力
菌類の増殖抑制	抗菌マルチ	銀ゼオライトの抗菌効果
生分解性	キエ丸、ビオフレックスマルチ、ビオフレックスマルチＢＰ、ナトューラ、コーンマルチⅡ、サンバイオ、サンバイオＸ、キエール、野土加、ビオトップ、バイオトップ、カエルーチ、Ｂ－ＰＡＬ	黒色、透明、乳白色等
有機物マルチ	稲・麦・牧草等のわら	果菜類等の敷わらとして有効。窒素飢餓に注意
	ヘアリーベッチ、マルチムギ	主作物の作付け時やそれ以前に播種し、叢生時期から自然枯死期もマルチとして利用できる

とで、作物の作期拡大、生育促進、品質向上、増収、土壌環境の保全等に役立っている。

ポリマルチの効果で最も大きいものの一つは地温調節である。ポリマルチ下の地温は、主に資材の光透過率と反射率で決まる。透明マルチは地温を高める効果が最も高いものの、雑草が繁茂しやすい。黒マルチは雑草の抑制効果が高いが、地温の上昇は透明マルチに及ばない。緑マルチはこれらの中間的な性質を持ち、雑草が生育しない程度に光透過性を持つが、透明や黒よりも価格が高いことが多い。一方、地温抑制を主目的としたポリマルチには、白やシルバーが用いられる。白色だけで着色したフィルムは、光を十分に遮断できずに雑草が繁茂しやすいため、黒で裏打ちした白マルチ（白黒マルチ）が使用される。

地温は、無被覆、白、シルバー、黒、緑、透明の順に高くなる（図—1）。白、シルバーでは、反射によって地温上昇が抑制されるが、気化熱による放熱がないため、湿った土壌の無被覆に比べて上昇する。日射の反射率は白、シルバーともに60％程度であるが、長波放射透過率の高い白の方が地温は低くなる。

白、シルバー、黒にシルバーのストライプといった反射マルチには、アブラムシの行動攪乱による寄生の軽減効果がある。特にアブラムシ類が媒介するウイルス病が問題となる作物・作型で広く利用されている。

敷わらには、日中の土壌表面温度の上昇を抑え、夜間には放熱を防ぐ効果がある。敷わらを用いると低温期には地温を無被覆よりも低くして、生育が遅れることがあるため、高温期に多く利用される。紙マルチや透湿性のある不織布をマルチとして用いる場合も昇温抑制が主目的となる。

いずれのマルチも蒸発を抑制するため、土壌水分は保持される。地表面への水の移動が減少し、塩類集積も抑制される。プラスチックマルチの多くは、マルチ下土壌への降雨の浸透を排除する。そのため、マルチ展張前に十分な土壌水分を確保するか、灌水チューブ等の資材をマルチ内に設置しないと、作物への水分供給量が不足することがある。

3）マルチの活用事例

低温期の作期前進には、マルチを作付前に展張し、地温を確保することで、思わぬ天候不順へ対応できることがある。2月の関東地方では日照に恵まれれば、トンネル・マルチ下の地温は、1週間後には15℃程度まで達するが、その後の天候不順で低下してしまう。安定的に高い地温を確保するには、設置から作付まで2週間はみておきたい（図—2）。

生分解性プラスチックマルチは、栽培終了後の除去作業が不要なため、作付中のマルチ上に培土を行っても問題はない。スイートコーン、ソラマメ、春どりブロッコリー等の倒伏が生じやすく、低温期から栽培が始まる作物に対し、生育途中で培土することで、マルチによる作期の前進を図りながら、倒伏の

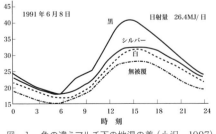

図—1　色の違うマルチ下の地温の差（小沢，1997）

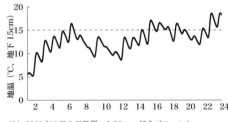

注）2011年2月2日設置、0.03mm 緑色ポリマルチ

図—2　トンネル・マルチ設置後の日数による地温（町田，2012）

軽減もできるようになる。

2．べたがけ

べたがけとは、栽培に好適な環境に近付けるために、不織布、寒冷紗、ネット類といった通気性、透光性のある資材を作物に被覆する技術であり、また、被覆する資材そのものを指すこともある。資材、被覆方法、時期等によって、効果が多様性に富む特徴がある。

1950年代に沖縄で、高温、強日射、害虫による被害を軽減するために、ネットで作物を覆ったのがべたがけの始まりとされ、「べた一面に掛ける」が、その語源である。

1970年代には、関東地方周辺で、ダイコン等へのウイルス病を防ぐために、寒冷紗をトンネル状に被覆する技術があった。また、漁村周辺では、古くから台風襲来時に漁網を露地野菜に被覆して、被害を軽減していた。これらは個別に発達した技術であるが、いずれもべたがけの原型といえる。従来のべたがけには、ネット類、寒冷紗が使われ、用途は遮光、防虫、防風であった。1970年代初めに、べたがけ用不織布が開発され、用途に保温が加わった。当初、保温目的のべたがけでは軟弱徒長が問題となり、すぐには普及しなかった。1980年代に、収穫前の除覆により軟弱徒長を防げることが分かり、これを契機に保温目的のべたがけは急速に広まった。

1）べたがけ資材の種類

べたがけに用いられる資材には、大きく分けて4種類ある（表—2）。

（1）長繊維不織布

溶融した樹脂を多数のノズルから吹き付け、延伸した樹脂を相互に絡ませて積層し、融着した不織布である。長繊維不織布には多くの製品があり、重量は$15〜20g・m^{-2}$程度と軽く、目合いが細かく、比較的安価である。取り扱いやすさや初期投資の少なさから、保温、防風、防虫等を目的に最も多く利用されている。素材はポリエステルやポリプロピレンのため耐候性に乏しく、耐用年数は比較的短い。近年、ポリエチレン織布と張り合わせて耐候性を強化した資材も上市されている。

（2）割繊維不織布

フィルムを1mm以下に細かく裂いて作った繊維を縦横に組合わせ、接着剤や熱で固着した不織布である。ポリビニルアルコールやポリエチレンを素材にした資材があり、主に保温目的で使われる。

（3）寒冷紗類

ポリビニルアルコールまたはポリエステル系の繊維を縦糸と横糸にし、交互に織り合わせる平織りによって作られる。1〜2mmの範囲の目合いと色との組合わせで広範な遮光率の製品があり、通気性にも優れることから主に高温期の遮光に使われる。また、防虫目的にも適している。

（4）ネット類

縦糸と横糸を絡めて編んだラッセル編みで作られたネットと平織りに近い製法で作られたネットがある。ラッセル編みによる資材は、破損箇所が広がりにくく、伸縮性に富み、強度も高いため、台風等の強風対策に適する。防虫目的の場合には、目合いが目ずれしないネットの方がその効果が高い。

2）べたがけの被覆方法

べたがけの被覆方法には、用途や作物の大きさに応じて、数種類がある（図—3）。

（1）じかがけ

支柱等の支持材を使わないで、資材を地面や作物の上に直接被覆する方法であり、狭義でべたがけと称されることもある。設置が手軽で、付帯する資材もほとんど要しないため、露地を始めとして最も一般的な方法である。トンネル内やハウス内でも使われ、裾の固定が簡易で済むことから、置きがけと呼ばれる

表－2 主なべたがけ資材とその特性（川口，1997を加筆修正）

種類	品名	素材	メーカー名	品番	規格透光率(%)	幅(cm)	重量(g・m²)	耐候性	強度	耐用年数	資材面の結露	収縮性	主な用途
長繊維不織布	パオパオ	ポリプロピレン	三菱樹脂アグリドリーム	パオパオ 90	90	60～350・500	20	△	△	1～2	有	無	①②③
	テクテクネオ	ポリプロピレン	服部商店	パオパオ M-6 青パオパオ PK020	70 80 90	240 150～350 90～320		△	△	1～2 1～2 1～2	有 有 有	無 無 無	①②③ ①②③⑧ ①②③
	アグリ NEWア イボッカ	ポリプロピレン	シーアイ化成		85	90～300	20	△	△	1～2	有	無	①②③
	パオライト	ポリエステル	岩谷マテリア ル			60～300	15	△	△	1～2	有	無	①②③
		ユニチカ	ユニチカ	パオライト	90	80～400		○	△	1～2	有	無	①②③⑧
	パスライト	ポリエステル、ポリエチレン		パスライトブルー スーパーパスライト	85 70	120～270 150～300		◎ ◎	△ △	5～7 5～7	無～極少 無～極少	有 有	①②⑦ ①②⑦
割繊維不織布	ベタロン	PVA	ダイオ化成	DT550 DT650		100～230		◎	○	2～3	少	無	①③④
	農業用アリア	ポリエチレン	JX日鉱日石エネルギー	HS-300（白） 〃 （銀） 〃 （黒）	67 52	100～300		◎	○	2～4	少～極少	有	①③④
寒冷紗	寒冷紗	ビニロン系（PVA）	クラレ、ユニチカ	白 黒 グレー	66～85 17～55 40	92～230 92～180 135	#200 28 #300 33	◎ ◎	△ △	5～7 5～7	無～極少 無～極少	有 無	①②④⑥ ①②④⑥
		テトロン系（ポリエステル）	ユニチカ、東洋紡STC	白 黒 シルバー	65～82 42～48 60～65	92～240 135・180 92～180	#300 37 #600 50	◎	△	5～7 5～7	無～極少 無～極少	無 無	①②④⑥ ①②④⑥
ネット類	ダイオネット（ラッセル防風網）	ポリエチレン	ダイオ化成	1mm目合，青・緑・黒・白 2mm目合，青・黒・白	40～50 30～40	200 100～200	100 80	◎ ◎	○ ○	3～5 3～5	無 無	無 無	③④⑥ ③④⑥
	サンサンネット	ポリエチレン	日本ワイドクロス	4mm目合，青・緑・黒・白 6mm目合，青・黒・白 9mm目合，白 EX2000(1mm目合)	90	100～200 100～300 60～360	40	○ ○ ○ ◎	△ △ △ ○	3～5 3～5 2～4	無～極少 無～極少 無～極少 無～極少	無 無 無 無	③④⑥ ③④⑥ ③④⑥ ③④⑥
	ベルネット	ポリエステル	ベルナキスタイル	GB515(1×1.2mm目合，黒) N7000(2mm目合) N3800(2×4mm目合) 0.7mm目合い	55～60 92 95 85～90	150～210 100～400 75～400 90～400	75	◎ △ ◎ ◎	○ ○ ○ ○	2～4 2～4 2～4 2～3	無～極少 無～極少 無～極少 無～極少	無 無 無 無	③④⑥ ③④⑥ ③④⑥ ③④⑥

こともある。じかがけには保温、防霜を主目的として、長繊維や割繊維不織布が用いられることが多い。また、高温期の遮光には寒冷紗、台風等の対策として、寒冷紗やネット類が主に用いられる。

じかがけでは、作物の生育に合わせて裾をずらして上げることもあり、これには十分に余尺を確保しておく必要がある。

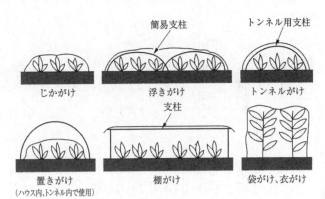

図—3 被覆方法のおもなタイプ

(2) 浮きがけ

曲パイプやFRP製ポール等の簡易な支柱を使い、作物と資材との間に空間を作って栽培する方法で、トンネル栽培に近い。じかがけに比べ、労力と資材費がかかるが、保温性が高く、作物が資材に触れないので、防虫効果も高い。使用目的や資材は、じかがけとほぼ同じで、保温や防霜には不織布が、遮光や防虫には寒冷紗やネット類が主に使われる。

放射冷却が激しい夜には葉温が気温より低くなるため、あえて風を通すことで作物体に熱を与えることができる。そのため、厳寒期に収穫するキャベツやレタス等では、裾を開放して浮きがけすると寒害が軽減できる。

(3) 特殊な方法

特殊な方法として、観葉植物やワサビ等の防霜、遮光に不織布または寒冷紗を被覆する棚がけ、支柱を使わずにカンキツ類等の果樹や果菜類に直接資材をかける衣がけ(袋がけ)等の被覆方法も工夫されている。

3) べたがけの活用事例

べたがけの目的には、保温、凍霜害軽減、昇温抑制、遮光、防虫、防風、豪雨被害の軽減、鳥獣害の軽減、防雹、土壌浸食の防止、土壌の膨軟性維持等に加え、特定の波長の光の透過を制限することで生育促進を図るといった資材もある。

低温期のべたがけの生育促進効果は、日中

表—3 べたがけの被覆方法によるホウレンソウの新鮮重 (g/株)(浜本, 1992から抜粋)

播種時期	無被覆	全日被覆	日中のみ被覆	夜間のみ被覆
11月	14.3	21.4	19.6	16.8
2月	9.6	21.3	22.5	12.8
4月	17.3	21.8	19.7	16.9
8月	19.3	17.9	17.0	21.9

注) べたがけ資材はパオパオ90、供試品種「オラクル」

の気温や地温の上昇によるところが大きい。その一方、高温期には阻害的に働くこともある(表—3)。保温を重視する場合には、秋から春までが中心となるが、低温期に向かう作型では、全期間あるいは収穫の数日前まで被覆する場合が多い。高温期に向かう作型では、播種や定植から一定の大きさになるまで被覆することが多い。

(町田剛史＝千葉県農林総合研究センター)

参 考 文 献

1) 浜本浩(1992):日中および夜間べたがけがコマツナとホウレンソウの生育におよぼす影響,農業気象48(3), 257-264
2) 小寺孝治(2003):五訂版施設園芸ハンドブック,日本施設園芸協会, 75-84
3) 中山淳・町田剛史(2012):スイカの作業便利帳,農文協
4) 岡田益己・小沢聖(1997):べたがけを使いこなす,農文協
5) 小沢聖(1998):四訂施設園芸ハンドブック,日本施設園芸協会,74-83

第5章 防虫資材

1. 防虫ネット

　防虫ネットとは、植物を栽培している施設の開口部（天窓、側窓、谷、入口）または植物の上を覆うことによって、外からの害虫の侵入を防いで害虫被害を抑える資材のことである。防虫ネットを使用することによって農薬の散布回数を減らすことができ、薬剤散布にかかる労力、費用および環境への負荷を軽減できる。また、施設栽培では防虫ネットを一度展張すると3～5年間は利用できるため、非常に利用しやすい物理的防除技術の一つである。

表-1　主な防虫ネットの概要（記載内容は各メーカーが提供）

製品名	品番	目合い	素材	織り方	強度対策等	耐用年数	糸の太さ	製造メーカー名	参考価格(円/㎡)
サンサンネット(ハチ用)	HM-3388	3.6mm×3.6mm	ポリエチレン	カラミ織り	熱融着	4～5年	440dt	日本ワイドクロス(株)	100
サンサンネット	N-3800	2mm×4mm			30cm毎に補強糸有り	5年以上			
	N-7000	2mm				5年以上			120
	EX-2000	1mm		平織り	10cm格子でアルミ入り	4～5年	320dt		
サンサンネットソフライト	SL-2200	1mm					180dt		
	SL-2700	0.8mm							140
	SL-3200	0.6mm							210
	SL-4200	0.4mm			10cm格子で白糸		145dt		245
	SL-5500	0.3mm×0.4mm			2cm格子で白糸		110×180dt		300
	SL-3303	0.3mm			2cm×10cm格子で白糸				315
	SL-6500	0.2mm×0.4mm			2cm格子で白糸				330
サンサンネットeレッド(赤)	SLR-2700	0.8mm			10cm格子でアルミ入り		180dt		155
	SLR-3200	0.6mm			10cm格子でアルミ入り				240
ダイオサンシャイン	S-2000	1mm	ポリエチレン	平織		4～5年	300d	ダイオ化成(株)	107
ダイオサンシャインソフト	N-2900	0.8mm					150d		140
	N-3330	0.6mm					150d		212
ダイオサンシャインスーパーソフト	N-4700	0.4mm					100d		240
	NST-5500	0.3mm					70d		320
ダイオサンシャイン	9010	2mm		カラミ織		5年以上			116
サンライトP		0.4mm	ポリプロピレン	平織	UV剤入り	3～5年	75d	大豊化学工業(株)	220
		0.3mm					55d		250
サンライトSF		0.7mm	ポリエチレン			5年以上	170d		130
		1mm					220d		110

注）糸の太さの単位：dtはデシテックス、dはデニール。デシテックス表示を1.11で割るとデニール表示に換算できる。

一方、防虫ネットで植物を覆うため、施設内の温湿度の上昇や日照量の減少が生じて植物の生育が抑制されたり、病害の発生を助長する懸念がある。そのため、防虫ネットを選ぶ時は防虫効果が高いものをむやみに選ぶのではなく、栽培する植物の特性や防がなければならない害虫を十分に把握した上で、適切な製品や設置の方法を決める必要がある。

1）防虫ネットの種類と特徴

　農業で用いられる防虫ネットは各資材メーカーから目合い、素材、編み方が異なる多種類の製品が販売されている。表―1に販売されている主要な防虫ネットの概要を示す。

　目合いの大きさは浸入を防止する害虫の大きさに対応して多種類ある。侵入防止できる害虫の種類は表―2のとおりである。目合いを小さくするほど害虫の施設内への浸入を防ぐことはできるが、その反対に通気性や通水性の低下に伴う施設内気温の上昇、光線透過率の低下が起こりやすく、それによって植物の生育に悪影響が生じることが懸念される。

　素材は、主にポリエチレン、ポリプロピレンなどの合成繊維が使用されている。ポリエチレン系の繊維は元来、紫外線に弱く劣化しやすいが、最近はＵＶ剤入りの製品もあり、耐候性が強化されている。ポリプロピレンはポリエチレンに比べて耐候性がやや劣るために、長期間展張する場合には破損に注意する必要がある。

　主な織り方には、平織りとカラミ織りがある。平織りは縦糸と横糸を交互に浮き沈みさせて織る方法で、丈夫で摩擦に強いことが特徴である。カラミ織りは縦糸を互いにからみ合わせながら、横糸を打ち込んで織る方法で、横糸を縦糸でしばったような目になり、組織が粗くても目ズレが起きにくいのが特徴である。

　耐用年数は、製品に使用されている繊維の素材や太さによって異なるが、長くて5年程

表―2　防虫ネットの目合いと有効な害虫類

目合い	害虫名
1mm未満	スリップス類、コナジラミ類
1mm	アブラムシ類、ハモグリバエ類、キノコバエ、コナガ
2mm	シロイチモジヨトウ
4mm	ヨトウガ、ハスモンヨトウ

注）福岡県野菜病害虫・雑草防除の手引きより

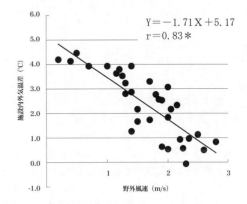

注）供試した防虫ネットは目合い0.4mm、ポリエチレン製
　＊は5％水準で有意差あり

図―1　野外風速と高さ140cmの施設内外気温差との関係

度で、短いものでは3年程度である。一般に繊維が細いものほど強度が低くて耐用年数が短い。また、防虫ネットの強度を高め、目ズレ等を少なくするために製品にはいろいろな工夫がなされている。一定の間隔に補強糸を挿入することで破れにくく、目ズレやほつれにくくしている製品や、縦糸と横糸の交点を完全に接着して目ズレやほつれが起こりにくくしている製品もある。

2）防虫ネットの選定のポイント

　防虫ネットの種類（目合いや素材）は、対象となる害虫や各地の気象条件などを考慮して選定する。通気性は目合いが小さいほど低下する傾向があるが、必ずしも目合いの大きさに一致しているわけではない。以下に、防虫ネットを選定するにあたって、特に植物への悪影響が懸念される高温の要因とその対策

表—3 防虫ネットの目合いと施設内上中部気温差

目合い	風下／風上	施設内上中部気温差	
	風速比	6月2日	7月12日
mm	%	℃	℃
2.0	87	−0.2	−
1.0	73	−0.3	−0.3
0.8	65	−	0.9
0.75	45	1.3	−
0.6	64	0.7	−
0.4	38	−	1.4

注）1. 風下／風上風速比は風洞実験により算出
2. 気温差は11〜15時の高さ1.4mと0.75m位置の差の平均で施設上部の気温が中部気温より高い場合を□で表示
3. 6/2、7/12は両日とも晴天、最高気温33℃
4. 糸の材質は目合い0.75mmが合成繊維、その他はポリエチレン

に関する知見を紹介する。

（1）野外風速、防虫ネットの通気性

図—1に、7月における目合い0.4mm防虫ネットを展張した施設での野外風速と施設内外気温差（施設内気温−野外気温）との関係を示した。野外風速が大きくなるほど、気温差は小さくなる負の有意な相関関係を示した。夏季高温期において目合いが小さい防虫ネットを張った施設内の温度は、野外風速と深く関係し、野外風速が小さい場合には、施設内外の熱交換が抑制されて、施設内に熱気が滞留して高温になると考えられる。

表—3に、6、7月における目合いが異なる防虫ネットを展張した施設内の上中部気温差（高さ140cm気温−高さ75cm気温）と防虫ネットの通気性を示す風下風速／風上風速比（以下、風下／風上風速比）を示した。目合いが1.0mmより大きい防虫ネット施設では140cmの気温が75cm気温に比べて低かったが、目合いが0.8mmより小さい施設では140cm気温が75cm気温に比べて高く、特に目合い0.75mm施設と0.4mm施設が1℃以上高かった。また、目合い1.0mm、2.0mm防虫ネットは風下／風上風速比が70%以上の値を示して通気性は高かった。目合い0.75mm防虫ネットは糸が合成繊維でできていて太いため、通気性は低く風速比は45%で0.6mmネットよりも小さかった。

これらの結果から、施設内の熱気の滞留程度は防虫ネットの種類によって異なり、熱気の滞留は防虫ネットの通気性を示す風下／風上風速比との関係が深いと考えられる。夏季高温期に防虫ネットを張った施設内の高温を抑制するには、通気性が優れた防虫ネットの利用が効果的といえる。

（2）防虫ネットの間隙率

現在、防虫ネットの製品選定は、主に対象害虫の大きさから判断されているが、高温への対策として高温になりにくさが判断できる新たな基準が求められている。

先に、施設内の温度環境は防虫ネットの通気性（風下／風上風速比）との関係が深いことを述べたが、この風下／風上風速比を計測

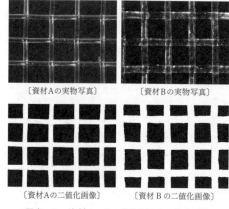

写真—1　資材A、Bの実物写真と二値化画像

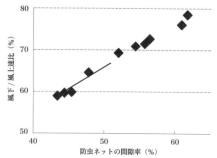

注）調査した防虫ネットは目合い0.4mmが5資材、0.6mmが4資材、1.0mmが1資材

図—2　防虫ネットの間隙率と風下・風上風速比

するには風洞装置での風速測定が必要であり、これには多くの時間と手間を要する。風下／風上風速比以外で資材の通気性を間接的に評価できるものとしては、資材における構造物と隙間の割合をしめす間隙率（資材の一定面積に占める隙間面積の割合）が挙げられる。間隙率は、防虫ネットを実体顕微鏡で拡大してデジタルカメラで撮影し、それを画像処理ソフトで二値化して算出する（写真—1）。写真の防虫ネット資材A、Bの目合いは0.4mmで同じだが、糸の太さは資材Aが75デニール、Bが150デニールであり、間隙率はAが61％、Bが44％と異なる。

図—2に、目合い0.4〜1.0mmの防虫ネットの間隙率と通気性を示す風下／風上風速比を示した。間隙率と風下／風上風速比との関係は、正の相関関係を示し、間隙率が大きくなるほど風下／風上風速比が大きくなった。

以上のことから、目合いの細かな防虫ネットの通気性の優劣を判断する場合、通気性と相関関係にある間隙率が役立つと考えられる。防虫ネットの選定にあたっては、対象作物と対象害虫、さらには地域の気象特性を考慮して、目合いの大きさだけでなく間隙率や通気性を十分考慮する必要がある。

3）施設での展張方法および留意点

害虫の施設内への浸入を防ぐには、施設開口部のできるだけ多くの部分に防虫ネットを張る。害虫の種類、施設の配置、風向きによっては高い位置から浸入する害虫もいるので、施設の側窓だけではなく、天窓や谷換気部など高い位置の開口部にも防虫ネットを展張するのが望ましい。特にコナジラミ類やハスモンヨトウなどはハウスの高い位置まで飛翔し、天窓から浸入するため、天窓部にも防虫ネットを張る必要がある。また、害虫の侵入経路になりやすい出入り口には防虫ネットをカーテン状にして設営すると良い。

展張時期は、基本的に栽培期間が始まる前とし、一度張れば強風などの気象条件で防虫ネットが破損する恐れがないかぎりは外さない。側窓部の施工は開口部の上端と下端に、天窓部は天窓部の先端部と施設本体開口部の下端部にスプリングレールを固定し、防虫ネットをスプリングで固定する。天窓部の場合、防虫ネットは開閉幅より少し余裕をもたせて施工する。

2．光反射資材

光反射資材とは、スリップス類やアブラムシ類（有翅虫）が有する強い反射光を忌避する習性を利用して、外からの害虫の侵入を防ぐ資材のことである。光反射資材としては光反射シート織込み寒冷紗やシルバーマルチなどがある。光反射資材を施設の側窓など開口部や周辺土壌または畝面に設営することによって、害虫の飛来をなくして被害を防ぐとともに、アブラムシの吸汁によるウイルス病の伝搬を抑制することができる。アブラムシは種類によって忌避効果に差があり、効果が認められているものとしてはワタアブラムシ、モモアカアブラムシなどが挙げられる。

忌避効果の発現具合には、反射する光線量の多少が大きく影響するため、反射部分の面積ができるだけ広くなるように資材面積を広くするとともに、太陽光線が資材面に十分あたるような管理を行う。また、上記資材と一緒に、シルバーテープ等を併用すると一層効果が高まる。光反射シート織込み寒冷紗は、使用目的が光反射であり、構造的には目合いは大きく、通気性が良いものが多い。資材設営は対象害虫の発生前に行う。

(森山友幸＝福岡県農林業総合試験場)

参考文献

1）森山友幸他（2008）：通気性に優れた防虫ネットの選定と選定指標，福岡農総試研報，27, 99-103
2）小松由美（2005）：防虫ネット（施設栽培），農業総覧病害虫防除・資材編10, 993〜998, 農文協

第6章　プラスチックのリサイクル

1. 農業へのプラスチックの利用と排出量

　農業用に使用されるプラスチックは、ハウス・トンネル・マルチ等の被覆資材、ネット、育苗用トレイやポット、肥料袋、農薬容器など多様で品数も多いが、量的には園芸用被覆資材の塩化ビニルフィルム（農ビ）およびポリエチレンフィルム（農ポリ）が主である。1953年に農ビが、1955年に農ポリが上市されて以降、高度経済成長と技術革新を背景に急速に普及してきた農業用プラスチックは、1990年代半ばをピークにその使用量を減少させてきた。長期展張性フィルムの普及や使い回しの広がりの一方で、トンネル栽培面積、ハウス設置面積、雨よけ設置面積がそれぞれ1983年、1999年、2001年をピークに減少に転じたことが背景となっている。

　用途別にみたプラスチック使用量に関する資料はない。代わりに、農水省統計の農業用使用済みプラスチック（以下、農業廃プラ）排出量でみると（表－1）、2009年では122,726 t排出され、園芸部門から74.5%

表－1　農業用使用済みプラスチック年間排出量 (2009年) 　　　　　　　　　　　　　　　　　　　　（単位：t）

種類	作物 利用方法		園芸			稲作	畑作	その他	計	計の割合(%)
			野菜	花き	果樹	計				
プラスチックフィルム①	塩化ビニルフィルム	ハウス	23,971	2,535	2,032	28,538	1,095	565	535	30,734	25.0
		トンネル	6,440	103	200	6,743	38	156	4	6,941	5.7
		マルチ	1,669	82	13	1,764	8	275	26	2,073	1.7
		その他	524	51	44	619	289	96	2,101	3,105	2.5
		計	32,604	2,771	2,289	37,664	1,430	1,092	2,666	42,852	34.9
	ポリエチレンフィルム	ハウス	11,609	1,979	3,716	17,304	341	365	610	18,620	15.2
		トンネル	6,146	115	376	6,637	97	186	57	6,977	5.7
		マルチ	21,735	510	151	22,396	457	6,594	910	30,356	24.7
		その他	792	152	114	1,058	148	1,122	4,496	6,824	5.6
		計	40,282	2,755	4,357	47,395	1,043	8,267	6,073	62,778	51.2
	その他プラスチックフィルム	ハウス	3,510	145	372	4,027	9	18	197	4,251	3.5
		トンネル	108	8	27	143	0	11	114	268	0.2
		マルチ	302	4	10	316	13	420	0	749	0.6
		その他	634	152	51	837	251	124	3,108	4,320	3.5
		計	4,553	308	460	5,322	273	573	3,419	9,588	7.8
	フィルム計	ハウス	39,090	4,659	6,120	49,869	1,446	948	1,342	53,605	43.7
		トンネル	12,694	226	603	13,523	135	353	175	14,186	11.6
		マルチ	23,706	596	174	24,475	478	7,289	936	33,178	27.0
		その他	1,950	355	209	2,514	688	1,342	9,705	14,249	11.6
		計	77,440	5,835	7,106	90,381	2,747	9,932	12,158	115,218	93.9
その他プラスチック②			715	231	159	1,105	626	574	5,204	7,509	6.1
合計①＋②			78,155	6,066	7,265	91,485	3,373	10,506	17,362	122,726	100
合計の割合			63.7	4.9	5.9	74.5	2.7	8.6	14.1	100	

注）1．農水省生産局生産流通振興課『園芸用施設及び農業用廃プラスチックに関する調査』(2011.4)
　　2．岡山・広島・山口は無回答、愛媛：合計値のみ回答

表―2　農業用プラスチック排出量の推移　　　　　　　　　　　　　　　　　　　　　　　　　　　（単位 t，％）

区分\年	1981年	1985年	1989年	1993年	1997年	2001年	2003年	2005年	2007年	2009年
塩化ビニルフィルム	79,633 (51.9)	91,459 (55.1)	101,616 (56.7)	105,915 (54.8)	104,954 (58.2)	84,443 (50.3)	71,638 (45.8)	66,860 (44.2)	52,429 (39.5)	42,852 (34.9)
ポリエチレンフィルム	59,299 (38.7)	63,385 (38.2)	67,205 (37.5)	78,247 (40.5)	66,026 (36.6)	68,292 (40.7)	67,193 (43.0)	67,833 (44.8)	64,752 (48.7)	62,778 (51.2)
その他プラスチックフィルム	2,197 (1.4)	4,187 (2.5)	6,288 (3.5)	5,332 (2.8)	6,105 (3.4)	8,401 (5.0)	5,900 (3.8)	7,065 (4.7)	6,952 (5.2)	9,588 (7.8)
その他プラスチック	12,287 (8.0)	6,861 (4.2)	4,211 (2.3)	3,621 (1.9)	3,378 (1.9)	6,855 (4.1)	11,712 (7.5)	9,534 (6.3)	8,713 (6.6)	7,509 (6.1)
計	153,416 (100.0)	165,892 (100.0)	179,320 (100.0)	193,170 (100.0)	180,254 (100.0)	167,991 (100.0)	156,443 (100.0)	151,292 (100.0)	132,846 (100.0)	122,726 (100.0)

注）1．農水省生産局生産流通振興課『園芸用施設及び農業用廃プラスチックに関する調査』（2011.4）
　　2．2007年までは前年7月1日から当年6月30日までの、2009年は前年4月から当年3月までの数値、調査マニュアルも変更された。2009年は岡山・広島・山口が回答なし、2007年、3県の排出量は計1,892tであった

の91,485 t、うち野菜用78,155 t（合計排出量の63.7％）、花き用6,066 t、果樹用7,265 t が排出された。ほかに稲作用3,373 t、畑作用10,506 t、その他17,362 t が排出されている。プラスチックの種類別には、フィルムが94％とほとんどを占め、うち塩ビフィルム35％、PEフィルム51％、その他フィルム8％の構成である。かつてフィルムの中心を占めた塩ビのシェアが減り、代わってPEフィルムが中心を占めるようになっている。利用方法別はハウス用44％、トンネル用12％、マルチ用27％、雨よけ等その他被覆用12％と、ハウス用が多くを占めているが、マルチ利用や雨よけ比率も見落とせない。

続いて排出量（使用量）の推移をみると（表―2）、1970年代から80年代を通じて増加し続けてきた農業廃プラの排出量は、1993年をピークに減少に転じ、それ以降、2007年には1976年の排出量を下回るまで減少している。特に廃農ビの排出量の減少が著しく、2009年の農ビ排出量は1993年の40％にまで落ち込んでいる。廃農ポリの排出量は20％減に止まっており、その他プラスチックフィルムはむしろ増加している。かつて農業用プラスチック利用の中心を占めた農ビは大きく減少し、今や被覆フィルムでは農ポリが中心を占め、併せてその他フィルムの利用

表―3　農ビのメーカー出荷量と排出量　（単位：t）

年	2003	2005	2007	2009
農水データ	71,638	66,860	52,429	42,852
NACデータ	55,995	52,630	42,462	34,009
NAC/農水	0.78	0.79	0.81	0.79

注）農業用フィルムリサイクル促進協会（NAC）

が拡がっている。

因みに、農ビについてメーカーの出荷量と農水省の排出量とを比較してみると（表―3）、20％ほど農水省統計の排出量が多いが、各年ともこの比率は変わらない。輸入の塩ビフィルム利用があまりないことを考慮すると、この差は農業者の廃農ビの排出時に土砂や水等が付着し、その分、重量が増えていることが影響していると推測される。農水省の調査マニュアルでは、排出量を推計する際、土砂等を除いて算出するとあるが、計量時の重量がそのまま計上されている可能性が高い。2009年の排出量推計はマニフェスト交付実績による方式を導入し、旧来方式も許容する方法を採った。これだと回収時の計量がそのまま積算されることになる。

なお、農業用フィルムリサイクル促進協会は2005年以降の農POの出荷量も公表している。2005年以降隔年で2013年までの出荷量をあげれば24,767 t、24,203 t、22,850 t、25,313 t、27,174 t と農ビの減少に代わって、排出量抑制に向け取り組ま

れてきた長期展張性フィルム農POの増加傾向が見てとれる。

　排出量抑制に関わって農POのほか、関係機関は生分解性プラスチックの普及も積極的に進めてきたが、普及に当たっては資材価格だけでなく、経営全体をみる（機会費用の）考え方が重要である。生分解性マルチ使用により省力化できるはぎ取り回収作業を家族労賃評価で見てトウモロコシ、ハクサイ、レタスなど十分に採算性がある。これに処理費用を加えればさらに採算の取れる作物は増える。生分解性プラスチックの出荷量の統計はないが、業界関係者によれば、農業用フィルムの2％程度を占めるという。ほかに長いもネットや植木苗用ポット等にも利用されている。

2. 廃棄物処理法の改正と農業用廃プラ適正処理対策

1）廃掃法並びに食品流通局長通達に基づく取り組みの成果と課題

　わが国ではゴミ問題の深刻化に伴い、1970年、廃棄物の処理及び清掃に関する法律（以下、廃掃法という）が制定された。同法の施行により、廃プラスチックは産業廃棄物に指定され、事業者である農業者にも適正処理が義務づけられた。園芸農業の拡大とともに農業廃プラの排出量も増加し、1960年後半には農業廃プラの飛散や投棄等により漁業被害が顕在化するなど、社会問題化する状況もあり、的確な対応が求められた。

　1976年、廃掃法の改正により廃棄物処理の罰則が強化され、適正処理対策が重要となったのに伴い、農林省は次官通達を発出し、都道府県における園芸用使用済プラスチック適正処理対策推進協議会（以下「都道府県協議会」という）の設置等適正処理体制の整備、農業者・農業団体への啓蒙、処理施設の整備等の取り組みを強化した。農林省内に、農林業用廃プラスチック適正処理研究会を組織し、技術・経済の両側面から適正処理のあり方について検討した。また園芸用廃プラスチック適正処理（以下、園プラ適正処理という）推進対策事業を5年間に亘って実施し、これらを通じて明らかとなった問題点・反省点等を踏まえ、日本施設園芸協会内に設置された園プラ適正処理推進協議会が1983年、園芸プラ適正処理基本方針をまとめ、これを受けて食品流通局長通達が発出された。

　1985年には農ビ・農ポリの分別を容易にするため識別マークを付する旨の食品流通局長通達が出された。処理技術の開発に向け、1977年から1986年にかけ、園プラ適正処理モデル化実験事業が実施され、推進活動に関わるソフト事業も行われた。これらの取り組みを通じ、園芸農業の盛んな県を中心に回収システムの構築と管理、処理施設の設置と運営、新たな再生処理技術の確立等が進んだが、全国を見ると問題を抱える地域も少なくなかった。

　1995年10月の食品流通局長通達「園芸用使用済プラスチックの適正処理に関する基本方針」（以下、95通達という）は、廃掃法の改正とともに、農業廃プラの環境に負荷の少ない適正処理に向け、転換を促す契機となった。同通達に示された適正処理推進の基本方針は6点、①リサイクル処理を基本とする。この処理は、マテリアルリサイクルが最も適正で、それが困難な場合、サーマルリサイクル等を進める。②劣化したり汚れたものもあることなどから、適正な焼却、埋立処理も推進して不適切な処理を減じていく。③処理経費の農業者負担の仕組みを早急に導入する。④農業廃プラは農業者個々の排出が少量、広域、分散していることから、行政機関及び農業団体が中心になって、回収・処理の仕組みの整備、農業者への情報提供、必要な支援措置を講ずる。⑤回収に先立ち、農業者が種

類別に分け、混入する異物を除去することが重要である。⑥排出量を抑制する観点から、長期展張性フィルムの普及を進める。この通達は、その後今日まで改定されておらず、「現行の方針」になっていると判断されるが、95通達以後の廃掃法改正は多く、国民の環境意識の高まりもあることから、マニフェスト管理、知事報告、運搬車両表示など、改正に見合った適正処理の取り組みが欠かせない。

それはともあれ、95通達に基づき、都道府県協議会に止まらず、市町村農業用使用済プラスチック適正処理推進協議会（以下、「市町村協議会」という）が全県的に組織され、法令と通達に示された基本方針に沿い、多数、少量、分散、季節性の排出特性を持つ農業用使用済プラスチックの適正処理に向け、積極的な取り組みを進めた結果、大きな前進が作り出された。農業者における「排出事業者責任」の認識も根付いてきた。1997年12月の廃掃法改正により、マニフェスト（産業廃棄物管理票）制度が導入義務化され、農業廃プラ適正処理の管理手法となった。その際、農業廃プラ排出の特性が考慮され、市町村協議会や農協等が農業者の委託を受けてマニフェスト管理ができるようになったことから、農業者個々では容易でない交付・照合・保管・知事報告業務が円滑に行われるに至った。

2）都道府県協議会・市町村協議会による農業廃プラの回収処理システム

個々の農業者から排出される農業廃プラは

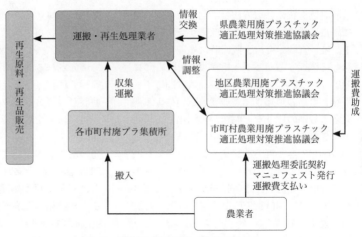

図—1　農業廃プラの回収・処理システム

量が少なく分散しており、種類も多様である一方、回収処理費は農業者が負担すべきことから、排出される農業廃プラの回収と処理を適正に行うには、排出事業者責任を明確にしつつも、農業者個々に任せず、組織的集団的な取組が欠かせない。そのシステム作りと運用が重要である。都道府県並びに各市町村は行政、農業団体、資材販売業者など関係者による協議会を組織し、図—1のように、都道府県協議会は、農業廃プラ適正処理の基本計画を策定し、これを受け、市町協議会が核となって、農業廃プラの回収・収集運搬・中間処理・最終処分というモノの管理とこれに伴うマニフェスト（情報）管理を行っている。都道府県協議会には、①基本計画の策定のほか、②廃掃法改正の周知や環境部との連携を進め、③適正処理に関わる必要事項を市町村に伝達し、④処理業者、処理施設、料金の情報収集と提供を行うなどの役割があり、市町村協議会には、①農業者への指導・啓発、②集団回収の計画・実施、一時保管場所の確保、③収集運搬・処理業者の選定と契約、④分別指導、廃掃法遵守、⑤マニフェスト交付・照合・保管・知事報告、処理状況確認、⑥処理料金徴収、業者への支払等の役割がある。

回収処理費の徴収方法は、回収時に回収量に応じて徴収する排出時徴収型が支配的である。唯一宮崎県では、販売時に処理費を上乗せして徴収するデポジット制度を1995年に開始したが、参加農家と不参加農家間の不公平感と事務の煩雑さ、処理費前払いによる農業者の分別の悪さなど問題が表面化し、一時中断された。しかし、回収量が激減したことから2002年に新デポジット制度を導入し回収量は回復した。2011年より県デポジット制度は財源見直しで市町村デポジットに移され、50％の市町村がデポジットの効果を評価し継続している。

　なお、2000年代に入って以降、県レベルの協議会の解散が見られるが、市町村レベルの適正処理活動は農業廃プラ排出の特性上、組織的取組が欠かせないことから継続している。その一方、ホームセンターなど新規業者の資材供給上のシェア拡大等による協議会ルート以外の農業廃プラの回収問題が浮上している。また農業廃プラの処理内容も地域ごとに依然、大きな差が残ることも事実である。再生処理0％という県もある。また再生処理率の高い県にあっても、中間処理された再生原料市場が国内外とも激変する中、処理業者の不安定化等、新たな問題も顕在化している。

3．農業用プラスチックの処理方法別処理量

　農業用プラスチックの処理方法には、再生、埋立および焼却処理がある。これらの処理方法別処理率の推移は、図－2のとおりである。

　95通達発出前、最も多かった焼却処理は大きく減少し、代わって再生処理（農水省ではマテリアル・ケミカル・サーマルの3種類のリサイクルを含める）と埋立処理が増えた。その後、2000年6月の循環型社会形成推進基本法施行と廃掃法改正（野焼き禁止、管理票による最終処分確認義務化）、2003年6月の廃掃法改正（不法投棄・不法焼却の罰則強化）や埋立場の不足等を契機に、埋立処理も減少し、再生処理が大きく増加、2009年には65％を超すまでになった。また基本法で優先される排出抑制も長期展張性フィルム等への代替、農業者の使い回しなどを通じて進展しつつある。

　処理内容を農業廃プラの種類別に見ると、廃農ビフィルムは早くから再生処理の技術開発の取り組みを反映し1999年で再生処理率51％を実現したのに対し、廃農ポリフィルムは同年で再生処理率17％に止まり、リサイクル技術の開発が課題であった。その後、95通達では「サーマルリサイクル関連技術のほとんどは、未だ実用化されていない」とされていたが、この分野の技術開発が進み、2009年の農業廃プラの再生処理率は、廃農ビの71％に対し、廃農ポリのそれは69％に達し、その差はほとんどなくなっている。ただし、廃農ビはマテリアルリサイクルであるのに対し、廃農ポリはサーマルリサイクルが中心となっている。

　なお使用済み生分解性プラスチックは産業廃棄物であるので、農業者は、環境省廃棄物・リサイクル対策部産業廃棄物課が2009年4月、「農作物を生産する者が、生産のために使用した完全分解性の生分解性プラスチックを自ら土壌にすき込む場合は、産業廃棄物の処理（中間処理）に該当する（ので、）周辺に飛散することのないよう、しっかりとすき込むなど飛散流出の防止等を行う。」とする見解を従い、適正処理をしなくてはならない。

4．処理技術

1）再生処理

（1）マテリアルリサイクル

　マテリアルリサイクルとは、農業廃プラを粉砕洗浄してフラフ、グラッシュ、ペレットに加工し、再生原料として利用する方法で、

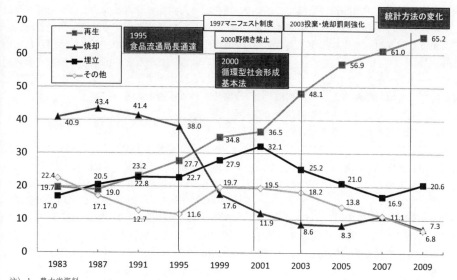

図—2　日本におけるプラスチック処理方法の変化(%)

注) 1. 農水省資料
　　2. 2009年統計方法の変化、および岡山・広島・山口は報告なし

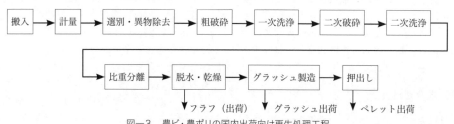

図—3　農ビ・農ポリの国内出荷向け再生処理工程

農ビフィルムの場合は、図—3のような工程で再生原料化され、床材、シート、靴底等の履物、駐車止め等などに加工され、ポリエチレンフィルムの場合は、パレット、ゴム袋、杭、U字溝などに使われる。

　なお、使用済みの農ビや農ポリを再生フィルムに加工する技術も開発されたが、再生農ビフィルムは機能性で競争力を確保できていない。廃農ビから塩ビのみ溶解し、塩ビパウダーを抽出するプラントも試みられたが持続しなかった。廃農ポリを再生農ポリにして循環利用する技術は世界初の技術で、宮城県の合成樹脂業者が2002年に開発、東北等のリサイクルに貢献したが、処理コスト競争で優位に立てず、操業可能な回収量を確保できなくなり2011年初中止に至った。循環型社会形成推進基本法の理念に基づき、廃掃法第二条の二が定める国内処理を原則とするなら、国内循環の流れを大きくすることが必要である。国や都道府県、及び農協等の関係機関は処理業者の取り組みを支援し、農業者が再生品を利用しやすい環境を作るよう努めることが求められる。その際、再生資材をグリーン購入法(国等による環境物品等の調達の推進等に関する法律)の対象資材に認定し、その普及を図る取り組みや、再生プラ商品の利用

拡大が温室効果ガス排出抑制に貢献することなど、時代に適合する位置づけを明確にするなど、新たな取り組みを作り出す工夫も必要である。

(2) フィードストック（ケミカル）リサイクル

農業廃プラを原料や燃料として再利用しようとする技術で、セメント工場や製鉄所の高炉における燃料材として、さらには焼却灰による原料補助材として、使用済プラスチックの活用は定着度が高い。他方、ガス化、油化技術の開発も進められたが、競争力のある技術には至っていない。

(3) サーマルリサイクル

廃農ポリ等を熱源として再利用するもので、固形燃料化や発電燃料用などで活用されている。

2）焼却処理

単純焼却は潜在資源を無駄にし、しかも温暖化防止にも逆行することから、処理方法としては推奨されない。やむを得ず焼却処理する際には、基準にあった焼却施設で処理する必要がある。

3）埋立処理

品質の劣化したもの、土砂等の付着したものを対象として行われているが、埋立処理場の逼迫、破砕等による中間処理の必要もあって、経費がかさむことも想定され、いっそう再生処理へ移行することが期待される。

4）そのほかの処理技術

(1) 移動式小型処理設備の開発

東北や北陸など、県域では排出量が限られ固定式処理施設設置が難しい地域向けに開発された移動式処理設備は、試行されたものの採算を見通せず中止された。

(2) 乾式連続洗浄装置の開発

洗浄に大量の水が必要な既存の湿式方式に代わり、水をあまり使わずに、交差する突起物を設けた固定ドラムと高速ドラムで廃プラに衝撃を与えて連続洗浄する装置が開発され、一時期山梨県で稼働したが、現在は活用されていない。新疆・甘粛など中国の乾燥地域で大量利用されるマルチフィルムのリサイクルで利用が期待される技術である。

5）農業廃プラの簡易処理と輸出動向

バーゼル条約（1992.5）とバーゼル法は、廃棄物の輸出入を規制する国際条約とそれに対応する各国の国内法である。1990年代末より、とりわけ中国や台湾、東南アジア向けに急増してきた廃プラ輸出も、輸出先、輸入先の双方の国内法に基づく規制を受ける。2004年5月、中国山東省の自社工場に廃プラ輸出を行おうとし中国から違法とされたS社事件を契機に、中国政府の廃プラ全面輸入禁止措置を招いたが、その後、2005年9月に認定企業のみのプラスチックくずの輸入再開となった。しかし、農業廃プラは輸入禁止状態が続き、香港ルートを通じて中国に輸出された。このように規制に違反した事件が当該企業のみならず、貿易に深刻な影響を与えたことからも、その遵守が求められるものである。

因みに、農業廃プラを中間処理し、有価物にして輸出する際には、バーゼル法と廃掃法に則り、輸出条件に合うか適否を判断する（財）日本衛生環境センターの検査を受ける必要がある。廃プラ輸出には、①有価物、②破砕洗浄済み、③土など異物の付着混入なし。農薬付着はチェックしない、④分別済み、⑤リサイクル目的の5要件が求められる。分別されていないと廃掃法上の廃棄物に該当する恐れがあり、異物の混入や汚れは、相手国からバーゼル条約違反とされる恐れがある。廃農ビなどPVCが入っている場合、安定剤として鉛が使われていることもあるため、鉛成分分析をして基準値を下回っている証明があれば承認となる。

輸出市場の拡大に伴い、農業廃プラは2004年から2008年リーマンショック直前まで、熊

図―4　農ビ・農ポリの輸出向け簡易処理工程

本県など排出量の多い地域で、農家から無料で回収し簡易処理して中国、台湾等に輸出する業者が相次いで活動を本格化した。簡易処理の工程は図―4に示すが、輸出先のバーゼル法に抵触しないよう処理を施し、資源化して輸出する。リーマンショックで頓挫したものの、2013年に入って関東で中国輸出を出口として、農業廃プラを無償で回収する業者が営業を開始した。この県は1993年廃農ビ再生処理施設を設置して以降、20年以上にわたって廃農ビをグラッシュに加工し、農業者の農業廃プラ適正処理を支えてきていた。

しかし、2013年春以降、この県の回収・処理の仕組みが持続しにくい状況が生まれた。中国輸出をもくろむ業者は持ち込めば処理料金を無償とするチラシを配布し、農業者の関心を引き寄せた。同県の農業廃プラ処理の農業者負担分は全国的に見れば、相当に低いレベルにあるが、無償という誘いに農業者は弱かった。2013年度の回収量は対前年比農ビ64％になっている。

因みに、農業廃プラの輸出統計はないので、農業廃プラを含む「プラスチックのくず」の2011-2013年の輸出量と輸出金額を見てみると、エチレン重合体のもの、スチレン重合体のもの、その他プラスチックのポリのもの、そしてその他プラのその他は、いずれも中国を主な相手先とし、これに香港が加わって90％余を占め主要な輸出先となっている。塩化ビニル重合体の輸出先は韓国と台湾、これに中国・香港がほぼ1/3ずつを占める構成になっている。日本各地の中間処理施設で減容化、粉砕・選別処理された廃プラ類は、良質なものは国内循環に回るものの、大半の廃農ビは韓国や台湾、中国を中心に、廃農ポリは中国を中心に輸出され、成形業者が再生、その一部が日本に環流する東アジア循環ができあがっている。

5．適正処理の課題

農業廃プラは廃掃法上の産業廃棄物に該当し、排出事業者である農業者に排出から最終処分までの適正処理責任がある。しかし、その排出は少量・分散・多数・多様といった特性があり、農業者任せにしたのではうまく適正処理できない、組織的集団的な取組が欠かせない。廃掃法は食品衛生法に次ぎ改正が多い法律で、それら内容を含め、農業者に伝えて啓発し、法令違反しないよう取り組む必要がある。農業廃プラ処理業は都道府県ごとに許可を必要とする規制業種であり、同時に競争業種でもある。そのため、業界の有り様は輸出も含め、変動が大きく、資材供給業界もホームセンターなど新規業者がシェアを高めるなど変化しており、さらに市町村協議会の名称は残っていても農協任せの地域も少なくないことから、農協の不満が高まるなど、新たな問題も出てきている。農業廃プラの適正処理の推進は農業者、行政、農業団体、資材販売業者、メーカー、さらには処理業者など関係者の連携が求められる事業である。地域によって問題は異なることも多く、解決の手立てを見定めながら、適正処理に向けた取組を的確に行うことが必要となっている。
（竹谷裕之＝名古屋大学名誉教授）

参　考　文　献

1）（社）日本施設園芸協会（2010）：農業用使用済プラスチック適正処理に係わる課題と提案

第7章　生分解性プラスチック

はじめに

　作物の保温や雑草防除を担っているマルチフィルム素材が、ポリエチレン樹脂から生分解性樹脂へと代わりつつある。作物生育期は通常のポリエチレンマルチと同等の機能を保持し、生育後期に分解を始め、収穫後作物残渣とともに土中に鋤き込むことで、微生物によって水と二酸化炭素に分解され、消滅するのが生分解性マルチフィルムである。回収する手間と廃棄処理が要らないことでポリマルチから置き換えると便利である。

　開発当初は、①分解が早く（特に地際が早く）被覆期間が生育後期まで保持されない、②風で飛ばされる、③強度が弱く展張時に縦方向に裂ける、④商品ラインアップが少ない等のマイナス要因で普及が進まなかったが、改良も進み、本来の特性を導き出し、普及が進んできた。トータルコストは高いが、マルチ回収の省力化、廃プラ処理費用はゼロのため、資材費は高いが回収手間代や廃プラ処理費を考慮すると、採算に合うことと簡便さで、利用に拍車が掛った。リピート率は90％を

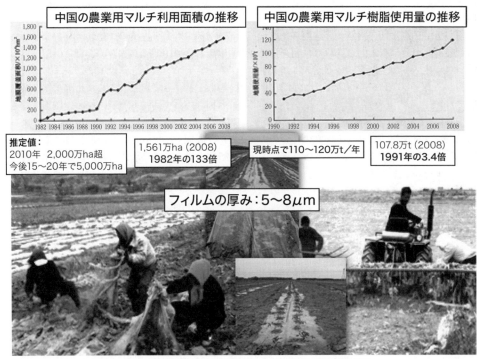

図－1　中国の農業用マルチフィルムの利用面積・使用量の推移

越える。農業分野での生分解性プラスチック利用は、最近では誘引ネットや植栽ポットへの実利用が見られるが、マルチフィルムとしての利用が圧倒的である。まだまだ利用が少ないので、ここではマルチフィルムに特化し、話を進める。

1. マルチフィルムについて

1）マルチの機能

マルチフィルムとは、地温の調節（地温の上昇・抑制）、雑草発生防除、土壌水分保持、病害虫発生防止、土の跳ね返り防止等を目的として、畑の地表面を覆うフィルムをいい、表土の流失や肥料の流亡を抑える効果もある。古くは、わらや刈った草を株の根元に置いたことから始まり、プラスチックの発展により、フィルムに置き換わり、農業の生産現場で普通に見られる生産技術で、マルチフィルムのほとんどはポリエチレン製である。

2）世界のマルチフィルム利用状況

世界のマルチ栽培は盛んで、世界のマルチ利用面積（1,400万ha）は86％が中国、欧州は4.5％、日本は1.5％（35,000～40,000t）である。中国で使用されるフィルムは8μm以下と薄いのが特徴。このため、使用樹脂量（148万t）は76％が中国である。薄いため剥ぎ取れず地中に残り、白色公害を引き起こす。結果20％以上の発芽低下、小麦で2～3％、トウモロコシで10％、綿で10～15％の減収が報告されている。マルチを回収する機械もあるが、人力による回収がほとんどで、薄さゆえ回収は進まず、農作物への悪影響は大きい。20年以上前から騒がれているが、使用は増え続けている（図—1）。

3）ポリマルチの欠点

ポリマルチは収穫後の回収作業が欠点である。展張したマルチを全て回収しないと不法投棄に当たるため、土に埋もれたフィルムを引き出し、場外へ出さねばならない。暑い夏の作業時が多く、過酷な労働を必要とする。また、回収後は産廃処理が必要であるが、土を除き、束ねる作業と廃棄の費用が発生する。マルチ残渣は次作の発芽や生育に悪影響をもたらす環境汚染を引き起こす。世界のポリマルチ処理は中国等を除き、回収が基本である。

4）生分解性マルチの登場と世界の利用状況

ポリマルチの機能を維持し、欠点を補うということで約20年前から生分解性マルチが登場した。まだわずかではあるが、2012年度には各1,800t前後が日本、欧州で利用されている。アメリカ、オーストラリア等で利用も始まっているが、マルチ使用大国で残渣が悪影響を及ぼしている中国での利用はまだない。韓国では2014年にはマルチ特区を作り、生分解性マルチの本格導入に向けて動き始めている。

2. 生分解性プラスチックとマルチの国内利用

1）生分解性プラスチックの特徴

生分解性プラスチックとは、土壌中の微生物により水と二酸化炭素に分解・消滅するプラスチックをいう。その分解・消滅の過程は、①地上部は光と水で徐々に低分子化する（光劣化＋加水分解）（写真—1）。②土中は微生物酵素と水により低分子化（生分解＋加水分解）する（写真—2）。③最終的に低分子化されたものは微生物によって水と二酸化炭素に分解され、フィルムは消滅する。2ヵ月程度で分解を始めるが、天候（降雨・温度・日射）を始め、微生物の数・肥料・有機質・pH等生分解・加水分解への関与次第で分解状況が大きく変わる。農薬等の影響は特に強

写真―1　生育初期の地表部

写真―2　生育中期の地中部

写真―3　生育中期の地表部

写真―4　生育後期の地表部

く、早期分解を招く。3～5ヵ月後土に鋤き込める状態にするには、2～2.5ヵ月間マルチの機能を発揮させ、徐々に分解が始まるのが理想である（写真―3、4）。

2）生分解性マルチの利用

利用面積の多い作物は多い方からダイコン、イモ類、ゴボウ・カボチャ、トウモロコシ、レタス、キャベツ・ハクサイ、タマネギの順である。北海道、関東、九州地域で利用が多く、色は黒が7割、透明が2割である。利用は毎年着実に伸びており、全マルチ利用面積の4％程度を占める。利用率の高い特産地も増え、リピート使用者の面積拡大も進む（図―2、3）。

3）省力面のメリット

①マルチ回収のタイミング調整や、過酷な回収作業、廃棄物処理の手間が省ける。
②収穫時にマルチを押さえたり、踏みつけたりできる。
③収穫場所にトラックを乗り入れて搬出できる。
④マルチに絡む根の処理が不要。
⑤外葉を残したまま鋤き込みできる。

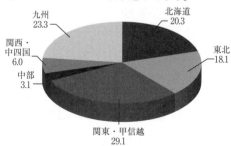

図―2　地域別出荷量（％）
（農業用生分解性資材普及会調査）

図―3　被覆面積（ha）
（農業用生分解性資材普及会調査）

⑥根菜類の場合、茎葉を刈り取って、直ぐに機械収穫できる。
⑦回収する必要がないので作業時間が短縮できる。

4）環境面のメリット

土壌中に鋤き込めば自然に分解するので、廃プラ処理が不要なことから、廃掃法で禁止されている野焼きや野積みもなくなり、環境に適合する。

5）安全面のメリット

生分解性樹脂は土中の微生物によって水と二酸化炭素に分解されるので、土壌に悪影響を与えることはない。樹脂の安全性は各種試験で担保されている。

6）将来性のメリット

利用が増えればポリマルチに近いコストになることが期待される。また、原料樹脂がバイオマス（植物由来）におき換えられることでカーボンニュートラル（二酸化炭素の排出削減）の資材になる。

7）経済面のメリット

マルチの回収作業からの開放は、身体的負担だけでなく精神的負担が大きく軽減され、コストには代え難いメリットをもたらす。人件費や労働力確保が必要な大規模経営では、メリットは更に大きい。特に機械化の進んだ産地では、茎葉を刈り取って直ぐに機械収穫でき、マルチを回収する時間と労力が不要でコスト削減につながる。

8）作物別の具体的メリット

①トウモロコシ・ラッカセイ：マルチに根が絡んでも影響がない。トウモロコシは収穫後に茎葉と一緒にすき込みできる。
②キャベツ・ハクサイ：外葉を残し収穫、残渣ともに鋤き込むことができるため、収穫場所で収穫物を箱詰めし搬出できる。
③サツマイモ・ジャガイモ・ゴボウ・サトイモ：茎葉の処理後に機械で収穫（サトイモは栽培半ばにフィルム被覆のまま土寄せ可）
④ダイコン・タマネギ・レタス・ニンニク・エダマメ：回収が不要なため収穫時に収穫機やトラックがマルチに乗り上げ踏みつけても作業上の支障はない。
⑤オクラ・ブロッコリー・カボチャ・トウガン・ソラマメ：収穫後、茎葉ごとマルチと一緒に鋤き込むことができる。

9）使用上特に注意する点

①土壌消毒剤との併用には注意が必要である。透明フィルムは紫外線を透過するため、農薬中の塩素がマルチフィルムに対して急激な劣化を引き起こす。黒色フィルムも気候により劣化を引き起こすことがあるので注意。
②製作後8～10ヵ月以上経ったマルチは劣化する場合が多いので、それ以前に使い切る。

3．コスト評価

回収する手間、廃棄処分費等を考慮したトータルコストを計算すると、経費的には十分採算に合う。数値に表れないメリットも加味しての総合判断の必要がある（表―1）。

4．安全性

日本バイオプラスチック協会は、生分解性

表―1　ポリマルチと生分解マルチのコスト評価（費用の単位は円/10a当たり）（農業用生分解性資材普及会調査）

	トウモロコシ		キャベツ		サツマイモ	
	ポリ	生分解	ポリ	生分解	ポリ	生分解
使用本数	3.5		2.5		4	
資材費	6,370	19,460	6,475	18,600	6,120	19,720
回収作業費等	14,454		24,010		17,348	
処分費	1,300		1,350		1,500	
合計	22,124	19,460	31,835	18,600	24,968	19,720

注）使用本数200m、回収作業費は作物別作業時間と単価（農水省）で試算、処理費は50円/kg

樹脂で構成された製品は審査を経て、安全・安心な生分解性プラスチック製品に対してグリーンプラマークの表示ができるマーク制度を実施している。認証された製品を使うことが安全性の確保に必要である。野外で使用され、回収が困難なプラスチック製品には、生分解性機能を発揮させることで環境問題解決に結びつく場合があることから、生分解性製品の普及促進を図ることを目的として認可される（財）日本環境協会のエコマークが2007年7月に生分解性マルチに認められた。エコマーク認定基準には、植物に対する害がないか、栽培試験結果が要求され、安全性の審査がなされるので、環境に害を与えることはない。安全性については、コマツナ等で、播種、生育試験を第三者機関で実施し、5年間で12作の連用試験を実施した試験機関もあり、安全性が認められている。

ポリエチレン製品で光により分解する光崩壊性マルチが国内でトウモロコシ等に広く普及している。光崩壊マルチは光が届かない所は崩壊しない。消滅することなく、崩壊したものは飛散し、自然界に撒き散る。圃場に残された崩壊物は全て圃場から引き上げ、適切な処理をしないと廃棄物処理法違反である。全ての残渣を回収して使うのが義務である。

おわりに

コストが高いと言われながらも定着しつつある生分解性マルチを、従来のポリマルチから代替を図るには、①少ロット生産では数量の製造ロスが多いので、多種多様に及ぶマルチの規格を絞り込んで量産化できないか。②製造押し出し量がポリに比べ少ないのでコスト増となる。その改質ができないか。③分解の早遅延が問題となることがある。自然環境下の反応に対する対応と分解時期制御が実現できないか。④2010年に一部樹脂が植物由来になり、更に植物度が上がれば、生産者の安心・安全意識が高まり、カーボンニュートラルとなり二酸化炭素排出が抑えられる。植物産100％樹脂の開発ができないかといった課題を解決する必要がある。簡単に実現可能な課題ではないが、生産現場では性能、コスト面等を含め、ポリマルチを超える利点を多く有する生分解性マルチに期待が掛る。

（坂井久純＝㈱ユニック）

参　考　文　献

1) 岩崎正美・笹尾彰（1998）：中国のフィルムマルチの土壌残留問題，日本砂丘学会誌，45（1）
2) 農業用生分解性資材普及会編（2014）：生分解性マルチフィルム普及マニュアル
3) 坂井久純（2013）：いまどきの生分解性マルチ事情，現代農業　5月号，農村漁村文化協会，198-201
4) 坂井久純（2014）：生分解性マルチフィルムの技術的取組，使用例，市場動向，西村安代監修，国内外の農業用フィルム・被覆資材・園芸施設の技術開発と機能性・評価，市場および政策動向，AndTech，71-79

第IV部

施設内環境の
制御技術

第1章　施設内環境の特性と制御

1．温室環境の特徴

　外気温が作物の生育温度を下回る低温期に、作物を栽培できる温度環境を作り出そうとしたことに、温室の出発点があるといえよう。これを達成するために、被覆材を使って屋外と遮断した閉鎖環境または半閉鎖環境を作り出している。これによって、冬期寒冷時においては、昼間は太陽熱、夜間は土壌からの放熱または暖房によって、室温を外気温以上または設定値に維持することができる。

　しかしこれとは逆に、夏期高温時には、換気をしても半閉鎖環境であるために、高温問題が生じる。また、閉鎖環境あるいは半閉鎖環境がゆえに、気温以外にも室内の多くの環境、とりわけ物理的環境（湿度、光、ガス濃度、気流速など）が、屋外環境のそれらとは異なり、屋外よりも不適になる場合も多い。

　他方、閉鎖環境あるいは半閉鎖環境がゆえに、これら環境の制御を可能にできることが、温室の利点ともいえる。温室環境は、環境制御なしでは作物生育にとって劣悪な環境である場合も多いが、環境制御によって作物の好適環境に近づけられる。このことが、露地と本質的に異なる点である。経営的利点さえあれば、さまざまな環境制御技術を活用することができる。

2．環境要因の特性と制御

　図―1は、温室内の各環境要因、環境制御内容、および温室内環境に影響を与える屋外環境の関連を示した概略図である。温室は、外部と完全に遮断されているわけではないので、屋外の環境要因の影響を受ける。すなわち、一つの環境要因は、複数の環境制御方法および屋外環境が関係している。例えば、夏期の室温には、換気や遮光などの環境制御、および屋外日射量、外気温、風速などの屋外環境が関係している。

　また、一つの環境制御方法が複数の環境要因に影響を与える。例えば、高温抑制のために換気すれば、気温のみならず同時に湿度・CO_2濃度・気流速などにも影響を与える。また、保温カーテンを閉じれば、気温・湿度へ影響を与えるし、暖房すれば、気温・湿度・気流速などへ影響を与える。

　このように、一つの環境要因に、複数の環境制御方法および屋外環境が関わっているので、環境制御に当たってはこれらの関連および影響の程度を把握する必要があろう。

1）光

（1）特性

　室内日射量は、屋外日射量より少なく、光強度が場所により異なる（不均一である）。室内光環境は、温室構造材・棟方位・被覆材の種類（光の吸収・反射・透過）・太陽位置（高度・方位）などの影響を受ける。光は熱源となるので、光環境は温度環境へ影響を与える。

（2）制御

　遮光すれば、光強度を下げることは容易である。また、特殊被覆資材により、光質（波長特性）の変換も可能である。しかし、光強度を高めるのには補光以外になく、電気エネルギーを消費する。

2）温度

(1) 特性

特殊な場合を除き、室温は昼夜とも外気温以上となる。昼間の室温が外気温よりも何℃高くなるかは、入射日射量・換気量・室内蒸発散量・外気温などに依存する。日射量の変動に起因する気温変動は大きい。

(2) 制御

気温制御は、主に換気・暖房・冷房による。空気（水蒸気を含む通常の空気）の容積比熱はおよそ $1.25 kJ \cdot m^{-3} \cdot ℃^{-1}$（$0.3 kcal \cdot m^{-3} \cdot ℃^{-1}$）であり、水の容積比熱の3000分の1以下である。すなわち空気自体は暖まりやすく冷めやすい。このため、断熱された空間の気温を上昇または降下させることは、ごくわずかなエネルギーでなし得る。しかし、温室は断熱構造ではなく、温室内外間の熱の流れ（日射、被覆材を通しての熱貫流など）があるため、冷房／暖房する場合は、これらの相当熱量を除去／供給する必要がある。暖房が比較的容易であるのに対し、昼間の冷房は、日射負荷が大きいために、容易ではない。

3）湿度

(1) 特性

温室内では蒸発散があるため、温室内空気の水蒸気含量（絶対湿度）は、一般に屋内空気のそれよりも高い。室内の相対湿度も屋外のそれよりも高い場合が多い。ただし、植物が小さく、床面が乾燥していて、室内の蒸発

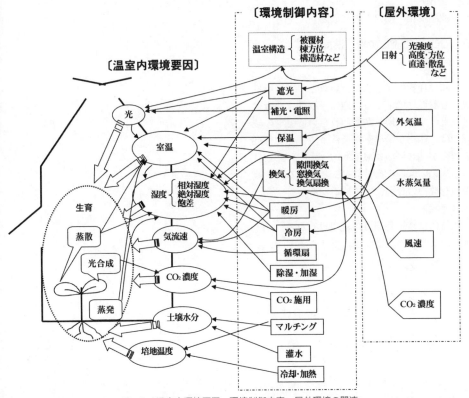

図—1 温室内環境要因、環境制御内容、屋外環境の関連

散がほとんどなく、かつ日射による室温上昇が大きい条件では、逆に、室内の相対湿度が屋外のそれよりも低いことが多い。室内の相対湿度や飽差は、室温変化・室内蒸発散量・換気量・屋外空気の水蒸気量含量などの影響を受ける。

（2）制御

加湿は容易である。換気による除湿は容易であるが、それ以外の簡易な方法はない。

4）気流速

（1）特性

当然ながら気流速は屋外に比べ小さい。室内の気流速は、屋外風速、換気量、気温差に起因する対流などの影響を受ける。換気の副次的効果として、気流速の増加がある。

（2）制御

循環扇使用、換気などによる。

5）CO_2（二酸化炭素）濃度

（1）特性

昼間は作物の光合成が行われるので、屋外よりも濃度は低下する。逆に、夜間は呼吸により上昇する。換気が行われない低温期の昼間では、作物が繁茂した条件下で、作物付近の濃度が、屋外（約390 μ mol・mol^{-1}（ppm））の1／3程度まで低下することもある。土壌中の有機物の分解による補給がある。

（2）制御

換気により屋外濃度に近づけられる。CO_2施用により屋外濃度以上にできる。

6）土壌水分

雨による水分補給がないので、土壌水分は灌水に依存する。マルチにより蒸発は抑制される。

（林　真紀夫＝東海大学工学部）

参 考 文 献

1）林真紀夫（2002）：五訂施設園芸ハンドブック，日本施設園芸協会，102-104

第2章 光環境制御

1. はじめに

　施設栽培において、光は温度、水、肥料などとともに重要な管理要素で、作物の光合成や蒸散を支配するほか、室内温度・湿度などの環境条件を形成するエネルギー源でもある。このため、光環境の制御は光合成の促進にとどまらず、温度・湿度、灌水などの管理を通じて、作物の成長を律する。基本的には、温湿度が同一条件であれば、作物の受光量が1％増えれば、光合成量が1％増えて、収量が1％増加すると考えて、光を最大限に取り込む温室の建設と光環境管理が必要である。

　施設の周年利用などにともない、冬季の光不足などを補う人工照明や、夏季の過剰な光を遮る被覆資材の使用による光量の制御が広く行われ、花き生産などを中心に、花成を誘導する光周期（日の長さ、日長）の制御が行われる。人工照明を用いた補光技術については、低日照による成長の遅れと過剰な伸長成長（徒長）の改善に有効であり、消費電力を極力抑えて高い効果が得られる光利用法の開発が望まれている。最近では、植物における光の受容、シグナルの伝達、そして形態形成の仕組みについての解明が進んできたことから、光質の異なる人工光源や波長別光透過率の異なる被覆資材を利用して、光を選択的に利用する研究と技術の開発が進められている。

2. 温室の光環境

1) 施設の構造・方位と畝方位

　地表面における日射量は、緯度や季節によって異なる。栽培施設においては、太陽放射の入射角や日長の条件が同じでも、温室の構造や方位によって入射する日射量に違いが認

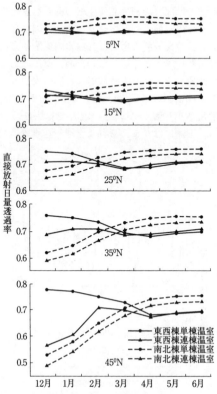

図—1　温室構造による直達放射透過率の季節変化
(蔵田, 1993)

められる。温室の構造には単棟と連棟があり、さらに東西棟と南北棟がある。太陽放射は直達放射と散乱放射からなるが、わが国が位置する緯度において直達放射が温室床内に届く比率（直達放射の透過率）は、温室の構造と方位を変えて計算した結果によると、図—1の季節変化を示す（夏至から冬至までの間は、同図と対称となる）。このことから、直達放射の温室への透過率は、①緯度が低いほど連棟数や方位による影響は小さい、②冬には、東西棟が南北棟よりも高く、単棟が連棟よりも高い、③春から秋にかけては、逆に南北棟が東西棟よりも高い、ことがわかる。このように、冬の光環境を重視すると、直達放射の透過については、東西棟が南北棟よりも優れている。しかしながら、透過率の分布は、東西棟では部材の影や北側屋根の影響を受けやすく、南北棟よりも均一性が劣る（図—2）。一方、散乱放射の透過は、温室の構造や方位の影響を受けにくい。このため、直達放射と散乱放射を併せた太陽放射透過率の東西棟と南北棟における違いは、冬に曇天日が多く、散乱放射の割合が大きい地方では小さくなる。実際には、与えられた土地や建設費の制約条件のもとで、最善の光環境が得られるように、温室の構造や方位を決めることになる。

作物群落が実際に受ける太陽放射は、温室への透過率のほか、畝の方位によっても異なることが知られる。トマト群落では、温室内に透過した直達放射のうち、群落に吸収される割合は、冬には東西畝が高く、夏には南北畝が高いことが報告されている（図—3）。

2）施設の光環境の維持・改善

被覆資材の種類や汚れ具合なども、太陽放射の温室への透過に影響を与える。このため、光量を多く要する栽培では、透過率が大きく、汚れにくい被覆資材を利用するとともに、汚れが目立つ場合には洗浄が必要である。また、耐候性の低い軟質フィルムなどでは、定期的に張り替えを行う必要がある。なお、散乱性の被覆資材を使用すると、太陽放射の透過率分布の均一性を高めることができる。

冬に温室内に透過する太陽放射を増す方法として、反射板を北側壁面に取り付けて利用する方法が考えられている。また、室内にぶら下げた反射型ブラインドにより、太陽放射を左右に等分する方法や、ガラス板の片面を

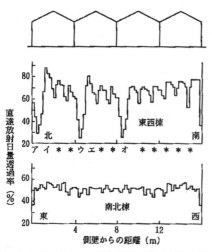

図—2 大阪の冬至における4連棟温室の直達放射日量透過率の床面分布（蔵田，1993）

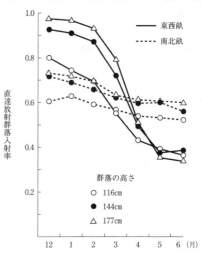

図—3 トマト群落の畝間方位による直達放射入射率の推移（蔵田ら，1993）

鋸歯状にして、凸凹の一つ一つにプリズムの働きをもたせ、太陽放射を屈折により増やす（夏の遮光機能も兼ねる）方法も考案されている。これらの方法は大半が研究段階で、実用化は今後の課題であるが、いずれの方法も増光効果のあることが、実験や数値計算によって確かめられている。

3. 遮光

施設栽培において遮光を行う目的は2つある。1つは、軟弱野菜、花き、茶、観葉植物などの栽培において必要以上の強い光を減じるとともに、気温、地温、葉温の上昇を抑制することにある。その目的のために、様々な透過率の寒冷紗、遮光シート、不織布などが用いられている。これらの遮光資材は、施設の外部や内部を被覆するのが一般的であるが、ガラス面にホワイトウォッシュを塗布する場合もある。もう1つの目的は、短日長にすることにより、花成の促進や抑制を図り、開花時期を調節することにある。キクなどの開花を調節するシェード栽培がこれに該当し、完全に光を遮断する黒色フィルムやアルミ箔を蒸着したフィルムなどが使用される。

1）遮光資材

減光や日長の調節を目的として、表—1に示すような様々な遮光資材が提供されている。従来から用いられているよしず、竹す、わらごもなどに代わって、ビニロン、ポリエステルなどの繊維で織った寒冷紗が広く用いられ、ポリネット、不織布やPVA割繊維などのシート、軟質フィルムなども普及している。

寒冷紗には色が白、黒、ねずみ、シルバーのタイプがあり、遮光率は10〜80％程度である。寒冷紗は通気性が高く、遮光以外にも虫、霜、寒さ、風などを防ぐ目的にも併用されるほか、遮熱寒冷紗もある。ビニロン製は、強度・耐候性に優れているが、乾燥時に収縮を起こすため（収縮率は2〜6％）、余

表—1　遮光資材の特性比較　（日本施設園芸協会, 1991）

種類		色	用途別適応性		被覆方式別適応性						一般特性						
			昇温抑制	日長処理	棚掛け	外部	外張り	内張り	トンネル	直掛け	遮光率(%)	通気	展張	開閉	伸縮	強度	耐候
寒冷紗		白	○	×	○	○	×	○	○	○	18〜29	○	○	○	△③	◎	◎
		黒	○	×	○	○	×	○	○	○	35〜70	○	○	○	△	◎	◎
		ねずみ	○	×	○	○	×	○	○	○	66	○	○	○	△	◎	◎
		シルバー	○	×	○	○	×	○	○	○	40〜50	○	○	○	△	◎	◎
ポリネット		黒	○	×	○	○	△	○	○	○	45〜95	○	○	○	△	◎	◎
		シルバー	○	×	○	○	△	○	○	○	40〜80	○	○	○	△	◎	◎
PVA割繊維		黒	○	×	△	△	△	○	○	○	50〜70	○	○	○	△	◎	◎
		シルバー	○	×	△	△	△	○	○	○	30〜50	○	○	○	△	◎	◎
不織布		白	○	×	△	△	△	○	○	○	20〜50	△	◎	◎	◎	◎	○
		黒	○	×	△	△	△	○	○	○	75〜90	△	◎	◎	◎	◎	○
軟質フィルム	PVC	黒	×②	○	×	△	△	○	△	×	100	×	◎	◎	◎	◎	◎
		シルバー	△②	○	×	△	△	○	△	×	100	×	◎	◎	◎	◎	◎
	光半透過	シルバー	○	×	×	△	△	○	△	×	30〜50	×	◎	◎	◎	◎	◎
	PE		△②	○	×	△	△	○	△	×	100	×	◎	◎	◎	△	×
	光半透過	シルバー	○	×	×	△	△	○	△	×	30	×	◎	◎	◎	△	×
	PPなどアルミ蒸着		○	×	△	△	△	○	△	×	55〜92	×	◎	◎	◎	◎	△
ヨシズ			○	×	○	×	×	×	△	×	70〜90	○	△	△	◎	◎	△

注）1．◎すぐれる　○ややすぐれる　△やや劣る　×劣る
　　2．日長処理のため密閉した場合
　　3．△は伸縮性がある。また、ポリエステル製の場合は○である

裕をもたせて被覆する必要がある。また、波長別光透過率は、いずれも近紫外から近赤外線の波長域（220～2,500nm）においてほぼ一定で、被覆による光質の変化は小さい。

ポリネットは、ポリエチレンを素材としたもので、平織り、カラミ織り、ラッセル織りなどの織り方がある。いずれも通気性、強度、耐候性に優れている。PVA割繊維は、ポリビニルアルコール製で、黒とシルバーがある。ビニロン製寒冷紗と同じく、収縮性があるので（収縮率3～4％）注意を要するが、通気性は高い。不織布は、ポリエステルなどの繊維を布状に加工したもので、保温性、通気性、透水性もある程度ある。このため、遮光以外の様々な用途にも利用される。柔軟性に富み、ひっかかりなどのトラブルが少ないので、内張りに適している。

軟質フィルムには、塩化ビニルやポリエチレンをカーボンで黒く、あるいはアルミ粉末でシルバーに着色したもののほか、ポリプロピレンやポリエステルにアルミ蒸着したものがある。不織布と同じく内張りに適している。遮光率100％のフィルムは日長処理に用いられ、半透過や様々な透過率をもつアルミ蒸着フィルムは減光に用いられる。日長処理においては、通気性がない素材のため、閉め切りによる昇温を抑制する工夫が必要である。

2）被覆方法

図―4に、被覆方法と適用される遮光資材の種類を示す。外部被覆では、ハウス外張りの勾配に沿って、遮光資材を外側から直接重ねるか、30～40cm離して被覆する。遮光資材を被覆したままの固定式と、不要時に動力により巻取る可動式がある。可動式では、遮光資材を不要時に棟の位置に固定するのが一般的であり、操作はタイマー、サーモスタット、光センサなどを利用して自動的に行われる場合も多い。一方、内張りでは、室内に遮光資材を展張するため、吸収した熱が室内に再放出され、昇温抑制の効果が外部被覆よりも劣るが、外部被覆のような風や雨の被害を受けにくい。被覆および巻取りの操作は、可動式の外部被覆と同様の方法で行われる。軟質フィルムなどの遮光資材をハウスの外張りとして兼用する方法は、簡易ではあるが栽培作物を変更する場合に対応が難しい。

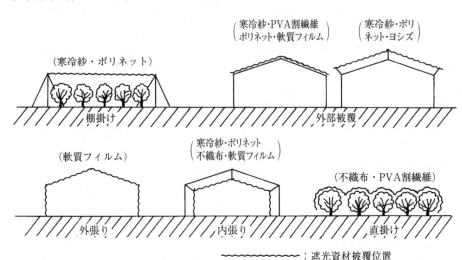

図―4　遮光資材の被覆方法と適用される資材の種類（日本施設園芸協会，1991）

3）遮光効果・昇温抑制効果

作物の種類によって、光要求性が異なるため、遮光率の大きさを変える必要がある（図—5）。遮光率の違いは、施設内の気温や地温の上がり方にも影響を及ぼし、遮光率が高いほど昇温を抑える効果が大きい。また、遮光率がほぼ同じであっても、資材の種類によって昇温抑制の効果は異なる。内張りにおいては、太陽放射の反射が大きい銀色の遮熱寒冷紗を用いると、黒色はもとより白色の寒冷紗よりも、昇温を抑える効果は数℃ほど大きいことが確かめられている。

4）シェード

短日処理（後述）のための遮光は、シェードと呼ばれる。秋ギクの栽培などにおいて開花調節に利用されるほか、夏秋ギクでは、シェードと電照を組み合わせた連続栽培が行われている。シェードは電照と異なり、エネルギーは消費しない利点があるが、内気温が上がらないように被覆資材をこまめに開閉する必要があり、省力化が難しい。シェード用の被覆資材（表—1）には、昇温を抑える遮光と違って、100％の遮光率が求められる。

5）赤外線カット資材

植物の成長に影響を及ぼす波長域（生理的有効放射）は約300～800nmで、光合成に利用できる波長域（光合成有効放射域）は400～700nmである。また700～800nmの波長域を遠赤色光（FR）と呼ぶ。地表に到達する日射は、波長域300～3,000nmの光であり（図—6）、波長域400～700nmの光合成有効放射（以下、PAR）が約45％、残りは赤外線（約45～50％）と紫外線（約5～

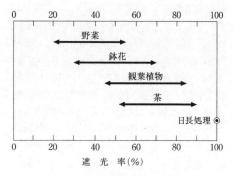

図—5　植物の種類と遮光率の範囲
（日本施設園芸協会，1991）

10％）である。赤外線は植物に直接の作用がないため、高温期に近赤外線（NIR）をカットして施設内への透過を防ぐことは高温抑制に有効である。

一般的な遮光資材は、日射の波長域に関して波長によらず同程度の光透過率を示す。高温期の高温抑制のためには、NIRの透過率をPARのそれよりも下げることが有効との考えから、赤外線を選択的にカットするフィルムタイプとガラスタイプのNIR遮光資材の開発が進み、一部は商品化されている。これらはPARの透過率を高く維持しつつ、選択的に吸収または反射することでNIRの透過

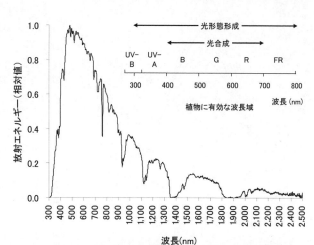

図—6　太陽光のスペクトルと植物に有効な波長域

率をより低くしている。ゆえに、一般的な遮光資材と比較し、NIRの温室内への透過をより多く防ぐため、優れた高温抑制効果を持つ。長期間の昇温抑制効果と年間を通じた植物の生育を両立させるためには、PARの透過率は、通常の被覆資材並みの90％前後を維持することが望ましい。その上でNIRについては、できるだけ透過率を下げる、特に日射に多く含まれる波長域800〜1,100nmを透過しないものが望ましい。しかし、NIRだけの透過率を下げるのは技術的に難しく、現在商品化されているNIR遮光資材は、PARの透過率も下がっている場合があるため注意が必要である。

4．補光

温室で人工照明を用いて補光を行う目的は2つある。1つは、光形態形成に作用して開花促進または開花抑制、すなわち開花時期を調節するための電照と呼ばれるものである。もう1つは、冬季の日照不足を解消して光合成を促進するための光合成補光と呼ばれるものである。

1）電照

（1）目的

花芽分化が光周期（日長）に誘導される作物は多い。このため、作物が日中とみなすことのできる程度の弱い光（照明方法、作物の種類や品種によって異なるが、照度に換算して数〜数10lx）を夜間点灯し、日長を延長することにより、開花時期の変更が期待できる。切り花や鉢物の生産では、日長の制御により価格の高い時期に出荷することや、周年生産することが可能となるため、人工照明の利用に関する研究開発がとりわけ盛んである。このように、開花調節を目的とした人工照明の利用は、電照（長日処理）と呼ばれ、わが国ではキク栽培において早くから導入が始まった。研究者や栽培農家のたゆまざる努力によって、キクの電照栽培は安定した技術として普及し、全作付面積に占める割合は4割、全生産額に占める割合は5割以上に達している。現在では、様々な花きや、野菜ではイチゴ、オオバ（シソ）などにおいて、開花や休眠を調節するために電照が利用されている。

電照栽培の基礎となる植物の日長反応については、これまで多くの研究者によって調査が進められてきた。図―7は、自然光下における日長の季節変化であるが、植物には日が短くなると花芽を分化するもの（短日植物）、その反対に、日が長くなると花芽分化が起こるもの（長日植物）があることが明らかにされている（表―2）。また、中には日長に関係なく花芽の分化が見られるものもあり、これらは中性植物といわれる。このように、植物はかなりの精度で光を感じ、日長がある閾値（限界日長）を越えると花芽をつけたり、つけなかったりする（図―8）。さらに、オオバのようにある一定の日長を下回る（日が短くなる）と、ほぼ100％花芽を分化するも

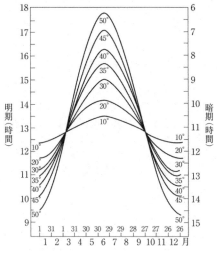

図―7　緯度（10〜50度）による日長の年変化
（American Natural Almanac）

表—2 植物の光周反応による分類

短日植物	長日植物	中性植物
アカザ	イチゴ	インゲンマメ
アサガオ	オオムギ	キュウリ
イネ	キビ	サトウキビ
オナモミ	コムギ	ソバ
キク	ジャガイモ	タンポポ
クワ	ダイコン	トマト
コスモス	チューリップ	
シソ	テンサイ	
ダイズ	ドクダミ	
タバコ	ニンジン	
	ホウレンソウ	
	ユリ	

のもあるが、同じ短日植物でもイネのように、日の短さの程度に応じて花芽分化が定量的に変化するものもある。また、長日植物には、はっきりした限界日長をもたない量的日長効果を示すものも多い。

以上のように、電照による日長の延長は、長日植物に対しては花芽分化を促進し、短日植物に対しては花芽分化を抑制する。これらは長日効果と呼ばれるが、日長によって誘導される現象は、正確には明期が長いか短いかではなく、"連続した暗期"の長さによって起こることが明らかにされている。このため、電照栽培おいては、夜間点灯する時間数だけでなく、時間帯もまた長日効果を誘導する重要な条件である。

(2) 照射の方法

電照栽培の目的や照明設備の効率的運用の観点などから、以下のような電照の方法が試験検討され、生産現場で採用されている。

①日長延長：短日植物の花芽分化を抑制し、長日植物の開花を促進するために適用される。電照は日暮れとともに開始し、短日植物では限界日長より長くなるように与える。これに対して、長日植物では開花についての適日長を与える。

②暗期中断：植物の光周反応が"連続した暗期の長さ"により起こることから、深夜に照明して、暗期を2分割する方法である。光中断や深夜照明ともいわれ、2～4時間の照明が標準的である。

③間欠照明：夕方から数時間の電照による日長延長の替わりに、コントローラにより1時間のうち10～20分間は点灯、残りは消灯として、これを夜間繰り返す方法である。規模の大きい電照栽培では、点灯箇所を順次移動するリレー式間欠照明を行うと、電気容量ひいては契約電力を小さくすることが可能で、省エネルギーになる。一方、頻繁な点滅により、ランプの寿命が短くなるなどの短所もある。

④夜明け前電照：夜明けまでの数時間を電照し、日長を延長する方法である。

⑤短日中断電照（再電照）：冬にキクを栽培する場合には日が短いため、電照中止後に葉が小さく八重咲き品種では舌状花数が減る"ウラゴケ"という現象が起こる。これを防止し、商品価値を維持することを目的に、電照を打ち切って10～14日間が経過した後、再び5～7日間の電照を行う方法が適用される。わが国では再電照と呼ばれるが、欧米では周年利用されることが多く、短日中断電照と呼ばれる。この電照方法は、スプレーギクの複合花房の形成にも応用されている。

(3) 光強度と照射量

日長延長に有効な光強度と照射量は、上記の電照の方法や、作物の種類によっても異な

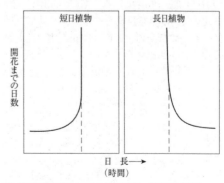

注) 縦の破線が横軸と交わる点の日長は、限界日長を示す
図—8 短日植物および長日植物の日長と花芽形成の関係（滝本，1988）

るので一概にいえない。日長延長による効果の大きい暗期中断法では、多くの植物において、受光面の光強度（放射照度）が、0.01〜0.1W/m²の条件で1時間の点灯を行った場合に相当する光量を必要とする。白熱電球や白色蛍光ランプを用いた場合には、0.01〜0.1W/m²の放射照度は1〜10lxの照度に相当することから、ランプの種類にかかわらず数〜数10lxの白色光を1時間照射すると、長日効果が得られることがわかる。一方、夜間に長時間照明する場合には、照度が1〜数lxと低くても、多くの植物が長日効果を示す。これらのことから、光強度と照明時間の積、すなわち照射量が長日効果に関係していると考えられるが、間欠照明では連続照明に比べて少ない照射量でも効果が認められ、節電を図ることができる。このように必要な照射量は電照方法によって異なるため、実用的な照射量は上記の数倍に設定される。

（4）設置方法

電照ランプの設置方法としては、苗床、ベンチ、ベッドなどの上方に吊るすことが多い。以下に伝統的に電照に用いられる白熱電球の例を示す。

キクでは80〜100cm離した位置に白熱電球を10m²当たり100W×1灯、あるいは8m²当たり60W×1灯の割合で設置し、草丈の増加に従い引き上げる。電照の開始は花芽分化の10日前を目安とするが、打ち切り時期については品種、温度、開花予定日などによって変える必要がある。

イチゴでは120〜150cmの高さに白熱電球を1m²当たり3.5〜4W（10a当たり100W×40灯前後）取り付ける。普通促成栽培では、電照開始が早いほど初期生育・収量が向上するが、早すぎると株疲れ現象が起こる。また、加湿の有無によっても電照の効果が異なる。このため、開始と打ち切りの時期を決めるには、草勢を維持するという視点が必要とされる。オオバについては、150〜200cmの高さに、白熱電球を10a当たり100W×50灯ほど吊るし、育苗期から収穫時期まで照明が行われる。

（5）光源の種類

電照栽培では、光質の花芽分化に及ぼす影響は、作物の種類や品種によって異なることが報告されているが、十分な説明が得られてはいない。これまでのところ、さまざまな光成分を含む混合光を照射すると、多くの植物で長日効果が認められることや、青色光や緑色光の単独照射では、長日効果が小さいことが知られている。このように、電照では赤色光（600〜700nm）と遠赤色光（700〜800nm）が重要で、この光量子束比が葉内のフィトクロム（葉内の光受容体の1つ）平衡を調節して花成に作用していると考えられている。

白熱ランプは、多くの植物で長日効果を示す理由として、赤色光や遠赤色光が豊富であり、その光量子比が長日効果に適しているためとみられる。そのため、電照には従来から白熱電球が用いられてきたが、電気から光への変換効率が低く、寿命が短く、ランニングコストが高いという問題があった。2000年代に、政府が一般的な白熱電球を電球形蛍光ランプなどの省エネ性能の優れた製品への切替えを目指す方針を打ち出したのを受けて、代替品として電球形蛍光ランプおよび電球形LEDの導入が進みつつある。2010年代に入り、既存の白熱電球のソケットを用いる代用品としての電球形だけでなく、植物近傍に配置して効率的に照射するためにライン形やテープ形などのLED光源が開発されている。LEDは白熱電球ではできなかった光質の制御が容易である。わが国ではキクをモデル植物としてLEDの利活用について波長と花成に関する詳細な研究がなされ、実用化が進みつつある。将来的には、光形態形成制御の目的に合わせた波長組成を作り出せるLEDが主力になると思われる。

2）光合成補光

（1）目的

日照が不足する時期に、光合成の増大や成長促進を図るための補光が行われる。これを光合成補光と呼び、冬の日照時間が短い高緯度のヨーロッパ諸国や北米北部では、トマト、キュウリ、レタス、イチゴ等の野菜、バラ、キク、ユリ、カーネーションなどの切り花、ベゴニア、シクラメンなどの鉢物の生産に適用されている（写真—1）。わが国は中緯度に位置するため、晴れた日には日照時間が短くはないが、冬に降雪や曇天日の多い地方では、日照不足による作物生産への影響が大きい。日照不足による生育不良を改善するため、わが国においても、ホウレンソウ、コマツナ、レタスなどの葉菜類や、バラ、キクなどの切り花に対して、補光栽培についての検討が進められている。

（2）必要な光強度

補光の目的は、光合成速度を高め、乾物生産を活発にすることであることから、電照に比べて格段に強い光が必要である。光の強さと光合成速度の関係については、多くの研究結果から、光が強くなるほど光合成速度は増加するが、増加する割合は次第に小さくなり、飽和することが知られている（その光強度を光飽和点という）。一方、光が弱くなると、ついには光合成速度が呼吸速度を下回り、乾物生産を維持できなくなる（その光強度を光補償点という）。光合成の光飽和点と光補償点はともに、日向を好む植物では高く、日陰を好む植物では低い。観賞用植物の多くは、光飽和点と光補償点が20klx以下と1klx以下であり、ミョウガなどの日陰を好む野菜よりも低い。表—3は、主な栽培作物について、個体の光合成における光飽和点と光補償点をまとめたものである（なお、群落では葉の相互遮蔽が起こるため、光飽和点は個体の場合よりも高くなる）。

光補償点や光飽和点の高低は、補光栽培に要する照明機器の設置台数などを決める目安であり、光補償点や光飽和点が高い作物ほど、多くの照明機器を設置する必要がある。HID（高輝度放電）ランプなどの農業への導入が進み、技術的にはかなり高い光強度での補光が可能である。施設園芸の盛んなオランダや北欧諸国では、わが国よりも日射が少ないため、積極的に光合成補光を行っている。たとえばバラ温室やハーブ野菜温室において100 $\mu\,mol\cdot m^{-2}\cdot s^{-1}$ 程度の光強度の照明を備えている例もある。補光は光合成を促進し、低光強度～中光強度においては投入エネルギーに比例して成長が促進されるため、生育促進効果を期待できる。補光に必要な機器容量の決定には、品質の改善や増収もさることながら、コスト増を上回る収益が得られるかどうかという判断が求められる。

（3）設置方法

補光を行う時間帯によって、照射条件は異なる。昼間照明は、曇りや雨または雪の日に自然光の強度が光合成の補償点を下回るよう

表—3　種々の植物の個体光合成における光飽和点と光補償点

植物の種類		光飽和点（klx）	植物の種類	光補償点（klx）
野菜	トマト、サトイモ、スイカ	70～80	カブ、サトイモ	4
	大多数	40～50	大多数	1.5～2
	ミツバ、ミョウガ	20		
観賞用植物	大多数	5～20	大多数	0.3～1

写真—1　高圧ナトリウムランプによるバラの補光栽培（オランダ）

な場合（バラの栽培では2.5～3klx以下）に点灯する。その場合の照明の強さや時間は、自然光の条件などによって決められる。照明操作は、自然光の強度が一定のレベル以下になると自動的に点灯する光検出装置と、朝夕に点灯消灯するタイマーを組み合わせて行う。夜間照明は、光合成と成長促進を目的として、夜間の一部または全ての時間帯に点灯するもので、通常は日没後、日の出前、あるいはその両時間帯に点灯して日照時間を延長する。照明の強さや時間は、植物の種類、気象条件、生産目的などによって変える必要がある。HIDなどの補光ランプは、ベンチやベッド上で育成する植物に上方から照射するため、温室の梁などの骨材に取り付けるのが一般的である。

　光合成補光では、強い光を得るために、ランプの灯数が多くなる。バラ栽培では400Wの高圧ナトリウムランプを2.5mの高さに3.5mの間隔で設置して夜間照明に用い、レタス栽培では360Wの高圧ナトリウムランプを2.4㎡当たり1灯使用する事例が挙げられる。この場合、安定器や反射笠をランプ近傍に設置すると、日中の太陽光を反射して日射量を減少されるマイナスの効果が発生しやすい。そのため、メーカーは安定器や反射笠の骨材に取り付ける工夫や、サイズの小さい器具を設置するなどの工夫を行う。点灯時にのみ反射面が開く開閉式の反射笠も開発されている。

（4）群落内補光

　天井から照射する場合、葉が繁茂している場合は照射光の大部分が葉で受光されるため照射効率は高い。しかし苗期や作業通路のある場合は、株間や作業通路にも光が当たるため、葉に受光されるのは照射した光の一部となる。また、草丈の高い群落を構成するトマトやパプリカへの高圧ナトリウムランプによる上方からの補光は、収量が増加しないという報告もある。上方から個体上層に補光しても、個体としての光環境が改善されないことから、中層・下層の葉の光環境を改善するために局所補光および群落内補光が検討されている。LEDは光源の特徴から局所補光および群落内補光に適する光源とみなされ、トマト温室などで導入に向けた実証試験が行われている。

5．光質の制御

　植物の形態が光質の影響を受けることは広く知られている。施設栽培においては、光質の制御による品質の向上を目的として、光透過スペクトルの異なる被覆資材（光選択性被覆資材）の利用場面が多い。

1）紫外線

　被覆資材による光質制御において、近紫外線は重要な波長領域の一つである。320～400nmの波長領域はUV-Aと呼ばれ、植物の主要な着色成分であるアントシアニンの生合成に必要である。一般の農ビや農ポリに比べて、ガラスを用いた温室はUV-A領域の透過が少なく、野菜ではナスの着色が、花

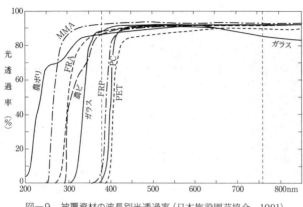

図—9　被覆資材の波長別光透過率（日本施設園芸協会，1991）

きでは花の色づきが悪くなる。また、キュウリやイチゴの栽培では果色がやや淡くなり、受粉のために導入したミツバチの活動が阻害されるなどの問題も起こる。一方において、茎や葉の伸長が促進される作物のあることや、アブラムシなどによる虫害が抑制されるという利点がある。図－9は、温室に利用される各種被覆資材の波長別透過率を示したものであるが、FRP（ガラス繊維強化ポリエステル樹脂板）やPC（ポリカーボネート板）で紫外領域を透過しないほか、農ビ、MMA（アクリル板）、FRA（ガラス繊維強化アクリル板）でも、紫外線吸収材を混入し、耐候性を高めたタイプでは紫外領域の透過率が低い。

2）赤色光と遠赤色光

赤色光（波長600〜700nm）と遠赤色光（波長700〜800nm）も、光質制御にとって重要な波長領域である。赤色光と遠赤色光の透過率の相対比が異なる被覆資材の下では、植物の伸長成長が異なることが確かめられている。植物には光質の違いを感受する受容体があり、赤色光と遠赤色光のその強度や光量子束比（R/FR比）にしたがって変化するため、茎や葉の伸長の促進や抑制が起こると考えられている。

3）光質調節

葉菜類、果菜類の苗などは強光を必要としない場合が多い。そこで夏期などの高温期に遮光を行う際、全波長域を同一の遮光率を持つ一般的な遮光資材で行うのではなく、必要な波長域は透過しつつ、必要性の低い波長域をより遮光する光質調節機能を有する被覆資材

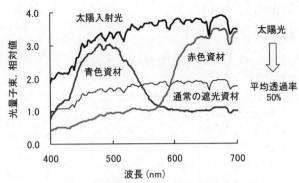

図－10　光質調節被覆資材の透過スペクトルの例

が開発されている（図－10）。光合成有効放射域では、例えば、青色光の透過率を低下させると、青色光と赤色光の光量子束比（B/R比）が低下し、植物は茎の伸長促進や葉面積の拡大をもたらすことが多い。逆に赤色光の透過率を低下させてB/R比を高めると、茎の伸長抑制の効果がある。例えば図－10のような入射光の光量子束のB/R比が1.0（例、100：100）の場合、光質調節により透過光のB/R比が約0.6（50：80）となれば、B/R比は0.4ほど異なり、植物によっては形態形成に差が現れる。B/R比が低いと茎伸長が促進される、葉面積が増える、などの形態の変化が期待できる。このような光形態形成の制御を目的とした光質調節のフィルム、ネット、不織布が開発され、そのうちのいくつか

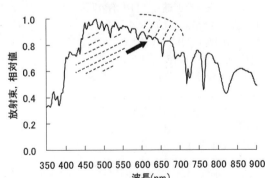

注）光合成の効率の低い青色〜緑色域の光を吸収し、赤色域の光として発光する例
図－11　被覆資材における光質変換の考え方

は実用化されている。

4）光質変換

被覆資材への入射光の UV および光合成有効放射域の短波長域のエネルギーを吸収し、長波長の光に変換して再放射することにより、長い波長域の光量子束を増加させるのが光質変換である（図—11）。被覆資材である限りは、どの波長も反射および吸収されるため、透過光の絶対値は無被覆より小さくなるが、漠然と遮光するのではなく、必要な波長域の割合を積極的に高めようという資材である。例えば、紫外線および青色光の光量子束を吸収して、赤色光の光量子束を発光する資材を用いた栽培試験が行われているが、現在の技術では、変換できるエネルギーの割合が小さいために効果が分かりにくく、さらなる評価が必要である。

5）夜間補光

光合成補光では、光質が生育に及ぼす影響は、照射する時間帯や時間長と密接な関係がある。光不足を補う昼間の補光では、一般に、青色光の割合が増すと徒長抑制、遠赤色光を増やすと伸長促進の効果が現れやすい。一方、ホウレンソウの夜間の補光については、夜中に6時間照射すると光質による成長への影響は認められないが、日没後の照射では赤色光が青色光よりも成長を促進し、目出前の照射では青色光が赤色光よりも成長を促進する。また、照射時間が短時間（30分間）の場合は、日没後の照射では赤色先のみが成長を促進し、日の出前の照射では青色光のみが成長を促進する。このように夜間は人工光だけが照らされるので、葉や茎の形態形成の影響を受けやすいため、その効果をふまえて補光方法を決めることが望ましい。

（後藤英司＝千葉大学大学院園芸学研究科）

参 考 文 献

1) 蔵田憲次（1986）：温室の光環境, 長野敏英ら：農業気象・環境学, 朝倉書店, 191.
2) 蔵田憲次（1983）：温室の光環境改善のための研究（I）, 農業気象39, 103 － 106.
3) 蔵田憲次（1992）：3.2 光, 古在豊樹ら：新施設園芸学, 朝倉書店, 218.
4) 蔵田憲次（1993）：温室方位相地理緯度対太陽直射先透過率的影響, 農業工程学報9, 52 － 56.
5) 蔵田憲次・岡田益己・佐瀬勘紀（1988）：トマト群落の畝方位と直達光受光率, 農業気象44, 15 － 22.
6) 日本施設園芸協会（1991）：改訂施設園芸における被覆資材導入の手引
7) 稲田勝美編（1984）：光と植物生育, 前賢堂
8) 照明学会編（1992）：光バイオインダストリー, オーム社
9) 羽生広道（2001）：補光の光質と時間帯がホウレンソウの成長に及ぼす影響, 農業電化, 54（2）, 11 － 15
10) 日本農業気象学会（1977）：施設園芸環境制御基準資料, 農業気象特別号

第3章　温度制御

（1）保温

1．保温の重要性

　保温は、暖房温室においては、暖房設備および暖房熱量の軽減のみならず、化石燃料の節約とCO_2排出抑制といった観点からも重要である。保温性向上は、どんな暖房方式でも暖房熱量削減効果があり、暖房費削減の基本といえる。また、無加温（無暖房）温室においても、夜間の室温をできるだけ高く維持するために保温は欠かせない。

2．保温性と断熱性

　温室の「保温性」と「断熱性」を表—1のように区別している（岡田、1987）。「保温性がよい温室」とは、室温を高く維持できるか、あるいは暖房熱量を節減できる温室で、その要因は、①多重多層被覆のように温室の断熱性が高いこと、②室内の土壌などへの蓄熱により、外気温が低下しても室温を外気温より高く維持できることによる（岡田、1987）。しかし、一般には、保温技術の主体が断熱にあり、保温というと断熱性の向上を指している場合が多い。

3．保温の原理

1）温室からの放熱

　保温を考える場合、温室内の熱がどこからどれ位失われているかを把握しなければならない。夜間の暖房温室からの放熱は、図—1に示すように、①被覆材および構造材を直接通過する伝熱（貫流伝熱）、②被覆材の重ね目や出入り口などの隙間を通しての伝熱（隙間換気伝熱）、③地中への伝熱（地表伝熱または地中伝熱）の三つに分けられる。

　貫流伝熱量は、暖房熱量に占める割合が最も大きく、60〜100％である。貫流伝熱量は、次式のように、被覆面積と室内外気温差にほぼ比例する。貫流伝熱量＝熱貫流係数×被覆面積×室内外気温差。このときの比例係数を熱貫流係数（熱貫流率）と呼び、断熱性の指標となる。断熱性が高いほど、熱貫流係

表—1　温室で使用される保温性と断熱性の意味（岡田、1987）

断熱性	保温性	
	熱を外に逃がさない能力	熱を内に入れない能力
	昼間の熱を蓄えておける能力	

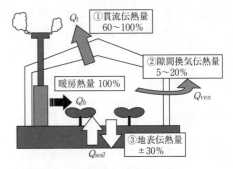

図–1　暖房温室からの放熱形態
　　　（$Q_h = Q_t + Q_{ven} + Q_{soil}$）

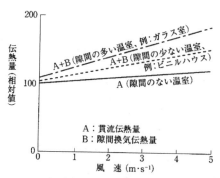

図—2 風速の増加に伴う貫流伝熱量と隙間換気伝熱量の変化(相対値)(岡田, 1987)

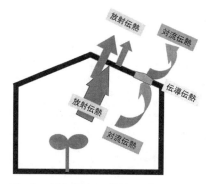

図—3 夜間の温室での被覆面の放熱形態

数は小さくなる。貫流伝熱量は、被覆枚数を増やす、断熱力の高い被覆資材を利用することで抑制できる。

隙間換気伝熱量は、暖房熱量のおよそ5〜20％である。図—2に示すように、隙間が多いと増加し、また、屋外風速増加に伴い増加する。貫流伝熱量も、風速増加に伴い増加する。隙間換気伝熱量は、気密性を高めることで抑制できる。保温被覆(被覆枚数の増加)は気密性が高まるので、貫流伝熱量とともに隙間換気伝熱量も抑制できる。

地表伝熱量が、暖房熱量に占める割合はおよそ±30％の範囲である。暖房時には、多くの場合、室温＜地温となり、床面から室内へ向かう上向きの熱流(負の値)が生じる。この場合の地表伝熱量は、加熱熱源の一部となるので暖房負荷を軽減する。しかし、昼間の地温上昇が小さく、あるいは暖房設定室温が高く、室温＞地温となるときは、夜間でも熱流の向きが下向き(正の値)になることがある。この場合でも、暖房熱量に対する地表伝熱量の割合は、およそ20％以下である。

無暖房温室での地表伝熱の熱流の向きは、通常、昼間は下向き(地中へ蓄熱)で、夜間は上向き(温室内へ放熱)である。夜間の上向き地表伝熱は熱源になっており、保温に寄与する。したがって、夜間の温室外への放熱は、貫流伝熱と換気伝熱の二つによる。ただし、貫流熱量に比べ、換気伝熱量はかなり小さい。

2) 貫流伝熱

被覆面での放熱状況を、さらに詳しく示したのが、図—3である。貫流伝熱は、3段階の伝熱過程に分けられる。すなわち、第1段階は、被覆材内面での伝熱で、床面や作物からの放射伝熱および室内空気からの対流伝熱である。第2段階は、被覆材内での伝熱で、伝導伝熱および被覆材を透過する放射伝熱である。第3段階は、被覆材外面での伝熱で、再び放射伝熱および対流伝熱である。曇天時よりは快晴時の方が被覆面からの放射放熱が増す。

上記の3段階の伝熱過程において、「被覆材内面での伝熱量＝被覆材内の伝熱量＝被覆材外面での伝熱量」の関係が成り立つ。保温の原理を考える上で、これらの伝熱形態の理解が必要がある。

ここで、放射伝熱とは、空間での物質の移動を伴わない、電磁波での伝熱形態である。あらゆる物体が放射によりエネルギーを射出している。常温の物体からの放射(輻射)は、約10μmにエネルギーピークをもつ、波長範囲がおよそ3〜100μmの赤外線である。この放射を長波放射あるいは赤外放射と呼ぶ。温室内のような狭い空間での空気による

長波放射の吸収は無視できることから、図－3の温室内の放射伝熱は、作物・土壌面・構造体と屋根面の間での伝熱である。

3) 放熱の抑制

貫流伝熱量または隙間換気伝熱量の抑制によって、放熱が抑制され、断熱性が向上する。貫流伝熱量を抑制する手段は、①被覆枚数を増す、②伝熱抵抗の大きい被覆材を使うことである。隙間換気伝熱量を抑制する手段は、①被覆枚数を増す、②隙間をふさぐことによって気密性を高めることである。

4. 気密性の向上

被覆による保温効果は、第一には、対流に伴う空気の直接的な熱輸送を遮断することにある。したがって、被覆面に隙間があると、保温効果は低下する。固定被覆材や保温カーテンの隙間を少なくし、気密性を高めることは、経費をかけないで出来る数少ない放熱抑制手段である。被覆面での隙間換気による放熱量は、被覆面での換気量と被覆面を挟んだ内外空気の熱量差（エンタルピー差）に比例する。隙間の多い温室では、隙間を塞ぐことで、放熱量を1割以上削減できることがある。

1) 固定張りの隙間をふさぐ

出入り口、側窓、天窓周囲などの隙間をふさぎ、使用しない出入り口は目張りしたり、出入り口の外側をフィルムで覆うなどの対策が望まれる。サイドの巻上げ換気フィルムは、風によるばたつきで隙間ができやすいので、換気を必要としない期間は、下部をスプリング留め具等で固定するとよい。換気扇のシャッター部分も隙間ができやすいので、使用しない期間はシャッター部分をフィルムで覆う

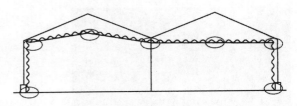

図－4　カーテンの隙間のできやすい箇所（林，1980）

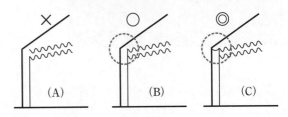

図－5　2層カーテン間の肩部隙間をふさぐ（B図）、さらに肩部に仕切りフィルムを設置（C図）

とよい。

2) 保温カーテンの隙間をふさぐ

保温カーテンに隙間があると、カーテン内外間の空気移動により断熱性は大きく低下する。図－4に示すカーテンの合わせ目やつなぎ目は、隙間が出来やすいので特に注意する。隙間のチェックは、カーテンを閉じた状態で行うのが望ましい。

2層カーテンの場合、図－5（A）のように、軒部で2層のカーテン間を塞いでいないのを見かけるが、断熱性はかなり低下するので、注意を要する。天井カーテンと側面カーテンの枚数が異なり、断熱性に両者の差がある場合は、図－5（C）のようにスプリング留め具などを使って、屋根カーテン上の空間と側面カーテン外側の空間を区切る仕切り壁をつけると、断熱性が向上する。これによって、天井カーテン上の冷気が側面に下降するのを遮断できる。

妻面のカーテンでは、裾部からの冷気流入を防ぐために、写真－1のような固定カーテンを設置するとよい。側面カーテン外側には、重たくなった冷気が下降するため、カーテン

写真—1 妻面カーテンの内側に固定カーテンを設置

が室内側に押し出される。これによって裾部が持ち上がると冷気が室内に入り、断熱性を低下させる。これを避けるために、カーテン裾部を 40〜50cm 長めにしておく、カーテン裾部に重しを置く、逆U字の針金などでフィルムを床面に固定する、カーテンと重なる固定張りを床面部に設ける、カーテンを床面に埋め込むなどの対策をとるとよい。

保温カーテンの隙間を塞ぐことによる放熱抑制効果は、もともとどれぐらいの隙間があったかにより異なってくる。カーテンの目立つような隙間をふさぐことは、断熱性の向上に大きな効果がある。

3）高湿度化・結露対策

気密性向上は、室内相対湿度の上昇、内張りカーテンへの結露の発生、作物への結露を招くことが多い。これらが、病害発生の原因にもなる。このことが問題となる場合は、不織布、織布・割布などの透湿性資材または吸水性資材を利用するのも一つの方法である。2層カーテン以上では、これらを最下層に設置すると室内湿度が低下しやすくなる。しかし、通気性資材を用いた場合、通気に伴う熱移動が生じるため、断熱性は多少低下する。

暖房時の作物体への結露は、作物体

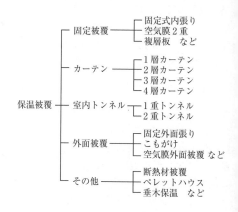

図—6 保温被覆の種類

温度が室温以下になっていることに起因する。循環扇や温風暖房機の空運転による循環気流の促進によって、作物体温度が室温に近づくので、一時的には結露を抑制できる。循環扇による循環気流の促進は温室内の温度ムラの解消にもつながる。

5．保温被覆

1）保温被覆の種類と呼び方

断熱性を高める効果的な手段は、被覆を重ねることである。保温のために付加する被覆

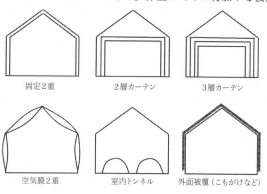

図—7 保温被覆の形態（林，2008）

を、保温被覆とよぶ。保温被覆には、図－6、図－7のような種類がある。固定被覆では、被覆枚数を1重・2重と呼び、カーテンでは、1層・2層と呼ぶ。例えば、固定1重＋カーテン2層の場合には、1重2層温室と呼ぶ。

2）普及状況

わが国で広く普及したのは、開閉式の保温カーテンである。日中はカーテンを開け採光を図り、暖房時は閉じて断熱性を高める合理的な技術である。開閉式のため、光を透過しない反射性資材なども利用できる。2009年における暖房設備の設置比率が44％であるのに対し、保温カーテンの設置比率は35％である（日本施設園芸協会、2011）。したがって、暖房温室の大部分が保温カーテンを設置しているとみてよい。

初期はスライド開閉式の1層カーテンであったが、2層のカーテンを個別に開閉する2軸2層カーテンが広まり、石油価格が高騰した近年は、3層カーテン、まれに4層カーテンも見られるようになった。

最近では、固定2重被覆や空気膜2重構造ハウスも一部で導入されている。

3）カーテン装置

（1）開閉方式

開閉方式は、天井部分と側面部分で異なる。天井カーテンの開閉方式には、カーテンを重ねて寄せ集めるスライド式（図－8）と、パイプ巻取り式の2通りがある。開閉は、モーター利用によるものがほとんどであるが、手動によるものもある。

a．スライド式

通常、天井部分と妻面部分のカーテンが一体になっているので、両部分が同時に開閉される。天井部分は、図－9に示すように、水平張りと傾斜張りがあるが、断熱性に大差は

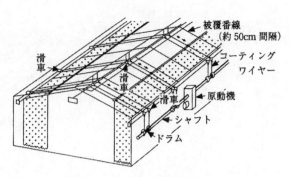

図－8　スライド式カーテンの開閉装置（林、2002）

ない。開時のカーテンは、影の影響の小さい谷部に回収するか、あるいは間口の広い温室では、谷部と棟下の両方に回収する。

2層カーテンでは、2層を1台の原動機で同時開閉する方式と、上層と下層をそれぞれ別々の原動機で、独立に開閉する方式とがある。前者を1軸2層、後者を2軸2層と呼んでいる。後者が一般的である。反射性資材と透明資材を組み合わせた2層カーテンでは、反射性資材カーテンを日の出頃に開け、その後、外気温がある程度上昇してから、透明資材カーテンを開けるというような制御が行われる。また、1層に遮光資材を取り付け、高温期の遮光制御に使うこともある。

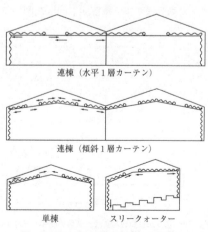

図－9　カーテンの動き方（林、1980）

表—2 カーテン資材の種類と特徴(林,2002)

種類	特徴
ポリエチレン	透明でべたつきがない。断熱力は、塩化ビニルよりやや低い
塩化ビニル	透明。カーテン用製品はべたつきが少ない
ポリオレフィン	ポリエチレンやエチレン・酢酸ビニルとも重合の多重構造となっている。べたつきがなく軽い。赤外線吸収剤を配合したフィルムでは、断熱力は塩ビに近い
農酢ビ	ポリエチレンと塩化ビニルの中間的な性質
反射フィルム(シルバーポリ)	光線を通さない。べたつきは少ない。断熱力は透明フィルムより高い
不織布	光線透過率は透明フィルムより低い(遮光を兼ねることができる)。ややごわごわする。透湿・透水性であるため室内の高湿と作物への水滴落下を防止する。保温力はポリエチレンよりやや低い
割布/織布	プラスチックフィルムを裁断し、細糸で編んだ資材などで、透湿・透水性がある。アルミの反射性資材を材料に用いたものは、長波(赤外)放射の放熱抑制効果がある。遮光兼用の資材もある
寒冷紗	光線透過率は低い(遮光を兼ねることができる)。通気性があり保温力は最も低い

b. 巻き取り式

　巻取り式カーテンは、巻戻しを巻取りパイプの自重で行うので、傾斜を付ける必要がある。したがって開けたときの巻取り位置は、棟部下になる。パイプハウスなど間口の小さいハウスでの利用が多い。モーターによる開閉式のほかに、簡易ハウスでは手動巻取り式が多く利用されている。

c. 側面カーテン

　固定張りが一般的である。スリークォーター温室では、図—9に示すように、天井カーテンと連動させて、南側面(同図左側)のカーテンを上下に移動させる開閉方式がとられている。

(2) カーテンに用いる資材と断熱効果

　カーテンの断熱効果は、カーテン層数とカーテン資材によって異なる。カーテンに使われる資材の種類と特徴を、表—2に示す。

　暖房時におけるこれらカーテン資材の熱節減効果は、暖房の項の熱貫流係数の表(表—7)を参照されたい。ここで示した値は、気密性が高い条件での概略値である。カーテン資材によって異なるものの、1重被覆に比べた1層カーテンでの熱節減率(保温被覆をしたことによる放熱量の削減割合)はおよそ0.30～0.55、2層カーテンでのそれはおよそ0.45～0.65、3層カーテンでのそれはおよそ0.60～0.75である。数値に幅があるのは、カーテン資材の断熱性能の違いによる。すでに述べたとおり、保温カーテンは、隙間があると保温効果が低下するので、気密性を高めることが大切である。

(3) カーテン枚数と断熱性

　カーテン層数を増せば断熱性は向上する。ただし、被覆枚数を2倍にしても、放熱量が1/2になるとは限らない。図—10は、カーテン枚数と熱貫流係数の関係を示している。熱貫流係数が小さいほど、断熱性が高いことを意味する。1層カーテンを2層カーテンにしたときの熱貫流係数の減少に比べ、2層カーテンを3層カーテンにしたときの熱貫流係数の減少は縮小する。カーテンを1枚増やしたことによる放熱量の減少は、カーテン枚数が増加するにしたがって縮小することに注意すべきである。

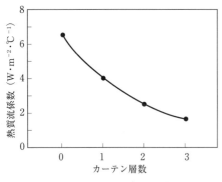

図—10 カーテン層数と熱貫流係数の関係を示す摸式図(林,2008)

①暖房設定温度が高いほど、②外気温が低いほど、暖房負荷は大きくなる。カーテン枚数を増やすことによる燃油削減効果は、暖房

表—3 2層カーテン資材の組み合わせによる熱貫流係数（岡田，1987）

(kcal・m^{-2}・h^{-1}・℃$^{-1}$)

内層	外層		
	アルミ蒸着	塩化ビニル	ポリエチレン
アルミ蒸着	1.0	1.3	1.3
塩化ビニル	1.2	2.2	2.6
ポリエチレン	1.3	2.4	2.9

注）W・m^{-2}・℃$^{-1}$の単位に換算するには1.163倍する

負荷が大きい温室ほど著しい。装置費もかかるので、カーテン枚数を決める場合は、カーテンによる燃油削減効果を試算するのがよい。

暖房燃料の試算には、野菜茶業研究所で開発された「温室暖房燃料消費量試算ツール」を利用すると便利である。

(4) カーテン資材の組み合わせ

2層カーテンの組合わせは、透明フィルム2層、透明フィルム＋不織布、透明フィルム＋反射資材など色々とある。透明フィルムと不織布の組合わせでは、水滴落下を防ぐために、不織布を下層に用いた方がよい。表—3は、カーテン資材の組合わせによる、熱貫流係数の違いを示している。同表の熱貫流係数の値が小さいほど、断熱性が高いことを意味している。2層以上のカーテンを設置する場合には、断熱性の高い資材を外層に用いた方が、わずかではあるが断熱性は高くなる。

(5) 被覆層間隔と断熱性

多重または多層被覆における被覆層間の間隔と断熱性の関係を図—11に示す。被覆層間の間隔が1cm以下では断熱性が急激に低下するが、1cm以上あれば間隔による断熱性の違いは小さいとされている。したがって、被覆資材が密着しないように気をつける必要がある。

(6) 空気送風式カーテン

保温時には送風機で、透明フィルム2層でできたチューブ状の資材内に空気を吹き込み、フィルム間に空気層を作成するカーテン方式が開発されている。昼間はチューブ内空気を抜き、カーテンを開ける。断熱性は、被覆枚数に関係するので、密閉度が同程度であれば、断熱性能も2層カーテンと同程度とみてよい。なお、チューブからの空気もれは断熱性を低下させる。

4) 2重被覆

(1) 固定式内張り

被覆材を2重に固定展張する方式である。外側の被覆材を外張り資材、内側の被覆材を内張り資材と呼ぶ。内張り資材を、温室の構造材に直接固定展張する方式と、温室内にパイプなどを組み立て、これに固定する方式とがある。

断熱効果は、保温カーテンと同程度か、気密性が高く隙間換気伝熱が抑制される分、保温カーテンよりも若干高いとみてよい。図—11に示したように、2枚の被覆材の間隔が1cm以上であれば、間隔が断熱性に及ぼす影響は小さいとみられる。

硬質フィルムなどでは、固定張り外側に追加被覆するための部材も市販されている。

(2) 空気膜2重構造ハウス（空気膜ハウス）

写真—2に示すように、軟質フィルムまたは硬質フィルムを2重に重ね、周辺部を温室構造材にスプリング留め具などで固定し、このフィルム間に小型送風機（小型シロッコファン）で空気を送り込み、空気層を作り保温性を向上させる方式である。内部の空気圧を、

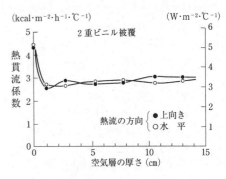

図—11 被覆層間隔と熱貫流係数の関係（内嶋，1991）

写真—2　空気膜2重構造ハウスと小型送風ファン

写真—3　こもで外面被覆した日光温室（中国）

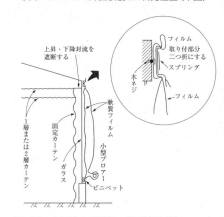

図—12　空気膜2重構造の外面被覆（林，2002）

水柱で10〜15mm（100〜150Pa）前後に維持する。内部圧を維持するために小型送風機を連続運転する。空気漏れがあると内部圧が高まらないので、気密性を高くする。

外気に接するフィルム温度が空気層空気の露点温度以下になると、フィルム内面への結露が生じ、昼間の日射透過を低下させる原因となる。外気は室内空気よりも絶対湿度が低い（水蒸気含量が少ない）ので、室内空気よりは、屋外空気を送風に利用した方が結露は少なくなると考えられる。固定2重のため、光透過が多少低下するので、経時的な光透過率低下の少ないフィルムの利用が必要である。また、伸縮性のあるフィルムは不向きであることから農ビは適しておらず、農POフィルムや硬質フィルムが利用されている。構造が簡単で自己施工できる、強風に対しても比較的強いなどの特徴がある。

最近、空気膜2重構造ハウスの保温性が注目されて、導入も増えつつある。空気膜2重温室では、気密性が高まるので、隙間換気伝熱量が少なくなる分、固定2重や1重1層カーテンよりも若干断熱性が高いと見るべきである。被覆資材の種類および隙間の程度が同じであれば、断熱性は固定2重と同程度と考えてよい。1重に比べた熱節減率は0.35〜0.45である。

5）外面被覆

（1）こもがけ

わらごもなどで、温室の外側を覆う方式である。かつて、トンネルやメロン温室などの一部利用されたものの、現在は見かけない。わらごもの外面被覆による放熱抑制は、60％程度といわれており、断熱性に優れる。

中国で多く見られる「日光温室」と呼ばれる片屋根温室（写真—3）は、南面を除く3方の側壁が厚さ1m程度以上の土壁やレンガ壁でできており、夜間、屋根面を巻き下げ式のわらごもで外面被覆することによって、寒冷地において、無暖房で最大内外気温差15℃以上を保っている。最近では、わらごも以外に、人工資材も利用されている。

（2）空気膜外面被覆

図—12のように、温室の外面を2重のフ

ィルムで覆い、その間に空気を吹き込む方式がある。光線透過率が低下するので、側面のみを覆ってもよい。実用例は少ないものの、側窓などによる隙間の多いガラス温室では、密閉度を高める効果もある。

6. 被覆資材の断熱性の違い

1) 透明資材

透明被覆資材による対流の遮断効果は、どんな資材でも同じである。したがって、被覆資材間の断熱性の違いは、主に資材の長波放射（赤外線）特性の違いに関係している。その理由を以下で説明する。ここでの長波放射とは、放射冷却に関係する波長帯の赤外線(波長3〜100μm)のことである。

被覆資材の厚さの違いによる伝導伝熱量の違いは、被覆資材（複層資材や断熱材を除く）の厚さが数mm以下では極めて小さい。これは、被覆資材の伝導伝熱抵抗が、被覆資材内面および外面の伝熱抵抗の数十分の1以下と極めて小さいことによる。このことは、厚さ0.1mmの農ビフィルムと厚さ3mmのガラスで、厚さに30倍の違いがあるにも関わらず断熱性に大差がないことからも理解できよう。

これに比べ、被覆資材の厚さの違いに起因する、長波放射特性値の違いが、断熱性の違いに及ぼす影響は、より大きい。被覆資材は、長波（赤外）放射に関して、透過率＋反射率＋吸収率＝1の関係があり、これらの各数値は被覆資材の種類によって異なる。主な被覆資材の長波（赤外）

表—4 被覆資材の長波放射（赤外線）特性（岡田，1986を改変）

資材	厚さ(mm)	吸収率	透過率	反射率
農ポリ	0.05	0.05	0.85	0.1
フィルム	0.1	0.15	0.75	0.1
農酢ビ	0.05	0.15	0.75	0.1
フィルム	0.1	0.35	0.55	0.1
農ビ	0.05	0.45	0.45	0.1
フィルム	0.1	0.65	0.25	0.1
農PO** フィルム	0.075	0.35〜0.60	0.30〜0.50	0.1
	0.15	0.60	0.30	0.1
硬質ポリエステル	0.05	0.6	0.3	0.1
フィルム	0.1	0.8	0.1	0.1
	0.175	0.85＞	0.05＜	0.1
不織布		0.9	—	0.1
ポリビニルアルコールフィルム		0.9＞	—	0.1＜
ガラス		0.95		0.05
硬質板（ガラス繊維強化アクリル、アクリル、ポリカーボネート、他）		0.90		0.10
アルミ粉利用ポリエチレンフィルム		0.65〜0.75	—	0.25〜0.35
ポリオレフィン系アルミ蒸着フィルム	ポリプロピレン側	0.15〜0.25		0.75〜0.85
	ポリエミレン側	0.25〜0.4		0.6〜0.75

放射特性を、表—4に示す。これらの値は可視光に関する透過率、反射率、吸収率の値とは異なるので注意する。

長波吸収率と熱貫流係数の関係を図—13に示す。長波吸収率が高くなるにしたがって、熱貫流係数は低下（断熱性能が向上）する。図—14に示すように、ガラスは長波放射をよく吸収するので、室内からの放射放熱の遮断効果が高い。これに対し、ポリエチレンは

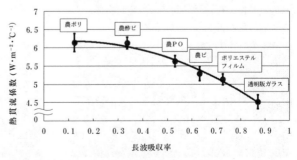

図—13 長波吸収率と熱貫流係数の関係の測定例（清水ら，2010）

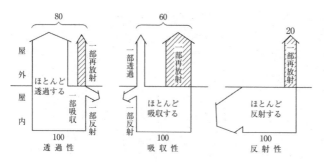

図—14 被覆資材の放射特性の違いによる放射放熱の違い（岡田，1987）

被覆資材の長波放射（赤外線）による放熱は、透過性資材＞吸収性資材＞反射性資材である。したがって、断熱性は透過性資材＜吸収性資材＜反射性資材となる。

長波放射を透過しやすい資材なので、他の透明資材に比べ、断熱性に劣る。

主な被覆資材の放射放熱抑制性能はおよそ、ガラス＞農ビ＞農PO＞農ポリである。農POは、銘柄により保温性能に差がある。固定被覆に用いた場合でも、断熱カーテンに用いた場合でも、保温性能の大小関係は同様である。固定1重被覆での、ガラスと農ポリの断熱性能（熱貫流係数）の違いは、15％程度である。ただし、結露水は長波放射を吸収しやすいので、結露の有無によっても、断熱性に違いが生ずる。

2）反射性資材

アルミ蒸着資材やアルミ箔資材のように、長波反射率の高い資材は、透明資材よりも断熱性に優れる。ただし光線を遮断するので、保温カーテンでの利用に限られる。反射率が高い資材は、被覆材外面での被覆材自体からの放射放熱が抑制される（図—14）。

片面だけの反射率が高い資材よりは、両面の反射率が高い資材の方が、放熱抑制効果は大きい。両面の反射率が異なる資材では、反射率の高い面を外面にした方が、総体的な放射放熱抑制効果は高くなる。温室床面や作物などからの放射放熱の反射効果よりは、被覆材外面から長波放射を射出しない効果の方が勝るためである。ただし、ほこりなどが付着し、長波反射率が低下すると、断熱性も低下する。

アルミ材料を利用した被覆資材には、アルミ粉末をプラスチックに練り込んだ資材もあるが、アルミ蒸着資材やアルミ箔資材の方が、長波反射率が高い。ただし、蒸着面やアルミ箔を保護するために、表面をプラスチック資材でラミネートしてある場合、ラミネート資材の長波吸収率が高いと、反射率が低下し断熱性能が低下するので注意する。

市販されている反射性資材の多くは、裁断したアルミ箔資材を細糸で編んだ資材（アルミ編み込み資材）である。遮光との併用を目的としたアルミ箔資材と透明資材を組み合わせた編み込み資材（写真—4）では、透明資材の面積比が多くなるほど、断熱性能は低下する。

3）複層板

写真—5は、複層板の例である。空気層があるため断熱性に優れる。アクリル製やポリ

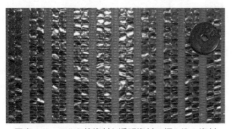

写真—4 アルミ箔資材と透明資材の編み込み資材

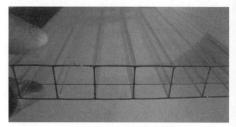

写真—5 3層構造複層板

カーボネート製がある。2層構造の複層板の断熱性は、1cm以上の層間隙があれば、固定2重に近い保温性能があるとみなせる。3～6層構造の製品も海外で生産されている。

加工時または施工時に、内部に乾燥空気や窒素ガスなどを封入してあると、内部の結露や藻の発生を防ぐことができる。被覆資材に対して、斜めに光が入射する場合には、光がリムを含めて、3層以上を通過することになるので、透過率の低下がやや大きい。このため、側壁だけに使うこともある。

4）中空構造軟質フィルム

空気層をもつ中空構造軟質フィルムのカーテン資材は、単層フィルムよりも断熱性に優れる。ポリエチレン1層カーテンに比べ、中空2層構造カーテンでは、放熱量抑制効果は1割程度とみられる。

5）布団資材

布団資材（仮称）と呼ばれる厚手の資材が、韓国ではカーテン資材として多く使われている。複数の資材を組み合わせた多層構造で、さまざまな種類がある。厚さは数mm～25mmのものがあり、概略、厚くなるほど断熱性に優れる。農PO 1層カーテンに比べ、厚さ10mmの布団資材1層カーテンでは、放熱量が約半分に抑制され、顕著な放熱抑制効果がみられる。国内でも導入が始まっており（写真—6）、国産の布団資材の販売も始まっている。カーテンを開けたときの影の影響を少なくする工夫が課題だが、断熱性向上の効果が高いことから、今後、導入が進むものと期待される。

7．その他

1）断熱材利用

発泡スチロールなどの断熱材は、熱伝導率

輪ギクを栽培、短日処理にも利用。右下写真は、ポリエステル綿を中綿とした布団資材

写真—6　複層構造布団資材（左下写真）を利用した保温カーテン（上層）

が低く、断熱性能が格段に高い。断熱材の伝導伝熱抵抗は、厚さに比例する。

温室周壁下の地中に断熱材を埋め込み、温室内から温室外への横方向の地中伝熱を抑制することにより、特に寒冷地では、温室周辺内部での凍結防止や地温低下抑制ができる。かつて、温室内側壁を数cm厚の断熱材で覆う断熱方式も開発された。

2）多連棟化

単棟よりは連棟の方が、床面積当たり放熱量を軽減できる。温室からの放熱量は、温室

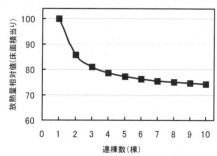

注）1重1層カーテンの場合、計算条件は省略

図—15　連棟数と床面積当たり放熱量の関係

容積に関係するのではなく、被覆面積（放熱面積）に関係する。被覆面積が2倍になれば、放熱量もほぼ2倍になる。多連棟化するほど、床面積当たりの被覆面積（放熱比と呼ぶ）は減少する。図-15は、連棟数と床面積当たり放熱量の関係を示した計算例である。単棟温室と同じ形状の温室が2連棟、3連棟と増えたときに、単棟温室の床面積当たり放熱量を基準にした相対値で示してある。単棟温室を100％としたとき、2連棟で約86％、3連棟で約81％、4連棟で約79％、5連棟で約77％となり、5連棟くらいまでは、連棟数を増やすことによる放熱量の抑制効果が大きい。それ以上での棟数増加による放熱量抑制効果は小さくなる。

3）防風ネット、防風垣

防風ネットや防風垣による防風は、隙間換気伝熱量と貫流伝熱量の両方を抑制する。

①防風によって、被覆材のつなぎ目や出入り口の隙間を通しての隙間換気を抑制できる。気密性の低い温室ほど、防風による隙間換気抑制効果は大きい。

②防風によって、被覆面からの放熱量（貫流伝熱量）を抑制できる。固定1重では、屋外風速が増すことによる熱貫流係数の増加は大きく、放熱量は増大する。しかし、保温被覆枚数が増し、断熱性が高い温室では、風速の影響は小さくなる。

無暖房温室や保温被覆枚数が多い温室では、放射冷却により外張り資材温度が外気温以下になることがあり、このような特殊条件下では風が当たった方が放熱が抑制されることになる。ただし、このような現象は弱風条件下で生じるので、防風ネット・防風垣の設置によるマイナスの影響は微小とみてよい。

以上のように、保温被覆が不十分な温室では、防風による放熱量（隙間換気伝熱量＋貫流伝熱量）抑制効果が大きい。保温被覆が十分な温室ほど防風による放熱抑制効果は低下

する。防風ネット・防風垣は、突風による被覆破損を少なくする効果もあるので、季節風の強い地域では、設置効果が大きい。

4）内外の温度逆転

無暖房温室の夜間の室温は、外気温よりも数℃高いのが普通である。これは、昼間の蓄熱に起因する地中からの伝熱があり、被覆資材によって断熱されるからである。しかし、小型ハウスやトンネルでは、内部の気温が外気温より低くなる、いわゆる「温度逆転」の現象が稀にみられる。この現象は、昼間の蓄熱が少なく地温が低いために地中からの伝熱が少なく、長波放射透過率の高いポリエチレンなどで被覆してあるために、被覆資材を透過する放射伝熱が地中からの伝熱を上回ることによって生じる。晴天の放射冷却が大きい気象条件下でみられる。温度逆転が生じた場合は、換気をした方が室温を高くできることになる。

（林　真紀夫＝東海大学工学部）

参 考 文 献

1）内嶋善兵衛（1991）：被覆資材の物性と選択，施設園芸における効率的エネルギー利用環境制御方式導入の手引き，日本施設園芸協会，39-54
2）岡田益己（1986）：温室の温度環境，農業気象・環境学，朝倉書店，135-149
3）岡田益己（1987）：新訂施設園芸ハンドブック，日本施設園芸協会，204-218
4）清水美智・林真紀夫・大原基広（2010）：放射率測定による透明被覆資材の熱貫流率の推定，日本農業気象学会2010年全国大会講演要旨，108.
5）林 真紀夫（1980）：保温，温室設計の基礎と実際，養賢堂，170-181
6）林 真紀夫（2002）：五訂施設園芸ハンドブック，日本施設園芸協会，116-141
7）林 真紀夫（2008）：保温性の向上，施設園芸省エネルギー対策の手引き，全国農業協同組合連合会，5-15
8）日本施設園芸協会（2011）：園芸用施設及び農業用廃プラスチックに関する調査結果，11-93

(2) 暖房

暖房は、施設園芸において、最も基本的かつ普及した環境制御技術である。現在、全施設面積（ガラス温室およびプラスチックハウスの面積）の約44％（約21,600ha）（日本施設園芸協会、2011）が暖房設備を備えている。暖房には、装置費と運転経費がかかるので、これらの経費の節減が重要課題である。そのため、第一には保温性の向上、第二には装置費・運転経費がともに経済的な暖房方式の導入、第三には適正な規模の暖房装置の設置が必要となる。

1．暖房計画

暖房設備を導入するにあたっては、第一に、屋外の気象条件に対して、希望する設定気温や設定地温を維持できる設備容量をもつこと、第二に、その設備が初期経費および運転経費の面で、経済的に有利であること、が重要である。

このほかに、以下の諸点が満足されていることが望ましい。
① 暖房時の温室内の温度分布は、できる限り均一である。
② 暖房装置による、栽培面積の減少、作業性の低下を最小にする。
③ 暖房装置による、作物体への遮光を最小にする。
④ 制御性がよく、保守をあまり必要としない。
⑤ 停電時や故障時の対策がとられている。

2．暖房負荷計算

1）最大暖房負荷と期間暖房負荷

室温を設定温度に維持するのに必要な暖房熱量を、「暖房負荷」と呼ぶ。前項の第一条件を満たす設備容量を決定するには、数年に一度発生するような、屋外の最寒時の暖房負荷を求めなければならない。この暖房負荷を「最大暖房負荷」と呼ぶ。

さらに、第二の条件で出てくる、運転経費を推定するためには、栽培期間中あるいは一定暖房期間中の暖房負荷を求めなければならない。この暖房負荷を「期間暖房負荷」と呼ぶ。

2）暖房負荷計算に用いる単位の換算表

利用単位として、国際単位系が世界的に推奨されており、熱量関連単位としては、J（ジュール）やW（ワット）が使用されるようになっている。このことから、以下の暖房負荷計算では、原則、国際単位を用いる。ただし、原図の書き換えが困難な場合はそのままとした。旧来のkcalに基づく単位と国際単位（SI単位）との換算表を表—5に示すので、必要

表—5　国際単位（SI単位）と従来単位の換算表

(1) 熱量

J	W·h	kcal
1	0.2778×10^{-3}	0.2389×10^{-3}
3600	1	0.86
4.186×10^{-3}	1.163	1

(2) 熱流

$W(=J \cdot s^{-1})$	$kcal \cdot h^{-1}$
1	0.860
1.163	1

(3) 熱流密度（日射量など）

$W \cdot m^{-2}$	$kcal \cdot m^{-2} \cdot h^{-1}$
1	0.860
1.163	1

(4) 伝熱係数（熱貫流係数など）

$W \cdot m^{-2} \cdot {}^\circ C^{-1}$	$kcal \cdot m^{-2} \cdot h^{-1} \cdot {}^\circ C^{-1}$
1	0.860
1.163	1

(5) 比熱

$kJ \cdot kg^{-1} \cdot {}^\circ C^{-1}$	$kcal \cdot kg^{-1} \cdot {}^\circ C^{-1}$
1	0.2389
4.186	1

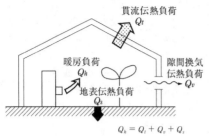

図—16 暖房温室の熱収支図

な場合は換算されたい。

3）暖房中の温室からの熱損失

暖房中の温室からの熱損失は、図—16に示すように、①被覆材を通過する熱量（以下、貫流伝熱負荷）、②被覆材の継ぎ目や窓の周辺部などの、隙間換気に伴う伝熱量（以下、隙間換気伝熱負荷。換気伝熱負荷とも呼ぶ）、③温室床面土壌との熱交換による伝熱量（以下、地表伝熱負荷。地中伝熱負荷とも呼ぶ）の3つによる。室温を設定値に維持している時の、この3つの負荷の合計が、温室の「暖房負荷」である。

このうち、暖房負荷に占める、貫流伝熱負荷の割合は、60〜100％に達する。隙間換気伝熱負荷は0〜20％程度である。夜間の地表伝熱負荷は、昼間の土壌への蓄熱の程度や、暖房設定室温などによって異なり、±30％程度である。

4）最大暖房負荷の算定法

最大暖房負荷（Q_g、単位W）は、最寒時間帯の貫流伝熱負荷（Q_t）、隙間換気伝熱負荷（Q_v）、および地表伝熱負荷（Q_s）を、それぞれ算定して加算すれば求まる。以下に、最大暖房負荷算定式を示す。

$$Q_g = (Q_t + Q_v + Q_s) \cdot f_w \cdots\cdots (1)$$
$$Q_t = A_g \cdot h_t (\theta_c - \theta_{ou}) \cdots\cdots (2)$$
$$Q_v = A_g \cdot h_v (\theta_c - \theta_{ou}) \cdots\cdots (3)$$
$$Q_s = A_s \cdot q_s \cdots\cdots (4)$$

ここで、f_w：風速に関する補正係数、A_g：

表—6 風速に関する補正係数（f_w）の値
（岡田、1980）

補正係数の適用条件	f_w
一般地域の一重温室	1.0
保温被覆を行った温室	
強風地域の一重被覆温室	1.1

温室の被覆面積（m²）、A_s：温室の床面積（m²）、θ_c：暖房設定室温（℃）、θ_{ou}：設計外気温（℃）、h_t：熱貫流係数（熱貫流率）（W・m^{-2}・℃$^{-1}$)、h_v：隙間換気伝熱係数（W・m^{-2}・℃$^{-1}$）、q_s：単位床面積当たりの地表伝熱量（地表熱流束、W・m^{-2}）である。

（2）〜（4）式は実験から得られた経験式である。f_wには表—6の値を用いる。h_tおよびh_vは、単位被覆面積当たりの伝熱係数で、h_tには表—7、h_vには表—8の値を使う。なお、「$h_t + h_v$」を放熱係数と呼ぶ。最大暖房負荷算定のためのθ_{ou}には、数年に1度生じる最低外気温を用いる。q_sには表—9の値を使う。符合は、熱流が下向きの時が正である。地表伝熱が負の値の時は、暖房負荷を軽減するが、設定室温が高い場合や寒冷地では、正の値となることがある。

5）期間暖房負荷の算定

期間暖房負荷は、まず毎日の暖房負荷（日暖房負荷）を算定し、次に日暖房負荷を一定期間にわたり、積算することによって求められる。日暖房負荷は、各時間の暖房負荷を積算することによって求められる。

期間暖房負荷の算定法については省略するので、必要な場合は、文末文献リストに挙げた林ら（1986）、または三訂施設園芸ハンドブック（1994）を参照されたい。

なお、暖房燃料の試算には、野菜茶業研究所で開発された「温室暖房燃料消費量試算ツール」を利用すると便利である。

表—7　各被覆方法での熱貫流係数（熱貫流率）（h_t）の値（日本農業気象学会（1980）、日本施設園芸協会（2009）、林（2011）などを参考に作成した暫定値）

(A) 1重被覆

保温方法	被覆資材	熱貫流係数（$W \cdot m^{-2} \cdot {}^\circ C^{-1}$）
1重被覆 カーテンなし	ガラス、硬質板	5.8
	農ビ、農PO、硬質フィルム	6.4
	農ポリ	6.8

(B) 保温被覆（その1）（固定張り資材：ガラス、硬質板、農ビ、農PO、硬質フィルム）

保温方法	カーテン資材	熱貫流係数（$W \cdot m^{-2} \cdot {}^\circ C^{-1}$）
1重＋1層カーテン	不織布	4.4
	農ポリ（ポリエチレンフィルム）	4.2
	農酢ビ（酢酸ビニルフィルム）	4.1
	農PO（ポリオレフィン系フィルム）	3.9
	農ビ（塩化ビニルフィルム）	3.8
	中空構造フィルム	3.7
	LS同等品（シルバ1：透明1）	3.7
	LS同等品（全面シルバ）	3.5
	布団資材（12mm〜5mm厚）	1.8〜3.0
1重＋2層カーテン	農ポリ＋不織布	3.6
	農ポリ2層	3.4
	農ビ（農PO）＋不織布	3.4
	LS同等品（シルバ1：透明1）＋不織布	3.4
	農ビ（農PO）＋農ポリ	3.3
	農ビ（農PO）2層	3.2
	LS同等品（全面シルバ）＋不織布	3.1
	中空構造フィルム2層	3.1
	LS同等品（シルバ1：透明1）＋農ビ（農PO）	2.9
	LS同等品（シルバ1：透明1）＋中空構造フィルム	2.9
	アルミ蒸着＋不織布	2.9
	アルミ混入中空構造フィルム＋農PO	2.7
	LS同等品（全面シルバ）＋中空構造フィルム	2.7
	アルミ蒸着＋透明フィルム	2.5
	アルミ蒸着＋LS同等品（シルバ1：透明1）	2.5
	農PO＋布団資材（12mm〜5mm厚）	1.5〜2.5
1重＋3層カーテン	寒冷紗（または割布）2層＋不織布	3.4〜4.2
	LS同等品（シルバ1：透明1）＋不織布＋寒冷紗	3.1〜3.6
	LS同等品（シルバ1：透明1）＋不織布2層	2.8
	農ビ（農PO）＋農PO＋不織布	2.8
	農ビ＋農PO 2層	2.7
	LS同等品（シルバ1：透明1）2層＋通気性資材	2.7
	中空構造フィルム＋透明フィルム2層	2.7
	中空構造フィルム2層＋透明フィルム	2.7
	LS同等品（シルバ1：透明1）＋透明フィルム2層	2.6
	LS同等品（シルバ1：透明1）3層	2.5
	LS同等品（シルバ1：透明1）＋中空構造フィルム＋農ビ（農PO）	2.5
	LS同等品（シルバ1：透明1）2層＋中空構造フィルム	2.5

(C) 保温被覆（その2）

保温方法	被覆資材	熱貫流係数（$W \cdot m^{-2} \cdot {}^\circ C^{-1}$）
固定2重被覆 空気膜2重	カーテンなし	3.8
2重＋1層カーテン	農ビ、農PO	3.2
	中空構造フィルム	3.1

表—8 隙間換気伝熱係数 (h_v) の値

温室の種類	h_v W·m^{-2}·℃$^{-1}$
ガラス室	0.35〜0.60
ビニルハウス	0.25〜0.45
1層カーテン	0.20〜0.30
2層カーテン	0.15〜0.25
3層カーテン	0.05〜0.15
完全気密温室	0

表—9 床面積当たりの地表熱流束(q_s)（単位:W·m^{-2}）（岡田, 1980）

保温被覆	無		有	
内外気温差	暖地	寒地	暖地	寒地
10℃	-24	-18	-18	-12
15℃	-12	-6	-6	0
20℃	0	6	6	12

表—10 燃料の平均発熱量（β、低位発熱量）

種類	J／ℓ
灯油	34.9×10^6
軽油	36.3×10^6
A重油	37.1×10^6

表—11 暖房システムの熱利用効率（η）

暖房方式	η
温風暖房	0.8〜0.9
温水暖房	0.6〜0.8

3．燃料消費量の推定

燃料消費量は以下の式より求められる。

$$V_f = \frac{Q_h}{\beta \cdot \eta} \times 3600 \cdots\cdots (5)$$

ここで、V_f：燃料消費量（$\ell \cdot h^{-1}$）、Q_h：暖房負荷（W）、β：燃料の発熱量（J／ℓ）、η：暖房システムの熱利用効率（温室暖房に利用される熱量／燃料の発熱量）、3600sec＝1h、である。βには、表—10の値を用い、ηには、表—11の値を用いる。

4．各種暖房方式

1）現状

施設園芸における暖房方式およびその設置面積を、表—12に示す。石油を燃料とする温風暖房方式が全体の90.5％、温水暖房（温湯暖房とも呼ぶ）方式が4.7％を占め、この2方式で95％を占める。これ以外の暖房方式としては、太陽熱利用方式が0.1％、地下水・地熱利用方式が3.5％、LPガスや石炭等の石油代替熱量利用方式が1.0％である。

プラスチックハウスよりは、ガラス温室で温水暖房の比率が高い。また、野菜、果樹栽培に比べ、花き栽培で温水暖房の比率が高い。

2）各種暖房方式の特徴

表—13に、各種暖房方式の特徴を示す。暖房方式の特徴は、制御性・保守管理・設備費および運転経費・耐用年数などの観点から、比較することができる。

設備費の面では、温風暖房が最も安く、耐用年数で除した年間消却費でみると、温水暖房の約5分の1であり、温室規模が小さくなると、その差はさらに大きい（板木、1987）。

暖房システムの熱利用効率（燃料油の発熱量に対する温室暖房に利用される熱量の割合）は、表—11に示した通りで、温風暖房の方が温水暖房よりも高い。

3）温風暖房

設備費も比較的安く、制御性にも優れていることから、多用されている。

（1）温風暖房機の設置容量の算定

すでに求めた最大暖房負荷を用い、次式（岡田、1980）から求める。

$$Q_b = Q_g \cdot f_h (1+r) \cdots\cdots (6)$$

ここで、Q_b：暖房機の設置容量（W）、Q_g：最大暖房負荷（W）、f_h：配風方式による補正係数、r：安全係数。f_hには、表—14の値を用いる。f_hは、温風ダクトの使用の有無や、吹出し口の位置などによって、多少増

表—12 暖房方式別面積とその比率（日本施設園芸協会，2011）

熱源	暖房方式	面積 (ha)	比率 (％)	面積小計 (ha)	比率 (％)
石油	温風	19,536	90.5	20,610	95.5
	温水	1,015	4.7		
	蒸気	7	0.0		
電気	電熱	14	0.1	14	0.1
太陽熱	地中蓄熱	8	0.0		
	グリーンソーラー（水蓄熱）	4	0.0		
	潜熱蓄熱	0	0.0		
	その他	2	0.0		
地下水等	地熱水利用	92	0.4	752	3.5
	ウォーターカーテン	497	2.3		
	グリーンソーラー	12	0.1		
	ヒートポンプ	148	0.7		
	その他	3	0.0		
石油代替燃料	石炭・コークス	5	0.0	206	1.0
	LPガス	145	0.7		
	都市ごみ・廃材・産廃物	29	0.1		
	その他	27	0.1		
合計		21,581		21,581	100

表—13 暖房方式の種類と特徴（岡田，1980に加筆）

方式名	方式概要	暖房効果	制御性	保守管理	設備費	その他	適用対象
温風暖房	空気を直接加熱する	停止時の保温性に欠ける	予熱時間が短く立ち上がりが早い	水を扱わないので取り扱いが容易である	温水暖房に比べてかなり安価である	配管や放熱管がないため、作業性に優れている。燃焼空気を室内から取り込む場合には換気が必要である	温室全般
温水暖房	60〜80℃の湯を循環する。ファンコイルユニットで温水を温風に変換し室内に吹き込む方式もある	使用温度が低いので温和な加熱ができる。余熱が多く停止後も保温性が高い	予熱時間が長い。温水温度を変えて負荷変動に対応できる	ボイラの取り扱いは上記に比べ容易である。配管のエア抜きが必要である	配管・放熱管を必要とし、割高である	寒冷地では凍結の恐れがあり、水抜き保温対策に十分な考慮を必要とする	高級作物の温室、大規模施設
蒸気暖房	100〜110℃の蒸気を用いて暖房する。温水や温風に変換して用いる方式もある	余熱が少なく停止時の保温性に欠ける	予熱時間が短い。自動制御がやや難しい	ボイラ取扱資格を必要とする場合がある。水質処理を厳重にしないと配管が腐食しやすい	温水暖房に比べてやや割高である	土壌消毒が可能である。放熱管の適正な配分が難しい。局所的な高温が生じやすい	大規模施設
ヒートポンプ暖房	空気を直接加熱する。様々なシステムがあるが、外気熱源方式が主流である	停止時の保温性に欠ける。	温風暖房と同様	定期的にフィルターの掃除が必要である	温風暖房機の数倍の価格である	冷房や除湿に利用できる。暖房時、外気温が低下して室外機に着霜すると霜取り運転に入り一時的に暖房運転が停止する	温室全般
木質ペレット暖房	温風式と温水式がある。	着火や消火に時間がかかる	立ち上がりに時間がかかる。細かな制御は難しい	定期的に灰のかき出し作業が必要である	燃油暖房機の数倍の価格である	カーボンニュートラルに近く環境によい	温室全般
電熱暖房	電気温床線や電気温風ヒータがある	停止時の保温性に欠ける	予熱時間が短い。制御性が最もよい	取扱いは最も容易である	最も安価である	実用規模の施設では経済的でない	小型温室育苗温室、地中加熱、補助暖房

第3章 温度制御（2）暖房

表—14 配風方式による補正係数 (fh) の値
(岡田, 1980)

配風方式	補正係数
無ダクト上位吹出し方式	1.05～1.10
無ダクト下位吹出し方式	1.00～1.05
頭上ダクト方式	0.90～1.05
地上ダクト方式	0.90～1.00

減する暖房負荷を調整するためのものである。安全係数 r は、設計計算の誤差や暖房機の経年的能力低下を見込んで、安全側を付加するためのもので、温風暖房では0.1を採用する。

(2) 配風ダクトの配置

温室内の気温分布を均一にするためには、プラスチックフィルムダクト（温風ダクト）を用いて配風を行う必要がある。温風ダクトの配置は、温室の大きさや、畝方向、暖房機の設置位置により変わってくる。図—17に温風ダクトの配置例を示す。

ダクトを配置する際に、最初から気温分布を均一にすることは難しいので、分岐ダクトを長めにしておき、気温分布を測定しながら長さを調整したり、ダクトの途中に穴をあけたりする。ダクトは、安価なポリエチレンダクトが一般に用いられる。ダクトの直径は、温風暖房機の送風量をもとに、図—18、図—19を参考に決めるとよい。

(3) 温風暖房機利用上の注意

暖房機の出力1万kJ当たり約5 m^3（1万kcal当たり約20 m^3）の燃焼空気が必要となるので、保温被覆を行った気密性の高い温室では、不完全燃焼やバックファイヤーをさけるため、図—20のように屋外空気の吸気ダクト（塩ビ管などを用いる）を取り付ける。

(4) オイルタンク

オイルタンクを設置する場合、一定容量以上になると、各市町村の火災予防条例の制約を受けるので、確認が必要である。図—21にオイルタンクの設置図を示す。配管はできるだけ短くするとともに、A重油の場合は－5℃以下で凝固するので、寒冷地では保温する必要がある。

(5) 温風暖房機の高効率維持

新品の温風暖房機の熱効率（暖房システムの熱利用効率）は約90％である。すなわち、燃焼による発熱量の90％前後が温室内の暖房に利用され、残りの10％前後が煙突から排気として屋外に放出されていることになる。缶体内への煤の付着や、燃焼空気量の過不足があれば熱効率は低下する。年1回は清掃・点検を行い、この効率を維持することが大事である。

4) 温水暖房

温水暖房には、100℃以上の湯を使う高温水式と、65～85℃の湯を使う低温水式があるが、通常使われてい

図—17 温風ダクトの設置方法（ネポン㈱資料）

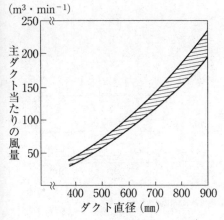

図—18 主ダクトの選定図（立花ら，1979）

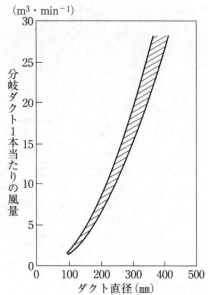

注）あてはまる径のダクトがない場合は直上径を選ぶ

図—19 分岐ダクトの選定図（立花ら，1979）

のは、後者の方式である。

(1) 温水暖房機の設置容量の決定（岡田による）

すでに求めた最大暖房負荷の計算値を用いて、次式より設置容量を求める。

$$Q_b = (Q_g \cdot f_p + Q_{loss}) \times (1 + \gamma) \cdots (7)$$

ここで、Q_b：ボイラー設置容量（W）、Q_g：最大暖房負荷（W）、f_p：配管方式による補正係数、Q_{loss}：温室外配管からの熱損失量（W）、γ：安全係数である。

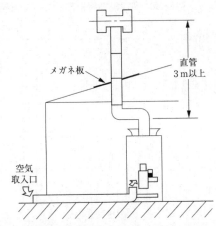

図—20 燃焼空気の吸気口と煙突を取り付けた様子

放熱管を用いた温水暖房では、放熱管の配置によって、室内の伝熱状況や気温分布が異なり、暖房負荷に差を生じる。この差を補正するのがf_pで、その数値を表—15に示す。温室と暖房機が離れている場合は、温室までの配管からの放熱であるQ_{loss}を加える。

温水暖房の安全係数γには、ボイラー能力の経時的低下や、ボイラーの起動負荷を見込んでいる。ボイラーの起動負荷とは、ボイラー着火時に罐体や配管中の低温水を昇温させるために、一時的に増大する負荷を指す。安全係数の値としては、配管量が多くなるフィンなし放熱管（ベアパイプ）では0.3、配管量が少なくて済むフィン付き放熱管（エロフィンパイプ）では、0.2が適当とされる。

(2) 配管
①パイプの種類

放熱配管には、ベアパイプと呼ばれる炭素鋼管（ガス管）のほかに、これにフィンを巻き付けたエロフィンパイプ（図—22）が多

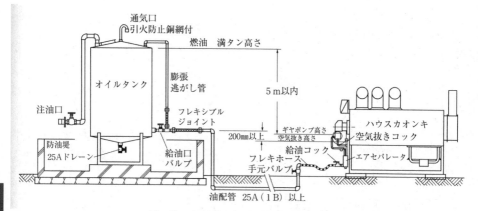

図—21　オイルタンクの設置例（ネポン㈱資料）

表—15　配管方式による補正係数（f_p）の値
（岡田，1980）

配管方式	f_p
頭上配管*	1.05～1.1
周囲積上げ配管	1.05
畝間配管	1.0

注）＊：周囲配管と併用

く使われている。エロフィンパイプは、単位長当たりの放熱量が、ベアパイプのおよそ3倍程度になるので、ベアパイプに比べ、配管本数が少なくてすむ。

②配管方式

配管方式には、図—23のように、直列方式・ダイレクトリターン方式・リバースリターン方式がある。直列方式は、配管入口と出口の水温差が大きくなり、気温分布が不均一になりやすいので、小型温室以外では、ほとんど使われない。

ダイレクトリターン方式とリバースリターン方式では、後者の方が、各列の流量がより均一になり、室内気温分布も均一になりやすいが、復管が1本余計に必要であることから、商業温室では、前者の方式が多用されている。

写真—7は、フェンロー型温室で利用されている床面近くに配管された暖房管で、高所作業車や運搬車のレールを兼ねている。

③配管位置と気温分布

配管部分で暖まった空気は、軽くなって上昇し、屋根部に到達後、屋根部にそって上昇

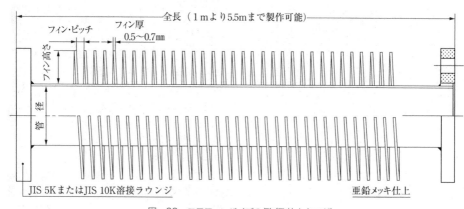

図—22　エロフィンパイプの例（T社カタログ）

写真—7 床面近くに配管された暖房用パイプ（高所作業車のレールを兼ねる）

し、やがて冷却されて下降する。このように、温室内では一定の気流がみられる。この気流は、配管位置によって異なり、気温分布に影響する。

側方積上げ配管（図—24（a）上図）では、配管部分で暖まった上昇空気が、屋根面で冷やされて下降してきた部分に、低温域ができやすい。間口が10m以下の温室では、室温分布は、さほど不均一にならないので、この方式が採用される。

間口が10m以上の場合には、図—24（a）下図のような、畦間配管が多く採用される。気温分布は最も均一になるが、耕耘時の作業性は多少劣る。側壁部は冷えやすいので、中央部よりも、配管本数を多めにする。

畦間配管の配管位置を高くした頭上配管では、作業性が良くなる利点はあるが、配管よりも上部が暖まって、下部に低温域ができる。このため、垂直方向の気温差は大きくなり、配管よりも下部の作物体付近の気温が低下する。

いずれの配管方式でも、両妻面あるいは出入口付近、卓越風の風下側は冷えやすく、作物の生育遅れが問題になり

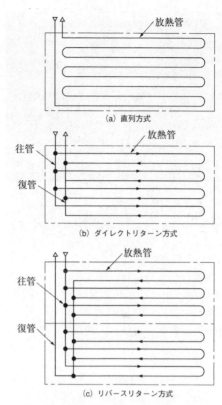

図—23 温水暖房の配管例（立花ら, 1979）

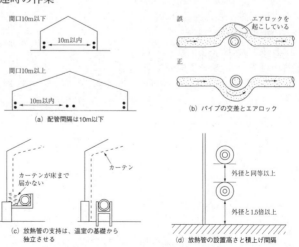

図—24 温水暖房の配管上の留意事項（岡田, 1980）

写真—8 気温分布を均一にするために室内に取り付けられた循環扇

写真—9 木質ペレットの例

やすいので、この部分には放熱量の多いエロフィンパイプ等を配管して、低温域ができないように配慮する。

温室内の水平方向の気温差が大きい場合は、写真—8に示すような循環扇を一定間隔で取り付けて、温室内に大きな渦状の空気流動を生じさせ、これによって気温差を小さくする方法もとられている。

④配管上の留意点

配管上の留意点（岡田らより）を挙げると、以下のようになる。

a. ダイレクトリターン方式あるいはリバースリターン方式の場合、各支管ごとにバルブを付けておくと、流量の調整ができ、気温分布の調整に便利である。

b. 配管に逆Ｕ字部分がある場合や、多段配管の場合には、最上位部分に空気が留って、エアロックを生じ、温水が流れなくなることがある（図—24（b））ので、エアぬき用の

コックを付けておく。

c. 保温カーテン装置が付いている場合には、パイプの支持材は床面で固定し、側面カーテンの展張に支障のないようにする（図—24（c））。

d. 放熱量の低下を避けるために、床面と放熱管の間隔は、管径の1.5倍以上にする。また、多段配管の場合には、管と管の間隔は、管径以上とする。

e. 管と壁面あるいは保温カーテンとの間隔は、管径以上あくようにする。側面のカーテンは、カーテンの外側に冷気が留まるため内側に張り出し、配管にかぶさることがあり、配管の放熱を低下させるので、注意を要する。

5）蒸気暖房方式

配管が、温水暖房の場合より細くてすむこと、土壌消毒に利用できるなどの利点がある。他方、設備費が高価で、保守管理の手間がかかるなどから、わが国での導入は比較的少ない。

6）電熱暖房方式

電気温風機と電気温床線がある。制御性がよく、取り扱いも簡単であるが、熱量単価が石油暖房機に比べると高くなるため、利用は育苗や小規模温室に限られる。

表—16 電気温床線の仕様（N社カタログより）

形式	電圧(V)	容量(W)	長さ(m)	リード線の色
単相	100	500	40	黒
単相	100	500	60	黒
単相	200	500	40	赤
単相	200	500	60	赤
単相	200	1,000	120	赤
単相	200	1,000	200	赤
三相	200	500	40	黒（三芯キャプタイヤ）
三相	200	500	60	黒（三芯キャプタイヤ）
三相	200	1,000	120	黒（三芯キャプタイヤ）

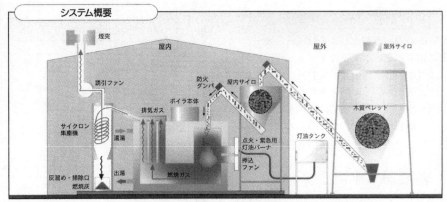

図—25 木質ペレットボイラー装置の例（ネポン㈱カタログ）

電気温風機は、500W〜15kWのものがある。電気温床線には、表—16に示すような仕様のものがある。最近は、パネル形状のヒーターも市販されている、電気温床線は、育苗ベッドに埋め込んだり、育苗ポット下に配線して、地温上昇および植物付近の気温上昇に使われる。

7）ヒートポンプ暖房方式

ヒートポンプの項（149頁）参照。

8）木質燃料暖房方式

バイオマス燃料には、木質ペレット、木質チップ、薪（まき）、もみ殻などあり、カーボンニュートラル近いため（加工や運搬に化石エネルギーを使用するので完全ではない）、環境にはよい。自動運転可能な暖房装置があり、燃料供給体制も整いつつある木質ペレット燃料利用が現状では多い。

木質ペレットは、製材廃材や間伐材などの木材をおが屑状にし、これを直径6〜12mm、長さ10〜25mm程度に成形したものである（写真—9）。木質ペレットは、樹木の芯材を主体とするホワイトペレット、樹皮と芯材を混合した全木ペレット、樹皮を主体としたバークペレットの3種類に分けられ、前者のものほど燃焼灰が少なく品質はよ

い。A重油1ℓと木質ペレットおよそ2kgの発熱量が等しいので、kg単価がA重油のℓ単価の半額以下でないと、コスト面でのメリットは生まれない。

木質ペレット専用の暖房機（またはボイラー）が数社から販売されているが、燃油暖房機に比べると数倍の価格である。図—25は木質ペレット炊き温水ボイラの例である。屋外に設置したサイロに木質ペレット燃料を入れておくと、燃料は自動的に燃焼部に搬送される。

木質ペレット暖房は、燃油暖房機に比べ着火や消火に時間がかかり、発熱量の調整も現状装置では2〜3段階までであり、暖房負荷の変動に対して、発熱量調整が難しい面がある。また、焼却灰除去処理（1ヵ月数回）などの管理上の手間負担がある。したがって、燃料コスト面でのプラスが求められる。燃料の供給体制が整っていて、安定的に燃油よりも安価に燃料が入手できる地域では活用が期待できる。運搬にコストやエネルギーを要するので、地産地消的な利用が理想といえよう。資源の有効利用の観点から利用促進が望まれるが、賦存量に限界があることから、普及面積は限定されよう。

第3章　温度制御（2）暖房　　133

9）その他の暖房方式

その他の暖房方式として、温室内のカーテン上に地下水を散水するウォーターカーテン方式、昼間の温室内の太陽余剰熱を温室床面下土壌に蓄熱し、この熱を夜間の暖房に使う地中熱交換方式、熱蓄熱材に蓄熱する潜熱蓄熱方式、地熱水利用方式などがある。これらの方式については、他章を参照されたい。

5．地中加熱（地中加温）

温水パイプや電気温床線を地中に埋没して加熱する方法を、地中加熱（一般には地中加温と呼ばれているが、加えるのは熱であることから、ここでは地中加熱とする）と呼ぶ。特に日照が少なく、地温低下がみられる北海道や日本海側の積雪地帯において、地中加熱の実施割合が高くなっている。

1）地中加熱の必要熱量

地中加熱の必要熱量は、土壌の水分含量や有機物の量、マルチの有無などによって変化するので、精密な推定は困難である。以下で岡田（1980）による推定法を示す。図—26は、単位床面積当たりの必要熱量を推定するための図である。横軸が設定地温と設定室温の差温で、土壌条件によって、A、B、Cの3段階を設けてある。同図の数値は、地温が設定地温に達している時に、この地温を維持するのに必要な熱量を示している。

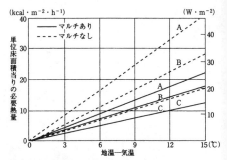

注）A：湿潤で重質な土壌　B：標準的な土壌　C：空隙が多く乾燥気味の土壌。実線はマルチを使用した場合で、破線はマルチなしの場合

図—26　地中加熱の必要熱量（岡田，1980）

2）ボイラー利用

（1）装置

地中に埋設した、外径20～25mmのプラスチックパイプに、40～45℃程度の温水を流し、加熱する方法である。装置の構成は、温水暖房と同じである。地中加熱専用の出力23～46kW（2万～4万 kcal・h^{-1}）の、比較的小型のボイラーが市販されている。

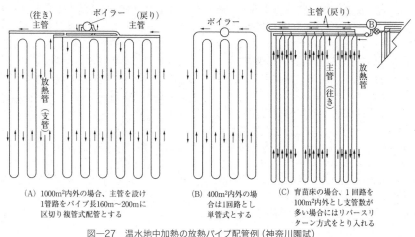

(A) 1000m²内外の場合、主管を設け1管路をパイプ長160m～200mに区切り複管式配管とする

(B) 400m²内外の場合は1回路とし単管式とする

(C) 育苗床の場合、1回路を100m²内外とし支管数が多い場合にはリバースリターン方式をとり入れる

図—27　温水地中加熱の放熱パイプ配管例（神奈川園試）

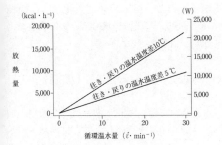

図—28 循環温水量と放熱量の関係（岡田，1980）

（2）放熱管と配管方式

　一般に放熱管には、長尺のポリエチレンパイプ（ユカロンなど）が用いられる。長尺のままで使用すれば、継ぎ手が少なくてすみ、埋設または掘り出し作業が容易になる。また保管時には、1m径位のコイル状に巻き取っておけば、運搬も容易である。1回路の放熱管長が150m内外の場合は内径16mm、200m内外では20mm、それ以上の場合には25mmが望ましい。また、施工や価格面を考慮すれば、内径19mm・外径22mm程度のパイプになるような、回路の長さにするのが望ましい（板木，1983）。

　配管例を図—27に示す。床面積が400㎡以下の温室では、同図（B）のような1回路の配管でよいが、それ以上の面積では、同図（A）のように、1支管の長さが160～200mになるような複管式とするのがよい。育苗床では、配管を密にするので、同図（C）のようにおよそ100㎡当たり1支管とする。

　地温の水平分布を均一化するためには、往きと戻りの水温差を、4℃以下にするのが適当である。図—28は、温水循環量・往きと

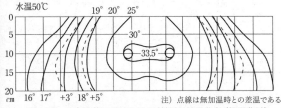

図—30　2条配管におけるパイプ付近の地温分布（福岡農試）

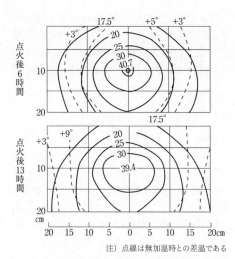

図—29　1条配管におけるパイプ付近の地温分布（福岡農試）

戻り管の水温差・放熱量の3者の関係を示す図である。

（3）配管位置と地温分布

　深さ10cmに埋設したパイプに、45～50℃の温水を流した時の、1条配管の地温分布を図—29、2条配管の地温分布を図—30に示す。図—29では、パイプからおよそ15cmのところまでは、地温は無加熱時よりも5℃以上の上昇がみられる。また、図—30では、それぞれのパイプから、およそ10cmのところまでは5℃以上の地温上昇がみられる。このことから、板木は、90cm内外の畝の中央に2列植えする果菜類では、ベッド中央の1列配管とし、それ以上の畝、あるいは地中加熱への依存度の高い地域では、1ベッド2列配管とするのがよい、としている。地温がほぼ定常に達するのに時間かかるので、作物を定植する2～3日以上前から温水を流し始め、地温上昇を図っておく必要がある。

（4）制御

　地温用サーモは深さ10cm、パイプからおよそ10cmの位置に設置するのが標準である。パイプ付近の

土壌が乾燥してくると熱伝導が低下するので、適宜灌水を行う。パイプの往きと戻りの水温差が5℃以上ある場合には、場所による温度差をなくすために、数日おきに温水を流す方向を逆にするのもよい。

3）深層地中加熱（加温）

地中加熱と土壌消毒の両方に利用できるシステムが市販されている。深さ60cm前後に、およそ60cm間隔で13mm径のプラスチックチューブを埋設する。水の代わりに不凍液を用いており、地中加熱の目的で使用する場合は、ボイラーで加熱した50℃くらいの不凍液を循環し、深さ20cm前後の根圏地温を16～22℃の設定値に制御する。

土壌消毒を目的とする場合は、80℃くらいの不凍液を循環する。千葉農試（中村、1999）の試験報告によれば、夏期に、畝立て・灌水したあと土壌表面をビニルで覆い、ハウスを密閉する太陽熱消毒法との併用によって、深さ40cmおよび60cmの地温は5日ほどで50℃以上となる。また、深さ30cmの地温も夜間の最低で50℃くらい、日最高で50～65℃となる。

4）電気温床線

電気温床線の種類には、前出の表―16のようなものがある。埋設深さは、10～15cmが適当とされているが、ポット苗を置く場合は、さらに浅く、5cm程度とする。温床線の下、数cmにイネワラやモミガラを3cm前後の厚さに入れて、断熱層を設ける場合がある。温床線の埋設量は、床面積3.3㎡当たり、暖地での200Wから寒地での300Wが目安とされている。

6．養液・培地の加熱（加温）

水耕栽培では、養液水槽内に熱交換用の加熱・冷却コイルを設置し、ここに温水・冷水を流し、養液温度を制御することがある。冬期は、養液温度を20℃位に維持するのが一般的である。図―31は、ロックウールベッドの例で、ロックウールの下に、プラスチックの温湯管を設置し、ここに40℃くらいの温水を流し、ロックウールを18～20℃に制御する例である。

（林　真紀夫＝東海大学工学部）

参 考 文 献

1) 岡田益己（1980）：暖房，温室設計の基礎と実際，養賢堂，182-204
2) 立花一雄・大塚栄（1979）：加温設備，施設園芸ハウスの設計と施工，オーム社，103-117
3) 林真紀夫（1980）：保温，温室設計の基礎と実際，養賢堂，170-181
4) 林真紀夫（2006）：温度，最新施設園芸学，朝倉書店，71-83
5) 林真紀夫（2002）：五訂施設園芸ハンドブック，日本施設園芸協会，127-141
6) 林真紀夫ほか（2011）：熱貫流測定装置を用いた被覆資材の断熱性能評価，日本農業気象学会2011年全国大会講演要旨，46
7) 林真紀夫・古在豊樹・岡田益己（1986）：園芸環境工学における最近の話題［10］暖冷房負荷の算定法（1）－暖房負荷算定法－，農業および園芸，61（11），102-108
8) 日本施設園芸協会（2009）：先端的加温システムモデル導入事業公募要領，1-41
9) 日本施設園芸協会（2011）：園芸用施設及び農業用廃プラスチックに関する調査結果，11-15
10) 日本農業気象学会（1977）：施設園芸環境制御基準資料，農業気象，33（特別号），1-54

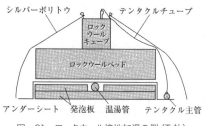

図―31　ロックウール培地加温の例（T社）

（3）冷房

1．温室冷房の意義

　温室は本来、その名が示すように、高温性の植物を越冬させるためのものであった。この段階では、夏は屋外に植物を出し、冬の日中の高温と多湿は換気窓の開閉や遮光で調節できた。近年は、温室規模の拡大や太陽光型植物工場の普及に伴い、温室は年間を通して使われるようになっている。しかし、日本列島の多くはアジアモンスーン地域に位置し、夏は強日射かつ高温多湿な気候となるため、自然換気、強制換気、遮光など、一般的な高温抑制技術を用いて室温を生育適温まで冷却することは難しい。

　すなわち、夏に高温強日射下の温室内を、外気並かそれ以下の気温に調節するには冷房が必要となる。

2．温室冷房法の種類と普及状況

　温室内の気温を外気よりも低くするには、冷房が唯一の方法となる。冷房には、①機械的に冷却する冷凍機(冷暖房兼用の場合には、ヒートポンプとも呼ばれるので、以下、ヒートポンプ)、②細霧冷房やパッドアンドファンなどのように水を気化させて冷却する蒸発冷却法、③地下水の熱を利用する方法がある。単独では温室冷房の能力はないが、冷房機能を補助するものに遮光がある。

　現在、いくつかの冷房・冷却装置が開発されており、ある程度普及しているものもある（表—17）。これらの中で最も汎用的なものは、水の気化熱を利用した蒸発冷却法である。蒸発冷却法にはいくつかの方法があり、わが国では細霧冷房が最も普及している。また、トマト、イチゴ、バラなどの一般栽培や育苗施設や鉢物栽培施設では、パッドアンドファンが利用されている。ヒートポンプは運転経費が高価であり、一般栽培への適用は難しい。地下水を利用した冷房法では、昼間の冷房に多量の水を必要とするため、局所冷房や養液栽培の養液・培地冷却、苗の花芽誘導を目的

表—17　冷房・冷却装置の種類と利用状況（林，2003に加筆）

大分類	中分類	小分類			普及施設	普及度
冷房	空調機利用	ヒートポンプ（冷房機）			コチョウラン、イチゴなどの花芽誘導、育苗、バラ栽培など	◎
		スポットクーラー、局所冷房			一部の栽培	△
	蒸発冷却法（冷却・加湿）	細霧冷房	自然換気型	低圧細霧（多目的利用）システム	一般栽培	◎
				高圧細霧（冷房・加湿用）システム	一般栽培	△
			強制換気型		一般栽培	△
		パッドアンドファン			一般栽培、育苗、鉢物栽培、植物工場など	◎
		ミスト噴霧			挿し芽、ラン、鉢物栽培など	○
	地下水利用	ウォーターカーテン式冷房（夜冷）			イチゴ育苗	△
		熱交換式局所冷房			育苗など	△
地下部冷却	冷凍機利用	地中冷却			アルストロメリア、トルコキキョウ、ハウスミカンなどの開花調節、花き栽培	△
		養液・培地冷却			養液栽培	○
	地下水利用	養液・培地冷却			養液栽培	△

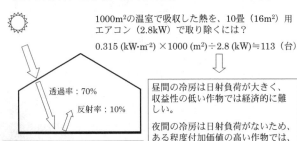

図—32 夏季快晴日に無遮光温室でヒートポンプ冷房を行ったときの設備容量の試算

とする夜間冷房、などに限定される。

3．昼間の冷房と夜間の冷房

図—32に昼間のヒートポンプの稼働例を示す。夏季晴天日の日射量が$1,000W \cdot m^{-2}$あり、この70％の日射が温室内（植栽なし）に透過し、10％が反射したとすると、残りの$630W \cdot m^{-2}$が地面に吸収され、その50％が地表面で顕熱化すると$315W \cdot m^{-2}$の熱となる。この熱量を定格冷房能力が2.8kW（消費電力800W程度）の家庭用ヒートポンプで取り除こうとすると、$1,000m^2$の温室では約113台を最大出力で稼働する必要がある。極端な例であるが、このように昼間は日射負荷が大きいため、一般的な作物ではヒートポンプによる冷房は経済的に見合わない。したがって、昼間の温室冷房は蒸発冷却法に頼らざるを得ない。

他方、夜間は日射負荷がないので、冷房で取り除かなければならない熱量は、概略昼間の10〜20％程度なので、付加価値のある作物では経済的に見合う場合がある。

4．夏季昼間の気象条件

1）温湿度

日本各地の7、8月の日中の湿球温度分布を図—33に示す。九州から関東にかけて、湿球温度はおおよそ24〜25℃であり、関東以北ではこれよりも低く、北海道ではおおよそ20℃である。

図—34に、晴天日における外気の乾球温度、湿球温度、相対湿度、絶対湿度、日射量の日変化を示す。この例での乾球温度は、朝方は約23℃であるが、正午過ぎには約33℃まで上昇し、夕方には約27℃まで降下している。これに比べ、湿球温度の日中変化は比較的小さく、ほぼ24〜25℃の範囲にある。一方、相対湿度は、外気温が最高となる正午前後に最も低くなり、夜間になると高くなる。したがって、蒸発冷却を行うのは、乾球

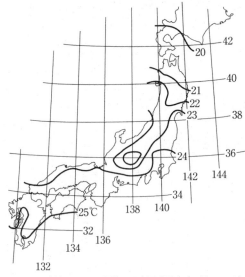

図—33 各地の7、8月平均の日中湿球温度（三原，1972）

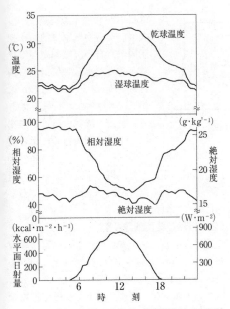

注）1985年7月28日、神奈川県厚木市で測定

図—34　晴天日における屋外の乾球温度、湿球温度、相対湿度等の日変化例（林ら、1986）

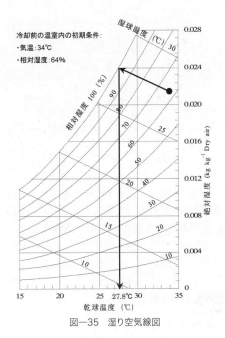

図—35　湿り空気線図

温度が高く、相対湿度が低い、日中が適している。他方、夜間は相対湿度が高くなるため、蒸発冷却法は不適である。

2）日射量

図—34より、夏期晴天日の水平面全天日射量（単に日射量と呼ばれる場合が多い）の最大値は、関東地方の場合、おおよそ$1,000W・m^{-2}$で、冷房設計上の最大負荷を算定する上では、この程度の数値が使われる。

5. 蒸発冷却法（気化冷却法）の理論

1）蒸発冷却の原理

水1ℓが蒸発するには約2,400kJ（約667Wh（ワット時）、1J（ジュール）= 1 Ws（ワット秒））の気化熱が必要である。すなわち、水が水蒸気に状態変化し（顕熱が潜熱に変化する）、これに伴い気温が低下する。

この原理を利用したのが蒸発冷却である。ここで、顕熱は温度変化を伴う熱、潜熱は温度変化がなく、物質の相変化（気体、液体、固体）のために吸収または発生する熱、である。

図—35の湿り空気線図を用いて蒸発冷却の原理を説明する。例えば、日中の温室内の気温が34℃、相対湿度が64％であった場合、この空気の状態から水を気化させて相対湿度が100％になるまで蒸発冷却を行うと、室内の気温は27.8℃まで低下する。しかし、冷却と同時に湿度上昇を伴うので、温室で蒸発冷却を行うときは換気が必須となる。

2）蒸発冷却の冷房限界

ある空気を相対湿度が100％になるまで加湿すると、乾球温度（気温）は湿球温度に等しくなる。したがって、温室の換気量を無限大に増大し、室内の相対湿度が100％になるまで加湿できれば、室内気温は外気の湿球温度まで下げることができる。しかし、過度な多湿は植物生理や病害発生の点から問題があ

第3章　温度制御（3）冷房　　139

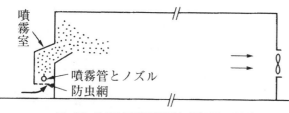

図—36 強制換気型細霧冷房方式（三原，1980）

り、これを避けるための制御が必要である。近年、飽差（ある温度と湿度の空気に、あとどれだけ水蒸気の入る余地があるかを示す指標）制御が注目されているが、日射下の作物の光合成という面では、90％前後の高湿が物質生産にとって最適とされている（三原、1980）。したがって、蒸発冷却により室温を下げながら、相対湿度を80〜90％に調節するのが実用的といえよう。

3）細霧冷房方式

蒸発冷却法の中では、最も汎用的な方式といえる。冷房時の換気方式が、強制換気の場合を強制換気型細霧冷房、自然換気の場合を自然換気型細霧冷房と定義する。

（1）強制換気型細霧冷房

図—36に示すように、温室の吸気口で粒径$50\mu m$（0.05mm）以下の細霧を噴霧し、ここで加湿冷却された空気は、温室内を通過後、反対側の換気扇で排気される。温室内では日射熱の吸収があるので、吸気口から換気扇に向かう強制換気特有の温度勾配ができる。そのため、吸気口から換気扇の距離が40〜50mを超える温室には不向きである。また、吸気口付近の作物は、未蒸発細霧付着による濡れが生じやすい。同図のように、温室の外側に噴霧室を設けると、粗い水滴は温室の外側に落下し、未蒸発の細霧が気流に乗って温室内に入って気化する。

（2）自然換気型細霧冷房

近年、細霧システム利用による温室冷房が普及している。細霧システムは何種類かあり、表—18のような種類がある。細霧システムは、動力ポンプと細霧ノズルを使って細霧を発生させる一流体方式と、コンプレッサーによる圧搾空気と水の二系統の配管を行う二流体方式に分けられる。後者の二流体方式は、粒径の細かい細霧を発生できるので、加湿装置にも用いられているが、設備費が高いことから、施設園芸では今のところ導入例は少ない。前者の一流体方式は、システムによって、ノズルの種類、噴霧圧（1〜8MPa）、噴霧粒径が異なる。一般に、噴霧圧力が高いシステムの方が、細霧の粒径が小さい。

わが国の細霧システムの名称は、細霧とミストが混在している。両者とも語源は英語で、前者はFog、後者はMistである。一般に、細霧の粒径が$50\mu m$以下はFog（細霧）、粒径が$50〜100\mu m$の範囲はMist（ミスト）に分類される。また、細霧についても、$10\mu m$以下を高圧細霧（High Pressure Fog）、$10〜50\mu m$の粒径を低圧細霧（Low Pressure Fog）に細分化される。このように、自然換気型の細霧冷房は、細霧の粒径によって、低圧細霧冷房システムと高圧細霧冷房システムに大別される。両方式とも、細霧ノズルは温室全体に取り付けてあり、高温期に細

表—18 細霧システム構成の種類（林、2003）

項目	種類
ノズル設置方法	固定式 自走式
噴霧方式	一流体方式（動力噴霧機使用） 二流体（水・圧搾空気）方式（コンプレッサー使用）
細霧ノズルの種類	拡流方式 衝突方式など
噴霧圧	1〜10MPa
細霧平均粒径	$10〜100\mu m$
利用形態	単独目的利用－冷房、加湿 多目的利用－冷房、加湿、薬剤散布、葉面散布 多重目的利用－冷房と加湿、冷房と葉面散布など

霧を噴霧することで、冷却と加湿が同時に行われる。

① 低圧細霧冷房システム

この方式は冷房時に、換気窓を開放して細霧噴霧を断続的に行う。連続噴霧をしないのは、室内の連続した高湿度や作物の過度の濡れを回避するためである。通常、噴霧時間は1分前後、停止時間は気象条件により、4〜30分くらいの間で運転される。したがって、温湿度は、噴霧のON－OFFによって上下変動を示す。細霧は、動力ポンプを利用して、通常、1.5〜3MPa程度の水圧で、ノズルから噴霧される。ノズル1個当たりの噴霧量は、50〜150ml・min^{-1}程度である。例えば、噴霧量が100ml・min^{-1}のノズルを床面積3.3m^{2}に1個の割合で設置し、噴霧1分、

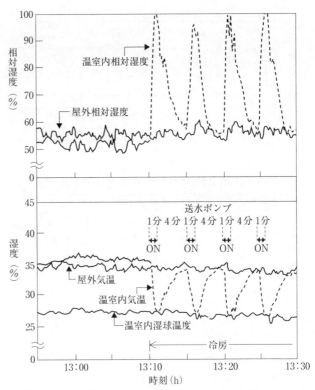

図—37　多目的細霧ノズルによる冷房温室の温湿度環境（林ら，1998）

噴霧停止4分の繰り返しで制御した場合、1時間の噴霧水量は1,000m^2（10a）当たり360ℓであるので、1日に6時間冷房したとするとおおよそ2.2m^{3}の水を噴霧することになる。

図—37に、快晴日（屋外日射量は830〜890W・m^{-2}）に自然換気温室で行った低圧細霧冷房時の環境実測例を示す。13時10分から、細霧噴霧1分、噴霧停止4分の繰り返しで、細霧を始めている。細霧冷房開始前には外気温より1〜2℃高かった室温が、細霧噴霧開始1分以内に、温室内湿球温度まで低下している。この時、室温は外気温よりも約8℃低い。細霧噴霧を断続的に行っているので、それに伴い相対湿度は室温が最低となる細霧噴霧終了時に100％まで上昇し、次の

細霧噴霧開始時には約60％まで低下している。

細霧噴霧のオン・オフによる、室温および相対湿度の上下変動の振幅や周期は、細霧噴霧時間・細霧停止時間に依存するところが大きい。また、室温と相対湿度の関係は連動しており、室温低下を大きくすれば、相対湿度の上昇は大きくなる。このことから室温と相対湿度の両者の関連を考慮して、また、作物の生理反応、高湿度、濡れによる病害発生の危険性などを考慮して、どのような制御（設定値）が適当かを総合的に判断する必要がある。作物の好適環境条件は作物の種類によって異なるので、適正な制御法・設定値は作物の種類によって異なる。

一方、低圧細霧冷房システムは、冷却や加

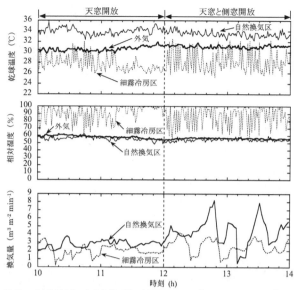

※ 10～14時の屋外の気象条件：平均日射量(800W・m^{-2})、平均風速(2.1m・s^{-1})、風向（南～南西）、平均外気温（30.9℃）

図―38　夏期快晴日※（6月22日）の自然換気区、細霧冷房区の気温、相対湿度、換気量の変化

散布はできないが、細霧の粒径が小さいため、水が気化しやすいという特徴がある。この方式も、換気窓を開放して細霧噴霧を行うが、水が気化しやすいことから、未蒸発細霧による作物の濡れが少なく、冷却・加湿に特化した制御が可能である。細霧は、高圧の動力ポンプを利用して、5～10MPaの水圧で、ノズルから噴霧される。

図―38に、晴（10～14時の平均日射量は800W・m^{-2}）に自然換気温室で行った高圧細霧冷房時の環境実測例を示す。自然換気のみの自然換気区と自然換気と細霧冷房を組み合わせた細霧冷房区が設けられている。細霧冷房区には高圧ノズル（噴霧量120mℓ・min^{-2}）が設置され、7MPaの圧力で平均粒径5μmの水が噴霧される。噴霧制御は、1分間隔で室温（乾球温度）と湿球温度の差を計測し、1℃以上で細霧噴霧、0.5℃以下で噴霧停止となる。ここでは、温室の換気量と室内気温の関係を検討するため、10～12時は天窓のみ、12～14時は天窓と側窓が開放されている。

湿だけではなく、農薬散布や葉面散布などの複数目的に利用できる多目的利用細霧システムとして市販されているものがある。一つのシステムを、環境制御だけでなく、栽培管理や省力などの多目的に利用することで、設備投資面で有利となり、導入もしやすくなる。

②高圧細霧冷房システム

高圧ノズルは、噴霧口径が小さいので農薬

自然換気区の内外気温差の平均は、天窓のみ開放で3.4℃、天窓と側窓の開放で2.4℃となり、換気量の増大とともに室内気温は低くなるが、外気よりは高く推移する。一方、細霧冷房区の内外気温差の平均は、天窓のみ開放、天窓と側窓の開放を通して約－3℃となり、室内気温は外気温よりも連続的に低くなる。しかし、細霧冷房区は室温が外気よりも低く、温度差換

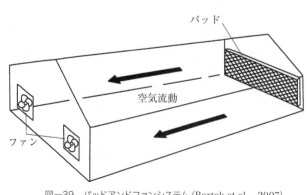

図―39　パッドアンドファンシステム（Bartok et al., 2007）

写真―10 パッドの断面

写真―11 パッドアンドファンを設置した温室（作物：トマト）

気は抑制されるので、換気は風力換気に依存する。したがって、高温時における自然換気量の増大は、温室の高温抑制という観点だけではなく、細霧冷房の効果を高める上でも重要である。

4）パッドアンドファン方式

図―39のように、温室の妻面や側面にパッドを取り付け、ここに水を滴下して、パッドを湿らせた状態にしておく。外気がパッドを通過する時に気化冷却された空気が室内

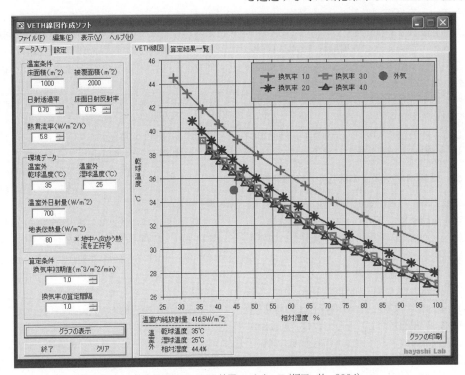

図―40 蒸発冷却用 VETH 線図ソフトウェア（福田・林，2004）

第3章 温度制御（3）冷房 143

写真—12 ヒートポンプを設置した温室（作物：バラ）

に入る。パッドには写真—10に示すように、波形のセルロース紙を積層接着した厚さ約10cmのパッドが使われる。外気の乾湿温度が大きい（相対湿度が低い）ほど、パッド通過時の温度低下は大きくなる。温室内を通過した空気は、パッドと反対側の壁面に設置した圧力型換気扇で排気される。写真—11はトマトを栽培する温室での利用例である。

細霧冷房のように細霧噴霧をしないため、室内床面や植物が濡れることなく、運転制御性が良い。しかし、温室内の吸収日射エネルギーによる昇温があるため、パッドがある吸気口から換気扇方向に向けての温度勾配ができる。そのため、吸気口から換気扇の距離が40～50mを超える温室には不向きである。

5）細霧冷房システムの設計・制御

細霧冷房は水を気化させることにより、温室を冷房することができるが、その設計・制御には冷房時の室内外環境と換気量の関係を把握する必要がある。

蒸発冷却は物理現象であり、外気乾球温度、外気湿球温度、温室内吸収日射量、温室換気率、室内蒸発散速度の5条件と温室の諸元（床面積、被覆面積など）を与えれば、細霧冷房によって達成される室温と相対湿度を計算によって推定することができる。これらの関係を示すVETH (Ventilation, Evaporation, Temperature, Humidity) 線図が三原(1980) により考案されており、この線図を使うことにより、温室換気率と室内蒸発散速度の関係で室温および室内相対湿度がどうなるかを一目で知ることができる。しかし、VETH線図は、温室外環境や温室諸元が変わると新たに作成する必要があった。福田・林(2004)は、必要なパラメータをパソコンに入力することでVETH線図の作成や細霧冷房時の必要噴霧量や換気率を算定する細霧冷房運転支援ソフトウェアを開発している（図—40）。このソフトウェアは、細霧冷房システムの設計や冷房運転制御を行う上で有用なツールとなっている。

6．ヒートポンプ

図—32に示すように、昼間は日射負荷が大きいため、ヒートポンプで室温を下げることは容易ではなく、コチョウランの花芽誘導などへの利用を除けば経済的に見合わない。他方、夜間は昼間に比べると冷房負荷が小さくなるので、夜間冷房（夜冷）による収量増や品質向上が得られる作物では、収益増につながる。バラ栽培では夜冷による採花本数の増加や品質向上が確認されており、ヒートポンプによる夜冷が実用化している（写真—12）。その他の作物でも冷房効果の試験が行われつつあり、今後、多くの作物での夜冷利用が期待される。

また、梅雨期や秋以降の高湿度時の除湿利用により、灰色かび病やべと病など、高湿度で多発しやすい病害の発生を予防でき、使用農薬の削減やそれによる生産物の安全性向上が期待できる。さらに、今後は作物の生育促進や品質向上を目的とした湿度制御への利用も期待できる。

このようにヒートポンプは低温期の暖房のみならず、高温期の冷房、高湿時の除湿に利用できる。しかし、冬季の暖房のみの利用で

あれ、周年を通しての暖冷房除湿利用であれ、電力料金に占める基本料金は変わらない。このようにみれば、暖房利用に加え、冷房・除湿利用による効果が得られる作物では費用対効果が出やすい。ヒートポンプの理論や特徴、システム構成などは本章、次節のヒートポンプを参照されたい。

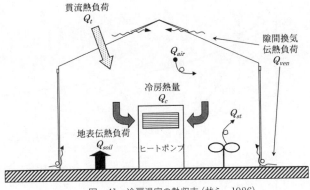

図—41　冷房温室の熱収支（林ら，1986）

1）夜間冷房時の温室の熱収支

夜間冷房時の、温室の熱の出入である熱収支は、図—41のように示され、その夜間冷房負荷は次式で表される。符号は暖房時とは逆で、屋外から温室内に向かう熱流を正（＋）とする。

$$Q_c = Q_t + Q_{ven} + Q_{soil} + Q_{air} + Q_{st} \cdots (1)$$

ここで、左辺のQ_c（W・m^{-2}）は夜間暖房負荷で、室温を設定値に維持するために、ヒートポンプが温室から除去しなければならない熱量である。右辺のQ_tは貫流熱負荷で、被覆材を貫流して温室内に入る熱量である。Q_{ven}は隙間換気伝熱負荷で、被覆材の継目や換気窓の隙間を通して室内に入る熱量である。Q_{soil}は地表伝熱負荷で、温室内床面下の地中から、室内に入る熱量である。Q_{air}は温室内空気の熱量変化に伴う負荷で、室内空気の気温低下や湿度変化に伴う（空気のエンタルピ変化がある場合）負荷である。Q_{st}は温室構造材や作物などの、温度変化に伴う負荷である。

上式のQ_{air}とQ_{st}は、主に気温変化に関わる負荷であり、室温が冷房設定値に到達した後では、気温変化が小さいので、全冷房負荷に占めるこれらの負荷は、およそ5％以内となり、無視し得る程度である。したがって、Q_t、Q_{ven}およびQ_{soil}が主な負荷となる。

2）隙間換気伝熱負荷と地表伝熱負荷の抑制

図—42は、温室で冷房を行った場合、室温が冷房設定気温に到達した後の、単位面積当たりの貫流熱負荷（Q_t）、隙間換気伝熱負荷（Q_{ven}）および地表伝熱負荷（Q_{soil}）の測定例である。全負荷に占めるQ_t、Q_{ven}およびQ_{soil}の割合は、全期間の平均で、それぞれ、20％、42％および38％になっている。

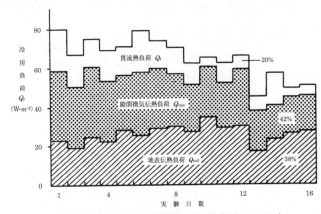

図—42　通常温室における各冷房負荷の測定例（古在ら，1985）

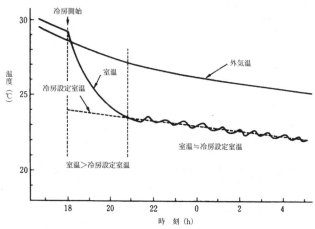

図―43 冷房開始後の温室内気温の経時変化を示す模式図（林ら，1986）

冷房時の各負荷の構成割合は、暖房時と大きく異なっていて、暖房時に比べ、隙間換気負荷と地表伝熱負荷の割合が、非常に大きくなっている点に注意すべきである。

夏期における温室は、昼間に換気が行われるため、換気窓や換気扇の周辺に多くの隙間があり、隙間換気が多い。したがって、冷房時には、①これらの隙間を塞いだり被覆材の破れを塞いだりし、②冷房中は温室内カーテンを閉じ、③さらには、温室外面をフィルムで覆うなどすれば、隙間換気量を通常の1/3程度にすることができ、それだけで冷房負荷を30％程度抑制することができる。

3）最大夜間冷房負荷の算定

冷房の場合も暖房の場合と同様、適正な設備容量を決定するため、最大夜間冷房負荷を算定する必要がある。

（1）動的夜間冷房負荷と静的夜間冷房荷負

温室の夜間冷房負荷は、動的夜間冷房負荷と静的夜間冷房負荷の二つに分けて考えると便利である。

冷房開始時の温室内気温は、冷房設定温度よりも高いので、図―43に示されるように、冷房開始後に、室温を冷房設定室温まで下げなくてはならない。この間の負荷を動的夜間冷房負荷とする。次いで、室温が設定値に達した後、室温を設定値に維持するための負荷を、静的夜間暖房負荷とする。動的夜間冷房負荷は、静的夜間暖房負荷に比べると大きく、また、温室内気温を冷房設定室温まで低下させる所要時間を、短縮するほど大きくなる。一般には、ヒートポンプで冷房した場合、冷房開始後おおよそ2時間ほどで、温室内外気温差が一定になる。夜間冷房の場合、室温を設定値まで下げるのに、この程度の時間を要したとしても、作物に致命的な問題は生じないとみられる。また、冷房能力を過大にすると、ヒートポンプの設置費や電力費が過大となるので、通常は静的夜間冷房負荷よりも、やや大きな値をもって、最大夜間冷房負荷とするのが実用的といえよう。

（2）最大夜間冷房負荷の算定式

冷房温室の熱収支は、図―41に示した通りである。

①最大夜間暖房負荷（Q_m）

温室全体の最大夜間冷房負荷は、次式より求める。

$$Q_m = \{A_g(q_t + q_{ven}) + A_s \cdot q_{soil}\} f_w \cdots\cdots (2)$$

ここで、Q_m：最大夜間冷房負荷（W）、A_g：温室の被覆面積（㎡）、A_s：温室の床面積（㎡）、q_t：単位被覆面の貫流熱負荷（W・m^{-2}）、q_{ven}：隙間換気伝熱負荷（W・m^{-2}）、q_{soil}：単位床面積当たりの地表伝熱負荷（地表熱流束、W・m^{-2}）、f_w：安全率、である。なお、最大夜間冷房負荷は、静的夜間冷房負荷の最大値よりも、やや大きな値とするので、10％程度の安全率（$f_w = 1.1$）を見積もっておく。

②貫流熱負荷（q_t）

q_t は、次式より求める。

$$q_t = h_t (\theta_{out} - \theta_c) \cdots\cdots (3)$$

ここで、h_t：熱貫流率（W・m^{-2}・℃$^{-1}$）、θ_c：冷房設定室温（℃）、θ_{out}：設計外気温（℃）であり、h_t には表—19 の値を用いる。冷房の場合、温室被覆外面での放射放熱伝熱が、負荷を軽減する方向に働くため、h_t の値は暖房時と比べて半分以下になる。

③隙間換気伝熱負荷（q_{ven}）

q_{ven} は、次式より求める。

$$q_{ven} = V_g (i_{out} - i_{in}) / v \cdots\cdots (4)$$

ここで、V_g：隙間換気率（単位面積当たりの隙間換気量、m^3・m^{-2}・h^{-1}）、i_{in}、i_{out}：温室内外のエンタルピ（J・kg^{-1}）、v：温室内外空気の比容積（≒ 0.85m^3・kg^{-1}）、β：温室の保温比（床面積 / 被覆面積）である。

温室内外空気のエンタルピ（湿り空気のもつ熱量）である i_{in} および i_{out} は、温室内外空気の設計乾球温度と設計湿球温度（または設計相対湿度）を設定することにより、湿り空気線図、または湿り空気の状態関係式より求める。隙間換気率としては、表—20 の数値を用いる。

④地表伝熱（地中伝熱）負荷（q_{soil}）

q_{soil} の値を表—21 に示す。ここで示した値は内外気温差を 5 〜 10℃とした場合の、最大夜間暖房負荷算定のためのもので、通常はこの値よりも小さい点に注意する。

4）最大冷房負荷の計算例

（計算例 1 ）

ガラス温室（間口 10m、奥行き 100m、軒高 2.0m、棟高 4.5m、床面積 1,000m²、室容積 3,250m³、被覆材の外表面積 1,583m²）の最大冷房負荷を求めよ。ただし、夜間の外気温は 30℃、相対湿度は 90％、冷房の設定室温は 25℃、相対湿度は 70％、温室の密閉の程度は普通で、隙間換気率は表—20 より、2 m^3・m^{-2}・h^{-1} を用いる。作物の繁茂は中

表—19 冷房時の熱貫流率（h_t）（暫定値）（林，1986）
（単位は W・m^{-2}・℃$^{-1}$）

被覆方法	熱貫流率
一重被覆	2.2
一重被覆＋一層カーテン	1.7

表—20 隙間換気率の数値（V_g）（暫定値）（林，1986）
（単位は m^3・m^{-2}（被覆面積）・h^{-1}）

被覆方法	密閉の程度		
	良い	普通	悪い
一重被覆	1.0	2.0	3.0
一重被覆＋一層カーテン	0.7	1.5	2.0
一重被覆＋二層カーテン	0.5	1.0	1.5

表—21 地表伝熱負荷（Q_s）（暫定値）（林，1986）
（単位は W・m^{-2}・℃$^{-1}$）

内外気温度	土壌面へ当たる日射の程度		
	少ない（作物繁茂）	中	多い（作物少ない）
5	8.6	17.2	25.8
10	17.2	25.8	34.4

程度であり、地表伝熱負荷は表—21 より、17.2W・m^{-2} を用いる。

（解答）

貫流熱負荷（q_t）：

（3）式 $q_t = h_t (\theta_{out} - \theta_c)$ に、それぞれの値を代入すると、

$$= 2.15 \times (30 - 25)$$
$$\fallingdotseq 10.8 \text{ (W・m}^{-2})$$

隙間換気伝熱負荷（q_{ven}）：

ここで、夜間外気温 30℃と相対湿度 90％、設定室温 25℃と相対湿度 60％をもとに、湿り空気線図から温室内外のエンタルピを求めると、i_{out}、i_{in} は、それぞれ 92,500、60,600J・kg^{-1} となる。

（4）式 $q_{ven} = V_g (i_{out} - i_{in}) / v$ に、それぞれの値を代入すると、

$$= 2 \times (92,500 - 60,600) \div 0.85$$
$$\fallingdotseq 75,059 \text{ (J・m}^{-2}\text{・h}^{-1})$$
$$\fallingdotseq 20.9 \text{ (W・m}^{-2})$$

最大冷房負荷（Q_m）：

（2）式に上記で求めたそれぞれの値を代入すると、

$$= (1,583 \times (10.8 + 20.9) + 1,000 \times 17.2) \times 1.1$$
$$\fallingdotseq 74,119 \text{ (W)}$$
$$\fallingdotseq 74.1 \text{ (kW)}$$

　この温室を、外気温30℃のときに25℃の設定気温に保つのに必要な吸熱量は74.1kWである。すなわち、温室にはこの冷房負荷を上回る冷凍機（ヒートポンプ）を設置しなければならない。

（計算例2）
　計算例1の温室の密閉性を高め、一層の保温カーテンを設置したときの冷房負荷を求めよ。
（解答）
貫流熱負荷（q_t）:
（3）式　$q_t = h_t (\theta_{out} - \theta_c)$ に、それぞれの値を代入すると、
$$= 1.72 \times (30 - 25)$$
$$= 8.6 \text{ (W} \cdot \text{m}^{-2})$$
隙間換気伝熱負荷（q_{ven}）:
（4）式　$q_{ven} = V_g (i_{out} - i_{in})/v$ に、それぞれの値を代入すると、
$$= 0.7 \times (92,500 - 60,600) \div 0.85$$
$$\fallingdotseq 26,270 \text{ (J} \cdot \text{m}^{-2} \cdot \text{h}^{-1})$$
$$\fallingdotseq 7.3 \text{ (W} \cdot \text{m}^{-2})$$
最大冷房負荷（Q_m）:
（2）式に上記で求めたそれぞれの値を代入すると、
$$= (1,583 \times (8.6 + 7.3) + 1,000 \times 17.2) \times 1.1$$
$$\fallingdotseq 46,607 \text{ (W)}$$
$$\fallingdotseq 46.6 \text{ (kW)}$$

　この温室を外気温30℃のときに25℃の設定気温に保つのに必要な吸熱量は46.6kWである。すなわち、温室の密閉性を高め、一層の保温カーテンを設置すると、一重被覆（保温カーテンなし）の場合と比べて最大冷房負荷を約37%節減できる。

（石井雅久＝農研機構農村工学研究所）

参考文献

1) 林真紀夫（2003）:冷房，五訂施設園芸ハンドブック，日本施設園芸協会，142-157
2) 三原義秋（1972）:換気による高温抑制と冷房，施設園芸の気候管理，誠文堂新光社，76-100
3) 林真紀夫・古在豊樹・新古忠之・権　在永・樋口春三（1986）:ウォーターカーテンを併用した細霧冷房方式，農業及び園芸，61（9），97-102
4) 三原義秋（1980）:温室冷房，温室設計の基礎と実際，養賢堂，160-169
5) 林真紀夫・菅原崇行・中島浩志（1998）:自然換気型細霧冷房温室の温湿度環境，生物環境調節，36，97-104
6) Ishii, M., Okushima, L., Moriyama, H., Sase, S., Takakura, T. and Kacira, M. (2014): Effects of Natural Ventilation Rate on Temperature and Relative Humidity in a Naturally Ventilated Greenhouse with High Pressure Fogging System, Acta Horticulture, 1037, 1127-1132
7) Bartok, J.W., Roberts, W.J., Fabian, E.E. and Simpkins, J. (2007): Energy Conservation for Commercial Greenhouses, NRAES, Ithaca, NY（農業施設工学研究チーム訳，温室の省エネルギー，独立行政法人農業・食品産業技術総合研究機構 農村工学研究所 翻訳シリーズ No.1），58-68
8) 福田裕貴・林 真紀夫（2004）:蒸発冷却用VETH線図ソフトウェアの開発，農業情報研究，13，203-212
9) 林真紀夫・古在豊樹・権　在永（1986）:冷暖房負荷の算定法（2）－夜間冷房負荷算定法－，農業及び園芸，61（12），97-102
10) 古在豊樹・権　在永・林真紀夫・渡部一郎（1985）:冷暖房負荷の算定法（1）－夏期夜間の負荷特性－，農業気象，41（2），121-130

（4）ヒートポンプ

1．ヒートポンプの普及状況

ヒートポンプはビルや住居などでは何十年も利用されてきており、完成度の高い装置である。ただし、温室での利用は歴史が浅く、システムや運転法について確立している訳ではない。

温室においては、1970年代のオイルショックを契機に、一部で利用されたことがある。しかし、その後の石油価格の低位安定により、導入はみられなくなった。ところが、この10年間での燃油価格高騰にともない、暖房費削減のための暖房装置として再び脚光を浴びることになり、急速に普及が進んでいる。現状では、油炊き暖房装置を代替できる汎用性のある装置としては、ヒートポンプをおいて他にないといってよいだろう。2015年3月までの導入台数は約3万台（約1,500ha、暖房面積の約7％）と推定する。

作物別には、野菜（ピーマン、メロン、大葉、トウガラシなど）、花（バラ、ユリ、キク、トルコキキョウ、アルストロメリアなど）、果樹（ハウスミカン、マンゴー、ハウスブドウなど）など多品目で利用されている。年間の暖房期間が長い作目・作型、すなわち暖房管理温度が比較的高く、燃油消費量の多い（一冬の期間暖房負荷の大きい）作目・作型で多く導入されている。普及初期段階で導入比率が高かったのがバラ温室で、栽培面積の半分以上で導入済みである。バラ栽培では、暖房管理温度が18℃前後と比較的高く、年間の燃油消費量が多

表—22　ヒートポンプの利点

| ① COPが高いことにより、燃油暖房機よりも暖房コストを削減し得る |
| ② 暖房のみならず、冷房・除湿の多目的利用が可能である |
| ③ 燃油暖房機に比べ、二酸化炭素排出量を削減できる |
| ④ 運転に必要な電気は、最も安定的に供給される |
| ⑤ 自動運転が可能であり、保守管理も容易である |

いことが大きな要因であるが、夏の夜間冷房利用による品質向上・収量増加、多湿時の除湿利用による病害抑制効果があるなど、ヒートポンプの周年利用効果が認められるためであろう。

ヒートポンプの特徴を活かし、暖房のみならず、冷房や除湿利用で収益増を達成できれば、その利用価値は高まる。ヒートポンプには表—22に示すような利点がある。ヒートポンプを効率的に利用するうえで、その特性・特徴をよく理解しておくことが、大切である。燃油価格の動向にもよるものの、今後も施設園芸でのヒートポンプ利用は増加するだろう。

2．ヒートポンプの仕組み

ヒートポンプは、低温熱源から高温熱源を生み出す装置である。家庭用エアコンもヒー

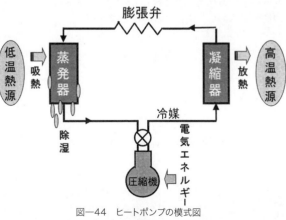

図—44　ヒートポンプの模式図

トポンプである。暖房・冷房・除湿に利用できる。主要構成機器は図—44に示す通りであり、凝縮器（コンデンサ）・蒸発器（エバポレータ）・圧縮機（コンプレッサ）・膨張弁である。ヒートポンプ内部での熱運搬は、冷媒（熱エネルギーを運搬する物質）の循環によって行われる。

冷媒は圧縮機によって圧縮され、液化することによって凝縮器部分で高温となる。これにより凝縮器から高温熱を周辺に放散する。その後、冷媒は膨張弁で減圧され気化することによって、蒸発器部分で低温となる。これにより蒸発器では周辺から吸熱する。このように、低温側の蒸発器で吸熱した低温熱は、冷媒によって凝縮器に輸送され、高温熱として放散される。すなわち、低温側から高温側に熱を汲み上げる装置であることが、ヒートポンプ（熱ポンプ）と呼ばれる由縁である。電気エネルギーは、主に圧縮機の運転に使われる。

凝縮器側で得られる高温熱は暖房に利用でき、蒸発器側での吸熱は冷房（除湿）に利用できる。4方弁の切替により、冷媒の流れを逆向きにすることができるので、蒸発器と凝縮器の役目が入れ替わり、1台で暖房と冷房（除湿）に兼用できる。蒸発器が空気の露点温度以下であれば、蒸発器で空気中の水蒸気が結露するので、除湿にも利用できる。

3．成績係数（COP）

1）定義

ヒートポンプで重視されるのが、その効率である。多用されている電気駆動式空気熱源ヒートポンプの消費電力は、主に圧縮機運転および送風機運転に使われる。ヒートポンプでは、図—45のように、高温側（凝縮器）からは、消費電力量の3～6倍の高温

消費電力量(投入電気エネルギー)の3～6倍の熱量が暖房に利用できる。この比率を暖房時COPと呼ぶ。この比率を暖房時COPと呼ぶ

図—45　ヒートポンプのエネルギー収支の例

放熱がなされる。この効率を、暖房時COP（Coefficient of performance）または暖房時成績係数と呼ぶ。暖房時COPは、以下のように定義する。ちなみに、電気ヒーターのCOPは1である。

暖房時COP＝凝縮器放熱量／消費電力量
冷房時COPは、以下のように定義する。
冷房時COP＝蒸発器吸熱量／消費電力量
また、暖冷房時とも、以下の関係がある。
蒸発器吸熱量＋圧縮機消費電力量≒凝縮器放熱量

ここで、室外機および室内機付属の送風機などの消費電力量も、COPを求める際の消費電力量に含める。施設園芸用に改良されたヒートポンプでは、室内機の送風機を増強した機種があり、この場合、送風性能を高めていることになるが、見かけ上COPは低下する。

さらに、放熱装置（例えばファンコイルユニット）やラインポンプなどを含むシステムでは、システム全体の効率を「システムCOP」として定義する。この場合は、システム全体の消費電力量を計算に用いる。

この10数年の改良によって、装置自体のCOPがかなり向上している。特に、家庭用エアコンのCOP向上が目覚しい。これは、省エネ法のトップランナー基準（資源エネルギー庁、2006）により、各メーカーが競って製品開発に力を入れてきたためと見られる。家庭用エアコンに比べると、温室で多く使われている業務用エアコンのCOPは低い

のが現状である。このことから、温室での家庭用エアコンの利用も提案されている（大山ら，2008）。

COPが暖冷房運転コストを直接左右する。COPが2倍になれば消費電力量は半分になる。カタログなどで示されている暖房時COPは、一般に、JIS規格（JIS B 8615、1999）による標準条件（室内側吸込み空気：乾球温度20℃、湿球温度15℃、室外側吸込み空気：乾球温度7℃、湿球温度6℃）での値である。温室での利用時は、通常、外気温がこれよりも低いので、その場合のCOPは、カタログ値よりも低くなる。

最近のエアコンカタログでは、年間の暖冷房熱量を暖冷房消費電力量で除した平均的な効率として、APF（Annual Performance Factor、通年エネルギー消費効率）を表示しているものもある。

2）COPの変動要因

COPは運転温度条件によって変動し、一般に、凝縮器側と蒸発器側の温度差が大きくなるとCOPは低下する。暖房時の設定室温が同じであれば、図—46および図—47に示すように、熱源温度が低いほどCOPおよび暖房能力ともに低下する。すなわち、空気熱源ヒートポンプでは、外気温が低下するほど、COPが低下する。また、室温が上昇するほど、COPが低下する。

外気熱源ヒートポンプでは、外気温が低下し、室外機（蒸発器）へ霜が付着すると、霜取運転（デフロスト運転）に入る。霜取運転が頻繁に行われる条件では、COPがかなり低下する。外気温条件によって異なるものの、温室利用での平均暖房時COPは、関東以西でおよそ3〜4程度とみられる。

後述する通り、現在のヒートポンプはほとんどがインバーター方式で

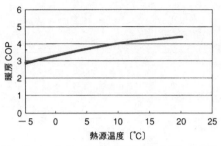

図—46 ヒートポンプの熱源温度と暖房COPの関係例

あり、運転時の負荷率（定格能力に対する運転時の暖冷房能力の比率）によってもCOPは異なる。一般に運転頻度の高い負荷率においてCOPが高くなるように調整されているようだが、負荷率とCOPの関係はメーカーから公表されていない。複数台のヒートポンプを利用し、暖冷房負荷が小さい時間帯は、全台数を運転しなくても管理温度を維持できる。このようなときには、COPが最も高くなる負荷率で運転すれば消費電力の節減になるので、運転台数の制御法も今後の検討課題であろう。

4．地球環境とヒートポンプ

CO_2排出係数より計算したヒートポンプの単位暖房熱量あたりのCO_2排出量は、暖房時COPが高くなるほど少なくなる。暖房

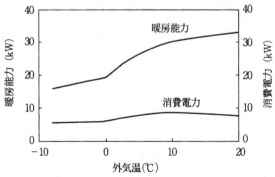

図—47 外気熱源ヒートポンプの外気温と暖房能力の関係例
（馬場，2009）

第3章 温度制御（4）ヒートポンプ

表—23 ヒートポンプシステムの構成

分類項目	種類
1）駆動方式	電気式
	エンジン式（ガス、ディーゼル）
2）熱源	空気（外気）
	水（地下水、河川水、温廃水など）
	地中熱（浅層、深層）
3）熱供給	温風
	温水
4）蓄熱水槽	あり
	なし
5）利用形態	暖冷房（除湿）用
	暖房専用
	冷房（除湿）専用

時 COP を 3.5 としたときの単位暖房熱量当たりの CO_2 排出量は、重油温風暖房のそれのおよそ 45％削減（電力の CO_2 排出係数を 0.55kg/kWh、重油暖房機効率 85％として

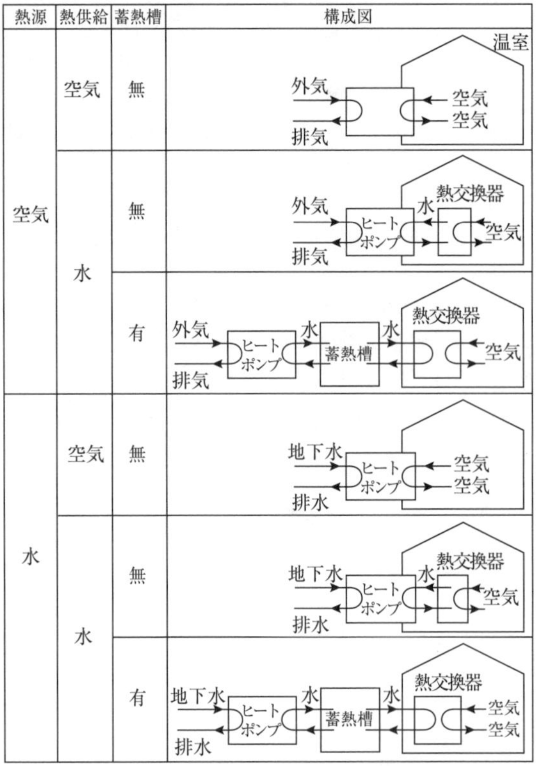

図—48 ヒートポンプシステムの構成図

計算）となる。このように、ヒートポンプは、油炊き暖房機に比べ CO_2 排出削減の効果も大きい。このことから、ヒートポンプ導入による CO_2 排出削減分を販売する、CO_2 排出権取引も一部で始まっている。

現状での平均的な石油火力発電（送電端）効率を 35％、ヒートポンプ COP を 3.5 とすると、全体としての効率は、1.23（0.35×COP3.5）となる。他方、温風暖房機の暖房機効率を 85％とすると、ヒートポンプ暖房の単位石油量当たりの暖房利用熱量は、温風暖房のそれの 1.44 倍（1.23÷0.85）と試算され、石油消費の削減にもつながる。

5．ヒートポンプシステムの種類

温室で利用するヒートポンプシステムは、表—23 および図—48 のように、ヒートポンプ駆動方式、熱源の種類、熱供給方式、蓄熱装置の有無、利用形態などの組み合わせにより様々な構成が可能である。

1）駆動方式

電気駆動方式とエンジン駆動方式がある。多用されているのが電気駆動方式である。駆動に必要な電気は供給が安定しており、装置費もエンジン駆動方式よりも安価である

エンジン駆動方式（写真—13）では、燃料をそのまま燃焼する暖房に比べれば、効率が高い。外気熱源方式では、エンジンからの廃熱があるため、霜取り運転の頻度が少なくなる利点がある。

2）熱源

（1）空気熱源

最大の利点は、どこでも制限なしに利用できることであり、熱源とし

写真—13 ガスエンジンヒートポンプ（左：室外機、右：室内機）

て最も一般的である。他方、外気は気温変化があるため、不安定な熱源ともいえる。暖房運転時に外気温が低下すると、霜取運転、COPの低下、暖房能力の低下などの問題が発生する。

（2）水熱源

水熱源には、地下水・河川水などがある。図—49は、地下水熱源のヒートポンプシステムである。地下水は地域によって水温が異なるものの、周年一定温度（関東地方でおよそ15℃前後）で、安定した良質の熱源といえる。冬期は外気温より高温なため（熱源温度が高いため）、空気熱源ヒートポンプよりも暖房時COPが高くなる。また、夏期においては外気温よりも低温のため、冷房時COPも空気熱源ヒートポンプより高くなるのが長所である。

地下水熱源ヒートポンプの短所としては、①井戸の掘削コストがかかることなどから、空気熱源ヒートポンプに比べ初期投資が割高

になる、②地下水の汲み上げ規制の制限を受ける、③地下水溶解物質（カルシウムなど）がヒートポンプ熱交換器へ析出（スケール付着）する問題があり、水質が悪いと利用しにくい、④スケールが熱交換器内に付着すると、これを除去するためのメンテナンスを必要とするなどである。水質の問題がある場合は、熱交換器で地下水と熱交換した水を利用する方式もあるが、システムCOPは低下する。地下水熱源ヒートポンプシステムの利用は、現在のところ少ない。COPを高くできることから、とくに空気熱源が不利となる寒

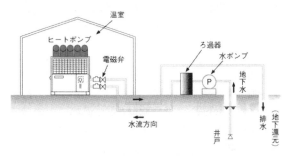

図—49 地下水利用ヒートポンプ（古在ら，1986）

写真—14 浅層地中熱利用の集熱用埋設チューブ（スリンキー方式）

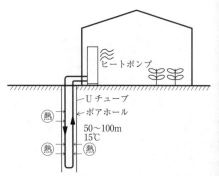

図—50 地中熱（深層）ヒートポンプシステムの構成図

冷地においては、利用を検討すべきであろう。

（3）地中熱源

最近、地中熱の利用が注目され、検討されている。地中熱源は、地表10m程度までの浅層熱源の利用と、50〜100m程度の深層熱源利用がある。前者の浅層熱源方式では、写真—14に示すように、地表面下に集熱用のパイプやパネルを埋設し、循環水で熱回収して利用する方式である。後者の深層熱源方式では、深層（50〜100m）の地温が15℃前後であることから、ボーリングにより地下にU字パイプなどを埋設し、不凍液（間接方式）や冷媒（直膨方式）を循環し、地中熱源を回収して利用する方式である（図—50）。現在、深層熱源ヒートポンプが数ヵ所の園芸施設で利用されている。浅層および深層の両方式とも、吸熱により集熱パイプ周辺の地温が低下するため、周辺からの短長期的な熱供給がなければ、熱源温度は徐々に低下する。深層方式では、供給熱移動のある帯水層を利用できると都合よい。

地中熱源利用方式については、現在検証試験が進められているが、掘削コストなどを含めた初期コストが高価であり、これが最大課題であろう。また、一冬連続利用したときの熱源からの汲み上げ温度の低下が、どの程度になるかが実用上のポイントであろう。

オランダでは、自然に存在する地下帯水層に2つの井戸を離して掘り、これを温水層と冷水層とし、ほぼ閉鎖型の温室の暖冷房熱源に利用する方法が試みられている（高倉、2008）。この方法では、冬のヒートポンプ暖房の熱源に、夏の太陽熱を蓄熱した16〜18℃温水層の地下水を汲み上げて利用し、その後、冷水層に戻す。夏は5〜8℃の冷水層の地下水を汲み上げ冷房に利用し、温水層に戻す。

3）熱供給方式

ヒートポンプからの熱供給には、温風供給と温水供給（冷房の場合は、冷風供給と冷水供給）がある。温水供給の方式では、温室内に熱交換器(放熱管やファンコイルユニット)が必要となる。

4）蓄熱槽

蓄熱槽を設けることにより、暖冷房時間帯以外に、蓄冷熱運転ができるので、ヒートポンプの設置容量を小さくできる利点がある。他方、蓄熱槽の設置コストがかかり、蓄熱槽からの放熱があるとシステムCOPが低下するなどの欠点があり、現状での利用はほとんどない。

5）利用形態

ヒートポンプの利用形態には暖房専用、冷

写真―15　吹き出し口にダクトを取り付けた室内機

房（除湿）専用、除湿専用（除湿機）、暖冷房除湿用などがある。現在、温室で多用されているのは空気熱源の暖冷房除湿用である。

6．空気熱源ヒートポンプの利用

1）機種概要

現在温室で使われているヒートポンプのほとんどが、外気熱源の電気駆動式ヒートポンプで、暖冷房除湿利用が可能なタイプである。いわゆる空気対空気式（室外機および室内機とも空気と熱交換）のパッケージタイプで、機種も多数あり、他の方式よりも安価である。据え付けて電気工事をするだけですぐに利用できる。

施設園芸での普及当初は、店舗・業務用汎用機種が利用されていたが、利用台数の増加にともない、温室用

に改良された機種が販売されるようになり、現在ではそれらの導入がほとんどである。前者の汎用機種には、使用温度範囲により一般用、中温用、低温用がある。温室では使用温度範囲がおよそ 10 ～ 20℃の中温用機種が使われる。後者の温室用機種では、防水防湿処理、送風ファンの増強、吹出しダクト取付け（写真―15）などの加工が施してある。耐水性のある室外機仕様の室内機を利用する機種も販売されている（写真―16）。

室内機には、床置きタイプと天井吊り下げタイプとある（写真―17）。温室内床面に室内機の設置場所がない場合には、後者を利用する。室内機を既設の温風暖房機の吸気部に取り付ける暖房専用ヒートポンプ機種（写真―18）もある。室内にヒートポンプ設置場所を確保する必要がなく、既存の温風暖房機の送風ファンや送風ダクトをそのまま利用できる。

現状で使用されている機種のほとんどは、負荷に応じて圧縮機動力回転数を変化させ、暖冷房能力をコントロールするインバーター方式である。制御機器が内蔵された機種では、外部信号による運転制御ができない機種もある。

パッケージタイプは、室内機のフィルターの定期的な清掃を除けば、保守点検はほとん

写真―16　室外機仕様の室内機（左）と室外機（右）

第 3 章　温度制御（4）ヒートポンプ　　155

写真―17　室内機の床置きタイプ（左）と天吊りタイプ（右）

ど不要である。室内でのイオウくん蒸消毒は、冷媒用銅管や熱交換器を腐食させるため、原則禁止とされている。

現在、温室対象に7、8社の製品が販売されており、馬力数が5〜10馬力の機種が中心である。10馬力での定格暖房能力はおよそ25〜28kW、定格冷房能力はおよそ22〜25kWである。

2）霜取運転（デフロスト運転）

外気温が低下すると、室外機（蒸発器）へ霜が付着する（写真―19）ので、この霜を融かすための霜取運転（デフロスト運転）に

写真―18　既設の重油温風暖房機の吸気口に後付けしたヒートポンプの室内機（上）と制御盤（下）

自動的に移行する。霜取運転は、室内機ファンを止めて、暖房運転を冷房運転に切り替えることで行われる。このため、霜取運転中（5〜10分）は暖房が一時的に停止する。このことから、霜取運転時間を短縮するように調整された機種もある。霜取運転が頻繁に行われる条件では、平均暖房時COPがかなり低下する。また、暖房負荷が最大の時に、ヒートポンプの暖房能力は逆に最小となる。これらは、空気熱源ヒートポンプの最大の弱点である。

利用者の中には、写真―20に示すように、室外機に灌水チューブを取り付けて、地下水を散水して着霜させない工夫も見られる。ただし、水質によっては熱交換器の腐食や析出物付着による能力低下もあり得るので、注意を要する。

3）室内環境

温風暖房機に比べると、ヒートポンプ室内機の送風量は通常少なく、温風暖房でみられるような送風用のプラスチックダクトを使用しない場合が多い。このため、室内の空気循環が不十分となり、気温ムラを生じやすい。これを避けるために、循環扇を設置すること

写真―19 室外機の熱交換器への霜の付着

写真―20 室外機に灌水チューブを取り付け、熱交換器に地下水を散水する例

が多い。また、温風暖房機の送風ファンと連動した制御を行い、ヒートポンプ運転時に送風ファンを運転し（燃油燃焼しない）、温風暖房機の送風ダクトを用いて配風する事例も見られる。温室用ヒートポンプでは、室内機のファンを増強し送風距離を長くした機種、あるいは送風距離を長くするために、吹き出し口に送風用吹き出しダクトを取り付けた機種（写真―15）もある。

温風暖房に比べ、ヒートポンプ暖房では室内が乾燥する、あるいはうどんこ病が発生するとの現場の声を聞くことがある。しかし、ヒートポンプ暖房は、除湿している訳ではなく、空気を加熱する点では温風暖房のそれとまったく同じ原理である。違いがあるとすれば、気流速の違いや、空気流動が不十分で温度ムラ（高さ方向、水平方向）ができやすいことである。温度ムラがある場合には、気温の低い箇所に比べ、高い箇所の方が相対湿度が低くなる。例えば、空気中の水蒸気含量が同じであれば、床面付近が15℃で相対湿度80％でも、上部が17℃であればこの位置での相対湿度は70％となり、上部の方が乾燥気味になる。

7．ハイブリッド方式

1）利点

暖房利用では、ヒートポンプ単独利用ではなく、ヒートポンプと燃油暖房機の組み合わせ利用がほとんどである。この利用方式をハイブリッド方式と呼んでいる。この方式を取り入れる利点として、以下の4つが考えられる。

①初期コストを抑えられる。温風暖房機に比べ、ヒートポンプの設備コストは数倍と高価であり、例えば、最大暖房負荷（最寒時の暖房負荷）の半分程度の能力のヒートポンプを設置することで、ヒートポンプ設備コストを半減できる。燃油暖房機は、既設のものがあれば、それをそのまま利用できる。

②運転コストを抑えられる。ヒートポンプ単独利用に比べ、ハイブリッドにすることにより、電力契約の基本料金を半減できる。さらに、ハイブリッド方式では、ヒートポンプを優先運転し、不足熱量を重油暖房機で補う運転方法により、ヒートポンプの年間稼働時間が長くなり、後述するように、消費電力量当たりの基本料金の負担額を軽減でき、1 kWh 当たりの電気料金（すなわち熱量単価）を低減できる（図―54）。図―51は、ハイブリッド方式でのヒートポンプ台数（暖房能力）と燃油暖房を含めた運転コストの関係を示す試算例である。燃油単価と電気料金の条件などによるものの、導入台数によって運転

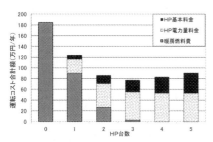

注）試算条件：床面積1000㎡、被覆面積1504㎡、暖房設定温度18℃、農ポリカーテン2層、ヒートポンプ10馬力（暖房出力28kW）

図―51　ヒートポンプ導入台数と暖房コストの関係を示す試算例（原図：ネポン（株）馬場勝氏）

コストが異なることが分かる。この計算例では、運転コストが最低となるのは、導入台数3台のときである。

③霜取運転問題を軽減できる。空気熱源ヒートポンプでは、霜取運転時に暖房が一時的に停止する。温室栽培では、低温時には連続暖房する必要があり、数時間でも作物が低温に遭遇すると収量・品質への影響を受けることになる。ハイブリッド方式では、ヒートポンプが停止しても、重油暖房機により補完できる。

④大雪により室外機が雪に埋まり、運転を停止したときのリスク回避になる。他方、CO_2排出量は、全ヒートポンプ方式の方が少なくなる。

ハイブリッド方式では、現状ではおおよそ、ヒートポンプと重油暖房機の能力が半々程度とする事例が多い。条件によって異なるものの、この場合、図―52に示すように、最大暖房負荷出現日で、暖房熱量のおよそ60～80％がヒートポンプから、残り20～40％が温風暖房機から供給されると試算する。暖房負荷が小さくなれば、ヒートポンプからの供給熱だけで足りることになるので、年間でのヒートポンプの暖房熱量寄与率はさらに高くなり、80％前後になると試算する。

温室規模や被覆方法によって異なるものの、暖房温度設定が18℃のバラ栽培を例にすれば、関東以西で、栽培面積10a当たりの総馬力数は、およそ20～25馬力程度（暖房能力およそ55～70kW）が目安になっている。

2）制御方法

ハイブリッド運転では、ヒートポンプと燃油暖房機をそれぞれ単独制御する方式と、両者を連動制御する方式がある。前者では、ヒートポンプと燃油暖房機の設定温度に数℃の差をつける。例えば18℃に室温が低下するとヒートポンプがまず稼動し、それよりも3℃低温の15℃で燃油暖房機が稼動する設定とする。ヒートポンプを優先運転するのは、ヒートポンプの稼動率を高めることが、暖房コスト削減につながるためである。ヒートポンプと重油暖房機併用運転中は、ヒートポンプを連続運転させるため、燃油暖房機がOFFとなる設定温度よりも、ヒートポンプがOFFとなる設定温度を

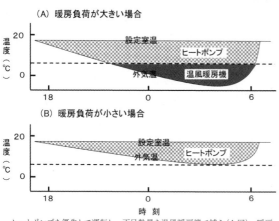

ヒートポンプを優先して運転し、不足熱量を温風暖房機で補う（A図）。暖房負荷が小さい場合（B図）は、ヒートポンプだけで足りる
（上図は、地中への熱の出入りを0と見なした場合である。図中の面積が暖房デグリアワー（DH）であり、ヒートポンプと温風暖房機のDHの比率が、熱供給負担比率になる）

図―52　ハイブリッド運転方式での熱供給（林，2008）

高くする必要がある。設定温度差は、燃油暖房機およびヒートポンプそれぞれの動作隙間（ON温度とOFF温度の差）によって異なり、燃油暖房機の運転中にヒートポンプが停止することがないように設定する。この場合、ヒートポンプのみの運転中の室温に比べ、併用運転中の室温は1～3℃低いことになり、室温差を生じる。

このような室温差を解消するために、ヒートポンプと燃油暖房機の運転を連動制御できるハイブリッド運転用制御器（写真—21）も利用されている。これを利用することにより、図—53に示すように、ヒートポンプのみの運転時と、ヒートポンプと重油暖房機併用運転中の室温差を縮小することができる。

写真—21 ヒートポンプと燃油暖房機を連動制御できるハイブリッド運転用制御器の例

8．ヒートポンプの運転コスト

1）燃油暖房との運転コスト比較

表—24は、運転コストに関するヒートポンプと重油暖房の比較を示している。例えば、燃油価格が100円／ℓ、ヒートポンプの暖房時COPの平均が3.5のときであれば、基本料金を含めた1kWhの電気料金が40.4円以下になれば、ヒートポンプの方が運転コストは安くなる。

仮に、1kWh当たりの年間平均電気料金（基本料金を含む）が22円であるとすれば、運転コストはA重油暖房の半分近くになる。1kWhの電気料金が22円の場合、運転コストの損益分岐点となるA重油価格は約55円／ℓとなる。電気ヒーターが一部で暖房に利用されているが、COP＝1に相当するので、A重油価格が100円／ℓのときには、1kWhの電気料金が11.5円以下でないと有利にならない。

表—24 ヒートポンプと重油暖房機の運転経費比較

A重油（円/L）		40	60	80	100	120
ヒートポンプ電気代（円/kWh）	COP=1	4.6	6.9	9.2	11.5	13.8
	2	9.2	13.8	18.5	23.1	27.7
	3	13.8	20.8	27.7	34.6	41.5
	3.5	16.2	24.2	32.3	40.4	48.5
	4	18.5	27.7	36.9	46.2	55.4
	5	23.1	34.6	46.2	57.7	69.2

注）電気代（基本料金を含む）が表中の数値以下であれば、ヒートポンプの方が運転経費が安くなる
計算条件：A重油1Lの発熱量（低位発熱量）＝36.7MJ（8770kcal）、暖房機効率85％、電気エネルギー1kWh＝3.6MJ

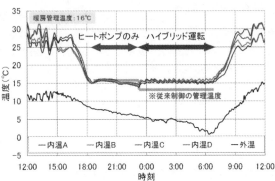

図—53 ハイブリット運転制御器を用いた室温制御例
（原図：ネポン（株）馬場勝氏）

2）電力料金単価

消費電力量1kWh当たりの電気料金は、利用方法によって大きく異なる。電気料金は、「電気料金＝基本料金＋電力量料金（消費電力量×単価）」で計算される。基本料金は、消費電力量がゼロの月は半額となるが、温室では換気用モーターなど何らかの電力使用があるため、全額支払う場合がほとんどである。このため、運転コスト比較では、1年間で評価する必要がある。

図—54に示すように、同じ契約電力であれば、年間の稼働時間が長くなるほど（年間消費電力量が多いほど）、1kWh当たりの平均電気料金（基本料金を含む）は低下する。同図は、1kWの基本料金を1,100円、1kWh当たりの従量単価を12円とした試算例である。

概略、暖房設定温度の高い作目ほど、年間の暖房期間が長くなるので、電気料金の基本料金負担割合が軽減し、ヒートポンプ利用の経済的メリットが大きくなる。逆に、暖房設定温度が低い作目では、ヒートポンプ利用は不利となり得る。ただし、年間暖房時間が長い場合でも、寒冷地においてはCOP・暖房能力の低下や霜取運転の頻度が高くなるので注意が必要である。

3）電力料金メニュー

電力料金体系は、電力会社によって異なる。契約種別も多いので、料金を安くできる契約種別の選択が必要である。電気料金メニューは各電力会社で多少異なるものの、「低圧季節別時間帯別電力」あるいはこれに類似したメニューでの契約が多い。これは夜間時間帯（22時〜翌日8時）の電力量料金単価が昼間より低めに設定されており、夜間の暖房運転が主な温室では、このメニューが電気料金の面で有利なためである。

使用電力が50kW未満では低圧受電

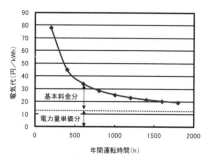

注）試算条件：基本料金1100円／kW、電力量単価12.00円／kWh、年間運転時間は契約電力で運転したときの時間

図—54 年間運転時間と1kWh当たりの電気代（基本料金を含む）の関係

（200V）となるが、50kWを超える施設（施設面積30〜40a以上程度）では高圧受電（6000V）となる。この場合も「高圧季節別時間帯別電力」での契約が多い。高圧受電では、受電設備（キュービクル）（写真—22）を設置する必要があり、その設備投資が必要である。また、年1回、電気保安協会の安全点検を受ける必要がある。

9．暖冷房除湿利用

暖房利用を主目的とした導入であっても、夏は夜間冷房利用、高湿度時には除湿利用の多目的利用で効果があがれば、ヒートポンプの利用価値が高まる。暖房利用のみであれ、暖冷房除湿利用であれ、電気料金に占める年間の基本料金は変わらない。このため、暖房利用で基本料金をカバーすると考えれば、冷房・除湿利用による電気料金の負担増は、基本料金を除く電力量料金のみと見なすことができる。このようにみれば、冷房・除湿利用での増収・品質向上効果が上がる作物では、費用対効果も出やすいと考えられる。

1）暖房利用

ヒートポンプ暖房は、空気を加熱する点においては、燃油暖房とまったく同じである。

したがって、燃油暖房もヒートポンプ暖房も設定温度が同じであれば必要暖房熱量は同じである。経済的優位性は、燃油価格や電気料金などの条件で異なる。

2）冷房利用

昼間は日射負荷が大きいため、室温を下げることは容易ではなく、コチョウランの花芽誘導などへの利用を除けば、ヒートポンプ冷房は経済的に見合わない。他方、夜間は昼間に比べると冷房負荷が一桁程度小さくなるので、ハイブリッド方式のヒートポンプ能力で、外気温よりも2〜4℃（カーテン利用時）低温にできる。冷房運転は除湿運転でもあり、除湿も同時に行われる。バラ栽培では夏期の夜間冷房（夜冷）により、品質の向上や収量増が認められ、利用されている。そのほかの作物についても、栽培試験からプラス効果が報告されており、今後、多くの作物で夜冷利用による増益が期待される。

3）除湿利用

ヒートポンプは除湿運転を行うこともできるので、梅雨期など、病害発生抑止の目的で、一部作物では除湿利用されている。現状では病害抑制使用が中心であるが、今後は生育促進や品質向上を目的とした、生育制御のための湿度制御への利用も期待できる。

例えば、10馬力のヒートポンプ（冷房能力およそ22〜25kW）では、室内の温湿度条件（絶対湿度）にもよるが、1時間に10ℓ以上の除湿量になることもある（馬場、2009）。ちなみに、1,000m³（18℃、相対湿度80％のとき）の空気中の水蒸気含量は、12.3ℓである。

ただし、除湿イコール相対湿度低下ではない点に注意すべきである。除湿運転は冷房運転でもあることから、除湿運転によって室温

写真—22　高圧受電設備（キュービクル）

も低下する。さらに、温室内では床面や作物からの蒸発散がある。このため除湿運転をしても、相対湿度が上昇することが多い。

したがって、相対湿度低下を目的とするなら、室温低下が生じないようにしなければならない。そのため、除湿運転と同時に燃油暖房機で暖房し、室温を一定に維持しつつ相対湿度を下げる運転方法、あるいは複数台のヒートポンプが設置してある場合は、1台で除湿運転し他の1台で暖房運転という方法などがとられるが、いずれも冷房（除湿）と暖房の同時運転であり、エネルギー的には無駄である。除湿機を導入すればよいが、過剰投資になりかねない。

ヒートポンプ利用でも、ダクトを利用した空気流路の変更や、間仕切り小屋の設置など

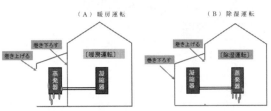

注）(A) は外気熱源の暖房運転時、(B) は除湿運転時で、除湿専用機と同様の方式のため、除湿・加温運転となり相対湿度は低下

図—55　張り出し小屋の仕切りの変更により、1台のヒートポンプで暖房運転と除湿運転の両方を可能とする方式の模式図（林、2008）

の工夫で、除湿機と同様の機能をもたせることができる。例えば、図—55 に示すように、外気熱源ヒートポンプの室外機を覆うフィルム巻上げ式の張り出し小屋を設置することで、ヒートポンプに除湿機と同様の機能をもたせることができる。暖冷房運転時には、屋外側のフィルムを巻き上げ通常の暖冷房運転をする。除湿運転時には、屋外側のフィルムを巻き下ろし、張り出し小屋と温室の間の間仕切りフィルムを巻き上げることで、室外機が室内側に位置するので、除湿機と同様の機器配置になる。実証運転はしていないが、このような工夫で、ヒートポンプの省エネ的な除湿利用（絶対湿度と相対湿度を低下）ができると考える。

10. 今後の課題

ヒートポンプは、燃油暖房を代替する最も現実的な暖房装置であり、燃油暖房機に続く第二の暖房装置といえる。さらに、暖冷房除湿の多面的な利用ができることから、多目的環境制御装置ともいえる。温室に普及し始めて日が浅く、その利用法や制御法が確立している訳ではなく、さらなる開発・検討が必要である。ヒートポンプはいろいろなシステム構成があり、より温室利用に適した有効なシステム開発も必要である。

（林　真紀夫＝東海大学工学部）

参考文献

1) 大山克己・古在豊樹（2008）：園芸用施設の暖房費および CO_2 排出量削減 - ボイラ温風機の代替としての高性能小型家電エアコンの利用〔1〕，農業および園芸，83（11），1157-1163
2) 古在豊樹・林　真紀夫（1986）：園芸環境工学における最近の話題〔5〕ヒートポンプ（2）システム構成の種類と特徴，農業および園芸，61（6），779-787
3) 資源エネルギー庁（2006）：トップランナー基準早分かり，30pp
4) JIS B 8615-1（1999）：エアコンディショナ　第1部：直吹き型エアコンディショナとヒートポンプ　定格性能及び運転性能試験方法，51pp
5) 高倉　直（2008）：オランダ施設園芸の長期戦略（2）完全閉鎖型温室を中心にして，農業および園芸，83（11），1151-1156
6) 林真紀夫（2009）：ヒートポンプのいろいろなシステム構成と暖房・冷房利用，農耕と園芸，2009年6月号，19-24
7) 林真紀夫（2009）：ヒートポンプ（最新農業技術花卉 Vol.1），農山漁村文化協会，9-15
8) 林真紀夫・馬場勝，2009，第6章システム構成と特徴，第7章ヒートポンプ利用の制約条件とその解決策，施設園芸におけるヒートポンプの有効利用，農業電化協会，30-37

第4章　湿度制御

1．はじめに

　湿度は、植物の蒸散や土壌面からの蒸発に直接的に作用するとともに、植物の発育や品質、さらには病虫害の発生にも大きく影響する。施設内の湿度は、施設内外における水蒸気収支によって決定される。その収支には施設内の水蒸気発生源（主に植物および土壌）が相互依存的に関わっており、さらに外気との換気や施設内に流入する日射エネルギーなどが関わることから、湿度環境の制御は複雑である。本章では湿度制御に関する基礎および施設栽培における制御の実際について述べる。

2．湿度の表記方法

　空気には、常温で1〜3％程度の質量の水蒸気が含まれている。水蒸気を含んだ空気を湿り空気、水蒸気を含まない空気を乾き空気という。乾き空気は、酸素21％、窒素78％および微量の二酸化炭素、アルゴン、ヘリウムなどが混合したガスである。湿度は、空気

表—1　湿り空気の性質に関する表記方法、定義および計算式

用語	単位	定義および計算式
飽和水蒸気分圧 (e_s)	kPa	ある温度の空気が最大限水蒸気を含んだときの水蒸気分圧。いくつかある近似式のうち、以下のMurrayの式が比較的簡易で、常温の範囲で精度がよいためによく用いられる。 $e_s = 0.6.1078 \cdot \exp\{17.269 \cdot t/(t+237.3)\}$ 注1 t は温度（℃）である。
水蒸気分圧 (e)	kPa	大気圧のうち水蒸気が占める分圧。 乾球温度（t）および湿球温度（t_w）から求めることができる。 $e = e_{ws} - 0.000662 \cdot P(t-t_w)$ e_{ws} は湿球での飽和水蒸気分圧（kPa）、P は大気圧（kPa）である。
飽差（VPD）	kPa	湿り空気の飽差水蒸気分圧と水蒸気分圧との差。 $VPD = e_s - e$ 水蒸気密度の単位（g/m³）で表される飽差（HD）に変換するときは下の式を用いる。 $HD = 804 \cdot VPD/\{P(1-0.0036t)\}$
絶対湿度 (x)	kg/kg' 注2	乾き空気1kgあたりを基準としたときの、湿り空気に含まれる水蒸気の質量。 $x = 0.622 \cdot e/(P-e)$ 注1
水蒸気密度 (y)	g/m³	湿り空気1m³あたりに含まれる水蒸気の質量。 $y = 804 \cdot e/\{P(1+0.00366t)\}$
相対湿度（RH）	％	湿り空気の飽和水蒸気分圧に対する水蒸気分圧の百分率。 $RH = e_s/e_{ws}$
露点温度 (t_{dp})	℃	湿り空気の温度を低下させたときに凝結が始まる温度。 $t_{dp} = -237.3 \ln(e/6.1078)/\{\ln(e/6.1078)-17.2693882\}$
比容積 (v)	m³/kg'	乾き空気1kgあたりを基準としたときの、湿り空気の容積。 $v = 0.004555(x+0.622)t$
エンタルピ (h)（比エンタルピ）	kJ/kg'	0℃の乾き空気を基準としたときの、乾燥空気1kgを含む湿り空気が持つ相対的な熱量。 $h = c_{pa} \cdot t + x(r_0 + c_{pv} \cdot t)$ c_{pa} は乾き空気の定圧比熱＝1.006 kJ/kg'·K、r_0 は0℃における水の蒸発潜熱＝2501 kJ/kg、c_{pv} は水蒸気の定圧比熱＝1.805 kJ/kg·K 注3

注1．氷上の場合は式中の定数が異なる
　2．kg'は乾き空気の質量を表す
　3．c_{pv} は空気調和・衛生工学会便覧の値を用いた

中に含まれる水蒸気量の程度であり、いくつかの表し方がある。施設園芸でよく取り扱われる湿度の表記方法、定義およびその計算式を表—1に示す。用語が専門分野によって異なる項目もあるが、本章では主に、空気調和工学で用いられる用語を用いて説明する。

1）水蒸気分圧・飽和水蒸気分圧

大気圧のうち水蒸気が占める分圧を水蒸気分圧という。質量 1 kg、容積 Vm³、圧力 p_aPa の乾き空気と質量 $x$kg、容積 Vm³、圧力 p_vPa の水蒸気が混合したときの湿り空気の質量は（$1 + x$）kg であり、全圧は（$p_a + p_v$）Pa、水蒸気分圧は p_vPa である。空気中に含むことのできる水蒸気量には限界がある。飽和水蒸気分圧は、ある温度の空気が水蒸気を最大限含んだときの水蒸気分圧である。飽和水蒸気分圧は、空気の温度上昇に伴い指数関数的に増加する

2）飽差

飽差水蒸気分圧と水蒸気分圧の差を飽差といい、蒸発面と空気の温度に大きな差がなければ、蒸発速度は飽差にほぼ比例する。したがって、飽差は蒸発と湿度との関係を考える上で最も重要な指標である。飽和水蒸気分圧は空気の温度が上昇すると急速に増加するため、湿り空気に含まれる水蒸気量が同じでも、温度が上昇すると飽差は大きくなる。蒸発面の温度と空気の温度が放射等の影響で異なる場合は、蒸発面の温度における飽和水蒸気分圧を用いて飽差を求めると、蒸発量との対応がより正確である。特に、葉からの蒸散と湿度との関係を調べるときには、葉温での飽和水蒸気圧分圧を用いて飽差を計算することが好ましい。そのときの飽差を葉面飽差という。葉面飽差は、後述の葉面コンダクタンスを求める際に特に重要である。飽差は、水蒸気密度の単位（g・m⁻³）で表される場合もある（英語では、水蒸気分圧で表される飽差 'vapor pressure deficit' に対して、'humidity deficit' と呼ばれる）。

3）絶対湿度

乾き空気 1 kg 当たりを基準とした湿り空気中の水蒸気の質量を絶対湿度という。質量を基準としているため、温度が変化しても値は変化しない。したがって、温室内外など、温度が異なる場における水蒸気交換を求めるのに便利である。常温では湿り空気に含まれる水蒸気の質量は多くても 3 ％程度なので、乾き空気を基準としても湿り空気を基準としても実用上ほとんど差はない。

4）水蒸気密度

湿り空気 1 m³ 当たりに含まれる水蒸気の質量を水蒸気密度という。気象学ではこれを絶対湿度という。空気の温度が変化すると、気体の膨張・収縮によって水蒸気密度の値が変化してしまうので注意が必要である。後述する気孔コンダクタンスを求めるときには、水蒸気密度もしくは水蒸気濃度（mmol H₂O/mol Air）の差を水蒸気輸送の駆動力として扱うことが多い。

5）相対湿度

相対湿度は、飽和水蒸気分圧に対する水蒸気分圧の百分率であり、その湿り空気があとどれくらい水蒸気を含むことができるかの目安となる。感覚的に理解しやすい単位であり、多くの湿度センサが相対湿度の値を出力するが、その数値の取り扱いには注意が必要である。例えば、湿り空気の温度が同じ場合には、（100 − RH）と飽差は比例関係になるが、温度が異なる湿り空気を比較すると、そのような関係にはならない。したがって、気温が異なる場合に相対湿度を比較することは、蒸発散や水蒸気収支を考える上でほとんど意味をなさない。

6）露点温度

 温度を低下させて凝結が始まる温度を露点温度という。湿り空気の温度を下げていくと、飽和水蒸気分圧（e_s）は低下し、それがその湿り空気の水蒸気分圧（e）よりも低下すると、（$e - e_s$）だけの水蒸気は空気中に含むことができず、細かい水滴として空気中に現れる。その温度以下の物体に湿り空気が触れたときには、物体表面に凝結が起こる。

7）比容積

 乾き空気1kg当たりを基準とした、湿り空気の容積を比容積という。水蒸気密度など、容積を基準とした単位を用いると、温度が変化したときに値が変化してしまうため不便である。比容積を用いることで、容積を基準とした単位を、質量を基準とした単位に変換することができる。

8）エンタルピ

 0℃の乾き空気を基準とした、乾燥空気1kgを含む湿り空気が持つ相対的な熱量をエンタルピという（これを'比エンタルピ'と呼ぶこともあるが、本章では単に'エンタルピ'と呼ぶ）。エンタルピは、乾き空気1kgのエンタルピとその空気が含んでいる水蒸気のエンタルピを合わせたものである。乾き空気のエンタルピは、'乾き空気の比熱×温度'から求まる。水蒸気のエンタルピは、'水蒸気の質量×0℃における蒸発潜熱'に水蒸気の'質量×比熱×温度'を合わせることで求まる。エンタルピの変化を知ることは、施設内のエネルギー収支を把握する上で重要である。

3．湿度制御と湿り空気線図

 気温、（飽和）水蒸気分圧、絶対湿度、相

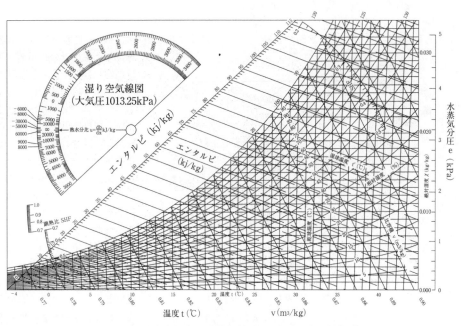

図—1　湿り空気線図（h—x線図）（村田，1990に一部加筆修正）

対湿度、エンタルピなどの関係を1つのチャートに表したものを湿り空気線図(図—1)という。湿り空気線図を用いることで、湿度に関する2つの状態値（例えば、乾球温度と湿球温度)から他の状態値(例えば、相対湿度)を容易に求めることができる。さらに、ある湿り空気がどのような状態にあり、その状態から別の状態にするにはどうすればよいかを視覚的に把握することができる。ここでは、湿り空気線図の意味を理解するために、湿り空気線図上の各構成要素をその作成過程を追いながら説明していきたい。

1）湿り空気線図の構成要素

(1) 飽和空気線・飽和水蒸気分圧

図—2に簡略化した湿り空気線図を示す。乾球温度（気温）に対して指数関数的に増加している太線は飽和空気線である。飽和空気線は、乾球温度に対して相対湿度100％になる水蒸気分圧または絶対湿度を示したものである。この飽和線は気圧が変わると変化する。したがって、図—1の湿り空気線図は、標準大気圧下でのみ正しく使うことができる。

(2) 相対湿度

飽和水蒸気分圧を一定の割合で区切って結ぶことで、相対湿度を示す線ができる。この時点で、乾球温度、相対湿度、水蒸気分圧のうち2つが分かれば、湿り空気線図中の座標が求まり、残りの1つを求めることができるようになる。湿り空気線図上に示される座標点を状態点という。

(3) エンタルピ

乾球温度から乾き空気のエンタルピ $(c_{pa} \cdot t)$ を、絶対湿度および乾球温度から水蒸気のエンタルピ $(x (r_0 + c_{pv} \cdot t))$ を求め、それらの和が等しくなるように結んだ線がエンタルピ線である（図—2の破線、文中の記号説明は、表—1のエンタルピの欄を参照）。温湿度制御によってエンタルピが変化したとき、状態点のX軸方向の変化によって生じたエンタルピの変化は空気中の顕熱の変化に伴うもので、Y軸方向の変化によって生じたエンタルピの変化は空気中の水蒸気量の変化に伴うものである。

(4) 湿球温度

温度計を湿らせたガーゼ等で包み、気流を送ると温度計の指示値（湿球温度）は低下する。湿球近傍の空気では、蒸発によって水蒸気のエンタルピが増加するが、温度が低下した湿球に顕熱が輸送されることで、乾き空気のエンタルピは減少する。気流速度を5 m・s^{-1}以上にしたときの湿球温度は断熱飽和温度に等しいとされる。断熱飽和温度とは、ある状態の湿り空気において、水の蒸発によって飽和させた空気の温度が、蒸発させた水の温度と等しくなったときの温度であり、すなわちある湿り空気において水を蒸発させ

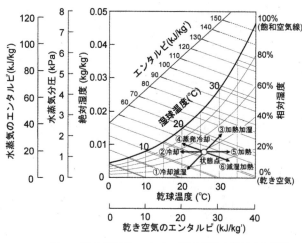

注）この湿り空気線図は、いくつかの前提を省略した簡易なものである。
図—2　湿り空気線図の概要、温湿度制御と状態点の変化との関係

たときに、蒸発潜熱によって最大限低下させることのできる温度である。ある状態の空気を断熱飽和温度にすることは、エンタルピを変化させずに蒸発によって空気を飽和状態にすることであり、湿り空気線図上では、エンタルピの等値線に沿って飽和線に向かっていくことになる。湿球温度線は、エンタルピ線とほぼ平行に左上に向かい飽和線に到達したときの温度である。図—1において、湿球温度線がエンタルピ線と完全に平行ではないのは、空気中に水蒸気が加わるときに、水蒸気に含まれている顕熱分（$x \cdot c_{pv} \cdot t$）のエンタルピが増加することを考慮しているためである。

（5）露点温度

露点温度は、ある湿り空気の状態点から冷却の方向（左）に向かい、飽和空気線に到達したときの温度である。図—2で示した状態点における露点温度は約10℃である。

2）温湿度制御による状態点の変化

湿り空気線図を用いる利点は、湿度に関する状態値を簡単に求めることだけではなく、その湿り空気の状態の変化を状態点の位置関係から直感的に把握できることにある。図—2に温湿度制御と状態点の変化との関係を太矢印で示す。例えば、ヒートポンプなどを用いて冷却・除湿を行ったときは、状態点は乾球温度と絶対湿度の両方が低下する方向に動く（①）。熱交換に凝結を伴わない冷却では、乾球温度のみが低下する方向に動く（②）。加熱器を用いて水を蒸発させることで加湿を行ったときには、乾球温度と絶対湿度の両方が増加する方向に動く（③）。細霧冷房やパッド＆ファンのように蒸発によって冷却を行ったときは、エンタルピがほとんど変化せず、乾球温度が低下し、絶対湿度が増加する方向に動く（④）。この図から、蒸発冷却によって最大限低下させることのできる温度は、理論的には湿球温度であることが理解できる。

温風ヒーターなどで加熱のみを行ったときは、乾球温度のみが増加する方向に動く（⑤）。凝結のみによって減湿が起こったときは、エンタルピがほとんど変化せずに、乾球温度が増加、絶対湿度が低下する方向に動く（⑥）。これは、水蒸気のエンタルピが低下する分、凝結熱が生じ、乾き空気のエンタルピが増加するためである。このように状態点の変化に注目することで、温湿度制御を行ったときに、その湿り空気の状態が熱量を含めてどのように変化するかを把握することができる。さらに、湿り空気線図を用いると湿り空気が混合したときの状態点を容易に推定できる。例えば、異なる状態点の湿り空気が同じ質量だけ混合したときは、それら状態点を結んだ線の中点が混合空気の状態点になる。

4．湿度と蒸散

葉からの蒸散は、葉内から周辺大気にかけての水蒸気拡散によって行われる。水蒸気拡散は、葉内の水蒸気密度（水蒸気でほぼ飽和していると仮定される）と葉面近傍（葉面境界層内）の水蒸気密度の差を駆動力として生じ、そのとき葉の表皮は水蒸気拡散の抵抗として作用する。これを式で表すと次のようになる。

$E = (y_{leaf} - y_{air})/r_l$

E：蒸散速度（$gH_2O \cdot m^{-2} \cdot s^{-1}$）
y_{leaf}：葉内細胞間隙の水蒸気密度（$g \cdot m^{-3}$）
y_{air}：葉面近傍の水蒸気密度（$g \cdot m^{-3}$）
r_{leaf}：葉面抵抗（$s \cdot m^{-1}$）

すなわち、蒸散速度は、葉内外における水蒸気密度差（$y_{leaf} - y_{air}$）、すなわち葉面飽差に比例して、葉面抵抗（r_{leaf}）に反比例するという関係になる。葉面抵抗は気孔開度に大きく依存していることから、これを気孔抵抗ということもある。葉面抵抗の逆数（$1/r_{leaf}$）は葉面コンダクタンス（または気孔コンダクタンス）と呼ばれ、葉内外の水蒸気拡散のし

やすさを表す。例えば、気孔が開くことで、葉面コンダクタンスは大きくなる。

　植物の蒸散を考えるときには、葉面飽差に注目することが重要である。図—3に、苗生産施設における植物の蒸散および葉面コンダクタンスの測定例を示す。日射量は正午をピークにほぼ対称的に推移したのに対して、気温は、午前中よりも午後に高くなっている。飽和水蒸気密度は気温と似た推移を示している。これは、気温が高いほど飽和水蒸気量が大きくなるためである。それに対して水蒸気密度は大きく変化せず結果として、葉面飽差は午前よりも午後に大きくなっている。植物の蒸散速度は午前よりも午後に高い値を示し、葉面コンダクタンスは午後よりも午前に高い値を示している。図—4は、横軸に日射量を、縦軸に蒸散速度または葉面コンダクタンスを取ったグラフである。同じ日射量でも、蒸散速度は午前よりも午後に高くなり、それに対して葉面コンダクタンスは午後よりも午前に高くなった。午後に葉面コンダクタンスが低下した理由として、午前から正午にかけての蒸散速度の上昇に伴い、水分損失を抑えるために植物が気孔開度を低下させたことが考えられる。午前から午後にかけて葉面コンダクタンスが低下したにもかかわらず、蒸散速度がそれほど低下していないのは、その時間帯において、葉面コンダクタンスが低下する一方で、蒸散の駆動力となる葉面飽差が増加していたためである。このように、植物の蒸散活動が良好であるかを正しく評価するには、蒸散速度だけでなく、飽差や葉面コンダクタンスにも注目し、葉内外の水蒸気拡散が何によって決定されているかを考えることが重要である。

(渋谷俊夫＝大阪府立大学生命環境科学研究科)

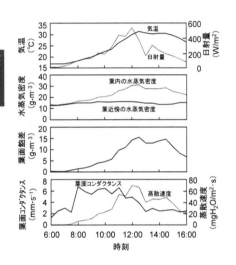

図—3　キュウリ苗生産温室内における微気象の変動に伴う蒸散速度および葉面コンダクタンスの推移 (Shibuya et al., 2010を一部改変)

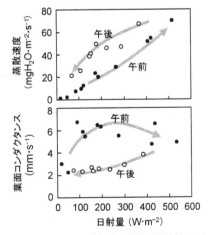

注) データは図—3と対応している。
図—4　日射量と蒸散速度、葉面コンダクタンスの関係

参　考　文　献

1) 井上宇市編 (2008)：改訂5版空気調和ハンドブック、丸善出版、pp.491。
2) 小原淳平編 (1975)：100万人の空気調和、オーム社、pp.265。
3) 空気調和・衛生工学会編 (1998)：空気線図の読み方・使い方、オーム社、pp.123。
4) 日本農業気象学会編 (1997)：新訂農業気象の測器と測定法、日本技術協会、pp.345。
5) Shibuya et al. (2010)：Measurement of leaf vapor-conductance of cucumber transplants

in the greenhouse with minimal invasion. HortScience 45 : 460-462.

5．施設内の湿度環境の特徴

1）温室内の水分移動（水収支）

温室内の水分移動の模式図を図―5に示す。温室内では、灌水から吸水・蒸発散を経由して、室外に放出される水分の移動量が多い。日中は温室内気温の上昇により室内空気の飽差は増大する。そのため、作物の蒸散や土壌面からの蒸発は盛んになり、絶対湿度は屋外に比べて高くなる。夏季日中の冷房や、春秋季の日中の加湿を目的とした細霧の噴霧も、絶対湿度を上昇させる。室内空気の飽差に対して噴霧量が多すぎると、蒸発しきれない細霧が植物体や構造物に付着する。

換気は高温多湿の空気を室外に放出し、同時に低温で水蒸気量の少ない空気を室内に流入させる。低温期の夜間の無暖房温室内は、被覆資材内面や植物体表面が露点温度以下となり結露が生じやすい。被覆資材内面の結露量が多くなると、水滴となって被覆内面を流下し、構造部材の一部に集まって落下する。除湿機を運転すると、熱交換部で空気中の水分が凝結し、室内の絶対湿度は低下する。

栽培温室内の湿度管理は、温室内外の水分交換の状態把握だけではなく、室内における水や水蒸気の分布・移動状況についても留意しなければならない。

2）温室内湿度の日変化・季節変化

図―6に周年栽培されているメロン温室（静岡農試）内の相対湿度、絶対湿度の日変化を示す。冬季は1日中温室を密閉するか日中の短時間のみを換気し、夜間に暖房している。春季は、日中は換気して夜間は無暖房である。夏季は開口部を全面開放で換気している。春季、夏季、盛夏の相対湿度は、日中に低下して、夜間に上昇し100％近くに達する。一方、冬季の夜間暖房の時間帯は、相対湿度の上昇も90％程度に留まり、結露の危険性はやや低くなる。絶対湿度は各季節とも日中に高くなる。冬季は日の出時刻が遅いので、絶対湿度が上昇し始める時刻は夏より遅い。

図―7に冬季のメロン温室における室内空気の気温－絶対湿度の状態点の日変化例を示す。屋外の気温は日変化の範囲が比較的小さく、絶対湿度もあまり変化しない。一方、温室内の空気は14時まで気温と絶対湿度が大きく上昇し、内外の気温差、絶対湿度差はかなり大きくなる。換気量を増やせば、温室内空気は同時刻の屋外空気と混合され、状態点は、低温で絶対湿度が低くなる方向に移動する。

なお、この事例では温室内のメロン作物群落のLAI（葉面積指数）が比較的大きかったが、作物の栽植本数が少ない場合やLAIが小さい場合には、日中の

図―5　温室内における水収支の概念図（北宅，1992に加筆）

蒸散量が少ないので、絶対湿度の上昇は小さくなる。また、養液栽培では土壌からの蒸発がなくなるので、夜間には土耕よりも低湿度になりやすい。

3) 温室内の霧発生・結露現象

(1) 被覆資材と結露・霧の発生

夜間の温室被覆資材の温度は、低温の外気への対流伝熱や天空への放射熱損失によって室内気温よりも低下し、室内空気の露点温度以下になると被覆資材内面に結露が生じる。結露した水滴が午前中遅くまで付着していると、日射が反射されて光透過率が減少する。ポリ塩化ビニルおよびPO系特殊フィルムは、0.2mmの水膜が付着すると光透過率が約10％低下することが報告されている。

夜間の被覆資材内側の結露量は、最も低温となる屋根面（天井部）で多く、側面では少ない。ガラス表面は結露水が流下しやすいが、プラスチックの軟質フィルムや硬質板などの材料は疎水性の性質があるので水滴が生じやすい。これらの資材のほとんどは、結露水を水膜上にして流下しやすくなるように、親水性の防曇剤を製造時に混入・塗布して流滴性をもたせている。

流滴性が弱い資材を使用した温室は、室内の水蒸気が結露する速度が遅くなる。そのため、気温の低下が急激であると結露できなかった水蒸気が微水滴（霧、もや）となって空中を浮遊する。霧は天井面付近から発生する。日の出以後も霧が充満している状態では、日射量は大きく減衰する。温室内で夜間に霧が発生しやすい条件は、①被覆資材の結露水の

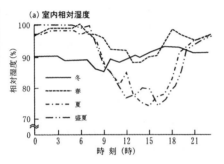
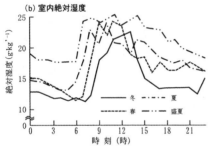
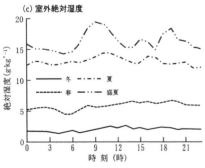

図—6 季節別の温室内の相対湿度(a)、絶対湿度(b)、温室外の絶対湿度(c)の日変化（岩崎，1984）

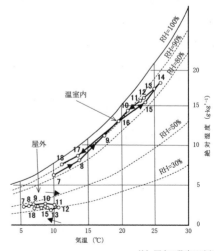

注）図中の数字は時刻

図—7 冬季の温室内外の空気の状態点の日変化例（岩崎，1984）

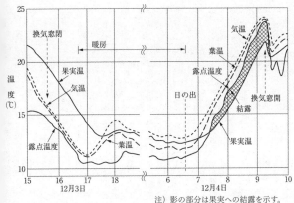

図―8 冬季のキュウリ栽培温室内の気温、葉温、果実温度、露点温度の経時変化 (Mihara & Hayashi, 1978)
注）影の部分は果実への結露を示す。

流下が遅い、②土壌水分が多く地温が高い、③作物の葉面積が大きく蒸散量が多い、④夕方以降の冷え込みが大きい、⑤保温性が弱く、気温が局所的あるいは全体的に低下する、などがあげられる。被覆資材の流滴性は、長期間展張すると低下してくるが、防曇剤を再塗布（噴霧）することは可能である。

（2）作物体・果実の表面の結露

温室内の作物体が濡れる状態として、①葉面・果実表面の温度が露点温度以下に低下して発生した結露、②温室の天井や骨材などからの結露水の落下、③温室内の霧（ミスト）による濡れ、④作物自体の溢液などがある。

夜間の温室内作物の葉温は、放射冷却のために室内気温より少し低温になるので、湿度の高い条件では葉面に結露が生じる。また、長波放射の透過が大きい軟質フィルムの温室は、ガラスや硬質板の温室よりも葉面結露が生じやすい。また、トマトやキュウリなどの果実は熱容量が大きく、日の出後に室内の気温と絶対湿度が急上昇しても果実温度の上昇が遅れるため、果実表面温度が空気の露点温度以下になるため結露する。図―8は、冬季に夜間暖房したキュウリ温室内の各温度の経時変化例であり、朝方の暖房終了から換気開始までの約2時間は、果実が結露した状態にある。

6．湿度の調節・制御方法

湿度環境の調節方法は、①灌水調節（加湿、過湿抑制）、②資材利用による受動的調節、③装置による積極的な湿度制御に大別できる（図―9）。低温期の温室栽培では、結露・霧・作物体の濡れなどの防止、一方、春秋期の日中は乾燥による水ストレスを防ぐための加湿が重要となる。表―2にいろいろな除湿・過湿抑制・濡れ防止方法の原理と特徴を示す。

1）灌水調節

灌水管理は作物の生育調節が目的であるが、灌水量の調節により作物や土壌からの蒸発散が変化するので、温室内の湿度をある程度管理できる。

図―9 施設栽培における湿度調節法の分類（古在，1984を一部改変）

第4章 湿度制御　171

表—2 施設園芸における除湿・過湿抑制・濡れ防止の方法(古在,1984より一部改変)

No.	分類	原理	特徴
1	マルチング	土壌面蒸発の抑制	
2	灌水抑制	同上	土壌面蒸発と蒸散の両方を抑制する。
3	透湿性、吸湿性、保温用内張り資材による顕熱断熱	内張り資材内面における潜熱移動をある程度促進し、顕熱移動を抑制する	内張り内面における結露水の作物体への落下を防止する。保温用内張りに不透湿資材を用いる場合に比べて、相対湿度はやや低く、飽差はやや大きくなることがあるが、壁面放熱量は増大する。
4	透過日射量増大	室温上昇(飽和水蒸気圧の上昇)を図る	室温上昇によって換気を促進すれば、絶対湿度の低下が達成できる。
5	被覆材結露水除去	被覆材内面の結露を流下・集水し、室外に排出	受動的冷却除湿の一方法。絶対湿度は低下し、蒸発散は促進される。ただし、被覆材内面結露が流下しないと透過日射量が減少する。
6	被覆材の界面活性増大	被覆材への結露を促進し、もやの発生を抑制する	被覆材の種類によって、温室内のもや発生の難易が被覆材の界面活性の相違によるものだけなのかは不明。
7	自然吸湿	水蒸気を固体に自然吸着させる。あるいは、液状水を固体に吸着させる	吸着した水分を放出するための再生プロセスを必要とする。稲わら、麦わら、吸水性保温カーテン(ポリビニルアルコール系資材)を使用する。効果を高めるためには、かなりの量が必要。
8	換気	室内水蒸気の強制排出。顕熱、潜熱ともに損失	内外空気の交換により、一般に絶対湿度は低下する。換気に伴い室温が低下すれば、相対湿度が上昇し飽差の減少することがある。
9	熱交換型除湿換気	室内水蒸気の強制排出、換気による室温低下が小さい	室内空気の熱を回収しながら換気するため室温があまり低下しない。絶対湿度が低下し飽差は増大する。朝方の作物体への結露を乾かすのに有効。
10	暖房	室温の上昇	一般に相対湿度は低下する。ただし、飽差増大による蒸発散促進により絶対湿度は上昇する。絶対湿度(と露点温度)上昇により壁面結露が増大することがある。
11	強制空気流動	①水蒸気拡散抵抗の低下 ②被覆材へ水蒸気を輸送し、結露を促進する	①作物体の濡れを乾かす。絶対湿度は増大する。 ②冬季夜間の絶対湿度が低下する。
12	ヒートポンプ除湿	室内水蒸気の結露(液化)による強制排出。潜熱の顕熱化による回収。空気の再加熱	除湿冷却空気を再加熱する除湿専用機の場合、絶対湿度が低下し飽差も増大する。除湿冷房の場合、絶対湿度は低下するが、大幅に低下しない。相対湿度の大幅な低下や飽差の大幅な増大も望めない。
13	強制吸湿	水蒸気を液体に強制吸収させるか、固体に強制吸着させる	吸収または吸着した水分を放出するプロセス(再生プロセス)を必要とする。吸収には塩化リチウムなどを、また、吸着には活性白土、活性アルミナ、シリカゲルなどを用いる。

2)資材利用の受動的な湿度調節

(1)マルチングと稲わら施用

夜間の植物はほとんど蒸散しないが、土壌面からの蒸発は継続される。フィルムによる温室内のマルチは土壌面蒸発を防ぎ、夜間の過湿を軽減する。畝だけでなく通路もマルチで被覆するとさらに効果が高まる。稲わらは水分を吸収して再放出する機能を持つが、その吸水量はすぐに飽和に達するので、稲わら施用による湿度調節の実質的な効果は、土壌面蒸発の抑制によるものが大きい。ただし、

図—10 資材利用の受動的な湿度調節の模式図
(入江,1995に加筆)

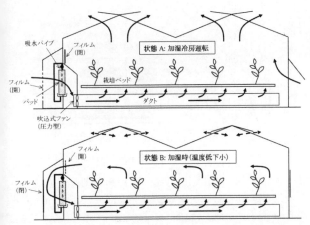

図―11 高温期における加湿冷房運転（状態 A）と乾燥期における気温の低下が小さい加湿運転（状態 B）が可能なパッドアンドファン（I 社技術資料）

やや劣る。また、結露水が水膜状になって流下しやすい被覆資材を外張り資材として利用すると、夜間に室内の水蒸気が被覆内面で結露しても、流下しやすいので樋に受けて室外に排出すれば、温室内の絶対湿度は低下する（図―10）。冬季のトマト温室栽培において、夜間（暖房運転）の相対湿度が約 10％低下し、灰色かび病の発生が減少した（入江ら，1993）。

3）装置による湿度制御

（1）加湿装置

　加湿を必要とするのは高温・乾燥時であるが、除湿に比べて多量の水蒸気を操作する。加湿装置としては、ミストノズル、超音波式や遠心式などのミスト発生装置、加熱または自然蒸発による加湿装置がある。細霧冷房を兼ねたミストノズルは、装置設置が簡易なため利用面積が増えているが、タイマーで噴霧と休止の時間を間欠制御しているものが多い。作物を濡らさないで加湿するために、吸収日射量、外気温、風速、湿度など気象条件の変化に対応して、噴霧量を精密に制御する方式はまだ十分に普及していない。

　図―11 に示すパッドアンドファンは、状態 A の場合、パッドは外気を取り込み、加湿冷却空気をダクトで群落内に局所的に供給し、高温空気は換気窓より排出する。一方、状態 B の場合、日射熱を吸収したエンタルピの高い室内空気が循環気流となってパッドを通過するため、加湿時の気温低下が小さい。この方式は、換気窓の開度で温湿度を制御できるため、細霧噴霧システムよりも作物を濡らさない湿度管理が容易である。

フィルムマルチと異なりマルチ面に水が溜まらないというメリットがある。

（2）透湿性・吸湿性資材（内張り）と防曇性被覆資材（外張り）

　ポリビニルアルコール（PVA）のような透湿性・吸湿性被覆資材を内張りカーテンに利用すると、資材自体が屋根面から落下する凝結水を吸水するのに加えて、外張り内面へ水蒸気を移動させることができるので、内張り内部の過湿を緩和できる。ただし、内張りとしての保温効果は、透湿性のない資材より

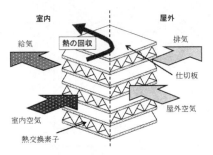

注）仕切版が透湿性の場合は、潜熱も回収できるため全熱交換器となる。仕切板が不透湿性のときは顕熱のみ回収される。ただし、熱交換素子上で水蒸気が凝結した場合は、室内空気から凝結熱の一部を顕熱として回収できる。

図―12　全熱（顕熱）交換器の基本構造

（2）換気装置

　各季節とも、一般に温室内空気は、昼夜を通じて外気よりも絶対湿度が高いので換気に

よって除湿できる。しかし、通常の換気扇や換気窓を使用すると、熱も外部へ逃がしてしまうので冬季暖房時には熱損失が大きい。これを軽減する装置として、全熱交換器および顕熱交換器がある。両方式とも図—12にあるような熱交換素子を交互に方向を変えて配置し、一段ごとに内気（高温高湿）の排出－外気（低温低湿）の吸入－内気の排出を行う層を設ける。熱交換器には、排気と吸気の経路が直交する熱交換素子を固定したもの（静止型）と、熱交換素子が低速で回転して吸熱と放熱を繰り返す回転式（再生式）がある。熱交換素子の面は温室床面積と同程度の面積が必要とされている。

全熱交換器は透湿性の熱交換素子を使用するので、室内の顕熱と潜熱の両方を回収する。そのため、吸入空気の気温と絶対湿度はあまり低下しないので、全熱の回収効率は高いが除湿効果は低い。そこで、全熱交換器の熱交換素子に不透湿性資材を使用すると、室内が高温・高湿度で外気の露点温度よりも高い場合は、内気の排出側の熱交換面において結露が生じ、その凝縮熱を吸入する外気に顕熱として回収できる。すなわち吸入空気の温度低下が小さく、絶対湿度は外気と同じで飽差が大きな状態となる除湿換気が可能である（図—13）。

全熱・顕熱交換器の性能は、以下に示す温度効率 η_t とエンタルピ効率 η_i で表される。

$$\eta_t = \frac{t_s - t_{out}}{t_{in} - t_{out}}$$

$$\eta_i = \frac{i(t_s, x_s) - i(t_{out}, x_{out})}{i(t_{in}, x_{in}) - i(t_{out}, x_{out})}$$

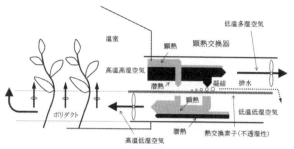

図—13 除湿用顕熱交換型換気装置の概要と配置図

ここで、t:気温（℃）、x:絶対湿度（g・kg^{-1}）、i:エンタルピ（kJ・kg^{-1}）、添字は in:室内、out:室外、s:吸入空気である。全熱交換器および、凝結が発生する条件下での顕熱交換器の温度効率 η_t は 0.7〜0.8 程度と高い。一方、エンタルピ効率 η_i は η_t よりも低い。特に熱交換素子で凝結が生じない顕熱交換器の η_i は全熱交換器よりも大幅に低くなる。

顕熱交換器による除湿と熱回収の状態の例を湿り空気線図上に示すと、図—14のようになる。除湿しながら凝結熱を顕熱として回収するには、外気温が室内空気の露点温度以下である必要がある。雨天日など内外の温度・絶対湿度の差が小さい条件では、換気に

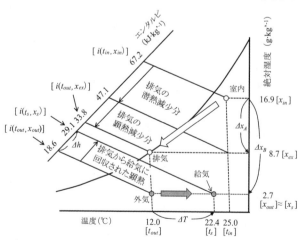

注）ΔT は温度の回収。Δx_A は排気経路における除湿量、Δx_B は給気空気と排気空気の絶対湿度差を表す。このケースでは、温度効率 η_t = 0.80、η_i = 0.22 である。

図—14 顕熱交換型換気装置の利用による除湿と熱回収の事例（冬季）

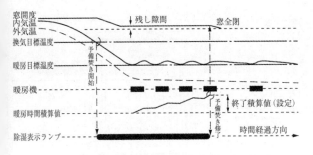

図—15 予備焚き除湿動作の模式図（E社取扱説明書より）

よる除湿効果は小さい。冬季の除湿には約 $0.3m^3 \cdot m^{-2} \cdot min^{-1}$ の換気率が必要とされている。

（3）暖房装置

冬季に暖房して温室内の気温を上げると飽和水蒸気圧も上昇するので、絶対湿度は変化しなくても飽差が大きくなる（相対湿度は低下）ため結露を防止できる。これを除湿的効果という。しかし、飽差が大きくなると植物や土壌からの蒸発散も促進されるため、温室内の絶対湿度はさらに増加してしまう。空気が換気されなければ水蒸気量は減らないので、暖房機がOFFになって気温が低下すると相対湿度は再び高くなる。暖房機のON－OFF動作に伴って植物体の結露と乾燥が繰り返される状態は、うどんこ病の発生しや

すい条件である（後述）。

夜間の暖房設定温度が15℃の温室において、日中の室内気温25℃、70%RHの温室が密閉のまま夜を迎えたとする。この空気の露点温度は19.2℃であるため、夜間は暖房運転しても結露が発生して好湿性病害が蔓延する危険が高い。そこで、夕刻に室内気温が19.2℃以下になる前に数10分程度だけ窓を少量開放したまま暖房運転すると、温かい高湿空気を換気により排出できる（予備炊き除湿）。図—15は、温室制御コンピュータに組み込まれている予備炊き除湿の動作例の模式図で、暖房機の運転時間およびそのときの窓開度を設定することにより、自動的に除湿操作が実施される。

（4）除湿機

冷凍機の低温側の熱交換部では結露により除湿されるので、ヒートポンプ（空調機）と除湿専用機を除湿装置として利用できる。近年導入が急増している冷暖房兼用のヒートポンプは冷房運転時に室内空気を除湿する。しかし、農業用ヒートポンプの多くは、除湿専用機よりも運転可能な温室内吸込空気の温度範囲は小さく、15～20℃以下の冷却は困難である（図—16）。また、冷凍機を利用した除湿は低温になるにつれて除湿能力（除湿水分量）が低下する。ただし、除湿が少量であっても結露の抑制には有効である。

除湿専用機は、冷暖房用ヒートポンプと異なり、冷却器で冷却除湿した後に再加熱して低湿度の温風を放出するため、除湿とともにいくらかの暖房効果がある（図—17）。また、除湿運転が可能な温度範囲も低温領域で広いため（図—16）、冬季の除湿には除湿専用機の利用が適している。除湿専用機のエネルギー効率はヒートポンプよりは高くないが、冷暖房用ヒートポンプほどの台数は必要としな

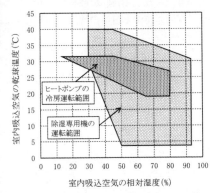

図—16 ヒートポンプの冷房機と除湿専用機の運転範囲の比較例（M社カタログより）

い。冬季は、ヒートポンプ暖房と除湿専用機の併用運転が、大きな飽差の維持に適している。ヒートポンプや除湿専用機の風量は大きくないので、温室内の適切な湿度管理のためには、除湿空気をポリダクトや循環扇により施設全体、または、結露しやすい領域に供給することが望ましい。

4）湿度制御用センサの取扱い

加湿機、除湿機、ヒートポンプによって湿度を目標値（範囲）に制御するには、湿度センサの特性に注意しなければならない。細霧噴霧時の湿度測定では、未蒸発のミストが温湿度センサに付着すると正確な測定が困難である。除湿運転では相対湿度が90％以上の飽和に近い値を設定して制御するが、多くの湿度センサはこの条件下では精度が悪い。とくに、センサがいったん濡れると長時間正確な測定ができなくなる。そのため、除湿運転の誤作動を防ぐために、湿度センサが濡れると、タイマーを用いて一定時間はセンサ出力値によって除湿運転しないようにしたり、夜間はセンサの出力値による制御ではなく、間欠動作プログラムによって除湿運転したりするなどの工夫が必要となる。

日の出時の果実温度は、空気よりも温度が上昇しにくいので結露が生じやすい。そこで、果実温度と空気の露点温度を基準にして日の出時の暖房を管理すると、濡れの発生が減少して好湿性病害を抑制できる。この場合、放射温度計による果実の非接触温度測定が有効である。

7．湿度環境の制御と病害虫・作物生育

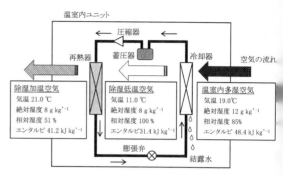

図—17　ヒートポンプ除湿機のしくみと除湿過程の例（M社カタログより）

1）湿度と病虫害

多湿条件で発生する病害は多く、空気の飽差が2kPa以下になると、好湿性病害は多発する（表—3）。とくに灰色かび病は、温室内のどこかに湿潤な場所が残っているとそこから再発するので、施設園芸の病害のなかでも防除が困難なものの一つである。多湿条件下で発生する病害は、葉面などへの結露がおよそ5時間以上継続する場合に多発することが知られている。うどんこ病は、分生胞子の発芽には高湿度や濡れの条件が適しており、一方、菌叢（きんそう）の形成や分生胞子の飛散には比較的低湿度（キュウリうどんこ病の場合42～75% RH）が適している。そのため、夜間の多湿と日中の乾燥が繰り返され

表—3　温室内の湿度と果菜類の発生病害（石井, 1983）

作物名	乾燥下で多発生	多湿下で多発生
キュウリ	うどんこ病	べと病、炭そ病、黒星病、灰色かび病、菌核病、つる枯病、褐斑病、斑点細菌病など
メロン	うどんこ病	べと病、つる枯病など
トマト	うどんこ病	葉かび病、斑点病、疫病、灰色かび病、輪紋病など
ピーマン	うどんこ病	灰色かび病など
ナス	うどんこ病	褐紋病、黒枯病、灰色かび病、菌核病、すすかび病など
イチゴ	うどんこ病	灰色かび病、菌核病など

注）岸國平編「野菜の病害虫」および「そ菜病害虫に関する中国、四国、九州地域試験研究打ち合わせ会議資料」（1971）をもとに作成

るような環境において、うどんこ病は劇症化しやすい。また、うどんこ病を発症させる菌は作物の種類によって異なり、病害が発生しやすい湿度条件も若干異なるため、注意を要する。

このように、温室内は好湿性病害と好乾性病害の両方を同時に抑制できる湿度環境に管理しなければならない。すなわち、①日中は加湿して乾燥を回避する。しかし、噴霧ノズル下付近のように常時濡れが発生しないように注意する。②夕方以降に気温が低下して温室内の飽差が小さくなる前に換気で除湿する。③換気窓を閉鎖後は、除湿や過湿抑制によって結露時間をゼロにするか短縮する。④温室内空気が未飽和であれば、室内の風速を1 m/s（葉が少し動く程度）まで上昇させ、葉面と空気の温度差をなくし、葉面が露点温度以下に低下しないようにする、などである。

省エネルギー対策技術である低温管理や気密性が高まる多重被覆は、温室内を高湿度にするため、結露や水滴の落下による葉面の濡れが長時間継続しやすく、病害が多発したり薬剤の使用回数が増加したりする。よって、このような温室の湿度管理には除湿機の利用による絶対湿度の低下が求められる。また、被覆面を露点温度以上に加温したり、湿度が高くなりやすい領域に効果的に未飽和空気を供給したりすることも濡れ対策として有効である。

ハダニ類、アザミウマ類、アブラムシ類などの害虫は、一般に乾燥した条件で葉面に多く発生する傾向があり適度な加湿が必要とされる。

表―4　適切な気孔開度を維持する飽差の範囲 (Heuvelink, 2009)

		相対湿度（%）										
		95	90	85	80	75	70	65	60	55	50	45	40
気温（℃）| 15	0.6	1.3	1.9	2.6	3.2	3.8	4.5	5.1	5.8	6.4	7.0	7.7
	16	0.7	1.4	2.0	2.7	3.4	4.1	4.8	5.4	6.1	6.8	7.5	8.2
	17	0.7	1.4	2.2	2.9	3.6	4.3	5.1	5.8	6.5	7.2	8.0	8.7
	18	0.8	1.5	2.3	3.1	3.8	4.6	5.4	6.1	6.9	7.7	8.4	9.2
	19	0.8	1.6	2.4	3.3	4.1	4.9	5.7	6.5	7.3	8.1	9.0	9.8
	20	0.9	1.7	2.6	3.5	4.3	5.2	6.0	6.9	7.8	8.6	9.5	10.4
	21	0.9	1.8	2.7	3.7	4.6	5.5	6.4	7.3	8.2	9.2	10.1	11.0
	22	1.0	1.9	2.9	3.9	4.8	5.8	6.8	7.8	8.7	9.7	10.7	11.6
	23	1.0	2.1	3.1	4.1	5.1	6.2	7.2	8.2	9.2	10.3	11.3	12.3
	24	1.1	2.2	3.3	4.3	5.4	6.5	7.6	8.7	9.8	10.9	12.0	13.0
	25	1.1	2.3	3.4	4.6	5.7	6.9	8.0	9.2	10.3	11.5	12.6	13.8
	26	1.2	2.4	3.6	4.9	6.1	7.3	8.5	9.7	10.9	12.2	13.4	14.6
	27	1.3	2.6	3.9	5.1	6.4	7.7	9.0	10.3	11.6	12.9	14.1	15.4
	28	1.4	2.7	4.1	5.4	6.8	8.2	9.5	10.9	12.2	13.6	14.9	16.3
	29	1.4	2.9	4.3	5.7	7.2	8.6	10.0	11.5	12.9	14.3	15.8	17.2
	30	1.5	3.0	4.5	6.1	7.6	9.1	10.6	12.1	13.6	15.1	16.7	18.2
	31	1.6	3.2	4.8	6.4	8.0	9.6	11.2	12.8	14.4	16.0	17.6	19.2
	32	1.7	3.4	5.1	6.7	8.4	10.1	11.8	13.5	15.2	16.9	18.6	20.2

注）表中の値の飽差は、室内空気の飽和水蒸気密度と実際の水蒸気密度の差で表したもので、単位は $[g \cdot m^{-3}]$ である。太字で示した飽差はトマトの施設栽培において、適切な気孔開度を維持するといわれている飽差の範囲（$3 \sim 7 g \cdot m^{-3}$）を示す。

2）湿度制御と作物生育

屋外の絶対湿度が低い冬から春の期間、換気によって温室内に取り入れられた空気は、日射熱で昇温すると飽差が大きくなるため、作物体の蒸散量は増加しやすい。しかし、蒸散量が吸水量を上回る時間帯が継続すると、作物体内の水ポテンシャルが低下し、それに伴い孔辺細胞の膨圧も低下して、気孔開度が小さくなる。そのため、日射量や気温が適切であっても、CO_2ガスを十分に葉内に吸収できず光合成速度が上昇しない場合がある。特にCO_2施用時は、CO_2利用効率が大幅に低下してしまう。そこで、日中の温室内を加湿して、室内空気の飽差を一定の範囲に制御すると、気孔は開いたままでも過剰な水損失を回避しながら適度な蒸散を維持できる。この結果、作物は蒸散流による安定的な養分吸収と、気孔からのCO_2ガスの葉内拡散の両方を実現できる。

オランダのトマト施設栽培では、日射の強

い時間帯の温室内の飽差を4〜9hPa（温室内空気の飽和水蒸気密度と実際の水蒸気密度の差で表すと約3〜7g・m^{-3}、気温20〜28℃の範囲では相対湿度が75〜80％前後（表—4））に管理して、高い収量が得られている。また、作物体内の水ポテンシャルの高い状態になると、細胞の膨圧を維持できるので、高い成長速度を確保できる。

　上記の飽差の指標はあくまでも目安であり、実際の気孔開度は作物体の水ポテンシャルと孔辺細胞の膨圧に支配されている。そのため、同じ飽差でも根域の水分状態、根量、葉面積が異なれば、体内の水分状態も個体や作物種類によって異なる。よって、飽差を用いて作物の生育を管理する際は、日射量、気温、CO_2濃度だけではなく、根の吸水量と葉の蒸散量のバランスを留意することが重要である。

（嶋津光鑑＝岐阜大学応用生物科学部）

参　考　文　献

1)（社）日本施設園芸協会編（2003）：五訂施設園芸ハンドブック，園芸情報センター，562
2) 井上宇市編（2008）：改訂5版空気調和ハンドブック，丸善出版，491
3) Heuvelink,Ep.編著（2012）：トマト・オランダの多収技術と理論−100トンどりの秘密，(社)農山漁村文化協会，326

第5章　二酸化炭素制御

1．二酸化炭素制御（CO_2 施用）の現状

1）技術開発の経緯と導入・普及状況

　二酸化炭素は炭酸ガス（以下 CO_2）ともよばれ、近年温室効果ガスとして大きな関心がもたれているが、植物にとっては光合成の原料である。「CO_2 施用」は収量を増加させるために、ハウス内の CO_2 濃度を人為的に高めて光合成速度を向上させる技術である。Mortensen（1987）の総説によると、CO_2 施用は今から200年以上以前に書かれたSaussure（1804）の論文にすでに記載があり、1900年代の初頭から1930年代にヨーロッパの国々で多くの研究が行われ、CO_2 施用の効果が確認されたと述べている。ただし、実際に生産現場に導入されるようになったのは1960年代以降であり、同時期に日本にも導入された。国内の CO_2 施用は1960年代に関東地方を中心にキュウリ、メロン、トマト等へ導入されたのが始まりとされている。1970～80年代には多くの研究開発が行われ、生産現場にも導入された。しかし、1983年の994haをピークに減少した。その理由としては、正しい利用法が十分に理解されていなかったため、施用効果が安定しなかったことや、一部で粗悪な燃焼器具が販売され、有毒ガスが発生する等の障害が発生したことなどが挙げられる。国内の施設栽培面積に対する、CO_2 施用の導入面積の比率は、1997年には1.47%まで落ち込んだ（図-1）が、その後回復し、2009年には1,422ha、2.9%（野菜、花き、果樹すべての合計）となっている。最近は、ハウス内の環境を積極的に制御する技術についての関心が生産現場において高まっている。収量を高めるための環境制御技術の中心となっているのが CO_2 施用技術であり、技術開発や製品開発が盛んに行われ、CO_2 施用の導入面積も大きく増加しつつある。

2）CO_2 濃度と光合成速度

　光合成は空気中の CO_2 と水を原料にして、光エネルギーを用いて炭水化物を生成する反応である。

$$6\,CO_2 + 6\,H_2O \rightarrow C_6H_{12}O_6 + O_2$$

　現在、外気の CO_2 濃度は、季節変動や日変動があるものの、概ね360～410ppmの範囲であり、平均385ppm程度である。適温で光が十分な条件下では、CO_2 濃度が

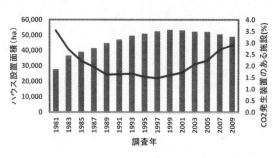

注）園芸ガラス室・ハウス等の設置状況（農林水産省，2009）より作成
図—1　ハウス設置面積と CO_2 発生装置のある施設面積の割合

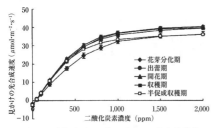

図—2 イチゴ(とちおとめ)の CO_2 —光合成曲線、PPFD=1000 μ mol・m^{-2}・s^{-1} 測定時葉温 20℃、相対湿度 70%(和田ら、2010)

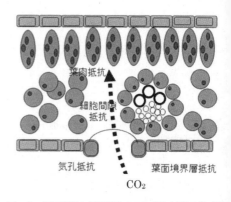

図—3 葉の周辺から葉緑体までの CO_2 拡散の模式図

1,000ppm 程度まで増加した場合、葉の光合成速度(本稿では「真の光合成速度」から「呼吸速度」を差し引いた純光合成速度を指す)はほぼ直線的に増加する。この範囲では、ハウス内の CO_2 濃度を自然条件よりも高める積極的な CO_2 施用が、収量の増加に有効である。一方で、外気の濃度から 100ppm 程度まで CO_2 濃度が減少した場合も、光合成速度は直線的に減少する(図—2)。温室内は昼間 CO_2 濃度が低下し、とくに冬期に換気のない状態や、土壌を用いない栽培では CO_2 濃度の低下が著しい。したがって、ハウス内の CO_2 濃度を外気と同程度に維持するだけでも CO_2 施用の効果は十分にあるとされている。

植物の光合成に対する CO_2 濃度の影響は、光強度や温度など、他の環境要因により大きく異なる。

光合成で利用される CO_2 は、濃度の高い周辺の大気から濃度の低い葉内(葉緑体)まで気孔を通って拡散によって移動する(図—3)。CO_2 が大気から葉緑体まで拡散する経路には複数の抵抗(拡散抵抗)が存在する。まず、葉面上には葉面境界相という薄い空気層があり、この部分を CO_2 が拡散する際の抵抗を葉面境界相抵抗と呼ぶ。CO_2 はクチクラ層をほとんど透過できないので、気孔を通って葉内に入る。気孔を通過する際の抵抗を気孔抵抗と呼ぶ。気孔を通過した CO_2 は細胞間隙に入り葉肉細胞の表面まで移動する。この部分の抵抗を細胞間隙抵抗と呼ぶ。葉肉細胞表面で CO_2 は、液相に溶けて細胞壁、細胞膜、細胞質を通り、葉緑体に到達する。この液相の抵抗を、葉肉抵抗と呼ぶ。まとめると、光合成速度は大気と葉緑体内の CO_2 濃度差に比例し、拡散抵抗の和に反比例する。ハウス内の CO_2 濃度を人為的に高める CO_2 施用は、大気と葉緑体内の CO_2 濃度差を高めることによって、光合成速度を増加させる技術である。一方、CO_2 施用の効果を高

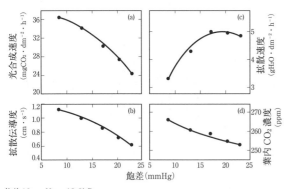

飽差 10mmHg = 13.3hPa、
光合成速度 CO_2 10mg/100cm^2/hr = 6.31 μ mol/m^2/sec

図—4 飽差がイネ葉の光合成速度、拡散伝導度、蒸散速度および葉内 CO_2 濃度に及ぼす影響(齋藤・石原,1987)

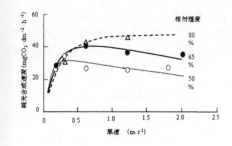

図—5 風速と湿度がキュウリ葉の光合成速度に及ぼす影響(矢吹・宮川, 1970)

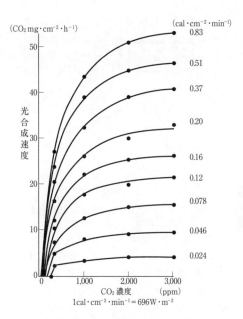

図—6 CO_2濃度と光強度がキュウリ葉の光合成速度に及ぼす影響(伊東, 1980)

めるためには、拡散抵抗を小さくするような環境管理を行ってCO_2の拡散を促進することが重要となることがわかる。

拡散抵抗のうち、細胞間隙抵抗は他の抵抗と比較すると小さいので、通常は無視できる。また葉肉抵抗は液相の抵抗であり、環境変化の影響を受けない。そのためCO_2の拡散に影響を及ぼすのは、主に葉面境界相抵抗と気孔抵抗である。葉面境界相は葉の周囲の風(気流)の影響を強く受ける。気孔抵抗は気孔開度が小さいと大きくなり、葉の周囲の湿度や土壌水分の影響を強く受ける。高温、強光下や低湿度条件下では蒸散を抑制するために気孔開度が小さくなりやすい。

図—4は、飽差がイネ葉身の光合成速度、拡散伝導度(拡散抵抗の逆数)、蒸散速度、葉内CO_2濃度に及ぼす影響を示した(齋藤・石原, 1987)。飽差が増加すると拡散伝導度、葉内CO_2濃度の低下にともなって光合成速度は減少する。飽差が増加すると蒸散速度が大きくなるので、葉の水ポテンシャルが低下し気孔開度が小さくなり、拡散伝導度は低下する。

図—5は異なる相対湿度下でのキュウリ葉の光合成速度に及ぼす植物体周辺の風速の影響を示す。風速0〜0.5m・s^{-1}の範囲では、風速の増加にともない光合成速度は著しく増加する。相対湿度80%のときは、0〜

1m・s^{-1}の範囲まで増加する傾向があるが、相対湿度が50〜65%では、風速0.5〜1m/sから光合成速度は減少傾向を示す。施設内では風が弱く空気の流れが少ないので、葉面境界相抵抗が大きくなりやすい。その結果、葉の表面のCO_2が葉に吸収されてCO_2濃度が低下しても、周囲の空気からCO_2が移動、補給されにくい。そのため、換気やファンを利用してハウス内の空気を動かす工夫が行われている。一方、風速が速すぎると蒸散が過剰となり、特に相対湿度が低い場合には葉内の水分が欠乏し、水分ストレスとなって気孔が閉鎖し、光合成速度が低下する。

CO_2濃度を高めると光合成速度は増加するが、ある濃度以上になると光合成速度は増加しなくなる(CO_2飽和点)。図—6には異なる光強度下におけるCO_2濃度が光合成速度に及ぼす影響の例である。CO_2飽和点は、光強度の増加にともない上昇する。一方、光合成速度がゼロとなる時のCO_2濃度(CO_2

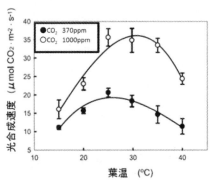

図—7 葉温がバラ葉の光合成速度に及ぼす影響
(牛尾, 2008)

補償点)は光強度の増加にともない低下する。

また図—7のように、CO_2濃度の上昇にともない光合成速度に対する葉温の影響が大きくなり、光合成速度が最大となる葉温は高温側に移動することも知られている（牛尾, 2008）。

3）施設内のCO_2の動態

日の出後に換気が行われない状態で作物の光合成が活発になると、ハウス内のCO_2濃度は急速に低下し、外気のCO_2濃度よりも低くなる。通常は換気が行われるとCO_2濃度は回復するものの、群落内部のCO_2濃度は外気よりも低くなりやすい。図—8はトマ

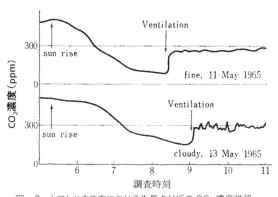

図—8 トマトハウス内における生長点付近のCO_2濃度推移
(伊東, 1970)

ト生産ハウスにおける成長点付近のCO_2濃度の推移である。温室内は昼間CO_2濃度が著しく低下し、とくに冬期に換気のない状態や、土壌を用いない栽培ではCO_2濃度の低下が著しい。

4）CO_2施用の問題点

研究や技術開発の段階では、CO_2施用による増収効果は様々な品目で多数報告があり、多くの場合、10〜30%の増加となっている。しかし、実際の生産現場においては、CO_2施用を行っても十分に収量が増加しない事例が報告されている。まず、当然のことながら、CO_2施用によって光合成量が十分に増加しなければ、収量の増加にはつながらない。国内で秋〜春にハウスで栽培されている作物（マスクメロン、イチゴ、トマト、キュウリ、各種葉菜類など）に対するCO_2施用は、施設の換気窓を閉じた時間帯のみ、CO_2施用を行うことが一般的である。太平洋沿岸地域では、冬期間でも比較的日射が強いため、ハウスの昇温を抑えるために日中換気が必要になる。換気を行うと施用したCO_2はハウス外に放出されてしまうので、CO_2施用は日の出〜換気開始までの数時間に限定されていることが多い。この時間帯は日射が弱く気温も低いので、CO_2施用を行っても光合成量が増えにくく、顕著な増収効果が得にくい。

また上述したように、CO_2の施用効果は環境により大きく異なり、湿度や風速、気温（葉温）を最適化する必要がある。また果菜類において、CO_2施用によって収量を増加させるためには、果実へ光合成産物を分配させる必要がある。

表—1には1977年にとりまとめられたCO_2施用基準を示す。これは当時の試験研究成果や現地の事例を参考に作成されたとされる。し

表1　施設トマト・キュウリ栽培における CO_2 施用基準（野菜茶試、1977）

施用時期		越冬栽培では保温開始期以降、促成栽培では定食後30日頃からで、いずれも着果を見届けてから行う．育苗中は施用しない
施用時間		日の出後約30分から、換気するまでの2～3時間、換気をしない場合でも、3～4時間で終了する
施用濃度		晴天時　1000–1500ppm
		曇天時　500–1000ppm
		雨天時　施用しない
温度条件	昼温	CO_2 を施用しない場合と同じく28～30℃で換気をする
	夜温	変温管理とし、転流促進時間帯（4～5時間）を設ける．晴天時は、キュウリ15℃、トマト13℃とし、曇天時はこれより下げる．呼吸抑制温度はキュウリ10℃、トマト8℃とする
湿度条件		CO_2 を施用するために、密閉時間を長くして、多湿になるようなことは避ける
施肥条件		やや多肥にするような必要はない
灌水条件		やや控えめにし、CO_2 施用により茎葉が過繁茂になることを防ぐ
備考		堆肥が多く、土壌より大量の CO_2 が発生している施設では施用効果が少ない．施用に先立ち施設内の CO_2 濃度を測定する必要がある

注）当時の試験研究の結果や実際の使用例を参考に作成されたものである

かし、その後十分に検証されてはいない。

2．測定方法

1）測定原理

CO_2 を測定する方法として、以下の3つの方法のうち、いずれかが用いられることが多い。

（1）赤外線ガス分析計

CO_2 は濃度に比例して特定の波長の赤外線を吸収する。赤外線ガス分析計（非分散型赤外分析計、NDIR）は、この性質を利用して空気中の CO_2 濃度を測定する。この時、空気中の水分も赤外線を吸収するため、測定値は湿度の影響を受けるので注意が必要である。しかし、測定精度が高く、長期の連続使用に耐えるため、現在市販されている測定器や制御機器のほとんどがこの方式を利用している。

（2）固体電解質型ガスセンサ

固体電解質と CO_2 との電気化学反応による起電圧を計測することによって、CO_2 濃度を測定する方式である。電解質として炭酸リチウムイオンを用いるものが市販されている。赤外線ガス分析計と異なり、湿度の影響を受けにくい特徴がある。

（3）ガス検知管

取扱いが簡単で安価であるため、簡易な測定に適する。検知管を専用のポンプにセットし、ハンドルを引いて調査対象の空気を吸引すると、管に充填された試薬が着色する。この着色層の長さ（色調）から濃度を定量する。

2）実際の測定機器

表―2に国内で入手可能な CO_2 測定器の例を示す。

最近は安価な CO_2 濃度センサが入手できるようになり、研究・実験だけでなく生産現場においても CO_2 濃度を測定しやすくなっている。安価な CO_2 センサの代表的なものが、SenseAir 社の CO_2Engine K30 である。基盤のみのセンサモジュールとして市販されているので、電源線や信号線を別途ハンダづけする必要がある。信号線には CO_2 濃度に比例した電圧が出力されるので、データロガーに接続して記録したり、制御機器に接続する。安価であるが、半年から1年程度で動作が不安定となる欠点がある。

また、気温、湿度、CO_2 を1台で測定記録できるデータロガーも市販されている。作物の生育や収量に影響の大きい環境要素である気温、湿度、CO_2 を同時に測定できるメリットは大きい。RTR-576 は温度、湿度お

表2 国内で入手可能な CO_2 測定器の例

センサ種類	①品名、②製造元、販売元、③測定方式、④測定範囲、精度、⑤特徴
	① CO2Engine K30 ② SenseAir・サカキコーポレーション ③ NDIR 方式 ④ 0–5000ppm、±30ppm ⑤ 安価、DC4.5〜14V、5%以内の外部電源が必要、別途記録装置、表示機などが必要、制御用出力あり
	① RTR-576 ② ティーアンドディー ③ NDIR 方式 ④ 0–9999ppm、±30ppm ⑤ 温度、湿度も測定可能、内部メモリーに記録、無線にてデータの回収が可能
	① MCH-383SD ② Lutron Electronic Enterprise Co., Ltd、佐藤商事 ③ NDIR 方式 ④ 0–4000pm、±40ppm（1000ppm 以下）、±5%（＞3000ppm） ⑤ 温度、湿度も測定可能、SD カードに記録
	① MA-100 ② チノー ③ リチウムイオン固体電解質方式 ④ 0–5000ppm、±10ppm（1000ppm 以下）、±25ppm%（＞3000ppm） ⑤ CO_2 のみ。制御出力あり

よび CO_2 を1台で測定できるデータロガーで、CO_2 センサには SenseAir 社の K30 を利用している。温湿度センサは交換可能であるが、CO_2 センサは交換できない。チノー製の MA-100 の測定原理は、リチウムイオン固体電解質方式である。

3．CO_2 の供給方法

ハウス内の CO_2 濃度を人為的に高めるためには、なんらかの方法で CO_2 を供給する必要がある。土耕の場合には、土壌中に含まれる有機物が微生物によって分解する際、CO_2 が発生する。図—9のように毎作堆肥を投入するような、土壌中の有機物含有量が多い圃場では、土壌から CO_2 が発生する (Yoshida ら、1997)。しかし、そのような場合でもハウス内の CO_2 濃度を日中自然状態より高めるには十分ではなく、また栽培期間をとおして CO_2 が安定的に供給されるとはかぎらない。

現在、CO_2 施用を行う場合には、なんらかの CO_2 発生装置が利用されている。CO_2 発生装置には、灯油燃焼方式（図—10右）、LPG 燃焼方式（図—10左）および液化 CO_2 方式がある。

灯油燃焼式は現在最も一般に利用されている方式で、導入コスト、ランニングコストともに低い。この方式の欠点は燃料である灯油に不純物が入っていると、不完全燃焼をおこした場合に有害なガスが発生する可能性があるため、機器の保守点検、燃料の品質管理には注意が必要である。

LPG 燃焼方式は灯油燃焼方式と比べると設備費がやや高く、ランニングコストも高い。酸欠による不完全燃焼の発生や、燃料であるガス漏れに注意が必要である。

液化 CO_2 ガス方式は、設備は簡素で安価であるが、ランニングコストは最も高い。同

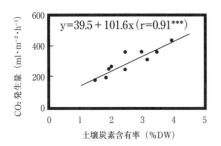

図—9 イチゴ生産ハウスにおける土壌炭素含有率と CO_2 発生量の関係（Yoshida ら、1997、***P＝0.001 レベルで有意差あり）

図—10　CO_2 発生装置の例—（左）LPG 方式、（右）灯油燃焼式

量の CO_2 を発生させた場合のランニングコストは灯油燃焼方式を基準として、LPG 燃焼方式は 4.7 倍、液化 CO_2 ガス方式は 18 倍という試算がある（番, 1997）。

4. CO_2 濃度制御方法

ハウス内の CO_2 濃度を調節する方法には、タイマー制御、CO_2 濃度制御、日射量による比例制御などがある。タイマー制御方式は、24 時間タイマーと場合によってはサブタイマーで CO_2 発生装置の稼働を制御する方法で、CO_2 濃度センサを装備していない発生装置で用いられる。タイマーは発生装置本体に標準で付属しているものもあり（図—11 左）最も広く使われている。タイマーによって発生装置を ON / OFF する時間を設定し、CO_2 濃度を調節する。あらかじめ発生装置を ON にする時間の長さとハウス内 CO_2 濃度の関係を調べておいて、タイマーを設定する。

CO_2 濃度センサを装備する方式（図—11 右）では、センサからの信号に基づいて、CO_2 発生装置を ON / OFF することによって、ハウス内の CO_2 濃度を希望する濃度となるように調節する。従来、CO_2 濃度センサが高価であったために、広くは利用されていなかったが、最近 CO_2 濃度センサを装備した制御盤が市販されるようになり、導入が増えている。一般には、一定の時間間隔で CO_2 濃度をモニターして、設定濃度よりも低くなった場合に所定時間 CO_2 発生装置を ON にする。あるいは CO_2 の上限濃度と下限濃度を設定し、下限を下回ったら、上限

図—11　CO_2 濃度の制御システム（左）、灯油燃焼式 CO_2 発生装置本体に付属するタイマー（中央）、CO_2 濃度センサを利用した制御システム（右）の例

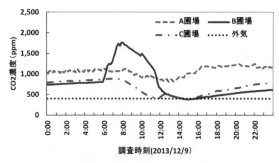

図—12　温室内二酸化炭素濃度の日変化（2013年12月9日、晴）

濃度まで発生装置を ON とする場合もある。ただし CO_2 濃度センサの設置位置と、CO_2 発生装置の設置場所やハウス内への CO_2 の分配方法によって、時間遅れが生じ、希望する CO_2 濃度よりも低くなったり高くなったりすることを考慮する必要がある。

ハウス内の気温が上昇して天窓や側窓が開いたり、換気扇が稼働するなど換気が始まると、施用した CO_2 は排出されてしまう。そのため、換気の有無と CO_2 発生装置の稼働を連動させることが望ましい。換気扇の ON／OFF 信号を利用して、換気扇と CO_2 発生装置を連動させるシステムは、すでに広く利用されている。一方、天窓の開閉と CO_2 発生装置の連動も生産現場に導入されつつある。これには、温度センサを利用する場合と傾斜角度センサを利用する場合がある。温度センサを利用する場合には、換気開始設定温度より気温が低い場合には CO_2 発生装置を稼働させるが、換気開始設定温度より気温が高い場合には、CO_2 発生装置を稼働させない。また、傾斜角度センサを利用する場合には、天窓に取り付けた傾斜角度センサによって天窓の開度をモニターし、天窓が開いている場合には CO_2 発生装置を稼働させない。CO_2 濃度センサを装備している場合には、温度センサを用いる場合、傾斜角度センサを用いる場合ともに、天窓が開いている場合に CO_2 発生装置の設定濃度を外気と同等の 350～400ppm に設定する場合も多い。

光合成速度は日射の強弱によって大きく左右され、日射が強いほど光合成速度は速くなる。図—6 に示したように、日射が強くなるほど光合成速度は速くなり、CO_2 の飽和点（それ以上 CO_2 濃度を高めても光合成速度が増加しない CO_2 濃度）はより高濃度になることがわかっている。そこで、CO_2 施用量（または濃度）を日射量に応じて増減させる日射比例制御が一部で用いられている。日射計が必要となるため、複合環境制御盤を装備したハウスで利用されている。

5．CO_2 施用方法

国内の CO_2 施用方法は、日の出前後から換気開始までの数時間、1,000～2,000ppm の CO_2 濃度を維持する、「高濃度短時間施用」がもっと多い。その理由は、CO_2 濃度センサをもたないタイマー制御の CO_2 発生装置が最も多く使われているからだと推察される。しかし、この施用方法では、CO_2 濃度を高く維持できる時間が短い、気温が低く、日射量も弱い時間帯で光合成促進効果が低い、などの問題点があり、CO_2 施用が収量増加に結びつかない場合も多い。近年、いくつかの CO_2 施用方法が提案され、生産現場に導入されて成果を上げている。

1）低濃度長時間施用

文字どおり、低濃度で長時間 CO_2 施用を行う方法である。作物の群落内および葉面周辺では換気を行っている条件下でも、CO_2 濃度が大気より低下することが報告されている。しかし換気条件下で CO_2 濃度を高く維持することは現実的に難しく、また CO_2 のロスも大きい。川城ら（2009）はキュウリの栽培において、換気の有無に関わらず

CO_2の濃度設定を500ppmとして日中7時間施用するほうが、CO_2の濃度設定を1,000ppmで午前中3時間施用した場合よりも収量が増加し、CO_2施用量が少ないことを示した（図—13）。実際の生産現場においては、CO_2濃度センサを用いて換気中はCO_2目標濃度を外気と同程度の350～400ppmとしてCO_2を施用し、換気のない条件下では、目標濃度は外気よりやや高めの500～800ppmとして、日の出直後から日没前までCO_2を施用する方法が用いられている。一方で、日中、換気を抑制して、CO_2濃度が外気よりも高い時間を長く維持する試みも行われている。例えば、換気開始温度を通常よりも高く設定したり、日中ヒートポンプを冷房運転したり、遮光や遮熱フィルムを利用することで、換気をできるだけ抑えて管理する。現在までに、ヒートポンプや遮熱フィルムの利用が収量や生産コストに及ぼす影響については十分なデータがなく、今後さらになる検証や技術開発が必要である。

2）ゼロ濃度差CO_2施用法

「ゼロ濃度差CO_2施用法」とは、施設内CO_2濃度が施設外CO_2濃度より低い場合、CO_2を施用して、施設内CO_2濃度を施設外CO_2濃度と等しくなるまで上昇させるCO_2施用法である（古在ら、2014）。CO_2が天窓など施設の開口部から施設外に漏れるのは、理論的には、施設内濃度が施設外濃度より高い場合だけであるので、換気条件下であっても効果的なCO_2施用が可能である。CO_2施用量が少なくなり、コストが小さくなるメリットがある。具体的には換気条件下の施設内CO_2濃度を100～200ppm高くする。日射量が大きく光合成が盛んになる時間帯の施用であり、長時間の施用が可能となることから、

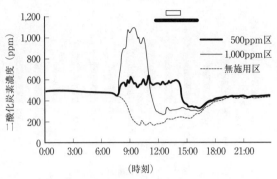

図—13 温室内二酸化炭素濃度の日変化（2003年2月5日、晴）（川城ら、2009）

光合成促進効果は高い。

通常施設内CO_2濃度の平均値を求める場合には、群落内など活発に光合成を行っている部分にCO_2濃度センサを設置する。しかし、ゼロ濃度差CO_2施用を行うためのCO_2濃度計測は施設内の換気窓付近で行う。施設内外とのCO_2（空気）の交換は主に開口部において行われるので、その位置において施設内外CO_2濃度差を基準に、CO_2施用速度を制御することが合理的である。ハウスの内部と外部のCO_2濃度を等しくなるように、ゼロ濃度差施用専用のCO_2施用システムも開発されている。このシステムでは、一つのCO_2濃度センサに対して、空気サンプリング用の吸引ポンプを2台接続し、1台はハウス外、1台はハウス内の空気中のCO_2濃度を測定する。内外のCO_2濃度が等しくなるようにCO_2供給量を調節する。

6．CO_2施用の効果を高める

1）湿度（飽差制御との組み合わせ）

これまで栽培現場において、湿度を意識した栽培管理はほとんど行われてこなかった、もしくは病害発生を防ぐ観点からできるだけ

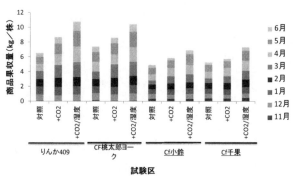

図—14 CO_2 施用及び湿度制御がトマトの収量に及ぼす影響（岩崎ら，2011）

低く抑えることがよいとされることが多かった。上述したように、光合成速度には、相対湿度や飽差が大きく影響していることが広く知られるようになってきた。図—14にはCO_2施用と湿度制御が収量に及ぼす影響について調べた実験例を示した。CO_2は8～16時まで400～600ppmの濃度を維持し、湿度制御は、8～14時に湿度80％以下かつ気温25℃以上の場合に2流体ミストを間欠運転した。CO_2施用と湿度制御を併用することによって、収量が大きく増加することが明らかとなり、生産現場において導入されつつある。

2）CO_2 施用と品種、栽培方法および環境管理

CO_2施用の効果は品種によって異なる。図—15は、タイプの異なる3種類のキュウリを供試してつるおろし栽培を行い、CO_2施用が収量に及ぼす影響を調べた実験の例である。CO_2施用による収量増加の効果は、日本型品種エトルノでは1.23倍、ベイトアルファ型品種Mediaでは1.32倍、英国温室型品種Proloogでは1.54倍となった。MediaおよびProloogは雌花の着生率が高く、シンク能（光合成産物の容れ物）が大きいことが、CO_2施用による収量増加効果が高い要因であると推察される。

CO_2施用を行う場合には、CO_2以外の環境管理も最適化する必要があり、特に養分管理と気温管理は重要である。通常、CO_2施用によって養分の吸収量が多くなるので、従来よりも多くの養分が必要になる。養分が不足すると、成長点が弱くなり、葉色が淡くなり、生育が抑制される。またCO_2施用を行うと光合成量が増加するので、草勢が強くなる場合がある。トマトやイチゴなど果菜類では草勢が強くなると、花芽分化が遅れ、果実肥大が遅くなる、乱形果などの障害果の発生が多くなるといった問題が生じる。このようなときは、気温管理によって草勢をコントロールする。光合成量に対して気温が低いと、①光合成産物が果実や根に転流せずに葉や茎に残り、葉が厚く巻き、茎が太くなる。また②伸長速度が遅くなり、その結果、草勢が強くなりやすい。このように、適度な草勢を維持するためには光合成量に対応した気温管理が重要である。

3）CO_2 施用量と施用効率

ハウス内に人為的に供給されたCO_2の一部は作物に吸収され、一部はハウス外に散逸し、残りはハウス内にとどまる（図—16左）。CO_2がハウスの外に漏れる割合は、ハウス

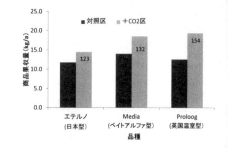

図—15 異なるキュウリ品種におけるCO_2施用が収量に及ぼす影響の品種間差（岩崎ら，2014）

の換気回数の影響が大きい。屋外の風速が大きいときには換気回数が増加し、CO_2利用率は低下する。栽培時のCO_2利用率は換気がなく閉めきった状態でもかなり低い（図―16右）。

4）長期間のCO_2施用による光合成速度の低下

CO_2施用は作物の光合成速度を増加させる。一方で、CO_2施用を長期間行うと、初期の促進効果が失われ、抑制的に働く場合もある。これは高CO_2条件に対する光合成の馴化やダウンレギュレーションなどと呼ばれる（牧野、2013）。生育後半の収量が低下する、または株の老化が早まる事例も報告されている。それは個体としての成長速度を上回る光合成が高CO_2環境下で一時的に行われるため、光合成器官やその周囲に光合成産物が蓄積し、気孔抵抗や葉肉抵抗などを増加させるなどのメカニズムによって、光合成速度を減少させていると議論されている。しかし、光合成産物の貯蔵組織の容量が大きく、同化産物が速やかに葉から貯蔵組織に転流するハツカダイコンなどの根菜類では、高CO_2濃度下における光合成速度の経時的な低下は、比較的小さいこともわかっている。

一般に、作物は葉の内部のCO_2濃度が下がると気孔を積極的に開き、逆にCO_2濃度が高くなると気孔を閉じる方向にある。また、

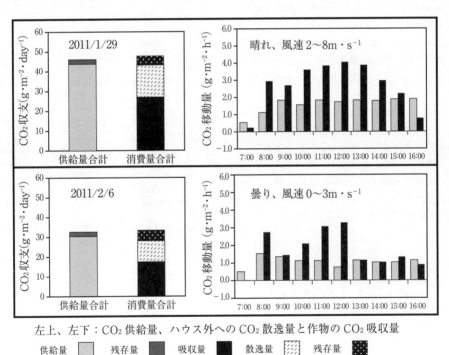

左上、左下：CO_2供給量、ハウス外へのCO_2散逸量と作物のCO_2吸収量
　　供給量　　残存量　　吸収量　　散逸量　　残存量
右上、右下：作物によるCO_2吸収量とハウス外へのCO_2散逸量
　　吸収量　　供給量

図―16　トマト栽培ハウスにおける換気のない条件下でのCO_2の収支（目標濃度 1,000ppm）（Kuroyanagi ら，2014）

その結果、蒸散が抑制され、葉温が高まり葉の組織が損傷を受けることも知られている。高CO_2環境下で生育した植物では、光合成産物である糖やデンプンなどの炭水化物が蓄積する。デンプンの蓄積と光合成速度の低下との間には明確な相関関係が見られる場合が多いため、炭水化物の蓄積が高CO_2下による光合成速度の促進を抑える要因であると考えられている。原因としては、高CO_2下で蓄積した巨大なデンプン粒が、葉緑体の膜構造を物理的に破壊している様子が観察され、グラナチラコイド膜の数を大きく減少させることも報告されている。また、葉緑体内でのCO_2拡散を妨害する可能性も指摘されている。

高CO_2下では、多くの植物で葉の窒素含量が減少することが知られている。イネの場合、高CO_2下では個体レベルでの植物の形と窒素分配を劇的に変化させることで、個体としての光合成の調節を行うことが示唆されている。

高CO_2は葉の老化速度にも影響する。高CO_2で植物のエイジングが先行し、葉の老化が促進されることが普遍的に報告されている。糖やデンプンの蓄積が、葉の老化を促進させる要因であることも明らかになっている。

(岩崎泰永＝農研機構野菜茶業研究所)

参 考 文 献

1) Mortensen (1987)：CO2Enrichment in Greenhouses. Crop Responses Sci.Horti. 33, 1-25
2) 和田義春・添野珪史・稲葉幸雄 (2010)：促成、半促成栽培におけるイチゴ品種'とちおとめ'の高CO_2濃度下の葉光合成速度促進に及ぼす光と温度の影響，日作紀79，192-197
3) 齋藤邦行・石原邦 (1987)：水稲葉身の光合成速度に及ぼす飽差の影響，日作紀，56，163-170
4) 矢吹万寿・宮川秀夫 (1970)：風速と光合成に関する研究（第2報）風速と光合成との関係，農業気象，26，21-25
5) 伊東正 (1980)：CO_2施用,温室設計の基礎と実際，養賢堂，pp205-213
6) 牛尾亜由子 (2008)：バラ同化専用枝葉の光合成能力の発達と維持に関する研究，花き研報，8，15-40
7) 伊東正 (1970)：そ菜栽培における作物群落内の炭酸ガス濃度低下，園学雑，39，185-192
8) Yuichi Yoshida, Yoshihiro Morimoto, Kazuhira Yokoyama (1997)：Soil Organic Substances Positively Affect Carbon Dioxide Environment in Greenhouse and Yield in Strawberry, J Japan Soc Hortl Sci, 65, 791-799
9) 番三千雄 (1997)：CO_2ガス発生装置（最新施設園芸の環境制御技術），日本施設園芸協会，pp99-104
10) 川城英夫・土屋和・崎山一・宇田川雄二 (2009)：低濃度二酸化炭素施用が促成栽培キュウリの収量に及ぼす影響とその経済性評価，園学研，8，445-449
11) 古在豊樹・糠谷綱希・渋谷俊彦・丸尾達 (2014)：施設園芸におけるゼロ濃度差CO_2施用（1）その原理と実際，農業および園芸，89，643-652
12) 岩崎泰永，三浦慎一・大月裕介 (2011)：トマトおよびイチゴ促成栽培における加湿制御が生育および収量に及ぼす影響，園芸学研究，10（別2），455
13) 岩崎泰永・安東赫・下村晃一郎・東出忠桐・中野明正 (2014)：仕立て法および栽培環境の違いが，ベイトアルファ型，温室型および日本型キュウリ品種の生育，収量に及ぼす影響，野菜茶研研報，13，65-73
14) Takeshi Kuroyanagi, Ken-ichiro Yasuba, Tadahisa Higashide, Yasunaga Iwasaki, Masuyuki Takaichi (2014)：Efficiency of carbon dioxide enrichment in an unventilated greenhouse, Biosystems Engineering, 119, 58-68
15) 牧野周 (2013)：高CO_2環境とC3光合成の炭素と窒素の利用，光合成研究，23（1），10-17

第6章　換気・気流制御

（1）自然換気

1．はじめに

1）換気の目的と限界

　換気の最も大きな目的は、日中の過度の昇温の抑制である。さらに、換気には、光合成の原料である二酸化炭素の外気からの補給、湿度の調節、気流による作物群落内のガス交換の促進、などの効果もある。換気は、温室内の空気を外気と交換することであるので、換気によって、気温や絶対湿度を外気よりも低下させることはできない。また、二酸化炭素濃度を外気よりも高めることもできない。

2）換気量の表し方

　換気量は、単位時間当たりの外気の流入量を、容積で表したものである（重量で表すこともある）。これを、単位床面積当たりに換算したものを、換気率という。また、換気量を温室の容積で除したものを換気回数といい、温室容積の何回分の空気が入れ替わったかを表す。これらの関係と単位を次に示す。
換気量（$m^3 \cdot h^{-1}$）
　＝換気率（$m^3 \cdot m^{-2} \cdot h^{-1}$）×床面積（$m^2$）
　＝換気回数（回・h^{-1}）×温室容積（m^3）
　熱収支に基づいて室温を扱うような場合には、日射などの熱量が単位床面積当たりで扱われるため、換気率が便利である。また、温室の棟高や容積には関係しないので、それらが異なる場合でも一括して扱うことができる。一方、二酸化炭素濃度や湿度については、温室容積が関連するため、換気回数が適する。

2．換気計画と日中の昇温の抑制

　栽培者の要求に応じて、必要な換気設備を提示することを、換気計画という。計画に当たっては、次の二つの基本条件が、優先的に達成されねばならない。
①温室の建設地点における屋外気象条件下で、作物にとって好適な室内環境条件の範囲を維持するのに十分な換気量が得られる。
②設備費、維持費、運転費などの点で経済的条件を満足する。
　さらに、次の付帯条件も満足するように考

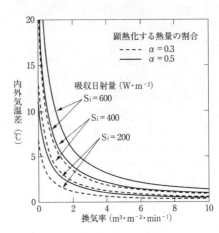

注）S_iは温室内で吸収される日射量、αはそのうち顕熱化する熱量の割合

図—1　換気率と内外気温差の関係（岡田、1986）

慮する必要がある。
① 換気の効果（温度、湿度、二酸化炭素濃度、気流）が均一である。
② 換気設備が温室空間や他の設備のじゃまにならない。
③ 環境制御能力が高く、操作が単純で信頼性が高い。

これらの条件を考慮して、計画の手順は次のようになる。すなわち、最初に、栽培条件と屋外気象条件から、必要換気率を算定する。ここで、必要換気率とは、温室内の気温・二酸化炭素濃度・湿度などを、目的のレベルに維持するのに必要な換気率である。次に、換気方式を自然換気方式と強制換気方式のいずれにするかを選択する。この選択は、各換気方式の長所と短所をよく検討し、総合的観点から行う必要がある。さらに、換気設備（換気窓、開閉装置、換気扇、制御設備および電力供給設備など）の詳細を決定する。自然換気方式では、側窓と天窓それぞれの開口部面積は、床面積に対して15〜20％が推奨されている（ASABE, 2003）。一方、高温で風がなく、大型温室で天窓のみの場合には、33％の開口部面積が推奨されている（The Electricity Council, 1975）。換気計画は、温室の構造計画と並行して行う必要がある部分もある。

温室内外の気温差と、それを維持するのに必要な換気率の関係を、図—1に示した。温室の熱収支解析から得られたもので、αは温室内で吸収される日射量のうち、顕熱（昇温に使われる熱）化する熱量の割合である。αの0.3と0.5は、それぞれ、温室内が湿潤状態（蒸発散に使われる熱量が多く、顕熱化する割合が小さい場合）と、乾燥状態の場合に相当する。被覆面での熱貫流率と保温比（表面積に対する床面積の割合）は、それぞれ$6\,W\cdot m^{-2}\cdot{}^{\circ}C^{-1}$、0.7としている。

注意すべき点は、内外気温差は、換気率の逆数とほぼ比例関係にあり、換気率に比例して低下しないという点である。内外気温差が大きい場合、換気率の増加に伴い、気温差は直線的に減少するが、気温差がある程度以下になると、換気率を増加させても気温差はそれほど減少しない。特に、強日射の場合、気温差が3〜5℃以下では、換気率の増加の効果は小さい。すなわち、この程度の内外気温差が、換気による昇温抑制の実際上の限界である（ただし、屋根全面を開放できるような屋根開放型温室では、気温差はより低減される）。一方、内外気温差が一定の場合、換気率は、顕熱化する日射量にほぼ比例する。これが、遮光による昇温抑制の原理であり、遮光を併用することにより、より少ない換気量で昇温抑制が可能となる。屋外気象条件や室内栽培条件に合わせた、さらに具体的な必要換気率の概要を、表—1に示した。

3．自然換気設備

換気の方式は、自然換気方式と強制換気方式に大別される。それぞれ、窓換気方式、機械換気方式とも呼ばれる。前者は、換気窓を開放して換気を行う方式であり、換気の駆動

表—1　高温抑制のための必要換気率の具体例（施設園芸環境委員会, 1979）

換気の目的		必要換気率　$(m^3\cdot m^{-2}\cdot min^{-1})$		
外界気象条件	設定室温	床面乾燥ぎみ（カーネーション、バラ、定植後15日以内）	床面湿りぎみ（観葉植物、キュウリ）	人為加湿*（温室冷房）
冬、快晴日の正午	26℃	0.2〜0.4	0.1〜0.3	—
春、秋、初夏、快晴日の正午	30℃	1.2〜1.5	1.0〜1.4	—
盛夏、快晴日の正午	38℃	1	0.8	0.4
同	35℃	2.5	2	0.6
同	33℃	10.0以上（不可能）	8.0以上（不可能）	1.2
同	30℃	（不可能）	（不可能）	1.5

注）＊人為加湿については冷房の項参照

表-2 自然換気方式と強制換気方式の特徴および有利な温室の該当例

換気方式	特徴	有利な温室の該当例
自然換気方式	・換気窓の面積や位置などを適切に選択すれば、比較的大量の換気量が得られる ・温室内の気温分布が比較的均一である ・外部の気象条件（風向、風速など）の影響を受けやすい	・棟部と側壁部に開口面積の大きな換気窓のある温室 ・多連棟型温室で屋根部の開口面積が大きい温室（フェンロー型温室） ・間口が15m程度以下で、側壁が全開でき、しかも、定常的な外風が期待できる温室 ・盛夏2ヵ月程度休閑する温室で、天窓を有するもの
強制換気方式	・換気量は、換気扇の風量、台数、吸・排気口の面積や位置に依存する ・吸気口から排気口にかけて温度勾配が生じる ・換気扇が影となり、温室内光環境が悪化する ・換気扇の電気料、騒音、停電時の問題がある	・強風地帯であることや構造上の問題から天窓を設置できないような温室 ・高温期に風が弱い地帯 ・大面積で天窓機能が不十分な温室で、谷部などに補助換気を必要とするもの ・特に室内の通風と低湿を好む植物を栽培する温室 ・蒸発冷却による冷房を行う温室

注）日本農業気象学会（1977）と佐瀬（1987）より作成

力は、外風の風圧力と温室内外の気温差によって生じる浮力（煙突効果とも呼ぶ）である。一方、強制換気の駆動力は換気扇（ファン）の圧力である。換気扇のほかに吸気口または排気口が必要である。

自然換気方式と強制換気方式の特徴と、それぞれの換気方式に有利な温室の該当例を、表－2に示した。わが国では、換気扇が設備された温室は全体の20％であり、その多くがプラスチック温室である。

4. 換気方式と特徴

1) 換気窓の分類

代表的換気窓を、温室の形態と関連づけて示したのが、図－2である。換気窓の位置によって、それぞれで行われる換気を、棟換気・屋根換気・側壁換気・肩換気・谷換気・すそ（裾）換気などと呼ぶことがある。

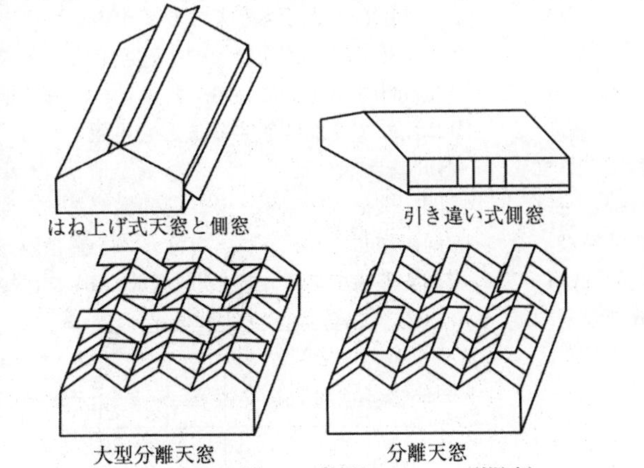

ガラス温室では、従来から、は（跳）ね上げ式の天窓と側窓が用いられてきたが、側窓には引き違い式も使用される。はね上げ式の場合、市販されるガラスの寸法の関係から、窓の幅は0.8〜0.9m程度であるが、1.3m程度に拡大したものもある。はね上げ式は、鉄骨ハウスや鉄骨補強パイプハウスの天窓にも用いられる。

フェンロー型温室では、棟から樋までのガラスを、4枚に1枚の割合で跳ね上げる大型換気窓（分離型）が用いられていたが、1990年代から、奥行きが長く、幅の狭い分離型の天窓を棟に交互に配置している。開閉機構は従来と同様である。

フィルムの巻き取り（巻き上げ）式は、比較的大きな開口部面積が得られるため、側窓や連棟パイ

図－2 自然換気方式における温室の形態と代表的換気窓（佐瀬，1995）

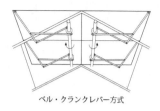

ベル・クランクレバー方式

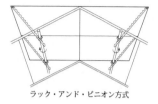

ラック・アンド・ピニオン方式

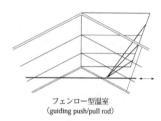

フェンロー型温室
(guiding push/pull rod)

図—3 はね上げ式天窓の開閉機構
(佐瀬，1998)

プハウスの谷窓などで、広範囲に利用されている。つき上げ式は、天窓を上方に押し上げる方式で、主に天窓の設置が困難な簡易なパイプハウスに利用されている。以上のほかにも、屋根面全体が開閉する屋根開放型温室もある。

2）開閉機構と特徴

(1) はね上げ式

連続型の場合、ベル・クランクレバー方式と、ラック・アンド・ピニオン方式が用いられる（図—3）。いずれも一端を蝶番（ちょうつがい）で固定し、他端を押し上げる。ベル・クランクレバー方式では、棟方向に配した直径3cm程度のシャフトにベル・クランクレバーを接続し、シャフトをモータで回転させることによって、窓を開閉させる。シャフ

トにねじれが生じるため、長さは30m程度が限界である。

ラック・アンド・ピニオン方式は、シャフトに取り付けられた歯車（ピニオン）で、歯板（ラック）を前後させて窓の開閉を行う機構である。最大開度が60°程度と大きい、窓を閉じた時の気密度が高い、強風で持ち上げられにくい、などの特長を有する。ラックには、直線状のものと弓状のものがある。

フェンロー型温室では、棟方向と直角に配した棒と天窓の先端をアームで接続し、棒を水平方向に移動させることによって、窓を開閉する機構となっている。耐風性を高めるために、棟にもアームを接続する場合もある。

(2) 引き違い式

2枚組と3枚組があり、後者では、最大で側壁の2/3近くまでを開放できる。はね上げ式に比較して、開口部面積を大きく取れる利点があるが、雨が吹き込むという欠点もある。開閉は、人手もしくはワイヤ方式で行われる。後者は、窓をワイヤで連結し、モーターで開閉するものである。高温期は、窓を取りはずして全面開放することも可能である。

(3) 巻き取り式

開閉機構は保温カーテンと同様であり、棟方向に通したパイプに、フィルムを巻き取っていく機構である。巻き取りは、パイプに接

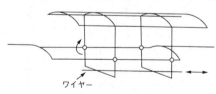

梃の原理を利用した押し上げ

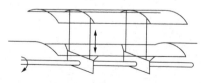

シャフトの回転で垂直に押し上げ

図—4 つき上げ天窓の開閉機構例 (佐瀬，1998)

続したハンドルを人手によって回転するものと、モーターによるものがある。

(4) つき上げ式

ワイヤで引くことにより、梃（てこ）の原理を利用して天窓を押し上げる機構と、シャフトの回転によって天窓を支持する腕を垂直に押し上げる機構などがある（図—4）。前者は、構造が簡単であるが、窓を閉じた時の気密度はやや低い。後者は、はね上げ式の天窓にも用いられる（コストの関係から片側のみの天窓が多い）。

(5) ずり上げ式

簡易なパイプハウスの肩窓や側窓などに用いられ、人手によって開閉される。

3) 制御装置

モータ駆動される換気窓を開閉するための制御装置は、①手動、②専用の換気窓コントローラ、③温室制御用コンピュータ、などに分けられる。①は開閉スイッチのオン・オフを人が行うものである。②は設定気温と室内気温センサの測定値に基づいて、換気窓の開閉制御を行うものである。設定気温の上限と下限を設定し、気温がその範囲をはずれた場合に、一定時間開閉を行う浮動制御が一般的である。③はいわゆる複合環境制御装置に属し、多様かつ高度な制御が可能である。制御内容は、組み込まれているプログラムや設定に依存する。比例制御では、設定気温と実際の室内気温の偏差に応じて、換気窓の開閉量が演算され、開閉制御が行われる。室内気温に加えて、外気温・風向・風速・降雨などの屋外センサも備えられており、開閉量に屋外気象条件を加味することも可能である。また、少量の換気量で十分な場合や、風上の天窓が突風で危険な場合に、風下の換気窓のみを開放するといった、風向に応じた換気窓の制御も可能である。強風時や降雨時には、換気窓を全閉することも可能である。

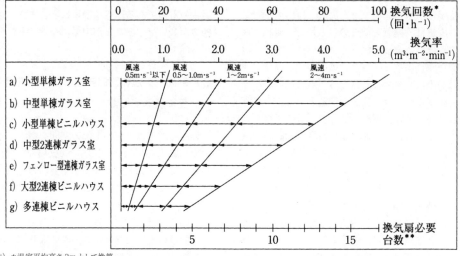

注）＊温室平均高さ3mとして換算
　　＊＊床面積1000㎡、温室平均高さ3m、換気扇風量300m³・min⁻¹として換算

図—5　すべての換気窓を全開した場合の温室種類別、風速別の最大可能自然換気率の概略値
　　　（施設園芸環境委員会，1979）

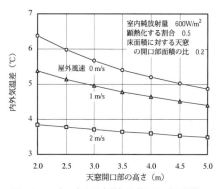

図—6 天窓の高さが内外気温差に及ぼす影響
(佐瀬・奥島, 1998)

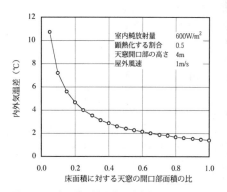

図—7 天窓の開口部面積が内外気温差に及ぼす影響
(佐瀬・奥島, 1998)

5. 自然換気性状

1) 換気の成り立ち

自然換気では、浮力と風圧力によって、個々の換気窓前後に圧力差が生じ、この圧力差によって空気の流入・流出が起こる。それぞれによって起こる換気を、温度差換気・風力換気と呼ぶ。日中は、それらが同時に起っている場合が多い。換気窓を流入・流出する空気の流量は、換気窓前後の圧力差と、流れに対する抵抗によって決まる。この抵抗を表す指標を流量係数と呼び、この値が大きいほど空気が流れやすいことになる（最大値は1）。

温度差換気は、天窓と側窓というように高さの異なる換気窓が設置されている場合、効果的に行われる。換気量は、換気窓間の垂直距離の平方根と、内外温度差（昇温度）の平方根に比例し、流量係数と換気窓の開口部面積に比例する。換気窓の高さが同一の温室では、換気窓開口部の上部と下部で圧力差が生じ、同一の窓で空気の流入と流出が行われるが、温度差換気は緩慢である。

風の動圧（風に正対した時の圧力で、風速の2乗に比例）に対して、換気窓に働く風圧力の比を風圧係数という。風力換気の場合、外気は風圧係数が大きい換気窓から流入し、室内空気は風圧係数が小さい換気窓から流出する。換気量は、流量係数・換気窓の開口部面積・風速に比例する。

2) 温室の形態と換気率の関係

代表的温室について、天窓と側窓を全開した場合に達成可能な、換気率と換気回数の概略値を、図—5に示した。図の数値は、温室内に作物が十分繁茂していることを想定した場合のものである。大型温室ほど、また、連棟数が多いほど、換気が困難になることが分かる。

3) 軒高や天窓の開口部面積が内外気温差に及ぼす影響

軒高の増加は、植物上部の空間を増大するので、間口が狭く、一定の屋外風がある場合、側壁や妻面の開放によって水平方向の通風が期待できる。一方、多連棟の大型温室の場合、間口や奥行きが大きくなると、側壁や妻面の開放の効果は相対的に減少する。例えば、開口部面積の大きなフィルムの巻き取り式の側窓の開放によって換気回数は高まるが、連棟数の増加に伴って換気回数は指数関数的に減少する (Kacira et al., 2004a)。これは単

位床面積当たりの側壁の開口部面積が連棟数の増加に伴って減少するためであり、多連棟の大型温室ほど、天窓の重要性が高まるといえる。

図―6は、開口部が天窓のみの温室について、天窓の高さが内外気温差に及ぼす影響を、計算によって求めたものである。内外気温差は、天窓の高さが増加するに従って低下し、風速が0 m·s^{-1}の場合、天窓の高さを1 m高めると、内外気温差は約0.5℃低下す

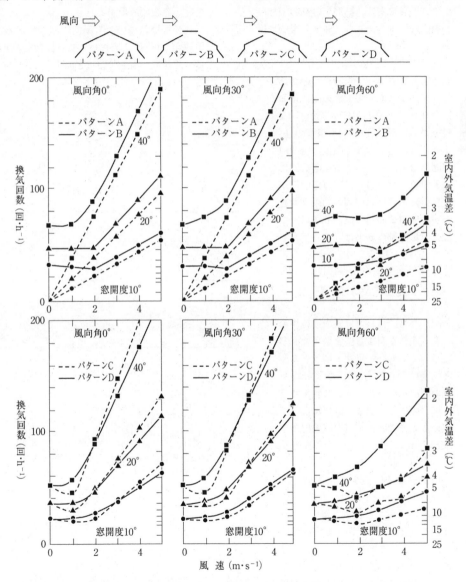

図―8 はね上げ式連続型天窓と側窓を有する切妻型単棟温室の換気性状 (Kozai et al., 1980)

る。しかし、この効果は風速の増加に伴って低下する。例えば、風速が2m・s^{-1}の場合、天窓の高さを1m高めても内外気温差の低下は約0.1℃である。これは、風速の増加に伴い、風力換気が温度差換気に対して卓越してくるからである。結局、軒高の増加は、最も過酷な状況となる弱風時に効果的に働くといえる。

図ー7は、天窓の開口部面積との関係を、同様の計算によって求めたものである。床面積に対する天窓の開口部面積の比は、通常の温室の場合、0.2前後であるが、屋根開放型温室では、1近くになる。内外気温差は、開口部面積の増加に伴って指数関数的に低下する。すなわち、開口部面積が大きいほど、昇温抑制の効果は大きいが、開口部面積の比が0.4以上では、昇温抑制の効果は弱まる。

4）屋外気象条件が換気回数と内外気温差に及ぼす影響

図ー8は、はね上げ式で連続型の天窓と側窓を有する切妻型単棟温室について、風向・風速・換気窓の開度（全閉からの角度）、および換気窓の開放パターンを種々に変化させた場合の換気性状を、計算によって求めたものである。室内純放射量を558W・m^{-2}とし、このうち顕熱化する熱量の割合を0.5としている。

両側窓のみを開放した場合を除き、風速1〜2m・s^{-1}以下では、換気回数（および内外気温差）は、風向や風速によらずほぼ一定である。これは、この風速域では、温度差換気が風力換気に比較して卓越しているためである。このような弱風時の場合、換気回数は換気窓の開口

部面積の増加に伴って増加する。風速がほぼ2m・s^{-1}以上では、風力換気が卓越し、換気回数は風速に比例して増加する。風向に対しては、風向角0〜30°の時、換気回数は最大であり、風向角が60°から90°に至るに従い急激に減少する。

連棟温室についても傾向は同様であるが、風速が2m・s^{-1}以上での換気回数の増加率は、連棟数が増加するほど減少する。換言す

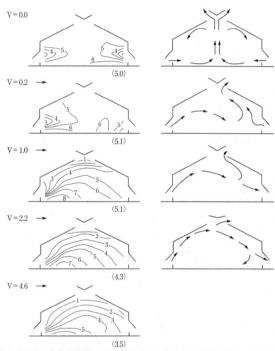

注）左は内外気温差の分布、右は気流パターンを示す。窓開度は50°、風向は棟に直角、Vは風速（m・s^{-1}）、（ ）内は軒よりも下の空間の平均内外気温差（℃）

図ー9　風速が室内気温分布と気流パターンに及ぼす影響
　　　（Sase et al., 1984）

注）PIVを用いた風洞実験による計測結果。模型の縮尺は1/16であり、寸法は模型でのものである

図ー10　フェンロー型温室内の気流分布 (Lee et al., 2001)

れば、連棟数の多い温室は、少ない温室に対して、相対的に風による換気の効果は小さい。

5) 自然換気時の気温分布と気流分布

温度差換気と風力換気が同時に起こる場合、室内の気温分布や気流パターンは屋外の風速に大きく依存する。図—9は、図—8と同一の単棟温室の内外気温差の分布と気流パターンを、風速と関連づけて示したものである。風洞実験による結果であり、作物がない状態のものである。温室内での発熱量は、夏季の強日射時を想定してある。

無風の場合（風速0m・s^{-1}時）、両側窓から流入した外気は、床面に沿って流れ、徐々に暖められて温室中央から上昇し、天窓から流出する。室内には、中央からの上昇気流に伴って還流が生じる。室内の気温分布は、このような気流パターンと密接に関連しており、側窓付近は低温となり、温室中央部が高温となる。

風がある場合は、風速の増加に伴って、気温分布と気流パターンが変化する。風速0.2m・s^{-1}の場合、風上側窓から流入した外気は、暖められつつかなり水平方向に流れ、風下屋根面下を上昇して天窓から流出する。結果として、無風時に中央にあった高温部は、風下側に移動する。風速が1.0m・s^{-1}に増加すると、流入外気はいったん上昇し、一部は天窓から流出し、他は風下側窓から流出する。さらに風速が増加すると、気流パターンは、風力換気のみのパターンと同一となり、主流は屋根面に沿って流れるようになる。このような気流パターンでは、風上床面付近が最も高温となり、風下と温室上部に向けて気温分布が形成される。

フェンロー型温室では、天窓が棟に交互に配置されるため、室内の気流パターンは複雑である。図—10は、PIV（particle image velocimetry：煙などの微小なトレーサ粒子をカメラで追跡し、流速ベクトル分布を計測する手法）による風洞実験の結果である。6連棟の場合であるが、外気は、風上棟の風上に開放された天窓や、風下棟の天窓から流入する。それぞれの流入気流に誘発されて、室内の風上空間と風下空間に、二つの弱い渦が形成されているのが分かる。このような気流パターンにより、室内の気温分布は、比較的均一になる。

6) 作物群落が室内気流に及ぼす影響

トマトのように草丈の高い作物群落は気流の抵抗となるため、室内気流分布に影響する。図—11は、トマト群落がない場合とある場合の2連棟温室内の気流分布をCFD（computational fluid dynamics、数値流体力学）の手法を用いて計算したものである。園芸作物群落の抵抗係数の測定例は少ないが、トマト群落の抵抗係数が風洞実験によって0.31と算定され（Sase et al., 2012）、計算に組み込まれている。

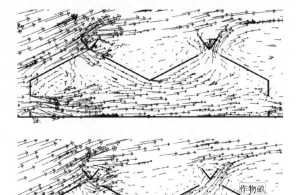

図—11 作物群落がない場合（上）とある場合（下）の2連棟温室内の気流分布（Kacira et al., 2004b）

側窓はフィルムの巻き取り式で、作物群落がない場合、側窓から流入した外気は床面に沿ってほぼ水平方向に流れる。一方、作物群落がある場合、群落が気流の抵抗になるため、気流は群落の上部空間を流れようとし、特に風下棟で群落内の気流速が低減していることが分かる。

7）防虫網が換気に及ぼす影響

温室の換気窓や出入口に、防虫網を展張して、害虫の侵入を抑制する方法は、殺虫剤の使用量を低減させる上で、実用的かつ効果的方法であるが、換気は抑制される。図—12は、単棟切妻型温室において、防虫網の流量係数が、換気特性に及ぼす影響を計算によって求めたものである。換気回数は流量係数の減少に従って減少し、流量係数が0.3の場合、網がない場合よりも28%減少する。なお、例えば、糸径と間隙の縦・横がそれぞれ0.28mm（開口比0.5）の網の流量係数は0.38前後である。

このように、防虫網は換気を抑制するが、その改善方法としては、気流に対する換気窓と防虫網の合成抵抗を低減することが基本となる。具体的には、防虫に必要な間隙を維持しつつ糸径を低減した網を選択する、網を設置する換気窓の開口部面積を増大する、換気窓の改善ができない場合は網自体の展張面積を増大する、などの方法がある。

（佐瀬勘紀＝日本大学生物資源科学部）

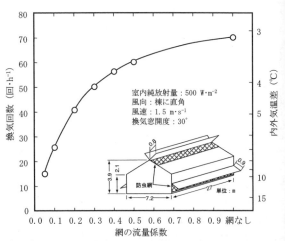

注）温室の形態は図—8の場合と同一であり、網の面積は換気窓面積と同一である。
Sase and Christianson（1990）より作図

図—12 防虫網の流量係数が自然換気回数と昇温度に及ぼす影響

参　考　文　献

1）ASABE (2008)：ASABE Standards：Heating, ventilating and cooling greenhouses, ASABE, pp.9
2）M. Kacira et al. (2004a)：Effects of side vents and span numbers on wind-induced natural ventilation of a gothic multi-span greenhouse, Jpn. Agric. Res. Quart., 38（4）, 227-233
3）M. Kacira et al. (2004b)：Optimization of vent configuration by evaluating the greenhouse and plant canopy ventilation rates under wind induced ventilation, Trans. of the ASAE, 47（6）, 2059-2067
4）Kozai et al. (1980)：A modelling approach to greenhouse ventilation control, Acta Hortic., 106, 125-136
5）I.B. Lee et al. (2001)：Performance of particle image velocimetry (PIV) for aerodynamic study of natural ventilation in large-sized multi-span greenhouses, ASAE Paper No. 014055, 15
6）日本農業気象学会（1977）：施設園芸環境制御基準資料，農業気象，33（特別号），54
7）岡田益己（1986）：温室の温度環境（農業気象・環境学），朝倉書店，135-150
8）佐瀬勘紀（1987）：換気（新訂施設園芸ハンドブック），日本施設園芸協会，239-263
9）佐瀬勘紀（1995）：換気，室内空気撹拌の効果と方法（農業技術体系花卉編・第3巻 環境要素とその制御），農山漁村文化協会，443-447
10）佐瀬勘紀（1998）：換気制御（四訂施設園芸ハンドブック），園芸情報センター，205-217
11）佐瀬勘紀（2003）：換気・気流制御（五訂版施設園芸ハンドブック），日本施設園芸協会，182-195
12）S. Sase and L.L. Christianson (1990)：Screening greenhouses - Some engineering considerations, ASAE Paper No. NABEC 90-201, 13

13) 佐瀬勘紀・奥島里美 (1998)：軒高や天窓面積の増大が温室の自然換気特性に及ぼす影響，日本農業気象学会 1998 年度全国大会・日本生物環境調節学会 1998 年度大会講演要旨，258-259
14) S. Sase et al. (2012)：Wind tunnel measurement of aerodynamic properties of a tomato canopy, Trans. of the ASABE, 55（5），1921-1927
15) 施設園芸環境委員会 (1979)：施設内環境条件の調査と環境制御機器装置の導入及び使用についての基準の策定に関する調査（3）換気，日本施設園芸協会，131-152
16) The Electricity Council (1975)：Ventilation for greenhouses, Farm-electric Centre, 39

（2）強制換気

1．換気方式と特徴

換気の方式には、換気扇の取り付け位置と、換気の経路によって、図—13 のような方式がある。すなわち、(a) 妻面に換気扇を設置し、反対側の妻面に吸気口を設置、(b) 側面に換気扇を設置し、反対側の側面に吸気口を設置、(c) 棟部に換気扇を設置し、側窓から吸気、(d) ダクト配風（排気式）、(e) ダクト配風（吹き込み式）などである。(e) を除いて、換気扇は排気用として用いられる。一般には、(a) または (b) が広く用いられている。強制換気の場合、吸気口から換気扇に向かって温度勾配ができるため、換気扇と吸気口の距離は短い方が良く、大量の換気を必要とする場合や、室内の温度勾配を小さくするためには、(a) よりは (b) の方がよい。(c) は強制換気による気流の向きと、温室内外の気温差によって生じる浮力の向きが一致する利点があるが、換気扇を温室の棟部に取り付けるため、施工が難しく、作物上に影ができる、気流の少ない温室中央部が高温になりやすい、などの問題がある。(d)、(e) は、ダクトで配風するために、気温分布はより均一になる。また、外気が低温の場合、冷気が直接作物に触れるのを避けることができるとともに、湿度調節を兼ねることができる。しかし、作物上にダクトの影ができる。換気量は他に比較して少ない（佐瀬，1987）。

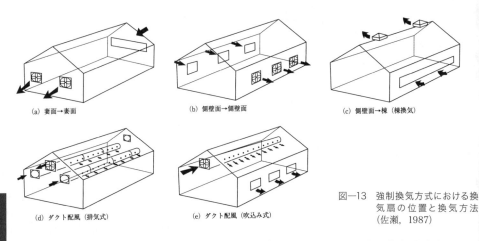

図—13 強制換気方式における換気扇の位置と換気方法 (佐瀬，1987)

2．強制換気設備

1）換気扇（ファン）

農業用換気扇の形式・構造・寸法・性能などは，農業用換気扇基準（JAES-002，農業電化協会，1978）によって規定されており，その一部を表—3に示す。種類は多様であるが，出力が 200～750W，羽根径が 80～120cm，羽根枚数が 3～5 枚のプロペラ型が多く用いられる。羽根軸にモーターが直結するものと，ベルトを介したものがある。使用時には，危険防止のため，換気扇の室内側に金網が，外側には停止時の換気遮断のためのシャッターが取り付けられる。換気扇駆動時には，シャッターは風圧または電動によって自動的に開く。枠の空気流路部分の形は，空気抵抗の小さい，ベルマウスになっている（図—14）。

2）換気扇の風量（換気量）

換気扇で得られる風量は，静圧によって異なる。静圧とは，換気扇の与える圧力であり，換気流路全体における気流の圧力損失に等しい。具体的には，換気扇の運転によって生じる温室内外の圧力差に相当し，図—15のようにマノメーターを用いて水柱の高さの差を測定する（林・

表—3 農業用換気扇基準抜粋（日本農業電化協会，1978）

種類	羽根径 (cm)	相	定格出力 (kW)	外形寸法 (mm)	風量 (m^3/min)	騒音基準値 (ホーン)
80	80	単層三層	0.4	950	180 以上	75
100	100	単層三層	0.4	1120	250 以上	75
120	120	単層三層	0.75	1320	400 以上	75

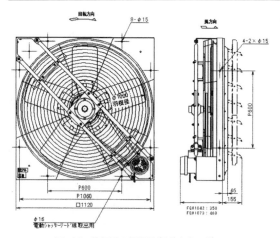

図—14 換気扇の外形図（F 社カタログ）

左瀬, 1994)。水柱 1mm は9.80665Pa(約 1/1000 気圧)の静圧に相当する。換気扇の性能や特性は、図-16 に示す静圧-風量曲線(P-Q曲線)により知ることができる。換気扇は、静圧が大きくなるにしたがって、風量は低下するが、その特性は風量型と圧力型(有圧型とも呼ぶ)に分けられる。風量型は、静圧が小さいときには風量が大きいが、静圧が増すと急激に低下する。これに比べて圧力型は、風量は少ないが、静圧が増しても風量変化は小さい。

3) 換気扇の設置

一般に、換気扇は図-13 (a) または (b) のように、妻面または側面に設置し、その反対側には吸気口が設置される。吸気口から流入した空気は、室内で発生した熱をもらって昇温しながら換気扇に向かって流れ、室外に排気される。強制換気の場合、このように温度勾配が生じるため、吸気口と換気扇の距離は 20〜30m が望ましい(林・佐瀬, 1994)。また、吸入口から換気扇までの距離は約 60m が限界であることが示されている(Bartok et al., 2007)。一方、換気量は外風の影響を受けるため、卓越風がある場合、換気扇は温室の風下側に設置するのが望ましい。換気扇を風上側に設置しなければならない場合は、風圧力の影響を受けるため、換気扇の風量を 1 割前後少なく見積らなければならない(古在, 1980)。

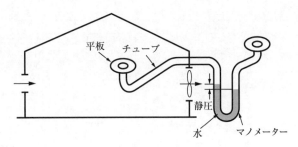

図-15 静圧の測定方法の概略図(林・佐瀬, 1994)

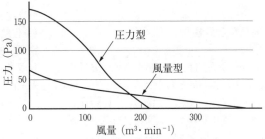

図-16 換気扇の風量型と圧力型(三原, 1972)

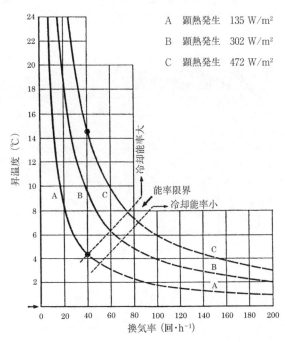

図-17 温室の換気回数と昇温度の関係と換気冷却の能率限界(三原, 1972)

表—4　図—17の3曲線の条件（三原，1972）

曲線記号		A	B	C
想定状況	時　期	3・4月晴天日中	6〜8月晴天日中	Bに同じ
	室内状況	水分の多い作物繁茂（トマト、バラ等）	作物繁茂中程度 床面半乾（カーネーション、メロン）	床面乾燥 わずかの作物
計算基礎値	屋外日射量（$W \cdot m^{-2}$）	768	837	837
	室内への透過率（%）	70	72	72
	顕熱率（%）	25	50	78
	顕熱率（$W \cdot m^{-2}$）	135	302	472

3．換気設計

1）換気量と昇温度

　温室内の昇温度は、換気量が多いほど低くなり、日射が強いほど高くなる。しかし、同じ日射条件でも、室内の蒸発水分（蒸発散）の多少で大幅に変わる。また、土耕栽培、養液栽培、鉢物栽培などの違いや、植物体の大小などによっても変わる。蒸発水分の少ない温室では、透過日射の7〜8割が顕熱（温度変化を伴う熱）となって室内が空気を暖めるのに対して、蒸発水分の多い温室では、顕熱分は透過日射の1〜2割程度で、大半は蒸発（気化熱）に消費され、潜熱（温度変化がなく、物質の相変化（気体、液体、固体）のために吸収または発生する熱）となる。したがって、温室内の乾燥・湿潤状態によって、昇温度は大きく異なる。

　図—17、表—4は、顕熱発生の状態が異なる温室の換気回数と昇温度の関係を示している。換気回数を高めると実線部分の昇温度は急速に低下するが、点線部分になると温度低下が鈍り、換気冷却の能率は低くなる。強制換気ではこの換気冷却の能率限界を見極めることが重要である。例えば、温室内が乾燥状態のCであるとすると、換気回数の増加とともに昇温度は指数関数的に低下するが、換気回数が80回・h^{-1}以上になると温度低下は何程も進まないため、これ以上の増加は無駄となる。一方、Aのように顕熱発生量が小さくなると、換気回数の能率限界は下がるため、BやCよりも少ない換気回数で温室を冷却できる。

図の見方（①、②…は図上の番号を示す）
①二重遮光で中湿潤状態では40〜50回・h^{-1}の換気回数で、昇温は1℃
②一重遮光でも床面全湿なら60回・h^{-1}の換気回数で、昇温は1℃
③無遮光でも床面全湿なら70回・h^{-1}の換気回数で、約1.5℃昇温する
④　　〃　　　　　　20回・h^{-1}の換気回数で、5℃昇温する
⑤無遮光の半乾燥温室では、50回・h^{-1}の換気回数で、5℃昇温する
⑥春、秋の季節では、換気回数を1〜2割小さく読む。例えば60回・h^{-1}の換気回数を50回・h^{-1}とする

図—18　盛夏の強い日射がある場合の温室の状態（遮光と乾湿）と換気回数・昇温の関係（三原，1972）

2）換気設備の計算例

　日射、気温、遮光の有無、室内の乾湿状態、設定温度な

どの条件により、温室冷却に必要な換気扇の風量は異なるため、換気設計は複雑である。三原（1972）により考案された換気回数算定図（図—18）を用いることにより、冷却に必要な換気量を簡便に求めることができる。

図—18により換気回数 N（回・h^{-1}）が決まれば、次式で当該温室の毎分換気量 Q（m^3・min^{-1}）を計算する。

$Q \times 60 = N \times V \times 2.5/H$ （m^3・min^{-1}）

上式で V は温室の容積（m^3）、H は室内の平均高さ（m）である。図—18は、温室平均高さ 2.5m として計算されているから、実際の平均高さを H に入れて計算する。例えば、温室の平均高さが 3 m の場合は、2.5÷3=0.833 を掛ける。

（計算例）

4〜5月外気温が25℃になるころは、無遮光の無換気温室では気温が50℃以上になる。この外気温のときに、室内を30℃に保つには、何台の換気扇が必要か。ただし、温室は 330㎡ の単棟、作物はトマト（繁茂状態）、床面半乾、室内平均高さは 3 m、換気扇の風量 350m^3・min^{-1} とする。

（解答）

温室内を30℃に保つとき、昇温度は 30 − 25 = 5℃である。図の無遮光、中湿の下で5℃昇温の線は、換気回数 40〜50 回・h^{-1} のあたりである。中間をとって 45 回・h^{-1} とする。これが必要換気回数である。

室内平均高さが 3 m なので、この温室の容積を求めると、

330× 3 =990（m^3）

換気回数 45 回・h^{-1} の毎分通風量から、この温室の換気回数を求めると、

990×45/60×2.5/3 ≒ 619（m^3・min^{-1}）

619（m^3・min^{-1}）÷350（m^3・min^{-1}）≒ 1.76（台）

したがって、2台の換気扇を大きな通風抵抗なしに運転することにより、この温室の気温を 30℃以下に保つことができる。

（石井雅久＝農研機構農村工学研究所）

参 考 文 献

1) 佐瀬勘紀（1987）：換気（新訂施設園芸ハンドブック），日本施設園芸協会，239-263
2) 農業電化協会（1978）：農業用換気扇基準（JAES-002-1978），1-8
3) 林真紀夫・佐瀬勘紀（1994）：換気，三訂施設園芸ハンドブック，日本施設園芸協会，213-224
4) 三原義秋（1972）：換気による高温抑制と冷房，施設園芸の気候管理，誠文堂新光社，76-100
5) Bartok, J.W., Roberts, W.J., Fabian, E.E. and Simpkins, J. (2007)：Energy Conservation for Commercial Greenhouses, NRAES, Ithaca, NY（農業施設工学研究チーム訳，温室の省エネルギー，独立行政法人農業・食品産業技術総合研究機構 農村工学研究所 翻訳シリーズ No.1），58-68
6) 古在豊樹（1980）：換気，温室設計の基礎と実際，養賢堂，145-159

(3) 循環扇

1. 温室内の空気流動

　気流は空気中の水蒸気、二酸化炭素濃度、熱などの拡散を促進する。しかし、冬季は温室の換気窓を閉じる機会が多くなるが、密閉された温室では強制的に空気を動かさない限り、空気流動はわずかであり、気温、湿度、二酸化炭素濃度などの環境因子に分布むらが生じやすくなる。したがって、温室内部の環境を均一にするとともに、作物と周囲環境とのエネルギー・水分・二酸化炭素などの交換を促進するためには、室内の空気を流動させることが重要である。一方、作物近傍の湿度が上昇し、作物体温が低下すると、作物体の結露や濡れが発生するが、循環扇によって送風すると、トマトの結露が軽減され、結果的に灰色かび病の発生が抑制されたという報告がある（松浦ら、2004）。また、Bartok et al.（2007）は、夜間、葉温を周囲の気温と同じにするには、$0.25 \sim 0.51 \mathrm{m \cdot s^{-1}}$ の空気流動が適切であることを示している。しかし、空気流動による効果には限界があり、温室内環境の抜本的改善には、換気や暖房などが必要である。また、過度な気流は作物のストレスや萎れにもつながるので、注意する必要がある。

2. 空気流動の方法

　空気流動の方法としては、水平方向、または、垂直方向に気流を発生させる方法（写真一1）、送風機に透明のポリエチレンダクトを取り付け、植物の頭上や下方から空気を吹き出す方法などがある。水平方向に気流を発生させる方法が最も広く普及しており、循環扇には直径 35 〜 45cm 程度のプロペラ型ファンが用いられる。循環扇によって生じる噴流の範囲は、約 25°の領域であり、噴流の気流速は循環扇からの距離の逆数に比例し、循環扇の面積の平方根に比例する（Fernandez and Bailey, 1994）。すなわち、気流速は循環扇から遠ざかるにしたがって、急激に低減する。温室内に均一な気流を循環させるには、循環扇を適切な間隔および位置に設置する必要がある。

　温室規模に応じた循環扇の標準的な設置例を図一19 に示す（Bartok et al., 2007）。単棟温室では、循環扇を側壁から間口の 1/4 の位置に、また、その対角線上の側壁から間口の 1/4 の位置に設置する。連棟温室で

(a) 水平方向の気流を発生させる循環扇　　(b) 垂直方向の気流を発生させる循環扇

写真一1　温室内の空気流動の方法

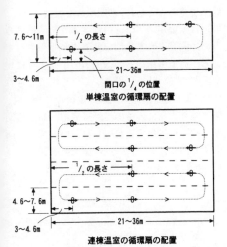

図―19　単棟温室および連棟温室の基本的な循環扇の設置方法 (Bartok et al., 2007)

は、循環扇を各棟の桁行き（奥行き）方向の支柱と支柱の中心に、また、反対側あるいは隣接する棟ではその対角する位置に循環扇を設置する。両温室とも、最初の循環扇は妻面から3m以上離して設置する。これは循環扇風上側の妻面付近の空気を温室の中心方向に流す役割がある。また、次の循環扇は、最初の循環扇の風が届く範囲内に設置するとともに、最後の循環扇は妻面に強い風が当たらない程度に離す。単棟温室の気流は、一方の側面では左から右に向かい、その反対側では右から左に向かい、ここでは反時計回りの循環流となる。4連棟温室の気流は、1棟目および4棟目では左から右に向かい、2棟目および3棟目では右から左に向かい、ここで

は時計回りと反時計回りの二つの循環流となる。循環扇の設置高さには決まりはないが、植物の上、かつ、カーテンの下で、カーテンの開閉に支障がないように設置する。

図―20に不適切な循環扇の設置例を示す。この場合、循環扇の気流が次の循環扇まで到達しておらず、循環流は形成されない。温室内の気流の確認には、線香やタバコの煙を用いて観察するのが簡便である。もしも、循環扇の気流が次の循環扇または風下の妻面まで到達しない場合は、循環扇の間隔や循環扇の台数を調整する。

3．循環扇の特性

ファンには2種類のタイプがあり、一つは換気扇に代表される圧力型ファンと、もう一つは扇風機に代表される風量型ファンである。循環扇は温室の中に設置するファンであり、その選定には風量型ファンが適している。風量型ファンは、プロペラの前後の圧力（静圧）がさほどかからない状態のときに最大の送風量が得られるが、圧力が増すと送風量が極めて少なくなる。一方、圧力型ファンは、プロペラの前後に圧力差を生じさせて室内の空気を排気するように設計されている。家庭用の換気扇を循環扇の代用として温室内に設置している例があるが、循環扇としては用途に適さない。家庭用の換気扇は大量生産されており、循環扇と比べると安価であるが、風量は少ない。機械は使用目的に合わせて設計

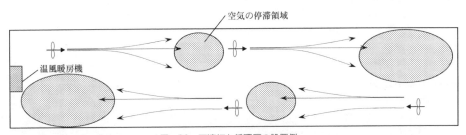

図―20　不適切な循環扇の設置例

されており、その使用方法を間違えるとコストやエネルギーの浪費となるので、循環扇の選定には注意を要する。

4. 循環扇の機種選定とメンテナンス

循環扇は通常、秋から春にかけて長期間、連続的に稼働するので、エネルギー効率の高いファンを選定する必要がある。循環扇を購入する前に、電力1Wで1分間に送風できる風量を比較するとよい。これらの情報は通常、製品カタログなどから得ることができる。
例えば、製品A（モーター出力50W、風量80m^3・min^{-1}）と製品B（モーター出力60W、風量90m^3・min^{-1}））のファンがある場合、どちらがエネルギー効率の高いファンであるか。

製品A：80 (m^3・min^{-1}) ÷50 (W) = 1.6 (m^3・min^{-1}・W^{-1})
製品B：90 (m^3・min^{-1}) ÷60 (W) = 1.5 (m^3・min^{-1}・W^{-1})
（解答）AはBよりもエネルギー効率が高い

ここで、循環扇の運転経費を試算する。
例えば、1台50W（0.05kW）の循環扇を温室内に8台設置し、1日24時間（h）運転させた場合の電力料金を求める。ただし、1kWhの電力料金を25円とする（基本料金は含まない）。
（1日当たりの電力量）
　0.05 (kW) × 8 ×24 (h) = 9.6 (kWh)
（1日当たりの電力金）
　9.6 (kWh) ×25 (円・kWh^{-1}) = 240 (円)
（解答）240円・日$^{-1}$

循環扇に限らず、モーター、ポンプ、暖房機などの機器類は、運転に要するコストを試算できるので、導入前、導入後も対費用効果を考慮しながら運転することが重要である。また、循環扇の多くはメンテナンスフリーであるが、時々、ファンやケースに付着した土や埃を掃除すると、モーターの抵抗や発熱を低減できるとともに、初期風量を維持できる。最近は家庭用エアコンの温度ムラを解消するために開発された小型の循環扇が販売されているが、家庭用のものは温室の中のように埃や湿気の多い状態に適合するように設計されていない。また、温室内は高温になりやすく、紫外線も大量に入るので、家庭用製品は短期間で故障・劣化するかもしれない。製品を購入する前に、説明書の動作環境を確認する。
（石井雅久＝農研機構農村工学研究所）

参 考 文 献

1) 松浦昌平・星野 滋・川口岳芳（2004）：循環扇を用いた送風処理が促成トマトの病害発生と生育・収量に及ぼす影響，広島農技セ研報，76, 11-17
2) Bartok, J.W., Roberts, W.J., Fabian, E.E. and Simpkins, J. (2007)：Energy Conservation for Commercial Greenhouses, NRAES, Ithaca, NY（農業施設工学研究チーム訳，温室の省エネルギー，独立行政法人農業・食品産業技術総合研究機構 農村工学研究所 翻訳シリーズ No.1), 39
3) Fernandez, J.E. and Bailey, B.J. (1994)：The influence of fans on environmental conditions in greenhouses, J. Agric. Eng. Res., 58, 201-210

第7章 土壌・培地水分制御

1. 土壌と培地

施設生産においては、土耕だけではなく養液栽培も普及しつつある。したがって、土壌としてだけではなく、培地としての認識が重要である。また、土壌自体も連作により作り込まれる傾向にあり、土壌というよりもむしろ培地と化している。

1) 施設土壌・培地の認識

(1) 施設土壌の培地化

施設栽培土壌は培地化している。有機物の投入により培地として作り込まれる傾向にある。一般に、施設生産では灌水、施肥などの環境制御が可能であり、その分、根域を狭め、土壌特性に依存しないように技術開発が行われてきた。現状の施設土壌は、理想的な状態とは程遠い。窒素、リン酸をはじめとする塩類集積などの問題があり、保持されている養分のアンバランスは矯正されなければならないが、施設土壌は、その個性とその必要性をなくして、有機物等を利用して少量でより作りやすくする培地化の傾向にある。

(2) 培地と有機物

根は、通常土壌の中に展開し根域を形成し、地上部に養水分を供給する器官である。土壌に限らず様々な培地でも同様の機能を果たす。

養液栽培はSoil less cultureとも言われるように、培地として土壌を用いない栽培法である。表—1に養液栽培の分類を示した(Jones, 2005)。培地を持たない養液栽培の他、ロックウールを筆頭とした無機培地、最近では有機培地の研究も盛んである。無機と有機を混合し、理想的な培地が試行錯誤されている。バーク等、土壌改良材としても利用される資材が、単品で培地として養液栽培に利用されている。

多くの農業生産の場合、土壌が培地ということになるが、土壌は野菜の生産性において理想的な培地ではない。表—2のように、必要となる培地体積は、養液栽培では14ま

表—1 Larsenによる養液栽培の分類 (Jones, J.B. Jr., 2005)

養液栽培	培地耕		
	無機培地	有機培地	混合培地
通気耕	れき耕	ピートモス	ピートモス/バーミキュライト/パーライト
NFT	砂耕	バーク	バーク/バーミキュライト/パーライト
水気耕	パーライト	オガクズ	ピートモス/バーク/パーライト
	ロックウール	ヤシ殻	

表—2 異なる栽培システムにおける周年トマト栽培における窒素・水の平均供給量 (Kläring, 2001を一部改変)

	土壌	栽培システム		
		ピートバック	ロックウール	NFT
培地体積 ($\ell \cdot m^{-2}$)	300	25	14	—
培地の保水量 (v/v, %)	25	50	70	—
根域含水量 ($\ell \cdot m^{-2}$)	75	12	10	4
平均的な吸水速度の場合の生育可能日数 (日)	30	4.8	4	1.6
養液中窒素濃度 ($mmol \cdot \ell^{-1}$)	25	23	23	12.5
根域の窒素濃度 ($mmol \cdot m^{-2}$)	1,875	276	230	50
平均的な窒素吸収速度の場合の生育可能日数 (日)	75	11	11.5	2

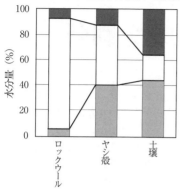

図―1 土壌および培地の固相割合と易効性有効水の割合（イメージ図）

表―3 土壌水分吸引力とpF値との関係

水柱の高さ (cm)	pF	水ポテンシャル	
		(MPa)	(kPa)
10	1.0	0.001	1
50	1.7	0.005	5
100	2.0	0.010	10
500	2.7	0.051	51
1,000	3.0	0.101	101
5,000	3.7	0.501	501
10,000	4.0	1.010	1,010
15,000	4.2	1.520	1,520

たは25ℓ・m^{-2}に過ぎないが、土壌の場合は300ℓ・m^{-2}と膨大な量となる（Kläring, 2001）。一般に土壌の場合、養液栽培の培地に比べ養水分が長期間保持されるが、これは、主に体積が大きいことによるものであり、逆に土壌の場合は養水分が広く拡散しているため、養水分の供給の効率としては養液栽培の培地には及ばない。一般に、薄く広く肥料成分が賦存した場合、植物はその獲得のため、根の構造形成および代謝に余分な炭素源が必要となる。つまり、養水分の利用効率だけから言うと、培地を使用しないNFT（Nutrient Film Technique）等は、根に直接養水分を供給できるため最も効率が高いといえる。

これら培地を使用しない究極の栽培の場合は、実際の栽培体系になると停電などの突発的な事故も生じうるため、現状ではある程度それに対応できる仕組も必要である。例えば、NFTでは培地に窒素が保持されていないので、外部からの供給がないと2日で窒素が消費し尽くされるが、ロックウールの場合、11.5日は持つ（表―2）。究極の制御ができれば、培地なしの養液栽培が最も生産性が高くなる可能性が高い。しかし、培地耕は生産を安定化させる意味でも、従来の栽培法の流れを汲む重要な栽培方式の一つとして、現在、最も現実的な高生産性栽培システムと考えられる。

(3) 理想の培地

このような前提に立って、理想的な培地が備えるべき条件を挙げると、①材料が均一であり、長期間安定である。②水の拡散が良好で、水はけも良く管理しやすい。③肥料成分の吸着が少なく、管理が容易。④病原菌や雑草の種子が含まれないことが必要である。さらに、経営を考えた場合、⑤入手が容易で安価である。⑥使用後の処理が簡単であることなども挙げられる（加藤，2006）。施設土壌は、究極的にはこのような養液栽培の培地を目指して土作りが行われる方向にあるのではないだろうか。

2) 土壌・培地の三相分布

土壌および培地成分を物理的に分類すると固相、液相、気相に分けることができる。実際には固相の割合は変わらず、それ以外の部分が気体または液体で満たされ、孔隙率といわれる（図―1）。ロックウールは固相率が極めて低く5%程度しかない。飽和した場合、培地の90%が水（養液）で満たされることになる。さらに、そのほとんどが培地から容易に吸収されるいわゆる自由水になる。一方で土壌の固相率は土壌により異なり、30～50%である。好ましい三相分布は、固相40%、液相30%、気相30%である。

3) 土壌・培地水分の表示法

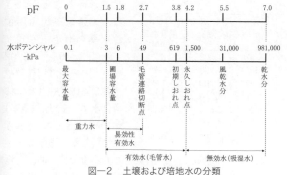

図—2 土壌および培地水の分類

土壌および培地の水もち（保水性）と水はけ（透水性）は、作物に必要な水と空気を供給するために不可欠な条件である。土壌および培地に水を流すと微視的には、小さな間隙（おおむね間隔が0.1mm以下）には水が滞留し、大きな間隙（おおむね間隔が0.1mm以上）には、下層に水は流れる。水が流れた後には、空気が上層から入り込む。土壌や培地には、さらに細かい粒子および間隙が存在するため、より大きな張力が働き水を引き付ける。このような張力とそこに侵入してきた根の吸水力（根圧）との綱引きで吸水量が決まることになる。一般的には、土壌粒子の孔隙が$0.0002 \sim 0.1$mmの間であれば、根圧の方が高く、吸水が進む。一方0.0002mm以下の粒子間隔に保持された水は表面張力が根圧より高く、水分としては存在するが吸水できない。このように、吸水は圧力により説明され、表—3のようにいくつかの考え方で整理されている。基本的には、圧力の単位Paで記述されるべきであるが、pFによる議論もかつての文献などを参考にするため、また特に日本で販売される機器にはpF表示もあるため、相互の関係を理解する必要がある。pFは、このような圧力を水柱高さ（cm）を対数変換して表現したものである。つまり1mの高さの水柱において発生する圧力で土壌に水が吸着される場合、pF 2ということになる。この圧力は10kPaに相当する。

4）土壌・培地水の分類

栽培管理においては、土壌または培地に保持され、かつ植物に利用可能な水分を評価することが重要である。まず最大容水量は、土壌中の孔隙がすべて水で満たされた状態の土壌水量である。24時間後にpF1.5以下の重力水は流れ去るため、この時に保持されているのは圃場容水量ということになる。土壌ではこの圃場容水量は最大容水量の50％程度であり、露地圃場では、圃場容水量あたりから、耕耘などの作業が可能となる。−50kPa（pF2.7）前後にまで乾燥すると、土壌であれば下層からつながっていた水の毛管が切断され、下層からの水の供給が途絶える（毛管連絡切断点）。−619kPa(pF3.8)前後になると植物のしおれが認められる（初期しおれ点）。植物に利用される水は、有効水と呼ばれ（図—1）、すぐに流亡して使用できない重力水、および土壌に強固に吸着している無効水を除いた部分に相当する。PaおよびpF（括弧内）で表すと−3.1（1.5）〜−1,500kPa（4.2）の間の水分である。このうち植物が最も利用しやすいのが易効性有効水であり、−3.1（1.5）〜−49kPa（2.7）の

表—4 露地栽培のかん水開始点と間断日数

項目	保水性		
	良い	やや悪い	悪い
土の種類	火山灰土（細粒）沖積土	赤黄色土 火山灰土（粗粒）砂質土	砂土
かん水開始点（深さ10cm）	pF2.7〜3.3 −0.049〜−0.196MPa	pF2.3〜2.7 −0.020〜−0.49MPa	pF1.5〜1.8 −0.003〜−0.006MPa
間断日数	5−7日	3−5日	2−3日

注）ϕ (MPa)$= -0.000098 \times 10^{pF}$

表—5 野菜の日蒸散量（L／株）と灌漑水量（mm）

作物名	平均1日蒸散率(L/株)	うね幅(m)	株間(m)	株面積(㎡)	10a 当たり本数	1日当たり灌漑水量(mm)
キュウリ	1.6	1.20	0.50	0.60	1,500	2.7
ナス	1.6	1.20	0.80	0.96	1,200	1.7
ハクサイ	0.7	0.68	0.53	0.36	2,700	1.9
セロリ	0.6	0.50	0.30	0.15	6,700	4.0
サトイモ	1.2	0.75	0.50	0.38	2,600	3.1
ハナヤサイ	1.3	0.75	0.50	0.38	3,000	3.5
ショウガ	0.8	0.50	0.20	0.10	10,000	8.0

間の水分である。図—1にも示したように、易効性有効水の割合は土壌の種類や培地により異なり、砂質土壌では少なく、粘土質土壌で多い。

5）土壌培地水分の測定方法と制御

（1）テンシオメータ（pFセンサ）

簡易なものからデジタル表示のものまで市販されている。最も簡易な機器には、簡易ゲージ（黄、緑、赤色）が付いており、赤色のゾーン（pF2.3以上）を目盛が示したら灌水を行う。構造としては先にポーラスカップが着いた円筒容器であり、中に水を満たし密閉する。土壌の吸引圧を検出することにより土壌の水分状態を推定する。pFの栽培上の意義については図—2に示したとおりである。野菜に対する灌水開始時の土壌水分についてまとめられており、深さ10〜20cmにテンシオメータを挿し込み、pF1.5〜2.0に灌水開始点を設定する事例が多い。表—4に異なる土壌の灌水開始点を示した。特に保水性の悪い砂土の場合は灌水開始点も低く、2〜3日と比較的頻繁に灌水を行う必要がある。

（2）誘電率測定装置

TDR（Time Domain Reflectometry）センサなど、土壌の比誘電率を測定し、体積含水率との関係から校正曲線に当てはめて、土壌の体積含水率を推定するセンサである。従来の石膏ブロック法やヒートプローブ法などに比べ精度が高い。金属棒等プローブと言われる部分があり、その周辺の土壌水分を平均して求めることができる。比誘電率から体積含水率を推定する式 $\theta = -5.3 \times 10^{-2} + 2.92 \times 10^{-2} K - 5.5 \times 10^{-4} K^2 + 4.3 \times 10^{-6} K^3$（$\theta$：体積含水率、$K$：比誘電率）が標準式として提示されているが、正確な測定のためには、対象となる土壌で校正曲線を得る必要がある。pFセンサと異なり土壌との密着性が良く、平衡に達するまでの時間がかからないなど利点も多い。

（3）体積含水率と土壌・培地水ポテンシャルの関係

含水率と土壌および培地の水ポテンシャルの関係を示した曲線を水分特性曲線という（図—3）。これは土壌および培地により異なる。さまざまな土壌および培地を用いた灌水制御は基本的には圧力により制御することになる。実際にテンシオメータのように圧力を測定する場合は、問題がないが、TDRなどのように含水率を測定して制御をするような場合は、その水分特性曲線から、水ポテンシャルを換算し、制御を考える必要がある。

2．野菜の水分管理の概要

野菜の水分管理のポイントは、土壌および

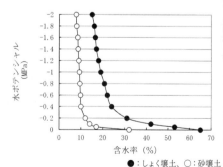

図—3　土壌水分特性曲線の例
●：しょく壌土、○：砂壌土

培地環境を適切な範囲に保つことである。まずは、水分過剰および欠乏を避けるように管理しなければならない。そして施設栽培の場合は、さらに厳密な制御により多収・高品質を目指すことになる。

1）野菜の生育に望ましい水分環境

土耕栽培、特に露地栽培において、作物の蒸散が盛んに行われるためには、①その根が土壌中深くまで発達していること、②多くの根が分布する作土中に植物が利用できる水分が豊富にあること、③心土から作土に向かって十分な水が供給されることが必要である。そして、土壌孔隙中に水が増えれば空気が減って湿害が起き、逆に水が減れば空気が増えて干害となる。したがって、ある根群域の水分環境として、土壌の透水性、保水性、通気性が良好で、安定して酸化的なことが求められる。野菜の多くは畑作物である。具体的な畑土壌の目標値としては、表層30cm以内の物理条件として、pF1.6（－4kPa）以下の大間隙が5％以上、土層の三相分布の気相容積が18％以上、有効保水量（pF2.0～3.0（－10～－100kPa）相当）50mm以上、ち密度2.4以下、とされている。

2）野菜の要水量

野菜の新鮮重の80～90％は水である。その水を供給する灌水は野菜の生育や品質を左右する要因である。特に施設栽培のように灌水量が制御できる場合は、要水量から好適環境を維持する方策が採られる。野菜の生育期間中の蒸散量はその種類により大きく異なる（表－5）。一般に葉面積が大きい野菜ほど多くの水を必要とする。1個体当たりの要水量と植栽密度等を勘案して灌水量を設定する。

3）灌水方法

灌水方法は整理の仕方により異なるが、給水形態としては図－4のようになる。露地栽培ではスプリンクラーや畝間や地下灌水が実施されている。施設ではパイプ、チューブによる灌水が多く、露地にも適用が広がりつつある（第Ⅳ部第4章参照）。

（1）スプリンクラー灌水

露地で主に用いられる散水方法であり、大規模な灌水に適する。散水部分が一定間隔で設置されている固定式から、大型のノズルを移動させて散水させる移動式がある。管理労力は少ないが、設置費や運転費が高く、風の影響を受けやすい、灌水むらが生じやすいなどの問題点がある。

（2）点滴灌水

灌水した水が地下水まで達しないので、ドイツ、アメリカ、イスラエルでは、点滴灌水だけが、下水の使用を許可されている。また、散水と異なり、葉が濡れないため、また土壌表面からの蒸発が少なく湿度が上がりにくいことから、病害を抑制にもつながる。さらに、少量の灌水のため小型ポンプで灌水できるなどの利点がある。運転費は安く、灌水効率は高いが、設置費が高く大規模化しにくいなどの難点がある。

（3）畝間灌水

地形傾斜の影響を受け、畝を維持するための管理労力がかかる。設置運転経費は安い。

（4）地下灌水

地下に多孔質パイプを埋設するなどして行われる。水利用効率は高いが、設置や維持

```
スプリンクラー灌水 ─┬─ 大型スプリンクラー灌水（移動式）
                   └─ マイクロスプリンクラー灌水（固定式）
パイプ（チューブ）─┬─ 多孔管かん水（ビニル、塩ビ管）
灌水              └─ 点滴かん水（ビニル、硬質ビニル）
地表灌水 ─────── 畝間灌水
地下灌水
```

図－4 種々の灌水方式

表―6　定植後1か月間の灌水開始点がトマトの収量に及ぼす影響

処理区	良果	不良果	総収量	t /10a
		(kg/株)		
−0.5MPa	3.3	2.1	5.4	8.3
−1.0MPa	3.5	1.5	5.0	8.7
−1.5MPa	3.4	1.3	4.7	8.4
−2.0MPa	2.9	1.5	4.4	7.3

注）穂木トピック／台木スクラム、促成作型6段栽培後期灌水開始点−0.5MPa、灌水対象土層深全処理区40cm

管理に労力を要する。最近日本では、露地の野菜栽培を安定化させるために、FOEASやOPSIS等の地下灌漑技術が開発された。FOEAS（Farm Oriented Enhancing Aquatic System：地下水位制御システム）は、水田転換畑において、大豆の生産安定に成果が示されており、キャベツ、タマネギ、ブロッコリー等においても有効性が示されている。OPSIS(Optimum Subsurface Irrigation System)は、畑地の地下灌漑システムの一つであり、沖縄のサトウキビ生産において有効性が示されている。

4）施設土壌水分管理

施設栽培においては、チューブなどの設置が容易であり、これらによる灌水同時施肥も行われる。

トマトであれば、好適な作土のpFは1.5（−3kPa）〜1.8（−7kPa）とされ（表―6）、容易に管理できる。土耕栽培の場合は、地下水位は30〜40cmが適切とされる。

一般に点滴灌水を行うと、その部分のみが湿潤となり、それ以外は乾燥し塩類が集積する場合がある。これにより、生じる部分的な塩類集積は土壌管理上好ましくない。このようなむらを解消し灌水を効率的に行うためにマルチを併用することが推奨される。これにより滴下された水が横方向にも浸潤するとともに、蒸発による損失も少なくなるなどの利点が多い。しかし、地際までマルチで覆うと病害の原因となるので、地際から直径10cm程度は覆わないようにするなどの工夫が必要

図―5　もみ殻マルチは土壌水分環境の改善を介してトマトの初期生育を促進する（PhilRiceフィリピンにおいて）

である。

3．施設野菜における水分管理の実際

1）水分状態を指標にしたトマトの栽培管理を例に

（1）初期（苗）の水分管理

トマトの極初期の水分状態がその生育に与える影響を評価した。ポットの中央部に水ポテンシャル測定装置を設置し、1株当たり1ℓの水分を添加し土壌の水ポテンシャルの推移を測定した（図―5）。処理区として表面にもみ殻を約1cm程度敷詰めた区を設けた。対照区は約1週間で土壌水分が−20kPaまで低下したが、もみ殻で被覆した区は、−4kPa〜−8kPaで推移した。両区とも苗の萎れは認められなかったが、もみ殻により土壌水分が維持された区の方が明らかに生育は良かった。トマトにおいて適する作土のpFは1.5（−3kPa）〜1.8(−6kPa)と述べたが、特に、苗の段階での水分管理は、高めに設定することが重要である。

（2）作物体内の水分を指標とした灌水

植物体内の水分を指標とした水分管理が特に重要となるのは、トマトなどの果菜類である。高品質かつ多収を達成するには、ステージごとの水分管理が必要とされる。

表—7 定植後1か月間の灌水対象土層深がトマトの収量に及ぼす影響

処理区	良果	不良果	合計	t /10a
		(kg/株)		
40cm	4.1	0.8	4.9	12.7
20cm	4.0	0.7	4.6	12.4
10cm	3.8	0.8	4.6	12.0

注)穂木トピック／台木スクラム、促成作型6段栽培灌水開始点前期—1.0MPa、後期—0.5MPa、後期灌水対象土層深全処理区40cm

表—8 果実肥大期の灌水開始点がトマトの収量に及ぼす影響

処理区	良果	不良果	総収量	t /10a
		(kg/株)		
—0.5MPa	3.9	1.2	5.1	12.1
—1.0MPa	0.9	1.6	2.5	2.8
—1.5MPa	0.2	1.3	1.6	0.6

注)穂木トピック／台木スクラム、促成作型6段栽培前期灌水開始点—1.0MPa、灌水対象土層深全処理区40cm

表—9 果実肥大期の灌水対象土層深がトマトの収量に及ぼす影響

処理区	良果	不良果	合計	t /10a
		(kg/株)		
40cm	3.3	1.1	4.4	10.5
20cm	2.2	1.5	3.6	7.0
10cm	1.6	1.6	3.3	5.3

注)穂木トピック／台木スクラム、促成作型6段栽培、灌水開始点前期—1.0MPa、後期—0.5MPa、前期灌水対象土層深40cm

トマトの生育前期の水分管理：プレッシャーチャンバを用いた灌水試験では、第1花房第1花開花時の苗を定植してから、第3花房第1花開花時までの灌水開始点としては、—1.0MPaが適当である（荒木、2003）。灌水開始点がこれよりも低い（乾燥）場合、総収量、良果収量ともに減少し、逆に灌水開始点が高い（加湿）場合、不良果がより増加するが、総収量も増加し、良果収量は増加する（表—6）。つまり、生物生産のポテンシャルとしては、水分は高めに設定する方が良く、地上部環境を合わせて制御すれば、良果収量も増加する。灌水対象土壌深は、40cmが適しており、これ以下の場合、総収量および良果収量は減少する（表—7）。

トマトの生育後期の水管理：果実肥大後の灌水開始点としては、—0.5MPaが適しており、灌水開始点がこれよりも低い（乾燥）場合、肥大不良により、総収量、良果収量とも極端に減少する。逆に灌水開始点が高い（加湿）場合、総収量は増加し、不良果が減少するので、良果収量は増加する（表—8）。果実肥大開始後も前期同様に40cmが適しており、それよりも浅いと総収量ならびに良果収量が減少する（表—9）。

以上、土耕栽培の適切な灌水についてまとめると、定植後は深さ40cmまでの土層を対象に灌水を行い、生育前期（定植後の40日）は、葉の水ポテンシャルが—

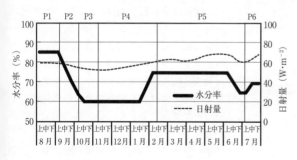

図—6 年1作トマト長期多段栽培における水分管理の目安

注)吉田（2012）を参考にして作成

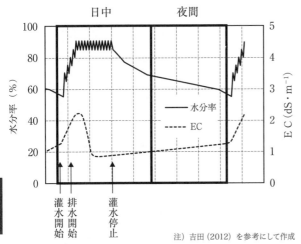

図—7　トマトロックウール栽培における一日の水管理モデル
注）吉田（2012）を参考にして作成

1.0MPa程度に低下するまで、やや水を絞り気味に管理し、その後は、葉の水ポテンシャルが−0.5MPa程度になるように、水を潤沢に与えるような管理が高品質多収栽培には向いている。

2）ロックウール養液栽培における培地水分管理（トマトの長期多段栽培を例に）

（1）培地は乾燥させすぎない

養液栽培における培地水分管理において、特に注意をする点は乾燥させすぎないことである。以下に述べるように、再浸透性はかなり改善され、ストレス負荷にも利用できるが、基本的には50％以下にはならないようにする。

一般に、ロックウールは一度満水にしてからは水分率を下げ過ぎてしまうと、水分量が上昇しにくいという欠点があった。しかし、近年ではロックウールの工業製品レベルが向上し、再浸透性が良いロックウールが存在している。グロダン製のグロトップエキスパートでは、給水が停止し、水分率が30％まで低下した場合でも適切な灌液を行うと、1週間で約60％まで回復させることができる。また、水分量を50％まで低下させた場合でも、1日で約67％まで回復させることができる。このように、ロックウールの再浸透性は劇的な改善が見られるようになり、水分量の制御領域がなお一層広がることで、リスクが少なく容易に水分管理が実施できるとともに、水分量を落とす思い切った管理も可能となっている。ストレス負荷により、植物の栄養成長と生殖成長のバランスを調節することが一層容易になったといえる。

（2）生育層に合わせた適切な水分管理（6フェーズ管理）

作物にはその栽培過程において異なる成長段階（フェーズ、phase）がある。水分管理・環境制御などは成長段階に合わせる必要がある。ロックウールメーカー（Grodan社）が提唱する成長段階を示す"6フェーズ"の概念を適用すれば、トマトが今どの成長段階であるのか認識しやすく、それに合わせた管理ができる（第2章参照）。6フェーズモデルはヨーロッパにおいて、種苗会社、環境制御機器メーカー、栽培コンサルタントなどと合意のもとに考え出されたため、世界中のネットワーク情報を共有できる。このような管理のある程度の標準化が日本のトマト栽培でも必要である。

まず、フェーズごとに植物の状態を把握し、その植物状態に合わせて、地上部環境管理、養水分管理、さらには作業管理を実施する（図—6）。

（3）水分管理とは

ロックウールの水分管理により、生育時期ごとの作物の成長・収量を最適化すると同時に養水分の利用効率の最大化が可能となる。

スラブ内の水分管理の基本は、根を健全な状態に保ち、植物体の長期生育維持、果実品質向上、収量増加を促す。作物が健全で活発な場合、作物に対する病害虫の影響も減らすことができるので、適切な水分管理の意義は大きい。日本における一般的な長期多段取り栽培での水分管理は、図ー6に示すように、定植後水分量を下降させ、春先から上昇させ、梅雨時期に下降させて、梅雨明けに上昇させるといった成長段階と日射量・日照の変化に応じた細やかな管理が必要となる。

(4) 1日の灌水のイメージ

日々の灌水に関して一般的なモデルを図ー7に示した。標準的な灌水開始時刻は、日の出後1～3時間である。裂果抑制など、収量性の向上のためにも、植物活動の開始に合わせた給液が重要である。標準的な排液開始時刻は、給液開始後2～3時間であり、スラブ内ECを安定させるのに重要である。日射強度が最大になる前に排液を始めて、ECを下げて安定させることで尻腐れ予防にもつながるとされている。また、標準的な給液停止時刻は、日の入前1～3時間であり、スラブ内水分量を変更する上で最も効果的であるとされている。給液終了時刻と給液開始時刻とにおける水分率差で作物のバランス（栄養成長/生殖成長）を操作することができ、6～8％が標準で、それ以下では作物を栄養成長に、それ以上では生殖成長にする方向となる。図ー6で、給液開始時の水分率は55％、給液終了時の水分率を85％とすると、水分率日変化は30％にもなり、これは、ストレスが負荷された状態であり、生殖成長に誘導される方向にあるといえる。

(中野明正＝農研機構野菜茶業研究所)

参 考 文 献

1) 荒木陽一 (2003)：土壌水分制御，施設園芸ハンドブック（五訂），施設園芸協会，196-205
2) 吉田征司 (2012)：ロックウール栽培での水分管理について，平成24年度スーパーホルトプロジェクト協議会，通常総会記念講演資料．
3) 駒村正治 (2004)：ハウスにおける灌漑，畑の土と水，東京農大出版会，85-95.
4) Jones, J.B. Jr. (2005)：Hydroponics, systems of hydroponic/soilless culture, 117-121
5) Kläring, H-P. (2001)：Strategies to control water and nutrient supplies to greenhouse crops. A review, Agronomie, 21, 331-321
6) 中野有加・岡田邦彦 (2012)：地下水位の高低および変化がタマネギの根系発達に及ぼす影響，根の研究，21, 63-71

第8章　環境計測と統合環境制御

1．環境計測の基礎

1）センサの基礎

　目盛りを目視で読み取るタイプのセンサでは、最小目盛幅の1/10まで読み取るのが基本であるが、最近のセンサは電気的なものが多く、数字として表示するデジタルタイプのものも多い。だからといってそこに表示される数値が正確であるという保証はない。

　センサには、ある程度の誤差がつきものである。誤差とは、真値と測定値の差のことで、ここでは「精度」を一般的な意味である「誤差の小ささ」という意味で用いる。

　最近のセンサは電気的なものが多いので、その電気回路が周囲の環境の影響を受ける。温室等では高気温、強日射や高湿度やほこりの多い環境にさらされることも多く、そのような環境下でも動作可能かどうかを確認する必要がある。

2）センサの設置

（1）気温センサ

　温室内環境にはばらつきがあるが、通常センサは制御系統（通常は各温室）ごとに1点のみが設置される。成長点付近の高さに設置するのが望ましいが、植物は成長するので妥協して代表的な高さに設置することになる。

　屋外、屋内とも気温センサへの通風は必ず行う。通風筒は放射よけのため白色に塗装するか反射材を被せる。ファンの排気側ではなく吸気側で測定すること。傘をセンサの上に付ける程度の遮光では誤差が大きくなる。

　気温は栽培環境の中で最も基本的な要素であるので、正確な気温センサ（アスマン通風式乾湿球計など）で定期的に誤差がないか確認する。

（2）湿度センサ

　湿球温度を測定する場合は、通風を $3\,m \cdot s^{-1}$ 以上の速度で行うようにする。通風式屋内用乾湿球センサは十分な遮光を行わないと、温室内外での測定には使えない。

　電子式湿度センサの場合も通風が必要である。これは、湿度センサ内に温度センサが内蔵されており、そこで正しい温度が測定できないと正しい湿度が出力できないからである。通風すると空気中のほこりなどがセンサに付着するので、感湿部を不織布などで包み、それを1年に1度程度は交換する。

　こちらもアスマン通風式乾湿球計などでの定期的な校正が必要である。

（3）日射センサ

　温室内作物が受けるのは温室内の日射であるが、温室内に日射センサを設置することは薦められない。温室内は温湿度以上に日射のばらつきが大きく、構造物が作る影が存在する。したがって、どこに設置すれば代表的な日射を計測できるのかを判断するのが困難である。できれば、温室内外の日射を同時に測定しその積算値を比較して温室内に温室外の日射のどのぐらいの割合が入射しているかを把握しておくと良い。

　通常は屋外にポールの先端部に水平に設置するが、日陰にならなければ高さは関係ない。はしごをかけて手が届く高さにしておくと清掃が容易になる。

（4）CO_2 センサ

CO_2 センサは温室内で使用するセンサの中では精度があまり良くなく、誤差と経時変化が最も大きなセンサである。大抵は建物内の CO_2 濃度測定を目的にして作られているので温室環境は過酷なものとなり、その寿命は1～2年と考えた方がよい。

　作物群落内に設置するのが基本であるが、CO_2 発生機にあまり近いと温室の代表的な濃度が測定できなくなる。

　感部（一体型もある）を通風すると濃度変化を早く知ることができるが、埃などの付着や濡れを誘発し、センサの寿命を縮めやすい。ポンプで空気をチューブにて送る場合は結露による濃度変化や感部の濡れに注意する。

(5) 風センサ

　風の強い日に、自動的に風上側の窓を閉め切って風下側の窓だけで制御する場合は、風向風速センサが必要である。

　常時現場に人がいる場合はこの機能は省くことが可能で、センサの価格も高いので必要性を検討して設置する。

(6) 雨センサ

　降雨時に天窓を自動的に閉めるために必要なセンサである。通常、高所に30～45度の傾斜を付けて設置する。夜露（結露）を降雨と誤認識しないようにヒーターで熱を加えている。鳥の糞や枯れ葉がこびりつくことがあるので注意する。

3) 環境監視と記録

　センサからの出力を値にして見るためには、表示器や記録器が必要である。センサがコントローラの一部の場合は、制御器に表示機能がある。

　センサと表示器が一体化している製品もあるが、温室の中央部に行かないと値が確認できないのは不便である。

　表示器やコントローラとセンサが一体化している場合はあまり考えることはないが、ここでは、センサからの出力を自分で機器を組み合わせて表示や記録したりする場合の注意点を述べる。

　センサが制御機や記録器と離れている場合は、ケーブルで信号を送ることになるので、留意すべき点がある。

　ケーブルには抵抗があり、長いほど抵抗は大きくなるので、センサからの電圧信号を低下させる。またケーブルをセンサに接続する際やケーブル同士を接続して延長する際に、抵抗が大きくなることもあるので注意が必要である。できるだけケーブルは1本で（繋いで延長せずに）、センサから制御機／測定器まで配線する。

　多くの場合、センサは0～数Vの電圧か4～20 mAの電流を出力する。電流で出力する場合、上記の電圧低下が問題にならないのでケーブルが長い時は電流出力のほうが望ましい。

　温室内には、暖房機、モーター、ポンプなどの装置が多く、それらを制御するリレーや電磁開閉器もある。それらの機器からノイズが発生し、センサからの信号に悪影響を及ぼす場合がある。センサからのケーブルは、シールド付きにしたり電源線や動力線にはなるべく近づけないようにして、ノイズの影響を減らすことが重要である。

2. 温室環境制御の基礎

1) 温室環境制御の歴史

　わが国の温室やプラスチックハウスの環境制御の自動化が目立ち始めたのは、1960年代の後半と推察する。最初は、暖房機や換気扇にバイメタル式のサーモスタットを付けて電源を ON/OFF していた。天窓の開閉モーターの自動化は、それより遅れて70年代になってからの普及となった。これは三相モーターの正転／逆転は、電源の ON/OFF よりも複雑だったためである。

表—1　センサの種類

温度センサ	測温抵抗体	RTDとも呼ばれ、温度によって抵抗値が変わるもので白金が感温部に使われることが多く、0℃での抵抗値によりPt100やPt1000などがある。精度は他のセンサよりも良く±0.15 + 0.002|T|℃（A級）〜±0.3 + 0.005|T|℃（B級）である。抵抗値を電圧や電流に変換する回路が必要となり、いろいろなものが市販されている。
	サーミスタ	単体でセンサとして使われることはほとんどなく、組み込み機器の温度センサとしての利用が一般的である。市販の電子式温度計の多くがサーミスタを利用している。きわめて多くの種類があるのでデータロガー（記録器）や汎用制御器にはあまり使われない。一般には測温抵抗体よりも精度が悪く（JIS1級で±1℃以下）、感温部分がプラスチックに包まれている場合が多いので高温の測定には不向きである。最近では精度の良いサーミスタも見られるようになってきた。
	熱電対	異なる種類の金属を触れあわせることで発生する起電力がその時の温度によって変化することを利用したセンサ。金属のペアによりK型、J型、T型などがあり、低温（－200℃）から高温（1500℃）まで測定できる。基準温度接点が必要なので組み込み機器には不向きだが、対応する制御器やデータロガーは多い。誤差はセンサの精度に加え、測定機器の精度で決まり、±0.1℃〜±10.0℃ぐらいと幅がある。非常に小型化できる（0.2mm程度）ので葉温などを測定する（葉脈に挿入）際にも用いられる。
	棒温度計	密閉されたガラス棒の中に水銀や着色アルコールを封入したもの。精度の高いものもあるが、感温部分が長い本体全体に及ぶため、ガラス棒全体に放射よけと通風をしないと正確な気温は測定できない。後述されるアスマン乾湿球計の測定部分は高精度の棒温度計である。
	半導体式	最近では、感温部と電気回路を1つにまとめたタイプの安価な温度センサが多く出回っている。5V程度の電圧をかけると温度に応じた電圧が出力されるので電圧計があれば簡単に温度が測定でき、制御器などに接続するのも簡単である。精度は±0.5℃〜±1.0℃程度が多い。感温部と回路が一体化しているので急速な温度変化は捉えにくく、場合により防水などの処ול置が必要になる。
湿度センサ	毛髪式湿度計	19世紀から存在する、毛髪が空気中の水分量に反応して伸び縮みすることを利用したセンサ。一般に数日分のチャート用紙の上にインクで線を引いて記録する。精度や応答性については現在の基準からは遠く離れている。
	固体電解質式	高分子膜を挟んで電極を配置し、膜が吸湿/放湿することで電極間の静電容量が変化することを利用したセンサ。高分子抵抗式と同じように絶対湿度を検知するので相対湿度を出力するためには温度補正が必要でそのための温度センサと回路を持つ。
	高分子抵抗式	一対の電極上に高分子膜を塗布し、膜が吸湿/放湿することで電極間の抵抗が変化することを利用した湿度センサ。膜の水分は空気の絶対湿度に比例するので、相対湿度を出力させるためには温度補正をする必要があり、内部に温度センサと補正回路を持つ。濡れや結露にあうと永久的な誤差を生じやすい。
	乾湿球計	通風した2つの温度センサのうち片方で濡れたガーゼなどをかぶせて測定すると、湿球温度が測定できる。濡らさない方の温度センサの温度（乾球温度＝気温）とあわせて計算すると、湿度諸量を求めることができる。1980年代まではこの方法が多点測定や制御に利用可能な唯一の方法であった。上部にファンを持ち、2本の精密棒温度計全体を通風しながら測定するアスマン乾湿球計は温湿度測定の最も正確な方法の一つと考えられている。現在でも測温抵抗体温度センサを利用して乾湿球温度を測定する電気式センサが市販されているが、多くは屋内用で温室環境ではそのままでは本体が熱を持ってしまったり、湿球がほこりだらけになってしまったりして実用にならないことが多い。
日射センサ	放射計	太陽光中の光エネルギーを測定するものである。日射計といえば一般にこの放射計を指す。単位はW・m^{-2}。地球をとりまく放射には、400nm以下の紫外線から2,000nm以上の赤外線までが含まれるのでその範囲のエネルギーを偏りなく測定できるセンサが理想的だがなかなかそのようなものはない。黒い板の両面に多くの熱電対を配置してその温度差から測定するもの（例：エプリー式日射計）と安価な半導体センサを利用したものがある。
	光量子計	光合成速度が光のエネルギーよりも光量子数に強く影響されることから、光合成関連の計測で使われる。多くの場合、日射に含まれる総光量子数ではなく、光合成有効放射（約400〜700nm）の範囲の光量子数を出力するものが多い。光量子計は太陽光測定用と人工光源用があるので用途に応じて使い分ける。単位は$\mu m \cdot m^{-2} \cdot s^{-1}$。
	照度計	人間の目に対する明るさを測定するもので、植物の光合成反応とは異なる感度を持つため、農業的には不適な値を出力する。測定値は目安としてしか利用できない。単位はlx。

CO_2 センサ	通気型赤外線吸収式	ポンプで吸引した空気を赤外線を照射した透明カラム内に通し、CO_2 の赤外線吸収の程度から濃度を測定する。2つのカラムの比較をすることで2つの空気の CO_2 濃度の差を測定することができ、葉の光合成速度の測定などにも利用される。高感度で数 ppm の濃度差を測定できる。温室ではポンプによる吸引により結露やフィルタの早期劣化が問題となるためほとんど利用されない。
	非分散型赤外線吸収式	ポンプで吸引せずに、通気性のある膜を通してカラムに空気を取り込んで測定する。安価に販売されているセンサは、ほとんどがこのタイプである。精度は ±20 〜 50ppm で、器差が大きいことがある。誤差を自動補正する機能がある場合は、温室内での使用においてはその機能を OFF にしておく必要がある。出力は一般に 0 〜 5V 程度だが、デジタル出力をするものもある。
	固体電解質型	最近開発されたタイプのセンサで、赤外線ではなく CO_2 イオンを電解質の中で電気的に測定することで CO_2 濃度を測定する。小型で安価だが、精度があまり良くなくこれからの改良が期待される。
培養液センサ	導電率計	EC 計または電気伝導度計とも呼ばれる。培養液中の電解質が多いほど電気を通しやすくなる性質を利用して、培養液の濃度を測定する。小型で手でタンクやカップの培養液に挿入して測定するタイプと、タンク内や配管に設置して常時計測をするタイプがある。前者のほうが簡易で安価だが、自動制御をする場合は後者の方法をとる。
	pH 計	導電率計と同じように小型のものや常時計測可能なものがある。週1回程度以上の更正や保守が必要。
	溶存酸素計	DO センサとも呼ばれる。培養液中に溶けている酸素の濃度を測定する。湛液式あるいは NFT 式養液栽培の場合にはぜひ装備したい。
風センサ	風速計	三杯型、プロペラ型、超音波型などがある。出力はパルスのものが多いが電圧/電流のものもある。建物に影響を受けるのでなるべく高い位置に設置する。
	風向計	一般に風見鶏と同じ原理を利用して、風向を検知する。ポテンショメータ(可変抵抗)で無段階に出力するもの(高価)と 8 か 16 方位を電圧で出力するもの(安価)がある。制御的には平均をとるのが難しい。

　70 年代後半から 80 年代になると 1 日の中で変温管理をする要望が高まり、いわゆる 4 段変温サーモが登場した。当初はタイマーを組み合わせたものだった。

　80 年代半ばになってコンピュータ(といってもパソコンではなく、基板に組み込まれた CPU のこと)を利用して、窓モーター、暖房機、カーテンなどを1つのコントローラで制御する方法が実用化され、各社から販売された。ただし、機能的には別々のコントローラを1つにまとめただけのものであった。

　一方、80 年代後半にはやや大きな規模の温室を制御しようという需要も高まり、工業用 PC やプログラム可能なコントローラを組み合わせて、多棟制御を行う例も見られ始めた。しかし、価格が高く、広く普及するまでには至らなかった。

　バブルがはじけて日本中が不況に突入した 90 年代は、温室環境制御分野(産業界、学会など)においても冬の時代であった。関連学会における温室環境制御分野の発表数は少なくなり、生産者の投資余力が低くなったため、制御機メーカーも淘汰された時代であった。一方、この時期から 2000 年代前半には、ヨーロッパ、特にオランダでは産学官の緊密な連携により、温室環境制御技術が飛躍的に進み、わが国の技術レベルは大きく遅れをとることになった。

　2000 年代になると、農業生産人口の高齢化が問題になり始めた。耕作をやめる農家が増えて、生産量の減少が危惧され始めた一方、企業が農業に参入しやすくなるための法改正などがなされ、農業に参入しようとする一般企業や大規模農業生産法人を設立しようとする生産者も増え、生産施設の大規模化が求められるようになってきた。

　しかし、現在(2014 年)でも、わが国の温室環境制御技術は対応が進まず、90 年代当時の技術のままにとどまっている。温室の暖房機、天窓、側窓それぞれに制御機があり、それぞれが温度センサを持っているのが一般的である。一方、資金に余裕がある場合は、オランダから制御システム(場合により温室そのものまで)を輸入して、大規模温室の制

御を行う例もある。

2011年の東日本大震災後には、最先端技術の採用を条件とした大型栽培施設のプロジェクトが多く稼働しているが、環境制御技術については、最先端とはいえないものが多い。

ここ数年の間に、オランダの統合環境制御コントローラが注目されていること、CO_2センサや湿度センサの価格低下、スマートフォンなどの通信機器の普及などの環境変化により、わが国でも本格的な統合環境制御を行おうとする機運が高まってきた。

2）温室環境制御コントローラ

温室環境制御コントローラ（以下コントローラ）は、センサからの信号を受け取って、設定値と比較し、その結果に基づいてアクチュエータ（モーター、ポンプ、暖房機など）を制御する。コントローラは前述の環境要因を個別あるいは総合的に制御する。総合的に制御するタイプのコントローラは、複合環境制御コントローラあるいは統合環境制御コントローラと呼ばれる。

（1）設定値

自動制御のためには設定値が必要である。現在の多くのコントローラでは、設定値は環境要因ごとにこれ以上は大きく（小さく）したくない、という値を設定値とする。例えば、換気設定気温はそれ以上高くしたくない気温であり、暖房設定気温はそれ以上低くしたくない気温である。気温については4段変温サーモのように1日を時間帯に分けた上で換気と暖房の設定を行うことが一般的である。

毎日同じ設定気温で制御を行うわけではなく、条件付けした制御を行う機能をもつコントローラもある。

例えば、「飽差が○○ g/m³ 以上になったら加湿を行う。」という制御に対して、「屋外日射が×× W/㎡以上の場合のみ。」という条件をつける。あるいは夜間の暖房気温が○○℃の時に、「当日昼間の積算日射量が×× J/㎡以上なら△℃高くする。」といった条件をつけたりする。

それらの条件はコントローラによっては数十以上にもおよび、「きめ細やかな制御」とうたう根拠になっている。これらの条件付け修正制御は、オランダで開発されたものが多い。

これに対して、最近、植物の生理活動を設定値にしようとする試みがなされている。例えば、加湿をする理由は蒸散過多による水ストレスを防止するためなので、蒸散速度を目的変数として、「蒸散速度が○○ mg・m⁻²・s⁻¹ 以上になったら加湿する。」というような制御のことである。このためには蒸散速度を測定あるいは推定する必要があるので、コントローラにも相応の機能が求められる。

（2）アルゴリズム

上記のような制御の論理的な流れを、アルゴリズムという。換気扇を設定温度だけで制御するだけなら、「温室内気温が換気設定温度より高くなったら、換気扇をONにする。そうでなければOFFにする。」という簡単なアルゴリズムで制御が可能だが、高機能なコントローラの場合は、非常に複雑なアルゴリズムでアクチュエータを制御する。

例えば、ヒートポンプ2系統と温風暖房機1系統での制御を行う場合で、暖房設定温度が15℃だとする。温室内気温が低下して15℃を下回ると、ヒートポンプ1系統をON/OFFして気温の制御を行う。1系統目のヒートポンプが連続運転になっても、室内気温が15℃を維持できなくなったら、2系統目のヒートポンプをON/OFFして気温の制御を行う。この時1系統目のヒートポンプは、連続運転をする必要がある。もし、1、2両系統のヒートポンプが連続運転しても、室内気温15℃を維持できなくなったら、初めて温風暖房機をON/OFFさせて気温の制御を行う。この時、すべてのヒートポンプは連続運転していなければならない。このアルゴリ

ズムにより、同じ暖房設定気温でヒートポンプと温風暖房機の制御ができる。

上記アルゴリズムは、温風暖房機は同じ暖房能力を持つヒートポンプより暖房費用が多くの場合2倍近く大きいので、なるべく温風暖房機を運転させないようにするためのものである。またヒートポンプ2系統を同時にON/OFFしないのは、起動時の大電流により基本料金が増加するのを防ぐため、および暖房COP（成績係数：投入エネルギーに対する暖房エネルギーの割合）を大きくするためである。

ヒートポンプのような最近導入されるようになった機器（細霧冷房装置、CO_2施用機、パッド・アンド・ファンなど）を、合理的に制御する複雑なアルゴリズムを搭載したコントローラはほとんどなく、今後の進歩に期待したい。

他にも、多くの相互作用を考慮しながら各アクチュエータを動かす必要があり、その合理性がコントローラの性能を決定すると言っても過言ではない。

アルゴリズムが不完全だと、天気や季節によって設定値を手動にて変更する必要が出て、自動化のメリットが損なわれる。良いアルゴリズムで制御するコントローラは、一年中設定値をあまり変更する必要がない。

(3) アクチュエータと制御盤

自動化機能を備えた温室には、多くのアクチュエータが存在する。天窓、側窓、カーテンにはモータ、換気扇や循環扇などにはファン、養液栽培にはポンプが設備されている。これらのアクチュエータは、動作のために100Vや200Vの電源が必要で、通常、電源の制御によりON/OFFや正転/逆転/停止を行う。

コントローラは出力信号を出すが、モータやポンプを直接動作させるための電力は出力できない。そこで、コントローラからの信号を、アクチュエータが動作するのに十分な出力に変換するリレーや電磁開閉器の回路が必要である。この回路はいわゆる制御盤に入れられている。

栽培者は、現場にてアクチュエータを手動で動作させる希望を持つことが多い。したがって、制御盤の表面には、自動/手動の切り替えスイッチと手動でのON/OFFスイッチがアクチュエータの数だけ並ぶことになる。この制御盤は、規模にもよるが機械工場にある数十Aの電流をON/OFFするのと同程度のハイスペックな物が多い。したがって、高価格となり制御システム全体のコストを押し上げている。

温室で動作するアクチュエータの中で最も消費電力が大きいものは、たぶんヒートポンプで3〜10kW/台、補光や電照を行う場合も数kW以上の消費電力となる。細霧冷房や大規模養液栽培をする際のポンプ（1kW/台〜）がそれに続くかもしれない。それ以外は、循環扇・換気扇・温風暖房機が50〜600W/台、天窓・カーテンモーターが100〜200W/台、側窓の巻上げモータが50W/台ぐらいと大電流が流れるものはほとんどない。ヒートポンプなどは、本体内に制御機構があるので、大電力を制御盤から供給する必要はない。

制御盤にずらりと並んだ手動スイッチも、簡単なタッチパネルに置き換えることができれば、大きなコスト削減になるだろう。

3．統合環境制御システム

1）統合環境制御の目的

すでに述べたように統合環境制御においては、複数のアクチュエータを1つのコントローラが制御して、作物生産に最適な環境を作り出そうとする。

これにより、生産者は設定値をアクチュエータごとのコントローラに設定する必要がな

くなり、省力化がなされる。また現在値や設定値を1つの画面やパネルで確認できるので、温室環境の把握が容易になる。しかし、それだけでは分散していたセンサやコントローラを1つにまとめただけであり、機能的な上昇はない。コントローラを1つにすることにより、以下のような制御が可能になる。

・複数の環境値を参照して1つのアクチュエータを制御する。例えば、気温と飽差の両方を見て、換気窓の開閉を行う場合などがこれに当たる。どのような場合にどのような動作をさせるのかは、アルゴリズムによる（以下同じ）。
・1つ（または複数）の環境値を見て複数のアクチュエータを制御する。これは、気温を見て、換気窓の制御とカーテンの制御の両方を行う場合などが相当する。
・設定値を固定せずに環境に応じて変更する。前述の条件付け修正制御がこれに当たる。例えば、日射が大きくなったら換気設定温度を上昇させるなど。

・アクチュエータ間のインターロック（同時動作防止）をかける。換気窓が開いている間は保温カーテンを全閉にしない、などの制御。
・アクチュエータの状態を見て設定値を変更する。換気窓が全閉の時は CO_2 濃度の設定値を 800ppm にして、それ以外の時は 400ppm にする、等の制御。
・過去の状態を参考にして現在の設定値を決定する。例えば、昼間の積算気温を見て、その日の夜間の暖房設定温度を決定する場合や、いわゆる日射比例灌水制御がこれに当たる。
・いくつかの測定値を組み合わせて演算をすることにより、有用な値を導き出す。飽差を算出したり、蒸散速度や光合成速度を推定したりすることによって、設定値の変更に役立てるなどの例がある。

以上の機能を組み合わせて効率的にアクチュエータを制御することで、生産物の収量と品質を向上させ、作物栽培を安定的、省力的、省コスト的に行うことが最終的な目的と

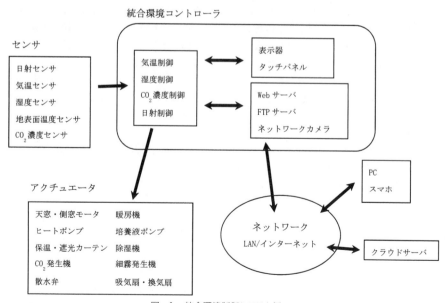

図－1　統合環境制御システム例

なる。

2）ハードウェア

コントローラに能力的な余裕がある場合は、かなり多くの機能を持たせることができる。図—1に、最先端の統合環境制御システムの例を示す。

各アクチュエータについては、本書の個別制御の章にて詳説されているので、ここでは省略する。

すでに環境制御のためには、コントローラ、センサ、およびアクチュエータが必要であることは述べた。コントローラが通信機能を持っている場合は、ハードウェア環境を整えることにより利便性が向上する。

コントローラ内のデータを通信機能によって、外部表示器やパソコンに送ることで、環境状況の把握や設定値の変更が劇的に簡単になる。そのためには、表示器やパソコン以外にもLANケーブル、イーサネットスイッチ（ハブ）が必要となる。

この情報を生産施設から外部に送り、インターネット上で活用しようとすると、LANをインターネットに接続することになり、プロバイダとの契約やルーターが必要になる。

さらに、データの処理をインターネット上のサーバで行うなどの機能を持たせることが可能になる。このような処理を、クラウド処理という。

3）ソフトウェア

前述のアルゴリズムを機械がわかる形で書き直したものが、ソフトウェア（プログラム）である。

ソフトウェアは、コントローラ内の電源を切ってもなくなることのないメモリに収納されているが、修正しないことを前提にチップに書き込まれている場合と、修正することを前提に書き換えがやりやすいように保存されている場合がある。前者は比較的大量に生産される、入出力や機能が固定されている機種に多く、特注システムのソフトウェアは後者の例が多い。

コントローラは、ソフトウェアに書かれたアルゴリズムに従って環境制御を行うので、栽培者は、どのようなアルゴリズムでそのコントローラが環境制御を行うかを理解しておく必要がある。コントローラの行う制御が自分にとって理解できないのでは、そのコントローラを使いこなすこともできないし、改善点を見つけることもできない。環境制御はコントローラにお任せ、というのでは技術の改善はおぼつかない。

センサ/コントローラ間、コントローラ/監視用PC（表示パネル）間、コントローラ/サーバ間のデータはプロトコル（通信規格）に従って送受信される。

産業用制御機器間の通信用の一般的なプロトコルには、CC-Link、EtherNet/IP、Modbus、Profibus、DeviceNetなどがある。国内の農業場面に特化したプロトコルには、UECS研究会が提唱したUECS規格がある。国内で最近開発された産業用プロトコルであるIEEE1888を、農業に応用しようとする試みもなされている。

すでに広まっている産業用プロトコルを利用する制御機器は、非常に数が多く低価格で提供されている。一方、UECS規格やIEEE1888を利用する制御機器はまだ少ないため、高価格であり、普及の途上である。

オランダではコントローラのメーカーを問わず、データを自動的にアップロードして処理・提供するクラウドサービスが実用化している。わが国にも、栽培データや営農データをインターネット上のサーバに溜め込んでデータ処理を行う農業用クラウドサービスが、数社から提供されているが、まだ緒に就いたばかりで、その普及や評価についてはこれからの段階である。

4）環境制御とクラウドサービスの連携

　環境制御以外の情報（作業管理、販売管理、経理・会計など）を、インターネット上のサーバで管理するいわゆるクラウドサービスが各社から提案されている。しかし、環境制御はまだそれらに積極的に含まれることはなく、どのように統合化するかについて頭を悩ませている状態のように見える。

　クラウドサービスは、ネット上の高性能サーバを使える反面、ネットワーク通信が途切れると機能しなくなるという欠点があり、制御そのものには利用しづらい。したがって、制御を司るコントローラをクラウドに置くことは、現在では危険である。

　しかし、栽培環境データや制御結果をリアルタイムでサーバに送ることでデータ解析が可能になり、収穫や出荷の予測などに利用すれば、生産性の向上に大きく貢献することになる。

5）わが国の統合環境制御の将来

　最近では、日本のメーカーも積極的な環境制御の重要性を認識するようになり、本格的な統合制御機を開発する機運が高まっている。

　まず、勘と経験に頼る栽培管理からの脱却を目指す動きがある。正しい測定方法で気温、湿度、日射および CO_2 濃度を測定し、リアルタイムでそれらの値を確認できることが、栽培者に非常に大きな変化をもたらす。これを温室環境の「見える化」と称してもてはやす向きもある。しかしこれは、一方で現在に至るまで勘と経験に頼った栽培が多くの場面で続けられてきたことに他ならない。

　次に、「光合成最大化」、「飽差制御」、「転流制御」などのキーワードに象徴される制御や機能強化がある。これらは、設定値の根拠を与えるためのものであるが、因果関係に未知な部分も多く、合理性の検討が必要な場合も多い。

　今後は前述の光合成速度、蒸散速度、成長速度などの生理活動の制御を目的とした環境制御を実現するコントローラの実用化や、冷暖房などの運転コストを考慮して収益を最大化しようとするコントローラの出現を望みたい。

（狩野　敦＝株式会社ダブルエム）

第9章 エネルギー利用

1. 施設園芸を取りまくエネルギー事情

　農林水産業におけるエネルギー消費割合は全産業のおよそ3.0%になっている。とくに農林業の中でも施設園芸において寒冷期の暖房に使用されるA重油の比重が大きく、農林水産業全体のおよそ45％を占めている。他方、数年来の原油価格の高騰は勢いをゆるめず、米国産WTI原油価格は、2014年7月まで1バレル100ドルを超えて上昇してきており、A重油価格も100円/ℓを超えている（図－1）。同時に、地球温暖化対策としての温室効果ガスの排出抑制という事情を背景として、産業諸分野において多様な省エネルギー・脱石油対策が展開されつつある。

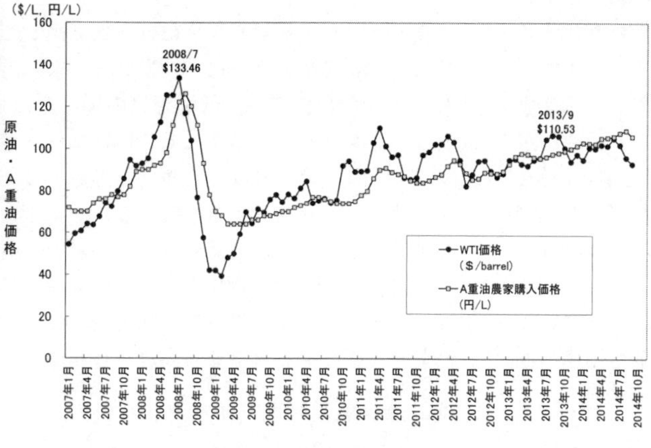

注）東海農政局・石油情報センター資料等より作成
図－1　原油・A重油価格の推移

2. 再生可能エネルギー・新エネルギー

　資源量として有限な石油、石炭などの化石エネルギーに代替し得るものとして、太陽光、風力、水力、地熱、バイオマスなどの再生可能エネルギーあるいは自然エネルギーの利活用がクローズアップされてきている。また、新エネルギーとは、「新エネルギー利用等の促進に関する特別措置法」において、石油代替エネルギーであって、経済性の面から普及が十分でなく、その導入促進を図ることが特に必要であって政令で定めるものと定義されている（NEDO, 2008）。

　自然由来の再生可能エネルギーは、字義通り、適正に利用すれば枯渇することなく使え、同時に、二酸化炭素など地球温暖化ガスを排出しないエネルギー源としても期待されている。他方、再生可能エネルギーは、賦存量は多いが、エネルギー密度が薄く、時間的な変動があり、適切な変換技術が必要なことなど、容易に利用するには難しい点もある。

　次節以降では、再生可能エネルギーのうち、施設園芸において現在まで実際に利用されているもの、すなわち、地熱（温泉熱）およびバイオマス（木質ペレット）について述べる。

（1）地下熱源

1．地熱・地中熱とは

地熱とは、地球内部で生成され蓄積されてきた熱エネルギーであり、地熱資源は、深さ3km程度までの比較的地表に近い場所に蓄えられた地熱エネルギーを資源として利用するものである。わが国は世界でも有数の火山国であり、豊富な地熱資源に恵まれ、地熱発電の賦存量は約3,000万kW、可採資源量は約1,000万kWとされており、2014年時点で地熱発電所は18地点、約54万kWの設備容量となっている。2012年7月からの再生可能エネルギーの固定価格買取制度（FIT）により、地熱発電の開発機運も高まり、現在、進行中のプロジェクトが16件存在する（資源エネルギー庁，2014）。地熱は、純国産で、再生可能、二酸化炭素排出はごく少なく、気候に左右されない安定的なエネルギーである。地熱エネルギーの利用は、高温の蒸気による発電利用（写真―1）と、100℃以下の熱水・温泉水などを暖房用途に直接利用するものとに分けられる。

他方、地中熱とは、マグマなどの熱源によって地下浅部が熱せられている火山や温泉地域ではなく、普通の地域の地下数mから200m程度までの浅層に蓄えられている熱エネルギーをいう。200mまでの地中温度は、その地域の平均気温より数℃高く、月平均気温で、10℃以上冬高く、夏低くなっている例が多い。また、地中に存在する地下水の温度もその地域の年平均気温にほぼ等しい。このような地温・地下水温が年間を通して一定の地中のエネルギーを地中熱と呼んでいる（高杉，2012）。実際的には、この地中と大

写真―1　地熱の発電利用例（北海道森町）
（写真：北海道電力㈱提供）

気との温度差を利用する地中熱ヒートポンプシステムを導入することにより、住宅や施設園芸現場で省エネ的に冷暖房に利用されている。

施設園芸での地中熱・地下水利用ヒートポンプシステムについては別項を参照されたい。

2．施設園芸での温泉熱水利用事例

1）温泉熱水の利用上の留意点

源泉が比較的高温な場合には、熱交換器により真水あるいは空気に熱交換し、ハウス内に配水・配風できる。低温源泉の場合には、熱交換器に工夫をするか、あるいはヒートポンプの利用が必要になる。暖房を必要としない時期の利用法を考える場合にもヒートポンプ利用による冷房が考えられる。源泉中の重金属濃度が高く含有物によるスケール対策が必要な場合がある。さらに、利用後の温排水の処理対策が必要となる（高倉，1980）。

2）ナス栽培団地（栃木県さくら市）

さくら市喜連川地区は、古くから17〜18℃の比較的暖かい水が噴出する自噴地帯

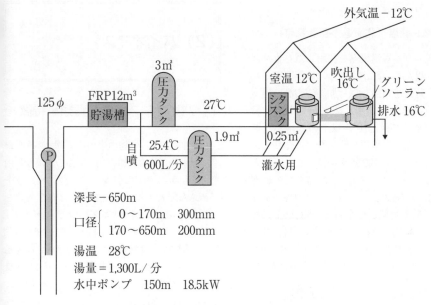

図―2　温泉水利用システム事例（栃木県）

があった。この地下水に加え、数十℃の温泉が掘削され、28℃の温泉・地下水混合水がハウスに導入され、熱交換器により温風を発生させてナス栽培を行っている（図―2、写真―2）。

ハウス団地は、「昭和59年度施設野菜省エネルギーモデル団地設置事業」として、敷地面積22,129㎡、ハウス面積15,912㎡が総事業費約2億円（地熱水設備費6,300万円、ハウス及び関連設備費13,000万円他）で造成された。源泉は、営農センター内の井戸

写真―2　温泉水利用の熱交換器（栃木県）

650mから汲み上げられ、地中埋設配管により隣接の団地各ハウスに温泉水が送られる。30a規模の連棟ハウスの場合、熱交換器（グリーンソーラー、RWE-1540）が11台設置され、温泉水から熱交換された約18～20℃程度の温風をダクトで室内に配風している。室内気温は、11月頃は15℃程度になることもあるが、外気温-7℃程度の厳寒期では、室内は10～11℃くらいとなる。源泉は弱アルカリ性で、重金属など含有物によるスケールもごく少なく、配管系の維持は比較的楽であるという。エネルギー経費は、温泉汲み上げについては組合が権利を有しているため、ポンプ施設の維持管理費のみで、電気代として熱交換器の送風電動機およびハウス内ポンプの電気料金のみであり、30aハウスで月15～17万円程度といわれる。

おおよその栽培体系は、品種トゲ無し「輝楽」を、9月～翌6月初めまで収穫し、収量はおよそ10t/10aであり、主に京浜市場へ出荷し、また地元で直販し、「温泉ナス」の

ブランド名で好評を博している。

3) トマト栽培（北海道茅部郡森町）

森町は古くから温泉熱を利用したハウス栽培に取り組んでいたが、さらに地熱発電の熱水・高熱蒸気を利用して付加価値の高い温室トマトを栽培している。1982～1989年度に総面積約3.2ha、70棟以上の栽培ハウスを建設し、地熱発電用の蒸気発生に伴う120℃の副地熱水の一部を熱交換器により真水と熱交換し、生成される85℃の温水を金属配管でハウスへ送り、ハウス内ではPVCチューブに温水を循環させ室温を15℃以上に保っている。年間の維持コスト（水道料、スケール除去、消耗品等）は約1,000万円（10a当たり31万円）である（国交省、2014）。

4) パプリカ栽培（大分県九重町）

農水省は、近年の燃油価格の高騰を踏まえ、化石燃料依存からの脱却を目指し木質バイオマスなど地域エネルギーを活用して、わが国の施設園芸を次世代に向かって発展させるため、2014年度より全国9地点で、「次世代施設園芸導入加速化支援事業」を実施している。この次世代施設園芸拠点の一つとして、温泉熱を利用し、高度な環境制御技術によるパプリカの周年安定供給施設が計画されている。その目玉は、40万kcal·h^{-1}（465kW）×2基の地熱水熱交換器により、2.0haのパプリカ栽培ハウスに一括熱供給するものである（農水省、2014）。

（2）バイオマス

1．バイオマスとその種類・特徴

バイオマスは、生物由来の物質量という原義で、樹木や作物など植物由来のものや藻類に由来するものをいうことが多いが、食品廃棄物や家畜ふん尿処理などで発生する有機性物質を含むこともある。バイオエタノール、バイオディーゼルなどバイオ燃料の原料となるトウモロコシなどの穀物は、食料資源との競合が大きな問題となるので、エネルギー利用されるバイオマス資源として、廃棄物系バイオマスが着目されている。これらは図-3に示す通り、含水量により乾燥系、湿潤系、その他に分類され、また出所から木質系、農業・畜産・水産系、建築廃材系に分類される。現在までに実用化されているエネルギー利用技術としては、主に木質系バイオマスは、チップ化、ペレット化し直接燃焼利用され、家畜ふん尿などは発酵技術により生物化学的に変換され、メタンガスなどの生成を行っている。

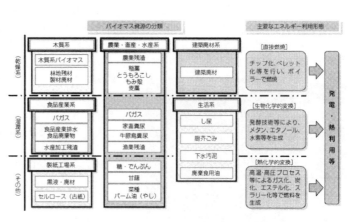

図-3　バイオマスの分類と主要なエネルギー利用形態

2. 木質バイオマス・ペレットとその利用

バイオマスのうち、オガクズ、林地残材、剪定枝、建築廃材、樹木に由来するものを木質バイオマスという。木質バイオマスにも多様な形態があるが、施設園芸における木質系バイオマス燃料の利用については、ハンドリング（運搬・取扱）特性からして、これまではペレットがほとんどであった。

木質ペレットは、有害物質に汚染されていない原材料をペレット（微小円筒）状に圧縮・成形した固形燃料の一種である。現在流通しているペレット形状は、直径6～12mm、長さ10～25mm程度が主流となっている。また、木質ペレットは、おが粉や切削屑のような木質部のみを原料として成型した木部ペレット（ホワイトペレット）、樹皮を粉砕して成型した樹皮ペレット（バークペレット）、および除・間伐による林地残材、製材背板のように樹皮と木質部を含む全木（混合）ペレットの3種類に分類される。木質ペレット燃料は、1979年の第2次石油危機を契機としてわが国にも導入されてきたが、今時の燃油価格の高騰を受けて再び注目を受けている。

木質バイオマス燃料は、燃焼時にCO_2を放出するが、原料植物体は光合成で吸収されたCO_2により生成されたものであり、全体としてはCO_2を増加させない、いわゆるカーボンニュートラルなものである。さらに、バイオマスの長所として、再生可能であり、地域的に偏在せず、地球環境に優しいエネルギー源といえる。

木質ペレットと灯油、A重油の燃料特性の比較を表—1に示す。灯油あるいはA重油1ℓ当たりの発熱量は、木質ペレット2kg当たりの発熱量に相当する。

3. 木質ペレット焚き暖房機

施設園芸用の木質ペレット焚き暖房機は、石油燃料使用暖房機と同様、ボイラーと温風機（図—4）の2種が市販されている。

一般的な温室用ペレット焚きボイラーの熱出力は、10万～50万 $kcal \cdot h^{-1}$（116～581kW）の範囲である。ボイラーと通称されるが、無圧式温水発生機に分類されるため、取扱資格（ボイラー技士）は不要となっている。温水発生システムは、ペレット貯蔵サイロ、搬送装置（減速器を含む）、2次タンク、着火バーナー、ペレット燃焼室（火格子を含む）、温水熱交換部、排気装置などから構成される。燃焼制御方法は、多くの場合、比例制御+ON-OFF制御が採用されており、制御対象は、ボイラーでは一次側温水温度であり、設定温度になるようにペレットの供給量を自動的に調整して制御する。

ボイラーと温風機とでは、ペレット燃焼により温水を発生させるか、温風を発生させるかの相違以外、基本的構造は類似している。

温風発生機での熱出力は、ボイラーより低く、3万～12.5万 $kcal \cdot h^{-1}$（35～45kW）の出力範囲である。燃焼制御方式も、ボイラーと同様、比例制御+ON-OFF制御が採られており、制御対象はハウス内気温であり、設定温度に応じてペレットの供給量を自動的に調整する。

表—1 木質ペレットと石油製品の燃料特性

項 目	単位	木質ペレット	灯油	A重油
含水率（湿量基準）	%	10	0	0
高位発熱量	MJ/kg	17.0	46.5	45.2
	MJ/ℓ	10.2～12.8	36.7	39.1
低位発熱量	MJ/kg	15.5	43.5	42.7
	MJ/ℓ	9.3～11.6	34.9	37.1
かさ密度	kg/m³	600～750	780～800	820～800
固体比重	—	1.1～1.3	0.78～0.80	0.82～0.80
灰分	%	木部：0.5～1.03 樹皮：3～5	—	—

ペレット焚き暖房機の燃焼部におけるペレット着火方式は、①灯油あるいは重油を噴射して着火する方式、②木質ペレットを火格子上で種火として維持し続ける種火方式、③電気ヒーター（ホットガン）によって着火する方式とがある。いずれの方式も、燃料の消火は、燃料と空気の供給を停止して行う。木質ペレット焚き暖房機の場合、石油焚きのように瞬時的な燃焼のON-OFF制御は難しい。開発当初の機器では、温度デファレンシャルが3～5℃あったが、最近、制御性能は大きく向上し、＋1℃～－0.5℃内に室温制御することが可能とされている。

木質ペレット燃料は、石油製品燃料と異なり、燃焼後に灰が残る。木質ペレットにより異なるが、木部ペレット（ホワイトペレット）では1％以下、樹皮ペレット（バークペレット）では2～8％程度の灰が発生する。火格子の下の灰受け部に灰が溜まるので、定期的に（1週間に1～2回）灰を除去する必要がある。

4．施設園芸へのペレット暖房機の導入事例

1）メロン栽培（静岡県磐田市他）

静岡県浜松市、磐田市、袋井市らは有数のメロン栽培地帯であり、600～700軒の農家が主にアールス系メロンの栽培を行っている。同地区での木質ペレット焚き暖房機の利用は歴史があり、1972年の第1次オイルショック時にアメリカより木質ペレットの輸入を図り、当時約30台のペレット焚きボイラー（写真―3）を導入した。その後の石油価格の低落に伴いその利用は停止状態となった

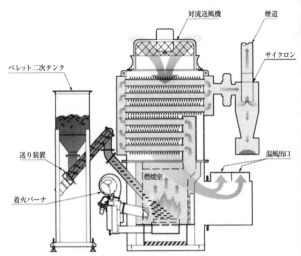

図―4　ハウス用ペレット焚き温風機

が、昨今の石油価格の高騰に対処して新たな展開が始まっている。

磐田市K農園は、1,500㎡のスリークォーター型ガラス室でアールスメロンの栽培を行ってきたが、1998年に58万kWのペレット焚きボイラーを導入した。集中式温湯暖房を採用し、ボイラーにより発生した温水を地中配管により各棟へ送り、温室内ではエロフィン管により放熱する。冬季夜間は23℃設

写真―3　木質ペレット炊きボイラー

表-2 「次世代施設園芸加速化支援事業」拠点

拠点	市町村	特色	施設規模	利用エネルギー・機器
北海道	苫小牧市	冷涼気候を利用してのイチゴ栽培 高度環境制御技術	イチゴ 2ha×2	木質チップボイラー
宮城	石巻市	オランダ技術の導入 木質バイオマスと地下水利用	トマト 1.2ha パプリカ 1.2ha	木質チップボイラー、 地中熱ヒートポンプ
埼玉	久喜市	低段密植によるトマト栽培 ユビキタス環境制御システム	トマト 1ha×4	木質ペレットボイラー
静岡県	小山町	高糖度トマトの周年栽培 ICT活用による複合環境制御	高糖度トマト 3.2ha 高糖度ミニトマト 0.8ha	木質ペレットとA重油の ハイブリッド
富山県	富山市	廃棄物発電と廃熱利用	フルーツトマト 2.86ha 花き 1.2ha	廃棄物由来燃料利用の 発電付きボイラーからの 熱電併給
兵庫県	加西市	統合環境制御 大型チップボイラによる	トマト 4ha	木質チップボイラー
高知県	四万十町	おが粉利用の大型木質ボイラー	トマト 4.3ha	おが粉利用木質ボイラー
大分	九重町	温泉熱利用による施設園芸 高度環境制御 パプリカ周年栽培	パプリカ 2.4ha	地熱水交換器（40万kcal×2）
宮崎	国富町	ICT（UECS）活用による高度管理技術 木質ペレット暖房機	ピーマン 2.3ha キュウリ 1.8ha	木質ペレット暖房機

定とされている。夏季には、井戸水を利用して熱交換により冷房・除湿が可能となっている。

燃料は、岡山県真庭市からホワイトペレットを購入しており、価格は当時で40円/kg（運賃・税込み）となっている。1999年1月時点でのA重油価格は56円/ℓで、熱量換算では木質ペレットの方が割高の状態となっていた（山口、2009）。2014年1月時点でのA重油価格は100円/ℓを超えており、ほぼ木質ペレット利用が燃料コスト上では逆転している。

2）次世代施設園芸導入加速化事業

農水省が2014年度より推進している「次世代施設園芸導入加速化事業」において、全国で9実施拠点が決定された（表—2）。これらのうち7拠点が木質系バイオマス燃料を利用しての大型施設園芸を展開しようとしている。

（山口智治＝筑波大学前教授）

参考文献

1) NEDO（2008）：新エネルギーガイドブック 2008, 39-41
2) 資源エネルギー庁（2014）：エネルギー白書 2014, 173-175
3) 高杉真司他（2012）：地中熱ヒートポンプとは, 施設園芸における水熱源式ヒートポンプの利活用, 4-6, 農村工学研究所
4) 高倉 直（1980）：温室設計の基礎と実際, 19章 新エネルギー利用, 養賢堂
5) 日本施設園芸協会（2010）：ヒートポンプと木質ペレット暖房機の導入指針
6) 山口智治（2009）：木質ペレット利用によるハウス暖房とその評価, 施設と園芸, 146, 10-15
7) 農水省（2014）：次世代施設園芸導入加速化支援事業（http://www.maff.go.jp/）

(3) 太陽光発電

1. 太陽光発電の活用方法

　栽培植物の品質や収量を向上させるために、温室内環境の自動制御は重要な技術である。他方、環境制御設備運転のために燃料や電力が消費されるので、最小の投入エネルギーで栽培植物の品質や収量を向上させることは、温室栽培の主要な技術目標の一つである。環境制御の省エネルギー化とともに、再生可能エネルギーの活用も望まれる。ここでは、温室での太陽光発電活用方法について概説する。

　温室の代表的な電力負荷として、ポンプ、ファン、制御モーター、照明がある。動力に関連する負荷は、商用交流電力で運転するシステムが普及しており、もし太陽光発電を導入して既存の動力負荷を運転するならば、発電した直流電力を、パワーコンディショナーを介して交流電力に変換する必要がある。照明については、今後 LED に置き換わることを前提とすれば、太陽光発電のような直流電源との相性は良い。太陽光発電の独立電源システムとするならば、夜間や低日射時の電力負荷に対応するためには蓄電池が必要となる。蓄電池は密度（質量）が大きく、太陽電池ほどの寿命は期待できない。また、温室近辺の未利用地（写真－4）や完全人工光型植物工場の屋根面を太陽光発電に利用する場合には、技術的問題は少ないが、温室の屋根や壁面を利用して太陽光発電を行うということに関しては、栽培面および発電技術の面から大いに検討の余地がある。このように、温室での太陽光発電に関しては、技術的課題が多い。ここでは、いくつかの研究事例を見ながら、現時点で十分実用的な方法を示すとともに、挑戦的な方法についても紹介し、今後の研究の進展を促したい。

2. 太陽光発電エネルギーで作動するハウス側窓および遮光カーテン制御装置

　温室内環境を簡易かつ効果的に調節するために、側窓や天窓開閉による換気調節が広く行われている。人力で換気窓の調節を行う多くの小規模ハウスでは、ハウス内外環境の変化に応じて頻繁に窓開閉することは現実的ではない。側窓の開閉動作は間欠的でも大きな効果を発揮し、また、開閉動作に必要なエネルギーはわずかである。したがって、小型の太陽電池と蓄電池を組合わせた独立電源システムで開閉装置（直流モーター）を自動運転することが可能である（杉浦ら、

写真－4　南北棟温室の南側空き地に設置した太陽電池

写真－5　側窓開閉用直流モーターと東西棟ハウスの南屋根面に取付けられた太陽電池

写真―6　東西棟温室の南屋根面に市松模様に設置された太陽電池

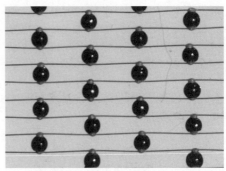

写真―7　直径1.8mmの球状結晶Siを使用したガラス温室屋根用の太陽電池

2009;Yamoら，2007)（写真―5）。

　側窓の換気制御以外にも、僅かな設備と投入エネルギーで温室の光熱環境を効果的に調節する仕組みとして、遮光カーテンがある。最大出力4.8 Wの太陽電池、容量28 Ahの蓄電池、カーテン稼働用直流モーター、およびコントローラーで構成される独立電源システムで、遮光カーテンを自動開閉させるシステムが開発された（谷野ら，2007）。

3．温室屋根面を利用した大規模太陽光発電

　空調、ファン、ポンプ、照明等の大型負荷を太陽光発電エネルギーで運転するためには、太陽電池面積は相当拡大される必要がある。このことは、温室屋根面に太陽電池を設置することにこだわる限り、植物生産とは両立しがたい概念である。それにもかかわらず、いくつかの研究がこの問題に取り組み、興味深い示唆を与えている。

　中国の東西棟片屋根温室の北寄りの屋根面に太陽電池を設置した場合を仮定して、温室内日射を計算した結果によれば、温室の建設方位が東西±30°以内であれば、北緯25から45°で、冬期には屋根面積の60〜80％、春秋期には40〜60％、夏期には30〜50％に太陽電池を設置すると、太陽電池の発電量と日射透過量をともに高く保つことができることが示された（古在ら，1999）。

　東西棟の東西方向に一定の間隔を空けてストライプ状に太陽電池を設置した研究では、太陽光発電によって得られる電力量で、地中海沿岸地域の温室の一般的な電力負荷（ファン、灌水システム、温風機、換気および遮光カーテン用モーター、コンプレッサー、制御器）の運転を賄うことが可能であった（Rocamoraら，2006）。

　わが国のアーチ型屋根面を有する東西棟ビニルハウスの南屋根面に、屋根面積比で13％を占める太陽電池を取り付けた場合の、発電エネルギー、遮光、およびハウス内作物の生育への影の影響を総合的に研究した事例がある（Yanoら，2010;Kadowakiら，2012）。最大出力24 Wの太陽電池30枚が直線状または市松模様に設置された（写真―6）。発電した電力はパワーコンディショナーで交流に変換し、商用電力系統に逆潮流された。ハウス内でネギが水耕栽培され、太陽電池の影による生育への影響が検証された。市松模様に隙間を空けて太陽電池を配置すると、直線配置の場合よりハウス内の日射量分布の偏りが大幅に改善され、作物生育への遮光の影響が軽減されることが明らかとなった。

　屋根面積比で10％を占める太陽電池を市松模様に配置した温室内のトマト栽培がスペ

インで行われた（Ureñaら，2012）。その結果、トマトの果実の大きさと着色に太陽電池の影による負の影響が現れたが、果実の収量と商品価値に影響する程ではなかった。

4．その他の原理による温室屋根太陽光発電

温室屋根の形状を内側に湾曲させ、その屋根に赤外線反射素材を用いることによって、波長700nm以下の光合成有効放射は温室内の植物に届ける一方、近赤外線は上空に反射させて一直線上にフォーカスし、そこに下向きに細長い太陽電池を配置して近赤外線を受けるという方法で発電と植物生産を両立させるシステムが開発された（Sonneveldら，2010）。

屋根材にフレネルレンズを用い、直達光を温室内の一直線上に配置した細長い太陽電池にフォーカスして発電するシステムも開発された（Souliotisら，2006;Sonneveldら，2011）。このシステムでは、植物には散乱光が照射される。低日射時には、フォーカスラインから太陽電池をよければ、入射光の進路は妨げられずに植物に届く。

太陽の視直径より小さい太陽電池粒子を用い、温室内の植物から太陽を見上げる時、太陽電池と太陽が重なっても、直達光を完全に遮蔽しないガラス温室用太陽電池も近年開発されている（Yanoら，2014）（写真—7）。

5．おわりに

温室の屋根面で太陽光発電を行い、その電力で温室内の環境制御を行うという発想は、直感的には困難と思われるが、特定の栽培条件と工夫次第では、植物生産と両立しえる。多様な栽培場面で研究が実施され、経験と知識が蓄積されることが望まれる。

（谷野　章＝島根大学生物資源科学部）

参 考 文 献

1）杉浦ら（2002）：太陽光発電エネルギで動作するビニルハウス側窓開閉装置のモデル実験，農業機械学会誌，64（6），128-136
2）A. Yano et al.（2007）：Development of a greenhouse side-ventilation controller driven by photovoltaic energy, Biosystems Engineering, 96（4），633-641
3）谷野ら（2007）：太陽光発電エネルギーで作動する遮光カーテン開閉装置の開発，農業機械学会誌，69（6），57-64
4）古在ら（1999）：太陽電池パネルを設置した片屋根温室内の日射透過シミュレーション—温室の奥行きが無限長の場合—，生物環境調節，37（2），101-108
5）M. C. Rocamora and Y. Tripanagnostopoulos（2006）：Aspects of PV/T solar system application for ventilation needs in greenhouses, Acta Horticulturae, 719, 239-246
6）A. Yano et al.（2010）：Shading and electrical features of a photovoltaic array mounted inside the roof of an east-west oriented greenhouse, Biosystems Engineering, 106（4），367-377
7）M. Kadowaki et al.（2012）：Effects of greenhouse photovoltaic array shading on Welsh onion growth, Biosystems Engineering, 111（3），290-297
8）R. Ureña-Sánchez et al.（2012）：Greenhouse tomato production with electricity generation by roof-mounted flexible solar panels, Scientia Agricola, 69（4），233-239
9）P. J. Sonneveld et al.（2010）：Performance results of a solar greenhouse combining electrical and thermal energy production, Biosystems Engineering, 106（1），48-57
10）M. Souliotis et al.（2006）：The use of Fresnel lenses to reduce the ventilation needs of greenhouses, Acta Horticulturae, 719, 107-114
11）P. J. Sonneveld et al.（2011）：Performance of a concentrated photovoltaic energy system with static linear Fresnel lenses, Solar Energy, 85（3），432-442
12）A. Yano et al.（2014）：Prototype semi-transparent photovoltaic modules for greenhouse roof applications, Biosystems Engineering, 122, 62-73

第V部

栽培管理機器・装置

第1章　省力化・快適化技術の展開

1. 施設園芸の現状

わが国の農業全体共通の課題として、農業従事者の高齢化や後継者不足による農業人口の減少などがある。施設園芸も例外ではなく、施設園芸用ガラス室やプラスチックハウスを所有する農家数の推移（農林業センサス、1970年以降）を見てみると、1985年まではそれぞれの前回調査時（5年前）と比較して20〜30％程度増加していたのに対し、1985年以降はほぼ横ばい状態となり、その

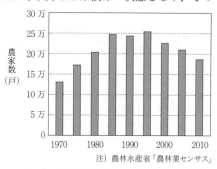

図-1　施設園芸を利用した施設のある農家数の推移

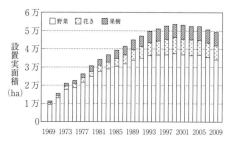

注）農林水産省統計「園芸用施設の設置実面積及び栽培延べ面積の推移」(http://www.e-stat.go.jp/SG1/estat/List.do?lid=000001074417)

図-2　園芸用施設の設置実面積の推移

後1995年をピークに5年ごとに10％程度ずつ減少している状況にある（図-1）。

また、野菜・花き・果樹用施設（ガラス室およびプラスチックハウス）の設置実面積の推移（農林水産省統計、1969〜2009年）を図-2に示す。施設の設置実面積は1969年の約11,000haから順調に増加していき、1999年にはその約5倍の53,000ha程度まで達している。野菜と花きは1999年頃まで、果樹は2001年頃まで順調にその施設面積を伸ばしていたが、それらの時期をピークとして緩やかではあるが減少傾向にあると言える。

このような状況においても、今後長く将来にわたって施設園芸作物の安定供給を確保していくためには、まずは施設園芸を後継者や雇用労働者、女性労働者などにとって魅力のあるものとする必要がある。施設園芸はとりわけその労働時間の長さや閉鎖空間における作業環境などの問題が取りざたされるが、解決方法の一つとして省力化や作業環境の快適化について改善を図っていくことにより、そこで働く人の心身にゆとりが生まれるものと考えられる。本章では施設園芸作物を含む野菜や果実等の生産における労働時間、各種作業の省力化や作業環境の快適化の例について紹介することとしたい。

2. 作業別労働時間

野菜や果実、花きなどの農作物生産には、播種、育苗、耕うん、施肥、定植、灌水、除草、防除、栽培管理、収穫、運搬、調製、選別、梱包、出荷など実に多種多様な作業が必要である。品目や作業の種類、栽培場所（露地・

表—1　露地野菜の作業別 10a 当たり労働時間と各作業時間の占める割合

分類	葉茎菜類													根菜類			
品目	キャベツ		タマネギ		白ネギ		ホウレンソウ		レタス		ハクサイ			ダイコン		ニンジン	
時間・割合	時間(h)	割合(%)	時間(h)	割合(%)	時間(h)	割合(%)	時間(h)	割合(%)	時間(h)	割合(%)	時間(h)	割合(%)		時間(h)	割合(%)	時間(h)	割合(%)
育苗	5.7	6	11.0	8	18.2	5	-	-	7.2	5	6.1	7		-	-	-	-
耕うん・基肥	5.5	6	5.7	4	9.8	3	6.0	3	6.9	5	5.3	6		5.6	5	6.0	5
播種・定植	10.9	12	24.6	18	37.4	11	7.1	3	15.4	12	11.3	12		7.5	6	6.0	5
追肥	2.7	3	3.8	3	5.0	1	0.2	0	0.5	0	1.3	1		0.8	1	1.7	1
除草・防除	7.5	8	13.2	9	19.1	6	5.6	3	7.6	6	9.2	10		4.2	4	10.1	9
灌排水・保温換気	1.2	1	1.1	1	2.2	1	5.0	2	2.9	2	1.4	2		0.8	1	2.1	2
管理	3.8	4	4.5	3	21.9	6	12.1	5	13.8	10	7.2	8		15.0	13	17.6	15
収穫	27.4	30	26.9	19	52.7	16	51.2	23	29.3	22	28.4	31		40.2	34	36.5	31
調製	4.9	5	19.0	14	111	33	96.2	44	13.8	10	6.6	7		27.4	23	14.0	12
出荷	18.0	20	27.4	20	56.7	17	33.7	15	34.5	26	14.8	16		15.8	13	22.9	19
管理・間接労働	2.2	2	2.1	1	2.3	1	2.6	1	1.6	1	1.1	1		1.5	1	1.3	1
計	89.8	-	139	-	336	-	220	-	133	-	92.5	-		119	-	118	-

注）農林水産省品目別経営統計［作業別労働時間］（2007）より作成
(http://www.e-stat.go.jp/SG1/estat/List.do?lid=000001061833)

施設）などによっては、機械化が進んで省力化が図られてきた分野とそうでないものとがあり、それらによる労働時間の差は大きい。表—1および表—2は野菜や果実、花きについて、10a 当たりの作業別労働時間の全国平均（品目別経営統計、農林水産省、2007年）を示したものである。

表—1は露地野菜の作業別労働時間と各作業の労働時間全体に占める割合であるが、露地野菜生産では、播種作業から調製・選別・出荷作業まで機械化が進んでいる作物があることなどから、総じて後述する施設野菜など（950〜2,300時間程度）と比較すると総労働時間は少ない。ただし、比較対象を機械化一貫体系が確立している米（表—3、同年の2007年で比較）とした場合は、ダイコンやニンジンなどの根菜類で4〜5倍（120時間程度）、葉茎菜類では3〜12倍（90〜340時間程度）の長時間労働と考えられる。葉茎菜類の中で特に長時間労働となっているのは白ネギやホウレンソウ（220〜340時間程度）などであるが、その要因として特に調製出荷作業に時間を要していることが伺え、それら作業の労働時間全体に占める割合は50％を超えている（50〜59％程度）。

また、露地野菜の収穫作業については、機械化が進んでいる品目もあるが、概ね30〜50時間であり総労働時間に対する収穫作業時間が占める割合は20〜30％程度と多くなっている（米の刈取脱穀では3〜4時間であり、総労働時間の13〜14％程度）。露地野菜の収穫作業は対象作物に傷つきやすいものが多く、作業のやり方によっては外部品質を損ねることもあるため慎重に行う必要がある。さらに、重量物であることが多い収穫物の圃場外への搬出にも手間がかかるため、収穫運搬作業に割くことのできる時間や労働力の量によって作付面積の上限が抑えられるといったことが生じてしまうと考えられる。

一方で、これらの農作物よりもはるかに長時間労働となっているのが施設園芸作物である。施設園芸はガラス室やハウス内の温湿度や光環境などを農作物にとって好適な状態に調節できる特徴を持っており、周年栽培を可能とするものであるが、そこで栽培される作物は生育ステージ（茎の伸長、葉の展開、側枝の発生、着果など）に合わせた複雑で多岐にわたる管理作業が必要であるものが多い。また一斉収穫が行えず選択収穫する必要があること、表面が傷つきやすく取扱いに注意を

表—2 施設野菜・果実・花きの作業別10a当たり労働時間と各作業時間の占める割合

分類	果菜類											花き（切り花）			
時間・割合	時間(h)	割合(%)	時間(h)	割合(%)	時間(h)	割合(%)	時間(h)	割合(%)	時間(h)	割合(%)	時間(h)	割合(%)	時間(h)	割合(%)	
品目	大玉トマト		キュウリ		ナス		イチゴ		ピーマン		バラ		キク		
育苗	46.8	5	27.0	2	27.3	2	211	10	28.5	2	6.8	0	47.2	6	
耕うん・基肥	18.9	2	27.2	2	31.8	2	39.4	2	28.8	2	6.2	0	36.3	5	
播種・定植	43.1	5	35.2	3	23.0	1	88.2	4	31.9	3	20.8	1	78.9	10	
追肥	9.5	1	9.4	1	22.1	1	12.6	1	9.7	1	39.8	2	8.8	1	
除草・防除	35.3	4	30.4	3	35.8	2	75.0	4	38.6	3	83.5	4	56.1	7	
灌排水・保温換気	37.2	4	34.4	3	63.8	4	63.2	3	37.9	3	138	6	34.1	4	
管理	326	34	297	27	756	43	514	25	316	27	576	25	243	31	
収穫	308	33	421	38	653	37	491	23	495	43	583	26	125	16	
調製	33.8	4	4.0	0	5.9	0	25.9	1	75.9	7	466	21	86.5	11	
出荷	74.4	8	195	18	122	7	545	26	70.7	6	298	13	70.9	9	
管理・間接労働	13.7	1	14.3	1	15.8	1	26.3	1	29.4	3	53.7	2	8.7	1	
計	947	-	1,095	-	1,757	-	2,092	-	1,162	-	2,271	-	796	-	

注）農林水産省品目別経営統計［作業別労働時間］（2007）より作成
(http://www.e-stat.go.jp/SG1/estat/List.do?lid=000001061833)

要するものがあること、作業空間や作業通路幅が限られていることなどから、なかなか各種作業の機械化が進まず、多くの作業を人手に頼っていることもあり、現場からの各種作業の機械化・省力化に対するニーズは高い。

表—2に野菜・果実・花きの施設栽培における作業別労働時間と各作業の労働時間全体に占める割合を示す。まず注目すべきは総労働時間であり、最も少ないキク（切り花）でも10a当たり800時間程度と長時間であり、さらにトマトやキュウリ、ピーマンでは950～1,160時間、ナスで1,760時間、イチゴやバラ（切り花）に至っては2,090～2,270時間程度（米の76～83倍）（表—3、同年の2007年で比較）と非常に長時間労働となっている。

それぞれの品目で内訳を見てみると、果菜類では管理作業（整枝、誘引、摘心、摘葉、着果など）に300～760時間（全体に占める割合25～43%）、収穫作業に310～650時間（同23～43%）、調製出荷作業に110～570時間（同7～27%）程度を要しており、これら3つに分類された作業が実に作業全体の75～87%を占めている。特にイチゴでは、管理・収穫・調製出荷・その他の作業がそれぞれほぼ等しく全体の1/4程度を占めており特徴的である。花き（切り花）では、管理作業に240～580時間（同25～31%）、収穫作業に130～580時間（同16～26%）、調製出荷作業に160～760時間(同20～34%)を要しており、これらの作業は全体の66～85%を占めている。以上見てきたように施設園芸作物生産に要する労働時間は総じて長くなっており、中でも管理・収穫・調製出荷といった作業の省力化が強く求められる。

表—3 米の作業別10a当たり労働時間等

作業	10a当たり作業時間（h）						2012割合(%)
	2007	2008	2009	2010	2011	2012	
種子予措	0.4	0.3	0.3	0.3	0.3	0.3	1
育苗	3.3	3.3	3.2	3.2	3.2	3.2	13
耕起整地	3.7	3.6	3.7	3.5	3.5	3.5	14
基肥	0.9	0.8	0.8	0.8	0.8	0.8	3
直まき	0.0	0.0	0.0	0.0	0.0	0.0	0
田植	3.8	3.5	3.4	3.4	3.3	3.2	13
追肥	0.5	0.4	0.4	0.4	0.4	0.4	1
除草	1.5	1.4	1.4	1.4	1.3	1.4	6
管理	6.7	6.4	6.5	6.3	6.2	6.4	26
防除	0.7	0.6	0.6	0.6	0.5	0.5	2
刈取脱穀	3.9	3.8	3.7	3.6	3.5	3.2	13
乾燥	1.3	1.3	1.3	1.3	1.2	1.2	5
生産管理	0.6	0.5	0.5	0.5	0.5	0.5	2
計	27.4	26.1	25.7	25.1	24.9	24.5	-

注）農林水産省農産物生産費統計（米の作業別労働時間）より作成

3. 作業環境と作業強度

施設は環境制御設備を備えることにより、温湿度や光条件を農作物にとって好適な状況に調節できる機能を持った、作物の周年栽培を可能とする閉鎖された空間である。表—4に施設内環境調節用装置の普及状況（農林水産省統計、2009年）を示す。ガラス室ハウス設置面積は全体で49,000ha程度であるが、その施設内設備の設置割合は、施設内温度の制御に不可欠な加温設備があるものが44％（そのうち、変温装置のあるものは21％）、冬場の保温や夏場の遮光に必要なカーテン装置があるものが36％、換気扇があるものが20％、自動灌水装置があるものが19％、施設内温湿度の制御に必要な自動天側窓開閉装置があるものが11％、二酸化炭素発生装置があるものが3％とそれほど全体的に高くなく、細かい環境制御が可能な設備が整った施設はまだ少ないというのが現状である。

作業する場所としての環境条件を考えると、特に夏期などの高温時に強日射、高温多湿、無風状態等により、設備があっても環境制御が不十分な場合などは作業者にとって過酷な条件となりやすく、快適な空間とは言えなくなる。冬場における施設内の加温や保温は設備もあり、比較的効果が上がっていると言えるが、施設の周年利用を考えた場合はやはり夏場の高温期の暑熱対策が重要となる。

表—5は、夏期の高温抑制技術についてまとめられた資料から、比較的普及していると考えられる技術を抜粋したものである。ここでは大分類としての「換気」「遮光」「冷房」の3つを挙げるが、「換気」については側窓や天窓の位置・配置や大きさなどを工夫した窓換気（自然換気）や換気扇などによる強制換気の2分類、「遮光」については、施設のガラスやフィルムなどに遮光性を持たせたものや、近赤外線をカットする資材を展張するもの、さらには近赤外線をカットする塗料を用いて遮光するものなどがリストアップされている。「冷房」については、ヒートポンプや地下水を利用した熱交換局所冷房、また蒸発冷却法として、細霧冷房やパッドアンドファン冷房が挙げられており、細霧冷房の中の多目的利用システムは、施設の天井などに設置したレールに沿って動作し、施設内が高温になった時の冷房、湿度のコントロール、薬剤自動散布など多目的に使用できる。農薬被曝の心配がなく、防除作業が短時間で効率よく行えるメリットがある（写真—1）。このような設備により環境制御を行えれば、従来は人が行っていた作業の省力化が可能とな

表—4 施設内環境調節用装置の普及状況

区分	面積(ha)	割合(%)
ガラス室ハウス設置面積	49,049	-
① 加温設備のあるもの	21,608	44
② ①のうち変温装置のあるもの	10,516	21
③ 自動灌水装置のあるもの	9,127	19
④ 炭酸ガス発生装置のあるもの	1,422	3
⑤ カーテン装置のあるもの	17,510	36
⑥ ⑤のうち多層化しているもの	4,992	10
⑦ 自動天側窓開閉装置のあるもの	5,582	11
⑧ 換気扇のあるもの	9,592	20

注）農林水産省統計[省エネルギー装置等の普及の推移](2009)より作成

表—5 夏期の高温抑制技術（林、2014）

大分類	中分類	小分類
換気	窓換気（自然換気）	換気促進 開口面積増大ー屋根開放型 天窓位置（軒高）を高く
	換気扇換気（強制換気）	—
遮光	外部遮光	遮光資材、近赤外線カット資材
	内部遮光	遮光資材、近赤外線カット資材
	塗布剤	ホワイトウォッシュ、近赤外線カット塗布剤
	近赤外線カット資材	ガラス、フィルム
冷房	蒸発冷却法	細霧冷房 多目的利用システム 冷房専用システム
		パッドアンドファン冷房
	ヒートポンプ	外気冷熱源、水冷熱源
	地下水利用	熱交換冷房、屋根流水

写真—1　移動式多目的利用細霧システム

り、メリットが大きい。これにより経営規模の拡大や、余裕のできた時間を他の管理作業にあてることにより作物の品質向上など新たな効果も期待できる。

作業環境の中でも特に気温について、作業者が許容できる気温と作業強度との間に関係があることが知られており、日本産業衛生学会より作業強度（RMR）に対する温熱環境の許容値（WBGT）が示されている（表—6）。WBGTはISOに規定されている湿球・黒球温度指標、RMRは個人差や性差を除いた作業強度指標であり、「RMR=5の重作業では26.5℃以上の環境での作業は避けるべき」などと読む。施設園芸の作業強度は「極軽作業～軽作業」が大部分を占めるという報告もあるが、そうであった場合でも、許容温度は30.5℃であり、高温期の施設内環境の改善は必須であると考える。

一方、作業強度については、施設の規模や内部の設備配置などの状態によっては、作業者の周辺部や頭上、足元に十分な余裕がなく、通路の歩行や収穫物の運搬、栽培管理作業などが困難であったり、作業姿勢の面でも腰を曲げた中腰や、上体の前屈、しゃがんだりする姿勢を長時間継続する必要がある場合も少なくないと考えられる。作業環境の改善に加えて作業強度をいかに少なくするか、それらと労働時間の軽減、作業の能率化、生産性の向上といった面の両方を達成することには多くの課題があるが、そこで働く作業者への配慮は何よりも大事にされるべきである。

理想的には、生産性を損なうことなく、作業者が疲労感を感じたり健康を害したりすることなく、そして安全に作業を行えるように作業環境を改善すべきである。また、作業強度の改善は、栽培様式そのものを変えて作業姿勢の改善や作業の省力化・効率化を図るやり方、作業の一部や全てを機械や装置などの利用で置き換えることによる肉体的あるいは精神的な負担の軽減、収穫物など重量物の運搬をより軽労的・効率的に行うための機械や装置の利用、防除作業など農薬被曝の人体への影響が懸念される場合や劇的な作業の効率化を目指す場合などは、前述の多目的利用システムのような無人作業化などの方法が考えられる。

4．省力化・快適化のための技術

1）栽培体系による省力化・快適化

作業姿勢に課題のあった品目について、栽培様式そのものを変更することは作業の省力化や作業強度を軽減するのに有効である。イチゴ栽培の例では、従来は地床栽培で管理作業や収穫作業が腰を曲げた作業になることにより労働強度も大きく重労働であったが、架台に栽培ベッドを設置して、作業者が立ったままの姿勢で栽培管理や収穫作業等が楽にできるように調整した高設栽培システムが普及しつつある。高設栽培では作業姿勢の改善など種々のメリットがあることから作業強度軽減技術として広く受け入れられている。また、

表—6　高温の許容基準

作業の強さ RMR	代謝 エネルギー (kcal/h)	許容温度 条件 WBGT(℃)
～1（極軽作業）	～130	32.5
～2（軽作業）	～190	30.5
～3（中等度作業）	～250	29.0
～4（中等度作業）	～310	27.5
～5（重作業）	～370	26.5

注）日本産業衛生学会

写真—2　トマトのハイワイヤー誘引栽培　　写真—3　循環式イチゴ移動栽培装置

トマト栽培の管理作業については、誘引、つる下ろし、芽かき、摘心、摘果、摘葉など作業の種類が多種多様で作業時間も長時間にわたるが、これらの作業時間の短縮や作業強度を低減する栽培様式として、特に高軒高の施設ではハイワイヤー誘引栽培（写真—2）が広く行われている。これにより株元付近の栽培管理や収穫作業について作業姿勢や作業効率の改善が図られる。

2）機械・装置による省力化・快適化

施設では栽培空間に制限があるため、収穫物の運搬のために広い作業通路を確保することは収量の低下につながることから、機械・装置の導入が進まなかった。しかし、作業姿勢の改善を目的とした装置化が見られるようになった。作業通路にレールを敷設して運搬車を走行させる方式は、大規模施設のトマト栽培などで見られる暖房用の温湯管をレールとして兼用し、その上を走行できるバッテリー式台車が利用されている。

3）作業の自動化による省力化・快適化

作業を自動化するメリットが最も大きくなると考えられるのは、薬剤散布など人体への健康被害が懸念される作業であり、それに対してバッテリー搭載の散布機に磁気センサを設け、経路誘導により畝間などを自律走行する防除ロボットなどの技術がある。また防除作業の無人化で言えば、写真—3のような移動栽培装置の一角に防除ノズルなどの防除装置を1ヵ所に設けることで防除作業の完全無人化の可能性が広がる。さらにこの装置を用いれば他の作業（定植、栽培管理、収穫）の省力化も期待できると考えられる。

施設作物の収穫作業の省力化については、特に自動化となると果菜類のように収穫適期が個体ごとに異なるものの選択収穫ということで一気に技術的ハードルが上がる。果実ごとの収穫適期の判断や果実位置の検出、茎や葉との識別、障害物有無の判断など、高度なセンシング機能が要求されるロボット収穫技術と言えるが、1事例としては定置型のイチゴ収穫ロボットがある。これは移動栽培装置と連動させることで定点収穫作業を可能にするシステムであり、人とロボットによる協働収穫作業により、省力化が期待できる技術の一つであると考えられる。

（手島　司＝農研機構生研センター）

参 考 文 献

1) 板木利隆（2003）：省力化・快適化技術の展開，五訂施設園芸ハンドブック，日本施設園芸協会，218-227
2) 大森弘美（2010）：施設野菜栽培における電動作業台車の利用，農業機械学会誌，72（6），527-530
3) 大森弘美（2012）：施設野菜用機械，農業機械学会誌，74（6），423-426
4) 林真紀夫（2014）：施設内の温度制御の基本概念，平成26年花き研究シンポジウム「施設内の温度制御による花き生産の効率化」講演要旨，農研機構花き研究所，12-19

第2章 灌水機器・装置

1. はじめに

 灌水は作物へ水を供給する作業である。施設園芸における灌水は、作物の生育調節や生産物の収量や品質に大きく関わる重要な技術の一つである。灌水の際には、生産者は作物の状態や気象状態に応じて灌水時刻や量や頻度を決定する必要がある。これには高度な技術が要求され、依然として経験や勘（かん）による部分も大きい。

 灌水作業は、頻繁に行う作業でもあり、作業全体の中でも大きな割合を占める。植物工場のような高度な環境制御下における培養液の給液のように、灌水管理の正確性や重要度はますます大きくなってきている。灌水において最も重要な点は、適正な時期に適正量を均一に与えることである。灌水用の機器や器具には多種多様なものがあり、目的に応じて選定し利用することが重要である。

2. 灌水機器および関連装置

 施設園芸の灌水においては、原水確保と原水の質的・量的な安定供給が重要である。このために、原水の確保、原水の汚れ除去、水圧調節、配水の調節、流量の調節等に関連する機器を条件や目的に応じて選択し、利用する。また、栽培技術の高度化や省力化および大規模化に伴い、液肥混入機器の利用、水管理を自動化する制御機器の発達と普及はめざましい。

1）原水の確保

 施設園芸において用いられる原水には、井戸水、河川水、水道水、雨水などがあり、施設の立地条件により異なる。水道水等のように一定水圧が確保されている場合以外は、ポンプを用いて原水を供給する。このとき、一度、タンクに貯水したものを用いる場合も多い。タンクには、コンクリート製タンク、プラスチック製の大水槽等があり、ボールタップや液面センサ等で一定の水位を保つ。また、原水停止時のサイフォン原理による逆流防止には、逆止弁を用いる。

 オランダをはじめとする大規模なフェンロー型温室等では、屋根に降った雨水を雨どいによって集積し、大型タンクに貯水して利用する（図－1）。

2）原水の汚れ除去

 原水には、ゴミ、藻類、有機物等の不純物等の含まれる場合が多く、ノズルやチューブ等、灌水経路や器具の詰まりの原因となる。このため、原水の汚れを取り除くフィルター、

図－1　雨水タンク

図—2　フィルター　　　　　　　　　図—3　減圧弁

ストレーナ等の機器が必要である。施設園芸では、各種の樹脂製のフィルターが広く使われる（図—2）。フィルター内部に、ディスクを重ねたもの、あるいは、スクリーンを用いるものがある。大型のフィルターとしては、グラベル/サンドフィルター、電動フィルター等がある。

　赤水など原水の濁りのひどい場合は、反応槽を用いた浄化システムで除鉄・除マンガン等を行う。原水の質と栽培規模に応じたフィルターの種類、数、大きさ、メッシュの大きさを選択することが必要である。また、フィルター類の多くはメンテナンスが必要であり、定期的な清掃や交換を行うことが重要である。フィルターの清掃を怠って、水圧が低下すると灌水経路の各所で問題が生じる場合がある。

3）水圧調節

　きめ細かな水管理が求められる施設園芸では、常に均一に適量の灌水を行うため、給水時の水圧が適当な範囲にあり、かつ、一定であることが不可欠である。したがって、原水の水圧が不適、あるいは変動が大きい場合には、水圧の調節が必要である。

　減圧弁（図—3）は、高低差がある配管や高圧管から分水する場合、灌水機器に適正な水圧の水を供給する際に減圧が必要な場合等に用いる。内蔵のスプリングとダイヤフラム機構により減圧し、一定の水圧に調整・均一化する。圧力制御弁や定圧弁は、水量や水圧が変動する場合に、一定圧の水流を維持するために用いる（図—4）。

　水圧は、圧力計（図—5）により計測することができる。灌水資材から適正な吐出を得るためには適正な水圧が必要であるが、資材の内部の摩擦抵抗によって徐々に圧力は失われる。この圧力の低下は損失水頭と呼ばれ、以下のように水柱に換算してメートルであらわす。1 kgf/cm=0.0980665MPa＝10m（水柱：15℃）。配管の流速は管の特性や損失水頭などからヘーゼン・ウィリアムズの式等を

図—4　圧力制御弁（左2つ）と定圧弁（右）　　　　図—5　圧力計

図—6　ボールバルブ

図—7　ゲートバルブ

図—10　積算流量計

図—8　電磁弁

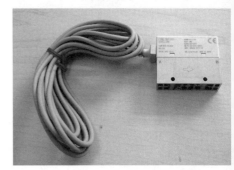
図—11　流量センサ

用いて計算され、灌水システムや水路の設計に利用される。

4）配水の調節

　配管には、必要量に応じた太さの鋼管、塩ビパイプ、ポリエチレンパイプ等を使用する。専用の継ぎ手により配管するポリエチレンパイプの場合、塩ビ管のように糊付けは不要であり、すぐに使用でき、容易に配管の変更ができることから、施設園芸における利用は多い。配水には各種のバルブが用いられる。

　手動による配水の開閉には、ボールバルブ（図—6）やゲートバルブ（図—7）が用いられ、自動開閉には電動弁や電磁弁（図—8）が利用される。電磁弁は灌水の自動化を行う際には不可欠なものである。配管に高低差があり、空気が溜まることが予想される箇所には、エアー抜きバルブ、空気弁等を用いて空気を抜く。ミストノズル等からのボタ落ち防止には、自動水抜き弁を利用する。灌水経路の逆流を防止するために用いるバルブは、逆止弁やチャッキバルブと呼

図—9　逆止弁

ばれる（図—9）。

5）流量の調節

　灌水量を把握するためには、積算流量計（図—10）を用いる。灌水開始前と終了後の読み取り値の差から灌水量を算出することができる。しかし、積算流量計では、瞬時の流量を読み取ることはできない。流量の変動や瞬時流量をみるには、定流量計や流量センサ（図—11）を用いる。また、定流量器は、各系統の配管における灌水量を一定に保つものである。定流量自動停止弁（メタリングバルブ）（図—12）を用いると、設定した量の水量が流れると、自動的に灌水を遮断でき、一定量の水を供給できる。

6）液肥混入機器

　養液栽培や養液土耕では、濃縮液肥を水に希釈混入させるために液肥混入（稀釈）機器が用いられる。水と液

図—12　定流量自動停止弁

肥を混合する方法には、混合槽を持つタイプと持たないタイプがある。混合槽を持たないものでは、流量センサにより水の流量を測定し、流量に比例した液肥を混入していく。簡単な1液混入タイプの液肥混入器は、電源を必要とせず流水との差圧を用いて液肥を吸引し混合する。他に、ピストン運動による打ち込み式のもの、ダイヤフラム式定量ポンプを用いて、数系統の液肥を混入するもの等がある。これらの液肥混入器は、簡易に設置でき、混合タンクが不要であり、速やかな濃度変更が可能であることが特徴である。設置やメンテナンスが容易であり、小規模な養液栽培や養液土耕で多く用いられる（図—13）。

図—13 液肥混入器

混合槽を持たず流液型のpHやECセンサを備え、液肥濃度を設定できる液肥混入機器もある。養液栽培では混合槽を用いて培養液を希釈調整する場合が多い。混合槽に培養液を作成しておけば、一時的な断水にも影響されず、混合槽内の培養液の加温や冷却が可能である。この場合の液肥混入機器では、混合槽中に投げ込み型のセンサを入れ、センサからの情報を元にフィードバック制御を行い、液肥濃度を調整する（図—14）。混合槽内のECセンサが設定濃度より低下した場合に定量ポンプによって濃縮原液を追加するのが一般的である。

また、pHの調整は、混合槽内のpHが設定より上回った場合にはpH降下剤を、pHが設定より下回った場合にはpH上昇剤を定量ポンプで混入する。pHが設定より高くなるか、低くなるかは、原水の性質によるところが大きい。しかし、わが国の多くの養液栽培の原水では中性か上昇する傾向が多く、pHを上昇させるように調整する頻度は多くない。pH調整機能を持つ液肥混入機器の注意点としては、自動調整を放置しておいた場合、設定値に達するまでpH調整剤を入れ続けてしまう場合がある点である。pH調整剤によってECが上昇して必要な成分が供給さ

図—14 pHおよびECセンサを備えた液肥混入器

れなくなり、特定養分の欠乏症や過剰症がでる場合も少なくない。

7）制御機器

灌水の制御として、最も単純な形式は、電磁弁あるいは電動弁を設置しておき、手動でオン・オフするものである。このとき、電磁弁等を原水ポンプと連動させるためには、リレーボックス等が必要である。定流量自動停止弁やタイマを用いることにより、手動でオンした後、設定時間が過ぎると自動停止させることができる。これにより、毎回の灌水量を一定に保つことができる。

図―15 交流モータ式24時間タイマー

図―16 デジタル式タイマー

図―17 制御用コントローラ

オン・オフをタイマーにより自動で行えば、その都度、圃場へ行かなくても灌水が可能である。タイマーには交流モータ式24時間タイマー（図―15）とミニタイマーを組み合わせたもの、デジタル式（図―16）のもの等が製品化されており、複数の系統について、灌水時刻、時間を設定できるものもある。灌水間隔は栽培の方法や条件によって大きく異なり、土耕では1〜2週間の間隔となる場合もあるが、養液栽培では数分間隔で給液する場合もある。灌水間隔が大きい場合には週間タイマーを使い、灌水間隔が短い場合には24時間タイマーやサブタイマーあるいは制御用コントローラ（図―17）等が用いられる。

養液土耕やロックウール栽培等の養液栽培では、少量の水や液肥を頻繁に灌水することから、制御用コントローラや制御用コンピュータを用いる場合が多い。制御用コントローラやコンピュータを用いれば、灌水量を系統別に、また、時刻別に設定できるだけでなく、液肥濃度等を設定することも可能である。このため、複数の作物や品種、あるいは、生育ステージの異なる場合の灌水および施肥を制御することもできる。無線によりコントロールが可能なアクチュエータやクラウドサーバを利用して灌水を制御する製品も開発されている。

高度な給液制御が必要な植物工場や高糖度のためのストレスを付加する栽培では、灌水開始指令を、手動やタイマーによらず、土壌水分センサや日射センサで行うことが多い。土壌水分センサは、水分張力や熱伝導等を利用して土壌の水分状態を測定するものである。このうち最も一般的なのはテンシオメーターである。セラミック水分センサは、保水機能の異なるセラミックを複数もち、それぞれのセラミックの水分保持状態を電気抵抗によって測定するものである。TDRセンサは、土壌の誘電率が体積含水率により異なることを利用したものである。土壌水分センサを用いる場合、センサを設置した箇所の土壌水分状態が作物の植えられている全体の土壌の状態を代表しているか、設置場所や設置方法等に注意が必要である。日射センサには、気象計測用の屋外センサだけでなく、太陽電池を利用したもの、日射熱による熱起電力により日射を測定するもの等があり、積算計やコンピュータと組み合わせて灌水開始や液肥濃度の設定に利用する。

8）栽培ベンチ（ベッド）

作物を、直接、土に植えた場合、灌水具合にかかわらず、根は水を吸収してしまうことがある。水や肥料を精密にコントロールしたい場合には、隔離ベッド栽培や養液栽培が行われる。隔離ベッドにはアルミやステンレス製あるいは樹脂製のものがある。土から隔離して栽培し、培土を蒸気消毒等で殺菌することで土壌伝染性病害のリスクを下げることができる。水や肥料をコントロールして与えることで、高品質な生産物を求めるトマトやメロン栽培において用いられることが多い。

養液栽培では、発泡スチロール製のベッド

図-18 ハンギングガター

図-19 UV殺菌装置

にフィルムを敷き、培地を入れる、あるいは、直接、培養液を流す方式の栽培ベッドが用いられる。大規模施設では、ハンギングガター（ハイガター）と呼ばれる栽培ベッドを用いることが多い（図-18）。ハンギングガターは、施設の梁等から金属製のベッドをぶら下げるもので、その上にロックウールスラブを置いて使用する。作物が吸収しなかった培養液は、ベッドの勾配によって施設の端側に流れ、収集できる。イチゴ養液栽培でみられる高設システムにしてもハンギングガターシステムにしても、培地や植物を作業に適正な位置に保つことから、労働作業性に優れる。

9）水処理装置

養液栽培では、原水によっては病原菌が含まれる可能性がある。また、作物に吸収されなかった排液には、病原菌が存在する可能性がある。病原菌を含む可能性のある原水や使用済みの排液を使う場合、病害の感染やその拡大を招くおそれがある。現在、わが国の養液栽培では、銀イオンの殺菌効果を利用した金属銀剤以外の農薬は使用できない。したがって、養液栽培では病害発生を予防する以外に対策はなく、原水や使用済みの排液を殺菌するために水処理装置が用いられる。

殺菌の方法としては、栽培槽や培養液の経路、タンク等は、次亜塩素酸カルシウムや次亜塩素酸ナトリウム等を溶解して塩素殺菌できる。塩素殺菌と同様に、微酸性電解水や二酸化塩素を生成して殺菌する方法も開発されている。定植パネルのように取り外し可能なものについては加熱殺菌を行う装置も市販される。原水や培養液自体の殺菌には、紫外線やオゾンを用いた装置がある。紫外線は照射した水や液の表面のみ殺菌できるが、液内部までは浸透しない。紫外線ランプの周囲を循環させることで液全体の殺菌ができる（図-19）。

水や液の殺菌としては、オゾンガスやオゾン水を生成して殺菌する装置も利用される。ろ過や膜分離を利用して病原菌を除去する方法も開発が進む。大きさが0.01 μm以上であるバクテリアや高分子だけでなく、0.001 μm程度のイオンや低分子化合物の分離も可能である。紫外線やオゾンおよびろ過膜を利用する殺菌では、栽培装置で用いる液の容量や供給速度に応じ、殺菌処理能力が適正範囲であるかが重要である。

図—20　スプリンクラー

3. 灌水器具

1）スプリンクラー

畑作や果樹園等の灌水には、スプリンクラー（図—20）が用いられる。単口または双口の吐出ノズルを持ち、その向きを変えることによって広範囲に散水を行うことができる。小型から大型のものまで種類が多く、外国製のものも多い。散水直径は8〜150m、適用圧力は0.15〜0.8MPa、散水量は毎分5〜2,700ℓのものがある。吐出口の方向の変換には水圧を利用しており、その方式によってギアドライブ、ハンマードライブ、ボールドライブ、タービンドライブ等と呼ばれる。ハンマータイプ等の金属製ものでは、散水時の騒音が問題となる場合がある。散水範囲は全円、扇形および矩形等、様々な形状のものがある。用途には、果樹、施設園芸、露地栽培、サトウキビ、牧草、ゴルフ場および公園等への散水、防除や防霜等がある。

2）マイクロスプリンクラー

大型のスプリンクラーは一般に露地で用いられるのに対し、園芸施設内ではマイクロスプリンクラー等の小型のスプリンクラー（図—21）を用いる。マイクロスプリンクラーには樹脂製のものが多く、塩化ビニルパイプ等に取り付けて使用する。吐出口を水圧により回転させ水の噴射方向を変更させる。散水直径は1〜12m、適用圧力は0.15〜0.3MPa、流量は毎分0.4〜5ℓ程度である。散水範囲は全円、扇形等であり、頭上灌水や地表灌水等で用いられる。一般に水の粒子が大きいものは灌水範囲も大きく、時間当たりの灌水量が多い。ミストを発生させるタイプは、灌水範囲が小さく流量も少ない。

3）小ノズル

ノズルのスリットから主に水平方向に水を噴射するものは、小ノズルと呼ばれている。塩ビパイプや鋼管等に一定間隔で取り付け、全円、扇形、線形等に水を噴射することができる。0.05〜0.3MPaの水圧で使用し、1つのノズルからの吐水量は毎分1〜10ℓである。頭上灌水や地表灌水等で用いられる。

4）ミスト・細霧ノズル

反射板に水を当てることで霧状に噴射させるノズルもある。孔が詰まりにくいのが特徴であり、水平方向に円形や扇型に霧状の水が噴射される。散水直径は0.7〜6m、適用圧力は0.15〜0.3MPa、流量は毎分0.4〜6ℓ程度である。セル成型苗の灌水、挿し木、接ぎ木等、繁殖や養成時に用いられる場合が多い。

図—21　マイクロスプリンクラー

ミストノズルやフォグノズルおよび細霧ノズルと呼ばれるものには、さらに水の粒子が小さく、水粒の滞空時間が長いものもある（図—22）。これには、金属製や樹脂製であ

図—22 細霧ノズル

り、粒子の細かいノズルは、0.5～1.0MPa以上の高い水圧で使用され、加湿や気化潜熱による冷房等に用いられる。粒径が小さいほど流量は少なく、流量が少ないものでは毎分0.1～0.2ℓである。噴射する水の粒子が小さいため、風の影響を受けやすい。灌水利用時には施設の天窓や側窓を閉じる等の留意が必要である。これを利用して、冷房用に循環扇と細霧ノズルを組み合わせた製品もある。噴霧粒径が小さいこれらのノズルは、高圧で使用し、配管も耐圧性となり、動力噴霧機（図—23）やコンプレッサー（図—24）、圧力緩和のためのアキュムレータも必要となるため、資材や設備費がかかる。穴の径が小さいためノズルの詰まりが発生しやすく、高圧によってノズルや配管および電磁弁等が破損しやすいことが問題となる。

5）多孔パイプ

多孔パイプは、塩化ビニル等のパイプに孔をあけ、その孔から散水するものである。パイプの口径は20～25mm程度であり、0.5～1mmの孔を2列並列または千鳥に10～20cm間隔で配置する。耐久性があり安価であるが、小ノズルよりも吐出の均一性は劣り、ムラがでやすい。また、熱等により塩ビパイプが変形しやすいことも短所である。

多孔パイプ等を用いる場合、一定水圧では散水される場所が集中することから、変圧灌水を行う場合がある。これは、電磁弁のON/OFFを繰り返すこと等により、水圧を変化させ水の飛散距離を変化させるものであ

図—23 動力噴霧器

図—24 コンプレッサー

る。パイプあるいはチューブの近接から最大飛散距離までの範囲でほぼ均一な散水が行われるが、現在では使用は少ないと思われる。

6）多孔チューブ

ポリエチレン等の軟質プラスチックのチューブに、一定間隔で孔があけられているものが、多孔チューブである。チューブの折径は5cm程度であり、0.2～0.5mmの大きさの孔が3～15cm間隔で、2～8条に配置される。孔の形状、開け方により、散水する方向が異なり、上向きに乱噴射されるものが多い。孔の目詰まりを防ぐためにチューブは二重構造にされている。0.01～0.05MPaの水圧で使用し、吐出量は1m当たり0.1～0.5ℓ/分である。飛散距離は水圧の影響を大きく受け、1～10mまでのものが一般的であ

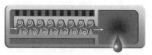

図—25 点滴チューブ

る。種類が多く、施設園芸、露地栽培等で幅広く利用されている。最も安価で、取扱いも容易であるが、耐用年数が短いのが欠点である。

7）点滴灌水器具

水滴として少量の水をゆっくりと灌水する方式は、点滴灌水やドリップ灌水と呼ばれる。点滴灌水は、イスラエル等の乾燥地帯において節水栽培を目的として発達してきた。現在、施設園芸で最も利用されている灌水器具であり、養液栽培や養液土耕で用いられ、果樹の高糖度栽培等でも使われている。

点滴チューブは、ポリエチレン等のチューブの内側にフィルターとジグザグで迷路のような構造の流路を持っている（図—25）。この流路の抵抗によって減圧し、極少量の水を吐出するものである。オンラインドリッパーと呼ばれるボタン上の器具も、内部の流路の抵抗を利用して極少量の水滴を一定速度で灌水する（図—26）。ドリッパーは穴の開いていないブランクチューブに取り付け、その先に極細チューブ

図—26 オンラインドリッパー

と支持棒を取り付け株元や個々の鉢に設置する。点滴チューブは土耕や養液土耕および培地を被覆していない養液栽培で用いることが多い。一方、ロックウール栽培などではオンラインドリッパーが使われることが多い。これは、株元に直接、一定量を給液することが、初期生育の斉一性にとって極めて重要であるためである。

点滴チューブおよびオンラインドリッパーともに圧力補正機能を備えたものがある（図—27）。圧力補正機能のない点滴灌水器具では、給水中は均一に吐出するが、ポンプ停止あるいは給水電磁弁の閉鎖後にチューブ内に残った水が漏出する。このときに圃場内に高低差があると、管内の水は土地の低い部分から集中的に漏出する。このため、1つの圃場内でも大きな灌水ムラが生じる。圧力補正機能を備えた点滴器具では、一定水圧以下になると管内に水を保持したまま吐出は停止する。また、管内に水が残っているので次回の灌水時にも速やかに一斉に灌水が開始される。そこで、灌水距離が長い場合、土地に高低差がある場合に、高精度な灌水を行うために圧力補正機能付の点滴器具が用いられる。圧力補正機能の能力よりも圃場内の高低差が大きい場合には、逆止弁などを用いて灌水管をブロック化する。ブロック内の水圧差を圧力補正機能内にすることで、高低差が大きな圃場であっても均一な吐出と漏出の防止が可能である。

点滴チューブおよびドリッパーの使用圧は0.1〜0.5MPaである。資材・設備費も割安で設置も容易である。長所としては、灌水の均一性が高い、水利用効率が高く空中湿度を上げない、灌水部の土壌物理性の低下および塩類集積を防止する

図—27 圧力補正機構（左）と圧力補正付き点滴チューブ

等がある。欠点としては、水の中に不純物があると詰まりやすいこと、灌水部から離れた所に塩類が集積すること等があげられる。点滴チューブ等の目詰まりを防ぐためには、液肥施用後に水だけを流して洗浄する等の対策や、フィルターの清掃等、定期的なメンテナンスが必要である。

8）多孔質管（地中灌水器具）

　地中灌水には多孔質ゴムやセラミック製等の多孔質管が用いられる。地中に埋設した多孔質のチューブやパイプから水が浸出し、作物の根圏域に水を供給するものである。使用水圧は0.02〜0.2MPaであり、水圧に応じて灌水量は変化し、最大滴下量は1m当たりで約40mℓ/分である。土面蒸発が少なく節水が可能であるが、地上から見えないために灌水量の調節は難しく、過剰な灌水は下に流亡する。多孔チューブ等に比べ高価であり、設置や撤去にもコストと労力が必要である。施設園芸での利用事例は少ないが、公園やゴルフ場等大面積な場所での利用がみられる。

4．灌水方式

1）灌水位置による分類

　灌水方法を灌水する位置から分類すると、地上灌水、地表灌水、地中灌水に大別することができる。また、鉢等の底部から灌水を行う場合は、底面灌水と呼ばれる。

（1）地上灌水

　地上灌水は、施設上部につけた灌水器具から灌水する方法であり、天井等の高い位置から灌水する場合には、頭上灌水ということもある。省力的に全面的に大量な水を短時間で灌水することができるのが特徴である。頭上に配管しノズル類を装着した方法、頭上の配管から吊り下げ式の支管にノズル類を装着する方法、地上に主管を配管し、支管を立ち上げ、その先にノズル類をつける方法等がある。高さを調節できてノズル交換が可能な器具やボタ落ちを防止できる器具もある。地上灌水は、ホウレンソウ、コマツナ等の葉菜類、水稲育苗、鉢物、苗生産等、背の低い作物への灌水に利用される。細霧冷房や防除システムとして用いられる場合もある。

（2）地表灌水

　地表においた灌水器具から、灌水を行う地表灌水は、施設園芸において最も多く行われる灌水法である。灌水器具には小ノズル類、多孔パイプ、多孔チューブ、点滴灌水器具等たくさんの種類がある。時間当たりの灌水量は小ノズルが多く、多孔パイプ、多孔チューブ、点滴灌水器具の順である。吐出量の均一性は、点滴灌水器具が優れており、ついで多孔チューブ、小ノズルとなり、多孔パイプは劣る。価格的には、多孔チューブ、多孔パイプは安価であり、これらに比べると、小ノズルや点滴チューブはやや割高である。

（3）地中灌水

　地中灌水は、ゴム製、セラミック製の多孔質管や、点滴灌水チューブ等を地中に埋設して、比較的、長時間かけて灌水を行う方法である。室内の湿度を低くできるため、病害の発生を抑制できる利点があるが、施設園芸での利用は少ない。その理由は、園芸施設では暗渠用資材がすでに埋設されており、水の流亡が大きかったり、土中の灌水量の把握が難しかったりするためと考えられる。公園、街路樹等、都市緑化の場面において景観を重視する場合の利用が多い。

（4）底面灌水

　底面灌水は、底面給水とも呼ばれ、栽培ベンチ上に鉢やセルトレイを置き、それらの底部から水を与える方法である。鉢物や苗生産等で用いられることが多い。マットやひもを用いて毛管現象を利用して給水するものや、エブ＆フローのように浅い水槽に鉢やセルトレイなどを置き、給排水を行い、灌水を行う

表—1　灌水の方法と特徴

灌水法	水粒	灌水量	灌水時間	灌水範囲	主な灌水資材
散水灌水	大きい	多い	短い	広い	スプリンクラー、小ノズル、多孔チューブ、多孔パイプ
噴霧灌水	極小さい	少ない	短い	広い	ミストノズル、細霧ノズル、フォグノズル
点滴灌水	大きい	極少ない	長い	狭い	点滴チューブ、オンラインドリッパー
地中灌水	大きい	極少ない	長い	狭い	多孔質管
底面給水	—	多い	短い	狭い	底面給水用ベンチ

方法等がある。近年、普及が多い閉鎖型苗生産システムでは底面灌水が一般的であり、EC濃度を設定して1〜数日おきに定時に給液する（図—28）。

2）給水形態による分類

灌水方法を給水形態で分類すると、散水灌水、噴霧灌水、点滴灌水、地中灌水、底面給水等に分けることができる（表—1）。散水では雨粒程度の比較的大きな水滴として水を与え、噴霧では水の粒はより小さい霧状となる。散水と噴霧を比較した場合、時間当たりの灌水量は、水粒の大きい散水の場合に多く、水粒が細かな噴霧灌水の場合は少ない。散水は一般的に作物への水供給が目的であるのに対し、噴霧は大きな水滴が落ちることを好まない作物への灌水や細霧冷房、加湿、農薬散布等の目的に使用される場合もある。散水と噴霧では目的が異なる場合があるが、仕組みとしては同じ灌水器具は多い。マイクロスプリンクラーや小ノズル等のノズル類に共通する特徴としては、株、畝、畝間を問わず広範囲に全面に散水するため加湿になりやすいことである。このため、病気や生育障害等が発生しやすい作物、葉濡れ等による品質の低下がみられる作物には不向きである。また、多孔チューブ等に比べ耐久性は良いが、資材や設備費が必要である。水の利用効率は、点滴や地中灌水等に比べると低い。

散水では短時間で大量の水を与えるのに対し、ごく少量の水を長時間かけて与える方法が点滴灌水である。養液栽培や養液土耕では少量を頻繁に灌水することから、現在の施設園芸では点滴灌水の利用が最も多いとみられる。点滴灌水は、水の利用効率が高いために節水効果が大きく、土面蒸発が少ないことから、施設内が多湿となりにくい長所がある。散水、噴霧、点滴等の方法は、地上灌水あるいは地表灌水で用いられるのに対し、地中灌水では、地中に埋設した灌水資材から土壌内に水を浸潤させて与える。底面給水は、鉢物や苗生産等で用いられ、栽培ベンチ上において鉢の底部から水を浸潤させて与える方法である。なお、灌水する範囲の違いによって分類した場合には、株、畝、畝間を問わず広範囲に水を与えるものを全面灌水と呼び、点滴灌水等のように、作物の株元のみ部分的に与える場合は、部分灌水と呼ぶ。

5. 灌水の制御方式

1）タイマによる灌水制御

灌水資材は設置してあるものの、電磁弁等

図—28　閉鎖型苗生産システムにおける底面給水

のON/OFFを手動で行っている場合は多い。ホースを持って歩いて灌水することから比べて、これを自動灌水と呼ぶこともあるが、本当の意味の自動ではない。灌水を完全に自動化するには、タイマ、センサ、あるいは制御用コントローラ等が必要である。タイマによる灌水制御は、24時間や週間を設定単位としたタイマ等を用いることにより、毎日あるいは何日かごとの定められた時刻に、一定量を自動的に灌水するものである。交流モータ式のタイマを用いる場合、停電により時計が遅れてしまい、灌水時刻が変わってしまうことがあるので、注意が必要である。一方、電子式やクォーツモータ式のタイマでは、内部電池が備えられているため一定時間内の停電では影響を受けることはない。タイマによる自動灌水の短所は、天候や植物の状態に関わらず、一定の灌水が行われてしまうことである。植物の生育や状態に応じて必要な水の量は大きく変化するので、タイマによる自動灌水であっても生産者が適宜、灌水間隔や1回の灌水量を調整する必要がある。

2）センサによる灌水制御

作物の蒸散は日射と相関が高いことから、日射センサを用いることで植物の給水量に応じて灌水量を制御できる。簡単な日射による制御は、定時までの積算日射が閾値に達すると、灌水を行うものである。つまり、日射の多い晴天時には灌水を行い、日射の少ない雨天時には灌水をしない制御方法である。ただし、1日に一度、大量の水を与えるような灌水方法の場合、天候の変化により、やりすぎになるおそれがあるので注意する。点滴灌水等、少量を頻繁に灌水する方式では、日射に応じて灌水量を調節する日射比例方式が一般的である。日射の積算値が設定した閾値に達すると灌水を行うもので、日射が多ければ灌水間隔が短く、灌水頻度は多くなり、日射が少なければ灌水頻度は少なくなる。1回の灌水量が少なく、灌水回数が多いことから、天候の変化にも対応することができる。ただし、日射による制御は気象条件のみを考慮したものであり、植物体の大きさや状態は考慮されていない。したがって、日射比例方式であっても生育や状態に応じて、日射の閾値、1回の灌水量、灌水間隔を調整する必要がある。ロックウール栽培等では、日射比例式で灌水制御を行い、同時に排液量を測定しながら、排液量を一定（総供給量の20～30％が一般的）に保つように灌水制御が行われる。養液栽培では、給液量と排液量を測定することから、その差から植物による吸水量が算出される。吸水量を利用した灌水や環境制御についての研究開発が進められている。

土壌水分センサを用いれば、土壌の水分状態から灌水が必要か必要でないかを間接的に知ることができる。用いられる水分センサには、テンシオメーター、セラミック水分センサ、TDRセンサ等がある。土壌水分が設定値以下になった場合に灌水するものが、水分センサによる灌水制御の一般的なものである。水分センサを使用せず、栽培ベッドの重量をロードセル等で測定し、その重量変化により土壌水分を推定して灌水を行うものが重量法による灌水制御である。

6. 灌水装置の多目的利用

1）細霧システム

施設内上部に設置した細霧ノズルにより、霧状に粒子の細かい水を噴射するものが細霧システムである（図-22）。細霧システムの目的としては、灌水、冷房、加湿、防除のための薬剤散布、肥料等の葉面散布等が挙げられる。細霧システムによる冷房は、細霧の気化潜熱を利用したもので、高温期の施設内の気温低下を目的とする。細霧システムの制御をタイマと温度センサを組み合わせて行う場

合も多いが、温度低下が不十分であったり、反対に植物や床まで濡らしたりと適切に制御できないことが多い。これは施設内外の湿度や換気の状態によって噴霧できる水量が変化するためである。細霧システムを適正に制御するには湿度センサを用いる必要がある。細霧を行う下限の設定値と、細霧を停止する上限の設定値を設け、施設内の相対湿度あるいは飽差を測定しながらフィードバック制御することで適正な湿度に保つ。これによって気化熱による冷房効果を十分に得ながら、葉濡れや床濡れを防いで植物病害のリスクを下げることができる。

植物工場など高度な環境制御を行う施設園芸では、細霧システムを夏季の冷房だけでなく、周年の湿度制御に用いる。施設栽培では、夏の高温期だけでなく、冬でも換気による湿度低下が著しいためである。このため周年の湿度制御によって収量増加や障害回避が図られる。なお、現在のわが国の細霧システムでは、湿度センサを用いた制御であっても、室内の湿度を一定に保つことは難しく、湿度は設定値を中心に大きく増減する場合も多い。それぞれの機器の能力の吟味や制御アルゴリズムの改善が必要である。

2）自走式灌水装置

自走式灌水装置は、施設内にレールを設置し、ノズル類を装着したパイプを自動走行させ、灌水や薬剤散布を行うものである。自走式灌水装置は、育苗や鉢物では自動灌水装置として、果菜類では側面からの防除用薬剤散布装置として用いられる。灌水や防除以外にも、細霧冷房、加湿、肥料等の葉面散布、接触刺激等にも利用できる。また、滑車付台車を取り付けることにより、収穫物等の運搬が可能なものもある。タイマやセンサによる自動制御を行い、走行速度の設定が可能である。モータにより駆動するのが一般的である。

7. おわりに

灌水装置の導入に当たっては、立地条件や灌水器具の特性を知り、必要な灌水量を安定的に供給できるように灌水経路を設計、設置する必要がある。灌水器具の使用に当たっては、必要なメンテナンスを怠らないことが大切で、水圧や灌水ムラ、灌水量の確認などは忘れてはならない。自動化が進む一方で、メンテナンスが十分でないために生じるトラブルも多い。このような初歩的なミスやトラブルは極力、回避すべきである。施設園芸における地下部管理のポイントは、灌水機器・装置を上手に使うことである。また、地上部の環境制御を行う植物工場では、環境データや植物データと連動した灌水調節が重要となる。地上部と地下部を好適に管理するために、環境条件と灌水機器を同時に制御する必要性が高まったといえ、さらに発展が期待できる。
（東出忠桐＝農研機構野菜茶業研究所）

第3章　防除・収穫・運搬機器・装置

1．防除技術

1）はじめに

　農作物の生産において、良い品質そして安定した収量の農作物を得るために、農作物にとって有害な病害虫や雑草などの防除は特に重要な作業の一つと言える。防除作業は適期に行うことができないとその効果が小さくなると考えられるが、種々の防除機器・装置を適切に使用することで広い面積でも効率よく実施することができる。

　防除方法の種類としては、物理・機械的防除、生物的防除、化学的防除などが挙げられる（表－1）。物理・機械的作用を病害虫防除に利用する例は、太陽熱や熱水などによる土壌消毒、誘引光源を用いた捕殺装置、ナトリウム灯や黄色蛍光灯による病害虫忌避などがある。また、生物的防除には、病虫害に対する耐性品種の利用、天敵生物の利用、植物毒性を利用する方法などがある。そして、農作物に対する病害虫の防除に広く利用されているのが化学的防除、つまり農薬の施用である。

　農薬の種類は多岐にわたり、作物や栽培体系に応じて種々のものが用意されている。また、農薬による防除作業は、作業の省力性・効率性、効果の安定性・即効性、コストの経済性などいろいろな面でメリットがあると考えられる。一方で、農作物への農薬の残留や周辺環境への飛散などに気を配る必要があり、適切な箇所へ必要最小限の量で施用することへの要求は高い。さらに、作業者に対する農薬被曝など健康への影響も懸念されることから、作業者の安全を考え、自動化や無人化といった散布方法も広がりをみせている。施設栽培における農薬の散布作業は、時期によっては高温多湿下の作業強度の高い作業であると同時に、施設内の空気が外部と遮断されて自然な空気の流れも起きにくいことか

表－1　防除方法の分類と具体例

分類	具体例
物理・機械的防除	・熱による土壌消毒 ・誘引光源による捕殺装置 ・黄色蛍光灯、ナトリウム灯（病害虫忌避） ・電気柵、防鳥機
生物的防除	・病害虫耐性品種の利用 ・天敵生物の利用 ・植物毒性の利用 ・性フェロモン等による誘引
化学的防除	・農薬の利用

注）『五訂施設園芸ハンドブック』第3章　防除・収穫・運搬機器、日本施設園芸協会、pp.237、表－1を改編

表－2　野菜栽培における防除作業時間

分類	品目	作付面積（ha）	総労働時間（h/10a）	防除時間（h/10a）	総労働時間に対する割合（%）
葉茎菜類	キャベツ	34,100	90	7.5	8.3
	タマネギ	24,900	139	13.2	9.5
	ネギ	23,000	336	19.1	5.7
	ホウレンソウ	21,700	220	5.6	2.5
	レタス	20,900	133	7.6	5.7
	ハクサイ	18,000	93	9.2	9.9
根菜類	ダイコン	34,400	119	4.2	3.5
	ニンジン	18,900	118	10.1	8.5
果菜類	トマト	12,000	947	35.3	3.7
	キュウリ	11,600	1,095	30.4	2.8
	ナス	9,860	1,757	35.8	2.0
	イチゴ	5,720	2,092	75.0	3.6
	ピーマン	3,420	1,162	38.6	3.3

注）1．労働時間は2007年、作付面積は2012年のデータ
　　2．農林水産省品目別経営統計（作業別労働時間）をもとに作成

ら、散布作業の省力化や無人化が特に強く望まれている。

2）野菜栽培における防除作業時間

野菜栽培における防除作業について、10a当たりの作業時間（表—2）で見ると、キャベツやタマネギなどの葉茎菜類、ダイコンやニンジンなどの根菜類では4〜19時間程度となっており、総労働時間に対して防除作業時間が占める割合は3〜10％程度である。

その一方で、トマトやキュウリなどの果菜類では、総労働時間に対して防除作業時間が占める割合は2〜4％程度（管理作業や収穫以降の作業が75〜90％程度を占めている）と低いものの、防除作業時間自体はイチゴで75時間程度、それ以外の果菜類で30〜39時間程度と長くなっており、施設栽培における防除作業は露地野菜と比較して長時間を要する手間のかかる作業であるということが伺える。

3）施設園芸用の防除技術

農薬の散布に使用する防除機は、農薬の種類や対象農作物などによっていろいろなものが使用されている。農薬の種類としては液剤、粉剤、粒剤があり、防除機の種類としては、背負式、可搬式、定置式、自走式などがある（表—3）。散布方法としては、農薬を圧送するもの、送風機や圧縮空気を用いて散布するものなどがある。以下にいくつか紹介する。

表—3　散布方法と防除機の例

散布方法	防除機の種類
噴霧散布	動力噴霧機（背負式、可搬式、車輪式、自走式、定置式）、人力噴霧機
粉剤散布	動力散粉機（背負式、自走式、走行式）、人力散粉機
粒剤散布	散粒機
煙霧散布	煙霧機（可搬式）
静電散布	静電噴霧機
土壌消毒	土壌消毒機（熱水）、人力土壌消毒機

注）『五訂施設園芸ハンドブック』第3章　防除・収穫・運搬機器、日本施設園芸協会、237、表—2を改編

写真—1　移動式細霧ノズルによる散布

（1）動力噴霧機

希釈した農薬をポンプなどで加圧し、ノズルから霧状にして噴霧する防除機で、背負式、可搬式、車輪式、自走式、定置式など様々な形態がある。

（2）天井移動式細霧システム

ハウスの頭上（天井など）に設置したレールに沿って、細霧ノズルがホースとともに移動しながら薬液散布を行うものである（写真—1）。ホースはカーテンのようにレールにほぼ等間隔で吊り下げられており、自動的にたたまれるようになっている。動力噴霧機とつなげることで、浮遊性の細霧を発生させることができ、病害虫防除を目的とした農薬散布以外にも、施設内が高温になった時の冷房、湿度のコントロールなど多目的に使用できる。設置コストはかかるものの、農薬被曝の心配もなく、防除作業が短時間で効率よく行えるなどのメリットがある。

（3）防除ロボットによる散布

無人防除システムの中には、作業者がはじめに機械を設定するだけで、その後はロボットが作業を行う完全無人型と、作業者の操作が一部必要な半自動型の2通りがある。無人型の天井移動式細霧システムに対して、半自動で防除作業を行えるものとして、作物列の畝間を往復走行する防除ロボットがある。バッテリー搭載の散布機に磁気センサを

写真―2　防除ロボット

設け、経路誘導により畝間などを自律走行できる。薬液タンクや動力噴霧機と散布機とはホースにより連結されている。また大型施設で見られるような、暖房のために地面に敷設された温湯管をレールとして利用するような使い方も、足回りの変更などにより可能である（写真―2）。

（4）静電散布機

静電散布は、農薬の粒子を帯電させて施設内に拡散させることで、他の防除方法では見られないような葉裏への薬剤付着性能の向上が期待できる技術である。手押式、自走台車式そして防除ロボットに搭載できるものなどがある。

2．収穫技術

1）はじめに

野菜生産において、将来にわたって野菜を安定的に供給していくためには、栽培面積や生産量の維持・拡大、労働力や後継者不足の解消などが必要となる。大切になってくるのは労働負担の軽減であり、野菜栽培の省力化や機械化が求められている。

野菜を栽培するために行う作業は多岐にわたるが、特に収穫作業に多くの労働時間を要しており、実際に収穫作業に割くことのでき

表―4　野菜栽培における収穫作業時間

分類	品目	作付面積（ha）	総労働時間（h/10a）	収穫時間（h/10a）	総労働時間に対する割合（％）
葉茎菜類	キャベツ	34,100	90	27.4	30.5
	タマネギ	24,900	139	26.9	19.3
	ネギ	23,000	336	52.7	15.7
	ホウレンソウ	21,700	220	51.2	23.3
	レタス	20,900	133	29.3	21.9
	ハクサイ	18,000	93	28.4	30.6
根菜類	ダイコン	34,400	119	40.2	33.8
	ニンジン	18,900	118	36.5	30.9
果菜類	トマト	12,000	947	308.5	32.6
	キュウリ	11,600	1,095	420.6	38.4
	ナス	9,860	1,757	653.2	37.2
	イチゴ	5,720	2,092	490.6	23.5
	ピーマン	3,420	1,162	495.0	42.6

注）1．労働時間は2007年、作付面積は2012年のデータ
2．農林水産省品目別経営統計（作業別労働時間）をもとに作成

る労働力の量によって野菜の作付面積に制限がかかっていると考えられる。野菜栽培における総労働時間と収穫作業時間を表―4に示す。葉茎菜類や根菜類では10a当たりの収穫時間は概ね30～50時間となっており、中には機械化が進んでいる品目もあるが、総労働時間に対する収穫作業時間が占める割合は2～3割程度である。果菜類においては総労働時間に対する収穫作業時間が占める割合は2～4割程度と葉茎菜類などと同程度ではあるが、一斉収穫が困難であるなどの理由から10a当たりの収穫時間は概ね300～650時間と非常に長い。果菜類については管理作業や調製・出荷作業にも多くの時間を取られており、全体的に長時間労働となっている。

2）収穫作業の機械化

野菜の収穫作業における機械化の現状をまとめた一例を表―5に示す。葉茎菜類ではタマネギやネギ、根菜類ではダイコンやニンジンなどの機械化と普及が進んでおり、キャベツなどの収穫機も市販化されている。いずれも一斉収穫を行う機械であり、選択収穫を行うトマトやキュウリなどでは研究例はあるも

表—5 収穫作業における機械化の現状

分類	品目	収穫作業の機械化の現状
葉茎菜類	キャベツ	△
	タマネギ	○
	ネギ	○
	ホウレンソウ	×
	レタス	×
	ハクサイ	△
根菜類	ダイコン	○
	ニンジン	○
果菜類	トマト	×
	キュウリ	×
	ナス	×

○：多くの産地で機械が利用されている
△：市販機はあるものの、わずかに利用されている
×：機械がなく、人力作業
－：該当作業なし

注) 大森弘美(2010)：施設栽培の装置技術2、農研機構 農政課題解決研修資料を改編

のの機械化が進んでいない状況である。

野菜生産における収穫作業は運搬作業も含めて、例えば腰を曲げた姿勢で重量物を扱うなど、産地からの機械化の要望が大きい作業であるが、一般的にそれら収穫作業などの機械化が難しい。なかなか機械化が進まない品目が存在する理由として、①野菜は高水分でハンドリングが難しい表皮の軟らかいものが多く、機械的に取り扱うためには収穫物の損傷を防止する技術・仕組みが必要である、②形状のみならず収穫適期なども個体間差が大きく、一斉収穫に適さないものが多い、③収穫以後の選別で外観品質が重要視される品目が多く、出荷規格、包装方法、荷姿などの流通面における基準が厳しい。またそれらが地域によってまちまちである場合がある、④水稲や麦に比べると市場規模が小さく、機械の開発にコストをかけられない。以上のようなことが考えられる。

3）野菜収穫機の出荷台数

図—1に野菜収穫機の出荷台数の推移を示す。野菜収穫機の総出荷台数は、2007年から2013年まで年間1,000～1,200台の間で推移しており、また、個別に見てみると長い期間にわたってタマネギ収穫機、ネギ収穫機、ニンジン収穫機が上位を占めている。この3機種合計の全体に占める割合は、出荷台数で75～85％程度、出荷額では75～90％程度となっている。

4）根菜類収穫機

ダイコンやニンジンなどの根菜類の収穫については、トラクタに直装するリフタ方式の掘取り機のほか、掘取りから葉切り、コンテナ収納までの一連の作業を行うことのできる自走式乗用型収穫機が開発され普及が進んでいる。走行部はクローラ型で、軟弱土壌や傾斜圃場にも対応できる。

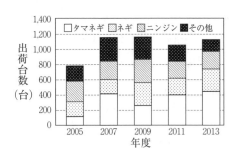

注）一般社団法人日本農業機械工業会作業機部会野菜用機械WG「野菜用機械の生産・出荷実績」より作成

図—1 野菜収穫機出荷台数の推移

写真—3 加工・業務用キャベツ収穫機

写真—4　定置型イチゴ収穫ロボット（生研センター）

5）キャベツ収穫機

キャベツについては、一斉収穫を前提に育苗、定植機、乗用管理機、収穫機を組み合わせた機械化一貫体系の導入が進められてきた。キャベツ収穫機は、引き抜きから茎葉の切断、コンテナへの収納を一工程で行うことができる。走行部はクローラ型で、無段変速により畝形状や作物状態に応じて適切な走行速度を得ることができる。また、球径に応じた挟持幅の変更や茎葉切断高さの調整が可能である。写真—3に刈取り条数1条の加工・業務用キャベツ収穫機を示す。

6）果菜類収穫機

これまで紹介してきた収穫機は全て一斉収穫できる（または一斉収穫できるように栽培管理した）品目を対象としている。一方、果菜類で行われているような選択収穫を機械化しようとすると、茎や葉の中から果実を識別して検出する視覚認識技術、果実の大きさや色、形状などをもとに収穫の適否を判断するセンシング技術、果実や葉、茎などに損傷を与えることなく収穫するソフトハンドリング技術、施設内を走行する移動技術（走行しない場合は収穫対象を移動させる技術）など実に様々な技術が求められる。

視覚認識にはカメラやレーザを用いた画像処理技術などが必要であり、ソフトハンドリングには作物の大きさや形状、表皮の性状などに合った専用ハンドの採用が必須である。これまで国内ではナス、トマト、ミニトマト、キュウリ、イチゴなどを対象に収穫ロボットの研究開発が進められてきている。

それらの中における先行事例として、定置型のイチゴ収穫ロボット（写真—4）を紹介する。定置型イチゴ収穫ロボットは、円筒座標型の3自由度マニピュレータ、果実の表皮には触れないように果柄を把持して切断する機能を持ったエンドエフェクタ、赤く熟した果実の位置を検出するためのステレオ固定カメラ、果実の着色度や重なりおよび果柄位置を判定するためのカメラ（エンドエフェクタに搭載）、そして収穫トレイ収容部などから構成される。この収穫ロボットは定置型のため、循環式イチゴ移動栽培装置と組み合わせて使用することを前提としている。これは、栽培ベッドを循環させることにより、果実を定点で収穫することを可能にするシステムであり、栽培ベッドが循環するため、全ての果実が収穫ロボットのマニピュレータの作動範囲へと入っていく。なお、定置型とすることにより、遮光幕で収穫対象物の周辺において安定した光環境が得られ、画像処理が安定する夜間作業だけではなく、昼間の作業も可能となった。

3. 運搬技術

1）露地生産における運搬

収穫した野菜の圃場外への搬出には、品目、栽培様式、圃場の広さ、地域などにより種々の運搬機器・装置が使用されており、画一的に機械化することは容易ではない。重量物であるダイコン、キャベツ、ハクサイなどの葉根菜類などは、収穫作業が機械化されていても、その後の取扱いや圃場外への搬出は労働

負荷が高い。

　運搬車の種類としては人力のものや動力付きのもの大小様々あるが、一輪車、二輪車および四輪車（人力・動力）、クローラ型の動力運搬車、トレーラ、小型トラックなどが挙げられる。大規模な産地ではトラクタ装着タイプのキャリヤも普及しており、大型コンテナや段ボール箱の搬出にフォークリフトを使用する例もある。

　圃場内運搬車については、路面が平坦でない、凹凸やぬかるみがあるなどの土壌条件であることが多いため、より走破性の高いクローラなどの採用や、運搬のみならず作物生育中の防除・管理作業など多目的の用途に使用可能な高床式（ハイクリアランス）のものなどがある。高床式については、作物列をまたぐための輪距調節機能がついたものや積載面の高さを調節できるものもある。

　また、野菜生産の機械化一貫体系を目的とした乗用管理機の普及に伴い、運搬作業にも乗用管理機が使用されている例がある。管理機本体は高床式（ハイクリアランス）、輪距調節機能が付いているため作物列をまたいだ運搬作業などが可能である。アタッチメントの交換により畝立てから播種、マルチ、施肥、防除を行うことができ、キャベツ収穫用アタッチメントも用意されている。さらに運搬アタッチメントを管理機後部のヒッチに直装することにより、圃場外への収穫物の搬出

に利用できる。

2）施設生産における運搬

　施設生産では栽培空間に制限がある場合が多く、収穫物などの運搬のために広い作業通路や枕地を確保することは栽植本数の減少つまり収量の低下につながることから、機械・装置の導入が進まなかった。しかし、作業姿勢の改善や労力軽減を目的とした装置化が一部ではあるが見られるようになってきている。施設内で利用されている栽培管理・運搬作業用移動装置の例を表—6に示す。地上走行式、固定レール走行式、天井走行式に大別した。

（1）地上走行式

　従来の栽培様式を大きく変更することなく、運搬台車などを地上走行させる方式である。手押式では、収穫物を入れるためのコンテナなどを積載できる一輪車、二輪車および四輪車などを用いた運搬方法が一般的である。また、軽量化などを追求して、樹脂コーティングパイプと樹脂性ジョイントにより簡易な作業台車を自作している例もある。

　イチゴのように表皮が柔らかく、選別時などに外観品質が重視される作物は手収穫され、土耕栽培では長時間のつらい作業姿勢を強いられる。栽培ベッドを1m程度の高さに設置する高設栽培技術は、この作業姿勢の改善に一役買っているが、土耕栽培でもバッ

表—6　施設内の栽培管理・運搬作業に用いられる移動装置の例

運搬方式	方法	実施例	特徴	問題点	施設規模
地上走行	手押台車	野菜・花き（手動） 野菜（電動型）	簡便、安価	運搬・移動の労力	小〜中規模
	座乗台車	イチゴ（電動型） ホウレンソウ等（クローラ型）	作業姿勢の改善	作業能率	小〜中規模
	畝間走行車	葉菜・果菜類（電動型） トマト・花き（高所作業）	防除兼用可 自動走行可	バッテリー保守	中〜大規模
固定レール走行	畝間レール	トマト等（電動型・昇降機能） 果菜類（手押式）	移動性が高い 養液栽培に適	非使用時の扱い	大規模
天井走行	天井レール	果菜類（鋼材使用）	作業が快適	設置労力	小〜中規模
	天井クレーン	花き（遠隔制御）	運搬位置自由	設備高コスト	中〜大規模

注）1．施設規模の定義は、小規模：10a以下、中規模：30a程度、大規模：1ha以上とした
　　2．『五訂施設園芸ハンドブック』第3章　防除・収穫・運搬機器、日本施設園芸協会、.241、表—3を改編

写真—5　レール走行式作業台車　　　　写真—6　高所作業の様子

テリー式の座乗作業車が利用されている例もある。作業者は低速で走行しながら、座席に座って果実を収穫する。車体重量が軽量でシンプルな構造のものから高性能なものまで数種類が市販されている。畝間を十分確保できる施設では、畝間を走行するバッテリー式台車が用いられ、収穫物以外に資機材の運搬にも利用されている。

(2) 固定レール走行式

作業通路にレールを敷設して運搬車をバッテリー式運搬車を走行させる方式である。大規模施設のトマト栽培などで見られる暖房用の温湯管をレールとして兼用し、その上を走行できるバッテリー式台車が利用されている（写真—5）。作業者はフットスイッチにより走行および停止の操作を行う。写真—6に台車を用いた高所作業の様子を示す。

(3) 天井走行式

施設内の空間を最大限に利用するために運搬器具・装置を天井から懸架させ移動させる方式である。一般に設備のコストが高くなり、施設建設時に導入されることが多い。天井レールでは、パイプ鋼などを頭上に設置し、これらにコンテナを積載できる運搬器具を引っ掛けて手動で運搬を行う。天井クレーンは栽培作物の上部空間を利用し任意の位置に移動できることから、施設内での運搬などの高速化・効率化を図ることができる。また、施設内全面栽培が可能となるため施設の利用

効率向上が期待できる。

(手島　司＝農研機構生研センター)

参　考　文　献

1) 坂上修 (1994)：防除機器・装置、四訂施設園芸ハンドブック、日本施設園芸協会、413-416
2) 倉田勇 (1994)：運搬・収穫機器・装置、四訂施設園芸ハンドブック、日本施設園芸協会、417-421
3) 雁野勝宣、林茂彦 (2003)：防除・収穫・運搬機器、五訂施設園芸ハンドブック、日本施設園芸協会、237-243
4) 貝沼秀夫 (2003)：機械化の現状—収穫、農業機械学会誌、65 (1)、16-20
5) 山田久也 (2009)：野菜用機械、農業機械学会誌、71 (1)、30-34
6) 小田切元 (2010)：野菜用機械、農業機械学会誌、72 (5)、426-430
7) 大森弘美 (2010)：施設栽培の装置技術2、農研機構　農政課題解決研修資料、http://www.naro.affrc.go.jp/training/files/reformation_txt2010_c05.pdf
8) 陶山純 (2012)：野菜用機械・圃場機械、農業機械学会誌、74 (6)、418-422
9) 大森弘美 (2012)：施設野菜用機械、農業機械学会誌、74 (6)、423-426
10) 山本健司 (1996)：葉菜類の収穫・運搬用機械、生物生産機械ハンドブック、農業機械学会、708-711

第VI部

養液栽培

第1章　養液栽培の展開

1．養液栽培の範疇

　養液栽培は英語では Hydroponics と表現され、土壌を使わずに必須元素（多量元素：窒素、リン、カリウム、カルシウム、マグネシウム、微量元素：鉄、ホウ素、マンガン、亜鉛、銅、モリブデン）を含む培養液を植物に与えて栽培する方法である。土壌を培地として使用しないことから無土壌栽培(Soilless Culture) とも呼ばれる。一方、養液土耕（点滴養液土耕栽培：点滴灌水により、土壌の持つ機能を生かしながら、作物の生育に合わせ必要とする肥料・水を吸収可能な状態（液肥）でリアルタイム栄養診断、土壌溶液診断を利用して過不足なく与える栽培方法）も液肥（培養液）を使用するが、培地は原則として土壌を使用し、ほとんどの場合、根圏が隔離されていない普通の畑での栽培であることから、養液土耕は養液栽培の範疇には入れない。また、養液栽培と養液土耕とでは、与える液肥（培養液）に違いがみられ、前者は通常、前述したとおり全必須元素を与えるのに対し、後者では窒素、リン、カリウムだけを含む液肥を与えることが多い。近年、栽培面積が増加しているイチゴ高設栽培の種々方式のなかには、あらかじめ緩効性被覆肥料を施用しておいた培地に灌水するものがある。この方式も厳密に言えば養液栽培の定義から外れる。

2．養液栽培の実用化

　1930年代の前半より耕作不能地での作物栽培、あるいは施設栽培下で土壌消毒や土壌の入れ替えの手間を省く目的から、アメリカの試験場や大学が実用化をめざして養液栽培の研究・開発を開始した。そして、第二次世界大戦中には、農耕不能の島々に駐留する米軍に野菜を供給するため、本格的な養液栽培が行われた。戦後は、東京都の調布市（22ha）と滋賀県の大津市（10ha）に大規模礫耕農場「ハイドロポニックファーム」が建設され、米軍関係者にレタス、セルリー、ハツカダイコンなどの清浄野菜が供給された。しかし、この栽培設備は採算性を考慮したものでなかったことから普及にはいたらず、米軍移駐の1961年（昭和36年）に両施設とも廃止された。一方、1960年（昭和35年）ごろ、当時の農林省園芸試験場興津支場の山崎・堀の両氏は、ハウス園芸の急増に伴う連作障害の発生と施肥効率の悪さを解決し、さらに施設栽培の規模拡大を図るため、わが国独自の礫耕の実用化を目指して、装置の開発と同時に培養液処方（礫耕用試処方培養液）を考案した。栽培ベッドはポリシートを使った簡易なもので、培養液はホーグランド・アーノン処方に類似したものであった。礫耕施設は先進農家に導入され、次いで農業構造改善事業にとりもあげられるなどして、各地の農家に広く普及した。礫耕施設は1965年には全国で240施設、計22haにまで普及した。しかし、好適な礫（れき）の入手難、礫価格の高騰、根腐病などの病害の発生、礫の取り扱いの困難さ（洗浄、消毒および残根処理）など、さまざまな問題が生じ栽培面積は広がらず、現在では当初の形態を備えた礫耕栽培はほとんどみられなくなった。

　山崎氏はその後、当時の農林省園芸試験

表―1　培養液処方

対象作物		成分濃度（me/ℓ）				
		N	P	K	Ca	Mg
山崎処方	トマト	10	4	8	10	4
	ナス	7	2	4	3	2
	ピーマン	9	2.5	6	3	1.5
	キュウリ	13	3	6	7	4
	メロン	13	4	6	7	3
	イチゴ	5	1.5	2	3	1
	レタス	6	1.5	4	2	1
	ミツバ	8	2	4	4	2
	シュンギク	11	4	8	4	4
	ホウレンソウ	11	4	8	4	4
	ネギ	9	6	7	2	2
園試処方		16	4	8	8	4

久留米支場に移り、藤枝・大和両氏とともに培養液循環方式の湛水型水耕装置を開発し、1964年（昭和39年）には実用化にいたった。山崎氏らは栽培方式が礫耕から水耕に移行する段階で、緩衝能のない水耕でも培養液組成・濃度、pHの変化が少ない、水耕に適した培養液（山崎処方）を開発した（表―1）。この処方の理論は、作物ごとの見かけの吸収組成・濃度に見合う組成濃度で培養液を作成すれば培養液の組成濃度が安定するというものである。1960年代後半には、企業によってプラスチック成型水耕ベッドの製造、培養液への酸素供給など、種々装置の開発がすすみ、日本独自の循環式湛液型水耕装置が複数の企業から市販されるようになり、広く普及するにいたった。市販された装置には、発泡スチロール製の枠にビニルシートを敷いたものやポリプロピレン樹脂製の成型ベッドなどがあった。1975年（昭和50年）代に入ると、養液栽培の主流は礫耕から水耕となり、設置面積は100haを超え、1979年（昭和54年）には262haに及んだ。

イギリスのリトルハンプトン・サセックス温室研究所のクーパーが開発したNFT（薄膜水耕）は1980年ごろに日本に導入された。また、デンマークで開発された成型ロックウールを使ったロックウール耕（培地に点滴灌水する方法）がオランダで普及し、日本には1982年ごろに導入された。いずれの方式も実用化の検討がすすみ、これら栽培システムも企業によって市販されるようになった。湛液型水耕、NFT、そしてロックウール耕を代表とするいずれの栽培方式も、わが国では企業を中心に、試験場、大学も加わって、装置の開発がすすみ、着実に設置面積を増やした。その結果、研究・開発した企業の数、試験研究機関の数以上の多種多様な栽培装置ができあがった。2002年（平成14年）に出版された「養液栽培の新マニュアル」（社団法人日本施設園芸協会編）の中で紹介された栽培方式の数は90にのぼっている（ロックウール耕17、湛液型8、NFT 8、毛管水耕5、砂耕類4、樹脂培地耕2、有機培地耕5、イチゴ高設栽培41）。

3．養液栽培の普及状況

2011年（平成23年）の統計によると、養液栽培の設置面積は野菜と花きの合計で1,741haに達しており、全施設面積50,608haの3.4％を占める。作物別では野菜が1,411ha、花きが330haである（図―

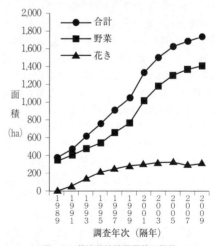

図―1　養液栽培設置面積の推移

表―2　方式別養液栽培装置の設置面積の推移（野菜＋花き）

方式		1989	1991	1993	1995	1997	1999	2001	2003	2005	2007	2009
水耕	湛液型	206	226	260	280	314	313	311	334	336	334	349
	NFT	69	86	102	100	109	120	126	115	123	115	127
固形培地	れき耕	18	21	26	25	23	25	29	28	28	41	44
	砂耕	4	5	8	6	10	18	17	20	18	16	15
	ロックウール耕	66	120	213	332	427	480	584	609	622	587	583
	その他	5	7	8	8	14	60	162	268	339	392	412
噴霧耕		2	3	1	2	1	10	32	2	4	5	13
その他		4	6	8	9	18	30	76	133	164	196	199
計		374	474	626	762	916	1,056	1,337	1,508	1,634	1,686	1,741

表―3　野菜の品目別の養液栽培面積の推移

	1989	1991	1993	1995	1997	1999	2001	2003	2005	2007	2009
トマト	177	210	203	261	308	337	430	449	512	502	541
キュウリ	18	22	14	17	28	20	21	20	33	17	22
イチゴ	16	21	29	31	49	103	235	346	399	485	474
ミツバ	89	102	90	103	99	91	101	102	100	99	85
サラダナ	9	18	21	27	31	34	34	28	27	23	26
ネギ	19	20	39	50	58	76	61	65	58	63	60
シソ	5	5	13	3	4	4	4	3	3	14	11
その他	21	26	52	44	75	99	134	175	168	163	176
計	354	424	461	536	652	764	1,020	1,188	1,300	1,367	1,395

1）。2000年ごろから養液栽培の設置面積が急増した理由の一つに、企業経営体による大規模施設の設置があげられる。そしてもう一つはイチゴの養液栽培面積の急増である。

方式別の養液栽培設置面積の推移を見ると、1989年ごろまでは湛液式が圧倒的に多かったが、ロックウール耕が導入されてからは年々、ロックウール耕の面積が増加し、現在ではロックウール耕がもっとも設置面積の多い方式となっている（表―2）。また、作物別に見るともっとも多いのがトマトで、2000年ごろからはイチゴの栽培面積の増加が顕著になった（表―3）。これは、従来のイチゴ栽培は管理や収穫が腰を曲げた作業になるため重労働であったのに対し、腰の高さまで栽培ベッドを上げた高設ベッド施設により、立ったまま作業ができるようになり軽作業化がすすんだことによる。花き類の中ではほとんどが切りバラのロックウール栽培で、その他にガーベラ、カーネーションなどの切り花栽培がみられる。果樹では各種培地を用

いたブルーベリー栽培が多く、その他にはイチジク、ブドウ、パパイヤ、ナシなどがわずかながら栽培されている（日本養液栽培研究会、2005）。都道府県別では、施設面積は愛知県（1,614ha）、静岡県（1,414ha）、高知県（984ha）、千葉県（962ha）、長野県（800ha）の順となっている。いずれも園芸生産の盛んな県で、特に太平洋側の温暖な地域での設置が多く、雪の多い日本海側は極めて少ない。

4．養液栽培の長所・短所と施設園芸における位置づけ

養液栽培には、以下に挙げる多くの優れた点がある。1）地下部の環境制御による生育制御が可能である。2）土壌が栽培に適さない場所でも栽培が可能である。3）土壌病害および連作障害を回避しやすく、同じ作物の同じ場所での栽培が可能である。4）成長速度が速く、多くの野菜で収量が増加する。5）作期延長・作付回数の増加により収量が増加

施設園芸農家の高齢化、若者の農業離れ、都市近郊における生産環境の悪化、施設野菜栽培における連作障害の潜在的な発生、重労働の回避と省力化、清浄野菜・機能性野菜を求める健康嗜好、生産効率と収益性の向上、これら状況を改善・解決し、さらに発展させる手段として養液栽培は大きな可能性を持っている栽培技術である。

一方で、養液栽培では、1）初期設備投資（栽培装置の設置等）が大きい、2）栽培できる作目が限定される、3）比較的良質の水を多量に、しかも年間を通じ安定的に確保することが必要、4）病気が発生すると、短期間に蔓延することがある、5）栽培方法によるが、葉菜類は概して柔らかい、6）栽培方法によるが、やや味が薄い等、改善・解決が望まれる課題を残しているのも事実である。

する。6）栽培環境が清浄である。7）熟練した技術や経験を必ずしも必要としない。8）就農者および雇用（労働力）を確保しやすい。また、9）IT技術の導入による作業・管理の自動化、省力化により、作業労働・作業時間が軽減・短縮される。10）作業姿勢が改善される。11）除草・耕運などの作業から解放される。以上、挙げた特徴はいずれも生産性の向上と作業性の改善・労働軽減に寄与する。さらに、12）水や肥料の利用効率が高く、肥料の環境への排出量を少なくできる。13）農薬の使用量を減らすことができる。14）環境制御や培養液管理による高品質化（機能性成分の増加、有害成分の低減）が可能になる。など、養液栽培は環境と人（生産者と消費者）に優しい栽培技術であると同時に、まったく新しい品質を備えた野菜を消費者に提供できる可能性を有した栽培法である。有害成分の低減としては硝酸イオンと同様に、カリウムも低減化が求められる場合がある。低カリウムメロン、低カリウムレタス、さらには低カリウムトマトなどは、1日のカリウム摂取量が厳しく制限されている腎臓病罹患者が生食できる野菜として期待されている。一定の収量を保ちながらも低カリウム野菜が生産できるのも、培養液組成・濃度を制御できる養液栽培ならではのことである。

5. 栽培方式の基本構造とその特徴

養液栽培は固形物を培地として使用しない水耕と土壌を除く何らかの固形物、例えば砂や礫などを培地として使用する固形培地耕とに大きく二分される（図-2）。前者には、さらに湛液型水耕、NFT、噴霧耕がある。湛液型水耕は、栽培槽に培養液を一定の液深でためて根を水中で生育させるものである。NFTはNutrient Film Techniqueの頭文字をとったもので、栽培槽の底面に数cm程度の浅い（薄い）液深で培養液を底流させる方式である。栽培槽は1/60～1/100程度の傾斜をつけ、培養液は底面を流れるように移動し、栽培槽と培養液貯蔵タンクの間を循環する。噴霧耕は培養液をノズルから根に吹き付ける

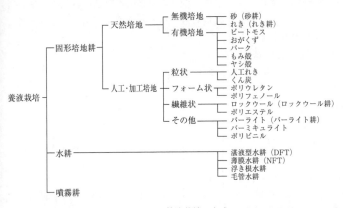

図-2　養液栽培の方式

表—4　水耕と固形培地耕との比較（池田, 2006）

	水耕	固形培地耕
経費	・プラントを購入すると初期の費用がかなりかかる ・培地の費用はほとんど不要（育苗に使用する程度） ・ポンプの稼動時間が長いのである程度の電気代が必要	・自分で施工できる部分が多いので、初期の施設費は比較的安くすませることができる ・砂耕や礫耕以外の方式では、1回ないし数回の栽培で新しい培地と交換するために、培地の購入費用がかかる ・ポンプの稼動時間は一般の水耕よりかなり短い
施設	・培養液を循環ないし交換利用するための経路と、ある程度の大きな培養液タンクが必要 ・栽培装置からの水漏れは完全になくす必要がある（閉鎖系） ・装置全体について厳密なレベルをとる必要がある ・露地での栽培は一般に不適 ・一度施設を造ると永続使用	・培養液を循環させる方式でなければ、施設は簡略化できる ・培養液を循環させない方式（開放系）では、廃液は栽培装置系外へ排出されるので、水や肥料の無駄、土や地下水の汚染などに注意が必要 ・ハイガター方式など以外では厳密なレベルは不必要 ・露地栽培も十分可能でビルの屋上などでも栽培可能 ・バッグ栽培などでは、それを除けば土耕に戻せる
栽培	・培養液を介して伝染する病気が発生すると、短期間に同一水系全体に広がる恐れがある ・培地水分の調節はできない ・緩衝能がないので、用水の質が悪いと栽培しにくい ・pHやECの調節は容易 ・液温は気温の影響を受けやすい。冬期は液温を高めることで根温を確保できる ・固形培地育苗の場合には株元の安定はよいが、それ以外の場合には何らかの方法で株元を固定する必要がある ・栽培装置の殺菌は容易 ・栽培期間の比較的短い葉菜類の栽培手段として便利	・培養液を循環させる方式でなければ、培養液を介して病気が伝染することはない ・培地水分の調節は一般に容易 ・培地に緩衝能があるので、用水の質がある程度不良でも栽培は容易 ・pHやECの変動およびその調節は、使用される培地の特性によって変わる ・培地温度の変動は比較的小さい。冬期の根温の確保には培地の加温が必要 ・根が固形培地に入るために、株元の安定はよい ・再利用するなら培地の殺菌にはある程度の手間と費用がかかる。培地を使い捨てにするなら殺菌は不要 ・培地によって使用後の処分法に未解決の問題がある

方法で、根は閉鎖された空間の中で発達する。後者の固形培地耕には、砂や礫、ロックウールなど無機物を培地として利用するものと、ピートモスやヤシ殻などの有機物を利用するものがある（培地に有機物を使用するものは厳密には養液栽培の定義から外れる）。イチゴの高設栽培では、このような有機物を単独、あるいは数種混合したものをロックウールに代わる培地として使用しているものも多く、そのような場合には栽培ベッドがさらに軽量化する。

1）湛液型水耕

　本方式では、栽培槽に貯められた培養液内で根を生育させる（図—3、図—4、図—5）。わが国では培地を使用しない、いわゆる水耕の中ではこの方式が最初に導入されたもので、今日でも広く使用されている。湛液型水耕は、多量の培養液を栽培ベッドに保持するため、強固な施設や大容量の培養液貯蔵タンクを必要とする場合が多く、他の栽培方式に比べ施設費が高い。しかし、この方式は培養液量が多いため、培養液組成、濃度、pHおよび液温などの変化が小さく、比較的安定した根圏環境で根を生育させることができる。根への酸素供給をはかるため、栽培槽に培養液を送る給液管に空気混入器（アスピ

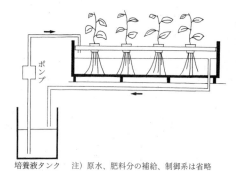

注）原水、肥料分の補給、制御系は省略

図—3　湛液型水耕装置の模式図

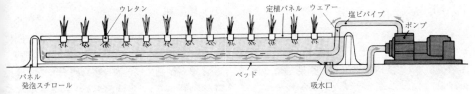

図—4　湛液型水耕装置（GFM プラントえむ：(株) M式水耕研究所）

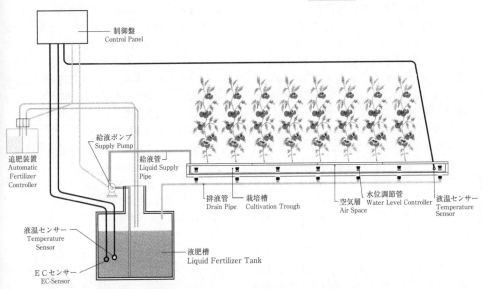

図—5　湛液型水耕装置（ハイポニカ果菜F型：協和(株)）

レーターの原理を使用）を取り付ける方法、培養液を液面にたたき付けるようにして酸素を溶解させる方法、定植パネルと液面との間に隙間を作り、根を一部湿気中に暴露させて気中酸素を直接根に接触させる方法などがある。水中に溶解する最大酸素濃度は水温、大気圧によって変化するが、その濃度はおおよそ10ppm程度である。この値は空気中の酸素濃度（20%）のおよそ2万分の1の低さであるが、培養液の溶存酸素濃度が4〜5ppm程度に保たれていれば、根が酸素不足になることはない。しかし、高温期には作物の生育が旺盛で、しかも培養液量に対して根量が多い場合には急激に培養液の溶存酸素濃度が低下し、酸素欠乏に陥ることがある。そのため、根が培養液に浸かっている湛液型水耕装置では上記のような酸素富化の工夫が必要であり、栽培ベッド内の培養液のイオン濃度に関係なく培養液の定期的な循環が必要である。夜間の養水分吸収量は昼間に比べると明らかに少なく、養水分吸収と根の呼吸のために消費される酸素量は少ない。そのため、夜間の培養液循環の頻度・時間を少なく設定する場合があるが、トマトの尻腐れ果の発生が、昼間の酸素供給停止よりも夜間の停止の方で高くなったとの報告がある（橘, 1988）。トマトの循環式湛液型養液栽培では夜間であっても、根圧の低下を招かないようにするためには、夜間の培養液循環を制限しすぎないように注意する。

2）NFT

　イギリスで開発された方法で、培養液を栽培槽底面に流すようにして栽培する方法である（図―6）。栽培槽も軽量で構造的にも湛液型栽培槽のように頑強なものでなくてよい。そのため、水平を正確に取ることができれば、自作施工しやすい装置である。根は湛液型水耕装置のように常時、培養液中に浸かっておらず、培養液の供給が止まっている時間帯は、根が空気に暴露された状態となる。そのため、根は直接、湿気中の酸素を利用することができる。ただし、培養液の供給を一時的に停止させる間断給液を行っている場合は、間断給液を開始して以降は給液停止時間を短くしない。NFTは少量の培養液しか栽培槽にないため、気温の変化に影響されやすい欠点もある。培養液を栽培槽の片方から供給して流すため、培養液が偏りなくすべての株にあたるようにするため、栽培ベッドの底面に液の流下方向に沿って浅い溝構造を持たせているものや縦長の栽培ベッドの端から培養液を供給するのではなく、横方向に供給する方法もある。早くからNFT方式によるイチゴ栽培の研究が千葉県農業試験場の宇田川氏らによって進められた。しかし、現在では腰の高さに栽培ベッドを設置した高設イチゴの養液栽培では、その方式は多くが培地耕に代わっている。

3）噴霧耕

　噴霧耕とは、根圏を発達させている空間に底部あるいは側面に噴霧用ノズルを設置し、タイマー制御で培養液を根に噴霧する方法である（図―7）。噴霧耕のなかには、噴霧した培養液を栽培槽底面に少し貯留できるようにしておき、底面の培養液に発達した根からも培養液を吸収させる、噴霧耕と水耕の折衷式と呼べるものもある。栽培パネルをA型に向い合わせに斜めに立てかけて根を育成する空間を内側に作り、その中に噴霧ノズルを設置した栽培装置が考案され、実際に人工光型植物工場で生産販売されたものがあった。

　噴霧耕は根の酸素供給環境がすぐれており、栽培装置も軽量で葉菜類の栽培には適しているが、ミストの水滴の粒径、ミスト噴霧の頻度などによって根の発達、発育が左右されるので適切な噴霧管理が求められる。根が水に浸かっていない噴霧耕では、気温の影響を受けやすい。停電やノズルのつまり、ポンプの故障で噴霧ができなくなると、植物は短時間のうちに水分欠乏になる恐れがある。そのため、噴霧耕では培養液給液停止がおこらないように、他の方式以上に注意を要する。最近は、ミストではなく、さらに水分粒径の小さい、いわゆるフォグ（霧）を根圏空間に満たして栽培する研究も見受けられる。なお、韓国ではオタネニンジンの養液栽培の研究が進んでおり、根の生育は噴霧耕で優れるとの

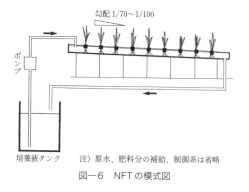

図―6　NFTの模式図
注）原水、肥料分の補給、制御系は省略

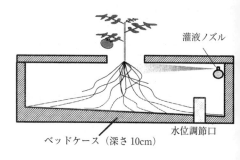

図―7　噴霧耕（スプレーポニック：カネコ種苗（株））

報告がある。

4）砂耕

　砂を栽培槽にぎっしり敷き詰めて、培養液を供給する方式である。栽培槽は排水孔を設けた一般的な構造のものと、余剰な水分はしみだすような透水性を持った栽培槽でできたものがある。砂は礫と同様に透水性はよいが保水性が乏しいため、根部の乾燥を引き起こさないような行き届いた培養液の供給管理が必要である。砂耕では定植パネルはなく、直接培地である砂に苗を植え付けることになるので、作物の種類、あるいは収穫時のサイズにあわせ、株間を自由に設定できる（図－8）。

5）礫耕

　わが国で最初に導入された方式で、培地に粒径5〜15mmほどの礫（れき）を使う。礫は当初、身近にある材料で、比較的生産者が安価に入手しやすかった。ベッドは地面に設置された栽培槽に礫を敷き詰めて、培養液の排水路を確保する溝を底面に走らせるようにした単純な構造をしている（図－9）。砂と同様に礫自身には保水力が全くないので、さらに砂以上に培地間の空隙が大きいことから培地の保水性はさらに低い。実質的には礫耕では根は栽培槽底面に一時的に貯留している培養液を吸収しており、上部の礫のほとんどは根や培養液への光の遮断と一定の保湿、そして株の保持体として働いている。トマトの礫耕栽培では、定植直後の根の活着、養水分吸収が湛液式水耕に比べ弱いことから、生育が緩やかに進み、生育初期から見られる異常茎の発生が少なく生育初期の草勢管理がしやすいと言われる。しかし、新しい培地耕が開発されるようになってからは、残根や礫の消毒、取扱い時の荷重などの問題から今ではほとんどこの栽培方法は見られなくなった。ただし、礫に類似したものとして土壌焼成多孔体やセラミックなどを培地として使用した栽培装置もある。

6）ロックウール耕

　ロックウール耕で利用されている培地は、玄武岩あるいは輝緑岩と鉄鋼石の鉱砕などにケイ石を混合して高温で溶解し繊維状にした人造鉱物繊維で、植物の栽培に適した園芸培地として開発されたものである。高い気相率と保水力を有し、土壌伝染性病原菌ゼロのすぐれた培地として、爆発的にオランダで広まった。ロックウール耕による養液栽培が始まってから、オランダではトマトの収量が年々上昇し、現在では年間1,000m^2当たりで70〜80tの収量をあげている。日本でも、ロックウール耕が導入され、年々その設置面積を増やし、設置面積ではそれまで主流であった湛液型水耕を

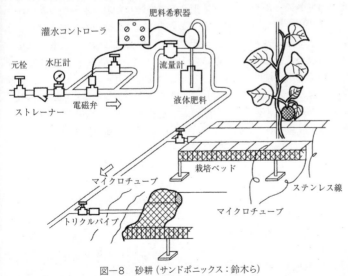

図－8　砂耕（サンドポニックス：鈴木ら）

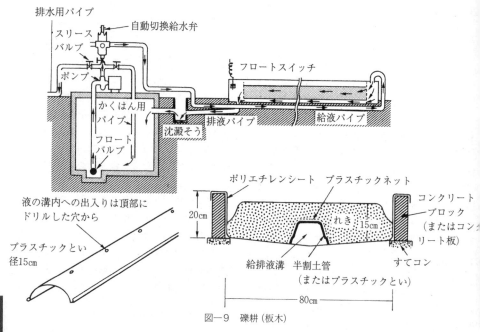

図—9 礫耕（板木）

抜いている。ロックウール耕はトマトだけでなく他の果菜類、バラなどの花き栽培でもその面積を増やしてきた。また、ロックウールはマット状、キューブ状に成型したものの他に、粒状あるは綿状（粒状綿あるいは細粒綿と呼ばれる）のものもあり、播種時のセルや栽培槽の充填培地としてもよく利用されている。ロックウール耕は栽培ベッドや栽培ベッドの支持体を必ずしも必要としない。最も簡単なシステムでは水準測量し整地された地面にフィルムで包まれた成型ロックウール（スラブ）を配置するだけでよい。供液のための配管や灌水チューブの設置作業を除けば、いたって設置は簡単である（図—10、図—11、図—12）。

7）浮き根式水耕（保水シート耕）

この栽培方式の特徴は、根を培養液を含んだシート面上に発達させて栽培するところにある（図—13）。植物の根に養水分を供給するため、毛管現象による吸水力の強いシート（不織布などのマット）を栽培槽内の支持台に覆いかぶせ、端を培養液内に垂らす。植物体は、マットを覆ったシート（防根シート）上に定植する。本方式では、シート面上に発達した根（気中根）と、シート面から外に伸び培養液内で発達した根（水中根）とが存在する。構造的には気中根のみ発達させることも可能で、その場合には強い水ストレスをかけることができる。高糖度トマトの栽培など、ストレス栽培を目的とする場合には有効な栽培方式である。かつては企業から本方式を原理とする栽培システムが市販され普及したが、生育の安定、根圏環境の斉一化、収量性など課題も多いようである。ダイコン、ニンジンなど、地中の根が肥大する作物は、培養液に根が浸かる栽培方式では根の肥大が抑制されるため湛液型の水耕は適さない。しかし、吸水したシート面上に根を生育・発達させる本方式では、ダイコンやニンジンなど根菜類の根を発達・肥大させることができる。

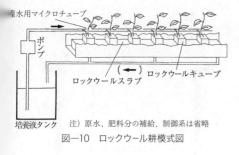

図—10 ロックウール耕模式図

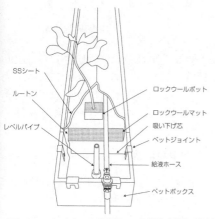

図—11 ロックウール耕栽培ベッド構造（(株)誠和）

8）パッシブ水耕

　植物体は培養液を満たした栽培槽内に置かれた製紙残渣炭化物など適当な培地を充填した多孔硬質ポリポットに植えつけられる。本方式では、収穫までに必要な養水分吸収量に見合う培養液を栽培開始前に栽培槽に湛液するだけでよい。この方式では、ポンプやセンサ類は一切使用しないので、電力供給を必要としない。また、栽培槽は地面に掘った空間にあるため、年間を通して液温はかなり安定している。この栽培装置では作物の根は筒内を伸びるものと、比較的初期に筒の外に出て培養液に浮くようなかたちで伸びるものとが存在する。次第に培養液面が低下すると筒上部の根の多くが気中にさらされ気中の酸素を利用するようになる。水や肥料の無駄がほとんどなく、培養液管理が極めて簡素化された栽培方式である（図—14）。

9）Ebb & Flood（液面上下式養液栽培）

　栽培槽内に溜めた培養液の水位を定期的に上下させる方法である。培養液面が低下している時間帯は、根（根圏）が湿気中にさらさ

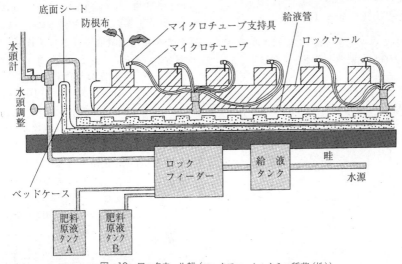

図—12 ロックウール耕（ロックファーム：カネコ種苗(株)）

第1章　養液栽培の展開　275

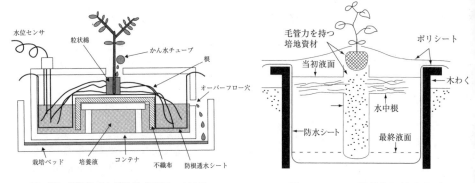

図—13 浮き根式水耕装置 (岡野ら, 1999)

図—14 パッシブ水耕装置 (熊本農試)

れるため、湿気中の酸素を吸収することができる。構造的には培養液水位が高い栽培槽と水位が低い栽培槽の2組からなっている場合が多く、培養液は2つのポンプによって両栽培槽間を移動する。この場合、培養液貯蔵タンクは不要である。本方式では、培地を使用しない水耕と培地を使用した培地耕とがある。図—15、図—16 ではいずれも根が肥大する作物の栽培装置として紹介されているが、根菜類は根が常時、水中に浸かった状態では肥大が抑制されるため、このような方式が根の肥大には好都合である。

10) バッグカルチャー（袋栽培）

成型されたベッドを使わずに、ビニル袋などの袋状の資材に培地を充填して栽培する方式である。袋は地面に設置したもの、あるいは簡単な支持フレーム上に乗せて高設にしたものがある。重量が軽く植物体も小さいイチゴの高設栽培として使われているものが多い（図—17）。

11) 少量培地栽培

高糖度トマトを生産するには、根域制限、高濃度培養液の施与あるいは給水制限などの方法がある。少量培地耕と呼ばれるものでは、株当たりの培地量は200〜250mLと少ない。図—18の方式では、ロックウール細粒綿を充填した容量2Lの袋状のユニットの栽植株数は10本と多い。比較的最近になって開発された少量培地栽培にDトレイ栽培と呼ばれるものがある。ポットの形状が上面からみるとDの形に見えることからつけられた名称で、10連結（片側5つ）のトレイで、ポット容積は255mL、株間は12cmと狭い。このトレイを栽培ベンチとして使用する方式では、培地にロックウール細粒綿を使用し、株の小さなイチゴだけでなく培養液の少量・多頻度供給によってトマト栽培も可能である。

以上、紹介した代表的な種々栽培方式以外にも多種多様な栽

図—15 液面上下式水耕栽培装置 (ゴボウの栽培)

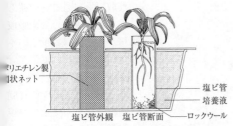

図―16 液面上下式水耕栽培装置(南ら:薬用植物の栽培)

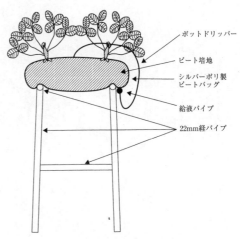

図―17 バックカルチャー
(香川型イチゴ高設栽培、原図:伊達)

培方式が考案されている。杉皮のような地域の未利用資材の有効利用も進んでいる。図―19は単位面積当たりの収量を増加させるために、人が栽培棟に入っていないときはベンチを通路まで広げることのできる構造になっている(図は広げた状態で栽植密度は1.5倍)。このイチゴ栽培装置では杉皮から加工作成された培地を使用しており、緩効性被覆肥料を培地に置くので、培養液管理は灌水するのみである。

6. 培養液の循環と非循環(かけ流し)

養液栽培は培養液の供給方式の違いから、培養液を栽培ベッドと培養液貯蔵タンクとの間で循環させ、培養液を栽培系外に出さない完全循環方式と、栽培ベッドに供給された培養液をまったく回収しない、あるいは一部を回収するかけ流し方式とに分けられる。培養液を循環させる方式では、水、肥料の無駄が少なく、栽培系外に排出される栄養塩類による水質汚染がない。しかし、栽培の経過とともに培養液の組成・濃度の乱れが次第に大きくなり、組成濃度の補正が難しくなる。また、病原菌が混入すると短期間のうちに病気が蔓延するリスクが高い。一方、かけ流し式では常に理想とする組成濃度の培養液を与えることができる。培養液を介して伝染する土壌伝染性の病気が蔓延する危険性が低い。かけ流し方式において、回収せずに排出される培養液量は給液頻度と給液量によって異なる。培地内の水分量や植物体の蒸散量、日射量などを計測することで過剰な給液を減らし排出量を極力減らすことができる。循環方式でも、各養分の濃度比やpHの修正が難しい場合、原因は明らかでないが経験的に培養液を更新することで生育が回復する場合に、培養液が多量に廃棄されることがある。培養液のpHの安定化、生育を阻害する物質の除去、培養液の

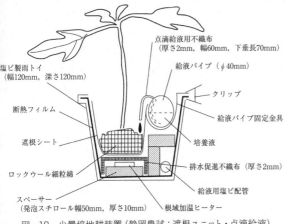

図―18 少量培地耕装置(静岡農試:遮根ユニット・点滴給液)

第1章 養液栽培の展開 277

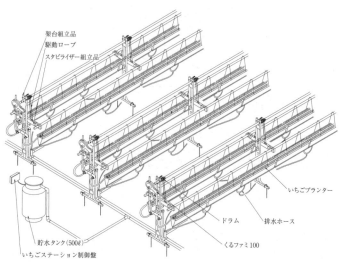

図—19 栽培ベッド可動式の培地耕装置((株)誠和)

殺菌などは、安定した収量を得るだけでなく、培養液を栽培系から出さない養液栽培技術法の確立にとって必要である。

7. 栽培作目と栽培方式

養液栽培によって営利栽培されている野菜には、トマト、イチゴ、キュウリ、メロンなどの果菜類と、ミツバ、ネギ、サラダナ、ホウレンソウなどの葉菜類がある。栽培面積ではトマト（541ha）、イチゴ（474ha）、ミツバ（85ha）の順で多い。トマトが養液栽培面積で最も広い理由は、トマトは年間を通じて需要が多く、施設栽培の有利性が高いこと、土耕に比べて収量・品質の向上が期待できること、他の果菜類に比べ養液栽培が容易で安定した収量が得られることなどが要因として挙げられ、同時に種々の栽培方式での栽培が可能である。一方、同じ果菜類でもキュウリは、初期収量は高いものの安定した収量を得ることが難しく、栽培面積の伸びが見られない。特に、側枝どりキュウリの低温期の栽培では側枝の発生が極端に悪くなり、十分

な収量を得ることが難しい。キュウリは酸素吸収量が多く、酸素供給の不足による成長の低下が大きい。湛液型水耕での液面低下や、NFTでの間断給液によって根に直接空気を触れさせる操作を行っても効果が小さい。イチゴはトマト、キュウリと同様、根の酸素要求量の多い野菜である。しかも、イチゴの根は木化しやすく、湛液状態では木化した部分からの新根の発生が極めて少ない。そのため根への酸素供給が不十分であると生育が著しく抑制される。木化した根でも直接空気に接触させれば新根が発生する。そのため、クラウン部が培養液に浸かり根が空気に接触することが少ない湛液型水耕では根腐れが発生しやすく、イチゴの栽培には適さない。現在では、イチゴの養液栽培面積はトマトのそれと肩を並べるほどに増加したが、その栽培方式のほとんどがロックウール細粒綿などを使った高設の培地耕である。ミツバ、ネギ、サラダナなどの葉菜類はそのほとんどが湛液型水耕、NFTあるいは噴霧耕で栽培されている。葉菜類では、養液栽培によって生育期間を短縮し、年間作付け回数が多くなる。周年栽培を効率よく行うためには、播種、収穫、出荷調整作業が容易であること、ものによっては根を一部つけた状態で出荷しなければならないなどの理由から、培地を使用しない湛液型水耕ないしNFTがこれら葉菜類の栽培方式として最も適している。実際の養液栽培においては、栽培方式、栽培作目、さらには栽培時期（季節）、生育ステージ、高糖度トマトのように目標とする品質によって、培養液処方は異なる場合

がある。

8. 培養液中の生育阻害要因

1）キレート鉄の過剰障害：育苗床から直接、培養液に定植した際、定植翌日から発生する葉の褐変斑点、あるいは葉の枯れ症状。移植によって起こる根いたみが原因で、培養液中のキレート鉄（NaFeEDTA）が過剰吸収することで発生する鉄過剰障害である（矢澤，1992）。本障害は、培養液に移植する前に2日間ほど培養液を含まない水に順化させる、あるいは本キレート鉄を含まない培養液に定植し、定植2日ほど後にキレート鉄を加えることで回避できる。2）原水に水道水を使用した場合の根傷みと地上部のしおれ：原水が水道水の場合、作成間もない培養液を大量に与えると根が激しくいたみ、地上部がしおれる症状。本障害は水道水中の残留塩素と肥料成分の NH_4 イオンが結合してできた物質、クロラミン（結合塩素の一種）によって引き起こされる。水道水を原水として使用した場合、培養液にアンモニアを含む処方では、チオ硫酸ナトリウムなどの還元剤投与によって残留塩素あるいは結合塩素が分解され、根いたみは完全に回避できる（Date ら，2002）。3）養液栽培したキュウリの生育と果実肥大の抑制：キュウリの養液栽培で地上部の生育が次第に減退し、果実の肥大が抑制される生育障害。栽培キュウリ自身の根から溶出した生育阻害物質が根圏あるいは培養液に蓄積して自身の生育を抑制、阻害する現象で、自家中毒と呼ばれる（浅尾，1999）。生育阻害物質が蓄積しにくいかけ流し方式では問題とならない。培養液を定期的に交換・更新すること、活性炭などでこれら物質を吸着除外することで本障害は軽減・回避できる。以上3つの事例は養液栽培における作物の健全生育・安定生産に大いに寄与したが、現在もなお原因不明の生理障害が確認されており、原因究明と軽減・回避の方策の確立が望まれている。

9. 培養液の濃度管理から量管理

培養液管理では通常、濃度に対して大変強い関心が払われ、適正濃度の設定と許容濃度の維持管理に労力が費やされている。しかし、濃度管理によらず、トマトの果実生産に必要な量の窒素を施肥することで、慣行の濃度管理と比べ明らかに少ない窒素吸収量で同等かそれ以上の収量を得られることが証明（景山，1991）されて後、過不足のない作物の成長に必要な量の養分を生育期間、日射量あるいは作物の生育状態にあわせて施与する、いわゆる「量管理」の考え方が広がり（日本養液栽培研究会，2007）、すでにマニュアル化された栽培システムもみられるようになった。例えば、根域容積わずか250ℓのDトレイと呼ばれるポットを使ったトマト養液栽培では、根域容積が小さいため少量多頻度の培養液給液が必要となる。その場合、養分吸収量についても過不足のないように、ある程度予測した吸収量をもとにした養分施用を行う培養液管理（量管理）が必要となる。

10. 養液栽培の技術的課題と展望

今後、養液栽培がわが国で普及、発展するうえで、解決が必要とされる大きな課題の1つがコスト削減である。養液栽培は栽培装置の設置に多額の経費を必要とする。市販される栽培プラントの低価格化は、企業の技術開発と経営努力に頼るところ大である。複雑な給液装置システムの簡素化は栽培装置の低価格化につながる。栽培装置の自作自家施工や安く入手できる地域の未利用資材の利用などもコスト削減につながる。生産費における肥料代の比重は大きく、肥料代を節約することも大切である。肥料コストを小さくするには

2つの方法がある。1つは安い肥料を購入することで、共同購入で海外から安い肥料を購入している生産者グループがある。もう1つは、施肥の無駄が極力少なくなる施肥効率の高い培養液管理技術を開発することである。かけ流し方式から完全循環型あるいは吸いきり方式への転換、単肥配合肥料の利用、培養液のEC（培養液全体の濃度）制御から多量要素全イオン濃度制御への転換、培養液の再利用（消毒および組成・濃度の再調整）、そして濃度管理から量管理への転換などが考えられる。イチゴNFT栽培において、慣行のEC制御に比べ、多量要素全イオン濃度制御によって明らかに収量が増加する（宇田川・橋本,1991）。慣行の培養液EC制御では、培養液の組成・濃度やpHの調節が難しくなって培養液を一部、あるは全量更新する場合があり、イオン濃度制御ではこのようなケースの肥料の無駄をなくすことができる。

環境調節機器の動作を個別に制御する従来のシステムから、それぞれの環境制御機器間で情報共有させ最も効率の良い環境制御を可能にする自律分散（ユビキタス）環境制御システムの導入は、換気扇動作、暖房、天窓・側窓開閉、カーテン開閉、培養液加温などにかかるエネルギーコストの低減につながる。最大収量と最高品質を得るための環境調節であることが前提となるのでコストダウンの効果は大きい。生産規模が大きいほど、苗生産、苗供給にかかる生産コスト、労働コストも大きくなる。生育が均一で、定植後の活着が良い無病の良質苗の安定供給は、作業性の改善、作業時間の短縮、収量・品質の向上に直結することから、人工光型の苗生産システムの導入もコストダウンにつながる。最近は、光強度、光質、日長、気温・湿度、炭酸ガス濃度、気流などが精度高く調節できる苗育成装置が広く普及し、太陽光型および人工光型植物工場の苗供給システムとして機能している。直接のコスト削減にはならないが、生産物を有利に販売し、消費者に信頼される生産者であるためには、生産者が生産物の安心・安全を保障することが必要である。養液栽培は播種から出荷までの全工程における衛生管理を高い精度で行い、記録・管理できることから、例えばGAP（適正農業規範）の導入は経営上の優位性を担保する大きな武器となる。

その他の課題としては、養液栽培用品種の育成、高温障害の回避技術の確立、環境負荷の低減（廃液の少ない培養液管理、農薬使用量の抑制、資材のリサイクルなど）などが挙げられる。サラダナ、レタスなどの葉菜類の植物工場生産では生育が早いことから、チップバーン（葉の縁枯れ）の発生が問題となる。これら葉菜類は露地栽培用の品種をそのまま養液栽培で使用していることから、カルシウムの転流効率の良い、あるいは低カルシウム耐性の強い品種育成が求められる。さらにトマトの植物工場的栽培では、さらなる省力化を図るためには、腋芽の除去を必要としない品種育成、完全単為結果性品種のさらなる育成と普及が求められる。

近年になって、夏は酷暑・猛暑の年が続き、トマト栽培では裂果を中心とした生理障害の発生が多くなっている。ただし、裂果発生の原因については、1）ハウス明け方の高湿度、2）果実表面の温度上昇、3）ハウスの高温・乾燥、4）果実への強日射、5）急激な根圏水分の変化などがあげられ、原因が特定されていない。しかし、冷房、強日照時の遮光、湿度管理、夜冷などによって裂果の発生が減少するとの報告は多い。わが国の高温期のトマト安定生産にとっては、品種選定、培養液管理はいうまでもないが、ハウスの温度、湿度、そして光強度の管理がますます重要になってきている。

オランダではロックウール耕でのトマト収量が早くに60t/10a・年間に達していた。一方で、わが国の平均収量は20～30t/10a・年間でその差は非常に大きい。オランダでは

1年1作の長期どりが可能であるのに対し、わが国では夏の高温期がトマト栽培の大きな障害となっており、抑制と半促成栽培の2作型が中心である。当然1年間に収穫できる段数も少なくなる。夏の高温を除けば必ずしも気象条件が不利でないにもかかわらず収量が低い原因としては、まず品種特性の違いがあり、オランダの品種は比較的小さな葉で、花房の受光条件がよく、しかも葉から花房への同化養分の転流効率が高い。さらに、施設内の飽差（その気温での飽和水蒸気圧に対する室中の水蒸気圧との差）の制御を行っている点も大きい。空気が乾燥、つまり施設内の水蒸気量が少ないと葉からの水分蒸散を防ぐために葉は気孔を閉じる。その結果、光合成が抑制されるため果実の生産性が低下する。わが国でも、飽差の制御によって50t/10a・年間どりに成功している。養液栽培は地下部、つまり根圏環境を制御できるところに、土耕ではなし得ない生育制御が可能になる。またそのことで土耕条件下での種々ストレスから開放され、養水吸収が促進され生育期間の短縮、収量の増加につながっている。しかし、今後は特に、地上部の光環境、湿度環境の最適化とその制御技術の確立が収量増加、品質向上にとって重要になってくる。

わが国の養液栽培の普及を図るためには、研究、開発は言うまでもなく、栽培装置の規格統一化や養液栽培技術のサポートシステムの確立など、改善すべき点が数多く残されている。

（寺林　敏＝京都府立大学大学院生命環境科学研究科）

参 考 文 献

1）浅尾俊樹（1999）：キュウリの自家中毒に関する研究，日本養液栽培研究会大会要旨，27-33
2）池田英男（2006）：養液栽培の展開，施設園芸ハンドブック，（社）日本施設園芸協会，262
3）板木利隆（1970）：れき耕設備の構造と改善の問題点，野菜の養液栽培，誠文堂新光社，66-70
4）宇田川雄二・橋本全史（1991）：培養液制御法を異にした NFT イチゴ'女峰'の無機成分含有率，生育及び収量に及ぼす影響，園芸学会雑誌60，別冊2，292-293
5）景山詳弘（1991）：培養液の窒素濃度が水耕トマトの窒素吸収量と生育並びに収量に及ぼす影響。園芸学会雑誌60，583-592
6）橘　昌司（1988）：水耕トマトの尻腐れ果発生率に及ぼす通気制限時間帯の影響，園芸学会発表要旨春季，269-299
7）Date,S., S.Terabayashi, K.Matsui, T.Namiki and Y.Fujime. (2002): Induction of root browning by chloramine in Lactuca sativa L. grown in hydroponics, J.Japan.Soc.Hort.Sci., 71, 485-489
8）日本養液栽培研究会編(2007)：培養液の量的管理，ハイドロポニックス第20巻第2号，65-76
9）日本養液栽培研究会編（2005）：果樹の養液栽培の最新トピックス，ハイドロポニックス第19巻第1号，30-42
10）堀　裕（1966）：蔬菜・花卉のれき耕栽培，養賢堂，73
11）矢澤進・佐藤隆徳・並木隆和（1992）：水耕栽培でのキレート鉄施用によるトウガラシの生理障害の発現，園芸学会雑誌60，905-913
12）社団法人日本施設園芸協会（1996）：最新養液栽培の手引き，誠文堂新光社
13）社団法人日本施設園芸協会（2002）：養液栽培の新マニュアル，誠文堂新光社
14）社団法人日本施設園芸協会・日本養液栽培研究会共編（2012）：養液栽培のすべて－植物工場を支える基本技術－，誠文堂新光社
15）山崎肯哉（1982）：養液栽培全編，博友社

第2章　培養液の種類と管理

1. 培養液

養液栽培では「培養液」によって植物に水と成長に必要な無機養分を供給する。培養液は、次のような条件を備えている必要がある。
① 作物の生育に必要な元素をすべて含む、
② それらが根から吸収されやすいイオンの状態で含まれる、
③ 各イオンの濃度や比率が適当で総イオン濃度も適切である、
④ DFTなどの水耕では根の呼吸に必要な酸素を十分に含んでいる、
⑤ 作物に有害な物質を含まない、
⑥ pHが5.5～6.5程度になる、
⑦ 少ない種類の安価な肥料塩で作成できる、
⑧ 栽培を続けても濃度やイオンの比率、pHなどが大きく変化しない。

つまり、培養液とは作物の養水分吸収や生育にとって最適となるようにていねいに設計された液肥ということができるが、水と養分だけでなく、根の呼吸に必要な酸素を供給し、さらに根から排出される老廃物を除去したり、根圏微生物の活動に関連したりもする。その一方で、根腐病などの病害の伝染経路になることもある。

養液栽培で作物をうまく生育させて高収量あるいは高品質な生産物を得られるかどうかは、地上部と地下部の環境管理とともに、使用する培養液の組成や濃度をどう調整するか、培養液をどの程度の量と頻度で施用するかなどが決定的な要因になる。そのため養液栽培では、栽培する作物の種類や栽培システム、生育のステージ、栽培時期（季節）、培養液がかけ流し式か循環式か、培地の有無、培地を使う場合はその種類などにより、様々な種類の培養液が用いられる。また作物の収量や収穫物の品質なども、培養液管理の仕方によってかなりの程度調節できる。したがって、養液栽培において培養液は最も重要なものと言えるが、端的には栽培システムや栽培の目的に応じて、培養液の組成、濃度を変更するだけであり、その基本的原理に大差はない。

2. 培養液処方と組成

植物が健全に成長して生活環を全うするには17種類の元素（炭素C、水素H、酸素O、窒素N、リンP、カリウムK、カルシウムCa、マグネシウムMg、硫黄S、鉄Fe、ホウ素B、マンガンMn、亜鉛Zn、銅Cu、モリブデンMo、塩素Cl、ニッケルNi）が必要であるが、C、H、Oは二酸化炭素や水として供給され、ClとNiは自然界から供給される量で十分なので、養液栽培ではその他の12元素を培養液に添加して、植物に吸収させる必要がある。

培養液に添加する元素のうち、植物の要求量が比較的多いN、P、K、Ca、Mg、Sを多量要素、比較的少ないFe、B、Mn、Zn、Cu、Moを微量要素と呼ぶ。多量要素と微量要素では、培養液中での適正な濃度が大きく異なるので、培養液を作成する際には、両者を分けて考えるのが一般的である。

培養液の「組成」とは、「培養液中のそれぞれの無機養分濃度と比率」という意味で使われることが多い。そして、組成が作物の生

育に好適となるように設計されたものが培養液処方である。培養液処方を決定するための方法は2つに大別できる。1つは、植物中での元素の存在比率を求め、同じ比率で養分を含む培養液を様々な濃度で作成し、実際に栽培試験を行って収量や生育が最大となる濃度を選択するものである。園試処方がこの代表的なものである。本来はキュウリのれき耕用に作られたが、汎用性が高く、多くの作物に利用されている。もう1つは、作物の養分吸収量を減水量で割って得られた、みかけの養分吸収濃度（n/w）をそれぞれの養分の培養液中濃度とする方法である。培養液中の養分濃度が植物の吸収濃度と一致するので、栽培中の培養液組成が変化しにくいとされる。これまでに考案されてきた多種多様な培養液処方のうち、代表的なものを表―1に示す。また、多量要素だけでなく、微量要素についてもいくつかの処方が考案されている（表―2）。

3．培養液濃度の表し方

培養液中の多量要素濃度を示す単位としては「ppm」や「mmol/ℓ」などもあるが、わが国では「me/ℓ」（等量濃度）が一般的に使われる。「me/ℓ」は電気量を表す濃度単位と考えることができる。「me/ℓ」を使うのは、無機養分がイオンの形で吸収されることや、ECが溶液中の電気量と密接に関係すること、1つの肥料塩分子から生じるイオンの正と負の電気量が必ず一致するので、培養液の設計や計算に便利なことなどが理由である。これらの単位は、表―3に示した係数を使うことで容易に換算ができる。一方、微量要素については「ppm」を用いるのが一般的である。

培養液作成に用いる肥料塩は、水に溶けるとすべて正と負のイオンに電離する。培養液中のイオン量と電気の通りやすさは比例関係にあるので、培養液全体の濃度の目安として電気伝導度（Electric conductivity：EC）が広く用いられる。すなわち、培養液濃度が高いほどEC値も大きくなる。ECは一般的に「dS/m」で表される。EC値は各種イオンの等量導電率から理論値を計算することができるが、理論値は実測値と異なる場合が多い。培養液ECの実測値は、培養液中多量要素の陽イオンあるいは陰イオンのme/ℓを合計して10で割った値に近くなる。

培養液のECは作物の種類や生育ステージ、栽培時期などによって調整する。

表―1　代表的な培養液処方の多量要素組成

培養液処方		標準濃度における組成（me/ℓ）					
		NO$_3$-N	NH$_4$-N	PO$_4$-P	K	Ca	Mg
園試処方		16	1.3	4	8	8	4
山崎処方	トマト	7	0.7	2	4	3	2
	キュウリ	13	1	3	6	7	4
	メロン	13	1.3	4	6	7	3
	イチゴ	5	0.5	1.5	3	2	1
	ピーマン	9	0.8	0.8	6	1.5	0.8
	レタス	6	0.5	1.5	4	2	1
	ナス	10	1	3	7	3	2
	ミツバ	8	0.7	2	4	4	2
大塚ハウスA処方		16.6	1.6	5.1	7.6	8.2	3.7
ホーグランド処方		14	1	3	6	8	4

表―2　代表的な微量要素組成

処方		標準濃度における組成（ppm）					
		Fe	B	Mn	Cu	Zn	Mo
園試処方		3	0.5	0.5	0.02	0.05	0.01
大塚ハウス	5号	2.85	0.32	0.77	0.04	0.02	0.02
	トマト	2.25	0.33	0.58	0.03	0.09	0.03
	バラ	2.11	0.23	0.57	0.015	0.044	0.15
愛知園研	バラ	2	0.25	0.5	0.05	0.2	0.05
	カーネーション	1.5	0.3	0.5	0.05	0.2	0.05

表—3　肥料成分の単位換算係数

元素 酸化物 イオン	N — NO_3^-, NH_4^+	P P_2O_5 PO_4^{3-}	K K_2O K^+	Ca CaO Ca^{2+}	Mg MgO Mg^{2+}	S SO_4 SO_4^{2-}
①元素 (mg) →酸化物 (mg)	—	×2.295	×1.205	×1.399	×1.658	×3.003
②酸化物 (mg) →元素 (mg)	—	×0.437	×0.830	×0.715	×0.603	×0.334
③元素 (mg) →イオン (me)	÷14.0	÷10.3	÷39.1	÷20.0	÷12.1	÷16.0
④酸化物 (mg) →イオン (me)	×0.0714	×0.0423	×0.0212	×0.0357	×0.0498	×0.0208
⑤イオン (me) →元素 (mg)	×14.0	×10.3	×39.1	×20.0	×12.2	×16.0
⑥元素 (mg) →元素 (mmol)	÷14.0	÷31.0	÷39.1	÷40.1	÷24.3	÷32.1
⑦元素 (mmol) →元素 (me)	×1	×3	×1	×2	×2	×2

一般に，夏季や育苗時は低くし，冬季や作物の成長が進んだ後には高くする。また，栽培ベッド内のECが上昇傾向なら給液ECを下げ，下降傾向なら上げる。しかし，ECは総イオン濃度を示すので，EC値から個々のイオンの濃度を知ることはできない。つまり，循環式の栽培システムでは，栽培当初とEC値は同じでも，組成が変わってしまっている可能性があるので，一定期間ごとに培養液の成分分析を行うことが必要となる。

4．培養液の作成

培養液を作成するために使用する多量要素肥料は，主として硝酸カリウムKNO₃，硝酸カルシウムCa(NO₃)₂・4H₂O，第1リン酸アンモニウム（リン酸2水素アンモニウム）NH₄H₂PO₄，硫酸マグネシウムMgSO₄・7H₂Oである。表—4に代表的な培養液処方の多量要素調製法を示した。これらをあらかじめ配合した肥料も市販されているが，できれば単肥を配合して培養液を調製することが望ましい。これは，原水の水質や作物を考慮した処方を作成すれば培養液組成の変動を小さくでき，培養液の更新間隔を格段に伸ばせることや，単肥の配合によって肥料コストを下げられるからである。

実際の栽培では，表に示した濃度の100倍程度濃厚に肥料を溶かした原液をまとめて作成しておき，使用する際に設定EC値を目安として希釈する。また，濃厚な原液は2液に分けて作成，貯蔵する。濃厚な原液の状態でカルシウムイオンと硫酸イオンやリン酸イオンを混合すると，難溶性の塩が生じて沈殿してしまうためである。

また，表—5には園試処方の微量要素濃厚液調整法を示した。微量要素の中で最も多く施肥する必要がある鉄Feは，これまで3ppm程度が標準とされてきたが，これは沈殿しやすく，頻繁に培養液に加えて濃度を維

表—4　代表的な培養液処方の多量要素調整法

処方	使用する肥料と量 (mg/ℓ)			
	KNO₃	Ca(NO₃)₂ ・4H₂O	NH₄H₂PO₄	MgSO₄ ・7H₂O
園試	808	944	152	492
山崎　トマト	404	354	76	246
キュウリ	606	826	114	492
メロン	606	826	152	369
イチゴ	303	236	57	123
ピーマン	606	354	95	185
レタス	404	236	57	123
ナス	707	354	114	246
ミツバ	404	472	76	246
ホーグランド処方	606	944	114	492

表—5　微量要素（園試処方）3,000倍液を作成するのに必要な肥料と量 (g/ℓ)

使用する肥料と量 (g/ℓ)				
Fe-EDTA	H₃BO₃	MnCl₂ ・4H₂O	ZnSO₄ ・7H₂O	CuSO₄ ・5H₂O	Na₂MoO₄ ・2H₂O
70.8	8.6	5.4	0.67	0.23	0.07

注）1．塩の溶解度の関係で3,000倍が限度（これ以上の濃度では，時間が経つと析出してくる）
　　2．直射日光に当てないよう褐色瓶などで保存する

持する必要がある硫酸鉄やクエン酸鉄の使用が前提だったためである。現在一般的に用いられているキレート鉄（Fe-EDTA）は、比較的安定した鉄源であるため、実際には1ppm 程度でよいと考えられる。

5. 培養液のpHと養分吸収

pHとは水素イオン濃度の対数値の逆数で、単位はなく、7が中性、それより数値が小さければ酸性、大きければアルカリ性である。培養液のpHは培養液中の養分の有効性やイオンの形態、溶解度などに影響する。例えば、pHが高くなると、Fe-EDTAの安定性が低くなる、PとCaが結合して沈殿しやすくなるなどの影響がある。また、pHが低くなるとMnの有効性が高まり、過剰症が発生しやすくなる。培養液のpHは一般に5.5〜6.5で管理するのがよいとされるが、ミツバやネギではPやCaの有効性を高めるために、4.5〜5.5程度で管理するのがよいとされる。

培養液のpHは作物の養分吸収、根の状態などで変化する。pHの調整にはリン酸や硝酸、水酸化カリウムなどが多く用いられる。手動で調整するにしても自動でするにしても、培養液のpHを測定してから酸やアルカリを加えるが、システム内の培養液に酸やアルカリが十分に混和してpHが一定になるまでにはかなりの時間がかかる。また、pH電極は頻繁に校正とメンテナンスを行う必要があるので、自動調整の場合は機構のミスが生じないように細心の注意を払う必要がある。また、頻繁なpH調整は、酸やアルカリに含まれる肥料成分を頻繁に添加するという側面も持つため、近年では、pHによる生育などへの悪影響が特になければ、無理に調整しなくてもよいという考え方もある。

培養液の作成時に、同じ肥料の濃厚液を使っても、原水の種類によっては、できあがった培養液のpHが異なることがある。この原因は原水の重炭酸（HCO_3^-）濃度の違いによるものである。重炭酸自体は培養液のpHを高め、多すぎる場合は微量要素の沈殿の原因になる。また、重炭酸はpHに対する緩衝作用が大きいため、重炭酸が多い原水は酸を添加してもpHが低下しにくい。そのため、pH調整に多量の酸が必要となる。一方、少ないと培養液pHの変動が大きくなってしまう。原水の重炭酸濃度は30〜50ppmがよいとされる。原水の重炭酸が多い場合は、適正濃度に減少させるだけの酸（硝酸、リン酸）を濃厚原液にあらかじめ添加しておく。ただし、酸の量が多い場合は、添加されるNやP濃度に応じた処方の修正が必要である（表−6）。一方、重炭酸が低すぎる場合は重炭酸カリ（$KHCO_3$）を加える。

6. 培養液中の窒素形態

養液栽培における主要な窒素源は硝酸態窒素（NO_3^-）である。NO_3^-は作物の細胞中でアンモニア態窒素（NH_4^+）に還元された後に、アミノ酸に代謝される。NO_3^-をNH_4^+に還元する酵素の活性は光の強さに影響を受け、光が弱いと活性が低くなる。そのため、弱光となる冬季は、培養液中のNH_4^+の比率を増やすと生育促進や葉色改善に効果的である。また、NH_4^+には生育促進などの効果以

表−6 酸の種類と重炭酸低下量および養分添加量

	濃度(%)	重炭酸低下量[*] (ppm)	養分添加量[**]	
			(ppm)	(me/ℓ)
硝酸	61	810	186.3	13.3
	65	876	200.2	14.3
	67.5	916	210	15
	70	958	218.6	15.6
リン酸	37	282	143	13.9
	75	738	374.5	36.4
	85	892	454.6	44.1
	90	978	497	48.3

注）1. [*] 1tの原水に1ℓの酸を加えたときの低下量
2. [**] NO_3-N または PO_4-P としての濃度

外にも、少量であれば培養液 pH を安定させる、葉菜類の葉中 NO_3^- 濃度を低下させるなどの効果も期待できるため、作物の窒素同化速度に見合った NH_4^+ 供給を行うことで利用場面は増加すると考えられる。しかしながら、過度の NH_4^+ の施用は Ca の吸収阻害や、アミノ酸代謝の異常による生育阻害などにつながる。例えば他の環境要因が生育に最適化された人工光型植物工場での葉菜類生産では、生育後期に NH_4^+ 供給を行うと、さらなる生育促進と Ca の吸収抑制によってチップバーン発生を促進してしまう可能性もある。したがって、作物の種類、環境条件などに応じた適切な利用が必要である。

7. 濃度管理と量管理

これまでに考案された培養液処方は、その使用に当たり、EC を目安にした濃度管理、または個々のイオンの濃度管理を前提にしている場合がほとんどである。この場合、実際に作物が利用できる養分量は、システム内の培養液量に依存する。また、一般的に NO_3^-、$H_2PO_4^-$、K^+ といったイオンは、他のイオンに比べて吸収速度が大きいため、培養液を濃度管理すると、作物は結果的にこれら養分を多量に吸収することになる。しかしながら、作物の収量は養分吸収量がある一定量を超えると頭打ちになってしまう場合が多い。これがいわゆる「ぜいたく吸収」である。

「量管理」は、作物への養分供給を、濃度ではなく量で考える培養液管理法である。量管理では、生育中に作物が必要とする養分の量をあらかじめ求めておき、肥料を毎週あるいは 2 週間に 1 度という頻度で、培養液タンクに投入する。この場合、培養液中の養分の濃度は大きく変動するが、作物は広い濃度範囲で一定の養分吸収速度を保つため、濃度変化による作物への悪影響は生じない。量管理にはさらに、余分な施肥を減らして肥料コストを低減できる、肥料の投入前には培養液中の養分濃度がほぼゼロになるので、培養液を廃棄しても環境への負荷が小さいなどのメリットもある。

しかしながら、量管理を広く実用化するには、さらなるデータの蓄積や、肥料投入の自動化などに関する検討が必要である。また、P や K は果実の糖度や酸度に影響するとされるため、品質に与える影響については検討の余地がある。

(塚越　覚＝千葉大学環境健康フィールド科学センター)

参 考 文 献

1) 日本施設園芸協会・日本養液栽培研究会 (2012): 養液栽培のすべて, 誠文堂新光社, 54-93
2) 日本施設園芸協会 (2003): 五訂施設園芸ハンドブック, 274-278
3) 篠原　温編著 (2014):野菜園芸学の基礎, 農文協, 128-132

第3章　培地の種類とその特徴

1. 固形培地の意味

　養液栽培で用いられる固形培地の種類は様々であるが、共通しているのは固形物であるため培養液を供給すると「固相」、「液相」および「気相」、すなわち「三相分布」ができることである（第Ⅳ部第7章参照）。これに加えて親水性（撥水性）といった性質、粒径や密度などによって生じる保水性や通気性などの特性も含めて、これらは「物理性」として規定される。根への酸素供給という点では、湛液式水耕栽培では培養液中の溶存酸素のみに依存するのに対し、固形培地耕では気相中の酸素を直接利用できる。また、三相の存在ゆえに給液量ならびに給液頻度を制御して培地水分を調節し、乾燥ストレスを与えるという技術も利用できる。その他、根圏温度の変動に比較的強い、植物が固形培地中に根を張るので株元が安定するなどの特徴がある。以上のように、固形培地耕における根圏環境は土耕と比較的近いと言え、固形培地を利用する目的は第一義的にはこのような物理性に起因する利点を期待するものであろう。

　一方、「化学性」や「生物性」についても特に有機培地で考慮しなければならない。培地における物理性、化学性および生物性は培地の種類とは大きく異なるので、使用する固形培地の特性を理解したうえで選択し、それに対応した培養液管理をしなければならない。

2. 固形培地が具備すべき特性

1) 物理性

　物理性として重要なのは先述の通り、固相・液相および気相の三相分布と保水性や通気性である。一般的に固形培地として望ましい性質としては、①孔隙率（固相以外の比率）が60～95％と高く、pF 1～2の範囲でも十分な気相を有し、pF 1

表―1　各種固形培地資材の孔隙率および水分張力–1kPa時の水分含有率ならびに気相率

資材	孔隙率（％）	水分張力–1kPaにおける水分含有率（％）	左記の時の気相率（％）
ロックウール	96.7	81.8	14.9
パーライト	96.4	34.6	61.8
ピートモス	95.2	57.3	37.9
砂	38.3	31.7	6.6
礫	42.2	6.4	36.8

注．Lemarie (1995) のデータより作表

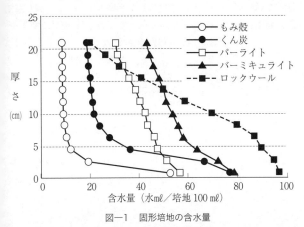

図―1　固形培地の含水量

における含空気孔隙率が18〜23％であること、②保水性、通気性がよく、排水性も優れること、③水が均一にかつ容易に拡散すること、④植物が利用できる有効水分を十分に保持できること、⑤均質で特性が長期間安定していること、などが挙げられる。

培地の物理性については培地の水分状態や厚さを考慮して三相分布や保水性を評価する必要がある。表－1に各種固形培地資材の孔隙率および水分張力－1 kPa（≒pF1.0）時の水分含有率ならびに気相率の差異を示した。これによると、ロックウールとパーライトは孔隙率は同様であるがロックウールの方が含水率は高く、保水力が大きいといえる。ピートモスはロックウールとパーライトの中間的な値を取る。一方、固形培地中に保持された培養液は重力の影響を受けるので、同じ培地であっても厚さによって含水率が異なる。図－1は固形培地の種類による厚さと含水量の関係の差異を示したものである。ロックウールでは7 cm程度の厚さを超えると急激に上部の含水率が低下し、培地全体の含水率が低下する。一方、バーミキュライトやパーライトでは厚さの増加に対する含水率の低下は穏やかで、厚さを増しても上部における含水率の低下はそれほど急激には発生せず、下部に比較的近い含水率を維持するものと考えられる。くん炭やもみ殻は含水率の急激な低下はほぼ底面直上から高さ5 cmの間で発生する。

2）化学性

固形培地の化学性は培地の種類で大きく異なり、特に有機培地では注意を払う必要がある。培地の化学性で望ましい性質として、①培地が弱酸性であり、培養液のpHを適正に保つことができること、②塩類、毒物、重金属などがふくまれないこと、③CEC（陽イオン交換容量）やリン酸吸収係数が小さく、養分の吸着や溶出が少ないこと、などが挙げられる。

表－2はpH 6の培養液を培地に給液し、24時間後に採取し分析したものである。ロックウールやパーライトなどCECが低い培地では、ロックウールがpHを上昇させるものの、無機養分の吸着や溶出がほとんどないのに対して、CECが最も大きいピートモスではP、KおよびCaを吸着し、Mgを溶出し、pHを低下させる。一方、CECがやや高いくん炭はCaを吸着しKを溶出して、pHを上昇させる。バーミキュライトはKを吸着し、Caを溶出する。もみ殻はCaを吸着して、P、K、Mgを溶出し、pHを低下させる。

3）生物性

生物性は無機培地ではほとんど注意を払う必要はないが、有機培地については生物的安定度を考慮しておく必要がある。培地の生物性で望ましい性質としては、①雑草の種子や病原性微生物が含まれないこと、②C/N比が高く、分解しにくいこと（窒素の取り込みがないこと）、③有機物の分解による無機態窒素の急激な放出がないこと、④植物由来のタンニンやフェノール類などを含まないこと、などが挙げられる。

表－2　各種培地の化学的特性*

	pH	P	K	Ca	Mg	CEC
培養液（対照）	6.00	52.2 ppm	332 ppm	137 ppm	53.1 ppm	(me/100g)
くん炭	7.28	64.5	783	75	51.8	22.25
パーライト	6.19	52.6	308	137	52.9	2.24
バーミキュライト	6.35	35.5	83	305	63.3	19.02
ロックウール	7.01	34.5	321	180	54.8	1.65
ピートモス	3.83	22.1	212	87	90.2	95.14
もみ殻（生）	5.74	88.8	779	94	83	15.27
山土	6.19	tr **	30	232	79.1	7.82

注）1. ＊pH6.0の培養液を各培地に施与し、24時間後に採取して無機要素濃度を測定。CECは定法によって測定した
　　2. ＊＊こん（痕）跡程度

3．各種固形培地の特性

1）ロックウール

ロックウールは、玄武岩あるいは輝緑岩や鉄鉱石から鉄を取り除いた鉱さいやケイ石などを混合して高温で融解した後、太さ3〜6μmの繊維状にしたものである。成型されたものには、育苗用の2.5cm角〜10cm角のキューブと定植用の幅10〜30cm、長さ90〜120cm、高さ5〜10cmのマット状のスラブがある。また粒状にした粒状綿と呼ばれるものもあり、育苗や定植用の培地として利用される。ロックウールの固相率は約4％、孔隙率は約96％であり、好適な液相率と気相率のバランスを得ることができる。ロックウールは湿った状態では水分の横方向への移動は容易であるが、乾燥状態では水は下へ移動して、横方向へは拡散しないので、使用する前には十分に飽水させる。また、いったん乾燥すると水みちができてしまい保水性が低下する。加えて、ロックウールの許容含水率（最終的に培地が保持することができる含水率）は初期含水率に依存し、給液量が植物による給水量を下回ったときには培地の含水量が低下し、その後給液しても元の含水量には戻らないなどの特徴があり、培地の乾燥には注意を要する。化学的には一般に不活性で、CECもきわめて低いが、若干のCaを若干溶出し、pHが7.0〜7.5と弱アルカリ性を示す。またpHが4.0を下回るほど低下すると、培地からAlが溶出する可能性がある。

人工的に製造されたロックウールと天然に産出する鉱物繊維のアスベストが混同される場合があるが、ロックウールの繊維はアスベストよりも直径が数十〜数百倍太く、呼吸器には入りにくい。またアスベストは「発がん性あり」に分類されているのに対し、ロックウールは「発がん性に分類できない」とされており、まったく異なる資材である。

2）れき（礫）

わが国で最初に行われた養液栽培で使用された培地である。粒径は5〜15mmで含水率は8〜10％と低く、給液回数を多くする必要がある。残根処理などの問題により利用は少なくなってきている。現在では重量や含水率の問題が低減された多孔質の火山れきが使用されるようになっている。

3）砂

比較的細かい粒径のものではれきと比較して保水力は高く、孔隙率が30〜40％となる。砂から微量要素やCaおよびMgが供給されることから、培養液は基本的にN、P、Kを含むものでよい。また、窒素原として尿素を使用することもできる。通常、かけ流し式で使用されるが、塩類が培地表面に蓄積しやすく、定期的な培地洗浄が必要となる。

4）粒状セラミック

粘土を高温（1,100℃）で粒径1〜3mm焼成したもので、多孔質であり、保水性は弱い。静岡県で開発された土壌焼成多孔体の場合、Kを吸着し、Ca、Mg、FeおよびMnを溶出する傾向がある。

5）もみ殻くん炭

イネのもみ殻を焼成したもので、通気性がよく保水性が高い。Kを多く含むのでKの溶出に注意が必要である。また、培養液のpHが高くなる傾向がある。

6）ピート

ミズゴケが堆肥化したものをピートモス、カヤが堆肥化したものをピートと呼ぶ。培地が軽く細かい粒子状であるため、ポリシートで作成したハンモック構造やビニル製のバッグ、発泡スチロール製の栽培槽に充填するな

ど様々な装置が作成可能である。ピートモスは孔隙率が約95％と高く、保水性も高いがそれゆえ過湿になりやすく、これを改善するために培地を通気性のある透水性シートで包んだり、パーライトやロックウール細粒綿などを混合するなどする。一方、乾燥すると撥水性を示すので使用前には飽水処理を行う。ピートはCECが高く、P、K、Caなど種々の養分を吸着する。また表—2のようにpHが低く、pH未調整のピートを使用する場合には、使用前に炭酸カルシウムや水酸化カルシウムなどでpHの調整を行う必要がある。

7）ヤシ殻

ロックウールの代替培地として考案されたものである。使用法もロックウールと同様の使用法を前提として、繊維が細かいダスト状のココピートとやや荒いヤシ殻チップが存在し、これらをマット状に成型したものもある。ヤシ殻チップは通気性がよく過湿にはなりにくいが、ココピートは保水性が高く、過湿になりやすい。C/N比が高く分解されにくいので、運用が可能である。CECはピートモスよりも高く、Kを溶出し、Caを吸着する。また塩分を含む場合があり、NaClが溶出する可能性があるので使用前には十分なあく抜きをする必要がある。pHは約5.5～6.0でやや低いか良好である。

8）樹皮

スギやヒノキの樹皮を細かく砕いて加工したものである。抗菌物質を含むため、微生物による分解を受けにくい。気相率が約50％と高く、透水性、通気性に優れるが、液相率は約30％で保水性は低い。そのため、パーライトなどを混合することにより気相率を下げて液相率を高めた状態にして使用する

る場合がある。また乾燥すると撥水性を持つために、使用前には十分飽水させる必要がある。CECはヤシ殻よりもさらに高く、養分の吸着には注意が必要である。

9）もみ殻

わが国では入手しやすい培地である。液相率は低く、気相率が高い。そのままでは撥水性があるので、数日間飽水させたり界面活性剤を処理するなどの措置を行う。pHは約5.5～6.0でやや低いか良好であるが、Kを溶出する。C/N率が高いため、Nを取り込みながら発酵する場合がある。

4．固形培地の種類に合わせた培養液管理

固形培地耕では培養液はマイクロチューブや給液チューブなどを用いた点滴給液などの方法で与えられる。安定して良好な作物の生育、収量、品質を得るには、培地の種類により好適な養分濃度を考える必要がある。その際には培地のCECやリン酸吸収係数、沈殿による固定、培地中に含まれる肥料成分など、培地の化学性を考慮することが重要となる。表—3で示した各培地でのバラ栽培における養液管理の目安のように、培地によって培養液の管理の目標は大きく異なる。また近年では、静岡県を中心として普及が始まっている培地量250mℓのプラスチック製連結ポット「Dトレイ」によるトマト栽培に代表されるように、極少量培地として少量多頻度給液を行うことにより、培地内の培養液組成をより

表—3 培地の種類とバラの養液管理の目安（加藤）

培地の種類	好適給液EC (dS/m)	目標根圏EC (dS/m)	目標根圏含水率（％）	塩類集積のしやすさ
湛液水耕	2.0	2.5～3.0	100	
ロックウール	1.5	1.8～2.2	80～95	普通
粒状フェノール樹脂	0.8	0.5～1.0	40～60	〃
ミックスピート	1.0	1.4～1.6	40～70	ややしやすい
ヤシ殻	1.0	0.8～1.2	30～70	〃
ニータン	0.7	0.6～1.0	30～60	しやすい
砂	0.8	0.8～1.2	20～40	〃

厳密に管理する方法が開発されている。

固形培地耕における培養液の施与法には、廃液を回収せず捨て去る非循環式（かけ流し式）と廃液を回収して再利用する循環式がある。非循環式では常に新しい培養液が供給されるため、培地内の養分組成を好適に保ちやすく、土壌伝染性病害が広がりにくいというメリットはあるものの、給液量の約20～30％が廃液として排出されるため、環境汚染につながるとして循環式への移行が進められている。循環式で培養液を再利用する際には、培養液組成の補正が必要で、また病害の拡大を抑えるための培養液の殺菌装置を必要とする場合がある。特に樹皮培地やもみ殻など有機培地を使用する場合には、培地の分解に伴いフェノール類やタンニン、有機酸などの物質が生成して培養液中に蓄積し、植物体の生育を阻害し、収量を低下させたり、生理障害を発生させたりする可能性がある。これに対して、もみ殻培地を利用した養液栽培では、酸化チタンの光触媒作用によりこれらの物質を分解・除去する方法が考案されている。

5．使用済み培地の処理

使用済み培地の処理で問題になるのはロックウールである。ロックウールの主成分の一つはケイ酸なので、かつては使用済みロックウールを粉砕して水田にすき込むなどの処理がなされてきたが、施設の大規模化や長年の栽培により使用済みロックウールが多量に蓄積するようになると、処理しきれなくなる。したがって、回収・リサイクルの構造を構築することが必要となる。国産ロックウールについては製造販売業者が平成23年夏に環境省の産業廃棄物広域再生処理の認可を取得し、製造販売量の9割以上を回収・再生することができるリサイクル体制を整えた。生産者は培地を包んでいるファイルやラッピングベッドのポリ袋を除去し、袋詰めして再処理工場へ送る。リサイクルには運賃と処理費用が発生し、生産者が負担しなければならない。海外製のロックウールに関しては平成26年10月現在、日本の取り扱い会社でのリサイクルの受け入れは停止されている。したがって、「廃棄物の処理及び清掃に関する法律」に従って「産業廃棄物」として処理し、この場合も生産者が処理費用を負担する。

その他の培地については粒状フェノール樹脂や粒状ポリエステルなどの有機合成培地以外の培地は土壌に混合したり、鉢物の培地素材として利用することができる。

(伊達修一＝京都府立大学大学院生命環境科学研究科)

参 考 文 献

1) 池田英男（2003）：養液栽培の展開，五訂施設園芸ハンドブック，日本施設園芸協会，258-273
2) 加藤俊博（2002）：培地の種類・特性，養液栽培の新マニュアル，日本施設園芸協会編，誠文堂新光社，13-26
3) 加藤俊博（2003）：培地・培養液処理と有効利用，五訂施設園芸ハンドブック，日本施設園芸協会，279-282
4) Lemaire,F.(1995)：Physical, chemical and biological properties of growing medium, Acta Horticulturae, 396, 273-284
5) 和田光生（2012）：3．固形培地耕（無機培地）・4．固形培地耕（有機培地），養液栽培の全て，日本施設園芸協会・日本養液栽培研究会供編，誠文堂新光社，27-44
6) 伊達修一（2012）：培地の種類にあった培養液管理・給液管理，養液栽培のすべて，日本施設園芸協会・日本養液栽培研究会供編，誠文堂新光社，102-105
7) 塚越 覚（2012）：固形培地の種類・特性，養液栽培のすべて，日本施設園芸協会・日本養液栽培研究会供編，誠文堂新光社，139-150
8) 礒崎真英（2012）：使用済みロックウールのリサイクルと処理，養液栽培のすべて，日本施設園芸協会・日本養液栽培研究会供編，誠文堂新光社，322-323
9) 北島滋宣（2011）：栽培用ロックウールのリサイクルについて，ハイドロポニックス，2（1），34-35
10) 深山陽子（2009）：循環式養液栽培における光触媒を用いた培養液浄化システム，農業機械学会誌，71（6），9-14

第4章 養液土耕栽培

1. 養液土耕栽培とは

養液土耕栽培とは、土壌を培地とし、基肥を施用せず、肥料成分が含まれている水（液肥）を作物の生育に合わせて与えながら栽培する方法であり、灌水同時施肥栽培ともいう。点滴チューブを利用した給液が基本であり、養水分を少量ずつ多頻度に分けて与えながら、土壌中の養水分状態を制御する。また、養液土耕栽培では栽培前後および栽培期間中、定期的に土壌診断ならび栄養診断を行い、根域における養分の過不足を可能な限り少なくすることを目指す。対象は土耕栽培であるが、隔離ベッドや高設ベンチで、培地に土壌を用いている場合は、この範疇に加えることも可能である（六本木・加藤,2000・青木ら,2001）。

2. 養液土耕栽培の特徴

養液土耕栽培は養水分管理の面では養液栽培とほとんど同様であるが、培地として土壌を使用することによって差が生じる。養液栽培に比べて培地の導入コストが不要で設備の低コスト化が可能である。しかし、隔離栽培など培地が少量の栽培を除いては培養土の更新は困難である。土壌の物理・化学性や微生物相を適切な状態に維持するために必要となる堆肥など有機物資材や土壌改良資材の施用および土壌消毒などは土耕栽培と同様に行う場合がある。また、微量元素の多くは土壌に含まれているため、主に多量5元素（N、P、K、Ca、Mg）を中心とした施肥管理を行う。

また、養液栽培が停電やシステムの故障によるリスクが大きいのに対して、土壌の緩衝能が大きい養液土耕栽培ではその点のリスクが少ない。このように、養液土耕栽培は、土壌の緩衝能を活用しながら、養液栽培の利点を生かした栽培と言える。

3. 養液土耕栽培の利点

1）灌水、施肥の省力化が図れる

表—1に、抑制キュウリ栽培における灌水ならびに施肥の労働時間を示す。従来の土耕栽培では1作期間中を通して49時間要していたものが、養液土耕栽培ではわずかに6時間に激減している。養液土耕栽培の場合、液肥の自動給液によって灌水と施肥を兼ねるため、養液栽培と同様に灌水および施肥（基肥、追肥）に多大な労力をかける必要がない。このように、養液土耕栽培の最大の利点は、灌水ならびに施肥の省力化が図れる点である。

表—1 抑制キュウリ栽培における灌水ならびに施肥の作業時間 （時間/10a）

栽培法	耕起基肥施用	灌水	追肥	総計
養液土耕栽培	1.0	0	5.0	6.0
土耕	4.0	33.0	12.0	49.0

注）香川県綾歌地域農業改良普及センター・JA綾歌南部調べ

2）施肥量の削減が可能となる

養液土耕栽培の第2の利点として、施肥量の削減があげられる。作型や土壌条件によって施肥削減効果は様々であるが、慣行の土耕栽培より少ない施肥量でも同等あるいはそれ以上の収量が可能という報告は数多い。

表—2 農家栽培における養液土耕栽培の減肥効果

地域	試験区	品目	品種	窒素施用量 (kg/10a)	減肥率 (%)	収穫期間 (月)	収量 (kg/10a)
群馬県館林市	慣行	キュウリ	シャープ1	90.8		2〜6	19.1
	養液土耕			55.3	39.1		19.7
徳島県鴨島町	慣行	ナス	千両1号	141.5		10〜6	14.2
	養液土耕			104.9	25.9		14.4
徳島県徳島市	慣行	トマト	ほまれ114	46.1		2〜6	14.6
	養液土耕			29.2	36.7		16.1
香川県観音寺市	慣行	セルリー	コーネル613	115.8		3	5.6
	養液土耕			46.2	60.1		7.3

注) 大塚化学(株)調べ

表—3 養液土耕栽培がハクサイおよびナスの無機要素含量ならびにN利用率に及ぼす影響 (安, 2009)

	処理区	無機要素含量 (g/株)					N利用率 (%)
		N	P	K	Ca	Mg	
ハクサイ	慣行	5.36	0.65	5.60	3.47	0.45	42.1
	慣行+灌水	5.72	0.64	5.84	3.49	0.38	49.1
	養液土耕1	5.21	0.69	5.90	2.85	0.31	72.5
	養液土耕2	6.51	0.85	6.67	3.13	0.36	79.8
ナス	慣行	6.67	2.09	10.35	4.14	0.61	17.5
	慣行+灌水	7.89	2.37	12.48	4.93	0.81	22.0
	養液土耕1	7.28	2.49	11.59	3.87	0.65	27.9
	養液土耕2	8.08	2.72	12.97	4.16	0.70	24.9

注) 1. N利用率=[(処理区のN含量−無施肥区のN含量)/処理区のN施肥量]×100
    2. ハクサイの養液土耕1と2の施肥量はそれぞれ慣行の54、81%
    3. ナスの養液土耕1と2の施肥量はそれぞれ慣行の施肥量の71、91%

表—4 養液土耕栽培がパプリカの生育に及ぼす影響 (g)

処理区	品種	草丈 (cm)	主茎長 (cm)	側枝長 (cm)	節数	乾物重 (g)	茎葉乾物重 (g)
土耕対照区	スーザン	118.3	18.5	100.5	24	56.5	142
	バレンシア	131.9	20.5	113.7	21	53.7	134
	オロベル	118.7	18.9	100.3	24	56.0	113
養液土耕同量区	スーザン	144.3	16.6	122.5	24	56.5	192
	バレンシア	146.4	21.3	119.7	23	59.5	184
	オロベル	138.9	17.7	85.8	22	55.5	181
養液土耕30%減肥区	スーザン	158.3	16.5	141.0	25	60.8	185
	バレンシア	147.9	20.8	132.9	24	59.4	182
	オロベル	129.1	17.7	112.5	25	53.1	106

注) 数値は各処理区とも3株の平均値

表—2に農家栽培における養液土耕栽培の減肥効果を示す。セルリーの養液土耕栽培で60％、果菜類で20〜40％の減肥で、収量が同程度かやや増収という調査結果が得られている。表—3には露地のハクサイおよびナスにおける養液土耕栽培による減肥効果を示す。慣行栽培に比べて施肥量が少なくても、養分吸収は促進され、窒素利用効率も著しく増加する。既存の土耕栽培においては脱窒や溶脱等による肥料損失を考慮して多めに施用されていることを考えれば当然のことではあるが、積極的な養水分管理によって毎日新たな肥料成分が常に根の周辺に供給されるとともに、点滴周辺に密集する細根によって給液された多くの肥料成分の吸収が著しく増加する影響がより大きいと考えられる。

3) 生育促進、増収が可能である

表—4に、養液土耕栽培下の生育を示す。慣行の土耕栽培と同等の施肥量を養液土耕で施用すると、生育や収量が旺盛になる。肥料成分が吸収されやすい液肥で供給されている結果と考えられる。慣行の施肥量を養液土耕栽培で供給すると増収するが、30％減肥でも、品種により増収が可能である（表—5）。図—1には2作のハクサイおよび3作のナスの施肥実験の結果をまとめたものを示す。慣行栽培の収量を1とする場合、ハクサイは70％、ナスは50％の施肥量以上で慣行収量より増収する結果が得られている。ナスでは毎日の養水分管理によってA品率が著しく上昇するという結果も得られている。

表—5 養液土耕栽培がパプリカの収量に及ぼす影響

処理区	品種	果色	1株当たり		10a当たり	
			果数	果重(g)	果数	果重(kg)
土耕対照区	スーザン	赤	5.9	519	8,850	779
	バレンシア	橙	9.4	1,314	14,143	1,971
	オロベル	黄	10.9	1,381	16,375	2,071
養液土耕同量区	スーザン	赤	6.5	683	9,750	1,024
	バレンシア	橙	11	1,674	16,500	2,511
	オロベル	黄	14	1,817	21,000	2,726
養液土耕30%減肥区	スーザン	赤	6.1	629	9,115	943
	バレンシア	橙	12.4	1,902	18,545	2,853
	オロベル	黄	13.1	1,656	19,650	2,484

注）数値は良果のみ、期間中の合計

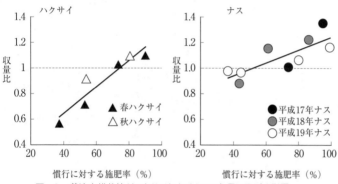

図—1 養液土耕栽培がハクサイおよびナスの収量に及ぼす影響

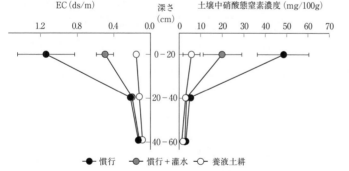

図—2 ナス跡地のECおよび硝酸態窒素濃度

4）塩類集積が回避できる

図—2にはナス栽培跡地における深さ別のECおよび硝酸態窒素濃度を示す。慣行の土耕栽培では、栽培終了後0～20cmの地表付近に多くの肥料成分が残っているが、養液土耕の場合は深さに関係なく、ECや硝酸態窒素濃度が低い。これは多くの肥料成分が効率よく吸収された結果であることを示している。

図—3には深さ15cm土壌中にECセンサを設置し、露地ナス栽培期間中の土壌ECの変動を調査した結果を示す。基肥を施用後、毎日灌水を行った場合（慣行＋灌水）、土壌ECは溶解した肥料成分によって栽培初期から著しく上昇し、その後減少するが、慣行栽培では基肥施用後、雨待ちの栽培であるため、雨が降った時のみECの上昇がみられる。一方、養液土耕では、毎日の給液管理にもかかわらず、土壌中のEC変動はほとんどなく、15cm深さでの土壌ECは非常に低いことが明らかである。このように、養液土耕栽培では、少量多頻度の給液管理によって栽培期間を通し、深土への溶脱を防ぐことができる。また、作物が必要とする時期に必要なだけの養分を供給するため、塩類集積が起こりにくい。さらに、硫酸根や塩素のような副成分を含まない肥料を用いるため、これらのイオンが集積することもない。収穫終了が近づいたら液肥の供給をやめて水だけの供給をすると、土壌中に残っている養分が作物に吸収されるので、塩

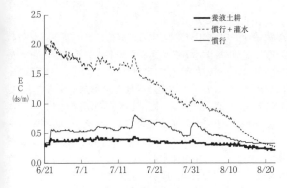

図—3　露地ナス栽培期間中の土壌ECの変動
（測定場所は地表から15cm深さ）

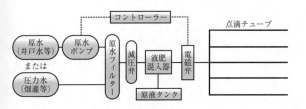

図—4　養液土耕栽培システムの基本例

表—6　市販されている代表的な養液土耕栽培システム一覧表

システムの名称	制御方式	混入方式	メーカー名
養液土耕システム	タイマー	水圧駆動式	（株）イーエス・ウォーターネット
NMC施肥灌水コントローラー	マイコン タイマー	定量ポンプ 定量ポンプ	グリーントピアシステムズ（株）
点滴養液栽培システム	マイコン タイマー	水圧駆動式 水圧駆動式	イシグロ農材（株）
アクアマイスター	マイコン	定量ポンプ	（株）丸昇農材
施肥灌水システム	タイマー マイコン	負圧吸い込み 定量ポンプ	ネタフィムジャパン（株）
養液王システム	マイコン	定量ポンプ 水圧駆動式	日本オペレーター（株）
エヌピーケー式点滴灌漑システム	マイコン	水圧駆動式	NPK貿易（株）
養液土耕栽培システム	マイコン	定量ポンプ	OATアグリオ（株）
T-テープTSX	タイマー	負圧吸い込み	パイオニアエコサイエンス
肥家効蔵	タイマー	水圧駆動式	（株）サンホープ
ミズマック	マイコン	定量ポンプ	三秀工業（株）
スミカインジェクター	タイマー	水圧駆動式	住化農業資材（株）

注）メーカー名のABC順

類集積はますます起こりにくくなる。

4．必要なシステム

養液土耕栽培は、図—4に示すように、原水の確保の他、原水ポンプ、原水タンク（必要に応じて）、原水フィルター、減圧弁、量水計等を設置した上で、制御用コントローラー、液肥混入機、電磁弁等の結束が必要である。この他には、栄養診断や土壌診断を行うための測定器や器具、土壌水分センサ、肥料等が必要である。

表—6には現在市販されている代表的な養液土耕栽培システムの一覧を示す。

1）制御用コントローラー

給液制御のためのコントローラーは制御方法によって設備が異なる。システムの制御方式としてはタイマー方式のみを使用するものがあるが、コンピュータ制御が一般的である。コンピュータ制御により、灌水量と施肥量（液肥濃度）を独立して制御することが可能で、複数系統それぞれに異なった制御値を入力して管理することも可能である。

（1）タイマーによる制御

決まった時間に給液を行う最も単純な制御ではあるが、システムのトラブルが少なく、メンテナンスが簡単であるため、最も多く使用される方法である。しかし、作物の生育ステージや天候等の変化による対応が困難であるため、作物に必要な給液頻度や給液量の設

定変更を適切に行う必要がある。

(2) 積算日射比例による制御

作物の蒸発散量は日射の変化と密接な関係があり、日射に比例して給液頻度を変えることによって作物が必要とする養水分量を効率的に供給することができる。タイマーに加えて日射センサや制御用コントローラーの設置が必要である。一般的に日射量を積算して設定値に達すると給液を開始し、決まった時間給液を行う方法である。栽培期間中作物の生育ステージや天候等によって設定値を変える必要はないが、初期設定として1回ごとに与える給液量の調整が必要となる。

(3) 土壌水分による制御

土壌中の水分状態を指標として給液を行う方法である。土壌水分センサを根域に設置し、その値が設定値以下になると一定量の給液を行う。現在、様々な土壌水分センサが開発されているが、主に土壌中の水分の体積割合である体積含水率を表すものと、毛管水や吸着水など土壌中に引っ張られるエネルギーの大きさを示すマトリックポテンシャルを表すものに分かれる。日射制御と同様、作物が必要とする養水分量を効率的に供給できる方法であるが、センサの信頼性を上げるためのキャリブレーションや根域の水分状態を正しく反映させるための設置方法の工夫が必要となる。

2) 液肥混入機

液肥の混入方式としては、電動ポンプを用いる方式と、水圧あるいは負圧で混入する方式がある。電動ポンプを用いる方式には液肥混入ポンプを用いる連続比例混入方式と、定量ポンプを用いる比例混入方式がある。連続比例混入方式では、パルス式流量計で原水と液肥の流量を個別に計測しながら、原液の混入量が設定された比率となるように、流量調節バルブで調節するので、原水の流量が変化しても、その流量にあった比率となるよう常に調節され、非常に精度良く液肥を混入することができる。

水圧で混入する方式には、ドサトロンやハイテムドスマチックアドバンテージと言った水圧駆動式ポンプが用いられ、ポンプ内のピストンの往復運動量を手動調整することで、原水の流量に比例して液肥が混入される。負圧で混入する方式には、ネタフィムジャパンのプラスインジェクタ等があり、インジェクタの中を原水が流れることによって生じる負圧で液肥が吸引、混入される。

また、電源が確保できない場所で養液土耕栽培を行うため、加圧された原水さえあれば、無電源で液肥混入ができるタイプも市販されている。

3) 点滴チューブ

養液土耕栽培が生まれてきた背景には、長い距離でも均一に灌水できる点滴チューブの開発がある。すなわち、従来の元肥・追肥体系では、吐出量のバラツキは水のバラツキだけで済んだが、養液土耕栽培では水と肥料のバラツキとなって現れる。それゆえ、従来の灌水チューブに見られた圧力損失が大きいチューブは好ましくなく、これの小さい点滴チューブが必要となる。

表-7に、市販されている代表的な点滴チューブの一覧表を示す。点滴チューブには圧力によって吐出量が変化するタイプと、圧力調整機能が付いていて吐出量が一定になるタイプがある。原水の送水方式あるいは地形等の関係で圧力が変化するような場合には、後者のタイプの点滴チューブが適する。このタイプには、また、自動洗浄機能が付いているものが多く、目詰まりしにくい構造となっている。実際の導入に当たっては、価格等も問題になるが、適用する作物にあったピッチであるかどうか、途中で圧力損失を起こさない十分な長さがとれるか、といった選定基準が重要となる。

表—7　養液土耕栽培に用いられる代表的な点滴チューブの特性

名称	ピッチ (cm)	吐出量 (ℓ/h)	適正圧力	適正設置長	メーカー
ハイドロドリップⅡ	15 – 250	1.7、2.3、3.6	0.8 – 2.5bar	38～452	プラストロ
ハイドロ P.C.	20 – 100	1.2、1.6、2.2、3.0、3.6	0.8 – 2.0bar	31～700	プラストロ
ハイドロ P.C.N.D.	20 – 100	1.2、1.6、2.2、3.0、3.6	0.8 – 2.0bar	31～700	プラストロ
ストリームライン80	10、20	1.05	1.0bar	63～105	ネタフィム
スーパータイフーン100	10、20、30、40、50	1.6	1.2bar	47～148	ネタフィム
ユニラム RC	20、30、40、50、75	2.3	0.5～4.0bar	82～255	ネタフィム
ユニラム 17	15、20、30、40、50	1.6、2.3	1～4.0bar	76～246	ネタフィム
ドリップネット PC	10、15、20、30	1	0.4 – 0.8bar	147～235	ネタフィム

注）各社のカタログから

表—8　市販されている養液土耕栽培用の代表的な複合肥料（%）

製品名	N	P	K	Ca	Mg	微量要素
ポリフィード2号	19	19	19			Mn、B、Fe、Cu、Zn、Mo
ポリフィード3号	15	30	15			Mn、B、Fe、Cu、Zn、Mo
ポリフィード5号	11	8	34			Mn、B、Fe、Cu、Zn、Mo
ポリフィード6号	16	9	27			Mn、B、Fe、Cu、Zn、Mo
ドリップファーム1号	10	20	20	3	1	Mn、B、Fe、Cu、Zn、Mo
ドリップファーム2号	13	8	25	3	1	Mn、B、Fe、Cu、Zn、Mo
ドリップファーム3号	14	18	14	3	1	Mn、B、Fe、Cu、Zn、Mo
ドリップファーム4号	15	9	18	3.2	1	Mn、B、Fe、Cu、Zn、Mo
ドリップファーム5号	14		14	14		Mn、B、Fe、Cu、Zn、Mo
養液土耕1号	15	8	17	6	1	Mn、B、Fe
養液土耕2号	14	8	25	4	1	Mn、B、Fe
養液土耕3号	15	15	15	5	1	Mn、B、Fe
養液土耕5号	12	20	20	3.1	1	Mn、B、Fe
養液土耕6号	14	12	20	5.1	1	Mn、B、Fe

注）メーカーからのカタログによる

4）養液土耕専用肥料

　養液土耕栽培用液肥の原液を作成する場合、①単肥のみを配合する、②単肥と複合肥料を併用する、③複合肥料のみを用いる、の3通りの方法がある。しかし、施肥の省力化が養液土耕栽培の大きな特徴の一つである以上、液肥の原液作成も簡単に行いたい。表—8に、市販されている養液土耕栽培用の代表的な複合肥料を示す。

　複合肥料には、カルシウム（Ca）もマグネシウム（Mg）も含まれていて、作成に当たっては原液タンクを一つ用いる1液型と、CaやMgを含まず、単肥を併用する2液型、CaやMgは含まれているが、Caの補充用に別途Ca含有率の高い原液を作成する2液型がある。

　実際の栽培に当たっては、用いる養液土耕栽培用のシステム、対象作物、栽培時期等を考慮して選定する必要がある。

5）フィルター

　養液土耕栽培では養液栽培と同様に点滴チューブを用いるため、原水中の砂やごみなどによる目詰まりを防ぐため、フィルターを使用する。原水フィルターとして減圧弁より先に設置するが、必要に応じては液肥混入機の後に追加する場合もある。

5．養液土耕栽培における注意事項

1）土壌特性を把握する

　養液土耕栽培では、養液栽培と異なり、土壌という非常に複雑で不均一な培地を用いるため、作土に関する物理性および化学性を把握することは非常に重要である。一般的に少量多頻度の給液管理によって生育が促進される事例が多いが、粘土質土壌のように透水性が悪い場合は、同様な管理をしても効果が表れにくく、生育低下を招く可能性もある。こ

のような場合は、養液土耕の導入前に透水性を改善する土壌改良が必要となる。一方、砂質土壌のように保水性が悪い砂質土壌では、1回ごとの給液量を少なくし、給液頻度を上げる工夫が必要である。

また、作土の残存肥料成分を把握することは非常に重要である。特に、土耕栽培を行っていた施設においては、土壌中に塩類が集積されている場合が多いため、養液土耕栽培を導入時、液肥管理を始めると、残存肥料成分の影響で生育が旺盛になり過ぎて導入初年度に生育悪化する事例が多い。したがって、導入前には土壌分析を行った結果を基に、除塩を行ってから導入するか、初年度には単肥を用いて過剰な成分を除いた液肥作成が必要となる。さらに、堆肥など有機物を施用する場合は、栽培期間中、定期的に土壌分析を行い、分解特性を把握した上で液肥作成を調整することが望ましい。

2）栽培期間中の作物の栄養状況を把握する

果菜類のように栽培期間が長い作物では、栽培時期や生育ステージによって必要とする養水分量が変化するので、定期的に作物の栄養状況を把握し、液肥の濃度や組成を変えることで養液土耕栽培の長所をさらに上げることができる。栄養診断の詳細については後述する。

3）システムのメンテナンス

養液土耕栽培では、導入初期のシステムトラブルは少なく、養水分管理を自動で行うため、液肥作成以外にはシステムに関して無関心になりがちである。しかし、使用期間が長くなっていくと、フィルターの汚れによる水圧の低下や液肥混入機の混合率のズレ、点滴チューブの目詰まり、電磁弁の故障、停電などによるタイマーの時刻のズレ等、機器類の誤作動によるシステムトラブルが増えていく。これらのトラブルの要因を事前に防ぐため、定期的なメンテナンスが必要である。また、給液ポンプの圧力不足や傾斜地における場所ごとの給液量の差などは、生育のバラツキの原因となるため、事前に対策を準備する必要がある。その他、日射比例制御では日射センサの汚れを除去する必要があり、土壌水分センサによる給液制御の場合は、センサのキャリブレーションを定期的に行うことや設置場所の変更をお勧めする。

6．土壌診断・栄養診断

毎日給液する養液土耕栽培にとって、土壌中ならびに植物体中の養分状態を把握することは、養分の過不足を知る上で重要である。ここでは農家圃場で農家自身が行える測定方法ならびに被検液採取法について記述する。

1）測定方法

簡易な測定方法として、メルコクァント硝酸イオン試験紙、カード型コンパクトメー

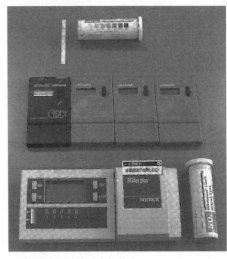

注）上：メルコファント試験紙
　　中：コンパクトメータ
　　下：RQフレックス

写真―1　土壌診断、栄養診断における測定方法

ター、ならびにRQフレックスシステムを用いる方法などがある（写真―1）。それぞれに測定できるイオンの種類ならびに測定可能範囲があるため、測定対象や測定方法に応じた方法を採用する必要がある。

（1）メルコクァント硝酸イオン試験紙

試験紙を被検液に浸すと硝酸イオンに反応して発色し、1分後に付属の比色表と比較して値を読みとる。比色表は7段階表示で、測定範囲は硝酸イオン（NO_3^-）で0～500ppmとなっているが、100ppm以上になると検量線の直線性が得られなくなるので、正確な値を得ようとする場合には100ppm以下になるように希釈する必要がある。1点40円程度で測定でき、開封後も冷蔵庫で1年程度保存できるので、最も安価で手軽な測定法である。

（2）コンパクト（イオン、EC、pH）メーター

①イオンメーター

持ち運びが簡単で、フラットなセンサ部に少量の被検液を滴下するだけで、被検液中のイオン濃度を測定できる。硝酸、カリウム、カルシウム、ナトリウムなどのイオンメーターが市販されており、それぞれの測定範囲に合わせて希釈して測定を行う。事前に標準液で校正する必要がある。いずれのメーターもセンサ部は消耗品であるため、必要に応じてセンサ部の交換を行う。

②ECメーター

平面センサ採用で、わずか1滴の被検液で導電率が測定できるコンパクトなメーターである。測定に当たっては、事前に標準液で校正する必要がある。

③pHメーター

平面センサ採用でわずか1滴の被検液量でpHが測定できるコンパクトなメーターである。ECメーターと同様、測定前に標準液で校正する必要がある。

（3）RQフレックスシステム

反射式光度計（RQフレックス）とリフレクトクァント試験紙のセットで測定するシステムである。被検液で発色させた試験紙に光をあて、返ってきた反射光の強度を測定して、イオン濃度を測定する。リフレクトクァント試験紙には窒素（硝酸態、アンモニア態）イオンを初めとして、リン酸イオン、カリイオン、カルシウムイオン等20数種類のイオンと、pH、アスコルビン酸等の成分を測定できる試験紙が市販されている。いずれも測定に先立って、各試験紙に付随しているバーコードを読み取らせることで、各成分の測定が可能となる。いずれの試験紙にも測定範囲があるので、その範囲内に入るように被検液を希釈する必要がある。

2）土壌溶液の採取

土壌診断用の土壌溶液の採取方法として、採水器具を用いる吸引法と、栽培圃場から採取した土壌を用いる生土容積抽出法がある。

（1）吸引法

テンシオメーターに用いる多孔質のポーラスカップを土壌中に設置しておき、真空ポンプなどで負圧状態にして土壌溶液を採取する方法である。非破壊で連続的に採取、測定できる利点がある。採水器具は自作も可能であるが、市販品もある（写真―2）。市販品は、キュウリやナス等土壌が多水分で維持される品目の場合は採水が可能であるが、トマトやメロン等土壌が少水分で維持される品目の場合は、真空ポンプを用いて真空度を高めないと採水ができない。

（2）生土容積抽出法

本法は、蒸留水に圃場から採取してきた土壌を一定容積の割合で加えて、浸出液を得る方法である。具体的には、図―5に示すように、以下の方法で被検液を得る。

①250mℓ程度の広口ポリビンに、あらかじめ100mℓと150mℓの位置に印を付けておく
②蒸留水を100mℓの位置まで入れる
③水位が150mℓの位置まで来るように土壌

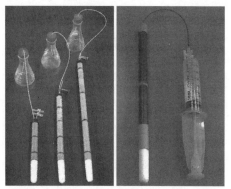
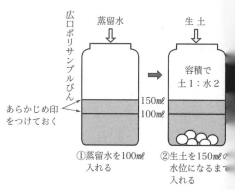

写真―2　土壌溶液採取装置（左：自作品、右：市販品）

図―5　生土容積抽出法（林，1977）

を加える

④1分ずつ2回手で振とうし、静置後の上澄み液またはろ液を被検液とする

　吸引法では土壌の水分状態によっては被検液を得ることができないが、本法では必ず被検液を得ることができるという利点がある。しかし、採土にあたって根を傷つける恐れがあり、土壌病害を誘発する恐れがある土壌では、最小限の採取にとどめるなど注意が必要である。

3）葉柄汁液の採取

　葉柄汁液の採取法として、搾汁法、磨砕法、スライス法、加圧法がある。

（1）搾汁法

　トマトやナス、ピーマン、キュウリ、メロン等多くの野菜類で用いられる方法で、葉柄をペンチ等でつまみながら汁液を得るか、葉柄を1cm前後に切断し、ニンニク搾り器で圧搾して汁液を得る方法で、農家圃場で最も簡単に汁液を得ることができる。

（2）磨砕法

　イチゴやバラ等、葉柄に含まれる水分量が少ないか、葉柄が堅くてニンニク搾り器等では汁液がとりにくい場合に用いる。乳鉢やすり鉢等に3mm程度に切断した葉柄を1g取り、蒸留水を適当量加えて磨砕する。コンパクトイオンメーターで測定する場合には、5〜10倍液となるように蒸留水を4〜9ml加えて磨砕する。RQフレックスで測定する場合には、さらに10倍程度希釈する。

（3）スライス法

　カーネーションで用いられる方法で、最上位完全展開葉直下の茎をカミソリを用いて2mm程度の厚さにスライスし、それを2g計って水を18ml加えた後、時々振りながら30分間浸出させて、被検液とする。

（4）加圧法

　葉の水ポテンシャルを測定する際に用いるプレッシャチャンバ（写真―3）を用いて採取する。葉の水ポテンシャルを測定する時と同じ方法で葉をセットし、高圧のガスで加圧して、葉柄の切断面から出てくる木部汁液を前述したサンプリングシートで採取して、コンパクトイオンメーターで測定する。ただし、この方法で得られる汁液のイオン濃度は、図―6に示すように、搾汁法で得られる汁液濃度に比較して1/10程度であるということに留意する必要があり、また、プレッシャチャンバが限られた研究機関にしかないという欠点もある。

7．養液土耕の事例

1）施設での養液土耕栽培（写真―4）

注）左：プレッシャチャンバ，右：コンパクトイオンメータ
写真—3　加圧法による木部汁液の採取と栄養診断器具

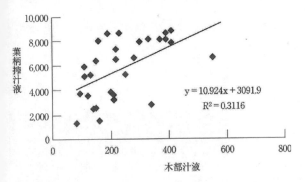

図—6　従来法による葉柄搾汁液濃度とPCによる木部汁液濃度の関係
　　　（トマト，硝酸イオン濃度ppm）

　降雨の影響を受けず，環境制御が可能な施設内で周年安定生産のために養液土耕栽培を用いる場合が最も一般的である。市販されている多くの養液土耕システムは施設栽培向けになっているともいえる。施設内で土耕栽培をしていた生産者がシステムを導入し養液土耕栽培を始めるケースも多い。その中では隔離ベッド等を用いて根域を制限し，さらに養水分制御を綿密に行う生産者もいる。

2）露地での養液土耕栽培

　土壌中の養水分管理の安定化や施肥管理の効率化を目的として，露地栽培でも養液土耕栽培事例が増えている。ハウス建設に費用が掛からない利点を生かし，低コストで養液土耕栽培を可能にしている。露地における果樹の養液土耕栽培において代表的な事例は周年マルチ点滴灌水同時施肥法（マルドリ）があり（写真—5），ミカン栽培において1年中マルチを敷いたままにし，マルチの下に敷設した点滴チューブで養水分管理を行う技術として，省力かつ高品質果実生産を実現している。

　また，低コストの露地の養液土耕栽培向けに開発された日射制御型拍動自動灌水装置がある（図—7）。1.5m程度の高さに設置した貯水タンクにソーラーポンプで揚水するが，貯水タンクに一定の水が溜まると，弁が開放されて点滴灌水できる装置である。貯水タンクには肥

写真—4　キュウリ（左）およびトマト（右）の養液土耕栽培（茨城県）

第4章　養液土耕栽培　　301

写真—5　周年マルチ点滴灌水同時施肥法（近中四農研）

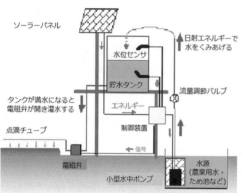

図—7　日射制御型拍動自動灌水装置の簡略図（左）およびナス栽培での事例（右）（近中四農研, 岩手県）

写真—6　UECSを活用した養液土耕栽培装置（野菜茶研）

効調節型肥料を入れ、液肥として供給するタイプである。

3）ICTを利用した養液土耕栽培

近年、農業分野でもICTを利用した技術が著しく増えている。センシング技術やネットワーク通信を利用し、リアルタイムで必要なセンシング情報を取得し制御に使用する事例が多くなっている。写真―6にはUECS(ユビキタス環境制御システム) を使用した養液土耕栽培装置を示す。統一された通信規格を用い、土壌中の水分率を含め、施設内の温湿度、CO_2濃度などのデータをインターネット上で共有することで、インターネットに接続できる機器であれば、データのモニタリング、記録、設定変更等が簡単にできる。
(安　東赫＝農研機構野菜茶業研究所)

参 考 文 献

1）荒木陽一 (2003)：養液土耕栽培，五訂施設園芸ハンドブック，日本施設園芸協会，196-205
2）安　東赫・池田英男 (2009)：根域の積極的な水分管理は露地土耕においても作物の生育、収量と肥料利用効率の向上に役立つ，園芸学研究，8 (4)，439-443
3）青木宏史ら (2001)：養液土耕栽培の理論と実際，養液土耕栽培の理論，誠文堂新光社，8-11
4）六本木和夫・加藤俊博 (2000)：野菜・花卉の養液土耕，農文協，26-30

第VII部

植物工場

第1章　太陽光型植物工場

1. はじめに

現在「植物工場」という言葉は、ほぼ一般化したものと思われるが、定義が明確でないため、使用場面や個人により「植物工場」のとらえ方が異なることも少なくない。比較的最近まで、植物工場といえば、主として、人工光のみを光源にして閉鎖空間で作物を効率的かつ安全・計画的に栽培する植物生産システム、つまり人工光型植物工場を意味していた。それが、若干異なる意味で使われるようになった。狭義の植物工場（人工光型植物工場）に太陽光型植物工場（太陽光・人工光併用型植物工場も含む）を加えるようになったのである。

それに伴い、植物工場の定義が若干広くなり、「高度に環境制御した条件下で栽培することにより、栽培環境や生育のモニタリングと生育予測を実施して、計画的・安定的に作物を生産する施設」となった。ほぼ周年的に計画生産・計画出荷できる栽培施設と言うことになる。

太陽光型植物工場は、従来型の施設園芸施設との区別が困難な場合があるが、施設をほぼ周年的に利用すること、高度な環境制御技術により生育予測等を行うと同時に、安定生産、計画生産を実現できことが前提条件になっている（写真ー1、2、3）。

本章では、太陽光型植物工場にかかわる諸問題や研究開発の現状と新たな展開について概要を述べる。ただし、施設や、被覆資材、環境制御技術、養液栽培技術など個々の構成要素の詳細については、それぞれの項目を参照頂きたい。

2. 植物工場発展の背景

これまでも農業生産者は、常に安定生産・計画生産をめざしてきたと思われるが、数年周期で価格の暴落がある一方で、数年に一度の高騰もあり、それで帳尻を合わせていたところがある。しかしながら、近年は安値安定の基調にある。

これには種々の原因があろうかと思うが、流通や消費構造が大きく変化し、街の八百屋

写真ー1　太陽光型植物工場（トマト長期多段栽培）

写真ー2　太陽光型植物工場（トマト低段密植栽培）

さんが巨大な量販店チェーンに置きかわると同時に、個食が増加し、外食・中食の比率が極めて高まったこと、また、加工・業務用原料を中心として各種野菜が海外から輸入されるようになったこと、野菜の消費自体が低迷していることなどが挙げられるだろう。

外食・中食向けの野菜は、「食品工場」で加工されることが多いが、それらの食品工場では、質・量の安定確保が極めて重要な要素になると同時に、菌密度や異物混入に対しても高い品質が求められるようになっている。つまり、定時・定量・定品質・定価格のいわゆる4定が注目されるようになっている。

「植物工場」に関しては、これらを解決する手段として、産業界が期待するところも多いのが現状である。既に、一部の実需者や大手流通業者は、農業人口の急速な高齢化、減少に伴う危機感等から5〜10年先の需給状況を考えて植物工場も含めた野菜生産に自ら関わるようになっている。この動きは、今後もますます加速するものと思われ、一般の生産者側も対応を真剣に考えていくことが必要不可欠である。

これまで、「植物工場」産の野菜は、高品質ではあるが、生産コストが高く、高価格で、一部のデパートや高級スーパーでの販売に限定されるイメージが先行していた。しかしながら、それらのマーケットサイズは限定され、植物工場の数が増加し、生産量が増えれば、価格は低迷する。生産コストの縮減程度に依存するが、業務・加工仕向けの野菜の一部が、植物工場産のものに置きかわることが、今後の植物工場の普及・拡大のカギになっていくものと考えられている。

「工場的」野菜の、安定生産、計画生産、安定品質等の側面を考えれば、植物工場の普及により生産・流通・加工のそれぞれの分野で極めて大きな変革が起こるはずである。そこで課題になるのが、品質や生産の安定性を損なわない生産コストの低減である。

3. これまでの実証・研究事例

1）養液栽培技術

植物工場での栽培は、基本的に養液栽培である。これは、地下部環境の制御性や病害や連作障害の回避、作替えの容易さ等の特性によるものである。わが国の養液栽培技術は世界的にも極めて高く、多数の作物に対して種々の研究実績がある。

わが国の養液栽培技術の発展に大きな影響を与えたのが、1946年（昭和21年）に設置されたハイドロポニックファーム（写真—4）である。同施設は、駐留米軍に「清浄野菜」を供給するために、調布市（東京都：22ha、2 ha のガラス温室も含む）と大津（滋賀県）に建設された「礫耕野菜生産施設」で

写真—3　太陽光型植物工場（サラダナ）

写真—4　ハイドロポニックファーム（1946, 調布市）

ある。そこでは、サラダ野菜の「安全・安心」生産を目的に、レタス（結球レタス・サラダナ）の他、セルリー、キュウリなどが栽培され、世界に先駆けて養液栽培野菜生産を行ったが、このプロジェクトに関わった多くの研究者、技術者がわが国の養液栽培、ひいては、施設園芸、植物工場の発展に大きく寄与した。

わが国には、良質の水が豊富にあり、このことも養液栽培の発展に大きく貢献した。しかしながら、栽培環境が好適で生育速度が速く、規模も大きい植物工場には、従来以上に高いレベルの養液栽培技術が求められるようになっている。具体的には、安定栽培や生育制御に強く関係する育苗・栽培培地や栽培システムの開発、広い施設全体に安定的かつ均一に給液する給液設計・給液技術や培養液制御技術、さらには培養液殺菌システム開発などについて、より高い精度と安定性及び実用性の観点からの取り組みが求められている。

どちらかと言えば、固形培地を利用しないDFTやNFTの開発研究が中心であったわが国の養液栽培であるが、トマトなど果菜類で長期栽培をする場合は、現状でもRW（ロックウール）など固形培地を利用するシステムが主流になっているので、この方面の研究開発も重要である。

オランダ等では、RWシステムが栽培の基本システム、標準システムとして広く実用化しており、プラットホーム的な構成要素として発展してきた。しかしながら、オランダのシステムでも灌液システムには、標準的にイスラエルのネタフィム社等のシステムが採用されており、同国の灌液技術には定評がある。しかしながら、わが国の使用条件や気象環境に適合した新たなシステム設計や灌液制御ロジックの開発・改良についてはその必要性を望む声も大きい。これまで、システムの安定性を重視して培地や培養液量を多くしたシステムが多かった（写真-5）が、近年制御システムの精度・安全性が高まり、より高い制御性や低コスト化をめざして、培地容量や培養液量を極端に少なくしたシステムが開発されるようになってきた（写真-6）。このように、停電対策等は必要になるが、以上のようなシステム全体の安全性や制御性、コストのバランスを重視した研究・開発が重要になっている。

2）専用品種育成、種子精選・種子処理技術

現状の植物工場では、植物工場専用品種が用いられている事例は少ない。人工光型植物工場も含め、栽培面積が比較的多いレタス類については、主としてリーフタイプのレタス品種が栽培されているが、大半は外国の種苗会社で育成された土耕栽培用品種の中で相対的に養液栽培や植物工場の栽培に向くものが選定されている。

写真-5　レタス2次元自動スペーシングシステム

写真-6　栽培培地容量250mℓのDトレイシステム

一方、太陽光型植物工場ではオランダ等で育成された高収量タイプの品種を栽培することも多いが、わが国の気象条件に適合し、わが国のマーケットに求められる品質を有する国産品種の育成が強く望まれている。また、トマト低段密植等独自の栽培システムに適合する品種や品種群の育成も重要である。低段密植栽培では、1作当たりの栽培期間が3ヵ月程度であるので、年1作型のハイワイヤー栽培とは異なり、季節に応じて品種を変更することが可能なので、外観品質が同様で環境反応が異なる夏用品種、冬用品種等の専用品種群の育成が可能であれば、生産が容易になり、高収量生産が期待できる。また、単位面積当たりの作付け本数が多く、年間作付け回数も多いので、ある程度の普及があれば、種苗会社にとっても専用品種を育成するメリットが出てくる（写真—7）と思われる。

例えば、トマト一段密植栽培では、最大10,000株/10aで、年間4作相当の均質な苗が求められる。つまり40,000粒/10a以上の種子が必要になり、斉一性の高い苗を得るために、より高い発芽パフォーマンスの種子をより安価に提供することが求められる。

また、太陽光型植物工場においても、病害虫の侵入を完全に防ぐのは困難であり、逆に規模が大きいので被害のリスクも格段に大きくなるので、いずれの作物でも、栽培時期に対応して必要とする病害抵抗性等を有する植物工場／養液栽培専用品種の戦略的な開発が重要になる。

近年は、生産された野菜類の出荷先が大きく変化しており、相対的に業務・加工用仕向けの需要が増加している。大規模・安定・周年供給が特徴となる太陽光型植物工場では、業務・加工用需要に応えることも重要な役割となるため、種々の用途に対応した新たな品種開発とそれら品種に対応した栽培方法・販売戦略が経営的には重要になる。

しかしながら、現状では養液栽培や植物工場はその施設数、栽培面積が少なく、種子のマーケットサイズも小さいので、専用品種を育種する種苗会社は少ない。そのため、品種の選択肢も限定され、面積の拡大の足かせになっているが、「栽培面積が少ないので育種が進まない」し、「栽培が容易で生育速度が高く、生理障害のリスクが少ない品種がないので、面積を拡大しにくい」というジレンマを何とかして解消する必要がある。

3）環境制御技術

植物工場は、上述のように「高度に環境制御した条件下で栽培する」ことが前提条件である。

しかしながら、積極的に植物工場用の高度環境制御システムの開発・製造・販売を行っている国内企業はほとんどないのが現状である。施設園芸／植物工場のマーケットサイズ

写真—7　トマトの新品種展示圃場（オランダ）

写真—8　オランダ製の統合環境制御システム

が大きくないなか、1 ha 以上の大型太陽光型植物工場ではオランダのシステム（Priva 社、Hoogendoorn 社、HortiMaX 社などのシステム）の導入が基本になっている。オランダのシステムは北緯 50 度の地域用に開発したものであるので、わが国や中国・韓国など東アジア地域用システムの開発が強く望まれるところである。

詳細は、第Ⅳ部「施設内環境の制御技術」を参照されたいが、オランダ製の環境制御システムは、複合環境制御から統合環境制御のレベルに進化している（写真―8）。統合環境制御とは、作物生理に適合することを前提に、温度・湿度・光・CO_2 濃度を経済的・統合的に最適化する技術である。

例えば多くの作物ではその生育は積算気温に依存しており、夜温は毎日一定である必要はなく、5～7日程度の平均気温がより重要になる。また外気温は数日単位で変動するのが一般的であるので、統合環境制御システムでは、低温の日には設定夜温を若干低くし、その代わりに温暖な日に設定夜温を高めることで期間内の平均気温を一定にするとともに、投入エネルギーを減少させてコスト縮減を達成する予測制御技術もとり入れている。

また、作物の光合成速度を高めるためには、CO_2 施用も重要な要素であるが、換気をしていない早朝に施設内の CO_2 濃度を高めることは比較的容易であるが、換気時には高めることが経済的に困難になる。一般に、冬期でも晴れた日には、比較的早い時間帯から施設内気温が上昇するために、天窓あるいは側窓による換気が行われ、それと同時に CO_2 施用は中止されるのが一般的になっている。しかしながら、換気時間は、明期時間の 80%近くにもなるので、早朝のみに限定した CO_2 施用の効果は限定的にならざるを得ない。そこで、統合環境制御システムでは、CO_2 施用の効果だけでなく、施設の換気状況や CO_2 やエネルギー価格、さらには将来のトマトの価格等の状況を総合的に評価・予測して CO_2 施用の方法や設定値を決めて経済的な生産性の最大化を求めるのである。

このように、今後は、天気予報システムや市況とも連動させたよりダイナミックな統合環境システムをアジア地域向けに研究・開発することが求められている。

4）苗生産・育苗技術

上述のように、太陽光型植物工場では、高い苗の斉一性が求められ、周年的に高品質の苗を安定的かつ安価に供給することが求められている。これまで、苗生産は自家育苗が一般的であったが、既に分業化が大きく進展し、人工光を用いた閉鎖型苗生産システムや幼苗接ぎ木技術など独自の技術を開発・普及してきたが、植物工場では、大量かつ周年的に苗が必要になることから、工場的生産システムの設計には苗生産システムも含めたものが要求される場合が多くなっている。

2004 年に商品化された人工光利用の閉鎖型苗生産システム（商品名：苗テラス）は、その後着実に普及し、現在では、全国数百ヵ所で利用されている。しかし、その価格はまだ十分には低くなく、急速に普及するまでにはいたっていない。現状では、このシステムを経済合理性に見合うように利用するには、その周年の稼働率を高く維持することが求められる。床面積が 5,000m² 以上の園芸施設

写真―9　収穫物の自動搬送ロボット（オランダ）

での葉菜類水耕施設やトマトの低段密植栽培では高い稼働率を維持できるが、そうでない場合は、稼働率を高く維持するための工夫や立地条件が重要になる。

5）各種自動化・省力化技術

植物工場では、コストを縮減し、生産性を向上することが重要な要素となるため、各種自動化機器や装置の開発も重要であり、オランダの大規模施設ではこの種の自動化機器の導入が進んでいる（写真—9）。しかしながら、植物工場には新たな雇用の創出も期待されていることから、直ちに完全自動化の方向を探るだけでなく、重労働を軽減するアシスト系の自動化機器および作業補助機器の研究・開発が求められている。

6）エネルギー関連技術

植物工場にはエネルギーの投入が不可欠である。エネルギーは、温度制御（暖房・冷房）、湿度制御（除湿・加湿）や各種機器の運転に使用するとともに、場合によっては CO_2 の投入や補光等にも強く関係する。それらのエネルギーを個別に制御するのではなく統合的に制御することが、エネルギー使用量の低減とコスト縮減に大きく寄与する。

オランダでは、天然ガスの利用が広く進み、CHPシステム（写真—10）などコジェネやトリジェネシステムが普及し、補光システムの電力供給をサポートしている。さらに、地下帯水層を利用した長期的蓄放熱システムを活用した半閉鎖型温室（Semi-Closed Type Greenhouse）の研究開発も急速に進んでいる。これは、エネルギーの効率的利用や高濃度 CO_2 の積極的活用が主たる目的である。

当然、システム全体を管理する統合環境制御システムの研究開発が前提にある。

7）栽培管理技術

オランダでは、作物生理に基づく環境制御、栽培管理の重要性が重要視され、基礎研究と応用的な栽培技術の研究の連携が良好である。

これには、環境制御技術の向上と各種データの記録・蓄積が重要である。つまり、勘と経験に基づく旧来の栽培管理技術から、科学的データ、過去の栽培データに基づく合理的栽培管理へ移行することが重要である。例えば、トマトハイワイヤー栽培では、光強度に応じたLAI管理体系が確立されており、時期別に摘葉や側枝の積極的活用技術が一般化し、高収量の達成に大きく貢献した。

上述のように、わが国では、トマト低段密植栽培や人工光型苗生産システム等世界的にもユニークな栽培システム、生産システムが多い。今後もこのような、独自の栽培管理技術やそれに対応したシステム開発を積極的に進めることが重要である。

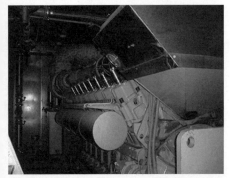

写真—10 CHPシステム（Combined Heat & Power）

写真—11 CHP連動させて用いる温湯タンク

4. 現在取り組まれている研究開発

1) 対象作物、求められる品種特性等

基本的に太陽光型植物工場では、全ての作物が栽培対象になるが、比較的草丈が大きい作物や果菜類、農薬使用や異物混入により価値が大きく左右されない作物がその対象になりやすい。環境制御のレベルが人工光型植物工場と比べると不十分であるのと病害虫や異物混入のリスクが相対的に高くなるので、栽培品種には、環境適応性、病害虫抵抗性が求められる。

また、栽培システムによっても求められる品種は異なるが、植物工場では安定生産、多収生産が重要であることから、それらにつながる品種が求められる。例えば、長期多段栽培のハイワイヤーシステムには、春夏秋冬全ての季節で十分なパフォーマンスが発揮できる品種が必要である。しかしながら、これまでの国産品種は相対的に軒高の低い施設用に育種され、節間長が短く葉も下垂しやすいものが多く、光利用効率や誘引等の作業性が低かった。今後、国産のハイワイヤー栽培用品種を育成するためには、実際に育種を行う種苗会社が植物工場システムや養液栽培システムを導入することが必須である。

2) 施設・設備・栽培システム

太陽光型植物工場では、光が制限要因になることが多いので、光が周年的に好適レベルになるような施設構造やフィルム、カーテン施設がまず重要になる。そのため、基本的に骨材等の陰が少ない施設設計が重要であるが、設置場所によっては補光システムや遮光システムが必要になることがある。

また、施設の隙間換気が少ない施設を目指すことも重要である。新設した施設の天窓や側窓、カーテン装置を全て閉じた状態でも1.0 (回/時) 程度の隙間換気が計測されることがある。この隙間換気速度は、CO_2利用効率や暖冷房効率に直接的に影響することから、隙間換気が十分少ない施設設計や施工管理技術の研究開発が重要になる。

また、わが国の暖房システムはA重油を用いた温風暖房機が90％以上であるが、今後はLPガスの利用や高効率ヒートポンプ (HP) の利用も積極的に検討し、研究開発を進めるべきである。さらには、高断熱性の被覆資材や空気膜2重ハウスや固定2層張り、3層張りの施設の開発も省エネや施設の周年利用のためには重要である。

3) 環境制御技術

上述したように、わが国でも統合環境制御の早期研究開発が重要である。また、計測データの効率的記録・蓄積・参照システム等先進的なICTを活用したシステム開発が効率的安定栽培には必要不可欠である。

特にこれまでわが国の環境制御は温度環境中心に行われてきたが、今後はCO_2濃度制御や湿度 (飽差) 制御、気流速度の制御にも十分な配慮が必要である。また、施設の周年利用を考えるのであれば、潜熱を利用した細霧冷房システムやHPの多目的利用についても積極的に研究開発を進める必要がある。

環境制御システム開発で重要なことは、単なるICT利用ではなく、それらを活用して新たな制御ロジックや、機器開発と同時に制

写真-12 CO_2インテリジェントコントローラ

御システムの開発を行うことである。従来システムの単なる置き換えだけでは、生産性の大幅な向上は見込めない。

例えば、写真—12に示したCO_2インテリジェントコントローラ（IC）は、近年開発されたものであるが、新たにゼロ濃度差CO_2施用モードをサポートし、施設換気時にもCO_2施用を効率的に行うものとして注目される。

また、写真—13に示した細霧冷房および飽差を効率的に行うインテリジェントコントローラは、インバータを使用して、細霧システムにおける噴霧量を連続的に制御するこれまでとは全く異なる制御システムである。これにより、夏季の効率的な施設冷房やこれまで軽視されてきた施設内飽差の精密制御が可能になった点が大きく評価されているが、今後は新たな防除システムとしても注目・期待されている。

4）多収化技術

太陽光型植物工場では、多収化して生産性を向上させ、単位収量当たりの生産コストを低減させることが、周年的な安定生産と同時に重要になる。そのためには、環境制御技術の高度化により栽培環境を好適化して多収化することが重要であるが、多収品種の育成や合理的な栽培管理技術の確立も必要不可欠である。つまり、ハードウエア開発だけに注力するのではなく、栽培技術や品種開発、IPM技術など多面的でバランスの良い技術開発が重要になる。特に多収品種の育成は、一朝一夕の実現は困難で、オランダでも30年間で徐々に品種を多収型に改良してきたことから、低段密植栽培を活用した栽培システムに、複数の品種群を組み合わせて栽培する方法の方が時間的には有利であるかもしれない。さらには、病害虫リスクを合理的に管理するIPM技術の研究開発も重要である。そのためには、欧米並みの天敵利用システムの早期確立が望まれるところである。

5．今後の展望

現在農林水産省が進めている次世代施設園芸導入加速化支援事業は、これまでに述べてきた各種技術の研究開発や普及を考えると、極めて重要なプロジェクトである。その意味でも、わが国全体の業界や研究者が一丸となって、同事業を進めていくことが、今後の太陽光型植物工場／施設園芸だけでなく日本の農業の発展に必要不可欠である。

このように、植物工場は、今後のわが国には必要不可欠な技術であることは間違いないが、わが国だけではマーケットサイズが小さい。そこで中国等近隣の国々への栽培システムや専用品種、生産物の積極的な輸出や海外展開も考慮した研究開発が重要である。

当然ながら、中国や韓国、台湾等の国々も積極的な研究開発に対する投資を行っているため、それらの国々との協調、競争をしていく必要があるが、植物工場に関係する分野は極めて広いので、国を挙げたプロジェクトを効率的に進めていく必要がある。求められる研究開発分野は上述したとおりであるが、いずれの要素も重要であることを強調して、本章のまとめとする。

（丸尾　達＝千葉大学大学院園芸学研究科）

写真—13　細霧冷房・飽差制御IC

第2章 太陽光型植物工場の事例

（1）トマト

1．はじめに

1）トマト養液栽培の現状

太陽光型植物工場での養液栽培において、トマトは代表的な栽培品目である。特にロックウールを使用した栽培方法は、園芸先進国であるオランダで大多数が導入しており、近年では、年間 65～70t/10a を超える生産が確立されている。

こうした中、オランダでの成功例に習い、高度な統合環境制御システムを導入し、ロックウール栽培でトマトを栽培する農業生産法人や企業が増加している。しかし、その生産性は、国内トップクラスでさえオランダ水準の 2/3 程度に留まっているのが現状であり、成功を収めた例は多くはない。

資材や給液装置などのハード面は、同様の仕様であるにもかかわらず生産性に違いを生じるのは、社会的背景や気象環境の違い、栽培手法などが考えられる。

2）課題克服に向けた取り組み

近年、わが国の平均的な生産性は、25～30t/10a 程度の水準で推移しており、生産性向上は進んでいない。また、計画的かつ安定的な供給が植物工場に求められるが、達成している生産者も極めて少ない。

多くの生産者で見られるのが、資材や管理機器の間違った使い方や植物の間違った管理方法である。成功している生産者は、オランダなどからこうした情報を収集し、適切な使い方や管理方法を実践している。生産性の違いは、管理レベルの違いといっても過言ではない。

こうした中、日東紡績㈱では、2009年よりロックウールの製造・販売を行っているロックウール社（グロダン）の技術情報をもとに最新のロックウール養液栽培の栽培管理方法を入手し、ロックウールの販売とともに栽培手法の国内への普及拡大を進めている。また、2010年にその技術の実証施設として、千葉市稲毛区に植物工場を建設し、工場運営を通して技術の実証を行っており、研修や栽培技術に関わる勉強会や指導の場として活用されている（写真－1）。

2．実証温室の紹介

1）温室仕様

仕様は、オランダでの標準レベルとしている。また、小区画を複数設けて生産だけでなく試験もできるように設計されている。

写真－1　千葉植物工場

(1) 区画構成と統合環境制御装置

栽培面積の合計は7,584㎡で、4区画に分割されており、4,896㎡の実証区と、896㎡の3試験区があり、試験も徐々にスケールアップできるように設計している。

統合環境制御装置には、オランダのプリバ社の装置を導入している。天窓、カーテン、給液装置、暖房機やCO_2施用などの各種機器を統合的に判断して制御している。本温室では、4区画それぞれにセンサが設置されており、区画ごとの管理が可能である。

(2) 温室形式と被覆資材(カーテンを含む)

軒高5mのダブルフェンロー型となっている。間口を8mとし、棟方向の柱間隔は4mである。開口部は幅3m高さ1mの天窓のみで、側窓は設置していない。

被覆資材は、ガラスではなく、フッ素フィルムを用いている。なお、温室上部は散乱型の被覆資材としている。温室内側には、遮光と保温用の2層のカーテンを設置している。

(3) 灌水システム(給液装置、殺菌装置)

ロックウールを、ハンギングガターと呼ばれる吊り下げ式の架台に設置して利用する方式を採用している(写真ー2)。ハンギングガターは、作業者の高さに収穫果を位置づけることができ、収穫の作業を容易にすることができる。また、ハンギングガターの側面に排液溝が設置されており、傾斜を設けることで排液を回収することができる。

ロックウールの性能を十分発揮するために、ドリッパーを使用した点滴給液装置を導入している。本装置は、日射計と連動しており、日射量に応じた給液が可能である。

本方式は、均一性が高く、2〜3ℓ/時の能力を備えていれば「少量多頻度」の給液も実施できるため、培地内の水分調整も行いやすく、夏季の厳しい環境下でも植物の樹勢とバランスの管理が容易となる。また、排液は紫外線殺菌による再利用を実施しており、年間30〜50%の排液を再利用している。

なお、給液には地下水を利用しており、温室内部に100tのタンクを設置している。同様のタンクが、温室外部にも設置されており、雨水も利用することが可能な設備となっている。

(4) 暖房機とCO_2施用

光合成の原料となるCO_2の施用は、高収量を目指すためには必須である。本温室では天然ガス(LNG)を湯温ボイラーで燃焼させて生成されるCO_2を施用する方式をとっている。CO_2はハンギングガター下部に設置された供給ダクトを通じて植物に供給される。ヒートレールパイプを用いた温水加温は、温風加温に比べて輻射熱を利用して、温室内および果実など植物体を均等に温めることが可能である。また、設定温度への上昇と下降の速度(℃/分)を設定することが容易であるため、温度変化の傾斜を利用した植物の栄

写真ー2 ロックウール栽培

写真ー3 分析診断施設

養・生殖成長のバランス管理に有効である。

(5) その他

ヒートレールパイプを活用して、手押し式の収穫台車（28台）やバッテリー駆動式の高所台車（6台）を導入し、現場の作業効率化と作業品質の向上を図っている。また、同じく省力化という観点で、レールを走る防除ロボット（2台）も導入している。

また、収穫果実の品質（糖度や酸度など）やロックウール中の養液・排液の成分（N、P、K、Ca、Mgなどの多量要素、Fe、Mn、Zn、Cuなどの微量要素）を測定することができる分析室も温室に併設されている（写真―3）。分析装置としては、ICP（誘導結合プラズマ発光分析装置）やHPLC（高速液体クロマトグラフィー）や自動滴定装置などが設置されている。本施設で測定されたデータは、植物状態の把握や肥料設計に利用している。

2）栽培実績

2010年に栽培を開始し、初年度は品種特性や気象条件を捉えきれず、大玉（品種：桃太郎はるか）で24t/10a（出荷量のみ）と高生産性は実現できなかった。しかし、2年目で、36t/10a（出荷量のみ）を実現している。

また、初年度より栽培してきたオランダでの生産性が30～35t/10aの中玉（品種：カンパリ）で30t/10a水準を実現しており、国内トップ水準まで年々生産性を向上させてきている。実際、オランダ仕様の温室を導入しても、高生産性を必ず実現できるわけではない。2年目以降、生産性が飛躍的に増加した要因は、データの蓄積による管理水準の向上と考える。

3．生産性向上のポイント

生産者は多くの管理を実施しなければならい。温度管理・湿度管理・CO_2管理・作業管理・病害虫管理・水分管理・出荷管理など挙げれば多くの管理すべき項目が並んでくる。

上記の管理を駆使して、高い生産性を生み出す植物にしていく必要がある。そのために、まず目指すべき植物状態と現在の植物状態を数値化して管理基準を設定するべきである。

1）植物状態の的確な把握

トマトは栄養成長と生殖成長が同時に進行する。収穫量を上げるためには「植物の樹勢と栄養成長・生殖成長のバランスを図る」ことが重要である。植物の樹勢評価の指標として、成長点近傍の茎径や葉の大きさなどが存在する。一方で、栄養成長と生殖成長のバランス評価の指標としては、開花果房から成長点までの距離、花梗の長さ、開花数や着果の速度など様々な指標が存在する。

上記いずれかの指標を測定し、植物状態を定量化することができる。一例として、樹勢の指標として成長点付近の茎径、バランス評価の指標として、開花果房から成長点までの距離を用いた評価シートを示した（図―1）。植物状態は4種類に大別することができる。植物は、樹勢強く栄養成長型（図―1の①）

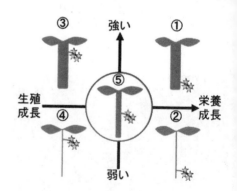

①樹勢が強い：茎径が太くなる
②樹勢が弱い：茎径が細くなる
③栄養成長に傾く：開花花房までの距離が短い
④生殖成長に傾く：開花花房までの距離が長い

図―1　生育のバランスシート

や弱く生殖成長型（図—1の④）だけでなく、樹勢強く生殖成長型（図—1の③）、樹勢弱く栄養成長型（図—1の②）にもなる。植物は日々の環境変動の中で刻々と状態が変化する。安定的な生産および高生産性を目指すためには植物状態の変化を見極め、常に理想な状態（図—1の⑤）を保つ必要がある。理想状態とは、樹勢が強すぎでも弱すぎでもなく（茎径が適正）、栄養成長と生殖成長のバランスが良い状態（成長点から開花花房の距離が適正）である。わが国の従来の考え方には、栄養成長＝樹勢が強い、生殖成長＝樹勢が弱い、という考え方があるが、これは全てに当てはまるわけではない。

上述のような、計測の方法は様々あるが、本温室で実施している方法の一部を紹介する。

（1）測定株の選定と測定日

10株を測定する。各区画の中心近くの柱がない通路を選び、その左右のガターから5株ずつ測定株とする。週1度、同じ曜日の同じ時間帯に実施する。各種測定は週単位で管理する。弊社の場合、月曜日に実施して、前週の生育状態を評価している。1週間とは、月曜日の日の出から翌週月曜日の日の出までとする。

（2）伸長量

毎回、誘引ひもに成長点の位置をマジックで印をつけ、前回の成長点の高さ（誘引ひもの印の位置）から成長点までの距離を測定する。もし前回の成長点の高さの位置が葉などの節にある場合は、それより下の測定できる部分で測定する。測定はcm単位で小数点1桁まで記録する。

（3）開花花房高

成長点から一番上の開花花房の茎との付け根までの長さを測定する。測定はcm単位で小数点1桁まで記録する。

（4）茎径

前週の成長点の高さの位置の茎径を測定する。茎の切断面が円形ではないため、直径が一番太くなる位置をノギスで測定する。測定はmm単位で小数点1桁まで記録する。

2）植物の樹勢とバランスの操作

植物の樹勢とバランスを操作する手法には、気候管理、根域管理、作業管理がある。

さらに、3つの管理はいずれも多様な選択肢をもっている。気候管理には、温度、湿度、日射量などがある。根域管理には、水分量、EC、pHなど、作業管理には葉かき、摘果などの温室における一連の作業が選択肢としてある。

樹勢が弱い時は栄養成長、樹勢が強い時は生殖成長に向けての管理を実施する。管理の際は、樹勢とバランスを切り離すことは難しい。そのため、「樹勢が弱い、栄養成長」や「樹勢が強い、生殖成長」の場合、樹勢とバランスを比較して、どちらかを優先する必要がある。

水分管理を例とすると、植物を栄養成長に傾けたい場合には、水分量を高く、ECを低くする。逆に、生殖成長に傾けたい場合には、水分量を低く、ECを高くする。

8月末定植、翌年7月末収穫終了

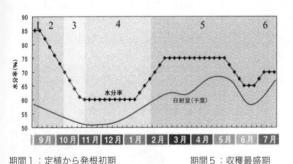

期間1：定植から発根初期
期間2：第4果房着果まで
期間3：初期収穫まで
期間4：収穫量と成長のバランスをとる期間
期間5：収穫最盛期
期間6：収穫終了

図—2　一年の水分変化モデル

とする長期多段どりをモデルとし、ステージの異なる6期間（グロダン6 Phase）での水分管理の考え方を示す(図ー2)。期間1では、スラブ内に根を活着させるために高い水分量を維持する。期間2では、着果開始の時期であり生殖成長へと傾けるために、水分量を減少させていく。一方で、気相の割合を増やすことで、根の分枝を促進させることも狙いである。期間3では、さらに根張りを促すために水分量を減少させる。また、期間2と同様に栄養成長に傾きやすいため、水分量を減少させ生殖成長に傾ける。期間4では、日射量が少なく栄養成長に傾きやすく、吸水量も少ないため、低い水分量を維持し、生殖成長に傾け続ける。期間5では、日射量の増加に伴い吸水量が増え、生殖成長に傾きやすくなるため、水分量を上げて栄養成長に向けていく。期間5の後半は、梅雨時期で期間4と同様に、栄養成長に向きやすい環境なので、水分量を落とし、梅雨明けの期間6で再度水分量を上げる。

　栄養成長に向ける際は、ストレスを負荷しないで、生殖成長に向ける際はストレスを負荷する管理となる。気候管理も作業管理も考えは同じである。水分管理と同様に、上記2つの管理に関しても、実施の時期と程度（激しく、緩やかなど）が重要となる。時期や植物の生育段階によって管理ごとに植物バランスへの寄与度は変化する。したがって、どのような設備、作物、環境であっても、生産性を向上させるには、植物状態の的確な把握と、それに合わせた管理を適切な時期に実施できるかがカギとなる。
(吉田征司・加島洋亨＝日東紡績㈱グリーン事業部)

（2）レタス

1. 低コスト安定供給を実現する植物工場モデルを目指して

　㈱ひむか野菜光房では、リーフレタスの低コスト生産モデルの構築を目指し、施設整備を行った。自然エネルギーを最大限に利用できるよう、冬場の日照に恵まれ、夏場比較的冷涼かつ上質な地下水が豊富に得られる宮崎県北部沿岸地域に立地を求め、日本型の総合環境制御装置を独自で開発し平成24年10月に生産を開始した。当初45aで生産を開始し、翌25年に66aに規模を拡大し、日産7,000～8,000株の生産を実現している。以下これらの取り組みについて記述する。

1）大衆需要を満たす売価設定

　本来、農業生産が担う基本的使命は、低価格で安心な生産物を安定的に供給することにある。すなわち大衆消費として見た場合、通常130円/袋、特売日で100円/袋で販売できるように安定供給を行う必要があるものと思われた。これを実現するためには、閉鎖型工場では生産コスト面で対応できず、土耕栽培の産地のリレー生産では安定供給に難が

写真ー1　植物群落付近の環境測定用サンプリングチューブ

ある。これらの問題を解決することができれば、今後新しい生産モデルとして普及するものと考え、新モデルの構築をめざし技術開発を進めた。

2）低コスト生産成功のための立地

太陽光型植物工場では恵まれた日射量に加えて上質で豊富な地下水、排水性が良い等の自然条件に恵まれた立地が低コスト生産を実現するために不可欠となる。そこで、冬季の日射量が全国有数の宮崎県北部沿岸地帯で土地を探した。豊富な地下水を得るために、高千穂水系の地下水が簡単に得られる五十鈴川沿いの土地を探したところ、門川町が土捨て場として使用していた土地（砂利および礫中心で水はけがきわめてよい）を借り受け植物工場用ハウスの建設を行った。

3）生産安定・増収のための技術投入

ここ数十年間で飛躍的な増収を見せたオランダでのトマトや花き生産の技術を参考に、温室内環境の測定とそれを記録する装置に加えて、わが国での導入事例の少ない飽差制御技術、飽差制御に併用したCO_2施用、風速管理、養液のEC、pH制御と肥料成分の量的管理技術等を可能にする総合環境制御装置を独自に開発した。さらに、省力化機器の開発、自然エネルギーを利用した低コスト加温・冷却システムの開発・導入を行った。

これらにより、従来の水耕栽培に比較して、1.5倍を超える生産数量を実現できた。

2．ひむか野菜光房で開発・導入した技術の概要

1）総合環境制御システム

(1) 温室内環境の測定

温室内環境を測定するセンサの内、気温、湿度、CO_2に関しては写真―1に示すように、植物群落付近にフレキシブルパイプの先端を設置し、栽培ベンチ下に設置したセンサボックス内に空気を吸い込むことで植物体周辺の環境を測定するように工夫した。なお、センサーボックス内の発熱による測定値の誤差は独自の方法で補正をかけて正確な値を得られるようにしている。この他、栽培槽内の水温、ベンチの水位、養液のEC、pH、養液原液の消費量、外気温、日射量、風速、風向等の測定も行い、専用パソコンにデータが蓄積して制御するように設計している。

(2) 飽差管理

植物群落付近の気温と相対湿度から飽差を演算し、飽差が設定値以上になれば目標値に下がるまで細霧の噴霧と停止を一定間隔で繰り返し、光合成に適した飽差に制御している。細霧噴霧の時間を自由に変えることができ、また、飽差制御を行う時間帯も設定できるため、季節ごとに適した設定を行うことできめ細かい飽差制御が行える（写真―2）。

写真―2　飽差制御用の細霧噴霧時間及びON－OFFインターバル設定画面

写真―3　栽培槽内に設置された冷却・加温用パイプ

(3) 養液成分の制御

養液の制御は循環養液の EC と pH を測定し、2種類の肥料原液による EC 制御と硝酸液による pH 制御を同時並行で行っている。

最も吸収量の多いのは硝酸イオンであるため、単なる EC 制御だけでは硝酸イオン濃度が徐々に低下することで pH が上昇し、鉄、マンガン等の欠乏症を誘発する。これに対応するために、pH の測定値に応じて硝酸を供給することにより pH が適値に収まるとともに養液の硝酸イオン濃度もほぼ 11me/ℓ ± 0.5 以内で制御できる。なお、培養液は月1回分析を行い、吸収量の多少を各成分ごとに調整した原液を作成することで、植物体の吸収量に応じて肥料分を与えている。このため、生産を開始して以来 21 ヵ月経過するにもかかわらず培養液の交換は一度も行っていない。

(4) 根域の液温制御

写真—3に示すように栽培槽にはステンレスのフレキシブルパイプを沈めている。3〜11月の間、パイプ内に地下水（水温17℃）を通し、かけ流すことによる熱交換で養液の温度は夏場でも 24℃以下に維持している。12〜3月の間は養液温を 20℃前後に維持して生育促進を図るために 55℃の温湯を循環させることで対応している。

(5) 室内加温

農業用に市販されている重油ボイラーは高価な上、熱利用効率が 85％程度と低い。このため、家庭用の量産型ガス湯沸かし器（リンナイのエコジョウズ、1台 40,000kcal/h、熱効率 95％以上）を 45a 当たり 12台設置して利用している（写真—4）。湯沸かし器により 55℃のお湯を沸かし、栽培ベンチ下に張り巡らせたステンレスフレキシブルパイプに温湯を循環させることで真冬で外気温+10℃の加温制御を可能としている。

2) 夏季の高温対策

写真—5に示すようにファン付きのラジエーターを設置し、地下水を使用した冷房装置を設置し夜間運転した。夜12時ごろサイドおよび天窓を締め切ることで、夏季の最低夜温が外気温より 1〜2℃低くすることができる。この装置は、作業室にも設置しており、光を遮っている作業室では、真夏の昼間でも、室温を 28℃以下に保つことができ作業者からも好評である。

また、梅雨明けにはフランス製の遮熱剤(トランスパー)を外部フィルムに塗布している。この塗料は、赤外線は反射するものの光合成に有効な波長域の光は透過するもので、葉温や体感温度が 2〜3℃低下させることができ、労働環境の向上にも寄与している。

3) 育苗

(1) 播種と発芽

播種には稲の育苗トレイに 300 ブロックにカットされたポリウレタンを入れて使用する。各ブロックには十字に切り目が入ったものを使用し、独自に加工した種子押し込み器（写真—6）を使って切り目にコーティング種子を 1 mm 程度押し込むようにして播種する。播種後は専用の冷蔵庫にて 2日間低温処理することで斉一な発

写真—4　加温用のガス湯沸かし器

写真—5　冷却用ファン付ラジエター

300ブロックにカットされた育苗用ポリウレタンの各ブロックの中心に、種子を1粒づつ落とせる穴あきステンレス版を使って種子を落とし、300本の突起を設置したステンレス板により種子を落とし、種子を1mm程度ウレタンに押し込む。

写真—6　播種及び種子の押し込み作業

芽をさせている。

(2) 養液ミストによる育苗

　低温処理後は育苗ベンチにトレイを移動させ、養液をミストにて頭上から定期的に散布することで灌水および施肥の均一化を図っている。高温期の育苗室はヒートポンプにより夜冷処理することで周年にわたって育苗環境を極力均一に保つよう工夫している。

4）省力化機器の開発と投入

(1) 根切機

　収穫は、栽培ベンチに浮かんだ発泡パネルごとに行う。発泡パネルを通路側に引き寄せて持ち上げ、パネル単位で写真—7の根切り機によってパネルの底面ぎりぎりの位置で根のみをカットする。

(2) 搬送装置

　根をカットされたパネルは3段式の台車に18枚乗せ、パッキング室に搬送される。搬送の自動化も検討したが、設備投資の割に人員の削減ができないことが解り、現在人手による台車の搬送で対応している。

(3) 個別包装

　市販の包装機3台（ポリスター）を使用してポリウレタンを付けたまま個別包装を行っている。包装後折り畳みコンテナまたは段ボールに詰め、予冷庫に搬入した後、チャーター便にて発送している（写真—8）。

5）生産・流通管理へのICT技術の投入

　葉菜類では、需要の変動に対応して生産量を調整することが重要となる。このため、日々の生産計画管理表（播種量、移植、定植数の調整）、冷蔵庫内の在庫状況、荷姿別受注状況等を同時に確認できるよう、複数のモニターを設置し市販のパソコンを使用して運用している。これらの情報はタブレットやスマートフォンからも確認、操作ができ、販売営業担当がいつでもどこでも確認できるようにしている（写真—9）。

　販売営業は、農場に1名、大阪出張所に1名の体制で、大型小売店のバイヤーとの間で直接営業を行い、受注量の調整を行っている。バイヤーとの直接取引により、販売現場が求める情報を直接得ることができ、生産現場に直ちに反映できる。販売側もICT化が進んできているため、今後、直接取引はより重要な意味を持つものと考えられる。

3．小売対応型生産の採算性

　表—1に平成25年の決算書を基に作成した経営内容の概要を示した。

　平成25年は栽培初年であったため、不馴れな生産調整や人員の熟練度の低い状態で運営したため、春先には生産オーバーとなり多くの株を廃棄したにもかかわらずほぼ黒字となった。今後、生産調整や販売営業の強化により安定的黒字経営が可能なモデルとして地域に普及できるものと考えられる。

4．今後の展開

　現在、次の展開として、加工用葉菜類の生産モデルの構築を目指し、福岡県にて15a規模での実証を試みている。

　加工用生産では、取引先件数が小売対応型

写真—7　収穫後の根切りとパネルの搬送作業　　写真—8　パッキング（個別包装）作業　　写真—9　生産・流通管理へのICT技術の利用

に比べて少なくなることや、個別包装が不要となることから、生産人員や管理者を大幅に削減できるとともに、販売事務の削減も可能となる。また、現在開発中の移植・定植ロボットの投入やバイオマスボイラーの起用による省エネ化、ICタグ利用による生産管理システムの高度化、搬送装置改善等により更なるコストダウンが可能となる。また、輸送に関してもポリプロピレングリコール（濃度により空中の水蒸気を吸収したり排出する度合が変化する性質を利用して、トラック内の湿度を一定に保つ）を使用した保湿技術を取り入れた専用トラックの運用による高鮮度流通の実現や、プラズマオゾンミスト利用（霧のなかでプラズマにより発生したオゾンの殺菌効果を向上させ、より低濃度のオゾンで効率よく殺菌する）による生菌数抑制技術の投入による安全性の確保等も可能となる。これらの技術投入により、土耕栽培での生産原価を下回り、かつ衛生管理の行き届いた安心・安全なレタスを周年安定的に供給できるモデルの構築を目指している。

（嶋本久二＝㈱ひむか野菜光房）

表—1　生産形態による収支モデルの比較

	小売需要対応型 （現農場）	加工需要対応型 （次期農場）	備考
生産面積(育苗、作業室別)	50 a	50 a	現行農場分は50a（定植後面積）に換算
生産株数	6,000 株/日	3,852 株/日	
販売株数	5,400 株/日	3,466 株/日	販売ロス率10%と仮定
生産重量	197 t/年 (100 g/袋)	316 t/年 (250 g/株)	大きな株を収穫するため収穫重量が増加する。 現行農場での試験結果を反映して収量を予想
販売金額	137,970 千円/年 (単価：70円/袋)	110,600 千円/年 (単価：350円/kg)	
生産作業員	15 名	5 名	包装作業が不要、移植定植機、搬送装置の投入により大幅に人権費が削減できる。
正社員人員	6 名	3 名	営業事務、営業、総務が不要になる。
労務費	28,500 千円/年	9,500 千円/年	人員の大幅削減（1/3に縮小）
販売及び一般管理費	20,600 千円/年	16,200 千円/年	事務所経費、事務所人件費、販売手数料等を含む。
資材費	27,000 千円/年	15,000 千円/年	種子、段ボール、包装材等を削減
発送配達費	19,000 千円/年	15,000 千円/年	積載効率の向上、チャーター便使用で削減
光熱水費	8,600 千円/年	3,000 千円/年	バイオマスボイラー導入と春先の生産調整技術投入により省エネ化
原価償却費 (10年定額)	15,000 千円/年	31,500 千円/年	ハウスの強化、鋼材の値上がり等により建設費が高騰している。移植機、搬送装置、ボイラー等追加
予想経常利益	12,070 千円/年	20,400 千円/年	少人数の運営が実現し、経常利益も増加することで普及しやすいモデルを示すことができる。

第3章　太陽光型植物工場における生体情報計測と環境制御

1. はじめに

　太陽光型植物工場は、太陽光エネルギーを最大限に活用して大規模な農作物生産を行う施設であり、気温・湿度・CO_2・光強度などの様々な環境要因を制御するための設備を有している。これまで、コンピュータ化・情報化・自動化により生産性を向上させてきたが、最近では、作物の生体情報を計測して生育状態を診断し、その診断結果に基づいて栽培環境を最適に制御する技術が注目されている。ここでは、匂い成分計測によるストレス早期検知技術やクロロフィル（Chl）蛍光画像計測による光合成機能診断技術などの先端的な生体情報計測の事例を紹介するとともに、これまで十分に活用されてこなかった茎径や茎伸長速度などの基本的な生体情報を効果的に活用するための生育状態可視化（見える化）技術についても概説する。

2. 先端的な生体情報計測技術

1）匂い成分計測による水ストレス検知

　植物は多種多様な匂い成分を放出しているが、種々のストレスの影響を受けてその放出量や質（匂い成分の構成比）が変化することが知られている。携帯型匂い成分分析装置（zNose®）は、植物工場における On-site での匂い成分分析が可能な装置であり、わずか2分間の計測時間で ppb レベルの匂い成分の高精度定量計測が可能である（写真—1）。

　図—1は、毎日給液を行っている対照区（Healthy）と給液停止後7日目の水ストレス区（Stress）を対象として、zNose® を用いて計測したクロマトグラムである。

　いずれのピーク（Peak-1, 2：モノテルペン、Peak-3, 4：セスキテルペン）も水ストレス区が対照区よりも大きく、水ストレスにより匂いが強くなるこ

写真—1　zNose® による匂い成分計測の様子
（ブラッシングと on-site エアサンプリング）

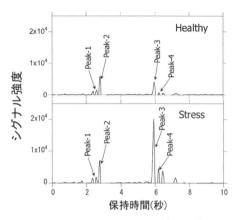

図—1　水ストレスによるトマトの匂いの変化

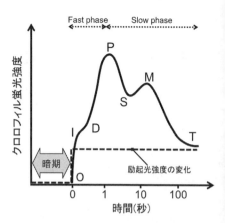

図—2　インダクションカーブの形状と特徴点の名称

とが分かる。また、モノテルペンに対するセスキテルペンの比が水ストレス区で大きくなっており、これは水ストレスによって匂いの質が変化することを示している。これらの結果は、植物が発する匂いをモニタリングすることによりストレスの早期検知が可能であることを示唆している。

2）Chl 蛍光画像計測ロボットによる光合成機能診断技術

Chl 蛍光は、Chl が吸収した光エネルギーのうちで光合成に使われずに余ったエネルギーの一部が赤色光として捨てられたものである。そのため、Chl 蛍光を正確に計測することで、植物体に触れることなく光合成機能に関する情報を取得することができる。

暗条件におかれた植物葉に一定の強さの光（励起光）照射を開始すると、Chl 蛍光強度が経時的に変化する現象が観察される。この現象はインダクション現象とよばれ、この間の蛍光強度変化を表す曲線をインダクションカーブとよぶ（図—2）。

インダクションカーブの形状は葉の光合成能力の高低や種々のストレスの影響を受けて変化するため、P/S や M/S などのカーブ形状指標を用いることで光合成機能診断が可能となる。

図—3 は、Chl 蛍光画像計測システムによるトマトサビダニ害の早期検知例である。P/S は光合成電子伝達系の初期段階の電子伝達活性の高さを示す指標であり、トマトサビダニの食害による光合成機能障害を明確に検知している。このような病虫害の早期検知が可能になれば、

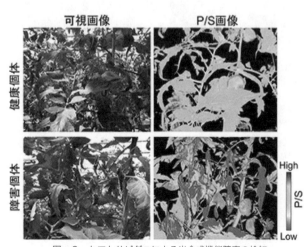

図—3　トマトサビダニによる光合成機能障害の検知

早期の処置により被害を最小限に抑えられるだけでなく、農薬使用量の低減にも寄与する。

　写真－2は、トマト群落を対象とした光合成機能診断を行うために作製したChl蛍光画像計測ロボットである。1.5m［H］×0.6m［W］の青色LEDパネル（λ＜500nm）から照射される光の強度は、パネル面から0.6mの距離にある植物体に明確な特徴点を持つインダクション現象を起こさせるように最適化されている。ロングパスフィルタを内蔵した広角レンズを装着したCCDカメラには防水加工が施されており、カメラから0.6mの距離にある2.1m［H］×1.2m［W］の範囲の撮影が可能である。電動カートは、4個のタイマー（①～④）により動作が制御され、各タイマーは、①自動計測開始までの待ち時間（計測開始時刻設定）、②直進走行時間（走行速度は10m min^{-1}）、③一時停止後LED点灯までの待ち時間、④LED点灯時間（インダクション現象の画像計測時間）を決めている。ま

写真－2　太陽光型植物工場に実装可能なクロロフィル蛍光画像計測ロボット

た、カート前後端の接触センサによりレーン端を検知して前進後進の切替えを行う。

　図－4は、Chl蛍光画像計測ロボットを用いて計測した愛媛大学植物工場研究センターの太陽光型植物工場の光合成機能マップである。中央南側の植物体の光合成電子伝達活性（P/S）が高いことが分かる。

　図－5は、トマト個体群の光合成電子伝達活性（P/S）（○）と日積算日射量（●）の変化を示している。Day 0からDay 8にかけては、P/Sと日積算日射量が同様の変化を示しているが、Day 9以降は両者に明確な対応関係が認められなくなった。

　このような日単位での光合成

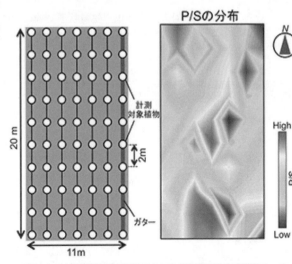

図－4　太陽光型植物工場内のトマト個体群の光合成機能マップ

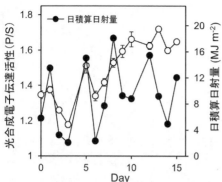

図―5 光合成活性（P/S）（○）と日積算日射量（●）の経日変化

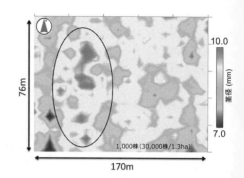

図―6 大規模太陽光型植物工場におけるトマトの茎径の分布

活性の変化をモニタリングすることにより、人間の目では不可能なレベルの作物の健康状態のわずかな変化を検知可能になると考えられる。さらに、このような高時間分解の群落光合成機能指標と日射・気温・CO_2濃度などの環境要因との関係を解析することで、環境調節の最適化に向けた知見が得られるものと期待される。

3. 基本的な植物生体情報の有効活用による生育状態の可視化

1）太陽光利用型植物工場における生育状態の分布

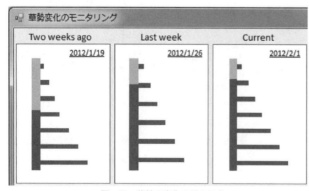

図―7 草勢の変化の見える化

図―6は、商業的トマト生産植物工場の一区画における茎径の分布である。計測対象領域は170m（東西）×76m（南北）であり、約30,000株のうち均等な間隔（5m×2m）で約1,000株を測定対象とした。トマトの生育状態の分布を可視化できており、楕円で囲まれたエリアの茎径が太いことなどが分かる。

この結果は、茎径等の基本的な生体情報であっても、高い空間分解能での計測を行うことで、生育状態把握のための新たな生体情報の提供が可能であることを示唆している。

2）草勢の見える化―生育状態把握のためのユーザーインターフェース整備

栽培管理者は、トマトの生育状態を目視で観察して「草勢」という指標でその良し悪しを評価し、それを自らの経験に照らして適切な栽培管理を行っている。図―7は、茎伸長速度、茎径、茎頂から50cm以内の葉数と各葉の葉面積指標（全幅×全長）などテープメジャーのみで測定可能な基本的な生体情報を用いて直近の2週間の草勢の変化を模式表示した例である。直近の2週間の茎伸長の鈍化や茎径の細小化

などといった生育状態の変化を直観的に把握することができる。

4. 生体情報計測技術の実用化の見通し

　生体情報計測技術は生産性最大化に必須の技術ではあるが、導入しさえすれば必ず増益をもたらすというものではない。ハード面(調節可能な環境要因、環境調節の時間・空間分解能等)との適合性は言うまでもないが、栽培管理スキルの熟達度によっても導入に適した生体情報計測技術が大きく異なる。例えば、トマトの生産性を長期にわたって高く維持するためには、茎・葉・果実の良好なバランス(光合成産物の適正分配)の維持が必須であり、これが環境調節の効果を最大化させるための必要条件となることを忘れてはならない。
(高山弘太郎＝愛媛大学農学部)

参 考 文 献

1) 橋本　康 (2013)：太陽光植物工場における俯瞰的科学技術の流れ－植物生体情報 (SPA：植物学) と栽培プロセスのシステム制御 (工学) －，植物環境工学, 25, 57-64
2) 高山弘太郎・仁科弘重 (2010)：大規模トマト生産温室における生体情報計測, 施設と園芸, 150, 27-33
3) 高山弘太郎(2013)：匂い成分計測による植物診断, Aroma Research, 55, 76-81
4) 高山弘太郎・仁科弘重 (2008)：施設園芸における植物診断のためのクロロフィル蛍光画像計測, 植物環境工学, 20, 143-151
5) Omasa K.et al. (1987)：Image analysis of chlorophyll fluorescence transients for diagnosing the photosynthetic system of attached leaves.Plant Physiology 84, 748-752.
6) 高山弘太郎他 (2012)：植物健康診断方法および植物健康診断装置, 国際公開番号 WO2012/63455

第4章　人工光型植物工場

1. はじめに

人工光型植物工場は、周年的に同一品質の農作物を生産することができる生産施設である。人工光型植物工場は、1970年代に提唱され、1980年代に実用化された。建築的には、窓のないビル、大型貯蔵庫、大型冷凍庫に似ているが、居住空間や作業空間と異なり、植物の光合成のために強光の照明を必要とする。2010年頃から周年生産を目指す高機能温室を太陽光型植物工場（図—1、詳細は別項参照）と呼ぶようになっており、どちらかの特定の型を指す場合は、人工光型植物工場、太陽光型植物工場と表記するのがよい。太陽光型は主光源が太陽光であり、外気を取り入れるため閉鎖系ではなく、生育環境制御の技術と方法は大きく異なる。

2. 特徴

人工光型植物工場は、野菜や苗を生産する温室および太陽光型植物工場と比較して、以下のような特徴がある。
①外部の天候に左右されることなく、均一した品質の植物を生産できる。
②周年、安定した生産量が実現できる。この結果、計画生産が可能になる。
③省スペース化や立体栽培が可能であるため、床面積当たりの生産量が高い。
④閉鎖空間であるため、外界から害虫、病原菌などが混入せず、農薬を使用しないですむ。
⑤閉鎖度が高く、水と培養液を循環利用でき、廃棄物も少ない。
⑥光合成の原料である水とCO_2を無駄なく供給することができ、資源の利用効率を生産性の指標とすることができる。

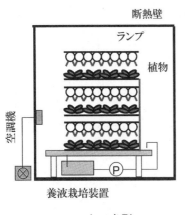

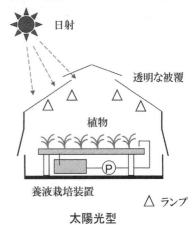

図—1　植物工場の種類

表—1 国内の人工光型植物工場で栽培されている品目の例（実証中のものを含む）

通称	主な栽培植物
野菜工場	葉菜類（サラダナ、リーフレタス、ベビーホウレンソウなど）
	ハーブ（バジル、チコリ、レッドマスタードなど）
	果菜類（イチゴなど）
閉鎖型苗生産システム	作物苗（トマト、キュウリ、レタス、ホウレンソウなど）
	花き苗（トルコギキョウ、パンジーなど）

⑦栽培環境条件を制御することによって栽培期間を短縮できる。その結果、年間の生産量が極めて高い。

⑧外食産業における料理や食品加工に合う葉や茎の品質（柔らかさ、長さ、含水率）の野菜を周年提供することができる。

⑨栽培環境条件を制御することによって、植物が持つ特定の成分含有量を増減できる。

⑩適度な環境ストレスを与えることにより、人間にとって有用な成分（機能性成分、香気成分、精油成分など）の含有量を増やすことができる。

⑪作業環境は快適であり、軽作業が主体となる。

人工光型植物工場は、現在は、野菜生産と苗生産で商業利用がなされている（表—1）。野菜の工場生産に限定したものを野菜工場、苗の生産に限定したものを閉鎖型苗生産システムと呼ぶことがある。

3. 植物工場の構成要素

植物工場施設は主に播種・育苗室、栽培室、収穫物処理室で構成する。ここでは、植物工場施設において中心的な役割を演じる栽培室について解説する。栽培室の構成要素は建物、栽培棚、養液栽培、照明、空調である（図—2）。植物工場においてコストに占める割合の大きいのは照明コスト、次いで空調コストである。植物工場の栽培環境の構築とその制御は、一般建築と比較して共通部分と異なる部分に分けると理解しやすい。以下に、主な構成要素について説明する。

4. 照明

植物の成長に影響を及ぼす光波長域は約300nmから800nmである（図—3）。紫外線（UV）は、植物に影響を及ぼすのはUV−A（315〜400nm）とUV−B（280〜315nm）であり、抗酸化作用を持つアントシアニン色素の合成や病害抵抗性物質の合成などの光形態形成反応を引き起こすことが知られている。植物が光合成に利用できる波長域（400〜700nm）を光合成有効放射と呼ぶ。光合成の光化学反応量はこの波長域の光量子数に比例するため、光合成に有効な光量の指標は光合成有効光量子束密度（PPFD）である。単位は $\mu\,mol\cdot m^{-2}\cdot s^{-1}$ である。光源によって異なるが、照度との変換値は、$100\mu\,mol\cdot m^{-2}\cdot s^{-1}$ が6,000〜8,500 lxである。この波長域の光は、光合成反応だけでなく、発芽、茎の伸長、葉の形づくり、花芽の分化と形成、開花などの光形態形成反応も引き起こす。この波長域を青色光（B：400〜500nm）、

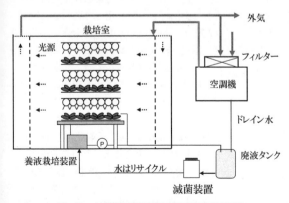

図—2 人工光型植物工場の栽培室の構成要素

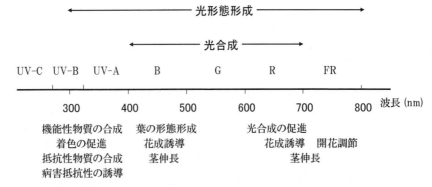

図—3　植物生育に必要な光波長域

緑色光（G：500～600nm）、赤色光（R：600～700nm）の3波長域に分けることが多い。可視光域で赤外線に隣接する700～800nmの波長帯を遠赤色光（FR）と呼ぶ。この波長域の光は光形態形成反応を引き起こすため、800nm以上の赤外線と区別している。800nm以上の赤外光は熱として作用するが波長依存性の反応はない。

植物工場では発光効率が高く赤外線の少ない光源を用いる。現在は、光要求量のあまり多くない葉菜類や苗の育成が多いため、蛍光ランプを利用することが多い。蛍光ランプは線光源かつ表面温度が低く近接照明が容易なため、多段式栽培棚の光源に適している。メタルハライドランプは電球形で高出力であり、光要求量の高い植物の平面式栽培に適する。発光ダイオード（LED）は、蛍光ランプに代わる光源として期待されている。様々なピーク波長の素子があるため、植物の生育に適する波長組成を見出せば、既存ランプに比べて照明コストを削減できる。また、電気エネルギーから光エネルギーへの変換効率が既存ランプより高くなれば、結果的に空調コストも削減できる。およそ5年から10年以内に植物工場の光源はLEDに代わると考えられる。

5．空調

1）気温の制御

植物工場は居住空間（500～1,000lx、10 μ mol・m^{-2}・s^{-1}程度）と異なり、多くの照明を必要とする。植物の光要求量（PPFD）は、葉菜類、野菜苗、花き苗で100～300 μ mol・m^{-2}・s^{-1}程度、果菜類で200～500 μ mol・m^{-2}・s^{-1}程度とかなり高い。

植物の葉の光吸収率は光合成有効波長域の範囲で70～90％である。吸収された光エネルギーの一部は葉緑素に吸収されて光合成により糖の化学エネルギーとして固定される。また一部は、光形態形成反応を引き起こすための信号として利用される。葉に吸収された光エネルギーのうち大部分は最終的に葉内に固定されないため、空気中に熱エネルギーとして再放出される。これと葉が反射および透過する分を加えると、照射光の光エネルギーの90数パーセントは室内の空気中へ熱エネルギーとして放出されることになる。すなわち栽培室において葉菜類を平面的に栽培する場合を仮定すると、居住空間の10～50倍の発生熱を除去する空調が必要になる。

閉鎖型では外気との空気交換（換気）は極めて少なく、空気は循環利用するため、照明

熱を冷房で除去する必要がある。施設の断熱性は高く保温性が良いため、冬季でも明期中は冷房を行う。暗期は断熱性が良い施設であれば暖房することはない。むしろ、若干の機器発熱による気温上昇と蒸散による湿度増加があるため、暗期も冷房を行うこともある。

最近の植物工場は多段式の栽培棚を導入しており、容積当たりの照明発生熱はさらに多くなるため、空調機の選定と運転には専門知識が必要である。

写真―1　植物工場の多段式栽培棚（光源は蛍光灯）

2）湿度の制御

植物根が培養液から吸収した養水分のうち、養分は成長中の器官（葉、茎、根など）に配分される。水の一部は細胞内に保持されるが、90数パーセントは葉面の気孔を通して空気中に蒸発する。この葉から気化熱を奪って蒸発する現象を蒸散と呼ぶ。蒸散により空気中の水蒸気分圧が増加する。これを除去するために除湿が必要である。居住空間の冷房でも冷却除湿運転によりある程度の除湿が可能であるが、植物工場では水蒸気発生量が多いので、除湿能力の高い冷凍機を用いる必要がある。植物は暗期にもわずかであるが蒸散を行うため、施設内の空気の水蒸気量が増加して、高湿度化しやすい。そのため照明熱が発生しない冷房の必要のない時間帯でも、除湿運転を行う必要がある。

除湿した結露水は排水せずに、培養液の水として再利用することができる。そのため、植物工場の水利用効率は極めて高い。しかし、除湿時にカビ等が混入することがあるので、再利用時に紫外線殺菌などの殺菌を必要とする場合もある。

3）空調負荷

栽培室の熱負荷は次のように分けられ、これらが空調負荷となる。
① 外界から壁体を通り侵入する熱負荷
② 外気導入とすきまを通じての熱負荷
③ 栽培室内で発生する熱負荷

③の栽培室内で発生する熱の発生源には、室内に置いてある照明器具・送風機・ポンプ・機械類、作業者などがあり、これらは顕熱負荷となるが、このうち一部は植物から蒸散、培養液からの水分蒸発、作業者からの蒸発として潜熱負荷になる。そのため、空調設計にあたっては、明期と暗期、作物の生育ステージの存在割合などによって熱負荷が大きく異なる点に留意する必要がある。

6．空気流動と栽培棚

植物には気流が必要である。既往の研究によれば、葉面上の風速は0.5m/s程度で生育がもっとも良い。自然条件下では風が吹いており、植物群落内の空気は適度に交換されている。しかし植物工場では、空調エアコンの循環ファンだけでは群落葉面上の風速を0.5m/s程度に維持することはできないため、植物体近傍の空気が高湿度化したり、CO_2

不足になり、その結果、生育不良が生じる。そこで栽培棚と栽培面の空気流動は一体化して制御することが望ましい。

最近は、多段式の栽培棚を導入する施設が多い。栽培棚が多段式の場合（写真－1）は、棚ごとに、栽培ベッドごとに空調した空気が同一量分配されるような気流制御方式を設ける（図－4）。そのためには、空調空気の吹出し口と吸込み口の位置、開口面積などを考慮すること。なお、空調機のみで栽植面における目標風速の確保が達成できない場合は、室内設置のサーキュレーターや栽培棚に設置する小型ファン等を活用する。

栽培植物種ごとに、生育ステージごとに、葉面積指数や葉の空間分布が異なるため、群落内外の気流はそれに合わせて制御するべきであるが、まだ最適な制御法が確立されていないのが現状である。

7．CO_2施用

植物はCO_2を葉の気孔から取り込んで光合成に利用する。光合成の促進のため、人為的にCO_2を施与することを、「CO_2施用」と呼ぶ。多くの施設では液化CO_2ガスを用いて、必要量を電磁開閉弁を通して施設内に供給する。閉鎖型では外気との空気交換が極めて少ないため、供給するCO_2ガスのおよそ90％以上は植物の光合成で固定される。そのため、ガラス温室などの換気の大きな栽培施設と比較すると、CO_2の施用効率は極めて高い。

8．養液栽培システム

植物工場では養液栽培法を用い、化学肥料を混ぜた培養液を循環利用する。養液栽培法には、人工培地を使う方法と使わない方法がある。前者は、ロックウール耕、れき耕、砂耕、バーミキュライトやパーライトといった培地を混合する方法がある。土壌を滅菌して有害微生物等を除去して用いることもある。保水性と通気性に優れた人工培地は、果菜類、豆類、穀類などの根量が多く草丈の高い大型の植物の支持体としても優れているので、これらの栽培で多く使用される。後者は、ウレタンスポンジか不織布で茎を支持して発泡スチロール製パネルに挟む、いわゆる水耕法である。水耕法は、葉菜類やハーブ、草丈の小さい果菜類などに使用される。いずれの方法でも、培養液のpH、イオン組成、溶存酸素濃度などを制御するために培養液管理装置を用いて制御を行う。

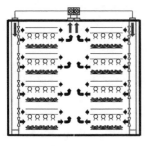
背面吹出し

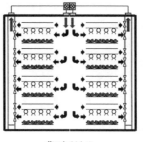
背面吸込み

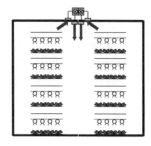
天井吹出し方式

図－4　栽培室の空調と空気流動制御

9. 栽培環境の制御

　植物工場では、光環境、温湿度、CO_2濃度、気流、培養液を正確に制御する必要がある。そのため、コンピュータ制御システムが導入されている。多くの要素は植物の生育ステージに応じた目標値を維持するように制御する。人工光型植物工場は天候すなわち外乱を受けないため、栽培室内の制御は容易である。多くの場合、On/Off制御とPID制御が使われる。照明を点灯する昼間は、顕熱負荷が非常に大きくなる。また植物の蒸散作用（葉から体内の水を放出する作用）が活発なので、水蒸気濃度（絶対湿度）が増加するため、潜熱負荷も大きい。夜間は照明がないが、蒸散作用は小さいがゼロではない。また気流制御用ファン、制御機器、養液栽培のポンプなどの発熱源がある。そのため空調は、昼夜を問わず冷房運転を行う。

　葉菜類の場合、明期の好適環境条件は、例えば気温25℃、相対湿度70％、CO_2濃度1,000ppm、光強度はPPFの単位で200 μ mol・m^{-2}・s^{-1}のようになる。その場合、例えば制御目標値として、気温25℃±1℃、相対湿度70％±10％のような設定を行う。冷却除湿モードで運転する。制御の応答性にきつい条件はなく、空調機の能力によるが例えば5〜15分程度の範囲で温湿度が上記の変動を示しても、植物の成長には影響はない。夜間の気温は昼間よりも数℃〜10℃ほど低く設定することが多いが、潜熱負荷、顕熱負荷とも小さいので、除湿機能を抑えた冷房運転で安定した制御を行うことができる。

　植物工場では、環境制御の応答性よりも、環境条件の均一化が重要な課題である。それは、植物個体間に環境要因の差異があると成長に差が生じてしまい、収穫物の重量や品質にばらつきができるためである。温湿度とガス濃度の均一性を高めるために、しばしば空調の吹き出し口と吸い込み口の間の植物をとりまく気流を制御する工夫をして、栽培ベッド面の均一性を確保する。

10. 栽培室の建築と衛生管理

1）建築

　空調のエネルギー効率と制御性を高めるために、密閉性・断熱性の高い仕様とすることが望ましい。また、高相対湿度の室内環境となるため、結露対策を講じる必要がある。特に既存施設を利用する場合は栽培室外部での結露についても考慮する。具体的には結露または濡れやすい箇所には耐蝕性の材料を用い、外部からの病害虫の侵入・増殖を防ぐために、以下①〜⑤に留意することが望ましい。
　①床面に水たまりができない仕様とする。
　②室内にごみがたまりにくい仕様とする。
　③雑菌が繁殖しにくい材料、構造とする。
　④できるだけ密閉性を高くする。
　⑤病害虫防除のために燻蒸（くんじょう）等の滅菌を行う可能性も考慮し、燻蒸後の排気機能を設ける。

2）衛生管理

　病害虫・雑菌の侵入および繁殖を防ぐために必要な清浄度を維持するために①〜④のような機能を有する施設もある。
　①出入り口に前室、エアシャワー等を設ける。
　②外部との換気設備には必要に応じて適切な機能のフィルターを設置する。
　③排水口からの虫、小動物の侵入対策を講じる。
　④適切な清掃・消毒計画を立案し、実施する。

3）水

　培養液および加湿に用いる水には、原則として水道水または井水（水道法に基づく水質

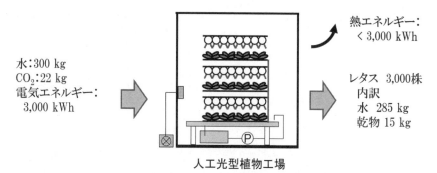

注）理想例での計算値なので商業生産施設の実際値とは異なる

図—5 人工光型植物工場でレタスを生産する場合のエネルギー収支と物質収支の例

基準に準ずる）を使用する。また、培養液等の水中菌の増殖に注意し、必要に応じてフィルター処理、紫外線殺菌、オゾン殺菌等の殺菌処理を講じるとよい。

冷却除湿により得るドレイン水を培養液または加湿に再利用する場合は、必要な水の処理を行い、水質を保持するのがが望ましい。

11. エネルギー収支と物質収支

人工光型植物工場は、露地農業や一般の施設園芸と異なり、密閉性が高いため、工場的な作物生産をする場合にエネルギー収支と物質収支のデータを収集しやすく、予測も容易な生産システムである。前述の照明、空調、CO_2 施用、養液栽培の実証データがあれば、エネルギー収支と CO_2 収支および水収支を概算することが可能である。

例えば、レタス（1株100g、乾物率5％、水分率95％）を毎日3,000株生産して出荷する植物工場を例に計算してみる。ここでは、閉鎖度100％の理想型の施設を仮定する。CO_2 施用のために栽培室に投入する CO_2 は全部光合成で糖に固定される、投入する水のうち植物からの蒸散水は空調でリサイクルでき培養液に再利用する、植物に吸収されていない分は培養液として保持されると仮定する。そうすると、毎日3,000株のレタスを生産して施設外に持ち出すとすれば、投入する水は約300kg、投入する CO_2 約22kg、投入する電気エネルギー3,000kWh（内訳：LED照明2,250kWh、空調750kWh、冷凍機のCOPを3.0と仮定）となる（図—5）。このように農作物の周年安定生産を目指す人工光型植物工場の建築設計や運営検討の際に、上記の収支から生産コストを推定しやすいという特徴がある。また、システムの運転状況の評価や経営的なコスト管理にも利活用できる。

（後藤英司＝千葉大学大学院園芸学研究科）

参 考 文 献

1) 髙辻正基（1979）：植物工場，講談社
2) 髙辻正基（2000）：図解よくわかる植物工場，日刊工業新聞社
3) 後藤英司編（2000）：人工光源の農林水産分野への応用，農業電化協会
4) 中島啓之（2009）：空気環境の制御，特集 完全制御型植物工場，空気清浄，47（1），13-17．
5) 日本生物環境調節学会（現日本生物環境工学会）編（1995）：生物環境調節ハンドブック，養賢堂

第5章　人工光型植物工場の事例（レタス）

1．はじめに

　実際に稼働している人工光型植物工場の事例は、現在人工光型植物工場に取り組んでいる企業、これから取り組もうとしている企業、双方にとって有益な情報になると考えられる。そこで本章では実際に稼働している人工光型植物工場において、①生産設備の概要、②生産工程、③経費、に関して聞き取り調査した結果を取りまとめた。また、作物生産にかかわる経費より、④損益分岐点（損益分岐点売上高、生産株数）を推定した。

2．生産設備の概要

　聞き取り調査をした人工光型植物工場は、首都圏から離れた国内のある地域において、操業している。この人工光型植物工場では、断熱パネルで閉鎖された構造物（延床面積：1,300㎡）を利用して、現在、レタス類（フリルレタスなど）を1日当たり6,000株前後生産している。

　この人工光型植物工場は、①レタス類を栽培する栽培室、②育苗に用いられる育苗室、収穫物を包装、梱包する加工室、③栽培室で使用した資材（パネルなど）を洗浄する洗浄室、④梱包したレタス類を一時的に保管する出荷準備室、などにより構成されている。

　栽培室の空間には、12段の棚により構成される多段棚が18台備えられている。人の手による作業（定植や収穫など）が可能なように、3段の棚で1つの作業フロアが形成されている。したがって、栽培室全体は、合計4つのフロアにより構成されるようになっている。

　栽培室内の2、3および4階フロアの床の大部分は、フロア間における空気の流れを妨げないように、金網となっている。ただし、台車などの通過する部分にはマットなどが敷かれていて、平らになっている。各フロア間の人の移動は、備え付けられた階段を利用する。また、資材や作物の移動は、ダムウェータ（荷物専用昇降機）を利用する。

　栽培室内の多段棚の各棚には、光源が備え付けられている（写真―1）。光源には32W白色Hf蛍光ランプが用いられている。多段棚の内部には蛍光ランプ上面半分を取り囲むように反射板が設置されている。また、多段棚の側面にもシート状の反射板が設けられている。これら反射板によって、蛍光ランプから発せられた光を作物の生育している面に効率的に照射できるようにしている。

この写真では、多段棚の骨材の一部や光源、反射板、養液プールなどの装置とともに、収穫直前のフリルレタスを見ることができる。

写真―1　栽培室内の多段棚の一部

この人工光型植物工場の栽培室では、湛液式水耕（DFT）方式の装置が採用されている。そのために、各棚の栽培ベッドは、養液プールになっており、栽培パネルが浮いている。養液は循環再利用され、また、養液調整装置によって、常に適切な組成、EC、pH に調整されている。定植作業および収穫作業は、養液プールの両端で実施される。苗を定植したパネルは一端から送り込まれる。もう一端に到着したときには、移植、または、収穫時期を迎えるように生産工程が考えられている（図—1）。

　栽培室の空調には、空気－空気熱交換式のヒートポンプ（パッケージエアコン）が用いられている。多段棚下部において、ヒートポンプで熱交換（ほとんどの場合、冷却）された空気は、ファンにより多段棚上部に送風される。冷却された空気は室内空気と混合された後、上部より下部に向けて送られて、全体として循環する仕組みになっている。

　栽培室内の多段棚では、レタス類の生産に好適なように、光強度や明期、気温が調節されている。また、光合成を促進するために、明期における CO_2 濃度を大気の 3～4 倍に高めている。この人工光型植物工場では CO_2 濃度を高めるために、純ガスを用いた CO_2 施用装置を導入している。

　育苗室は、播種してから 6 日間利用される。育苗室内は、栽培室に準じた気温および CO_2 濃度に調節されている。播種後より出芽するまでは、多段のカートを利用して育成する。出芽後は育苗用多段棚に移動し、子葉が展開後、本葉が 0～1 枚展開するまで育成される。ここで使用される多段棚の各棚には栽培室と同様の光源が設置されている。ただし、養液プールは設置されていないので、手で灌水する仕様になっている。

　加工室には、調整、選別をするベンチとともに、収穫物を包装するための装置が設置されている。この加工室では、作物に空中浮遊菌が付着するのを防ぐために、天井に埋め込まれた全熱交換器（ロスナイ）を用いた積極的な換気を実施して、部屋内の空気清浄度を高めている。他の部屋と同様に、床面に防水シートが張られていて、作業終了後の洗浄がしやすい構造になっている。このように、他の部屋と比べて清浄度を高く維持するようになっている。

　洗浄室では、収穫終了後のパネルを洗浄し、保管している。収穫終了後のパネルから作物残渣やウレタンなどを除去した後、水および弱酸性電解水を用いてパネルを洗浄、殺菌し、その後、乾燥させて保管している。

　出荷準備室には、予冷庫が備えられているとともに、搬出口が設けられている。収穫物はこの搬出口から出荷される。搬出口には、虫よけの黄色で厚手のビニルカーテンが設置されている。それ以外にも、虫の侵入を防ぐための対策が取られている。

3．生産工程

　この人工光型植物工場は、4 名の社員を中

移植や定植、収穫作業は、栽培室内の空きスペースや通路において実施される。他方、包装や梱包作業は加工室で、トレイなどの洗浄作業は洗浄室で、それぞれ実施される

写真—2　栽培室内におけるパートにより実施される作業の一例

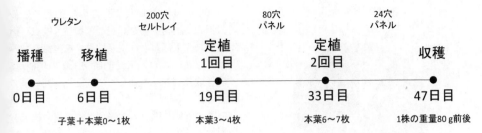

図―1 人工光型植物工場におけるレタス類の生産工程（播種から収穫まで）の例

注）この例では、ウレタンに播種し、6日間育苗する。さらに、200穴セルトレイに移植し、13日間育苗する。その後、80穴のパネルに定植し、14日間育成する。最終的に24穴のパネルで14日間育成し、47日目に収穫する。

心として、約30名のパート（平均就業者数：18人前後／日）によって操業している。社員は、生産管理、設備管理、労務管理などの業務の他にも、広報や営業を担当する場合もあるとのことである。他方、パートは、定植、収穫、包装、梱包などの作業に携わっている（写真―2）。

この人工光型植物工場における播種から収穫までの生産工程の概略を図―1に示す。この人工光型植物工場では、播種後6日間、育苗室において育苗する。ここで、播種などの作業は育苗室内の空きスペースを利用して実施している。支持材にはウレタン培地を用いている。種子は、作業性を高めるために、ペレット種子を用いている。育苗室での育苗終了後さらに13日間、栽培室内の棚の一部を利用した育苗スペースにおいて、200穴セルトレイを利用して、本葉が3枚程度展開するまで育苗する。

育苗終了後、苗を80穴のパネル（60 cm×90 cm）に定植し、14日間育成する。育成終了後の本葉枚数は5～6枚である。その後、24穴のパネルを用いて14日間さらに育成して、収穫する。収穫時のレタス類1株当たりの重量は、80 g前後としている。

収穫後、加工室内において、下葉などを取り除いたり、選別したりした後、それぞれの株はプラスチックフィルムで包装される。包装されたレタス類は、さらに段ボール箱で梱包され、出荷準備室で一時的に冷蔵庫にて保管される。レタス類が梱包された段ボール箱は、輸送業者により回収され、収穫された当日に取引先へと送られる。

上述は、現在の生産工程を簡単に記載したものである。現在、この人工光型植物工場では、育苗時の生育促進および斉一度に関する試験を実施していて、これにより、人工光型植物工場の回転率とともに歩留まりの向上を目指している。したがって、この生産工程は完全なものではなく、今後改善されていくものと予想される。

4．経費の内訳

ここで、この人工光型植物工場における事業収支に関して聞き取り調査を実施し、内容を整理してみた。聞き取り調査の結果を整理するために、人工光型植物工場における経費を、光熱水費、人件費、減価償却費、荷造運賃、材料費、種苗費、修繕費、地代家賃および雑費に大別した。なお、ここでは、補助金や助成金などの経済的支援を受けていない場合の各経費の値を示すこととした。

光熱水費は、全体の29％程度を占めていた（図―2）。ここで、光熱水費は、照明や空調などにかかわる電気代がほとんどを占めていて、水道代、ガス代は非常に小さな割合（5％以下）となっていた。

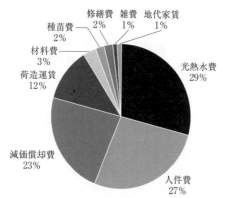

注）ここでは、補助金や助成金などの経済的支援がない場合の経費を求め、全体に占める割合を百分率で示した

図－2　人工光型植物工場における経費内訳の例

人件費は、経費全体の27％程度を占めていた。このうち、実際の作業にかかわるパートの賃金（変動的な賃金）は、社員のそれ（固定的な賃金）と比べて3倍程度となっていた。

減価償却費は、補助金や助成金などの経済的支援を受けない場合、経費全体の23％を占めることが予想された。このうち、半分が構造物や電気設備、機械設備などの減価償却費に、残り半分が生産設備の減価償却費に、それぞれ相当すると推測された。

荷造運賃も経費の中では比較的大きな割合を占め、経費全体の12％であった。他方、材料費、種苗費、修繕費、地代家賃など、その他の経費の合計は、経費全体の10％程度であった。

この人工光型植物工場では、光熱水費、人件費および減価償却費で経費全体の80％を占めていた。この経費の割合は、様々な要因により異なってくるものと予想される。ただし、その場合でも、光熱水費、人件費および減価償却費が、人工光型植物工場における主要な経費であると考えられる。

5．損益分岐点

つづいて、レタス類を1日当たり最大7,000株（年間最大250万株）生産できる人工光型植物工場を想定し、損益分岐点（損益分岐点売上高および生産株数）を推測してみた。なお、この人工光型植物工場の規模は、聞き取り調査を実施したそれとほぼ同規模である。

この推測の際、人工光型植物工場の総工費を約5億円と仮定した。人件費（管理者分）、減価償却費、地代・家賃などは固定費と、また、光熱水費、人件費（パート、アルバイト分）、材料費などは変動費と、それぞれみなした。なお、損益分岐点を求める際、細かな条件を仮定したが、それについては、紙面の都合上、割愛する。

聞き取り調査によると、現在、レタス類1株当たりの卸価格は、70～100円（800～1,300円/kg）である。そこで、レタス類1株当たりの卸価格（ここでは、人工光型植物工場から仲卸などへの輸送費を含めた販売価格と定義する）を前述の平均値である85円とすると、補助金や助成金などの経済的な支援がない場合、損益分岐点売上高および損益分岐点生産株数は、それぞれ1億8000万円および5,900株となった（図－3a）。したがって、この人工光型植物工場では、稼働率を年間通じて平均85％（≒5,900株/7,000株）以上に維持できないと利益を生み出せない。また、レタス類1株当たりの卸価格が80円以下の場合、この人工光型植物工場において稼働率を100％に維持できたとしても、利益は生み出せない。

次に、人工光型植物工場の建設にかかわる補助がある場合も考えてみる。ここで、構造物および設備に2/3補助が出され、減価償却費が1/3になった場合を想定してみる。レタス類1株当たりの卸価格を前述と同じ85円とすると、損益分岐点売上高および損益分岐点生産株数は、それぞれ7,000万円および2,300株となった（図－3b）。この場合、稼働率を年間通じて平均32％（≒2,300株

(7,000株)以上に維持できれば、利益を生み出せる。また、稼働率を100％に維持できる場合、レタス類1株当たりの卸価格が66円以下にならなければ、利益を生み出せる。

6．まとめ

本章では、現存する人工光型植物工場における事例を紹介することを目的として、その概要、現在の生産工程および経費に関して、聞き取り調査した結果を取りまとめた。ここで示した事例はあくまで一つの例であり、他の人工光型植物工場では異なる可能性もある。今後、聞き取り調査の事例を増やし、より一般化した人工光型植物工場の事業モデルを示す必要がある。
（大山克己＝みのりラボ㈱）

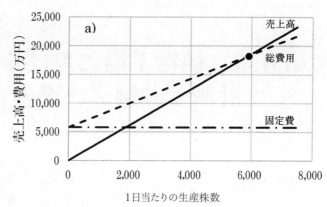

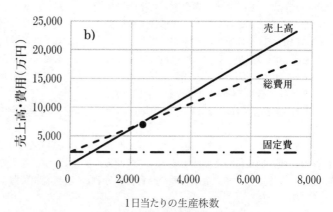

経済的支援がない場合の損益分岐点売上高および損益分岐点生産株数は、それぞれ1億8000万円および5,900株であった。一方、経済的支援がある場合のそれらは、それぞれ7,000万円および2,300株であった

図－3　人工光型植物工場（日産：最大7,000株）における補助金や助成金などの経済的支援がa）ない場合とb）ある場合の損益分岐点（1株当たりの卸価格を85円と仮定）

第6章　植物工場における生産条件の計測と計測データの「見える化」

1. はじめに

植物工場では、作物を安定的に生産できるといわれている。また、省資源的に生産できるともいわれている。しかし、植物工場の実際の現場では、作物生産が不安定になっていたり、資源の浪費が発生していたりする場合がある。この一因として、植物工場における生産条件の管理が不十分であること、また、それが適正化されていないことが挙げられる。

本章では、まず、植物工場における生産条件の管理と適正化の必要性を述べ、そのための一つの手法として、生産管理や品質管理分野で広く知られている、計画（Plan）→実行（Do）→評価（Check）→行動（Act）の4つにより構成されるPDCAサイクルという概念（図－1参照）について解説する。その後、PDCAサイクルを繰り返す上で重要な実行（Do）の部分に着目し、計測で使用する主要な計測器と計測の指針を例示するとともに、データを「見える化」するための簡単な方法を紹介する。

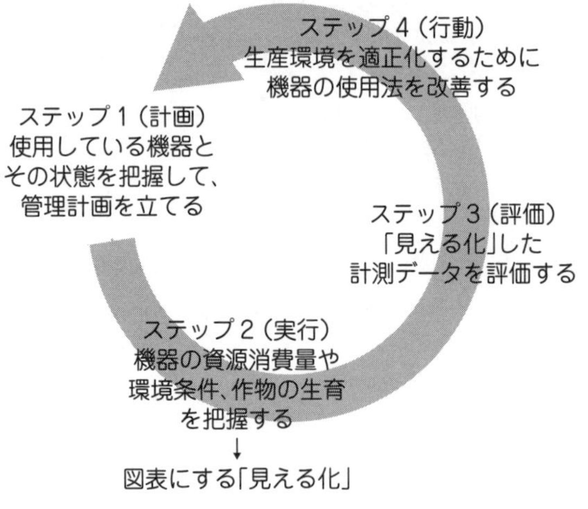

2. 生産条件の管理と適正化の必要性

植物工場では、従来の園芸施設と比べて、はるかに多くの機器（例えば、照明・補光装置、空気調和装置、計測・制御装置など）が作物生産のために利用されている。ここで、機器の使用法、管理法が適切でなく、また、それに起因して、生産条件が適正化されていない場合、作物の安定的、かつ、省資源的な生産は難しくなる。

他方、植物工場における適正な生産条件は、作物の生育ステージや栄養成長・生殖成長の状態などによって刻々と変化していく。それゆえ、作物の生育状態にあわせて、現在の生産条件が適正であるかを常に把握する必要がある。また、それが適正となるように、機器の使用法を改善していく必要もある。

ステップ1（計画）
使用している機器とその状態を把握して、管理計画を立てる

ステップ2（実行）
機器の資源消費量や環境条件、作物の生育を把握する
↓
図表にする「見える化」

ステップ3（評価）
「見える化」した計測データを評価する

ステップ4（行動）
生産環境を適正化するために機器の使用法を改善する

図－1　PDCAサイクルの活用による植物工場における生産条件の管理と適正化

近年の植物工場の建設、稼働ラッシュを鑑みると、竣工後、生産条件の管理法を早急に確立し、さらに、常にそれを適正化する必要がある。そのためには、その場しのぎの対応をするよりも、生産開始当初よりPDCAサイクルという概念を導入する方が、植物工場における作物の安定的、かつ、省資源的な生産の上で有効であると考える。

3. PDCAサイクル

1) 生産条件の管理と適正化

PDCAサイクルという概念をあてはめると、植物工場における生産条件の管理と適正化は、図―1のように整理できる。

ステップ1（計画、Plan）では、工場内のどこに、どのような機器があり、どのように稼働しているのかを咀嚼し、系統立てて理解する。その上で、最新の状態にもとづいて、機器の管理計画を立てる。

ステップ2（実行、Do）では、作物の生育（例えば、草丈、葉長）や収量を把握する。また、計測器を用いて実際の生産条件（例えば、光強度、温湿度、CO_2濃度）や資源消費量（例えば、電気、水、CO_2消費量）を計測する。なお、計測項目は、現場で負担にならない範囲で選択する。ここで、計測データは図表にして、視覚的に比較しやすいようにしておく。この過程は「見える化」ともいわれる。

ステップ3（評価、Check）では、ステップ2で「見える化」した、作物の生育や生産条件、資源消費量が適正かどうか判断する。

ステップ4（行動、Act）では、作物の生育が適正になり、かつ、資源消費量が最小となるような生産環境を実現するために、現在の機器の使用法を改善する。なお、ステップ4が終了した後、必ずステップ1に戻り、ステップ4における機器の改善状況を反映させて、管理計画をグレードアップする。

2) PDCAサイクルを繰り返す頻度

このPDCAサイクル（ステップ1～4）を繰り返すことで、植物工場における生産条件を管理し、適正化を図る。繰り返しの頻度は、機器の特性や作物の生育を考慮して、1週間～1ヵ月ごととする。これは、あまり頻繁に繰り返しても、植物工場の管理者にとって負担になり、続かなくなる可能性が高まるとともに、計測データの変化に気づきにくくなってしまうからでもある。

なお、以降では、ステップ2の計測と計測データの「見える化」の部分を重点的に述べていく。これは、ステップ3および4に関しては個別事例が多いのに対して、ステップ2に関しては一般化しやすく、また、ステップ3および4の礎となるからでもある。

4. 計測

1) 作物の生育および生産状況

作物の生育計測は、生産条件の管理と適正化の上で最も重要なものの一つである。ただし、学術研究ではないので、できる限り現場で迅速に計測できるような計測項目および計測法を選択することが好ましい。

具体的には、目視で計測できる項目（例えば、葉枚数、花数）や、ものさしやノギス、天秤程度の比較的簡便な計測器で計測できる項目（例えば、草丈、茎の太さ、生体重）の中のいくつかを選択して、生育の指標とする。加えて、同じコンディションで撮影し続けた画像は重要な情報源になる。

作物の生育に関するデータは、ある間隔ごと（例えば、1週間ごと）に、最大、最小および平均値を記録しておくことが望ましい。

前記の作物の生育にかかわる項目とあわせて、収量や出荷量、廃棄量といった生産状況にかかわる項目も記録しておくことが望まし

い。あわせて、稼働率（全体の栽培面積に対する実際に作物が生産されている面積の百分率）のような情報も必要とされる。

2）物理環境

植物工場において、物理環境（例えば、光強度、温湿度、CO_2濃度）は、作物の生育に大きな影響をおよぼす。それゆえ植物工場では、物理環境の適正化は重要な課題であり、したがって、その計測は必要不可欠である。

植物工場における光環境の計測には、光量子計や日射計が用いられる。光量子計や日射計がない場合、照度計だけでも最低限備えるべきである。ただし、照度計で得られる値（lxで表される）は人間の目を基準にしたものであり、正確には、作物の生育に関連する光環境を表す指標にはならないことに注意すべきである。太陽光型植物工場の場合、光環境は変動するので、連続的（例えば、10分間隔）に計測できるようにする。人工光型植物工場の場合、通常の状態であれば光環境の変動は少ないが、定期的に計測できるようにしておく。太陽光型、人工光型いずれの植物工場においても、作物の生育を計測する間隔にあわせて、日中（明期）の最高、最低および平均値を記録することを推奨する。

温度（例えば、気温、地温）の計測には、熱電対やサーミスタ、白金抵抗体を備えた計測器が用いられる。他方、相対湿度の計測器には、高分子式湿度センサが備えられている場合が多い。また、通風式乾湿球計も用いられる。植物工場において計測した温湿度のデータは、作物の生育を計測する間隔にあわせて、最高、最低および平均値を記録する。この際、日中（明期）および夜間（暗期）におけるそれぞれの値を記録することが好ましい。

植物工場内のCO_2濃度の計測には、非分散型近赤外放射式ガス分析計（NDIR）が用いられることが一般的である。植物工場において計測したCO_2濃度のデータは、作物の生育を計測する間隔にあわせて、最高、最低、平均値を記録する。この際、日中（明期）および夜間（暗期）におけるそれぞれの値を記録することが好ましい。

前述は基本的な物理環境の計測項目である。これ以外にも、原水や養液の管理のためには、pHやECも計測し、記録することは必須である。他方、植物工場内の気流速度を把握するためには、熱線式風速計を備えておいた方が良い。いずれの計測器で計測したデータも、作物の生育の計測に対応させて、最高、最低および平均値を記録することを推奨する。

3）資源消費量

植物工場における省資源化を実現するためには、資源消費量（例えば、電気、水、CO_2、重油などの燃料）を定期的に、かつ、定量的に把握する必要がある。とくに、資源消費量は、そのまま経費と直結することから、経営の上でもその把握は必要とされる。これゆえ、植物工場においては、それらの計測器を設計の段階から導入することが好ましい。

電気消費量に関しては、通常、電気の供給元に積算電力量計を設置するので、作物の生育を計測する間隔にあわせて、それを定期的に読み取るか、または、毎月送られてくる請求書に記載されている値をとりまとめる。電気消費量に関してより細かい調査をする場合には、クランプメータなどを用いて、系統（例えば、照明、空調）ごとに計測する。

水消費量に関しては、作物の生育を計測する間隔にあわせて、設置されている積算流量計の値を定期的に読み取るか、または、毎月送られてくる請求書に記載されている消費量を記録する。なお、可能であれば、系統（例えば、灌水ライン）ごとに流量計を設置しておくことが望ましい。

CO_2消費量に関しては、ボンベから純ガ

スを供給する場合と燃焼式CO_2発生機を用いて供給する場合で、消費量の計測方法が異なる。前者において流量計（通常、マスフローメータ）が導入されている場合には、それを読み取る。流量計が導入されていない場合は、CO_2ガスボンベの交換頻度と内容量からCO_2消費量を把握する。他方、後者の場合、燃焼式CO_2発生機の稼働時間と取扱説明書や銘板などに記載されているCO_2発生速度から、CO_2消費量を推定する。

燃料消費量に関しては、流量計が設置されている場合には、作物の生育を計測する間隔にあわせて、それを読み取る。一方、流量計が設置されていない場合は、毎月の燃料補給量より把握する。

5．計測データの「見える化」

計測データは、ただ計測して数値として残しただけでは、それが適正かどうか判断すること（PDCAサイクルの中のステップ3）および機器の使用法を改善すること（ステップ4）につながりにくい。それゆえ、計測したデータは、傾向を把握したり、問題点を発見したりしやすいように「見える化」する。

計測データを「見える化」する方法として、計測データのすべてを網羅した表にすることが挙げられる（例えば、図―2）。この方法は、細かな数値の比較や、計測データ間の関係を把握したい場合には有益である。ただし、ただ単に数字の羅列となりがちな表にするよりも、一部計測データを抜き出してグラフを作成し、より視覚的に把握しやすくした方が良い場合もある。また、変化に応じて数値を色づけする（例えば、前回の計測よりも10％以上変化した場合には黄色で、20％以上変化した場合には赤で、それぞれ数字が表される）といった工夫をす

ることも必要である。このようなデータを簡単に「見える化」するだけでも、植物工場における管理とその適正化が図れ、ひいては生産性の向上に寄与すると期待される。

「見える化」といっても特段難しいことをする必要はない。前述のような図表で表す程度で十分な場合が多い。この作業は、表計算ソフトを利用すれば容易にできる。「見える化」は、植物工場を管理する人々の間で十分に情報を共有し、理解しあえるようにする作業ともとらえられる。その作業をした上で、現在の生産条件が適正かどうか判断する（ステップ3）とともに、機器の使用法を改善する（ステップ4）ことが、植物工場の生産性を向上させる上で重要である。

（大山克己＝みのりラボ㈱）

図―2 計測データを「見える化」するための帳票の例

第VIII部

施設園芸と
ICT（情報通信技術）利用

第1章 ICT利用による施設園芸・植物工場の展開

1．ICT利用の状況

1）利用推進の背景

　ICTとは、"Information Communication Technology"の頭文字を並べたもので、情報通信技術を指す。コンピュータを構成する集積回路（IC）の素子（トランジスタ）数は、1年半ごとに倍になるという、ムーアの法則通り、コンピュータの価格当たりの性能が劇的に向上し続けている。チェスや将棋の知的ゲームでさえ、近年では、名人と同等程度の強さを持ったコンピュータが登場した。これまで人にしかできないと考えられていた高度な作業や判断も、コンピュータが代替するようになりつつある。併せて、有線・無線の通信技術が大幅に向上し、情報の保管・移動について、距離という制約がほぼなくなった。

　その結果、人手と比較してコストの点でこれまで利用が難しかった各種産業にも、ICTの導入・普及が急速に進んでいる。そして、農業、とりわけ集約性の高い施設園芸・植物工場へのICTの導入が急速に進んでいるのである。さらに、ICTにセンサとアクチュエータ（作動装置）を加えたRT（Robot Technology：ロボット技術）の利用も今後進んでいくと思われる。ICTやRTを利活用した効率的な農業のことをスマート農業と呼んでいる。

2）普及・利用実態

（1）利用の意識と意向

　農林水産省が農林水産情報交流ネットワーク事業の農業者モニター1,062名から回答を得て2012年9月に公表した、ICTの利活用に関する意識・意向調査では、携帯電話所有者が85.9%、パソコン所有者が76.3%で、農業者への普及が進んでいることが明らかになった。スマートフォン・タブレット端末・PDA等は10.9%の所有と、調査時点で少ないものの、現在の販売状況から見て、スマートフォン等の所有割合が携帯電話等を抜いて、急速に増加していくであろう。IT機器の農業利用意向については、『これまでにも利用している』、『今後利用したい』が、全体の72.1%を占めた。利用場面で過半数を超えたのは、インターネットによる各種情報収集が69.2%、経理事務や経営が67.1%の2項目であった。そのインターネットで収集している情報は、気象に関する情報が84.6%を占め、他の項目を大きく引き離した。今後の利用意向は、インターネットによる各種情報収集が71.2%、経理事務や経営が61.2%、農作業・出荷履歴の記録が60.7%あり、この3項目が過半数を超えた。農業者のICT利用意識の高まりが、この調査においても裏付けられた。

（2）施設環境制御への導入状況

　農林水産省の施設園芸に関する調査結果から、調査年度ごとの新設施設面積とICT利用と考えられる複合環境制御導入施設面積の時系列グラフを図—1に示す。2000年度頃より、施設への複合環境制御システムの導入が頭打ちの傾向を示している。システムが高価格だったので、新設時の初期投資による導入がこれまで多かった。新規施設が減少している現状で、その影響が現れていると考える。

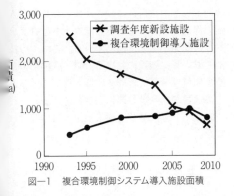

図—1 複合環境制御システム導入施設面積

2009年度の複合環境制御システムの施設への導入面積割合は1.66％であった。ICT機器の低コスト化が急速に進んでおり、大規模新設施設への導入だけでなく、既設の中小規模の施設においても、高度環境制御システムの導入による生産性の向上を狙って、今後、リフォームの様態でも導入が進むと考える。

2. ICTによるスマート施設園芸の方向性

スマート施設園芸とは、コンピュータ、通信、ロボットなどの情報通信工学の成果を施設生産現場に導入し、効率化、集約化、知能化、自動化した生産を実現することにより、革新的かつ持続的な植物生産を実現することである。ICT利用による施設園芸生産スマート化の方向性は、次の5点になるであろう。

1）見える化

ヒトの五感（視覚、聴覚、臭覚、触覚、味覚）から得る情報の割合は、視覚が最も大きい。施設園芸に関する各種情報を視覚で認識させる試みが見える化である。気温・相対湿度・気流・CO_2ガス濃度などの、空間分布や経時変化を視覚情報で示し、高度な生産管理を実現しようとする。また、生産植物のタイムラプス画像、肉眼では認識できない波長域・時間スケールの電磁波を使用した計測結果の可視化も、見える化に含まれるであろう。これらを実現する高性能・低コストセンサの実用化が急速に進んでいる。

2）ソフト化

園芸施設には、各種設備・装置（換気窓、暖房装置など）が取り付けられている。これらを一定・個別に動作させるだけでは、コストの無駄が生じ、効果も限定的になる。どのようなタイミング・相互関係で動作させるかが重要である。これらハードウェアを統合的に制御するソフトウェア（アルゴリズム）の開発が重要である。さらに、不安定で低密度でしか得られないことが多い再生可能エネルギーを施設園芸に利用し、持続的生産を可能にするためにも、気象予測などを活用したスマートな制御ソフトが必須である。

3）閉鎖化

温室、ハウス、養液栽培施設などを用いて植物生産すると、植物を取り巻くシステム境界が明示的になる。施設生産では、物質・エネルギー・情報の出入りを明確化することができる。つまり、気温、培養液電気伝導度（EC）などの示強性情報を用いた管理から、系の熱量・炭素量・窒素量などの相加性（示量性）情報を用いたコスト計算のしやすい量的生産管理が可能になる。半閉鎖型温室の実現、培養液量的管理などの試行がある。

4）共有化

高度な植物生産技術は、多くの場合、現場での実務による長年の経験事例から得られ、一般化・定式化が困難である。このため、時間をかけて同一経験を共有した後継者以外にはうまく伝わりにくかった。そして、後継者減少・高齢化による技術喪失が問題になっている。また、新規参入者では高度技術の短期習得が困難で、生産技術向上の大きな障壁になっている。集約・計画生産のため迅速な意思決定が必要な施設園芸分野では、とりわけ

大きな課題である。マルチメディアでインタラクティブなディジタルコンテンツを用い、熟練者から初心者に匠の技を継承する試みが行われている。さらに、ツイッターやフェイスブックなどのソーシャルメディアを活用した人と人との連携強化、AR（拡張現実）を利用したシステム等も検討されている。

5）軽労化

国内の少子高齢化が進み、施設生産に従事する労働力の急速な減少が今後危惧される。また、1人当たりの管理可能な施設面積、または、生産量を拡大し、人件費を節約することが競争力確保のために重要である。施設内の地上・空中を自在に動き回れる移動体、人間の作業をそのまま実施可能なヒト型ロボット等の開発が急速に進んでいる。これらの技術を導入し、施設における資材・収穫物の運搬、植付け・栽培管理・収穫・清掃作業の人力の代替が、今後急速に進むと考える。

スマート施設園芸の要素技術と具体例の一覧を表—1にまとめた。

3．主要ICT利用概要

1）環境制御システム

施設園芸でコンピュータ利用が最も早く始

表—1　施設園芸・植物工場における植物生産のスマート化への事例

分類	項目	要素技術	具体例
計測	環境計測	低コストセンサ、信号処理、情報通信の規格化、クラウドサービス、携帯情報端末、データベース、リモートセンシング	低コスト施設環境計測システム、施設環境クラウドサービス、環境診断ビジネス、環境AR
	植物生体計測	光センシング、画像計測、画像処理、生体情報センサ、センサフュージョン	植物繁茂度（LAI）、光合成・蛍光測定、植物形態、茎径、果径、果重、植物体重、蒸散速度、収穫量、栄養診断、画像記録検索システム、品質計測、SPA
	資源・エネルギ計測	機器稼働時間収集、フラックス（流束）センサ、閉鎖系植物生産	燃費計算、エネルギー消費量（エコワットメータ）、水消費量（バーチャルウォータ）、炭素収支（カーボンフットプリント）、ライフサイクルアセスメント
制御	複合環境制御・統合環境制御	水分生理、光合成、呼吸	湿度制御、蒸散制御、CO_2濃度差制御、ストレス制御、DIF制御、自律分散型制御
	気象変化対応制御	気象情報、農業気象	気象予報を利用した制御システム、カーテン・窓開閉システム、施設防災制御
	省エネ制御	植物生理、再生可能エネルギー利用機器、省エネ機器	ハイブリッドヒートポンプシステム制御、変夜温管理、変温管理、期間平均値制御
	光制御	植物生理、補光、人工光源、被覆材	光質制御による生育制御、苗補光、病虫害防除
情報処理	生産管理	オペレーションズリサーチ、待ち行列理論、システムダイナミックス、ブラックボックスモデル、統計処理、事例ベース、ファジィ理論、データマイニング	生産量予測システム、品質予測システム、連続生産作付け計画システム、労務管理システム、生産マニュアル、病虫害発生予測システム、GAP支援システム、コスト計算
	コミュニケーション	SNS、Web、クラウドネットワーク	SNSを活用した技術継承、ブランド化支援広報システム、新規参入者教育システム、遠隔生産支援システム
作業	軽労化	農業機械、生体情報計測、サイバネティクス、ロボティクス、画像認識	施設内移動車両、収穫ロボット、農薬散布ロボット、自動潅水・ミスト噴霧機、播種機、接木ロボット、栽培部材洗浄装置、自動選別機
	事故防止	EMR・WBGT（数値化）、ユニバーサルデザイン	労働災害予防システム
工場化	植物移動	スペーシング、作業計画、搬送システム	移動式栽培装置
	高収益作物探索	分子生物、遺伝子工学、資源植物、封じ込め、種苗生産、生薬、バイオインフォマティクス、オミクス、フェノミクス	薬草栽培システム、組換え体生産システム、建築・造園用植物部材生産システム、品種改良、突然変異誘発

まったのが環境制御の分野である。1980年代にはたくさんのマイコン環境制御システムが販売開始された。現在使用されている環境制御システムの分類は次の4つになる。

(1) 専用機型

簡単な表示装置といくつかの押しボタンが装着され、設定値の変更や現在値を中心としたデータの閲覧も可能である。基本的なプログラムは既に内蔵され、ほぼ単体で使用可能になっている。欧州製のシステムは、操作・監視用パソコンと接続した発展型である。

(2) データロガー型

計測制御の研究・実験データ収集用の汎用システムを流用したもの。パソコンでプログラムを書き込む必要があり、試験場などの実験的な生産施設で多く用いられる。各種構成の施設に対応する柔軟性がある。

(3) PLC 型

工業用ロジック制御装置を環境制御に流用したもの。専用のプログラミングソフトを使用して計測制御プログラムを書き込む必要がある。装置が安価で、少ロットの需要には向いており、特注の温室制御などに使用される。

(4) 自律分散型

各センサや制御機器に小型のマイコンを取り付け、それらを通信回線で結んで計測制御する方式。歴史は浅いが、拡縮性や安全性が高い。通信規格が合っていれば、各社の装置の混在・連携による計測制御が可能である。

2) クラウドコンピューティング

今までは、パソコンを利用したスタンドアロン型のICT利用形態が主流であった。スマートフォン・タブレット等の携帯情報機器とインターネットのモバイル接続の普及に伴い、クラウドを利用する形態が今後増えていくと考える（図―2）。

3) 生体情報計測

施設環境の計測と制御が、これまでのICT

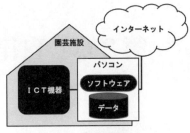

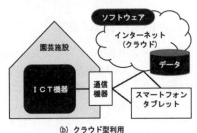

図―2　施設園芸のICT利用形態

利用の中心であった。しかし、目的は植物の生産であり、その植物の情報をシステムで利用することによって、生産の一層の高度化が期待できる。MEMS（微小電気機械システム）技術を応用した高性能小型センサ等が開発され、植物の生体情報をリアルタイムに計測・電子化し、環境情報と合わせて生産に活用するシステムの研究開発が進んでいる。

（星　岳彦＝近畿大学生物理工学部）

参 考 文 献

1) 星　岳彦（2014）：施設園芸・植物工場のスマート化，農業情報学会2014年度年次大会シンポジウム・個別口頭発表講演要旨集，9-10
2) 星　岳彦・亀岡孝治（2011）：植物工場における環境計測制御および生産管理システムを中心とした現状と展望，化学工学，75（12），796-801
3) 農業情報学会編（2014）：6 施設園芸・植物工場のスマート化，スマート農業，農林統計出版，170-196
4) 農林水産省生産局生産流通振興課編（2011）：園芸用施設及び農業廃プラスチックに関する調査，日本施設園芸協会，189
5) 農林水産省大臣官房統計部（2012）：農業分野におけるIT利活用に関する意識・意向調査，23

第2章　自律分散制御システム

1．はじめに

1）環境制御システムの意義

　施設栽培と露地栽培のもっとも大きな違いは施設栽培では制御を実施して栽培環境を好適にできることにある。露地栽培では植物に備わっている遺伝的形質に大きく依存して生産を行うのに対し、施設栽培においては、自然の環境条件で栽培不可能な植物も施設の環境を適切に制御することによって栽培・生産が可能となる。制御する環境要因は、気温、湿度、CO_2濃度、日射量、日長など色々とある。しかし、制御に利用する環境制御機器のほとんどが一つの環境要因に影響を及ぼすのではない。そのため、環境制御機器を動作させると複数の環境要因が同時に影響を受けることに留意しておく必要がある（図—1）。
　多くの場合、気温の制御が最も重要な環境制御の目的となる。特に、暖房を行う場合には、多大なエネルギーとコストを投入する必要があり、効率的な作物の生産がもとめられる。そのためには、気温だけでなくCO_2濃度や湿度なども制御して、生産性を向上させる必要性がある。
　複数の環境要因を制御する場合には、環境を計測するためのセンサを複数の種類導入し、計測情報を基に制御を実施する必要がある。このような制御を実施するためには、単純な仕組みの制御機器を用いることは現実的ではなく、コンピュータを利用した環境制御システムが必要となる。

2）環境制御システムの普及と衰退

　環境制御システムは1980年代には、複数のメーカーによって開発が行われ、販売されていた。しかし、高度な環境制御を実施するためのシステムは高価であり、日本の温室規模に導入し償却することが難しく、温室メロン栽培施設などのごく一部の先進的な施設を除いてあまり利用されなくなった。
　しかし、2000年代後半から原油価格が高く推移するようになり、施設園芸の経営が圧迫される状況になった。そのため、高度な制御で省エネを推進し、より効率的に生産を実施することの必要性が認識されはじめた。このような状況により、2010年頃からCO_2施用や湿度制御のためコンピュータを利用した複合環境制御が再び見直されつつある。
　1980年代に温室用コンピュータが盛んに開発された頃と、2014年現在の状況で大きく異なるのは、コ

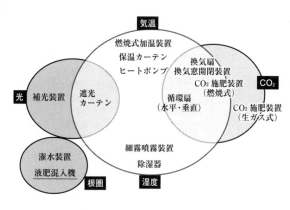

図—1　環境制御機器の動作は複数の環境要因に影響を及ぼす

ンピュータ技術および情報通信技術の大幅な進展である。高いスペックを持つコンピュータを安価に入手できる現在は、施設園芸における環境制御システム普及の好機であると考えられる。

2．集中管理型システムと自律分散型システム

1）集中管理型システム

市販されている環境制御システムは現在ほとんど集中管理型システムである。1台の環境制御用のコンピュータに、センサ情報の測定部、アクチュエータの制御部、ユーザーインターフェースなどを搭載して温室の環境を制御する仕組みである（図—2）。

集中管理型システムは、メーカー等が1社でシステム構築する際によく使用される。制御ロジックなどが外部に流出する可能性が小さいことなど、システムを提供する側にはメリットがある。また、一つのコンピュータで制御するため、全体の統合的な制御を容易に実施可能である。

一方で、集中管理を行うコンピュータの故障により、全システムが停止する。また、入出力などの拡張性に制限があり、新しい環境制御機器を導入しても対応できない場合がある。環境制御用のロジックは集中管理用コンピュータに搭載された機能の範囲内でしか運用できない。

このような特徴がある。

2）自律分散型システム

一般的な自律分散型システムは全体を統括する部分がなく、システムを構成する各要素がそれぞれ頭脳を持ち、それらが組み合わさって構築されるシステムである。インターネットが代表的な自律分散型システムである。中枢となるシステムがないことから、システムを構成する一つの機器に問題が発生しても、システム全体は影響を受けにくいという特徴がある。また、システムに機器を増設することが容易である。

農業用で自律分散型の環境制御システムとしては後述するユビキタス環境制御システムがある。

3．ユビキタス環境制御システム

1）概要

ユビキタス環境制御システム（UECS）は日本で開発された環境制御システムであり、自律分散の環境制御システムである。集中

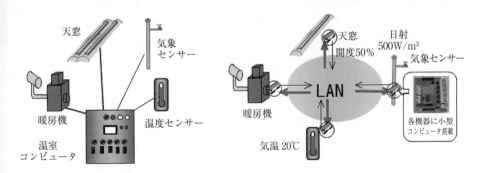

左の集中管理型環境制御システムは、制御用の温室コンピュータ一台で制御するのに対し、自律分散型は複数のコンピュータを利用して、集中管理用の温室コンピュータを利用せずに環境を制御する。

図—2　集中管理型環境制御システム（左）と自律分散型環境制御システム（右）

管理用のコンピュータ無しでも環境制御機器が動作するシステムであり、コンピュータシステムの導入が難しい中小規模施設でも導入可能な環境制御システムとして期待されている。

システムの特徴の一つはイーサーネット規格の製品を利用して、ローカルエリアネットワーク（LAN）を構築し、LAN上でシステムが動作することである。LANを利用しているため情報通信技術との親和性が高い。また、構築したLANはゲートウェイを介してインターネットと接続することが可能で、クラウドなどを利用することでシステムの利便性が高まる。

自立分散型システムの構築には、高機能なコンピュータの導入が必須ではない。低価格で汎用的なコンピュータを複数利用してシステムを構築し、制御を実施することもできる。

2）UECSによる環境制御の仕組み

UECSでは施設に設置する個々の環境制御機器にコンピュータを搭載し、搭載されたコンピュータ同士の情報のやり取りによって環境制御を実施することを特徴としている。環境制御機器に搭載されたコンピュータがLANを介して定型のフォーマットの通信文の送受信を行い、LANに接続された機器の様々な情報を共有している。共有している情報をもとに機器に搭載されたコンピュータが判断して環境制御を実施する。センサの情報を一つのコンピュータで利用するのではなく、複数のコンピュータで利用することができる。

トランスポート層の主要な通信はUDPといわれる通信プロトコルを用いて実施している。UDPは通信文の送受信を行うことに対してコンピュータにそれほど負担をかけないプロトコルである。そのため、低スペックなコンピュータでも通信文のやり取りが可能である。通信文のフォーマットはインターネットで情報交換される際に標準的に使用されるXMLを採用している。そのため、人間にとっても、コンピュータにとっても可読性が高い方法でUECSでは情報交換を行っている。

3）UECSの通信規約

UECSでの環境制御を実施するための手法を示した通信規約は基本規約と実用規約からなっている。実用規約は基本規約に則って構築されている。実用規約が複数存在した場合でも、基本規約に則った部分までは共通解釈が可能である。UECSの通信規約は2014年9月現在、ユビキタス環境制御システム研究会で管理を行っており、基本規約と実用規約の最新バージョンはそれぞれ"1.00"と"1.00-E10"である。なお、通信規約の日本語版、英語版がwebサイト（http://uecs.jp/）からダウンロード可能であり、一般に公開されている。

汎用的なデータは図―3に例示した形式

```
<?xml version="1.0"?>
  <UECS ver="1.00-E10">
    <DATA type="SoilTemp.mIC" room="1" region="1" order="1" priority="15">23.0</DATA>
    <IP>192.168.1.64</IP>
  </UECS>
```

上記通信文は地温が23.0℃であることを示す通信文である。UECSの通信実用規約1.00-E10では上記フォーマットの通信文を利用してセンサの測定情報、環境制御機器の動作情報、遠隔操作に関する情報を、システムに接続された機器同士でLANを利用して共有している。

図―3　XML（Extensive Markup Language）で記載されたUECSの通信文例

の通信文で送受信を行っている。通信文のうち UECS タグ内の ver 属性は UECS の通信規約のバージョンを示している。DATA タグ内の type 属性は通信文のデータが示す意味を規定している。DATA タグ内の room、region、order の各属性は通信文の影響の及ぶ範囲を示している。受信した通信文の room、region、order の属性値が自身に割り振られたこれらの属性値の値とすべて一致した場合には、通信文を受け取った環境制御機器は、その情報は自身と関係のある情報と判断して環境制御に反映させる。priority 属性は情報の重要度を示しており、この属性値が小さい情報の方を優先して制御を実施する。DATA タグの値は、この通信文が提供するセンサによる測定値などの数値情報を示す。この形式の通信文にセンサの測定情報、環境制御機器の動作情報、機器を遠隔操作するための情報を搭載して、情報通信によって、環境制御を実施している。

通信間隔は通信文の種類によって、1、10、60 秒と決められている。通信文を受信する側は通信間隔の 3 倍の時間経過しても新たな情報が入手できない場合には、受信エラー処理を実施することとし、データの鮮度管理をシステムとして統一して実施している。

4) UECS の導入状況

2006 年に愛知県武豊町にある野菜茶業試験場内の約 10 a の実験温室でシステムの実証テストが始まった後、試験場や生産施設など全国で導入されている。また、環境制御のみではなく環境計測のみの導入もある。2014 年 9 月現在、UECS 関連の環境制御機器はスマートアグリコンソーシアム (http://smartagri.uecs.jp/) の会員企業を通じて購入が可能である。

写真—1　野菜茶業研究所のユビキタス環境制御システム導入温室

3. ユビキタス環境制御システムの利用例と利点

1) モニタリングシステム

施設植物生産環境を評価する際には環境情報のモニタリングが重要となる。温室全体の環境制御を実施しようとすると、気温、湿度、CO_2、日射量などの測定が必要になるため、UECS は環境制御システムとしてだけでなく、これらの環境項目をモニタリングするシステムとしても利用できる。市販のデータロガの測定情報を UECS の通信文に変換するゲートウェイが開発され、市販のマイコン基板を利用した環境計測機器の構築方法が紹介されている。

モニタリング用のソフトウェアも、パソコン用、タブレット端末用などが開発されており、UECS を利用した環境のモニタリングが実施されている。

2) 環境制御の手法

UECS では遠隔操作を実施するための通信文が定義されているため、自律分散型環境制御だけでなく集中管理型の制御も実施可能である (図—4)。小規模な施設で導入されている環境制御機器が少なくない場合は完全な自律分散型制御を行い、自律分散の環境制御

第 2 章　自律分散制御システム　　353

のロジックを超えて大規模施設を制御したい場合には部分的もしくは全体を集中管理型制御に変更することが可能である。ただし、集中管理型制御を実施するためには、通信規約に則って制御するための応用ソフトウェアが必要である。

プログラムの作成は、農業関係者にはハードルが高いが、遠隔操作するための通信方法を記した UECS 通信実用規約は、ネットワーク関連のプログラミングの知識があれば理解可能であり、制御ロジックを提供して専門家にアプリケーション作成を依頼することが可能である。

3）汎用的なマイコンを利用した UECS 関連の機器開発

モニタリングに関連する項で説明したが、UECS 関連機器を汎用的なコンピュータ基板を利用して作成することが可能である。2014 年現在、DIY 的な電子工作を実施する際に最も一般的なマイコンは Arduino 系のものである。Arduino 系のマイコンボードの内、Arduino Ethernet はイーサーネットに接続するためのコネクタが実装されているため、そのままで UECS の機器開発ハードウエアとして利用できる。モニタリング機器のみでなく、機器の制御にも利用可能である。そのため、温室用コンピュータ専用のハードウェアを利用せずに機器開発が可能である。

4）インターネット環境の利用

UECS は Ethernet または WiFi 規格の LAN を利用しているため、インターネットに接続することに対するハードルが低い。一般的な使用方法は、UECS を構築している LAN にインターネット接続が可能なゲートウェイを設置し、インターネット上へのデータのアップロードや電子メールサービス、インターネット上での高度な情報サービスであるクラウドサービスなどを利用することであ

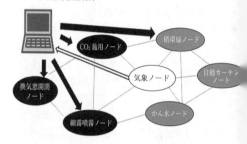
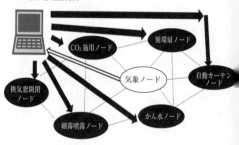

自律分散型制御方法を特徴とする UECS であるが A のような完全な自律分散制御の他に、コンピュータからの遠隔操作を利用することで B のように特定の機器だけ自律分散型制御したり、C のようにすべての機器を集中管理することも可能である。

図—4　UECS を利用した様々な制御方法

ろう。

2014 年現在では、まだ広範な普及に至っていない施設園芸のインターネット接続であるが、インフラの整備ととともに有効活用がなされ、新たなインターネット環境の利用法の開発などが望まれる。

5）その他の UECS の利点

UECS は自律分散制御を特徴としているため、システムへの機器の接続方法が公開され

灌水コントローラ（イシグロ農材）

複合環境制御装置（三基計装）

複合環境制御装置（富士通）

汎用入出力基板（ステラグリーン）

UECS対応ソフトウェア（ワビット）

写真—2　市販されているUECS対応製品とソフトウェア

ている。システムの接続方法がオープンであるため、開発者が異なる機器でも同じシステムに接続が可能である。

　従来は、導入した環境制御システムにトラブルが発生した場合など、システムごと更新する必要が生じるが、自律分散型で環境制御の手法が公開されているシステムであれば、代替品による置換が可能であり、無い場合でも通信規約に則っとった機器開発を依頼すれば、システムを存続させることが可能である。

4．自律分散型システムの今後

　現在、自律分散型システムのメリットが認識され始め、多くのUECS対応機器やソフトウェアが開発され（写真—2）、普及が進みつつある。自律分散型システムは、複数のメーカーが一つのシステム上に共存可能であり、色々な専門性を持つ企業によりそれぞれの長所を生かした機器やソフトウェアの開発がおこなわれることがシステム発展のために必要である。唯一の自律分散型環境制御システムとしてUECSに対する期待は大きいと考える。

（安場健一郎＝岡山大学大学院環境生命科学研究科）

参　考　文　献

1）星　岳彦（2007）：ユビキタス環境制御技術の開発，農業機械学会誌，69，8-12

第3章 クラウドコンピューティング

1．クラウドコンピューティングの概要

1）クラウドコンピューティングの定義

クラウドコンピューティング（cloud computing）とは、2006年に登場した言葉で、インターネットなどの大規模な広域ネットワークを利用したコンピュータリソースの利用形態のことを表す。「クラウド」は「雲」の意味で、コンピュータネットワークを表す。

アメリカ国立標準技術研究所（NIST）によるクラウドコンピューティングの定義は以下の通りである。

クラウドコンピューティングとは、ネットワーク、サーバ、ストレージ、アプリケーション、サービスなどの構成可能なコンピューティングリソースの共用プールに対して、便利かつオンデマンドにアクセスでき、最小の管理労力またはサービスプロバイダ間の相互動作によって迅速に提供され、利用できるという、モデルのひとつである。この

クラウドモデルは可用性を促進し、5つの基本特性（On-demand self-service、Broad network access、Resource pooling、Rapid elasticity、Measured service）と、後述する3つのサービスモデルと、4つの配置モデルによって構成される。主な実現技術は、①高速、広域ネットワーク、②強力、安価なサーバコンピュータ、③汎用ハードウェアのための高パフォーマンス仮想化技術である。

クラウドコンピューティングのイメージを図—1に示す。

2）分類

従来のコンピュータ利用は、ユーザがコンピュータリソース（ハードウェア、ソフトウェア、データ）を自分自身で保有、管理していたのに対して、クラウドコンピューティングでは、「ユーザはインターネットの向こう側からサービスを受け、対価としてサービス利用料を払う」形となる。ユーザが用意するものは、パソコンやタブレットPC、スマートフォンなどの端末装置とインターネット回線だけである。これにサービス使用料をサービスプロバイダに支払う形で利用する。

クラウドコンピューティングは、図—2に示すように、大きく3種類のサービスモデルに分類される場合が多い。

(1) SaaS：Cloud Software as a Service

インターネット経由のソフトウェアパッケージの提供を行う。電子メール、グループウェア、CRMな

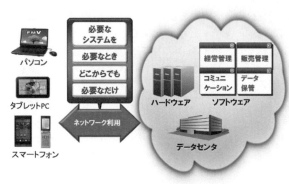

図—1　クラウドコンピューティングのイメージ

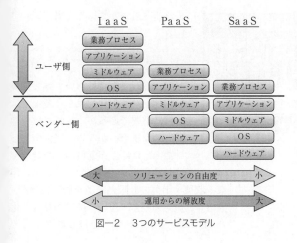

図—2　3つのサービスモデル

どが代表例。
(2) PaaS：Cloud Platform as a Service
　インターネット経由のアプリケーション実行用プラットホームの提供を行う。アプリケーションサーバやデータベースなど。ユーザが自分のアプリケーションを配備して運用できる。
(3) IaaS：Cloud Infrastructure as a Service
　インターネット経由のハードウェアやインフラの提供を行う。サーバの仮想化やデスクトップ仮想化、共有ディスクなど。

3）メリットとリスク

(1) メリット
　プロバイダ側は、仮想化技術などを使用してデータセンタのマシンを多数のユーザで共有させ、スケールメリットや設計・開発・運用の標準化・共通化、ピークの平準化によるリソースの利用率向上などを実現することによって、コストの低減や相対的に安価なサービス料の設定が可能である。
　ユーザ側は、セキュリティやサーバクラッシュなどに備えた環境をプロバイダ側が提供するため、自前のハードウェア、ソフトウェア、設備などを保有、設計、開発、保守、管理する必要がなくなる。ユーザ自身で購入した場合と比較して、陳腐化が進まず、最新バージョンのアプリケーション・ソフトウェアが常に利用でき、財務上は資産が削減でき、必要に応じた規模の拡大・縮小や中断などが比較的容易に行える。また、ユーザデータもクラウド側に保存する場合は、ユーザはネットワークに接続すれば場所を問わず自己のデータにアクセスできる。各業界による業界クラウドなどでは、データの標準化やデータ連携が容易となる場合もある。

(2) リスク
　基本的にはデータの大部分がクラウドに集約されるため、クラウド提供側やネットワークの障害、サービス終了などでクラウドサービスが使用できなくなると、利用する企業の経営に影響を与える恐れがある。
　集中的なデータ管理は、クラウド側にビジネスの情報を完全に把握されてしまうため、システムクラッカーの格好の攻撃対象となり、個人情報を含む顧客情報や経営情報の流出リスクがある。

2. 農業分野におけるクラウドサービス

1）ICTを活用した農業の現状

　近年のクラウドコンピューティングの急速な進展を後押しに、ICTの活用が立ち遅れていた農業分野においても、より迅速に、容易に、そしてコストを抑えながらシステムを利用できる環境がコンピュータベンダーなど各社から提供され始めている。経営、生産、販売などの視点で、各社それぞれ特徴のある様々なサービスが提供されている。図—3に、クラウドサービスのサービスラインナップ例を紹介する。経営、生産、販売という切り口

図—3 農業クラウドサービスの例(富士通 Akisai)

から、露地栽培、施設栽培、果樹栽培、畜産をトータルにサポートしている。

2) 施設園芸分野のサービス

農業分野のサービスの中で、特に施設園芸に特化したものとしては、施設環境の計測制御を行うクラウドサービスである。温室や植物工場とクラウド上にあるデータセンタをインターネットで繋ぐことにより、従来、温室やローカルエリアネットワーク内でしか対応できなかった「温室の環境設定・モニタリング・データ確認・温室コントロール」などの機能を、インターネット環境から利用可能とする仕組みである。データセンタ側では、常にデータの監視を行っており、計測値の異常や通信異常があった場合には、登録している宛先に通知を行うことができ、自宅はもちろん、外出先などどこにいても瞬時に温室の情報を把握することができ、遠隔で温室をコントロールすることができるサービスである。このサービスを利用することにより、複数の温室を効率的に管理できるようになり、施設栽培のスタイルの変革や経営規模拡大を支援するものとして期待している。

離れた"モノ"の状態を把握したり、操作することは、"モノのインターネット(Internet of Things：IoT)"と呼ばれている。テレビやエアコン、冷蔵庫などのデジタル情報家電をインターネットに接続する流れはかなり進展しており、農業の分野でも、今後急速に広まっていくと考えられている。

3) 農業生産管理サービス

施設園芸生産者において施設環境のコントロールは商品を作る上では非常に重要であるが、それだけでは経営はうまくいかない。経営全体を見た場合には、作業員の労務管理をはじめとした生産者側の生産・作業・収穫・出荷の計画と実績を管理、集計・分析し、農業の経営・生産・品質の見える化とPDCAのマネジメントを行うことが重要

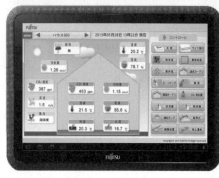

写真—1 温室とクラウドの接続システム例

となる。

　更に、販売先である食品加工・卸・小売・外食などの企業では、多数の契約生産者と連携し、マネジメントを行う機能が必要とされている。これを利用することにより、生産性向上、高品質／ブランド化対応、人材早期育成、4定（定量・定時期・定品質・定価格）調達を実現し、食のブランド強化や収益改善に貢献することを目指している。

4）その他のサービス

　経営という視点では、農家や農業法人などの経営管理（会計・税務申告等）の効率化と高度化を支援するサービスが経営形態、経営規模に合わせて提供されている。

　販売という視点では、従来の顧客管理や受発注業務をはじめとして、6次産業化として加工原料の調達から加工品としての販売業務を支援するサービス、大量の農産物の集出荷を効率よく行うサービスが提供されている。

3. 今後の展開

1）標準化と相互接続

　ユビキタス環境制御システム（UECS）やIEEE1888を活用した仕組みなど、標準化を意識した取り組みは活発になってきている。標準化とは、利害関係者間における利便性や意思疎通を目的として、物事や事柄を統一したり、単純化、秩序化したりすることであり、無秩序化や多様化、複雑化を防止する規格を定めることである。特に、品質の向上やコスト削減、共通モジュール化、効率化などを図るため、経済効果や消費者に対するメリットが大きいと言われている。

　いくつかの標準化の動きがある中で、更に重要なことは相互接続性であろう。内部システムはクローズド・システムであっても、システム間の連携部分は相互接続を図るという発想や仕組みが今後重要となる。

2）ビッグデータの解析と活用

　クラウドコンピューティングを活用することで、様々な情報がデータセンタ上に蓄積される。データセンタ上に蓄積された情報は、一般的にビッグデータという扱いとなる。巨大で複雑なデータ集合であり、これらを解析することで新たな価値を提供しようとする動きがある。大規模データの集合の傾向をつかむことで「ビジネス傾向の発見、品質決定、病害虫発生予察、効率的エネルギー活用、リアルタイム状況判断」といった相関の発見が期待されている。今後、様々な大学・研究機関・企業・団体等が協力して、ハードウェアやソフトウェアの低コスト化を図ると共に、ビッグデータ解析等による新しいサービスやビジネスモデルを創出することが、日本の施設園芸発展のために重要である。

（渡邊勝吉＝富士通株式会社）

参 考 文 献

1) Wikipedia：http://ja.wikipedia.org/wiki/クラウドコンピューティング 2014年10月1日参照
2) NIST（アメリカ国立標準技術研究所）：http://www.nist.gov/itl/cloud/index.cfm 2014年10月1日参照
3) モノのインターネット：http://tocos-wireless.com/jp/tech/Internet_of_Things.html 2014年10月1日参照
4) 富士通食・農クラウド Akisai（秋彩）：http://jp.fujitsu.com/solutions/cloud/agri 2014年10月1日参照

第4章　生体情報計測

1. はじめに

　近年、生産現場においてハウス内の環境をモニタリングしたり、積極的に制御する技術についての関心が高まりつつある。ハウス内環境を計測し、記録・蓄積したり、そのデータをインターネットを介して外部からモニタすることが可能なシステムはすでにいくつかのメーカーから市販されている。また、国内メーカーによる統合環境制御システムの開発も進められている。このようなシステムを利用する目的は
①現在の栽培環境が作物の生育に適しているかどうか判断して、環境条件に反映する。
②栽培環境を記録、解析して作物の生育により適した環境を検討する。
③出荷時期やその時の収量を予測する。
と整理できる。このような目的を実現するためには栽培環境のデータと作物の状況を表すデータ＝作物生体情報を対応させて解析する必要がある。温度、湿度、CO_2濃度、光強度、風速や培養液のEC、pHなどハウス内の物理的な環境要素の測定には工業分野で使われているセンサが利用されている。一方、作物生体情報は、人手による生育調査や収量調査によって多くの場合取得されている。メジャーやノギスなどを用いた生育調査は多大な労力と時間がかかる上に、測定項目や測定方法が統一されていない。測定が容易な最低限の項目を週に一度程度調査することが現実的な限界となっている。目視や観察だけで定量的なデータが記録されていない場合も多い。収量データは、出荷伝票などから経時的な数値が比較的容易に得られるものの、収量は収穫された時点までの様々な環境要因の影響が蓄積された結果であり、収量のみから環境要因と関連付けた解析を行うことは限度がある。環境制御を効率よく、精度よく行うには、非破壊、非接触で多数の作物個体の状態をリアルタイムに連続計測する手法が必要である。本項では、これまでに報告されているいくつかの手法について紹介する。

2. 作物生体情報の計測

　果菜類では、生殖成長と栄養成長のバランスをとり、栽培期間を通して適度な草勢を維持することがきわめて重要である。そのためには生育調査や観察を行い、作物の状態を把握したり、記録することが必要である。一般的な調査項目としては、例えばトマトの場合では、草丈（伸長量）、葉の大きさ、茎径、葉数、花房ごとの着果数や開花数、開花中や果実肥大中の花房段数、成長点から開花果房までの距離、花房の発生間隔、葉の展開速度や節間長などが一般的である。

1）草丈

　草丈の伸長量は平均気温に強く影響される。したがって、草丈の伸長量は温度管理を調節するための目安として重要な測定項目である。レーザ距離センサや画像解析によって伸長速度を計測している事例はあるものの、それらは実験や研究段階に限られている。生産現場で草丈はもっぱら手作業で計測されており、連続計測可能なオンラインセンサが求められている。

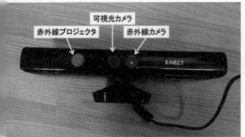

写真―1 キネクトセンサ（左）とキネクトセンサを利用した草丈計測の例（右）

草丈の測定にキネクト（写真―1、kinect、マイクロソフト社）を利用する方法が考案されている（黒崎ら，2014）。キネクトとは物体の3次元形状を距離画像として取得するセンサである。仕様上、夜間に限定されるが、このセンサを群落上部に設置して、成長点や最上位の葉までの距離を測定することによって植物の伸長速度を連続的かつ非破壊で計測することができる。元々ゲーム機用に開発された入力デバイスで、極めて安価であることから、生産現場での実用化が期待されている。

2）茎径

茎径は草丈と並んで生育の重要な指標である。多くの作物において、茎径は草勢を判断する指標としてとらえられている。たとえばMorimoto（2003）は茎径と葉の長さの比を栄養成長と生殖成長の目安として考え、培養液濃度を最適に調節するシステムを報告した（図―1）。茎径は変位センサを利用して比較的容易に測定可能であり、多くの研究事例がある。変位センサにはひずみゲージのような接触式のタイプ、レーザー光を用いた非接触式のタイプがある。茎径は温度や水分ストレスに対応して増減することが知られている。梶原（2009）は、バラのハイラック栽培において採花母枝にひずみゲージ式変位計をとりつけて茎径の日変化を調べ、温度管理の適不適の判断に利用している（図―2）。木野本ら（2013）は、ミストによる加湿制御が

トマトの生育や収量に及ぼす影響を調べる実験を行い、その中で茎径の変化を接触式の変位センサで調べている。その結果、加湿処理によって日中の茎径の減少が抑制され、また夜間の肥大速度が大きくなったとしている（図―3）。茎径の変化を給液制御に利用する事例も報告されている（大石，2002；東出ら，1995）。

3）葉面積（葉面積指数）

葉は光合成器官であり、作物群落の葉面積について経時的な推移を把握したり予測することは極めて重要である。それにも関わらず、生産現場で実際に測定されることは少なく、実験や研究においても必ずしも計測されていない。葉面積は通常、単位床面積当たり葉面積を表す葉面積指数（LAI、Leaf Area Index、$m^2\ m^{-2}$）として表されている。実験や研究においては、調査対象の群落から数個体抜き取り、着生している葉をすべて取り外して、1枚ずつその面積を測定し、その面積を合計して求めている。この際、葉面積は市販の葉面積計を利用するか、葉の長さや幅（葉の最大長や最大幅）をメジャーで計測し、あらかじめ求めておいた「葉長と葉面積」の関係式から葉面積を求める。しかし、調査の

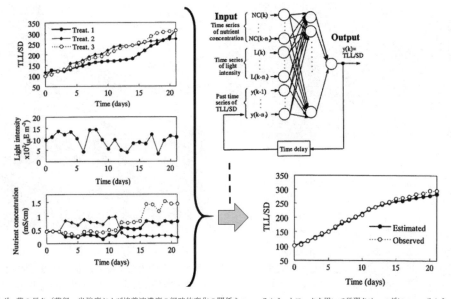

まず,葉の長さ/茎径,光強度および培養液濃度の経時的変化の関係をニューラルネットワークを用いて学習させ,つぎにニューラルネットワークを用いて推定したところ,実測値とよく一致した。

図-1　光強度、培養液濃度から葉の長さ/茎径を推定する(Morimoto, 2003)

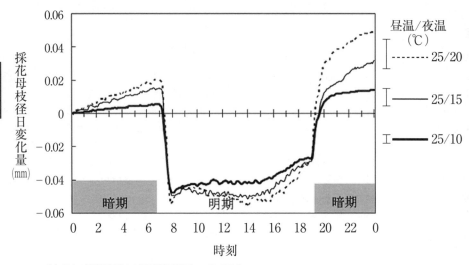

注) 図中の縦線は測定中の最大標準誤差 (n = 4) を示す。

図-2　昼温 25℃における異なる夜温がバラ'ローテローゼ'の採花母枝径の日変化量に及ぼす影響 (梶原, 2009)

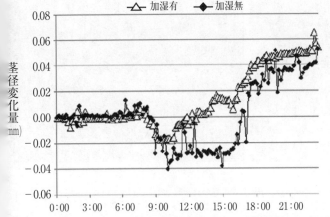

図—3 加湿の有無がトマト茎径日変化に及ぼす影響（3/14晴）（木野本ら，2013）

手間が大きいことに加え，抜き取り調査であるため，調査を行うと株数が減少するので生産現場では実施されていない。非破壊でなおかつ連続的にオンラインで葉面積を測定できるセンサが切望されている。これまでに光学的手法によって葉面積を推定する方法がいくつか考案されている。

キャノピーアナライザー（LAI-2000，LICOR社）は植物個体群落内の透過光を特殊な魚眼レンズを用いて測定し，葉面積指数を求めるシステムである。この方法で測定した葉面積指数は実測値と高い相関があることが報告されている（山本ら，1995）。機器が大変高価であり，その利用は研究用途に限られている。

植物の葉は400～700nmの波長の放射（PAR）をほぼ吸収し，光合成を行う。この時，700～1,000nmの近赤外放射（NIR）は利用されず，ほとんどが透過・反射される。群落を透過した可視光と近赤外光の比は葉面積指数との間に相関があることが報告されており（Kumeら，2011），この特徴を利用したセンサが市販されている（写真—2）。

大石（2007）は群落上部と群落内部の散乱光を測定し，その光量差を利用して，葉面積と天候を検知し，過不足のない給液制御を行うことができるシステムを考案した（図—4）。散乱光センサは光センサチップを直達光を防ぐ遮光枠で覆ったもので，北方向からの散乱光のみを受光する。散乱光センサを作物群落内および群落上の2ヵ所に設置し，そ

PAR／NIRの比から葉面積指数を推定する。

写真—2 葉面積指数センサーの例
（日本環境計測株式会社）

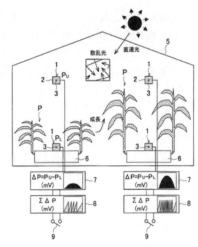

群落内外に設置した散乱光センサで作物群落内外の光量差で葉面積と天候を検知し，過不足の少ない培養液の給液管理を行う。

図—4 散乱光センサによる給液量制御の模式図
（大石，2007）

 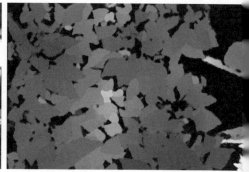

左-可視画像、右-距離画像（パプリカ群落の例）

写真－3　キネクトを利用した葉面積の計測例（岩崎、2014）

の光量差（ΔP）を指標として植物体の葉面積と天候（日射量）を評価する。給液はΔPを積算し、その積算値（ΣΔP）が給液設定値以上になると、所定時間だけ給液ポンプが稼働する仕組みとなっており、この動作を給液制御時間帯で繰り返し行う。この制御システムを利用することによって給液量は、トマトの葉面積が大きくなるほど、日射量の多い晴天日ほど増加し蒸散量に応じた給液制御が可能である

草丈の測定の項に記載したキネクトは葉面積指数の評価にも利用できる（写真－3）。通常、群落上部からデジタルカメラなどで撮影した画像から推定される面積は「投影面積」である。カメラからの距離が遠くなるほど、実際の面積より小さく測定される。つまり群落下部の葉の面積は過少評価される。キネクトを用いると、距離情報に基づいて面積を補正することが可能となるメリットがある。

4）水分ストレス、吸水量

過不足のない水分供給を行ったり、高糖度トマト生産のように人為的に水分ストレスを与える場合には、ストレスの強度を定量的に把握することが重要である。水分ストレスを間接的に把握する方法として、テンションメーターなどが利用されてきた。葉内の水分状況を把握する方法としてプレッシャーチャンバー法やサイクロメーター法がある。しかし、いずれも測定装置が高価であるうえ、プレッシャーチャンバー法は破壊計測であり、また、サイクロメーター法は測定そのものに熟練を要するといった問題がある。作物の水分ストレスをより直接的に測定する方法が望まれている。水分ストレスを評価する方法として、茎径の収縮が利用できることは茎径測定の項で説明した。ここではそれ以外の方法を紹介する。

水分ストレスは気孔の開閉を介して光合成速度に大きく影響する。気孔が閉じると葉内へのCO_2取り込み速度が低下して光合成速度が低下する。気孔開度は実験や研究においては気孔コンダクタンスとして表されている。気孔コンダクタンスを測定する装置としてポロメーターが市販されている。これは蒸散速度から気孔コンダクタンスを求めているが、高価であり生産現場で使われてはいない。北宅ら（2009）は気孔コンダクタンスを葉温から推定する手法を提案している。北宅らは測定対象の葉温と乾燥および湿潤模擬葉との差が気孔コンダクタンスと相関があること利用し、気孔コンダクタンスを推定し、灌水の制御に利用する方法を考案している。この方法は乾燥した模擬葉と湿った模擬葉を用意

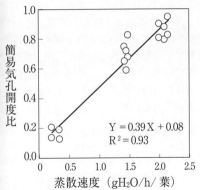

注）簡易気孔開度＝(TD−TL)／(TD−TW)
図—5　簡易気孔開度比と蒸散速度の関係
　　　（北宅ら，2009）

し、群落内に配置し、測定対象の葉の葉温（TL）を測定すると同時に乾燥模擬葉の葉温（TD）、湿潤模擬葉の葉温（TW）も同時に測定する。そして下記の式によって簡易気孔開度を求める。

簡易気孔開度＝(TD − TL)／(TD − TW)
簡易気孔開度は蒸散量と高い相関があることが示されている（図—5）。

下町（2009）は誘電緩和スペクトルを利用して、水分ストレスを評価する方法を考案している。植物がストレスを受けると適応応答として多くの浸透圧調整物質（強電解質、アミノ酸、糖、タンパクなど）が合成され、複素誘電率の周波数特性（誘電緩和スペクトル）を変化させる。下町は、マイクロウェーブによって葉の誘電緩和スペクトルを測定し、ストレスを受ける前後の誘電緩和スペクトルの変化から植物のストレス状態を検出する手法を開発した。マイクロウェーブとは、一般にUHF帯（300MHz〜3GHz）、ならびにSHF帯（3GHz〜30GHz）、両者の総称、あるいは1GHz〜10GHz程度の漠然とした周波数範囲の事を意味する。300MHz〜50GHzの周波数域で、強電解質、アミノ酸類、糖類などの浸透圧調整物質量の変化を、それらの分子がイオン電導性や、電気双極子を持っていることから誘電率ε'と誘電損率ε''の値の変化として捉えることができる。水分量は、20GHz周辺の水の緩和周波数で生じる誘電損率ε''の最大値から直接的に捉えることが可能である。図—6aに水ポテンシャルとトマト葉部の誘電的特性の関係を示した。トマトが水ストレスを受けると、葉の水ポテンシャルが減少し、同時に誘電率や誘電損率が増加している。このことは、トマト葉の環境適応応答に伴う浸透圧調整物質

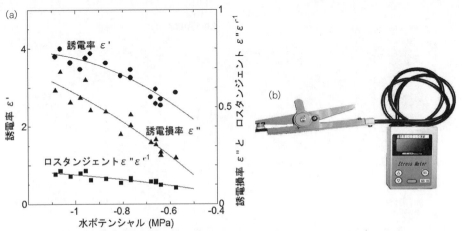

図—6　(a) 水ストレスを受けたトマト葉部の水ポテンシャルと誘電的特性の関係（水耕栽培）、(b) 試作した植物ストレスセンサの外観（下町，2009）

第4章　生体情報計測　　365

量の変化を誘電的特性の変化としてマイクロウェーブによって捉えることが可能であることを示している。試作した植物ストレスセンサの外観を図－6bに示す。

6）栄養状態

作物の葉の色は栄養状態を判断するための重要な情報であり、熟練の生産者は窒素などの養分やクロロフィルの含有量の適否を観察によって判断する。栄養状態を数値を用いて客観的に判断する方法として、葉柄汁中のイオン濃度を測定する「汁液診断法」がある。硝酸態窒素をはじめカリウムやリン酸についても測定部位や基準濃度が明らかにされ、追肥時期を知る目安としても利用されている。

葉緑素計（SPAD－502，ミノルタ製）は、生葉中の葉緑素（クロロフィル）量に対応する値を非破壊で迅速に測定する装置である。透過光計測による吸光度の差を利用して測定している。クロロフィルの最大吸収波長である670nmと、タンパクなどの高分子化合物の吸収波長である750nmのバンドパスフィルターを装着したセンサで葉の透過光量が測定される。そして葉の両波長の吸光量の差を計算し、クロロフィル量が液晶表示される。

葉を測定部位に挟むと、液晶部に数値が表示され、その値はSPAD値として追肥の目安などに利用されている。イネやダイズなど作物分野で多く利用されているが、園芸作物でも一部で利用されている。計測は簡易であるが、連続計測できないことや、やや高価であることが欠点である。

7）光合成機能・ストレス

葉や群落の光合成能力を直接的に把握できれば、養水分の供給や栽培環境を調節する上で重要な指標となる。

従来、光合成能力を測定する場合には、密閉されたチャンバーの中に作物個体を入れて、CO_2吸収量を測定したり、携帯型の光合成測定装置（LICOR社のLI6400など）が利用されてきた。しかし、光合成速度は測定環境によって大きく異なり、また安定した計測値を得るまで長時間を要する、システムが高価であるなどの問題点があった。

近年クロロフィル蛍光を利用して作物の光合成能力を評価する技術が確立されつつある。クロロフィル蛍光とは葉が吸収した光エネルギーのうち、光合成に利用されなかったエネルギーの一部が蛍光として放出される現

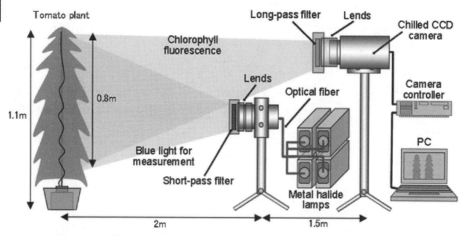

図－7　インダクション法によるクロロフィル蛍光画像計測システムの模式図（高山ら，2008）

象を利用したものである。クロロフィル蛍光計測法は、非破壊、非接触で葉や群落の光合成能力を定量的に短時間で評価することができる手法として期待されている。高山ら(2008)はクロロフィル蛍光計測を応用して、作物の光合成能力を診断するシステムを考案している（図―7、第Ⅶ部第3章参照）。

このシステムは、作物群落に弱光測定光を照射し、その結果励起されたインダクション現象を、高感度CCDカメラを用いて画像計測するもので、高さ約1mのトマト個体全体を対象として、光合成速度やストレスによる機能の低下などの診断が可能であるとしている。高山らはこのシステムを自走式の台車に乗せ施設内を走行させ、栽培されている植物群落全体を対象とした診断システムの開発を進めているという。

海ら（2006）は葉の表面をワセリンなどでシールした場合の電子伝達速度が葉内の炭酸固定速度、すなわち光合成能力の指標となることを明らかにした。シーリングされ、閉鎖系となった個葉内部では、炭酸固定によるCO_2吸収速度と光呼吸によるCO_2放出速度が同じとなり、この反応に要する電子の伝達速度をクロロフィル蛍光を測定することによって知ることができる。つまり光合成活性の高い葉では光呼吸から炭酸固定系へのCO_2輸送が早く電子伝達速度も速いと考えられている。この手法を用いることによって、個葉の光合成能力を迅速かつ簡便に比較検定することが可能となる。

3．おわりに

ハウス内の環境制御技術はここ数年で大きく進歩した。しかし、作物の生体情報を直接把握する技術は未だに生産現場で実用可能なものは少ない。環境制御の目的は生育の制御である。生体情報を的確に捉える技術と対になってはじめて効果を発揮すると思われる。生産現場で利用できる生体情報の収集技術の早急な開発が望まれる。

（岩崎泰永＝農研機構野菜茶業研究所）

参 考 文 献

1) 黒崎秀仁・岩崎泰永・浜本浩・田中幹人・梅田大樹（2014）：Kinect センサを利用した植物の成長モニタリング, 生物環境工学会2014東京大会, 284-285
2) Tetsuo MORIMOTO (2003)：Dynamic Optimizations of Cultivation and Fruit-Storage Processes Using a Speaking Plant-based Intelligent, Control Technique, Environ, Control in Biol., 41, 193-210
3) 梶原真二（2009）：バラの高設ベンチ栽培における切り花の生産性向上要因の解明と環境保全技術の開発, 広島総研農技セ研報, 86, 1-103
4) 木野本真沙江・松本佳浩・吉田 剛（2013）：細霧冷房装置利用による相対湿度の制御がトマト生体情報および収量品質に及ぼす影響, 栃木農試研報, 71, 27-31
5) 大石直記（2002）：トマトの養液栽培における水分ストレスに応じた給液制御システムの開発（2）：茎径変化を利用した給液制御, 生物環境調節, 40, 91-98
6) 東出忠桐（1995）：水耕トマトの生体重と茎径の日変化, 農業気象・生物環境合同大会, 394-395
7) 山本晴彦・鈴木義則・早川誠市（1995）：プラントキャノピーアナライザーを用いた作物個体群の葉面積指数の推定, 日作紀, 64, 333-335
8) A Kume, KN Nasahara, S Nagai, H Muraoka (2011)：The ratio of transmitted near-infrared radiation to photosynthetically active radiation (PAR) increases in proportion to the adsorbed PAR in the canopy, J Plant Res, 124, 99-106
9) 大石直記（2007）：植物の生育段階判定方法及びシステム, 特許第4991990号
10) 北宅善昭・斉藤章・加納賢三（2009）：気孔開度のモニタリング方法及び装置, 特許第5309410号
11) 下町多佳志.（2009）：マイクロウェーブを利用した植物のストレス検出, ハイドロポニックス, 22, 20-21
12) 高山弘太郎・仁科弘重（2008）：施設園芸における植物診断のためのクロロフィル蛍光画像計測, 植物環境工学, 20（3）, 143-151
13) 海梅栄・窪田文武（2006）：ワセリン・シーリング葉のクロロフィル蛍光値によるサツマイモ個葉の炭酸固定能力の評価, 九大農学芸誌, 61（2）, 185-191

第IX部

園芸作物の栽培

第1章　種子の処理技術

はじめに

わが国の農業・園芸産業は、かなり以前から他国で類を見ないような高齢化と後継者不足の問題に直面してきた。それでも何とか現在の生産が確保できたのは、種々の技術革新があったからにほかならない。中でも、「苗半作」といわれ、栽培技術の中でも特に重要な技術として位置づけられていた育苗の分業化と、各種種子精選・種子処理・種子加工の技術革新が与えたインパクトには計り知れないものがある。また野菜栽培では、育苗過程や圃場での間引き作業を何とかする必要性に迫られていた。今でも間引き作業は行っているが、現在とは比較にならないほど多量の種子を播種し、間引きしていたのである。

これらを効率化するために、機械播種機に適合する種子を精選したり、発芽力を高め、播種密度を低減したり、移植可能な苗を増やすために、様々な技術を発展させてきた。まず、種子自体の高性能化が図られた。固定種からF_1ハイブリッド種子の利用を世界に先駆けて進めたのである。詳細については本章では触れないが、F_1種子の利用により種子のパフォーマンスは飛躍的に向上した。さらに、採種過程と収穫後の種子の取り扱い方についても革新的に改善された。種子精選と種子処理、種子加工技術の進展である。

それらの種子を播種する技術や苗の定植技術も専用機器の開発と同時に急速に発展した。中でもセルトレイ（プラグトレイ）を用いた、セル成型苗の生産や接ぎ木に関わる技術は、極めて多岐にわたっているが、集中して開発が進んでいる部分でもある。

これらの技術革新の起点が、種子精選を含めた種子処理技術であることは間違いない。

1. 種子精選技術

野菜等の種子については、育種は種苗会社で行うが、育成された品種の多くは国内外の採種専用業者、あるいは契約採種農家に採種栽培を依頼して販売種子を得ている。

採種農家で収穫された種子は、ゴミ、花粉および殻等を取り除き、一次選別され、委託先の種苗会社に納品される。

通常、納品された一次選別種子は種苗会社が保有する種子倉庫に保管されるが、保管に先だって、再度ゴミや異物を除去する目的でふるいにかける。その際に、大きさ別の粗選別が同時に行われることもある。その後、種子の水分含有率を一定の値に調整するために乾燥工程を経て、低温・一定湿度の条件で保存される。

保管後、販売されるまでに行われるのが、種子選別である。種子選別は、種子の斉一性、均一性を向上させ、最終的に均一な実生を得るために行うものである。具体的には、一次選別された種子をさらに大きさ、形、重さ、密度といった物理的特徴によって分別されて販売される。使われる設備には、ふるい、はかり、空気カラム、インデントシリンダー、静電選別機、乾式比重選別機等の機械がある。これらの機械は、用途が極めて限定されるのと、各々の種苗会社で個別のノウハウを所有していることなどから、詳細は明らかでないが、これらの分野で標準的な機器として定

写真—1　乾式比重選別機（Seed Processing 社製）

評があるのが、オランダ Enkhuizen に本社を構える Seed Processing 社の製品である。わが国を始め、世界の大手種苗会社に多くの製品が納入されている（写真—1）。

オランダ Enkhuizen は、Alkmaar とならんで、オランダにおけるいわゆるシード・バレー（Seed Valley）を構成し、育種や種子生産、種子加工業者が集中し、種子産業が集約的に効率的に行われている中心地である。

選別された種子はそのまま販売されることも多いが、さらに、特別な種子は幾つかの階級に精密に選別され、個々の発芽と成長力が試験される。その中で、特別な基準に合う階級は、精選種子として別売されることとなる。これが種子精選の技術である。種子精選は全体の発芽率、発芽速度、さらには発芽の均一性を増加させ、その結果、苗の斉一性を大幅に向上させる。

精選の具体的方法は、品目や品種、採種された種子ロット等によって異なるが、いずれも熟練した技術と専門の機器の使用が前提となっている。

著者らは、市販種子を購入して、個々の種子を重量別に階級分けした経験がある。通常、種子重量を計測すると正規分布するが、いくつかの市販種子を計測してみると、特定の階級の種子が特異的に少ないものがあった。これは、これらの種子は、精選種子として別に販売された画分があることを示唆している。

精選過程は、通常見ることができないが、著者は 1 粒ずつ画像処理を行い、大きさ、形、色等で分別する高性能カラーグレイダーを見る機会があった。ダイコンなどの種子は種皮色により種子の登熟度が判別できることから、この種の機器により種子のパフォーマンスが飛躍的に向上した結果、ダイコンの無間引き栽培等の技術が確立した。

海外でも、カラーグレイダー（写真—2）の多くは日本製のものが使用されているようである。わが国では、米やその他穀物用の高性能選別機が市販されているが、それらの選別機の応用であろう。

種子の選別、精選の技術開発・機器開発は限られた所で行われているに過ぎない。しかし、種子が工業製品ではなく、生物であり、ある程度のばらつきがあることを前提にすると、この部分の技術開発は戦略的に極めて有

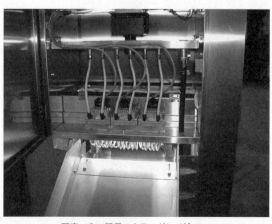

写真—2　種子のカラーグレイダー

望な分野であると言えよう。多くの野菜類は、植物学的に開花や結実が比較的長い期間続くため、一斉収穫した場合、収穫種子の充実度にもばらつきが生じるのは避けられないからである。

特に種子精選は、種子を細かい階級に分別し、それぞれの階級の斉一性を向上させる技術であり、大きな種子も、小さな種子もそれぞれの種子に適合した条件下で発芽させることにより個々の階級の価値がそれぞれ向上する。したがって、種子全体の付加価値が格段に増すのである。

2. 種子加工技術

1）除毛・除翼・除尾処理

セル成型苗の生産を前提にすると、播種機には、単純なテンプレート型から高速のドラムシーダーまである。しかし、多くの播種機は真空ピックアップ方式で稼働している。球形で、均一な大きさの種子を用いると、播種機は正確に効率よく動作する。しかし、前述のように種子には形や大きさにばらつきが存在するものである。細長い種子や曲がった種子、トマトのように綿毛を持つ種子や翼や尾のある種子もある。多くの播種機では、そのような不整形の種子を1粒ずつ正確に播種するのは困難である。このため、トマトやアネモネの種子の綿毛を除いたり、マリーゴールドの種子の尾翼を除いたりする種子加工を付与するのである。処理には専用の機器・器具が用いられる。

これらの処理により、種子は真空播種機で吸着しやすくなり、播種機で、セルトレイに正確に播種することが可能になる。

圃場に直接播種する場合には、播種機はより使用条件の安定性に欠けるが、より広い面積に多量の種子を高速に播種することが求められるので、それだけ種子の精選精度・加工精度にも高いものが要求される。

2）種子剥皮処理

種子のネーキッド化の技術はわが国で開発された。「ネーキッド種子」とはホウレンソウやシュンギクの種子のように加工上の問題から本当の種子の状態にできなかったものから真の種子を取り出したものである。これらの種子は、植物学的には果実である。果皮に発芽抑制物質を含むこと、また水分を吸収して酸素透過性を減じることにより発芽不良を招くことがあるため、剥皮により発芽パフォーマンスの大幅向上が期待できる。実際には、液体窒素で果皮を凍結させ、物理的に破壊して果皮を取り除き、中の真の種子をむきだしにする。その後は種子の保護のためフィルムコーティング（後述）される場合が多い。

3）種子処理技術

機械的に種子を精選した後は、種子の生理的状態を高める、あるいは同期させることが次のステップになる。種子プライミング（Seed Priming）は、種子に極少量の限定した量の水分を与え、発芽関連の酵素活性を促し、発芽直前の状態まで高める技術である。プライミングの処理としては、どのようにして種子に極少量の水分を与えるかによって幾つかの方法が知られている。具体的方法として、塩類溶液、非電解質溶液（オスモプライミング）、多孔質資材（マトリコンディショニング）、岩石資材やピートを用いる方法（ドラムプライミング）等がある。プライミングは一般的には播種前処理であるが、セル苗を前提として播種後にセルトレイ単位で行う処理（PSプライミング：Post-sown Priming）も開発されている。

プライミング処理では、発芽のための代謝活性は高めるが、その段階で発芽の進行を停止させる必要がある。幼根が出てくる前に処理を終了させ、処理前の含水量にまで種子を

乾燥した後に、包装して一般の種子と同様に扱われる。種子が播種されて、灌水により再吸水すると、既に発芽に必要な代謝過程の多くを完了しているので、すぐに発芽が開始される。その結果、発芽速度と発芽率は高まり、均一度が増し、さらには、休眠打破効果や発芽の同期効果も発揮される。作物ごとに好適なプライミング法は異なる。検討条件としては、処理時間、浸透またはマトリックポテンシャル、温度、光、酸素の可給度等が挙げられるが、それらの多くは、種苗会社の専門部署（シードテクノロジー分野）や一部の種子処理業者（わが国では、住化農業資材㈱、インコテックジャパン㈱等）で独自に開発されたもので、非公開の技術であるが、世界的にも極めて注目されている分野である。

また、一般に未処理の種子に比べて、プライム種子または発芽増進処理種子の貯蔵寿命は減少するため、高い発芽能力を得るための「播種可能期間」（寿命）が設定されるのが普通である。

4）ペレット化およびフィルムコート化技術

前述のように、真空播種機で不整形の種子を高速・正確に播種するのは困難である。しかし、正確に播種するために高速のドラムシーダーの稼働速度を抑えると、播種効率が犠牲になる。また、多くの種子は小さく播種後肉眼で確認するのが難しい。このことは、播種の成否を確認するのを困難にしている。速く正確に播種し、目視検査（将来的には画像処理技術を利用した自動検査）ができるように、多くの種子にはペレット化やフィルムコーティング処理が行われる。

ペレット化は小さい種子の大きさと均一性を向上させる。一方、フィルムコーティングは不整形種子の流動性を高めてハンドリングを容易にする。また、種子をペレット化またはフィルムコーティングするもう一つの理由は、種子処理剤（殺菌剤、殺虫剤、生育調節剤等）の安全で有効な処理ができることにもある。

近年、環境問題から、化学農薬の使用量を削減することが望まれているが、選択的に種子に薬剤を与えることで、圃場全体の農薬使用量を大幅に抑制できる可能性がある。人間や他の動植物にはほとんど無害で長期間（3〜4ヵ月間）有効な殺虫剤（攪乱剤）をフィルムコートすることにより多くの葉根菜類は、栽培期間中まったく殺虫剤を散布することなく収穫できる可能性がある。一般化すれば、環境汚染も最小限で、栽培者や消費者も安全で安心できる技術であるので、実用化が期待されるが、課題も少なくない。最も重要な課題は、適用可能な化学農薬の種類が限定されていることである。前述したように、種子処理用の薬剤は使用量が少ないことが特徴であるが、これは農薬メーカーから見ると販売額の減少に直結するため種子処理用の農薬登録が進まないのである。近年、種子伝染性の重大な病害の発生が報告されていることもあり、少量で選択的に作用させることが可能な種子処理用農薬の開発・登録・販売が期待される。

ペレット種子は通常、レタス、セルリーのような小さい種子やトマト、ピーマンのような不整形の種子に、結合剤（バインダー）を丸薬状に成形する。一方、フィルムコーティングでは種子の形は変わらない。ペレット化やフィルムコーティングの際に使われる蛍光染色は、播種された種子の視認を容易にするために使用されるもので、色自体は特別な意味はなく、種苗会社ごとに選定される。

一般にペレット化またはフィルムコーティングされた種子は、未処理の種子と比べると長期保存には向かない。ペレット種子の発芽には、初期に有効水分を一定に保つことが重要である。初期の灌水で一部あるいは完全にペレットが壊れるが、発芽途中でペレットが

乾燥すると、種子は枯死することが多い。逆に、水分過剰の場合も、酸素不足に陥るので注意が必要である。一方、フィルムコート種子では、被膜自体は溶けないが、被膜が発芽を妨げることは少ない。

通常ペレット化等の処理によって、発芽は1日程度遅れる。しかし、種苗会社は、この遅れを解消し、高い発芽と均一性を可能にするよう、種子精選やプライミングなどの処理を併用して、加工処理を行うことが多い。

5）その他の種子加工技術

（1）薬液処理

種子を殺菌・殺虫剤の溶液に浸漬する処理。

（2）薬剤粉衣処理

種子に殺菌剤や殺虫剤などを粉衣する処理。処理としては簡易であるが、播種の際薬剤が手につきやすく、播種後種子周辺から流れやすいのが欠点。最近は前述のフィルムコート種子に変わりつつある。

（3）シードテープ加工

テープ状（現在のは紐状）資材に、種子を適当な一定間隔ではさみこんであるもの。圃場の畝中央部に直線的にのばして覆土することで省力的に播種ができる。簡易な補助用具も販売されており、機械化対応も可能である。テープ材料には、水溶性資材、生分解性資材のほか、耐水性のものもあり、テープのまま予備的に吸水させ、幼根が見えた後に播種することが可能な資材もある。シート状をした資材に多条分の種子が挟み込んであるものがシードシートであり、播種箱あるいは苗床に広げて使用する。シードテープ加工は、種苗メーカー以外でも行っているので、あらかじめ種苗メーカーから、購入した種子を独自に精選し、その種子をシードテープ加工に出す場合もある。ホウレンソウなど発芽が不安定で、発芽がその後の生育や作業効率を大きく左右するような作物では、精選種子を加工したシードテープを吸水させ適温条件で発芽させた後に播種して極めて安定した発芽と初期生育を得ている事例もある。

（4）予備発芽処理

種子プライミング処理は、発芽過程は開始されるが、幼根が出る前でその進行を停止させる。プライミングの次に来る技術ステップは、幼根を出現させ、死んだ種子を除き、その後直ちに播種することや、農家自身が行うオンサイトプライミングであろう。前述の耐水性資材によるシードテープを吸水させるのもこれに当たる。予備発芽処理技術は、液体播種（fluid drilling）の出現とともに1970年代に提唱された既発芽種子（pregerminated seed）という概念に支えられているが、今のところ大きな普及は見られていない。

写真―3　加工した種子（左：シードテープ加工、右：ペレット加工）

3. 苗産業における種子処理の重要性

　果菜類においては、苗は個人による自家育苗から共同育苗、さらには専門業者による大規模施設での苗生産に生産の場が移行し、苗生産の分業化が確実になった。その結果、種子処理分野でも期待される技術が大幅に変わってきており、今後も大きな技術革新が期待される。

　セル成型苗育苗や接ぎ木苗の利用が進むのに伴い、高度な施設や育苗関連機器が開発され、実際に育苗センターや民間の苗専門生産施設に導入されている。しかし、施設・設備を重装備にした結果、採算性が悪化するケースも目立っている。重要なことは、苗の生産量を最大にすることがよいとは限らないことである。地域や作型にもよるが、苗需要については、大きな季節的変動が避けられない。苗の需要のピークに合わせて生産施設を合理化し、苗生産の効率を上げた場合、年間の施設稼働率を上げることが困難になる。したがって、必要以上に重装備にした施設では、苗生産のコストが上昇してしまう。

　特に、果菜類の接ぎ木生産が経営の主体になっている苗生産企業では、台木、穂木の成苗率と斉一性によりその生産性が大きく変動するので、種子に対する要望も大きく変化している。

　果菜類種子は相対的に単価が高いが、これまで生産者が求める発芽率・発芽勢や斉一性はそれほど高くなかった。これは、個々の生産者の技術が平準化されていないのと、種子や発芽に対する慣習や固定観念があるものと思われる。

　ところが、一般の生産者や生産者グループと比べると格段に購買力の大きな苗生産業者が出現した結果、彼らの求める発芽勢・発芽揃いに対応する技術開発が求められるようになり、近年関連技術に関する関心が高まっている。

　一般に苗生産業者は、受注生産を基本としているが、発芽や接ぎ木の良否を予測して、若干の余裕を見て播種を行う。その程度を1％あるいは0.1％でも少なく設定できれば、使用する量が膨大なので、経営的に極めて大きい差になる。

4. 植物工場における種子処理の重要性

　一方、生産者側でも、種子により高いパフォーマンスを求めるようになってきた。太陽光型・人工光型植物工場の拡大に伴い、施設の稼働率と、効率性を重視することが多くなり、種子や苗に対する要求が厳しくなっているからである。今後は、種子の価格は若干上昇しても、間引きや移植のコストが低減できる高いパフォーマンスを有する種子がより注目されるだろう。

（丸尾　達＝千葉大学大学院園芸学研究科）

第2章　苗生産技術

（1）苗生産技術の変遷

1．生産効率の向上に不可欠な育苗

　元来、わが国の野菜生産においては、「苗作り半作」の諺もあるとおり、苗は栽培技術においてきわめて重要視され、農家において入念に育苗されるのが通常であった。その歴史は古く、平安時代中期の「延喜式（927）」にはすでに育苗の記載が見られ、また、京都の史書によると苗による優良な形質の野菜の流通は16世紀初頭から行われており、江戸時代には都市廃棄物の醸熱を利用した高温性果菜類の温床育苗が始められた。

　この時代における育苗の目的は、
①発芽と初期生育を確実に、斉一化する
②苗床の環境制御により、自然条件が生育に不適な時期に軟弱な苗の生育を確保する
③前作の栽培中に育苗を開始することにより、圃場や栽培施設の利用効率を高める
④除草、灌水、病害虫防除などの管理労力や資材を節約する

などであった。

2．温床育苗技術の改良

　明治の年代に入り西欧のガラス温室促成栽培技術の導入、国内温暖地での果菜類の早出し早熟栽培などが始まるにつれて、その基幹の技術として育苗への関心が高まってきた。特に明治の末期から大正年代に入るにつれて、温暖地や都市近郊で多くの野菜の半促成、促成栽培、集約的な高度輪栽、高位生産に育苗、特に温床育苗技術が急速な広まりを見せてきた。

　大正末期から昭和の年代に入ると温床設備の改良、醸熱温床の温度管理、果菜苗における移植効果の検討、花芽の分化・発育等の苗質の解明と育苗管理改善がはかられ、また、葉菜類への簡易育苗法の導入なども進み、育苗法は多種類の野菜に、露地栽培にも広く利用されるようになり、野菜生産技術の進歩、生産力の向上に大きく貢献してきた。

　第2次大戦後は、必需食糧の確保のためのサツマイモの増産対策をさきがけとして、電熱・醸熱併用温床の普及が進み、育苗の温

図—1　野菜の育苗における技術・資材の変遷（崎山、平成6年を改作）

表―1　現代における育苗技術の普及年表

年	50	55	60	65	70	75	80	85	90	95	00	05	10
技術内容	踏込醸熱温床　練り床　わら鉢	電熱温床　紙　ビニル被覆	紙鉢→ビニル鉢	ポリ成型鉢（移植省略）　速成床土	ビニルハウス育苗→暖房	低夜温育苗（トマト）	水耕育苗	弱毒ウイルス接種苗	接ぎ木苗（トマト）	ウイルスフリー苗（イチゴ）	茎頂培養苗	セル成型苗　人工培養土	高度環境制御温室

（続き）幼苗接ぎ木（トマト、ナス）活着促進装置／半自動接ぎ木装置／サブストレート苗／接ぎ木断根苗、ヌードメイク苗／人工光閉鎖型育苗装置　均一苗、無農薬苗／硬化培地苗／接ぎ木二本仕立苗（トマト）　低温貯蔵苗／ハイレグ接ぎ木苗（トマト）

度管理の精度の向上が図られ、果菜類の温度、日長、特に夜冷育苗や短日処理と花芽着生、など苗の発育生理など質的向上技術の究明がなされ、栽培の安定、生産性の向上が図られた。やがて農業用ビニルフィルムの実用化により、温床被覆材は和紙から農ビへと変わり、耐候性の向上、管理の省力化が格段と進んだ。

1955年代に入りビニルハウスの普及が本格化するにつれて、ハウス内での育苗が盛んに検討され、育苗の施設・資材の改善・改良が短年月の間に進み、苗生産の安定化、管理の省力化に大きく貢献した。このような動きから、永年にわたって行われてきた温床育苗はほとんど姿を消し、ハウス施設内での苗生産へと進歩した。

他方、果菜類の育苗の基本要素となる床土は、踏み込み醸熱材として用いられた稲わら、落葉等の発酵残渣による醸成床土から、無病な基本土と腐葉土にパーライトなどの土壌改良剤、化学肥料を適正に配合、作成された「速成床土」へ、さらに一部はもみがらくん炭、ピートモスなどの固形培地、培養液利用の育苗に代わってきた。これらの床土や培地を紙やわらの筒に詰め、運搬・移動しやすく、育苗中の移植回数を減らし、苗定植時の植え傷みを少なくする鉢育苗は、一部の早熟栽培で戦後早くから行われていたが、ハウス育苗が行われるようになってすぐの1955年代に、プラスチック成形育苗鉢が開発されるにつれ、これを用いたプラ鉢育苗方式に急速に移行した。

葉菜類の育苗においては、1930年ごろから、土と腐熟堆肥に水を加えて練り、6cmほどの厚さに広げ、固まったところに包丁で6×6cmぐらいに切り目を入れ、これに種子をまいて育苗する「練り床育苗」がハクサイ、キャベツなどについて行われていた。これらも同じく鉢育苗に移行した（図―1、表―1）。

3．育苗施設資材の改良、共同育苗へ

育苗に好適な採光性、気温・地温の制御性、苗の配置や移動、運搬などの作業適性を備えた、育苗に好適な施設の開発・改良は急速に進んできた。

一方、高度経済成長に伴う野菜供給不足への対応や規模を拡大した農家への苗の安定供給の必要性が高まってきた。折しも、1964年から行われた野菜指定産地事業において、野菜共同育苗施設設置に対する補助が行われ

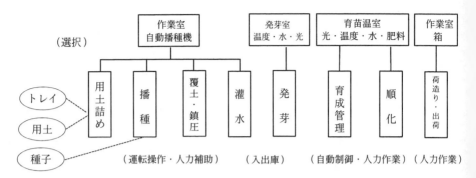

図―2　セル成型苗生産のフローと関連施設・資材（板木）

るようになったのを契機に、共同育苗事業が全国的に多数導入され、生産安定に大きく寄与することとなった。

この運営は参加する生産農家の当番制により行われたが、その運用にはリーダー、役員等一部の人達に精神的負担が重くのしかかり、また、域内での新規参入者増、農家の規模拡大による苗の需要増に応えきれなくなり、片や、個々の生産者の育苗技術の向上による自家育苗指向、やがては流通苗購入への移行から、次第に陰を潜めることとなった。

4．セル成形苗の導入、苗生産のシステム化

1）プラグ苗の導入、セル成形苗へ

プラグ苗は1960年代にアメリカで開発され、やがて欧米で花き苗や野菜苗に利用が始まり、自動播種機などを含むシステム化されたプラグ苗育苗法として、わが国に1985年に初めて導入された。

このプラグ（Plug）方式は、作物の種類に応じた連結穴数のプラスチックトレイにピートモスを主材とした規格用土を詰め、一連の播種工程（培地詰め、穴あけ、播種、覆土、鎮圧、灌水）を自動播種ラインで行い、揃った良苗を効率よく生産するシステムである。出荷時には根部の根鉢が成形されているのでプラグ（電気の差し込み器具）のように苗が容易に引き抜くことができ、活着しやすく、輸送性にも優れるので、花き苗に利用が広まり、ついで野菜苗に普及し始め、数年後には種苗業界や苗専業企業などにおいて急速に導入が図られた。

プラグ苗は国際的に広く用いられている名称であったが、わが国では㈱テイ・エム・ポールが商品名を「プラグ苗」として工業所有権を取得しその名称の商業的使用には許諾を要することになった。そのため農林水産省関係の公的機関では、これに「セル成形苗」または「セル苗」という名称を付し、1987年以降はこの名称を用いることとなった。

セル苗生産に必要な機械、設備、装置・機器等の構成、システム化はわが国においても間もなく完成し、先駆的な苗生産企業、JA育苗センターに導入され、各種野菜苗の供給が本格的に稼働し始めた（図―2）。

写真―1　トマトのセル成形苗

その当時に使用されたセル苗の総本数は、1995年が11億本、1998年が15.4億本と急速に伸びている。野菜の種類別にみるとレタス、タマネギ、ハクサイ、ブロッコリーなどの葉菜類が多く、果菜類ではトマトを筆頭にナス、キュウリが多かった（写真—1）。

2）セル成形苗による省力機械化

セル苗の有効な利用場面として自動移植機の利用による定植作業の省力化がある。自動移植については、井関農機㈱によりパルプモールド材（新聞古紙使用）による専用トレイと移植機をセットにした「ナウエルシステム」が先行的に実用化されていたが、プラスチック製のセルトレイは異業種で開発が行われていたので、互換性に問題があった。

そこで平成6（1994）年春に、全農は128、200および288穴のセルトレイの標準規格を決定、追って農林水産省事業による機械化栽培様式標準化協議会が設けられ、同様な標準規格を定め、関連業界挙げての全自動機械移植システム開発、実用性の検討、マニュアル化がすすめられ、2000年ごろから広く普及推進された。その後多条乗用全自動移植機の開発・実用化、あるいは今日的な自動収穫機や収穫調製機との組み合わせなど、総合的な野菜省力生産システムの構築へと発展し、セル成形苗の基幹技術として果たす役割はますます大きくなってきた。

5．接ぎ木苗生産技術の進歩

1）重要性高まる接ぎ木苗

果菜類の栽培における接ぎ木苗の利用は、
①連作障害の主因である土壌伝染性からの回避
②低温伸長性、高温耐性など強健性の付与
③収量増加や果実の商品性の向上
などを目的として、わが国では古くから行わ

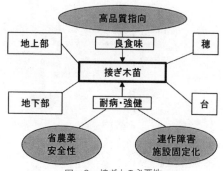

図—3　接ぎ木の必要性

れてきた。接ぎ木が実際栽培に利用され始めたのはスイカが最も早く1920年代後期、ナスは30年代、メロンは50年代、キュウリは60年代、トマトは70年代であった（図—3）。

1980年代に入ってからは施設園芸の進展、栽培圃場の固定化による連作障害からの回避、安全性向上のための省農薬の必要性、高品質指向など諸事情の変化から、接ぎ木苗に対する期待度は次第に高まってきた。このような事情を受けて育種面では耐病性接ぎ木台木品種の開発が積極的に進められ、優れた台木が使用されるようになるにつれ、接ぎ木苗の信頼度はますます高まり、利用を促してきた。

接ぎ木に期待度が高まり、需要が急増してきたが、その生産には適正台木、穂木の確保、接合作業、活着のための養生管理など、熟練と細やかな神経を使う多くの労力が必要で、多大な困難を伴い、大きな問題となっていた。とくに栽培者の高齢化が進み、自家苗生産が困難化するにつれて、多くの農家が接ぎ木済みの苗を購入という希望が増えてきた。

それに応えるべく果菜産地のJAでは育苗センター開設に気運が高まり各所に施設が設けられ、育苗業界でも付加価値の高い接ぎ木苗の生産増強が見られ始めたが、ここでも技術的困難は同様であり接ぎ木苗生産の効率化が大きな問題となってきた。

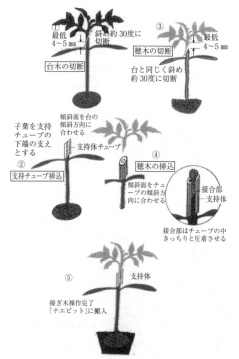

図—4 トマト幼苗斜め合わせ接ぎの行程（板木）

を簡易・省力化する必要があった。

1990年代に入り育苗業者はもとより研究機関、農機具メーカー、種苗会社等において簡易接ぎ木法や資材・器具・機械などの開発が活発に行われるようになった。その結果、瞬間接着剤利用法（大阪農技セ）、磁気圧着固定法（群馬園試）、ピン接ぎ法（タキイ種苗）などの新法が発表されたが、それぞれ操作や活着精度に難点があり、広く利用、定着するには至らなかった。

3）幼苗斜め合わせ接ぎ法の実用化、普及

セルトレイで育苗したトマト、ナス、ピーマンなどの幼苗（慣行接ぎ木が4〜5葉期に対して1〜2葉期の若齢）に、トレイに栽植の集合状態のまま、新考案の弾性体のチューブ状支持具を用いて、台木、穂木ともに約30度の鋭角に切断し、断面を強く密着させて接合活着の最適条件（温度、湿度、光、風速）を保した活着促進装置内において養生し、短時間（3〜4日）で接ぎ木苗を容易に育て上げる方法である（図—4）。

本法は、JA育苗センターや生産農家の共同育苗施設などで増大してきた接ぎ木苗供給が、熟練者不足で難渋しているのを支援するため、JA全農営農技術センターで、1986年か

2）接ぎ木方法の改善進む

接ぎ木にはすでに長年の技術改良の歴史があり、経験的な積み上げによる接ぎ木方法は確定し、慣行的な方法は出来上がっていた。代表的な方法は、挿し接ぎ、割り接ぎ、呼び接ぎであり、それらの改良変法（例えば断根挿し接ぎなど）もいくつか案出されていた。どの方法を選択するかは野菜の種類、技術レベル、作業能率、苗の仕向け先（自家用か販売用か）などによって決められていた。いずれの接ぎ木方法を用いるにしても接ぎ木には多くの労力と経験にもとずく技術が必要で、これ

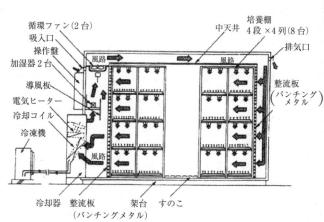

図—5 接ぎ木苗活着促進装置「ナエピット」の構造（標準型）

	方法	接合方法	養生管理	活着後の管理
挿し接ぎ		○	×	◎
割り接ぎ		△	×	○
呼び接ぎ		×	◎	×
斜め合わせ接ぎ		◎	○	◎

◎：容易　○：概ね容易　△：かなり困難　×：困難

注）専用支持具、活着促進装置使用による

図—6　果菜類に用いられる代表的な接ぎ木方法の得失（板木）

ら研究開始、1989年に実用化、システムとして完成発表したものである（養生装置「ナエピット」は、三菱農機㈱との共同開発による）（図—5）。

接ぎ木の作業能率については、慣行の諸法が経験者1日当たり400〜500本であるのに対して、本法は初心者の平均でも1,000〜1,500本、さらに経験を積み、また、作業の適正な分担を図ることにより1,500本以上を達成可能なことがわかった。養生装置の利用により、慣行法では10日内外を要し気苦労の大きかった養生管理が完全に自動・無人化され、接合は確実で接ぎ木部が外れる心配なく、自根の発生やウリ類では台木の子葉節からの脇芽の発生が見られないなど多くのメリットが認められた（図—6）。

本法の技術確立、成果の公表以来、JA育苗センター、導入に積極的であった苗生産業者への技術の啓蒙、普及推進を図ってきた。

それを契機に、接ぎ木を専門とする大手育苗業者では、さらに能率向上、低コスト化について盛んに検討され、トレイから抜き取りによる接合作業の分業化、苗養成の密植化による養生装置の効率的利用が行われた。また、同様の簡易接ぎ木支持具や「ナエピット」類似の低価格養生装置がお目見えし、農家においても養生は慣行法に任せる変法が用いられるなど「幼苗斜め合わせ接ぎ」法は短年月のうちに広く普及するに至った。

1998年の野菜茶試の調べによる野菜の接ぎ木利用面積割合によると、購入苗ではトマト90％、ナス71％、スイカ35％、、自家育苗でもトマト45％、ナス10％に達しており、これから試算すると果菜類全体で約1億本に達したものと推定される。

2011年の上記調査によると、本法による接ぎ木割合は、ピーマン・トウガラシ88％、カラーピーマン78％、トマト52％、ニガウリ49％、ナス44％、キュウリ13％となっており、ナス科野菜では本法が主流となり、

表—2　果菜類接ぎ木苗の需要数と購入苗数の推移　　　　　（百万本、%）

	1990年			2001年		
	苗需要数	購入苗率	購入苗数	苗需要数	購入苗率	購入苗数
ナス	98.7	7	6.9	111.7	63	70.4
トマト	77.7	2	1.5	149.6	47	70.3
キュウリ	173.3	4	6.9	189.2	34	64.4
スイカ	87.5	5	13.1	106.5	34	36.2
メロン	83.5	0	0.9	22.1	5	1.1
計	520.7	6	29.3	579.1	42	242.4

注）JA全農育苗研修会資料1998ならびに野菜・茶試研究資料9をもとに推定

表—3　果菜の種類別接ぎ木方法割合（自家苗＋購入苗）2011野菜研調より抜粋

作物名	回答面積(ha)	接ぎ木方法（%）				
		挿し接ぎ	断根挿し接ぎ	斜め合わせ接ぎ	割接ぎ	呼び接ぎ
スイカ	7,151	22.8	71.0	0.8	1.3	4.0
キュウリ	6,497	7.1	30.4	13.1	0.4	47.4
メロン※	2,195	65.8	7.1	2.6	2.6	20.7
ニガウリ	340	—	38.2	48.7	0.2	12.9
トマト	4,294	8.3	27.7	51.7	2.8	6.8
ナス	3,625	11	10.1	44.1	33.5	0.1
ピーマン・トウガラシ	189	3.6	4.2	88.0	2.5	1.7
カラーピーマン（パプリカ）	12	6.3	—	77.7	15.9	—

※温室メロンを除く

4) 機械による自動接ぎ木法の開発

● 手作業　○ 自動化　☆ 装置による自動化　□ 接着剤

方法	方式	台穂別	播種	移植	棚上げ	苗取付	切込	接合	クリップ	鉢上げ	養生	穂根切離	クリップ取外	鉢上げ	定植
手接ぎ	慣行 (呼び接ぎ)	台木	●	●	●		●			●	●	●		●	●
		穂木	●	●	●					●	●	●		●	
	幼苗接 (1) (斜合わせ接ぎ)	台木	○	●			●	●	●		●		☆		●
		穂木	○												
機械接ぎ	簡易ロボット (2) (呼び接ぎ)	台木	●	●		●	●	●	●		●				●
		穂木	●	●		●									
	半自動ロボット (3) (片子葉残斜接ぎ)	台木	●	●		●	●	●	●		●		☆		●
		穂木	●	●		●									
	全自動ロボット (4) (水平接ぎ等)	台木	○	●		○	○	□	☆		●				●
		穂木	○	●		○									

注) (1) 全農式幼苗接 (2) 梅屋幸 'つぎ太郎' (3) 井関農機自動接ぎ木装置 (4) TGR自動接ぎ木装置

図—7　代表的な接ぎ木方式の作業工程と自動化程度の比較　（板木）

接ぎ木の自動化を目指す研究は1980年ごろから始められ、半自動の「つぎ苗小町」（生研機構、井関農機）が接ぎ木ロボット第1号として上市され、多くの関心を集めた。本装置は人力により台木、穂木の方向を合わせて機械に差し込めば、自動的に斜め合わせ接ぎしてベルトコンベア上に苗を送り出すものである。数年後にはJA育苗センターを主に150台が導入され実用に供された。同様な方法で接ぐ「保志」（村田種苗）が市販され、6〜7台が育苗センターに導入された。しかし、いずれも人力と比較しての能率、経済効果が十分でなく、以後伸び悩みである（図—7）。

全自動を目指す接ぎ木装置は、農機具メーカー、種苗会社等（ヤンマー農機㈱、タキイ種苗㈱、㈱サカタのタネ、テクノグラフテイング社、カゴメ㈱）、三菱農機㈱の各社により研究開発され、1994年頃から相次いで発表、上市された。これらは、「接ぎ木ロボット」として多くの注目を集め、大手育苗会社、先駆的なJA育苗センター等数ヵ所で導入されたが、そのほとんどは、機械に適合する形状、揃った苗の養成が難しく、経費に見合う実効が上がらず、使用されなくなり、現在有効に稼働し続けているのは1995年に北海道のJA平取に導入された「つぐぞうくん」だけとなった（図—8）。

ウリ科野菜にもかなり利用されるようになったことがわかる（表—2、3）。

近年に至り環境汚染の認識、土壌消毒剤臭化メチルの使用制限、禁止が進むにつれて接ぎ木の需要が各国で増大、本法は東南アジア、西欧、北米、中米へと広がりを見せJapan methodまたはTube methodとして国際的に広く用いられ、評価されることになった。

図—8　全自動接ぎ木ロボットの一例（つぐぞうくん、三菱農機（株））

苗生産の現場では多数要する接

ぎ手労力の確保が日々困難になる現状から、妾ぎ木ロボットにかける期待は大きいが、機械側から求められる適正苗の養成の困難性、活着精度、メンテナンス性と、トラブル発生時の緊急対策をどうするか、などの信頼性向上に向けての残された問題は多く、改善に向けての研究が進められている。

6. 人工光閉鎖型苗生産システムの開発利用による苗質向上、苗生産の安定化

1) システム開発のねらい

現状における育苗技術は、季節、気象条件により成長速度が異なり、苗床環境が不均一なために揃った苗ができにくく、マニュアル化しにくい、病害虫が発生しやすい、温室施設費がかかり、暖房がコスト高である、などの大きな問題がある。本システムは、このように大きな難点になっている問題の解決を図ることを目標に、千葉大学の古在らの研究成果にもとづき、太洋興業㈱との共同で1999年ごろから研究開始、2002年実用化、商品名を「苗テラス」として市販され始めたものである（図—9）。

2) 苗テラスの特徴と育苗効果

気密性、断熱性に優れたプレハブ庫内に設けられた多段式育苗棚に並べたトレイ上の栽培苗に、均一な光、温度、湿度、CO_2、風の流速を与えることにより、よく揃った、光合成・蒸散が促進された、胚軸の太い優良苗が育てられる。そしてこの苗が、季節に左右されることなく、年間一定の日数で安定して得られるのである。

操作は育苗棚に播種、または発芽したトレイを入れるだけで、その後の環境管理、灌水作業等はすべて自動的に行われるので、極めて単純であり、かつ省力的

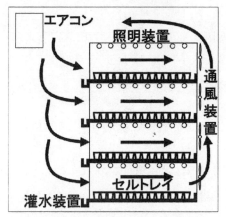

図—9 「苗テラス」内部の空気の流れ（岡部）

である。

このシステムは完全閉鎖型であるので水、肥料等はすべて苗に利用され、外部に排出されるものはなく、環境に極めてやさしい技術として評価される。

当初から重要問題になっていた施設費、電気料金などのコスト高要因については、用いる資材、とくに照明ランプ、諸材料、苗の入

表—4 「5坪6棚」タイプの「苗テラス」の年間苗生産量（岡部）

品目	セル穴数	育苗日数	年間回転数	年間育苗本数
トマト台木穂木	288	11	33	304,124
キュウリ穂木	200	6	60	921,600
トマト定植用	72	23	15	103,680
キュウリ台木	128	5	73	403,690
水耕ホウレンソウ	288	9	40	1,105,920
土耕レタス	288	13	28	619,304

注) 5坪6棚、96トレイ収納

表—5 閉鎖型システムと温室における主な生産原価項目の苗当たり費用の概数（トマトのセル成型実生苗）（古在）

番号	項目	閉鎖型システム	ガラス温室
1	施設設備費償却	2.3円／苗	2.1円／苗
2	種子	13.0	13.0
3	培地・トレイ	2.1	3.2
4	その他の消費資材	2.0	2.0
5	人件費	5.0	10.0
6	その他	5.0	5.0
	合計	29.4円／苗	35.3円／苗

	果菜		葉菜		花き	
	自根苗	接ぎ木苗	育苗	生産	実生苗	挿し木苗
育苗業	○	◎			○	
自家用（水耕）	◎		○			
自家用（土耕）	○	○	○	○	○	
研究用	○	○	○	○	○	○

図—10　苗テラスの導入分野

庫数などが徹底的に検討され、十分実用性があることが立証された（表—4、5）。

3）有効な利用場面について

現場で実用に供しうることを重要視し、高いコスト感覚をもって開発されてきたので、早くから先駆的な苗生産企業は本装置を実際に稼働させて、性能の検証や、装置や運用方法の改良が行われてきた。その効果が公表されるにつれ、大規模生産農家の養液栽培用・土耕用の苗、研究機関や種苗会社等の研究用などにも広く導入されるようになり、現在その普及台数は、200台以上（標準機種に換算）に及んでいる（図—10）。

この閉鎖型人工光苗生産システムは、近年注目されてきた植物工場の先陣を切って、育苗ステージの技術組み立てを完成し、経済性の高い実用方式を世に送り出し、海外での普及も進みつつあり、その性能に大きな注目が

写真—2　トマト接ぎ木2本仕立て苗

集まっている。農業の国際競争力向上が重要課題となってきた今日、広く識者の認識を得て、普及の輪が一層広がることを期待したい。

7．高付加価値苗の開発と普及

セル成形苗や新接ぎ木法、人工光育苗などの実用化による育苗技術の飛躍的向上を受けて、流通苗への依存度はますます高まりつつある。このような状況を受けて、苗生産産業界では、さらに効率の高い栽培技術や、利用しやすい、付加価値の高い苗に改良するための研究、検討が積極的に進められてきた。一方、一部の研究機関や施設・資材メーカーにおいてもこれを支援する新技術開発や共同研究が行われるようになった。

この中で、苗の性能面や流通面で特徴があり、近年広く普及したもの、あるいはこれからの普及が見込まれる代表的なものを挙げると次の通りである。

①サブストレート苗

専用の育苗用土を生分解性の不織布でタバコ状に包み、5cmほどの長さに切断、トレイ上に配置し、育苗した成形苗である。輸送、移植に便利。商品名はアースストレート苗

②固化培地苗

調製された各種の培地に、高性能な熱融着性繊維を混合し、加熱処理し固化した培地で育成した苗である。良好な三相分布と殺菌状態を備え、根と培地が一体化し、くずれないため、小苗で荷づくりでき、移植がしやすい。

③接ぎ木断根貯蔵苗

台木を断根して接ぎ木した苗を適温、適湿、適光量などの好適養生・貯蔵条件で貯蔵した苗で、搬送には極めて好都合である。商品名はヌードストレート苗。

④高接ぎトマト苗

接合部分が畑土壌に接するとそこから病害に感染したり、穂木の自根が発生し接ぎ木効果が減少したりするため、接ぎ木部分を高所

にし、感染し難くした苗。商品名は名称の通り。

⑤トマト接ぎ木2本仕立て苗

苗1本から2本の揃った腋芽を伸ばし2本の役目を果たすようにした苗で、農家は苗代の節約が図れる。均一な腋芽の発生が難しかったが、最近これを改良した苗が市販されてきた。商品名は名称通りまたはツートップ苗（写真—2）。

⑥無農薬苗、ワクチン苗

完全閉鎖型の苗テラス内で農薬を全く使用しないで育苗した安全苗。後者はキュウリにモザイク病や急性萎凋症を発生させる原因の一つになっているZYMVを抑えるワクチン（弱毒ウイルス）を接種した苗。

8．苗生産業の発達と現状、課題

1）流通苗、売り苗、輸送苗の起こり

売り苗の起源は古く、京都の史書によると苗による優良形質野菜の流通は500年前にすでに始まり、それは種子の流通より早かったようである。これら古い年代は別として、第2次大戦後の1950年には、すでにかなり大量の輸送苗の生産が行われていた。

その地域としては育苗技術に優れた農家の集団があり、交通、輸送の便に恵まれた埼玉（広田）、神奈川（大野）、愛知（甚目寺、豊川、常滑）、京都（淀）、大阪（堺）などである。しかしながら、多くの野菜生産農家では自家育苗の苗を用いるのが通常であり、海外、特にアメリカでの、輸送苗の大規模な発達の情報が伝えられたが、わが国ではそのような方向は大方が否定的で1960年代までは自家育苗が主流であった。

2）流通苗は、接ぎ木需要増で活性化

1970年代に至り、先行していたスイカ、ナス、キュウリに次いでトマトの接ぎ木が実用化したが、これは他種に比べて接ぎ木作業が困難、苗質が不安定であったため、農家の自家育苗では安定せず、購入苗への期待が一気に高まった。この傾向はトマト以外の種類についても波及し、購入苗は急速に広まり始めた。

このころ、農家から生まれ成長しつつあった育苗専門業者は、このニーズ応えて生産規模の拡大を図る動きが活発となり、JAにおいても地域の農家の要望を受けて各地に育苗センターを設置する例が見られるようになった。他方、プラグ苗生産から新規参入した苗企業、種苗会社においても苗生産部門を設け、事業を拡大する例が現われてきた。

3）育苗業者の組織化、日本野菜育苗協会の誕生とその活動

時流を得て事業規模の拡大を急速に進めつつあった育苗業者は、接ぎ木苗の生産効率を高めるため、種々な方法を検討、情報の収集が盛んに行われるようになっていた。1990年春の施設園芸展において全農幼苗接ぎ木システムが発表、展示され、これに注目した徳島の竹内園芸社長（現会長、日本野菜育苗協会会長）は、次年度これを導入（設置第1号）した。それを契機に、翌年春、徳島県内の7業者、組合を集めて本法を主題とした研究会を催した。これが端緒となって翌年には京都以西の同好の士に呼びかけて西日本野菜育苗育研究会が催され、発展的に、2010年からは日本野菜育苗協会と改称され今日に至っている。研究会の結成以来、全国主産県を会場に総会、研究会、地区研究会など

表—6　育苗業界の業者の地域的分布（2014）

地域	業者数
北海道	2
東北	4
関東	17
信越・北陸	13
中部	12
近畿	30
中国	10
四国	12
九州	12

注）日本野菜育苗協会会員

表-7 果菜類の接ぎ木苗の販売先(日本野菜育苗協会へのアンケート分)

販売先	本数（千本）	割合（%）
種苗会社	19,399	58.1
小売店	3,791	11.4
生産者（個人・法人）	2,496	7.5
JA	2,234	6.7
苗生産業者	1,922	5.8
ホームセンター	1,619	4.9
苗販売商社	1,610	4.8
市場	238	0.7
一般個人	65	0.2

注）野菜研研究資料 No.7 より抜粋

を開催しながら活動が活発に行われている。

現在の会員数は、全国にわたる 113 社、賛助会員 38 社に成長し、会長竹内勝氏の下で、着々事業の推進を行っている（表-6）。

会員会社の1社当たりの苗の生産本数については接ぎ木苗を主体とするベルグアース、竹内園芸、花苗・野菜苗のハルディン等の3,000万本級3社を筆頭に、2,000万本級が2社、500～1,000万本級が数社、100万～200万本級が20社以上と続くが、その他は比較的小規模の事業体が多い。大規模の事業体は国内各地に数ヵ所以上の生産農場を有し、海外（中国）へも進出している。

会員の苗の販売先は、種苗会社が最も多く、次いで小売店（家庭園芸用）、生産者個人、JA、苗生産業者、ホームセンター、苗販売商社等多岐にわたっている（表-7）。

わが国の野菜苗生産業界を概観すると、ここで紹介した育苗業者を主として、他にJA系統、苗企業、種苗業界に4大別される。それらの特性をを概観し、1）生産歴、2）生産性、3）人材力、4）組織力、5）資金力別にランキングすると、育苗業界は1）、2）、3）がA級、組織力はB級であるが、他よりも多くの点で優れているものと判断でき、野菜生産において極めて重要な役割を担っていることが特筆される（表-8）。

4）野菜苗生産、流通における課題

前述のように、野菜生産農家の高齢化、による労力不足、経営規模大や新経営方式の展開、一方苗生産面での苗質向上、高付加価値苗の出現などから、流通苗の需要はこれからもますます増加するものと推察されるが、苗の供給側においては、苗需要の季節性、需要地域と生産地の地域が異なることの問題、多大に必要とする労働力の安定的確保、気象災害・天災あるいは輸送に際してのトラブル発生などきわめて多くの問題を抱え、その対応が強く求められている。

これらを詳述する紙面はないが、当面対処すべき課題としてまとめたので参考にして戴きたい（表-9）。
（板木利隆＝板木技術士事務所）

表-8 苗生産業界の生産能力特性比較（板木）

業界	生産歴	生産性	人材	組織力	資金力
育苗業界	A	A	A	B	?
JA系統	B	C	B	A	A
苗企業	C	B	B	A	?
種苗業界	D	C	C	B	B

表-9 野菜苗生産の当面対処すべき課題（板木）

①苗の需要情報の整理・活用
②苗の質的安定・向上、苗生産力の客観的評価法の確定
③低コスト、高付加価値苗の生産技術開発
④環境保全、持続的生産に対応できる資材の利用
⑤農薬安全使用問題への対処
⑥大量流通時代におけるトラブル発生対策・・・補償、保険、共済制度の適用へ

参 考 文 献

1) 板木利隆（2013）：野菜苗生産の進歩,現状と課題, 種苗界, 日種協
2) 古在豊樹・板木利隆・岡部勝美・大山克己（2005）：最新の苗生産実用技術, 農業電化協会
3) 板木利隆（2010）：施設園芸・野菜の技術展望, 園芸情報センター

(2) 苗の形態と流通

1. 苗の形態

1) ポット苗・セル苗

現在、主に購入苗として流通している苗の形態は、大別すると、①ポット苗、②セル苗、③サブストレート苗、④ブロック苗（ロックウール・ココピート等）、⑤断根苗、に大別される。中でも日本においては、専用の育苗用混合培土を用いた、即定植用のポット苗、生産者でポット等への鉢上げ後に定植を行うセル苗が主流となっており、全国の育苗専門業者および育苗センターから供給されている。

基本的には、各産地の作型や季節・環境に合わせて根鉢の大きさが変わり、それに伴って本葉展開枚数や苗齢（育苗日数）が異なっている。ポット苗については、7.5cm・9cm・10.5cmの大きさが主流で、一部12cmの大苗も流通している。セル苗では288穴から50穴まで様々あり、ナス科（トマト・ナス・ピーマン）では主に200穴・128穴・72穴が、ウリ科（キュウリ・スイカ・メロン）では、72穴が主に流通している。

セル苗では、通常の育苗用混合培養土を用いたものの他、固化培地を用いたもの、ロックウールを用いたものが一部で利用されており、これらは鉢上げや定植時に根鉢が崩れないようにする利便性や、水耕栽培用のブロック苗（ロックウール・ココピート等）に鉢上げするために利用されている。

ポット苗では、生分解性の紙でポットを成型したペーパーポットや、鉢のまま定植するために底面をなくした無底ポットの利用が一部で利用されている。

2) サブストレート苗

根鉢部分を生分解性の不織布で円筒状に成型し、育苗専用培養土を充填した苗である。

生分解性の根鉢であることから本圃にそのまま定植することが可能で、ポット苗のように容器から取り出し根鉢が崩れないように定植する必要がないため、定植効率が非常に高く省力化が可能な苗である。根鉢の大きさは20〜80mm ϕ まで作成可能であるが、40〜50mm ϕ が主流で専用の運搬用トレイも必要ないことからポット苗よりも輸送効率が高

写真—1　サブストレート苗

写真—2　ブロック苗（ココキューブ苗）

写真一3　断根苗（ヌードメイク苗）

い。生産現場では40mmφを鉢上げ用として、50mmφを定植用として利用されることが多い。

3）ブロック苗

根鉢部分をロックウールもしくはココピートで成型した苗である。キューブ苗と呼ばれることもある。

積極的な環境制御を行い、長期間本圃で収穫する長期一作型の養液栽培において、育苗期間を短縮する目的で即定植用のロックウール、ココキューブ等の各種ブロック苗が多く利用されている。オランダ式の長段どりトマト栽培での利用が典型で、本圃で利用するスラブに合わせた素材を用いていることが多い。育苗後期の樹勢を維持させるため強勢台木を利用した接ぎ木苗を用いたり、初期樹勢を安定させるために摘心2本仕立を用いることも多い。通常の土耕栽培では、定植後に樹が暴れることを防ぐため、育苗段階で「苗の締め作り」を行い、水分ストレスによって植物の動きを抑制し、栄養成長へ傾くことを防いでいるが、様々な養液栽培システムの登場で、高度な養液管理が行われており、定植時にはストレスのかかっていない生育スピードの速いブロック苗が求められている。

4）断根苗

接ぎ木時に断根し、接合部が未活着のまま

写真一4　摘心二本仕立苗

養生順化を行わずに供給される接木苗である。根鉢部分がなく大量の接ぎ木苗を超低コストで輸送できるため、プラグ苗よりも安価に流通している。

自根苗（実生苗）から接ぎ木苗へ移行する際のコスト抑制として、またピーク時に接ぎ木作業員の確保が困難な育苗業者や育苗センターで利用されている。

5）高機能苗

流通苗では、作型や栽培システムの多様化への対応に伴って、上述した根鉢の大きさと種類によって様々な形態の苗が流通するようになった。

一方で最近では、これら多様化への対応に加え、より低コストで効率的な苗利用と、病害虫対策の観点から開発が進められた高機能な苗が発表され、品種の機能を補完する流通苗が販売され始めている。

（1）トマト摘心2本仕立苗

摘心2本仕立苗は、育苗時に摘心し、根鉢1つに対して2つの脇芽（成長点）を持つ苗に仕立てた苗である。

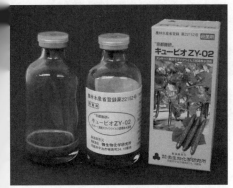

写真—5　植物ワクチン製剤

写真—6　高接ぎ木苗（左）と通常の苗（右）

夏季育苗でも比較的低段に花芽が付くこと、初期の樹勢がコントロールしやすく栄養成長への傾きを防ぎやすいこと、種苗コストの削減効果が高く、購入苗利用に伴う種苗費の負担を下げられること等から利用が進んでいる。

仕立て方は主に3通りで、子葉上で摘心し同じ位置から脇芽を伸ばす方法（子葉ピンチ苗）と、本葉2枚目上で摘心し第1・第2本葉の脇芽を伸ばす方法、本葉3枚目上を摘心し第1〜3枚目の脇芽3つを伸ばし、うち2本を選んで栽培する方法（本葉ピンチ）が取られている。

摘心2本仕立苗は、夏場の高温期に苗の樹勢が落ちることから脇芽の出芽が揃わず育苗の歩留まりが低いこと、品種間差によって大きく歩留まりが異なること等から量産へのハードルとなっていた。しかし最近の技術開発や、育苗環境の改善、閉鎖型苗生産システムの導入により、苗質や摘心タイミングが改良され、ほとんどの品種で安定した摘心2本仕立苗が供給できるようになってきている。

（2）ワクチン苗

ワクチン苗は、育苗段階で弱毒ウイルスを接種し、本圃でのウイルス感染を防ぐために開発された苗である。㈱微生物化学研究所により、植物ワクチン製剤（ズッキーニ黄斑モザイクウイルス弱毒株水溶剤）が開発され、ZYMV抵抗性のキュウリワクチン苗が導入され始めている。

ワクチン苗は、弱毒ウイルス製剤接種作業の負荷や、接種者による感染率のバラつきに課題があるため、量産に向けては課題も残っているが、現在育苗業者で接種作業の効率化に目途が立ちつつあり、一部の業者からウイルスガード苗として販売が開始されており、抵抗性品種以外を利用して栽培を希望する生産者から導入拡大が期待されている。

（3）トマト高接ぎ木苗

高接ぎ木苗は、農林水産省実用化技術開発事業の共同研究の成果として得られたもので、接ぎ木苗の青枯れ防除効果を「さらに高める効果」があるとして注目されつつある。既にいくつかの育苗業者から販売が始められており、青枯病発生圃場でその効果が実証されている。

この技術は地際からより高い位置で接ぎ木を行うことで、青枯病耐病性台木品種の持つ「植物体内での青枯病菌の移行と増殖の抑制能力」を最大限に活用し、穂木への青枯病菌の感染・発病を抑制することができ、接ぎ木部位が高い（台木が長い）ほど発病を抑えることができる。

日本国内でトマトやナスに接ぎ木苗を利用する大きな目的は「青枯病」の被害軽減であり、青枯病に耐病性を示す台木の利用が定着

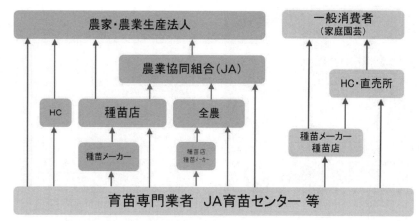

図―1　流通チャネル

写真―7　完全閉鎖型育苗苗（トマトセル苗）

しているが、その効果が十分でないところも多く、導入拡大が期待されている。

(4) 完全閉鎖型育苗苗

完全閉鎖系の植物工場（商品名：苗テラス、三菱樹脂アグリドリーム㈱で生産された苗である。主にセル苗で育苗する施設であり、天候や季節に関わらず高品質で再現性の高い苗ができる。

具体的には、「無病害・無農薬」の苗を供給できることで、特に TYLCV の持ち込みを懸念する生産農家や、特別栽培農産物を栽培する生産農家に供給されている。

トマトでは、夏季の花芽着果節位の低段安定化や、摘心2本仕立苗の安定化を目的として利用されることも多い。

2．苗の流通

1）流通チャネル

購入苗は、主に育苗専門業者・JA 育苗センター・種苗メーカーのナーサリー部門が生産しており、その流通は種苗メーカー・種苗店・全農・JA が主に担っている。最近ではホームセンターが家庭園芸に留まらず、生産者向け購入苗の流通を担う場合や、生産者や農業生産法人と育苗業者が直接取引を行う場合も見受けられる。（図―1参照）

2）流通形態

購入苗の流通形態は、段ボール梱包、もしくは台車によるトレイでの流通形態が一般的で、一部コンテナによるものがある。

配送便については、宅配便での個配配送、もしくはチャーター便等でのトラック配送がなされている。トラック配送では温調設備を備えた輸送も多く、夏季の高温期と冬季の低温期対策として利用されている。一方で宅配便での配送については、輸送事故や高温期・低温期の輸送に課題があり、梱包形態や定温資材の工夫がさらに必要とされている。

（清水耕一＝ベルグアース㈱）

参 考 文 献

1) 板木利隆（2013）：野菜苗生産の進歩、現状と課題、1-5，種苗界，日種協

（3）育苗施設と機器資材

1．育苗施設

1988年に、国内先進資・機材業者（京和グリーン㈱）が英国製播種機を導入し生産者へ納入したことにより、従来の箱播き育苗からセルトレイを使用したセル成形苗育苗での生産へと大きく進展し、トレイ利用で育成条件の管理が容易になり、生産性の向上および苗の事故率の減少対策を含めて、花壇苗から野菜苗業界へ導入が拡大した。現在においては、セル成型苗生産システムが標準化されている。

育苗工程の流れとして、第1ステージから第4ステージまでを含め、諸施設を設置・管理する（図—1）。

2．育苗施設の設定条件

育苗施設の機器資材・装置・設備・施設等は、計画時に、①作物条件、②育苗条件、③ハウス条件、④施設条件等により設定され、建設・運営される。設定時の各条件は表—1による。

3．機器資材と施設の構造

セル育苗苗の各ステージを、流れに沿って系統だてて構成すると、それぞれ次のようになる。

1）第1ステージ

（1）土作り（播種培土）

現在では大手種苗メーカー、資材メーカーにおいて安定した播種培土が販売されている（選定条件を確実にして適正培土を購入す

第1ステージ	第2ステージ	第3ステージ	第4ステージ
土作り（播種培土） 種子選定・加工	播種・発芽・接ぎ木 活着促進	ハウス内 順化・育成	貯蔵・出荷 輸送・移植

管理・運営施設

図—1　セル成型苗生産システム

表—1　育苗施設の機器資材、施設設定条件

①作物条件	②育苗条件	③育苗ハウス条件	④施設条件
栽培作物	育苗期間	ハウス形状・構造	敷地面積・形態
栽培面積	セルトレイ規格	ベンチ当たりトレイ列	法令・周辺環境
供給本数	発芽室入庫期間	トレイの配列	管理棟範囲
セル苗面積	順化期間	平均通路幅	作業棟範囲
栽植密度	全育苗期間	育苗ベンチ幅	育苗ハウス
その他の条件	発芽率	育苗ベンチ形態	付属施設
	接ぎ木活着率	暖房方法	外構範囲
	出荷率	換気方法	施設・構造配置
	歩留り率	灌水方法	電気・給水引込
	その他条件	環境制御方法	排水放流
		保温・遮光方法	必要人員
		防除・防虫方法	データ処理方法
		その他条件	その他条件

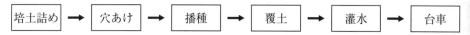

図—2　播種機による播種ライン

る)。

選定条件では、播種(花き類、野菜類)と栄養系(挿し木)で分類する。
① カナダ産ピートモスが中心の培土
② 欧州産ピートモスが中心の培土
③ 国産土入りの培土
④ 固化培地(トレイ内培土が固化された培土)
等々で pH、EC 条件を含め選定する。

(2) 種子処理

育苗に使われる種子には、裸種子(普通種子)と、発芽促進・無病性の確保・生育促進を目的としたコート種子がある(コート処理は専門業者への委託による)。コート処理は自動播種機での播種作業の効率化(欠株の減少)も大きな目的となる。

2) 第2ステージ

播種・発芽・接ぎ木の工程であり、播種は播種機・播種ライン、発芽は発芽室、果菜類の接ぎ木機器資材と接ぎ木活着促進室(養生室)等の機器である。

(1) 播種機(播種ライン)(図—2参照)

播種方式は種子の吸引方式で、大きくは少量播種の吸引プレート方式、変形種子対応の吸引ニードル方式、および大量播種向けの吸引ドラム方式の3種に分類される。

① 吸引プレート型手動播種機

種子のサイズに合わせた吸引穴をあけたプレートに種子を吸着する播種機で、低速で播種し、少量多品目用に適している。

② 自動播種機

高速播種を目的として、変形播種対応のニードル播種機と、大量トレイへの高速播種対応のドラム式播種機がある。ドラム播種方式においても1粒播きからマルチ播きまで対応した播種機が開発されている。それぞれ目的

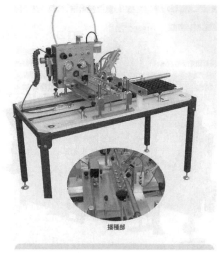

写真—1　ニードル式播種機

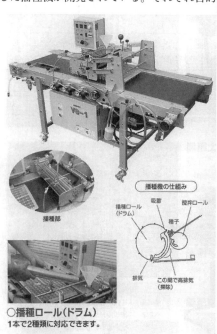

写真—2　ドラム式国産播種期

表—2　プラグトレイの規格・仕様

規格	寸法（mm）	サイズ（穴数）	材料
インチトレイ	545×280	32・50・72・128・200・288・406・512	PS（ポリスチレン） PP（ポリプロピレン）
センチトレイ	590×300	72・128・200・288	同上

注）トレイの上部形状（丸、四角）および深さは各メーカー寸法確認が必要

に応じて播種方式を選択する。

　播種機の分類は次の通り（写真―1、2参照）。

・自動播種機　ニードル式　ドラム式
・手動播種機　ニードル式　真空式テンプレート

③灌水覆土区

　播種後の必須工程として、覆土と灌水が初期より組み込まれている。

・自動覆土機　播種後、トレイにバーミキュライト等を覆土する
・自動灌水装置

　以上の各区の組み合わせにより生産ライン機器が構成されている。

④プラグトレイの規格と仕様（表―2）

　特徴は次の通り。

・ポリプロピレン製材料は割れにくく、丈夫で長持ちする特徴がある。ただし、日光に直接当てると高温により変形する。また耐熱性のものがあり、一部固化培土メーカーのトレイとしても利用される。
・トレイサイズでは、50穴、32穴の直定植が可能なサイズまで市販されている。

(2) 発芽室と人工光育苗室

　種子の能力を最大限に発揮させるために、温度や湿度等を管理して種子の発芽向上を目的とした精密な条件設定のできる発芽室、あるいは接ぎ木活着促進のための養生室の設置が多くなった。また、野菜苗の省力・安定生産、農薬問題の対策として「閉鎖型苗生産システム」が苗生産業者を主に導入されている。

3) 第3ステージ

　第3ステージは、発芽、接ぎ木活着促進された苗の、順化・育成・管理される育苗ハウスの苗を台車で移動し、出荷まで育成するステージで、温室施設と好適環境を維持するために必要な設備・装置等がある。

4) 第4ステージ

　このステージは、苗の一時保管・保冷・包装・出荷・輸送・保管・本圃への定植の農業機械等があり、苗の出荷から本圃への定植に至るまでの機器資材で、広くは運送配送用トラックまで含まれる。

5) 管理・運営施設

　全体を管理・運営する施設で、一般的には管理棟あるいは事務棟と呼ばれる総合コントロールセンターである。育苗に直接関与する機器資材は少ないが、施設としては重要な役割を持つ。運営管理の形態により様々な構成がみられる。

（中　正光＝京和グリーン㈱）

（4）人工光源の育苗施設

1．閉鎖型苗生産システム

太陽光を用いずに人工光のみで育苗する施設「閉鎖型苗生産システム」は、千葉大学の古在豊樹教授らによって提唱され、太洋興業㈱（現三菱樹脂アグリドリーム㈱）により商品化が図られ、2002年頃から育苗業および果菜類・葉菜類の養液栽培の現場を中心に普及してきた。この育苗システムは、「光に不透明な断熱壁で囲われていて、システム内外の空気、水、熱などの交換が著しく制限されている、または、それらの交換の人為的制御か可能である空間を利用した苗生産システム」と定義されており、苗の育成に必要な環境（光や温度・水・CO_2など）を自動制御することにより、季節や天候によらず良質で均質な苗を短期間で計画的にしかも省力的に生産することを可能にしている。ここでは、一般のハウスや圃場向けのセル苗を生産可能な閉鎖型苗生産システムの一例として「苗テラス（三菱樹脂アグリドリーム）」（写真一1）の仕組みと特徴を紹介する。

写真一1　苗テラス内部

2．閉鎖型苗生産の特徴

1）苗質

育苗環境を苗に適した条件に制御することにより、一般的に、胚軸が太く葉に厚みがあり色が濃いガッシリとした苗に仕上げることができる。また、施設への人や物の出入り等を適切に管理することにより無農薬でも病害虫のリスクを低く抑えることができ、種子の持つ形質のバラツキがなければ、ロスが極めて少なく揃った苗を育成することができる。

2）生産性

作物にとって適した環境で育苗することにより、多くの作物で、従来のハウス育苗と比べ育苗期間の著しい短縮が可能である。また、季節や天候による影響を受けないため、同一条件であれば常に育苗期間が一定となるため計画的な苗生産が実現でき、施設の自動運転により、栽培環境の管理や灌水作業の大幅な省力化が図られる。

3）生産コスト

主要なランニングコストの電気代は、施設の稼働状況や電力会社との契約によって変わるが、288セルのトレイで2週間育苗したとすると、苗1本当たりで約1.5円となる。品種や栽培条件にもよるが、トマトの種子の価格が1粒当たり約15円したとすると、電気代は種子価格の1割程度にすぎない。また、葉菜類など種子価格がこれより低い作物であっても、成苗率の向上により節約できる種子や育苗に使う資材や労力の節減、良苗よる作物品質の向上などのメリットが期待できる。

3．装置構成

1）筐体（プレハブコンテナ）

育苗室の内外の熱や空気の移動を抑えるために、壁や天井、ドアには密閉性に優れた断熱パネルが用いられている。

2）多段式育苗棚

4〜5段の育苗棚の各段に、セルトレイが4枚ずつ収納でき、照明と栽培ベッド、背面には照明の熱の除去と苗に適度な風を与えるための送風ファンが設けられている。

3）照明

光合成に必要な光を与える照明は、セルトレイ栽培面に250〜300 μ mol・m^{-2}・s^{-1}程度の強度の光を照射する。オフィスビル等で広く普及している高出力型の蛍光灯（HF32型）6〜8本程度で苗の育成に必要な光強度が得られる。近年は一般照明においてLEDなど新照明が普及してきており、育苗においても置き換えが進むと考えられる。ただ、同じ光強度であっても光の波長成分が異なると、生育や形態形成に違いが現れることがあるため、光源を変更する場合にはあらかじめ試験栽培をするなどの確認が必要である。

4）送風ファン

育苗棚の背面の送風ファンは、照明の熱の除去や、群落内の蒸れを抑えて均一な生育と蒸散を促進するための適度な風（0.5〜1.0m/s）を苗に与えている。

5）空調

育苗室内は、一般の家庭やオフィス用のルームエアコンを用いて、1日を明期と暗期に分けて19〜30℃の範囲で変温制御が可能である。明期は光合成を促進するために相対湿度を50〜70％に、暗期は、高湿度による蒸れを抑えるために80％程度以下に制御している。

6）給液（培養液供給）

エブ＆フロー方式の底面給液で栽培ベッドに載せたセルトレイの下から養液を培地に吸水させて給液を行う。給液は、1回当たり10分程度で1日から3日に1回の間隔で、育苗室の外に設置されたタンクとの循環で行う。灌水が終わったら速やかに水を排水することにより、培地内の余分な水分を排出して根の発達を促進するとともに、セルトレイの下からの根の伸出を抑えることができる。

7）二酸化炭素ガス（CO_2）施用装置

液化炭酸ガスのボンベからCO_2ガスを供給し、育苗室内のCO_2ガス濃度を800〜1,500ppmに制御して苗の生育を促進させる。

128セル　　　　　　　　200セル　　　　　　　288セル

写真−2　セル密度によるトマト苗の生育比較（播種後14日）

4．実用場面

1）果菜接ぎ木苗の穂木・台木生産

　均質で良質な苗を計画的に生産できるため、育苗業など果菜類苗の接ぎ木の生産現場で、穂木と台木の育成で大きな効果を上げている。トマトの接ぎ木適期の本葉2枚程度の苗は、播種後12～14日で仕上げることができる。写真—2に、128、200、288穴のセルトレイで栽培したトマト苗を示す。

2）トマト低段密植栽培用自根苗生産

　トマトの養液栽培には、第1～第3花房程度までの果実を収穫し、短期間で栽培を終え、年に3～4回転の作付けを行って収量の確保をする栽培方法である。この栽培方式では、花芽の位置が揃った良質の苗を年間通して大量に確保することが極めて重要であるが、従来は、苗の安定確保がネックとなり大規模施設の導入が難しかった。しかし、閉鎖型育苗システムを用いることにより生産者自身で手軽に良質な苗を育成できるようになったため、高糖度トマトの生産者を中心に普及が進んできた。

3）葉菜類水耕栽培用苗生産

　ホウレンソウやリーフレタス、ミズナ等の葉菜類の水耕栽培の現場においては、年間通してほぼ毎日、播種から収穫までの一連の作業が平行して行われている。例えば、葉菜水耕栽培システム'ナッパーランド'（三菱樹脂アグリドリーム）を使ったホウレンソウの生産現場においては、年間15～19回転の作付けを行い、本圃500坪（約1,650㎡）の施設で、年間に必要とする苗の本数は約100万本に達する。葉菜類の場合、本圃での生育期間が短いため、それにあわせて計画的に苗を供給することの意味は大きい。また、良苗を定植することによる本圃の生育期間の短縮や増収効果が得られている。

4）花き苗生産

　トルコギキョウの苗は本圃に定植後、速やかに抽だいが始まり伸長することが好ましいが、育苗条件によってはロゼット化し、花芽が伸びなくなることがある。本システムを用いることにより、特に育苗の難しい高温期でも安定して苗の生産ができる。

　また花きは品目により、時期を早めたり、特定の時期に合わせて出荷したりすることが売上げに大きく影響するため、本システムを用いた苗生産が、計画的な花き生産に貢献することが期待される。

5．利用分野拡大普及への課題

　本システムで生産した苗は、一般の多くの作物の露地やハウス栽培用のセル苗として利用できるため、活用できる分野は極めて広い。ただし、年に数作程度の作付けの現場では、設備費の負担が重く導入が難しい。一方、育苗業者および、低段どりトマトや葉菜類の養液栽培生産者など、年間通じて大量の苗を必要としている現場では、初期コストやランニングコストより、生産の安定や苗の品質、歩留まり向上や省力化による経費節減等によるメリットが上回り、導入が進んできている。今後、より多くの作物品目で利用が広がるためには、複数の品目の苗で周年のローテーションを組んだり、圃場を細かくブロック分けして作付けの時期を少しずつずらして栽培したりするなど、本圃での栽培方法とあわせて育苗施設を年間通してより有効に活用する工夫が必要である。

　一方、本装置は研究機関や苗生産業界における育苗用、研究用としての導入も数多く、この領域への利用分野の拡大がみられる。

(布施順也＝三菱樹脂アグリドリーム㈱)

第3章　作型と栽培管理

（1）野菜

1．作型とは？

1）作型の定義

　わが国では、多くの野菜が周年生産されている。そのために、それぞれの野菜の品種特性に応じて、それぞれの地域で播種期や定植期を変えて作付けし、冬季温暖または夏季冷涼などの地域特有の気象条件を活用、あるいは人為的に栽培環境を制御するために、資材や施設を利用して栽培が行われている。このように、地域や季節により異なる環境下で、作物の経済的栽培を行うための類型的な技術体系が作型である。

　熊沢（1965）は、「蔬菜は周年供給に必要にして経済的に可能な作付が成り立っている。それぞれの作付に対して可能な範囲において、適温地帯、適土地帯、適品種が選択され、防寒、防暑、被覆、灌水、施肥、病害虫防除その他の管理方法が取捨される。その取捨選択の結果が総合されて、各作付ごとに大なり小なりある程度独立し分化した技術体系を作りあげることになる。筆者はかかる技術体系の分化を尊重して、これを作型と呼ぶことを提唱したい。」と述べ、野菜作に作型という概念を導入した。

2）作型の分化と成立

　わが国では、昔から初物と呼ばれる端境期の食材が珍重され、高値で取り引きされたため、野菜でも新しい作型を開発するために、生産者による努力がなされてきた。このように、生鮮野菜の供給期間の延長や周年供給への消費者による要求に応えるために、作型が分化してきた。消費者が周年供給を必要としない場合、コストの高い作付けは経済的に成立しないため、その野菜の作型は分化・成立しにくい。

　作型が分化するうえで、季節性、すなわち気温や日長などの自然環境の季節的変化、特に気温の変化が重要である。周年安定生産を図るために、野菜の栽培期間が拡大するなかで、気温や日長などの自然環境の季節性による栽培環境に応じた品種を選定するとともに、栽培管理技術、さらに環境調節技術が開発されることで、作型は分化する。すなわち、作型を構成する技術的要素は品種の分化（育種および品種選定）、栽培管理および環境調節技術である。特に、季節性に対応した品種の分化と環境調節技術の二つが、作型を分化させるうえで、重要である。

　その野菜の適応できる温度範囲が広く、季節別に適応した品種と栽培地域を選択することにより、露地、あるいは露地に近い条件で周年的な経済栽培が成り立つ場合、主として品種の分化により作型は分化する。

　逆に、その野菜の適応できる温度範囲が狭く、季節によって栽培に必要な温度を確保するために、資材や施設が利用される場合、主として環境調節技術により作型は分化する。環境調節のなかでは、温度調節が最も重要であるが、イチゴでは定植前の日長および温度

制御による花芽分化処理も作型を分化させるうえで、重要である。

施肥や病害虫防除などの栽培管理は、野菜の栽培において重要であり、季節により異なる点はあるものの、すべての作型に共通する場合が多く、直接特定の作型の分化につながることは少ない。一方、栽培管理のなかで、育苗は作型の分化に影響する。江戸時代以降、ナスやキュウリなどを少しでも早く生産するために、油障子を被覆資材とし、稲わらなどの有機物の発酵熱を利用した温床で育苗する、保温および加温早熟栽培が始まった。これは、作型分化の原点であると考えられる。近年では、セルトレイやポットを利用した育苗が一般的であり、施設での大規模な育苗が可能となった。保温および加温育苗は、苗の生育促進を図るだけではなく、ハクサイなどの種子春化型の野菜では低温期に花芽分化を遅延させるため、作型分化の必須条件となる。また、イチゴでは、花芽分化を促進し、収穫期を早めるために、育苗期間中に窒素肥料の施用量を減らすとともに、夜冷短日または低温短日処理が行われる。このように、育苗期間中の栽培管理および環境調節技術の作型分化に与える影響は大きい。

ウリ科およびナス科野菜では、接ぎ木栽培されるものが多い。接ぎ木栽培の主な目的は土壌病害の回避、低温伸長性の付与、草勢の強化・維持などであるが、作型によって目的は異なる。キュウリでは、低温期の栽培で生育を促進する場合には、クロダネカボチャが台木として用いられる。作型・目的に応じて台木品種を選択する必要があり、接ぎ木栽培も作型分化の要因の一つである。

果菜類の栽培における整枝・誘引は、収穫期間を延長するための重要な技術である。キュウリやトマトなどの収穫を長期間継続する場合、側枝数や葉数を調節するための整枝技術が必要であり、支柱を利用した立体栽培では、一定の高さの支柱を効率的に利用するために、つる下ろし、斜め誘引などが行われる。さらに、果菜類の長期収穫では、栄養成長と生殖成長のバランスが重要であるとともに、地上部が大きく生育するため、根の負担が大きくなる。そのため、それに応じた肥培管理が必要となり、長期間安定して養水分を供給するため、トマトなどではロックウール栽培などの養液栽培が行われる。

一方、作型が成立するうえで、社会および経済的な影響も大きい。気象条件としては有利であっても、市場から遠いため、かつては経済的な作付けが成立しなかった遠隔地が、道路の整備によりトラック輸送が可能となり、主要な野菜産地となっている例もある。また、海外から輸入される生鮮野菜も、国内で生産される野菜と競合し、経済性の点で作型の成立に影響する。

3）作型の分類

作型を成立させる要因から、野菜の種類は品種選択型（分類型Ⅰ）と環境調節型（分類型Ⅱ）、ならびにその他（分類型Ⅲ）に大別される（表―1）。

（1）品種選択型（分類型Ⅰ）

この分類型には、葉茎菜類および根菜類の多くが含まれる。これらの野菜では、温度適応性の範囲が広く、主に露地条件で栽培地域と季節別の品種を選定することで、作型が分化する。基本作型は、播種期の季節により、春播き栽培、夏播き栽培、秋播き栽培および冬播き栽培に分類される。なお、ここで用いられる春、夏、秋および冬は、常識的な四季と若干ずれる場合がある。

それぞれの基本作型をより細分する必要がある場合には、初夏播き栽培、晩夏播き栽培などと表現される。また、露地野菜でも、高品質、安定生産を目的して、冬季のトンネル被覆による保温や夏季の雨よけ被覆などの資材や施設を利用した栽培が増えており、その利用様式を播種期別の基本作型の後につけ

表—1 作型の分類型と野菜の種類（野菜茶業研究所（2010）を一部改変）

分類型	基本作型	作物名
I 品種選択型	春播き栽培 夏播き栽培 秋播き栽培 冬播き栽培	果菜類（マメ類）：エンドウ、ソラマメなど
		葉茎菜類など：キャベツ、カリフラワー、ブロッコリー、メキャベツ、ヨウシュナタネ類、ハクサイ、コマツナおよびチンゲンサイなどツケナ類、カラシナ類、セロリ、パセリ、レタスおよびリーフレタス、シュンギク、ホウレンソウ、タマネギ、ネギ、ワケギ、リーキなど
		根菜類：ダイコン、カブ、ニンジン、ゴボウなど
II 環境調節型	促成栽培 半促成栽培 早熟栽培 普通栽培 抑制栽培	果菜類：キュウリ、スイカ、メロン（シロウリを含む）、カボチャ（ズッキーニを含む）、ニガウリ、トウガン、ユウガオ、トマト、ピーマンおよびトウガラシ類、サヤインゲン、エダマメ、ササゲ、スイートコーン、オクラなど
		葉茎菜類など：シソ、セリ、ショクヨウギク、アーティチョーク、モロヘイヤ、ツルムラサキ、タケノコ、ワラビ、ゼンマイ、ニラ、ニンニクなど
		根菜類：サトイモ、サツマイモ、ヤマイモ、ショウガ、レンコン、クワイ、ユリネなど
III その他	促成栽培 春作など 伏せ込み・軟化など	果菜類：イチゴ、（温室メロン）など
		葉茎菜類など：チコリ、ウド、ミョウガ、ミツバ、フキ、アスパラガス、モヤシ（マメ類など）、タラノメ、ラッキョウなど
		根菜類：ワサビ、ジャガイモなど

て、ダイコンの早春播きトンネル栽培、ホウレンソウの夏播き雨よけ栽培などと表現される。

一方、野菜の流通面では収穫期が重要であるが、同じ収穫期でも播種期が異なる場合がある。例えば、春どりキャベツでの3〜4月は、夏播き栽培と秋播き栽培が交替する時期である。キャベツは、緑植物春化型植物であり、基本栄養成長相の後、低温に感応して花芽分化する。秋播き栽培では、花芽分化しない成長段階で越冬させるため、播種期は9月下旬以降となる。しかし、夏播き栽培では、花芽分化は避けられず、春の高温・長日条件により抽苔するので、秋のうちにある程度球を肥大させる必要がある。そのため、8月中下旬までに播種する。したがって、両作型で適応品種が異なり、夏播き栽培では春になっても抽苔が遅い晩抽性品種が、秋播き栽培では大きな苗でも低温に感応しにくい、基本栄養成長相の長い品種が用いられる。作型は、品種選定を含めた技術体系であることから、収穫期より播種期を優先して分類した方が妥当である。しかし、播種期と収穫期の両方がわかる表現の方が正確であり、問題点を把握しやすい。例えば、キャベツの夏播き栽培では、低温・短日期に収穫する場合には抽苔は問題とはならないが、日長が長くなり、温度が上昇する時期に収穫する場合には抽苔が問題となる。両者を作型として区別する場合、晩夏播き春どり栽培などと表現される。

（2）環境調節型（分類型II）

この分類型には、果菜類の多くが含まれる。これらの野菜では、温度適応性の範囲が狭く、温度などの環境調節技術により作型が分化する。環境調節技術の有無、方法および時期などによって、基本作型は普通栽培、早熟栽培、半促成栽培、促成栽培および抑制栽培に分類される。

普通栽培は、気温が上昇する春に播種し、以降収穫を終えるまでの全栽培期間を露地、あるいは露地に近い（マルチなど）温度条件で栽培する作型であり、作型分化の原点となる。露地条件で直播する栽培だけでなく、無加温で育苗した後、露地に定植する栽培、ならびに雨よけ栽培などの保温以外の目的で行う施設栽培も普通栽培とされる。

早熟栽培は、普通栽培より早期に収穫することを目的として、保温または加温して育苗し、栽培する作型である。育苗後、露地、あるいは露地に近い（マルチなど）条件で栽培する露地早熟栽培、トンネル被覆内に播種または定植し、短期間だけ保温するトンネル早熟栽培、ならびに同様にハウスを利用するハウス早熟栽培がある。

半促成栽培は、早熟栽培よりさらに早期に収穫することを目的とした作型である。冬から早春にハウス内に播種または定植し、生育前半のみ保温または加温する。緊急時の短期保温を含めて保温のみを行う無加温半促成栽培と長期間の加温を前提とする加温半促成栽培がある。1950年代以降、ビニルハウスの普及により急速に広まった。

促成栽培は、半促成栽培よりさらに早期に収穫することを目的とした作型である。晩秋から春までの低温期に相当する、播種から収穫までの全栽培期間、ハウスなどを利用し、保温または加温が行われる。無加温を前提とする場合、無加温促成栽培とされるが、一般的に長期間の加温が必要であり、加温栽培が主となる。また、収穫期間を長く延長する場合は長期促成栽培とされ、立地条件や経営方針などにより長期または短期促成栽培が選択される。

抑制栽培は、普通栽培より遅い時期に収穫することを目的とした作型である。露地栽培で、降霜前に収穫を終える露地抑制栽培、ならびにトンネルまたはハウスを利用し、生育後半に保温または加温するトンネル抑制栽培とハウス抑制栽培がある。加温を前提としたハウス抑制栽培は加温抑制栽培とされる。盛夏から秋の生育が重要であり、露地抑制栽培では夏季冷涼、ハウス抑制栽培では晩秋および冬季温暖などの地域特有の気象条件を活用することが多い。

以上の作型を組み合わせ、普通栽培を原点として、収穫を前進させる早熟、半促成および促成栽培と収穫を遅らせる抑制栽培がつながることで、周年栽培が可能となる（図—1）。

（3）その他（分類型Ⅲ）

その他、野菜の種類によっては、上記とは異なる、慣用の作型で表現される。

イチゴ、ウド、フキおよびアスパラガスなどでは、慣用の促成、半促成、普通および抑制栽培の定義が、分類型Ⅱと異なる場合がある。イチゴの休眠打破や花芽分化処理技術は環境調節の一環であり、分類型Ⅱに含めることもできるが、単に保温や加温だけで生育および収穫を早めることができないため、その他の分類型Ⅲに含まれる。

ガラス室内の隔離床で栽培される温室メロンでは、温度制御により作期が制御されることから、分類型Ⅱに含めることもできるが、慣用の春作、夏作、秋作および冬作の作型呼称が用いられている。ジャガイモでも、従来から、春作、秋作および冬作などの作型呼称が用いられてきた。

同一の野菜であっても、利用部位や軟化法などにより作型が分化することがある。慣用の品目名を作型の前につけて、例えば、ミョウガではミョウガタケ促成栽培、ハナミョウガ普通栽培など、ミツバでは春播き促成軟化栽培、根ミツバ露地軟化栽培などとされる。また、通常軟化栽培が行われるウドなどの野菜では、伏せ込み軟化や盛土軟化などが基本作型と組み合わせて用いられる。

図—1　環境調節技術による作型の概念

4）地域の区分

作型はその地域の季節性に基づいて分化しており、同じ作型でも地域により作期の異なる場合がある。そのため、地域の特徴を明らかにする必要がある場合には、年平均気温を基準として地域が区分される。

(1) 寒地
年平均気温9℃未満の地域。北海道全域、ならびに東北、北陸、関東および甲信地方の一部。

(2) 寒冷地
年平均気温9～12℃の地域。東北および甲信地方の大部分、ならびに北陸、関東、東海、近畿、中国、四国および九州地方の一部。

(3) 温暖地
年平均気温12～15℃の地域。北陸、関東、東海、近畿および中国地方の大部分、ならびに東北および甲信地方の一部。

(4) 暖地
年平均気温15～18℃の地域。四国および九州地方の大部分、ならびに関東、東海および中国地方の一部。

(5) 亜熱帯
年平均気温18℃以上の地域。沖縄県全域を含む南西諸島、ならびに伊豆諸島の一部と小笠原諸島。

野菜の施設栽培では、温度などの環境制御技術とそれに対応した栽培管理技術により作型が分化し、それに対応した品種を用いて安定生産が行われている。野菜の栽培環境として、温度以外に光、空気湿度、二酸化炭素濃度、降雨量などの地上部環境、ならびに土壌水分、養分、土壌の物理性および生物性などの地下部環境がある。概して、それぞれの野菜は、原産地の環境条件に適応した特性を有する。すなわち、それぞれの野菜にはそれぞれの生育に適した環境条件があり、さらにその条件は生育段階により異なる。そのため、経営的に有利な栽培を行うためには、それぞれの野菜の特性や生育段階に応じて、合理的な栽培管理を行う必要がある。例えば、発芽時には発芽および初期生育を斉一にするため、高めの温度管理を行い、果実肥大期には果実に光合成産物を効率的に転流させ、呼吸による消耗を抑えるため、適度な日較差のある温度管理とする。また、ウリ科などの高温性の野菜では、低温期の保温および加温が必要となる。一方、温度条件は、生育に影響にするだけでなく、花芽分化や開花にも影響する。そのため、果菜類では、花芽分化を促進するとともに、着花数を確保し、花の素質を向上させる栽培管理を行う必要がある。

それぞれの野菜では、植物的特性に応じて作型が分化し、それぞれの作型で必要な栽培管理が行われる。以下に、トマト、キュウリ、イチゴおよびアスパラガスの植物的特性、作型および栽培管理について記する。

2. トマト

1) 植物的特性

トマトは、ナス科植物であり、南アメリカのアンデス高原地帯原産とされる。わが国では一年生草本として栽培されているが、原産地では多年生である。

トマトの生育適温は昼温24～28℃、夜温10～17℃、地温15～25℃程度である。比較的温暖な気候を好むが、果菜類のなかでは耐暑性の弱い作物に分類され、わが国の平坦暖地での高温となる夏季を越すのは難しい。光合成における光飽和点は約70klxであり、強い日射を必要とする。しかし、夏季の強い日射により、果実の着色が不良となる。

トマトは、吸肥力が強く、特に窒素肥料に対して敏感に反応する。窒素過多の条件では、栄養成長が旺盛になり、花の発育が悪くなるとともに、葉巻や茎の異常肥大などの生育異常やすじ腐れ果、乱形果、空洞果などの生理障害果が発生する。

トマトは中日植物であり、花芽分化におい

て限界日長および限界温度はない。しかし、高温、特に高夜温条件では、着花房節位が高くなり、着花数が少なくなる。通常、本葉が8枚程度分化した後、花芽分化する。成長点が花芽分化し、第1花房となる。花房直下の葉腋から側枝が発生し、新しい主枝となる。この主枝も、原則として葉を3枚分化した後、花芽分化する。この過程を繰り返し、外観的には1本の主枝に3葉ごとに同一方向に花房を着生する。ほとんどの品種は非芯止まり型（普通型）であり、花房を分化させながら生育を続ける。これに対して、芯止まり型品種では、第1花房を着生した後、花房間葉数が2～1枚と少なくなり、最後は新しい成長点が発生せずに花房で終わる。

果実重150g以上の大玉トマトが多く栽培されているが、果実重40～100gの中玉トマト（ミディトマト）、果実重20～30gのミニトマト（プチトマト）もある。最近では、果実の直径が1cm以下のマイクロトマトも栽培されている。一般的に、果実色は赤であるが、黄色やオレンジ色の果実色のものもある。

2）作型

トマトは周年的な需要が高い。そのため、資材や施設を利用した環境制御技術、ならびに南北に長いわが国の立地条件を活用することで、各地に多様な作型が分化し（表－2）、周年生産が行われている。基本作型は促成、半促成、早熟、普通および抑制栽培である。寒冷地、温暖地および暖地の促成栽培では、6～10月に播種し、冬季に加温することで、翌年6～7月まで収穫する長期栽培が主流である。一方、温暖地の一部や亜熱帯では、無加温の促成栽培が行われている。半促成栽培には、加温半促成栽培と無加温半促成栽培がある。早熟および普通栽培では、夏季冷涼な寒冷地や高冷地などの気象条件を活用した雨よけ栽培が普及している。抑制栽培でも、半促成栽培同様、加温抑制栽培と無加温抑制栽培があり、無加温抑制栽培では年内に収穫が終了するのに対し、温暖地および暖地の加温

表－2 施設栽培におけるトマトの作型　　（ミニトマト、加工用トマトを除く：野菜茶業研究所（2010）より作成）

基本作型	地域	播種期	収穫期	現地の作型呼称	備考
促成（加温）	寒冷地	9月下～10月上	2月下～6月下	促成	
		8月中	11月上～7月上	長期越冬	
	温暖地	8月上～10月上	12月中～7月上	促成、長期越冬	
		7月上～8月上	10月中～7月下	促成長期、促成長期どり、長期どり、促成	
	暖地	8月上～10月上	11月中～6月下	促成	
		6月中～8月上	9月中～7月中	促成長期、促成長期どり、促成	香川県では養液栽培
（無加温）	温暖地	9月上	2月下～4月下	無加温促成	兵庫県淡路地域
	亜熱帯	8月中～9月上	11月中～5月下	無加温促成	
半促成（加温）	寒地	1月中～1月下	5月中～7月中	促成	
		2月上～2月中	6月上～7月下	半促成	
		2月上～2月下	6月上～10月下	半促成長期どり	
	寒冷地	12月上～1月上	4月上～7月下	加温半促成、半促成	
	温暖地	9月中～10月下	2月中～8月中	加温半促成、ハウス半促成、半促成、ハウス加温、促成、加温促成	愛知県ではロックウール栽培も行われる
	暖地	9月上～11月中	1月中～8月下	半促成、ハウス半促成	福岡県ではロックウール栽培も行われる
抑制	温暖地	6月中～7月下	9月上～3月下	加温抑制、ハウス抑制、ハウス、抑制、ハウス促成	愛知県ではロックウール栽培も行われる
（加温）		7月上	10月上～6月下	抑制長段	岐阜県

表―3　施設栽培におけるミニトマトの作型　　　　　　　　　　　（野菜茶業研究所（2010）より作成）

基本作型	地域	播種期	収穫期	現地の作型呼称	備考
促成	温暖地	8月中～9月上	12月上～7月下	促成	
		7月上～8月上	9月中～6月中	促成長期、ハウス促成、促成、抑制	
	暖地	7月上～9月中	9月中～6月下	促成、促成長期	
	亜熱帯	9月中～10月上	12月中～6月下	無加温促成	
半促成（加温）	寒地	1月上～1月下	5月中～7月下	促成	
		2月上～2月下	6月中～10月下	半促成長期どり	
	寒冷地	10月下～1月中	3月上～7月下	加温半促成、半促成	岡山県では養液栽培
	温暖地	9月下～1月中	3月上～9月下	加温半促成、半促成	岡山県では養液栽培
	暖地	11月上～12月中	3月上～7月下	加温半促成、半促成	
抑制（加温）	温暖地	6月上～7月下	9月中～12月下	ハウス抑制、抑制	岡山県では養液栽培
	暖地	6月上～7月上	9月下～6月下	抑制長期	佐賀県

表―4　加工用トマトの作型（野菜茶業研究所，2010より作成）

基本作型	地域	播種期	収穫期	現地の作型呼称
普通	寒冷地	3月中～3月下	7月中～10月下	普通、春播き、加工
	温暖地	3月上～3月中	7月上～10月上	普通、ホールプラント

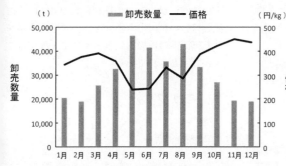

注）全国主要都市に所在する青果物卸売市場81市場（130卸売会社）、農林水産省（2014）より作成

図―2　トマトの月別卸売数量と卸売価格（2013年）

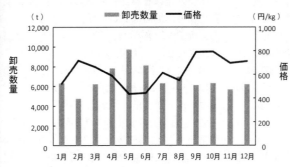

注）全国主要都市に所在する青果物卸売市場81市場（130卸売会社）、農林水産省（2014）より作成

図―3　ミニトマトの月別卸売数量と卸売価格（2013年）

抑制栽培では翌年2～6月まで収穫される。

ミニトマトでも、基本作型は促成、半促成、早熟、普通および抑制栽培であり（表―3）、周年生産が行われている。一方、加工用トマトでは、普通栽培のみが行われており、7～10月に収穫される（表―4）。

トマトでは、周年栽培が行われているものの、卸売数量は半促成、早熟および普通栽培で果実が生産される5～8月に多く、促成および抑制栽培で果実が生産される11～2月に少ない（図―2）。卸売価格は卸売数量と逆の傾向を示す。ミニトマトの卸売数量、卸売価格は、トマトとほぼ同様に推移する（図―3）。

3）栽培管理

トマトの育苗では、セルトレイおよびポリポットが用いられるが、播種・育苗時の温度管理が重要である。播種時は地温27～30℃とし、発芽後は地温22～25℃、夜温15～18℃程度で管理する。ポットに

移植した後、定植までの温度管理は、下段の着花房節位や花数、花の素質に影響する。高夜温では、第1花房の着生節位が高くなるとともに、着花数が少なくなり、花の素質が低下する。逆に、低夜温では、着花数、子室数が多くなる。しかし、極端な低温下では、栄養成長が抑えられるため、花芽の分化・発育が遅れたり、子室数が著しく多い鬼花となり、乱形果が多発する。

定植後は、暖房コストを抑えるため、収量を低下させない範囲で温度管理を行う。ハウス内の気温が25℃以上になると換気を行い、28℃以上にならないように管理する。10℃以下の低温や35℃以上の高温により、花粉稔性が低下し、着果不良となる。

芯止まり型品種は、加工用品種に多く、無支柱で栽培される。青果用の非芯止まり型品種では、腋芽を早いうちに取り除き、主枝1本仕立てとすることが多い。着果促進処理として、ホルモン剤（オーキシン、あるいはオーキシンにジベレリンを混合）処理、マルハナバチ放飼、振動授粉が行われる。

近年の企業的経営では、ハイワイヤー誘引による長期多段どり栽培、あるいは低段密植栽培が行われている。ハイワイヤー誘引による長期多段どり栽培では、高軒高施設において、作業台車を利用して地上3.5m程度の高さに張られたワイヤーにつり下げて主枝を誘引し、順次、成長点を下ろしつつ主枝のつり下げ位置を横にずらしながら長期栽培を行う。低段密植栽培は、多段栽培よりも密植して1～3花房程度を残して摘心する短期栽培を繰り返す栽培法で、ハウス内を区画分けし、1区画で年間複数作を行うとともに、区画ごとに定植時期をずらして連続的に生産を行う。いずれも養液栽培で行われる場合がほとんどであり、労働環境が良く、生産工程をマニュアル化しやすいことから、雇用労力主体での栽培管理が可能であり、ほぼ周年に近い生産を実現している。低段密植栽培では、多段栽培に比較して、植物体へのストレスをかけやすいという特徴を活かして、高糖度トマト生産を行っている事例も多い。

2000年頃から、タバココナジラミバイオタイプBおよびQが虫媒伝染するトマト黄化葉巻ウイルス（TYLCV）によるトマト黄化葉巻病の発生がみられるようになった。発病初期には、新葉が葉縁から黄化し、表側に巻く。その後、葉脈間が黄化し、縮葉症状を示す。症状が進むと成長点付近の節間が短縮し、株全体が萎縮する。開花しても着果しないことが多く、生育初期に発病するとほとんど収穫できないこともある。対策は発病株の処分、タバココナジラミの徹底防除などであるが、タバココナジラミの栽培施設内への侵入を防ぐには、施設の開口部に0.4mm以下の微細目合いの防虫ネットを展張する必要があり、高温期の施設内気温がさらに上昇することが問題とされている。

3．キュウリ

1）植物的特性

キュウリは、つる性の一年生草本であり、ウリ科に属する。原産地はインドとされ、低温に弱く、霜に一度遭遇しただけで枯死する。

生育適温は昼温25～28℃、夜温13℃前後である。地温は20℃前後が適温とされるが、接ぎ木栽培の場合、台木により低地温耐性が異なる。

光合成の光補償点は1,000lx程度、光飽和点は50～60klx程度とされる。キュウリは、多湿条件下で良好に生育し、葉面積が大きいので、十分な土壌水分を必要とする。しかし、多湿条件下では病害の発生が多くなり、キュウリの根は浅根性で酸素要求量が高く、土壌の過湿には弱い。

キュウリの成長点からは葉芽のみが分化し、花芽は成長した葉芽の内側に分化する。

表—5 施設栽培におけるキュウリの作型 　　　　　　　　　　　　　　（野菜茶業研究所（2010）より作成）

基本作型	地域	播種期	収穫期	現地の作型呼称	備考
促成	寒冷地	11月中	2月上～6月下	促成	
	温暖地	9月上～12月上	11月上～7月下	促成、長期促成、促成長期どり、長期越冬、加温半促成	
	暖地	9月上～11月中	10月下～6月下	促成、促成長期	
	亜熱帯	10月上～11月上	12月上～5月下	無加温促成	
半促成（加温）	寒地	2月上～2月下	5月上～7月中	促成	
	寒冷地	11月下～1月上	2月上～7月下	加温半促成、促成	
	温暖地	11月下～2月中	2月中～8月上	加温半促成、加温ハウス半促成、半促成	
	暖地	11月中～3月上	1月中～8月上	加温半促成、ハウス半促成、半促成	
抑制	寒地	7月上	8月下～11月中	ハウス抑制	栽培後期に保温
	寒冷地	6月上	8月下～10月下	露地抑制	岩手県
		6月下～7月中	8月下～11月下	ハウス抑制	栽培後期に保温
		7月上～7月中	8月下～12月下	加温抑制、ハウス抑制	栽培後期に保温・加温
	温暖地	5月下～7月下	7月中～10月下	露地抑制、露地、抑制	
		6月中～8月上	8月下～12月中	無加温抑制、ハウス抑制、無加温ハウス、ハウス、抑制	栽培後期に保温
		7月下～9月上	8月下～12月中	加温抑制、ハウス抑制、ハウス	栽培後期に保温・加温
		9月上	10月上～2月下	越冬	栽培後期に保温・加温
	暖地	6月中～8月上	8月下～12月中	露地抑制、露地、抑制露地、秋キュウリ、ハウス抑制	雨よけを含む
		6月下～8月上	8月下～11月下	ハウス抑制、秋キュウリ	栽培後期に加温
		7月上～9月上	9月上～1月下	加温抑制、ハウス加温抑制、ハウス抑制、抑制	栽培後期に保温・加温
	亜熱帯	8月中～9月上	10月下～1月下	ハウス抑制	栽培後期に保温

キュウリの花には、雄花、雌花および両性花の3種類がある。雌花の着生率は、基本的には遺伝特性によるが、環境条件によっても左右され、低温・短日条件では高まり、高温・長日条件では低くなる傾向がある。また、単為結果性が強く、受粉しなくても果実は正常に肥大する。

わが国の主要品種は、ヒマラヤ地方から華南・華中を経由して成立した華南型品種群とシルクロードを経由して華北地方で成立した華北型品種群を基本に成立している。それぞれの品種群は、わが国の各地に分布し、その地域に順化して独自の品種・系統として位置づけられるようになった。しかし、現在の品種では、交雑による品種育成が積極的に行われた結果、これまでの品種群や系統による分類は困難であるが、収穫期の中心が低温期にある施設栽培で用いられる冬春型群と収穫期の中心が高温期にある露地栽培で用いられる夏秋型群に大別される。

2）作型

わが国は南北に長く、その地域の気象条件を活用したキュウリの栽培が行われてきた。古くから、出荷期を前進するために、保温および加温早熟栽培が始まった。さらに、ビニルハウスでの栽培が普及し、加温機を用いた温度管理が行われるようになったため、作型は細分化し、明確な区分は難しくなっている。

亜熱帯での促成栽培は無加温で行われるが、それ以外の地域では加温栽培である（表—5）。9～12月に播種し、5～7月まで収穫する。半促成栽培には、加温半促成栽培と無加温半促成栽培がある。加温半促成栽

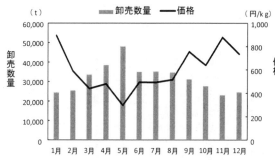

注）全国主要都市に所在する青果物卸売市場 81 市場（130 卸売会社）、農林水産省（2014）より作成

図－4　キュウリの月別卸売数量と卸売価格（2013 年）

培では、11～3 月に播種し、寒地では 5 月、寒冷地、暖地、温暖地では 1～2 月から収穫する。無加温半促成栽培では、1～3 月に播種し、3～5 月から収穫する。栽培後期に保温し、11 月まで収穫する半促成長期どり栽培も行われる。早熟栽培はトンネルまたはハウスで行われる。普通栽培では、雨よけ栽培や高冷地での栽培も行われる。抑制栽培は露地またはハウスで行われ、栽培後期に保温および加温することで、12～2 月まで収穫する場合もある。

キュウリの卸売数量は、5 月にピークがあるものの、年間を通じて比較的安定しており、卸売価格は 9～1 月に上昇する傾向にある（図－4）。

3）栽培管理

キュウリの育苗日数は、低温期では 30 日前後、高温期では 20 日前後である。接ぎ木は、ニホンカボチャ、雑種カボチャ、クロダネカボチャを台木として、呼び接ぎ、挿し接ぎ、断根挿し接ぎなどの方法で行われる。接ぎ木を行ううえで、発芽を揃えるとともに、徒長させないことが重要であり、播種後の地温を 28～30℃とし、発芽後直ちに 25℃に、その後さらに 23℃前後まで低下させる。地温 30℃で管理した場合、キュウリは播種後 3 日目、カボチャは 4 日目に発芽する。接ぎ木直後は、萎れさせないように、多湿かつ比較的高温条件で管理し、必要に応じて遮光する。徒長を防ぐために、可能な限り早く通常の育苗管理ができるように、順化させる。

定植後、施設栽培では夜温の管理が重要である。施設内気温は 15℃以上になるように管理する。時間の経過とともに、徐々に夜温が低下するような温度管理が望ましい。日中は、午前中気温 30℃を目安に換気し、午後十分換気することで、やや低めの気温で管理する。

キュウリは多湿条件下で良好な生育を示すが、病害も発生しやすくなるため、湿度管理には注意を要する。また、キュウリの適正な土壌水分は pF1.7～2.3 であるとされ、多水分管理を行う。

整枝は、収量を左右する重要な管理作業である。主枝を 20 節前後で摘心して第 1～3 次側枝を発生させ、収量の大部分を側枝から得る、摘心栽培が一般的である。主枝を比較的低節位で摘心した後、発生する数本の 1 次側枝を摘心せずに垂直に誘引する、つる下ろし栽培も行われる。

4．イチゴ

1）植物的特性

イチゴは、バラ科植物であり、多年生の宿根性草本である。現在、栽培されているイチゴは、18 世紀頃にオランダで作出された、北アメリカ東部原産の野生種バージニアイチゴと南アメリカ原産の野生種チリーイチゴの種間雑種に由来する。

イチゴは冷涼な気候を好み、生育適温は 15～20℃である。現在、わが国で多く栽培される一季成り性品種は、秋季の短日・低温条件で花芽が形成され、その後休眠に入る。

表—6　施設栽培によるイチゴ（一季成り性）の作型　　　　　　　　　　　（野菜茶業研究所（2010）より作成）

基本作型	地域	採苗期	収穫期	現地の作型呼称	備考
促成（加温）	寒地	7月上～7月中	1月上～6月中	加温促成	夜冷短日処理
	寒冷地	6月中	11月中～6月中	超促成、夜冷育苗	夜冷短日処理
		7月上～7月中	11月上～6月下	促成、普通促成、ポット育苗	
	温暖地	5月下～8月下	11月中～5月下	早出し夜冷、夜冷促成、促成夜冷育苗、夜冷育苗、夜冷、普通夜冷、促成Ⅰ型（超促成）、超促成、促成、低温暗黒、暗黒低温、株冷蔵、株冷	夜冷短日処理または低温暗黒処理
		7月中	12月下～2月下、4月下～6月上	促成	山梨県
		5月中～7月中	11月中～5月下	促成山上げ、山上げ、高冷地	
		—	12月中～5月下	中山間無仮植	愛知県
		—	12月中～5月下	北海道委託	愛知県
	暖地	5月中～6月下	11月上～6月下	超促成、早期作型、夜冷促成、夜冷Ⅰ型、夜冷Ⅱ型、夜冷短日育苗、低温処理育苗、株冷育苗、株冷Ⅰ型、株冷Ⅱ型、	夜冷短日処理または低温暗黒処理
		5月中～8月上	11月中～6月上	無冷促成、普通作型、普通促成、促成、地床促成、ポット促成、普通ポット促成、普通ポット育苗、ポット育苗、ポット、加温電照	
半促成（加温）	寒地	7月中	2月下～6月中	加温半促成	
	寒冷地	7月中	1月下～6月上	加温＋電照半促成	青森県
抑制	寒冷地	7月中	9月下～12月中、4月上～6月中	長期株冷抑制、長期株冷	12月上～8月下旬株冷蔵処理
		8月上	7月上～8月上	短期株冷	秋田県、12月上～9月上旬株冷蔵処理
	温暖地	8月下	10月下～11月下、4月上～5月下	二期どり	福井県、12月上～9月上旬株冷蔵処理

冬季に一定量の低温に遭遇することで、休眠が打破される。春季の温度上昇とともに、生育を再開し、開花・結実する。その後の長日・高温条件下では、栄養成長が優先し、ランナーを発生させる。冬季に十分な低温に遭遇せず、休眠打破が不完全である場合、春季の生育量が低下し、ランナーの発生数も減少する。一方、四季成り性品種では、むしろ長日条件で花芽形成が促進される。

葉は通常3枚の小葉からなり、茎は地際部で短縮した形状で、クラウンと呼ばれる。果実は、植物学的には果托の肥大した偽果であり、一般的に種子と呼ばれる、果実表面の痩果が果実に相当する。

イチゴの栽培品種は、遺伝的にヘテロ性が強く、近交弱勢のため、自殖による固定が容易ではないことから、遺伝的に固定されていない。そのため、自殖実生を育成しても、遺伝的に均一な集団を得ることができず、経済栽培では栄養繁殖によるランナーの子苗が利用される。しかし、最近では、種子繁殖性品種の育種が進められ、実用的な品種が育成されている。

イチゴの光合成における光飽和点は、25klx程度であり、果菜類のなかでは比較的低い。開葯では相対湿度60％以下、花粉発芽では40％程度の相対湿度が適当とされる。高湿度条件下では、開葯が遅れたり、花粉発芽率が低下し、奇形果や不受精果が発生する。

2）作型

一季成り性イチゴの基本作型は促成、半促成、早熟、普通および抑制栽培である（表—6）。

表—7 イチゴ（四季成り性）の作型 　　　　　　　　　　　　　　（野菜茶業研究所（2010）より作成）

基本作型	地域	定植期	収穫期	現地の作型呼称	備考
普通	寒地	4月下～5月下	7月上～11月上	土耕春植え夏秋どり	保温
		8月下～10月上	7月上～8月上、9月上～11月上	土耕秋植え夏秋どり	保温
		3月中～3月下	6月中～11月上	高設夏秋どり、夏秋どり	保温
		4月下～5月下	7月上～11月上	高設夏秋どり	保温
	寒冷地	3月上～5月中	6月中～12月下	ハウス春定植、無加温春植え3～4月定植、夏秋どり	
		10月上～11月下	6月中～12月下	ハウス秋定植、夏秋どり	
		4月上	6月上～翌年8月下	周年栽培	宮城県
		10月上	12月中～翌々年2月下	周年栽培	宮城県
	温暖地	4月中～6月中	7月上～11月下	夏秋どり	高冷地、中山間地
	暖地	4月上～5月上	6月下～12月下	夏秋どり、ハウス普通	高標高地、中山間地

　促成栽培では、花芽分化を促進するとともに、早期からビニル被覆を行うことで、休眠を回避し、さらに加温、電照、ジベレリン処理などにより、矮化を抑え、連続的に収穫する。イチゴでは、作型により用いられる品種の休眠性および早晩性などの生態特性が異なる。休眠性の程度は、休眠が打破されるのに必要とされる低温要求量、すなわち自然条件下で正常に発育および開花・結実するのに必要な、5℃以下の低温遭遇時間で示される。一般的に、休眠打破に要する低温要求量が多いことを休眠が深い、少ないことを休眠が浅いと表現する。促成栽培では、収穫期を前進させることが高収益につながるため、花芽分化を促進させることが重要である。休眠の深い品種は厳冬期に矮化し、連続的に収穫できないため、促成栽培では休眠の浅い品種（低温要求量が100～200時間）が用いられる。早晩性には、自然条件下の温度と日長による花芽分化期の早晩、花芽分化時における成長点の未展開葉数とその展開速度による花芽分化後出蕾・開花までの早晩、ならびに果実の成熟までに要する積算温度による開花から成熟までの早晩が関係するが、それぞれの特性の間に直接の関係はみられない。花芽分化期の早い品種ほど早期収穫が可能であるため、促成栽培では自然花芽分化期の早い品種（温暖地での自然条件下で9月中旬までに花芽が分化）が用いられる。また、促成栽培では、花芽分化を促進するために、夜冷短日処理（短日処理と夜間のみの低温処理を組み合わせる）や低温暗黒処理（一定期間連続的に暗黒低温条件で処理）が行われる。

　半促成栽培では、花芽分化はむしろ抑制し、自然条件下で休眠が打破された後にビニル被覆による保温を行い、生育、開花、成熟を促進する。休眠が中程度（低温要求量が300～1,000時間程度）、花芽分化の早晩性も中程度（温暖地の自然条件下で9月下旬～10月上旬に花芽が分化）の品種が用いられるが、休眠が完全に打破されると、連続的に収穫できないため、収穫予定時期と栽培地域の温度条件を考慮した品種と被覆時期の選択が重要である。また、収穫期を早めるために、自然条件による休眠打破に加えて、短期株冷蔵（短期間冷蔵庫で処理）、電照（低温の不足分を電照で補う）およびジベレリン処理（展葉・伸長を促進）などの人為的な休眠打破処理が行われる。

　露地栽培では、自然条件下で栽培されるが、ポリマルチや雨よけビニル被覆などにより、品質および収量を向上させるとともに、収穫の早熟化が図られる。休眠が比較的深く（低温要求量が500～1,000時間以上）、花芽分化についても晩生の品種が用いられるが、それらの程度には品種間差があり、栽培する地域に応じて品種を選定する。休眠の深い寒冷地型品種を温暖地の露地で栽培すると、低温

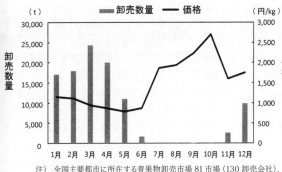

図―5 イチゴの月別卸売数量と卸売価格(2013年)
注) 全国主要都市に所在する青果物卸売市場81市場(130卸売会社)、農林水産省(2014)より作成

遭遇量が不足し、休眠が十分に打破されないため、生育不良となる。逆に、休眠の浅い暖地型品種を寒冷地で栽培すると、休眠が早く打破され、早春の不時出蕾により凍霜害を被ったり、早期から栄養成長が優先し、ランナーの発生が多くなり、花房が少なくなるため、収量が低下する。

抑制栽培では、7~8月に採苗し、花芽分化した後、生育を開始する12月から長期間0℃で、株の冷蔵処理を行う。花芽の発育が進み、花弁や雄ずいが形成されていると、冷蔵中に低温障害が発生するので、10月中~下旬に花芽分化させる必要があり、花芽分化期の遅い品種が用いられる。短期株冷では、5月に定植し、7~8月に収穫する。長期株冷では、8~9月に定植し、9月から収穫するが、ビニル被覆を行い、12月まで収穫した後、ビニル被覆を除去することで、低温に遭遇させ、2~3月に再びビニル被覆を行うと、4~6月にも収穫できる。

一方、一季成り性品種の収穫が難しい、7~10月を中心とした時期に収穫するため、四季成り性品種を用いた栽培が行われている。作型は普通栽培のみであるが、3~6月に定植する春植えと8~11月に定植し、翌年収穫する秋植えがある(表―7)。

わが国でのイチゴの生産はほとんど促成栽培によるものであり、卸売数量は12~5月に多い(図―5)。一方、6~10月の卸売数量は少なく、逆に卸売価格は上昇する。

3) 栽培管理

採苗専用の親株、あるいは収穫を終えた親株から発生するランナーの子苗を、促成栽培では5~8月、半促成栽培では7~9月に採苗する。促成栽培では、花芽分化予定時期の15~20日前までに、本葉4~5枚、クラウン径8~12mmの充実した苗に仕上げる必要がある。また、花芽分化を促進するために、短日処理、遮光処理、低温処理、山上げ育苗、断根処理、ポット育苗、あるいはこれらを組み合わせた処理が行われる。花芽分化予定時期の30~40日前から窒素施用を打ち切り、植物体内の窒素濃度を低下させると、花芽分化の感受性が高まる。促成栽培用品種の多くは、8月下旬であれば、8~9時間日長・夜温13~15℃の夜冷短日処理により15~20日間で花芽分化する。低温暗黒処理でも、12~13℃の冷蔵により15~20日間で花芽分化する。

促成栽培では、定植直後の肥料吸収量が多すぎると、腋花房の分化が遅れる。イチゴは、濃度障害を起こしやすく、吸肥力はあまり強くない。定植直後の肥料吸収量は比較的少ないが、頂花房開花後の果実肥大期に、特に窒素とカリの吸収量が増加するため、元肥は少なくし、生育ステージに合わせて、追肥を行うのが望ましい。

定植期は作型により異なるが、花芽分化前に定植すると、本圃で肥料を旺盛に吸収して花芽分化が遅れるため、促成栽培では花芽分化を確認した後に定植する。頂花房は親株側ランナーの反対側から発生するので、頂花房の発生方向を揃えるように定植すると、収穫などの作業を行いやすい。

促成栽培では、ビニル被覆期までは主枝1

本仕立て、その後は頂花房と強勢な腋花房を1〜2本残し、2〜3本仕立てとする。腋芽を放置すると、春季に多数の花房が発生するため、果実が小さくなり、屑果が多くなる。枯葉や病葉はもちろんのこと、葉柄が開いた下葉も、葉としての機能が低下しているので、摘除する。花房当たりの着果数が多いと、屑果の原因となるとともに、過剰な着果負担により草勢が低下したり、奇形果が発生する。

土壌水分の保持と肥料の有効利用、地温の制御、雑草の抑制、果実の着色促進、あるいは果実へ土粒が付着するのを防止するために、マルチングが行われる。促成栽培では、厳冬期の地温を保持するために、黒マルチが利用されるが、早期に地温が上昇すると腋花房の分化が遅れるため、頂花房が出蕾する直前にマルチングを行う。

促成栽培では、休眠に入るのを回避して連続的に収穫するため、平均気温が16〜17℃になるとビニル被覆を行う。矮化を抑制するため、平均気温が15℃以下になる前に被覆を終える必要がある。被覆後、日中の気温が25℃以上にならないように換気し、夜温が5℃以下にならないように保温および加温を行う。

促成栽培では、休眠に入るのを抑えたり、成り疲れを防止する目的で、11〜12月から電照またはジベレリン処理が行われる。電照の方式には、日長延長式（日没後または夜明け前に3〜4時間程度照明）と間欠式（1時間に5〜15分の割合で終夜照明）がある。

一般的に、開花から果実が成熟するまでの有効積算温度（平均気温5℃以上）は350〜500℃・日である。促成栽培での果実成熟日数は、11月で開花後30日程度、12月で40〜50日程度、1〜2月で60〜80日程度、3〜4月で30〜40日程度であり、露地栽培や半促成栽培では30〜40日程度である。気温が高いと、果実は早く成熟し、糖度が低下するので、春や秋の高温期には換気などによりハウス内の気温上昇を抑える。

近年、収穫や栽培管理における作業姿勢を改善し、軽作業・省力化を図るために、栽培槽を作業しやすい位置に設置する高設栽培が普及している。各県独自の栽培方式が考案され、多くの企業から栽培システムが市販されている。栽培槽には、プラスチックや発泡スチロール製の専用のもの、あるいは園芸用プランターや不織布などの資材が利用される。一般的な栽培槽の幅は30cm程度であり、2条植えで栽培されることが多い。従来の地床栽培との大きな違いは、栽培槽が地面から高い位置に隔離されていることである。そのため、培地量が制限されることで、排水性と保水性を両立させる必要があり、ヤシ殻、ピートモス、杉皮バーク、バーミキュライト、パーライトなどを混合した専用の培地が用いられる。緩効性の固形肥料を基肥として施用し、液肥より追肥を行うことが多いが、有機質主体の培養土では、緩衝能が高く、灌水同時施肥栽培に近い肥培管理が可能である。高設栽培では、果実が地温の影響を受けず、比較的高温期にも果実品質が低下しにくいため、収穫期を延長できると期待される。また、作業姿勢の改善と軽作業化が図られ、雇用労力を確保しやすい。さらに、根圏温度や養水分を制御しやすいため、栽培のマニュアル化が容易である。高設栽培では、栽培システムの導入に初期コストが必要となるが、大規模な企業的イチゴ生産には有利な栽培方法であると考えられる。

最近になって、クラウン部に密着させた軟質塩化ビニル製の2連チューブに冷水または温水を流し、クラウン部を20℃前後に制御することにより、促成栽培での早期収量の増加、収穫の中休み期間の短縮、収穫ピークの平準化、ならびに夏秋どり栽培での増収と高品質化を可能とするクラウン温度制御技術が開発されている。この技術を用いると、厳冬期にハウス内の管理温度を下げることができ

表—8　施設栽培におけるアスパラガスの作型　　　　　　　　　　　　　（野菜茶業研究所（2010）より作成）

基本作型	地域	播種期	収穫期	現地の作型呼称	備考
促成	寒冷地	1月中〜3月上	11月下〜3月下	促成1年株伏せ込み、促成、伏せ込み、促成伏せ込み、伏せ込み促成	1年間株養成、10月下〜12月上旬株堀り上げ、11月上〜1月下旬伏せ込み
		3月中〜4月上	12月上〜3月上	促成2年株伏せ込み、伏せ込み促成	2年間株養成、11月中〜12月中旬株堀り上げ・伏せ込み
	温暖地	3月中	12月上〜2月下	伏せ込み促成	長野県、2年間株養成、11月中〜12月中旬株堀り上げ・伏せ込み
半促成	寒地	—	3月中〜5月下	ハウス半促成	4年生以降株
		—	4月上〜9月下	ハウス立茎	4年生以降株
	寒冷地	2月上〜4月下	3月上〜5月下	半促成、ハウス半促成	
		3月中〜4月下	2月上〜5月下、6月中〜9月下	二期どり、半促成二期どり	
	温暖地	2月下〜3月中	2月上〜10月上	半促成長期どり、半促成	
		2月上〜4月上	1月中〜6月上	半促成、ハウス半促成、無加温半促成	
		2月上〜4月上	1月下〜5月下、5月上〜11月下	半促成二期どり、雨よけハウス半促成長期どり、半促成	
		1月中〜3月中	2月上〜10月下	半促成長期、ハウス半促成、半促成、ハウス雨よけ	
	暖地	9月中〜12月中	1月中〜11月下	半促成長期どり（早春植え）、半促成長期どり、ハウス長期どり	2月下〜3月中旬定植
		1月中〜4月中	1月中〜10月下	半促成長期どり（春植え）、半促成長期どり	3月中〜6月下旬定植
		8月上〜9月下	1月中〜10月下	半促成長期どり（秋植え）	9月中〜10月下旬定植

るので、暖房費の節減も期待される。

5. アスパラガス

1）植物的特性

アスパラガスは、多年生の宿根性草本であり、地中海東部原産とされる。従来の分類体系ではユリ科に分類されていたが、分子系統学による最近の分類体系ではクサスギカズラ科に分類される。雌雄異株であり、自然状態では1：1の性比を示す。

植物体は、地上部の茎葉部、地下茎部、根部からなる。地下茎の先端部に鱗芽群があり、鱗芽が伸長して地上茎となる。地上茎の若いもの（若茎）が食用とされる。地上茎の葉のように見える針状の部分は、植物学的には茎が変化したものであり、ぎ葉（葉状茎）と呼ばれる。植物学的な葉は、茎の節に着生している三角形の鱗片状の部分で、鱗片または鱗片葉と呼ばれる。根は、多肉質で太い貯蔵根と側根として見られる細い繊維質の吸収根からなる。植物体は、分岐しつつ伸長する地下茎の先端部の鱗芽群から地上茎と貯蔵根を発生させながら成長する。

自生地は温暖な乾燥地帯であるが、寒地〜熱帯地域で栽培される。野菜類の中では耐寒性や耐塩性が比較的強く、環境適応性は広い。わが国の九州以北では冬の低温期に地上部が枯れるが、亜熱帯の沖縄では年間を通して萌芽が見られる。冬季に地上部が枯れる地域では、特に秋季に貯蔵根への光合成産物などの蓄積が行われ、翌春の萌芽時に消費される。光合成の適温は20℃前後とされている。

2）作型

アスパラガスの主要作型は、施設を利用して行う促成および半促成栽培（表—8）、な

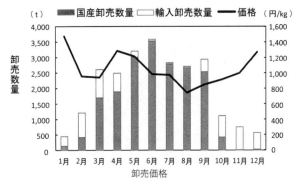

注) 全国主要都市に所在する青果物卸売市場81市場（130卸売会社）、農林水産省（2014）より作成

図―6 アスパラガスの月別卸売数量と卸売価格（2013年）

らびに露地で行う普通栽培である。促成栽培は、主に寒冷地において、1～2年間露地で養成した株を秋冬季に掘り上げ、ハウス内に設置した加温式の伏せ込み床に伏せ込んで、半促成および普通栽培の端境期である11～1月を中心に2～3ヵ月程度若茎生産を行って栽培を終了する短期栽培である。半促成および普通栽培では、春のみ収穫を行った後に地上茎を放任する春どり栽培、春どりを行った後に収穫を行わない期間を設定し、再び夏秋季に収穫を行う二季どり栽培、春どりを行った後、あるいは萌芽開始当初から光合成を行わせる地上茎（親茎、成茎）を立茎して維持しつつ収穫を続ける長期どり栽培があり、通常10年以上の長期間栽培を行う。寒地、寒冷地では春どりの普通栽培が主体であり、暖地では茎枯病などの病害対策のため、パイプハウスでの半促成長期どり栽培が主体である。

アスパラガスの卸売収量は、5～9月に多いが、11～1月に少なく、10～4月には輸入が多くなる（図―6）。卸売価格は、卸売数量と逆の傾向で推移する。

3）栽培管理

ここでは、施設を利用して栽培を行う伏せ込み促成栽培とハウス半促成長期どり栽培について記す。育苗はセルトレイまたはポリポットで行う。発芽適温は25～30℃である。発芽後は15～20℃以上で管理する。

1～2年株養成を行う伏せ込み促成栽培では、春に露地圃場に定植し、株養成を行う。一部では、秋に定植し、翌年の秋冬季に株を掘り上げる1.5年株養成法も行われている。養成する株の大きさにもよるが、伏せ込み床の面積に対して20倍程度の株養成面積が必要である。大面積での株養成となるので、通常は無支柱の放任栽培であるが、パイプやひもなどを用いて地上部に支柱をした方が大株を養成しやすい。秋冬季に掘り取り機を用いて株を掘り上げ、伏せ込み床に密に伏せ込む。伏せ込み時には株の根の間に十分に土が入り込むように丁寧に伏せ込んだ方が、その後の収量が安定する。伏せ込み床の底部に電熱線などを設置し、最低地温17～20℃で管理するとともに、多重トンネルで被覆し、保温する。

半促成長期どり栽培は、間口6m程度のハウスでは3～4畝での栽培が多い。10年以上の長期栽培での貯蔵根の伸長エリアを確保するため、定植前に数十cm以上の深耕を行って堆肥などの有機物を十分に施用し、物理性の改善を図る。定植後はパイプとフラワーネットなどの支柱で地上部を固定しつつ、株養成を行う。収穫開始は、春植えでは通常翌春から（早くて定植当年の夏から）、秋植えでは翌年夏から収穫を開始する。定植3年目以降は、春に萌芽する若茎（春芽）の収穫を数十日間行った後に、太さ10～12mmの光合成を行わせる茎（親茎、成茎）を畝1m当たり10本程度均等に立茎し、その後萌芽してくる若茎（夏芽）を秋まで収穫する。

伏せ込み促成栽培、半促成長期どり栽培とも、地上茎を健全に維持することで、収量が多くなる。茎枯病、斑点病、褐斑病などの地上部病害は発生すると食い止めるのが困難であるため、耕種的防除も含めて、予防に重点をおいた防除を図る必要がある。
(大和陽一・渡辺慎一＝農研機構九州沖縄農業研究センター)

参考文献

1) 伏原　肇 (2004)：高設栽培の特徴とねらい，イチゴの高設栽培，農文協，10～20
2) 稲山光男 (2001)：キュウリ，新編野菜園芸ハンドブック，養賢堂，447～467
3) 熊沢三郎 (1965)：作型の分化，改著・総合蔬菜園芸各論，養賢堂，13～16
4) 望月龍也 (2001)：イチゴ，新編野菜園芸ハンドブック，養賢堂，613～642
5) 門馬信二 (2001)：トマト，新編野菜園芸ハンドブック，養賢堂，548～570
6) 野口正樹 (2001)：作型，新編野菜園芸ハンドブック，養賢堂，82～87
7) 野口正樹 (2003)：作型と栽培管理　野菜，五訂施設園芸ハンドブック，(社) 施設園芸協会，376～393
8) 農林水産省 (2014)：青果物卸売市場調査　品目別：主要卸売市場統計（平成25年），http://www.maff.go.jp/j/tokei/syohi/shunbetu/h25/hinnmokubetu-shuyou.html
9) 上杉壽和 (2001)：アスパラガス，新編野菜園芸ハンドブック，養賢堂，978～988
10) 山川邦夫 (2003)：野菜の作型，野菜の生態と作型，農文協，133～156
11) 野菜茶業研究所 (2010)：野菜の種類別作型一覧（2009年度版），農研機構野菜茶業研究所，1～13，14～26，56～73，106～121，220～228

(2) 花き

1. 施設栽培の現状

わが国ではかつて南北に長い国土の多様な気候条件を生かし、夏季は冷涼地、冬季は暖地・温暖地といった季節的な生産分担を行うことにより、花きの周年供給が図られてきた。一方、露地栽培に比較して、高品質、安定生産が可能で、作期の拡大を図ることができる施設栽培が急速に拡大するとともに、花き産出額も拡大した。生産農業所得統計（農林水産省）によると、昭和35 (1960) 年の花き産出額は87億円で、農業総産出額の0.5％にも満たない程度であったものが、平成25年 (2013) には花き産出額は3,485億円、農業総産出額の4.1％を占めるまでになった。

国内生産量の最も多いキク類について作付面積での施設化率をみると、昭和51 (1976) 年には34.5％（露地：2,150ha、施設：1,130ha）であったが、平成2年 (1990) 年には40.3％（露地：3,180ha、施設：2,150ha）、平成12年 (2000) 年には50.6％（露地：3,090ha、施設：3,170ha）と施設化が拡大してきた。キク類は、輪ギク、スプレーギク、小ギクに大別されており、このうち輪ギク、スプレーギクではともに施設化率が77％と高く、一方、小ギクでは10％程度と施設化率が低くなっている。

このように品目によって施設化率は大きく異なる。リンドウ、ユリ類などでは露地栽培があるが、バラ、カーネーション、トルコギキョウなどではほぼ全てが施設栽培されている。花きの栽培施設としては、簡易なビニルハウス等による雨よけ栽培的なものだけでな

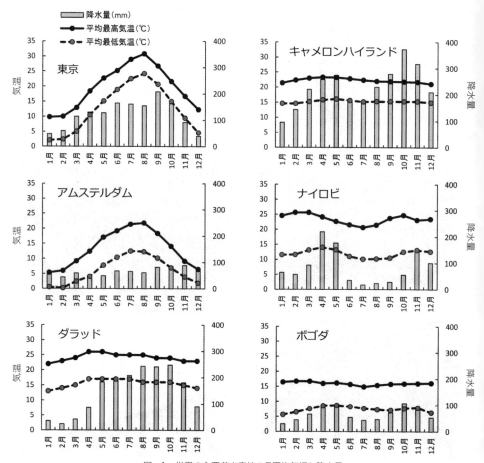

図—1 世界の主要花き産地の月平均気温と降水量

く、光、温度、炭酸ガス等に関わる環境制御装置、病害虫に対する自動防除装置、自動灌水施肥装置等を装備した高度化施設の普及が図られている。栽培の施設化は、良好で調節が可能な作業環境によって雇用労働力の確保が容易になることから、多くの専業、専作経営を成立させ、規模拡大による企業的な経営を生み出すことにも大きく寄与している。

2．作型の変遷

かつてわが国では、周年的に供給される野菜や花きについて、国内各地で気候や土壌条件に適した品種が選択あるいは育成された上で栽培技術が構築され、独立分化した技術体系が組み立てられてきた。これが本来の作型である。主に露地栽培される初夏から晩秋にかけての小ギク生産では、産地の気候と夏ギク、夏秋ギク、秋ギク、寒ギクといった多様な品種群を利用した栽培が現在でも行われている。一方、積極的に施設内の環境制御を行うことにより、周年にわたり花きを供給することが中心である欧米の花き先進国には作型の概念はほとんどない。わが国における花き

日本　　　　　　　　　　　　　　オランダ
図—2　キク施設生産における日本とオランダとの比較（栽植方法）

生産は、戦後欧米より開花調節技術が導入されることにより、急速に発展してきた。そこで、花きの作型としては、自然開花させる栽培を普通栽培（季咲き栽培）、季咲きよりも開花を早める栽培を促成栽培、開花を遅らせる栽培を抑制栽培とする類型が、現在広く用いられている。

　近年、花き流通の国際化が急速に進んでおり、海外からの花きの輸入が急増し、国内生産を今後進めるに当たり、海外からの輸入花きとの競合は無視できない状況となっている。カーネーションの国内流通量をみると、国産品が3.1億本、輸入品が3.5億本（2012）と輸入品割合が50%を超える情勢となっている。主要切り花であるバラやスプレーギクも似た状況となっている。これらの輸入切り花は、最近になって急速に生産を伸ばしてきた新興産地である中南米、アフリカ、アジア諸国で生産されている。これら産地とわが国の地理的な条件には大きな相違がある。わが国は四季の変化が豊かな中緯度に位置するために気温の年較差が大きく、特に夏季に高温となる不利な条件がある（図—1）。施設園芸の発達したオランダは高緯度に位置するため夏季冷涼だが、海流の影響で冬季も比較的温暖で気温の年較差が少ない。新興産地であるナイロビ（ケニア）、ボゴタ（コロンビア）、キャメロンハイランド（マレーシア）、ダラ

ッド（ベトナム）などは低緯度に位置するが標高が高いことから、年中温暖であり、このような年中四季がなく温暖な地域では作型の概念が全く必要でない。周年にわたり暖房が不要なのに加え、雇用労力も安価という社会的にも有利な状況が整っていることから、わが国の花き生産にとって大きな脅威となっている。海外産品と競合する定番品目については今後一層、生産の効率化を進め（図—2）、国際競争力を高める必要がある。一方、わが国独自の花き品目の育成も重要である。そのために、各種花きの生育特性とその環境要因に対する反応性を明らかにするとともに、かつてのわが国における作型分化を参考にしながら、南北に長い国土や豊かな四季を積極的に利用した栽培技術体系を確立していく必要がある。

3．生育・開花調節

　多種多様な花きの生活環は、もともと遺伝的に組み込まれているプログラムと光（日長・光質等）や温度などの環境要因によって支配されている。バラ、カーネーションなどの花きでは、原種は一季咲き性であったものの、既に四季咲き性に改良されており、定植時期、摘心時期の調節や栽培温度の管理によって周年生産することができる。しかし、まだ多く

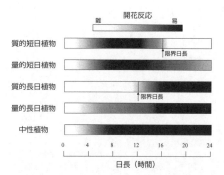

極端に短い日長条件では生育不良により不開花となる

図―3　日長に対する開花反応の模式図

表―1　日長反応性による花きの分類

短日植物	質的 (絶対的)	秋ギク、寒ギク、カランコエ、ポインセチア、シャコバサボテン
	量的 (相対的)	夏ギク、ケイトウ、マリーゴールド、コスモス
長日植物	質的 (絶対的)	カスミソウ、カンパニュラ・カラパチカ、コレオプシス、ルドベキア
	量的 (相対的)	カーネーション、トルコギキョウ、ペチュニア、シュッコンカスミソウ、ストック
中性植物		バラ、シクラメン、チューリップ、セントポーリア、ゼラニウム

の花きでは、花芽の形成や発達、休眠やロゼットの誘導あるいは打破のために日長や温度を要求することから、これらの生態的特性を把握した上で生育・開花調節を行う必要がある。

1）開花と環境要因

日長は開花を支配する重要な要因である。1920年の光周性の発見以来、数多くの研究が取り組まれ、現在は、短日植物（日長がある限界以下で開花）、長日植物（日長がある限界以上で開花）、中性植物（日長に関係なく開花）に三つに大別される。短日植物と長日植物は、さらに、それぞれ質的（絶対的）および量的（相対的）な反応を示す二つに細分される（図―3、表―1）。質的短日植物の場合はある一定以下の日長、質的長日植物の場合はある一定以上の日長でなければ開花しない。この境となる一定の日長を限界日長

という。なお、短日植物や長日植物という呼称は明期の長さを基準につけられているが、実際は明期の長さよりもむしろ暗期の長さが重要である。短日植物が開花する連続する長い暗期の中央付近で短い時間の明期が与えられると、短日植物の開花は阻害される。このような短時間の光照射を暗期中断（光中断）という。生育・開花調節時の日長調節は、電灯照明による暗期中断あるいは日長を延長する形で行われる。人為的な日長調節による安定供給技術の開発は、キクが世界3大花き品

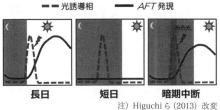

注）Higuchiら（2013）改変

図―4　キクのアンチフロリゲン遺伝子（AFT遺伝子）の発現調節のしくみ

左から：暗期中断なし、青色光、赤色光、遠赤色光
12時間日長＋4時間暗期中断　品種：'セイローザ'

図―5　暗期中断時の光質と花成抑制効果（キク）

表—2　低温の作用性による花きの分類

花芽形成	誘導作用型	種子バーナリゼーション型	スイートピー、スターチス・シヌアータ
		植物体バーナリゼーション型	カンパニュラ・メジウム、ビジョナデシコ、リンドウ
	直接作用型		ストック、フリージア、ファレノプシス、ユキヤナギ
花芽発達	休眠打破		チューリップ、サクラ、ツツジ、モモ、ユキヤナギ

　目の一つに成長した大きな要因の一つである。

　最近、キクの開花を決める鍵となる2つの遺伝子、開花促進物質（フロリゲン）をコードする遺伝子（*Flowering locus-T like 3* (*FTL3*)) と開花抑制物質（アンチフロリゲン）をコードする遺伝子（*Anti-florigenic FT/TFL1 family protein* (*AFT*))が発見され、キクの電照抑制栽培の鍵となる仕組みが明らかにされた。短日条件では*FTL3*遺伝子の発現が増え、*AFT*遺伝子の発現が抑制され花成が引き起こされる。逆に、長日や暗期中断条件では*FTL3*遺伝子の発現が抑制され、*AFT*遺伝子の発現が誘導され栄養成長を維持する。キクの電照抑制栽培の鍵となる仕組みに*AFT*遺伝子の発現調節がある（図—4）。キクは、暗期の開始一定時間後から数時間だけしか*AFT*遺伝子を誘導するのに必要な光情報を感じることができない。この光情報を感じることができる時間内に光がなければ*AFT*遺伝子は誘導されないが、光を受ければ誘導される。なお、暗期中断による花成抑制効果は赤色光領域（600〜700nm付近）で顕著にみられ、青色光領域（400〜500nm付近）および遠赤色光領域（700〜800nm付近）ではほとんどみられない（図—5）。

　温度も光周性と並んで開花を支配する重要な要因である。春咲きの花きの多くは開花のために低温を要求する。開花に必要な低温はその作用性からいくつかのタイプに分類される（表—2）。花芽形成に低温が必要なものに2タイプ、すなわち、低温経過後の温暖条件下で花芽を分化する誘導作用型と、花芽形成が可能な限界温度が存在し、その温度以下の条件下において直接花芽形成が進行する直接作用型がある。さらに、花芽形成には低温を必要としないが花芽の発達に低温を必要とするタイプがある。この場合、低温は花芽の休眠打破に作用している。

　これらの開花に必要な低温の作用はバーナリゼーション（春化）として説明されることが多いが、厳密には誘導作用型のみがバーナリゼーションである。バーナリゼーションには、種子が吸水し、胚が活動を始めた段階から低温に感応する種子春化型と、ある

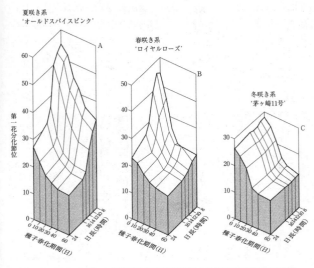

図—6　スイートピーの第1花分化に及ぼす日長と種子春化期間の影響
（井上ら、1989）

第3章　作型と栽培管理（2）花き　417

程度生長した段階から低温に感応する植物体春化型とがある。開花に必要な日長と温度は互いに関連している場合が多く、それぞれの要求性の差異により開花の早晩性が決定される（図—6）。なお、低温遭遇の直後に高温に遭遇することで、低温の効果が打ち消される現象をデバーナリゼーション（脱春化）という（図—7）。スターチス・シヌアータなどでは、低温遭遇後、一定期間20℃前後の温度におくことによりデバーナリゼーションを回避することができる。他方、花芽形成に低温を必要とせず、高温により著しく花芽形成が促進される種類もある（図—8）。

2）休眠・ロゼット化と環境要因

球根類、宿根草、花木類では、生育・開花調節を行う上で休眠やロゼット化の制御が重要な役割を担う。休眠とは植物の成長が停止しているかあるいはきわめて緩慢な状態をさす。成長が停止した状態でも、その原因が外的環境にある場合は他発休眠、植物体内部にある場合は自発休眠として区別される。栽培上問題となるのは自発休眠である。

休眠の誘導については、成長過程に伴い自然に誘導されるタイプと温度・日長等の環境条件により誘導されるタイプが知られている。前者の典型的な例としてフリージア、グラジオラスがある。これらの花きでは球茎の肥大とともに徐々に休眠が誘導され、球茎の成熟時には芽が休眠している。球根類ではこのタイプが多いが、球形成について温度・日長要求をもつ場合がある。このような場合は球形成条件そのものが休眠誘導条件ともいえる。温度・日長等の環境条件により誘導されるタイプには、短日条件で誘導される熱帯高地原産の球根類や冬休眠する花木類や高温により誘導されるテッポウユリが知られている。しかし、花き類の生育調節を行う場合には休眠の誘導よりも打破がより重要で、休眠誘導に関する詳細な研究事例は乏しい。

休眠後に成長を開始するためには休眠打破が必要である。休眠打破についても、特別な条件を必要とせず自然に打破されるタイプと温度等の特別な条件を必要とするタイプが知られている。前者の典型的な例として、グロリオーサ、グラジオラス、クルクマ等がある。これらの中には、休眠打破のためには特定の温度を必要としないが、低温処理により早期に休眠打破されるものがある。この場合には低温が量的（相対的）に作用しているといえる。後者の例には高温要求性と低温要求性の二つのタイプがある。フリージア、ダッチアイリス、テッポウユリなどでは高温遭遇により休眠が打破される（図—9）。このタイプ

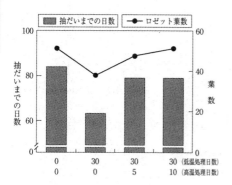

図—7　低温処理およびその後の高温処理がスターチス・シヌアータの抽だいに及ぼす影響（吾妻，1990）

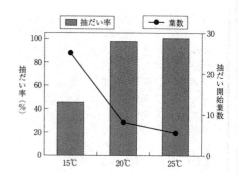

図—8　デルフィニウムの抽だいに及ぼす生育温度の影響（勝谷ら，1997より作図）

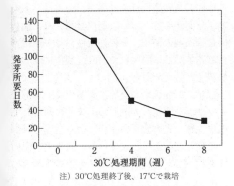

図—9 フリージア球茎の休眠打破に及ぼす高温の影響（Imanishiら，1986より作図）

には温帯から低緯度地帯原産で冬から春に生育し、初夏に休眠する花きが多い。一方、ダリア、アジアティック系ユリやオリエンタル系ユリのような冬休眠型のユリ類、冬休眠する花木類などでは、低温遭遇により休眠が打破される（図—10）。このタイプには温帯から高緯度地帯原産で春から夏に生育し、秋に休眠する花きが多い。

休眠と類似した現象に宿根草類のロゼット化がある。ロゼット化とは、植物体内部に原因があり葉原基の分化を続けているものの節間伸長がほとんど停止し、植物体がロゼット状の形態になる現象をさし、キク、シュッコンカスミソウ、マーガレットなどでみられる。

一種の休眠現象であると考えられており、その誘導・打破の条件も類似している。

キクの場合、開花した後、晩秋から初冬に地際部に発生する吸枝は節間伸長をせずロゼットを形成する。また、吸枝のみでなく冬季の電照栽培において電照打ち切り後、花芽分化が誘導されず、茎頂部の節間伸長が停止し高所でロゼットを形成する場合がある。冬季・夏季ともに戸外で栽培した親株から採穂した株は晩秋から15℃、短日条件において発らい（蕾）しないでロゼットを形成するのに対し、夏季を15℃で管理し、高温遭遇を回避した親株から採穂した株は、同条件下でもほぼ発らいしロゼットを形成しない（図—11）。また、25℃、短日条件では、高温遭遇した株も発らいしロゼットを形成しない。このように夏の高温遭遇はロゼット形成の誘導要因の一つであり、涼温、短日という条件が形態的にロゼットを形成する要因である。いったんロゼットを形成した場合、その打破には低温遭遇が必要となる。

3）植物成長調節物質等の利用

花き生産では、環境制御とともに、植物成長調節物質等を利用した生育・開花調節や草姿の改善が行われている。植物はさまざまな

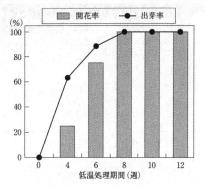

図—10 オリエンタル系ユリ'カサブランカ'の開花・出芽率に及ぼす低温処理期間の影響（福田ら，1993より作図）

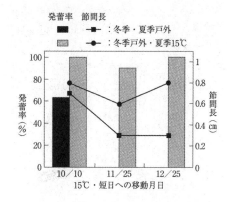

図—11 キクの発蕾および節間長に及ぼす夏季の親株の成育条件の影響（小西，1980より作図）

表—3　植物ホルモンの種類とその主な生理作用

種　類	生　理　作　用
オーキシン	伸長促進、側芽成長阻害、不定根形成誘導、カルス形成誘導、単為結果誘導、器官脱離抑制、老化抑制、雌花誘導など
サイトカイニン	側芽成長促進、拡大成長促進、根成長阻害、不定根形成阻害、器官分化促進、老化抑制など
ジベレリン	伸長促進、発芽促進、花芽形成促進、休眠打破、単為結果誘導、器官分化阻害、雄花誘導など
アブシジン酸	発芽抑制、伸長阻害、器官脱離促進、老化促進、気孔閉鎖促進など
エチレン	伸長阻害、発芽促進、花芽形成促進、花芽形成抑制、器官脱離促進、雌花誘導、老化促進など
ブラシノステロイド	伸長促進、維管束分化促進、ストレス耐性付与など
ジャスモン酸	器官脱離促進、塊茎形成促進、病虫害抵抗性、二次代謝合成誘導など

環境要因に応答し、たくみに自分自身の生育・開花を調節している。この環境応答の仲立ちをしているのが植物ホルモンである。植物ホルモンとは、植物が自分自身の生理機能を調節するために生産する低分子化合物で、低濃度で生理作用を現わすものをいい、現在、オーキシン、サイトカイニン、ジベレリン、アブシジン酸、エチレン、ブラシノステロイドがある。また、これらに準ずるものとしてジャスモン酸がある。これら植物ホルモンと同様の作用を示す合成化合物を含めて植物成長調節物質という。それぞれの主な生理作用を表—3に示した。また、花き生産場面において適用登録のある主な植物成長調節剤と用途を表—4に示した。花きの生育・開花に対する植物成長調節物質の効果については数多くの試験例があるものの、適用登録された植物成長調節剤の種類、その作用性および適用される花き品目は限られており、利用に際しては留意が必要である。

近年、原油価格高騰等による生産コストの上昇や環境問題への関心の高まりに対応して温度管理や光の波長の調節により生育を制御する取り組みが行われている。日周期の温周性を利用した伸長調節のための温度管理法に"DIF（ディフ）"という概念がある。1980年代後半に、昼温から夜温を差し引いた値（DIF）を利用した草丈調節技術が開発された。DIFによる草丈調節はDIFの値が大きくなるほど伸長が促進され、小さくなるほど抑制される。苗もの・鉢もの栽培でのわい化剤の使用削減を目指して"負のDIF"が活用されている。また、数種の花き類で日没後の時間帯での短時間昇温処理（EOD-heating）が、到花日数の短縮に有効であることが見いだされ、冬季栽培での変夜温管理の一つとしてEOD-heatingの活用がはじまっている。また、国内花き生産の現場で50年以上利用されてきた白熱電球の代替光源を求める気運が高まり、消費電力の大きい白熱電球から小さい電球型蛍光灯や発光ダイオード（LED）照明器具への置き換えがはじまっている。代替光源の選択には植物の光質応答など生理特性の理解が重要となる。今後、これらの技術が花き生産の場面でさらに普及していくことが期待される。

4．主要花きの作付体系と栽培管理

主要花きの作付体系について、四季咲き性があり周年生産されるカーネーションとバラ、短日植物で主として日長によって開花調節されるキク、低温や

表—4　花きに適用登録のある主な植物成長調節剤と主な作用性

剤の種類	作用性	適用品目
エチレン剤	開花抑制	キク（夏ギク）
	着花・開花促進	アナナス類
オーキシン剤	発根促進	キク、カーネーション、バラ、花木類など
ジベレリン剤	開花促進	キク（夏ギク）、チューリップ（促成）、シクラメン、プリムラ、ミヤコワスレ
	伸長促進	サツキ、キク（夏ギク）、ミヤコワスレ
	休眠打破	テッポウユリ
ジベレリン生合成阻害剤	伸長抑制	キク、ユリ、ポインセチア、チューリップ、ハイドランジア、ツツジ、シャクナゲ、花木類など
	着蕾数増加	ツツジ、サツキ、シャクナゲ、ツバキ

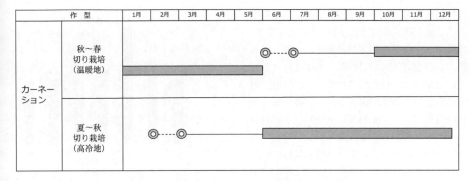

図—12 カーネーションの作付体系例

高温により花成誘導や休眠打破され温度によって開花調節されるユリ類やトルコギキョウ、育種改良により早晩性が付与され作期が拡大したストックを例に挙げ概説する。

1）カーネーション、バラ

　四季咲き性があり周年生産されるカーネーションやバラでは、定植時期、摘心時期の調節や栽培温度の管理によって周年生産されている。カーネーションでは母の日に消費がピークとなること、夏季に切り花品質が低下することから、温暖地では秋～春切り栽培が主たる作付体系となっている（図—12）。夏切り栽培は高冷地で補完される。海外からの購入苗がほとんどで、毎年更新される。バラでは、従来通常接ぎ木苗を数年間にわたり使用し、周年採花し続ける。近年、樹体を維持するための同化専用枝を折り曲げ、株元から発生するシュートを採花するアーチング法などの栽培方式を導入した養液栽培の普及が著しい。なお、養液栽培では挿し木苗が用いられる。また、冬季の暖房ラ

ンニングコストの縮減を目的にヒートポンプの導入が進んでいる。導入したヒートポンプはあわせて夏季の暑熱対策の夜間冷房に利用され、切り花品質の向上が図られている。

2）キク

　わが国のキク品種には大変幅広い生態的特性がある。昭和30年代に、まず日長、温度に対する開花反応に基づいた秋ギク、寒ギク、夏ギク、8月咲きギク、9月咲きギクおよび岡山平型の6群の生態的分類が提唱された。この分類はわが国独自の周年供給体制を支える基礎となった。昭和50年代後半になって、これまで日長に対して中性であるとされていた夏ギク、7月咲きギク、8月咲きギク、9月咲きギクの中で、約半数の7月咲き品種および8、9月咲き品種の大部分が限

表—5　キク品種群の自然開花期を支配する発育相別特性（川田・船越、1988）

品種群		ロゼット性	幼若性	感光性		到花週数
				限界日長	適日長限界	
夏ギク	早生	極弱	極弱	24時間		
	中生	弱	弱			
	晩生	弱	弱			
夏秋ギク	早生		中	17～24時間未満	13～14時間	7～8週
	中生		中～強	17時間	13～14時間	7～8週
	晩生		中～強	16時間	12～13時間	7～9週
秋ギク	早生			14～15時間	12時間	8～10週
	中生			13時間	12時間	9～10週
	晩生			12時間		11～12週
寒ギク				11時間以下		13～15週

界日長をもち、秋ギク同様、質的短日植物であることが明らかにされ、1988年に夏ギク、夏秋ギク、秋ギクおよび寒ギクの4群とする新しい生態的分類が提唱された（表―5）。この分類では、日長反応について、質的、量的反応という概念が導入され、限界日長と適日長限界によって品種が区分された。適日長限界とは開花が著しく促進あるいは抑制される限界の日長をさす。また、温度反応についても、従来の花芽分化温度の違いを示すのではなく、相的発育の概念を新たに導入し、ロゼット性や幼若性程度といった特性が分類の指標とされた。新しく提唱された分類は、日長、温度に対する反応と自然開花期との関係を理解しやすくしたばかりでなく、高温による開花遅延および切り花品質の低下の少ない夏季に開花するキクの中に日長制御による開花調節が可能なものが存在することを示し、わが国独自の秋ギクと夏秋ギクを用いた同一施設を利用した周年生産体系の確立に大きく貢献した。

キクは短日植物であるため、切り花生産では草丈確保のために定植からしばらくの間は草丈確保のために長日条件とされ、その後短日処理によって開花させることが基本となっている。1940年代に欧米では秋ギクの日長

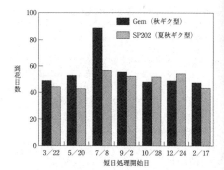

図―13　短日処理開始日が秋ギク型および夏秋ギク型キクの到花日数に及ぼす影響（柴田，1997より作図）

操作による周年生産体系が確立され、わが国にも導入されたが、夏季に高温による開花遅延（図―13）および切り花品質の低下が起こり、同一施設における周年生産体系は確立できなかった。そこで、11～4月の生産は暖地での季咲きあるいは電照（暗期中断処理）栽培、7～10月の生産は冷涼地でのシェード（短日処理）栽培、4～7月は夏ギクの促成あるいは季咲き栽培というように、地域による出荷時期の季節分担と生態特性の異なる品種の利用により周年供給体系が確立された。しかし、年次変動が大きく計画出荷の上で問題が残されていた。

1980年代後半に、秋ギクと夏秋ギクを組

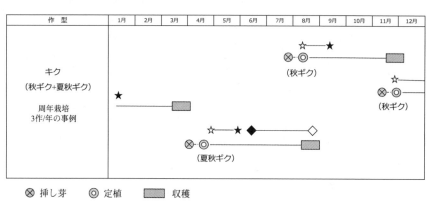

図―14　キクの作付体系例

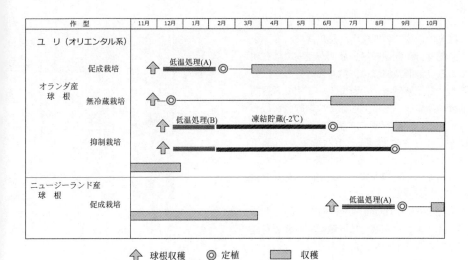

低温処理(A)：15℃・2週間(予定)＋2〜5℃・7〜8週目(本冷)
低温処理(B)：1〜2℃・8週目(本冷)
図—15　オリエンタル系ユリの作付体系例

み合わせることにより、欧米と同様に同一施設を利用した周年生産体系が確立された（図—14）。夏秋ギクは、その限界日長が日本の夏至の日長より長いため電照による花芽分化抑制のみで開花調節が可能であり、高温下でも開花遅延しにくく切り花品質が低下しない特性を有する。夏秋ギクの利用により、秋ギクの夏季生産における問題が克服された。しかし、欧米で成立している苗と切り花の生産分業や毎週定植、毎週収穫といった大規模完全周年生産には至っていない。オランダでは作期短縮のために苗生産の分業が進んでいるが、わが国では育苗労力の省力のために挿し穂を本圃に直接挿し芽する直挿し栽培が普及している。また、輪ギク生産では摘らい作業の省力のために無側枝性品種の導入が進んでいる。

3）アジアティック系・オリエンタル系ユリ

アジアティック系・オリエンタル系ユリは、冬休眠型の球根である。これらは休眠打破に低温が必要であり、さらに低温がバーナリゼーションとして花芽形成に作用する（図—10）。これらの自然開花期である6〜7月に収穫する普通栽培、当年産の球根を夏〜初秋に収穫した後、休眠打破および花成誘導のための低温処理後、植え付ける促成栽培、秋から初冬に球根を収穫し、低温処理後、−2℃前後で凍結貯蔵し、順次解凍して植え付ける抑制栽培がある（図—15）。現在は、球根の長期貯蔵技術の開発により抑制栽培主体の周年生産が行われている。1989年以降、オランダ産球根の隔離検疫免除により、球根が促成用に冷蔵された状態や抑制用に凍結された状態で大量に輸入され、輸入球根が切り花生産の主力になっている。

球根の低温処理方法について、促成栽培では、収穫した球根を湿ったピートモス等にパッキング後、15℃前後で2週間の予冷と2〜5℃で8週間前後の本冷が行われている。本技術では、球根の成熟時期が一つの制限要因となっており、球根の成熟の早い早生系のアジアティック系では、球根を8月に収穫し、低温処理後、10月植え付けによる年内収穫が可能である。オリエンタル系では、現

在の主要品種の球根の成熟が10月中旬以降と遅く、促成での収穫が4月以降になる。また、花芽分化開始の早い品種が促成には有利である。抑制栽培では、耐凍性獲得と休眠打破および花成誘導をかねて1～2℃で8週間前後の冷蔵後、−2℃前後で凍結貯蔵が行われている。凍結貯蔵球は5℃前後で1週間程度かけて徐々に解凍し、10℃前後の低温下で芽を伸ばした後に植え付ける必要がある。本技術では、可能な凍結貯蔵期間と花芽分化時期が制限要因となっている。アジアティック系では18ヵ月程度凍結貯蔵が可能であるが、オリエンタル系では貯蔵期間が9ヵ月程度と限られるものや温度をあまり下げられないものが存在する。アジアティック系では、秋に球根内で花芽分化を開始するものから春の発芽後に花芽分化を開始するものまで存在する。抑制栽培では、凍結貯蔵中や解凍時に花芽が障害を受ける危険性があるため、発芽後に花芽分化するタイプの品種が利用されている。オリエンタル系では球根の長期貯蔵による品質低下の問題があるが、1999年からニュージーランド産球根も隔離検疫免除となり南半球産の球根の利用が可能となった。ニュージーランドでは球根の収穫が6～7月になるため、日本では9月頃の植え付けから利用可能である。

4）トルコギキョウ

トルコギキョウの自然開花期は6～7月であり、かつては夏の切り花として長野県などの冷涼地で生産されていた。昭和50年代以降、生産が急激に増加し、現在は全国的に栽培されるようになった。この生産増加の背景には、消費者の洋花志向とともに育種の進捗による品種の多様化および生理生態特性の解明に基づく周年生産技術の確立がある。

トルコギキョウは、本葉2対が完全に展開するまで、日平均気温25℃以下、夜温20℃以下の温度条件下で生育すると、本葉3～4

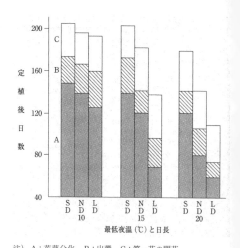

注）A：花芽分化、B：出蕾、C：第一花の開花
SD：8時間日長、ND：自然日長、LD：16時間日長

図―16　日長と温度がトルコギキョウの開花に及ぼす影響（塚田ら，1982）

対展開後に節間伸長を開始し、開花に至る。また、量的長日植物であるため、節間伸長開始後の花芽分化は高温・長日で促進される（図―16）。しかし、播種から本葉2対が完全に展開するまで、高温（日平均気温25℃以上、夜温20℃以上）条件下で生育すると、その後、生育に好適な条件下においてもロゼット化し、開花に至らない。いったんロゼット化したものは、一定期間低温に遭遇しなければ、節間伸長、開花しない。ロゼット打破のために必要な低温処理の効果は5～20℃の範囲で認められ、処理期間は4～6週間必要である（図―17）。なお、ロゼット化については、ほとんどしない品種から容易にする品種まで大きな品種間差が存在する。当初、秋から冬に出荷する作型では、育苗期が高温期に相当するためロゼット化が大きな問題となり、周年生産が不可能であった。そこで、前述の生理生態の解明を基盤として、育苗期間の管理によりロゼット化を回避する育苗法やいったんロゼット化した苗をロゼット打破する育苗法、吸水種子の低温処理による抽だい促進技術が開発され、秋から冬に出荷することが可

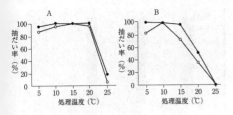

注）A：ロゼット本葉数4枚（高温4週）、
　　B：ロゼット本葉数8枚（高温12週）
　　○：4週間処理、●：6週間処理

図―17　トルコギキョウのロゼット打破に及ぼす苗齢、温度、期間の影響（Ohkawaら，1994）

能となった。

現在は、吸水種子の低温処理と本葉2対が完全に展開するまで昼温25℃、夜温15℃前後管理した冷房施設で育苗する冷房育苗を組み合わせてロゼット化を回避する育苗法が普及している。これらの育苗法の確立により秋から冬の出荷が可能となったが、この作型では定植後、高温・長日条件であるため早期に花芽分化し、品質の良い切り花が得られにくい。そこで、晩生品種の利用や短日処理によ

る花芽分化の抑制、節数の確保が図られている。高温期であるため短日処理はシェード内が高温になるため冷涼地に有利な技術である（図―18）。

育種の進展により全くロゼット化しない品種の登場や吸水種子の低温処理による抽だい促進の事例から、トルコギキョウは高温によってロゼット化が誘導されるのではなく、抽だい・開花のために低温要求性があるために、低温不足でロゼット化するとも理解できる。

5）ストック

ストックは作期の拡大に品種の生態的分化が主に寄与している品目である。特別な環境調節や高度な施設を利用することなく、簡易施設において栽培が行われている。切り花生産が開始された大正末期から昭和初期の頃は温暖な無霜地帯での3月出荷が中心であった。昭和30年代に無分枝系の極早生品種が登場し、以後多くの高品質の極早生品種が育成された。昭和40年代からビニルハウスの

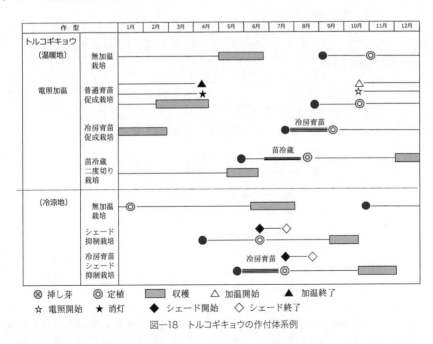

図―18　トルコギキョウの作付体系例

普及によって、無霜地帯において極早生から晩生品種を組み合わせた10月から3月まで出荷する栽培が飛躍的に増加した。現在では、暖地での夏〜秋播き、冬〜春出荷と冷涼地での夏播き、冬〜初春播き、春〜初夏出荷の地域分担により9〜7月頃まで出荷されている。

ストックの自然開花期は花芽分化可能な限界高温によって決定されており、その限界温度は極早生種の25℃前後から晩生種の15℃前後の範囲にある（図—19）。このため高品質の切り花を得るためには目的の出荷時期に適した品種の選択が重要となる。ストックは、播種から出荷までの期間が4ヵ月前後と短いという特徴から他の花きや野菜などとの輪作体系が組まれ、施設の有効利用が図られることが多い。近年、茎の堅さや花持ちの良さから早生〜中生品種のアイアンシリーズが広く普及しているが、自然の気象条件に任せた栽培では計画出荷に問題が生じている。そこで、シクロヘキサジオン系ジベレリン生合成阻害剤や電照を活用した積極的な開花調節技術が導入され、出荷期間の前進化が図られている（図—20）。

（久松　完＝農研機構花き研究所）

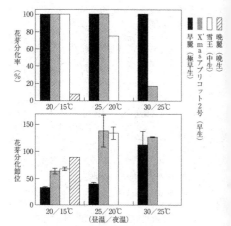

図—19　ストックの花芽分化率および花芽分化節位に及ぼす成育温度の影響（久松原図）

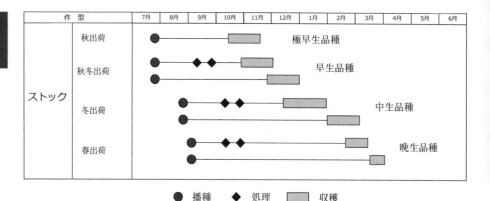

（プロヘキサジオンカルシウム剤処理の場合、10ppm・2回、茎葉処理）

図—20　ストックの作付体系例とシクロヘキサジオン系ジベレリン生合成阻害剤処理によるストックの開花調節例

（3）果樹

1．果樹施設の現状

1）果樹の被覆施設

　露地栽培と施設栽培を合わせた果樹の栽培面積は、1980年代以降減少の一途であるが、その中で果樹の施設栽培は順調に増加した（図－1）。しかし、2000年代になってハウスも雨よけ施設も設置面積は概ね横ばいで推移している。2009年にはハウスが7,280ha、ガラス室130ha、雨よけ施設5,710ha（表－1）となっている。なお、果樹ではガラス室が少ないが、ガラス室のうち90％以上は岡山県のブドウであり、他県、他樹種では稀である。

　ハウスおよびガラス室の作型は加温施設を導入する加温栽培と無加温栽培に分かれる。加温栽培は加温開始時期などにより、後述のようにより細かく分類される。雨よけ施設は果樹施設全体の44％を占めるが、野菜の雨よけ施設は野菜施設全体の8％に過ぎず、果樹では雨よけ施設の比重が高いことがわかる。

　果樹は樹体が大きく、かつ強い光を求める

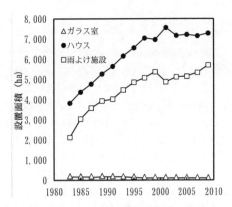

図－1　果樹における施設の種類と設置面積の変化

性質があるため、植物工場についてはブルーベリーのような小果樹で研究が行われているものの、実用化には至っていない。

2）施設栽培の目的

　果樹の施設栽培を行う目的は樹種などによって様々であるが、端的にいうと、①早期出荷、②糖度向上、③裂果防止、④病害防除の4つが基本であり、施設の種類によらず共通である。このうち、①は加温の効果によるもの、②③④は雨除け効果によるものである。①により高収益が得られる、労働分散が可能となる、②③④により高収益が得られる、安定生産が可能となる、低農薬栽培が可能となる、などのメリットが得られる。

表－1　被覆栽培の種類と作型

被覆施設	作型	設置面積	備考
ガラス室	加温栽培	45　（ha）	ガラスで被覆された施設である。
	無加温栽培	86　（ha）	
ハウス	加温栽培	3,189　（ha）	塩化ビニルフィルム、ポリエチレンフィルム等のガラス以外のもので屋根と側面（サイド）がともに被覆された施設である。
	無加温栽培	4,094　（ha）	
雨よけ施設	雨よけ栽培	5,709　（ha）	雨除けを目的とした被覆であり、資材はハウスと同等で、屋根は全面に被覆するが、側面の被覆はしない。
	トンネル栽培（簡易被覆栽培）		アーチ型の屋根によって全面ではなく、樹上のみ被覆する簡易な雨よけ栽培であるが、ニホンナシなどで天面の全面を被覆する場合もある。側面の被覆は行わない。

注）設置面積は2009年の値

3）施設栽培される樹種

　最も施設栽培面積が広いのはブドウで、ハウスは1位、雨よけも2位となっている（表ー2）。ブドウは棚仕立てで樹高が低いことや、低温要求性が比較的小さいことが加温栽培に向いており、また、病害に弱いため、雨よけ栽培も普及している。特にマスカットオブアレキサンドリア等の欧州系ブドウは巨峰やデラウエアと比べて病害を受けやすいことから、ほとんどが施設内で栽培されている。

　施設栽培面積が2位のオウトウは、収穫前の降雨で激しく裂果するため、特に雨よけ栽培が普及している。樹高が高く、低温要求性も大きい点で加温栽培には必ずしも向かないが、比較的果実単価が高い樹種であることから加温栽培も行われている。

　カンキツは低温要求性が極めて小さく、とりわけウンシュウミカンは、ハウス栽培と露地栽培、果実貯蔵を組み合わせれば周年出荷も可能であるため、雨よけ施設よりもハウス栽培が普及している。また落葉果樹の場合、施設栽培の収量は露地と比べ同程度か低いのが一般的であるが、カンキツでは露地に比べて増収が見込めることも魅力である。

　ニホンナシの主力品種の幸水は、少しでも収穫期を前進させれば有利に販売できるため、ハウス栽培はもちろん、雨よけ栽培でも熟期促進を主目的として、屋根を全面に被覆する施設が導入されている。

　その他、果実の貯蔵により周年出荷が可能なリンゴを除けば、ほとんどの樹種で施設栽培は行われている。しかし、野菜や花きとは異なり、施設栽培を取り入れても、一部の例外の除き周年栽培は難しい。それは永年性作物である果樹の特徴として低温要求性という性質をもち、低温要求を満足した後でないと加温開始できないためである。すなわち果樹の作型は低温要求性によって厳しく制限されており、ハウス、ガラス室、雨よけ施設を合わせた施設栽培の面積は、日本の果樹栽培の面積のわずか5％強となっている。

2．低温要求性と休眠

　果樹の芽はいったん低温に遭遇しないと発芽、開花しないという性質を持つ。これは芽の低温要求性といい、落葉果樹も常緑果樹も低温要求性があるが、とくに落葉果樹は自発休眠期と呼ばれる強い低温要求性もつステージが生活環に組み込まれている。休眠期から樹体を人工的な環境下におくことで生育制御する落葉果樹の施設栽培は、ある意味では休眠制御技術そのものであるといえる。

1）芽の休眠ステージ

　落葉果樹の芽の休眠期は夏季から翌年の春季に発芽・開花するまでの長期に及ぶ。芽は春または夏に分化した後、ある段階まで成長すると、落葉する前に休眠に入る。休眠期は成長こそほぼ停止しているが、生理的には大きく変動しており、「相関休眠（前休眠）」、

表ー2　樹種別の栽培面積と施設率（2009年度）

樹種		施設栽培面積 [1]			施設率 [2]
		(ha)	うちハウス	うち雨よけ	（％）
ブドウ		5,618	3,288	2,210	29.0
オウトウ		3,093	532	2,560	63.1
カンキツ類	ウンシュウミカン	1,136	929	204	1.4
	その他のカンキツ		867		
ナシ		536	243	293	3.3
イチジク		140	95	44	13.2
モモ		−	108	−	−
ビワ		−	87	−	−
カキ		−	28.7	−	−

注1）施設栽培面積はガラス室、ハウス、雨よけ施設の合計
注2）施設率は露地を含む全体の栽培面積当たりの施設栽培面積
注3）「−」はデータなし
出典は「園芸用施設及び農業用廃プラスチックに関する調査」、「耕地及び作付面積統計」、「特産果樹生産動態等調査（イチジクの栽培面積）」、いずれも農水省

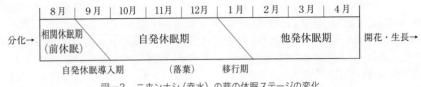

図―2 ニホンナシ（幸水）の芽の休眠ステージの変化

「自発休眠」、「他発休眠」という温度反応が全く異なる3つのステージに分類される（図―2）。

2）相関休眠（前休眠）

ニホンナシやリンゴでは夏から秋にかけて台風や乾燥などの原因で落葉すると、しばしば激しく開花し問題となる。この現象は不時開花とか狂い咲きと呼ばれる。このことは夏季にはすでに花芽が開花する能力を持っていることを示している。しかし、通常の条件では、夏季に開花しないのは葉が芽の萌芽を抑制しているためであり、この状態を相関休眠（前休眠）という。不時開花は相関休眠に入っていた花芽が強風等で落葉することによって競合部位がなくなり、開花するものである。

3）自発休眠期

落葉期の少し前になると、葉など競合部位を切除しても、あるいは樹を加温しても発芽・開花をしない。このように気温などの環境条件が生育に適していていようがいまいが、芽が動かない状態が自発休眠である。自発休眠期は低温に反応し、ある一定量の低温に遭遇

すると自発休眠状態は完了し、他発休眠期へと移行する。このことを自発休眠覚醒という。自発休眠は低温要求性があり休眠期の中核をなすステージであるため、「休眠」というと自発休眠のことのみを指す場合もある。

4）他発休眠期

自発休眠覚醒直後は一般に厳冬期にあたり、すぐには発芽しない。他発休眠はこのように生理的には成長可能な態勢にあるが、低温により成長が停止させられている状態である。他発休眠期に加温すれば、高温に反応し数日後には開花や発芽する。他発休眠期では高温ほど早く発芽・開花に至る（表―3）。

5）休眠ステージのオーバーラップ

以上3種の休眠は、実際には明確に区分できるものではなく、2種の休眠の性質がオーバーラップする中間的なステージが存在する（図―2）。相関休眠から自発休眠へ（自発休眠導入期）、また自発休眠から他発休眠へ（移行期）はかなり時間をかけて移行する。

自発休眠から他発休眠に移行する際、加温後の開花率は開花前の低温時間が長くなるにしたがい、徐々に上昇する。また十分に開花するようになってもしばらくは低温が有効に作用するため、加温してから開花するまでの所要時間は加温前の低温期間が短いと長く、低温時間が長いと短時間で開花する。

6）加温施設での発芽不良

近年の温暖化を背景に、ニホンナシ、ブドウなどの加温ハウス栽培における発芽不良が暖地を中心に発生している。ニホンナシでは

表―3 ニホンナシの他発休眠期に加温したときの開花期までの所要時間（杉浦ら，1991）

処理温度 (℃)	開花までの時間 (hour)	
	幸水	豊水
6.8	2,976	2,520
10	1,680	1,464
13	1,056	888
16	732	624
18	552	480
22	372	312
26	348	288

「眠り症」とも呼ばれ、軽症の場合は、健全樹に比べ遅延して開花、発芽し、結実もするものの、重症の場合、開花しないため、その年の生産には大きく影響する。この場合でも、陰芽などから遅れて新梢が発生し、花芽も着くため、翌年の生産には影響しない。1つのハウスの中の全ての樹が発生することは少なく、通常は一部の樹に発生する。

原因は必ずしも完全には解明されていないが、暖冬年に発生が多いことから、自発休眠期の低温不足が原因の1つと考えられている。したがって、加温施設で発生する発芽不良の基本的な対策としては、十分に自発休眠覚醒してから加温することである。このため発育速度（DVR）モデル等を利用して低温要求量を満たしたことを確認する必要がある。休眠打破剤の使用も効果が認められている。

7）常緑果樹の低温要求性

常緑果樹は落葉果樹のように全落葉しないため、見かけの休眠はないが、翌シーズンの発芽や開花のためにある程度の低温が必要である。ウンシュウミカンでは、9～10月が低温が必要な時期とされ、花芽分化のために加温前に20℃以下に2.5ヵ月、15℃以下なら2ヵ月以上遭遇する必要がある。このため、早期開花のために地中冷却技術が実用化されている。また、休眠打破のため、加温時にベンジルアミノプリン液剤（ビーエー液剤）が使用されている。

ビワでは夏季に低温を処理すれば10月頃の出蕾が促進することが知られている。出蕾促進のため、寒冷紗による遮光、散水処理、細霧冷房が実施されている（8～9月）。

熱帯果樹のマンゴーも主力品種アーウインは花芽分化のために、秋季に15℃以下の気温に遭遇する必要がある。このため、沖縄県より宮崎県の加温ハウスの方が早期に出荷できる。

3．自発休眠覚醒期（加温開始期）の推定

加温栽培を行う場合、低温要求性をもつ自発休眠期から加温開始しても発芽せず、発芽不良が発生する。そのため、早期に加温を開始する作型では自発休眠覚醒を確認する必要がある。その手法として気温の経過から自発休眠覚醒を推定する方法が一般的である。

1）自発休眠覚醒に有効な温度

自発休眠覚醒に有効な温度は7.2℃以下を基準とすることが多い。実際には7.2℃以下が一律に有効ではなく、自発休眠覚醒に対する効力は温度により異なる。ポット栽培樹を冷蔵庫等で低温処理した場合の自発休眠覚醒までの時間を表―4に示した。ニホンナシでは0～6℃を与えた場合に短時間で開花するので、この温度帯が自発休眠覚醒に最も有効な温度といえる。6℃よりも高温や0℃より低い温度は開花させるためにより長い低温を必要とすることから、自発休眠覚醒に対する有効性はやや劣るといえる。12℃以上の高温、-6℃以下の低温では自発休眠覚醒しない。

2）低温遭遇時間

施設栽培の現場では自発休眠覚醒期を推定するため、古くから低温遭遇時間の計測が行

表―4 自発休眠覚醒に有効な温度と自発休眠覚醒まで必要な時間（杉浦・本條，1997：Sugiuraら，2006：杉浦ら，2010）

樹種 品種	モモ 白鳳	ニホンナシ 幸水	オウトウ 佐藤錦
（℃）	(hour)	(hour)	(hour)
-6	無効	無効	無効
-3	2,800	1,500	2,600
0	1,880	750	1,300
3	1,540	750	1,200
6	1,400	750	1,300
9	1,520	1,160	1,450
12	2,410	無効	1,700
15	無効	無効	無効

表—5 施設栽培主力品種の低温要求時間
(7.2℃以下積算時間)

	品種	低温要求時間 (hour)
オウトウ	佐藤錦	1,450
モモ	白鳳	1,200
ニホンナシ	幸水	750
カキ	刀根早生	500
ブドウ	巨峰	400

われている。これは毎時の気温を計測し、基準の温度（7.2℃が使われることが多い）より低い温度の出現時間数をカウントする方法である。自発休眠覚醒までに必要な低温遭遇時間のことを低温要求時間（低温要求量）という。実測した低温遭遇時間があらかじめわかっている低温要求時間に到達したときに自発休眠から覚醒したと判定する。

実際には、自発休眠覚醒に有効な温度は7.2℃以下だけではない。したがって、低温遭遇時間による自発休眠覚醒期の推定は精度の点で多少の問題点が残るが、最も簡便な推定法であり、極端な早期加温をねらった場合を除けば、目安として有効である。現時点で最も妥当な低温要求時間と考えられる数字を表—5に示した。

3）発育速度（DVR）

発育速度（DVR）モデルは自発休眠覚醒に有効な温度に重み付けをする方法で、低温遭遇時間から推定する方法よりも精度がよい。これらは表—4のような自発休眠期の基礎的な温度反応がわかれば作成できる。

ニホンナシの場合を例にとると、6℃では自発休眠覚醒までに必要な所要時間は750時間である。自発休眠覚醒までに必要な低温量を1とすると、6℃に1時間遭遇すればその750分の1だけ満たされたことになる。同様に9℃では1,160時間必要なので、9℃に1時間遭遇すれば自発休眠覚醒までに1,160分の1近づいたことになる。

このように特定の温度に1時間遭遇したときの自発休眠覚醒に向かって進む量をDVR

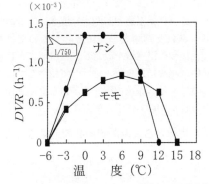

図—3 ニホンナシ'幸水'とモモ'白鳳'のDVRと温度の関係（杉浦ら，1997，2010）

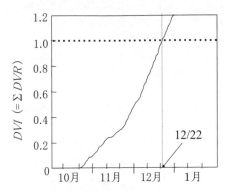

図—4 つくば市（1993/1994）におけるニホンナシ'幸水'の自発休眠期のDVRの変動（杉浦ら，1997）

（発育速度）と呼ぶ。恒温処理試験をした場合は所要時間（自発休眠覚醒までに必要な時間）の逆数を計算することにより実験的にDVRが計測できる。図—3に表—4から求めたDVR値を示した。ニホンナシよりもモモの方が有効な温度域が広いことがわかる。

このDVRの積算値（＝Σ DVR）をDVI（発育指数）という。そして毎時のDVRを求め、DVIが1になった時が自発休眠覚醒期である。図—4はつくば市の毎時の気温を実測し、図—3からDVRに換算して求めたニホンナシのDVIの変動である。12月22日にDVIが1となったため自発休眠覚醒と推定できる。

この他、チルユニットと呼ばれる手法がある。これは低温遭遇時間を発展させ、低温にさらされた時間を単純に合計するのではなく、複数の温度域を設定し、温度域ごとに自発休眠覚醒効果を重み付けして積算してゆくものである。係数の積算値がある値に到達したときが、自発休眠覚醒とする。

4）樹体から加温開始期を判定する方法

気温の経過による推定に頼らず、樹体の一部を採取して直接、自発休眠覚醒を調べる方法もある。ハウスミカン等で利用されている水挿し法は、数日間隔で切り枝を採取し、20℃程度に加温して、発芽や開花の状況から自発休眠覚醒しているかどうかを判断するものである。水挿しする枝の栄養状態や加温温度、加温方法などで発芽・開花状況が変化するので、ある程度経験を積む必要がある。

また、水挿し法は結果がでるまで時間がかかるため、ウンシュウミカンでは、1時間程度で加温開始可能かどうかを判定可能な方法として、結果母枝を採取し、水溶性硝酸態窒素測定をRQフレックスという機器により行う方法が実用化されている。

4．作型と休眠制御技術

果樹の主要な作型は表―1に整理したが、このうち、加温栽培は加温開始時期によってより詳細な作型に分かれ、また、これらの作型を越えるより発展的な栽培法もある（図―5）。果樹の施設栽培のおける作型は、休眠制御の手法や程度によって分化している。

1）一般的な施設栽培における作型

加温栽培の多くは自発休眠覚醒後に被覆し加温するもので、他発休眠期になれば早く加温をするほど早く開花させることができる。

一方、完全な他発休眠期より前の移行期に加温すればより早く開花させることができるものの、開花率が不安定で、加温の効率が低くなるので、休眠打破剤を使用する。また、加温前に無加温で被覆のみ行うこと（慣らし）が多いが、無加温被覆は夜間低温に遭遇し、昼間は高温になるので低温にも高温にも反応する移行期においては合理的な方法である。

作型は移行期あるいは他発休眠期に加温開始する場合、その早晩で超早期加温、早期加温、普通加温、準加温などと分類されているが、呼称は樹種や地域によって様々である。

加温栽培の後には、無加温ハウス、雨よけ、トンネル、露地といった作型が続く。地域や被覆期間にもよるが、例えばブドウ（巨峰）の場合、無加温栽培で20日程度、雨除け栽培で5～6日、トンネル栽培でも1～2日の開花期の前進効果が露地と比べて期待できる。

2）一般的な施設栽培における温度管理

他発休眠期は高温ほど発育が速く、早期に開花・発芽する（表―3）。夜温を高く維持しようとすると大量の燃料が必要となるため、予定出荷時期とランニングコストの2つ

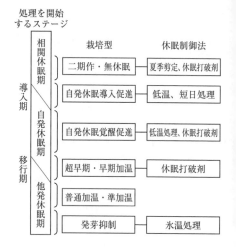

注）休眠制御法は被覆や加温など一般的な加温栽培でも行うものを除いて記載

図―5　加温栽培における栽培型と休眠制御法

を考慮して管理温度を決めることになる。

ただし、昼温が高すぎると花器や果実に障害がでる場合がある。例として、ウンシュウミカンの腰高果の発生、落花・落果の発生、モモの花粉減少、花粉不稔の発生、ナシの不受精果、奇形果の増加などがあげられる。これらの樹種では開花期前後の最高気温が25℃以上にならないように注意したい。一方、夜温が低すぎる場合、とくに無加温の場合は霜害を受ける危険性がある。

3）発展的な施設栽培

他発休眠期あるいはその前の移行期から加温するだけでなく、より積極的な休眠制御を行う作型が開発されている。

(1) 二期作、無休眠

ブドウやイチジクの二期作（二度切り栽培）は、夏季に剪定、休眠打破剤処理をすることにより相関休眠期にある芽を発芽させる。自発休眠の期間をなくすことにより、年に2回収穫する技術である。

年に2回収穫を行わなくても収穫後のハウス内の温度を維持しておけば、自発休眠に入らせることなく、必要な時期に発芽させることができ、無休眠とも呼ばれる。

(2) 自発休眠導入促進

相関休眠から自発休眠導入期にかけて低温あるいは短日処理をして樹を早期に自発休眠させることにより自発休眠覚醒を早める極端な促成栽培技術である。ブドウでは地下水や冷水を用いて根域を冷却して自発休眠導入させる方法が行われている。オウトウではコンテナ栽培樹を冷蔵庫の中で低温短日処理することが試みられている。

(3) 自発休眠覚醒促進

自発休眠期に6℃前後の低温を与えれば自発休眠から早く覚醒させることができる。オウトウ、モモなど多くの樹種で実施されている。コンテナ栽培樹を冷蔵庫に入れたり、山上げ処理をする。

(4) 発芽抑制

コンテナ栽培樹を他発休眠期から氷温程度の気温で冷蔵すれば開花期を遅らせることができ、抑制栽培が可能である。オウトウ、モモなどの年末収穫が実用技術となっている。冷蔵庫を長期間使用するため省エネを目的とした雪むろ栽培などが行われている。

5. 休眠打破と発芽促進技術

1）シアナミドと石灰窒素

休眠打破剤は、薬剤処理で低温の一部を代行させるものである。休眠打破剤として広く普及しているシアナミド（H_2CN_2）は、肥料である石灰窒素の有効成分カルシウムシアナミドの遊離体である。石灰窒素の上澄み液がブドウの自発休眠短縮に有効であることは日本で発見され、世界的な普及技術となった。

シアナミドの休眠打破効果は複数の落葉果樹で効果が確認されており、例えばシアナミド製剤の1つであるCX-10（日本カーバイド工業）はブドウの他、オウトウ、ナシ、モモで農薬登録されている。また、ウメやブルーベリーなどでも効果が認められており、今後の適用拡大が期待されている。

2）シアナミド処理の実際

休眠打破剤は図—5に示したように超早期加温栽培などで常用され、動力噴霧器や肩掛け噴霧器、スピードスプレーヤ（SS）などでの散布、小面積の場合は刷毛などで塗布する場合もある。また、移行期に休眠打破剤を処理すれば開花までに必要な高温を減らす効果もあるため、超早期出荷を目的としない場合でも利用価値がある。すなわち休眠打破剤を適期に処理しておけば、加温開始後の夜温を比較的低く設定しても、所定の時期に開花させられるため、燃料消費を節減できる。

自発休眠に深く入っている時期は効果がな

いので、自発休眠覚醒前後から他発休眠の前半が処理適期となる。ニホンナシでは概ねこの時期に相当する、DVIが1.0から1.5となる時期において、処理効果が高い。移行期後半になると低温要求性が小さくなるため、発芽促進効果はそれほど期待できなくなる。

ニホンナシ（幸水）の場合、つくば市における移行期は12月末から2月初めごろとなるため、シアナミド散布の適期は12月下旬から1月半ばである。ブドウ（巨峰）の場合は自発休眠覚醒が1ヵ月以上早いので、処理適期は11月下旬から12月末と考えられる。

シアナミドは浸透するまで時間がかかるため、処理当日と翌日は降雨にさらさない方がよい。発芽が近くなると芽枯れや枝枯れといった薬害を起こす可能性があるので使用は控える。樹勢が弱いときや土壌が乾燥している場合も濃度を落とすなど薬害に注意する。

石灰窒素を使用する場合は、水8に対し石灰窒素の粉末2を加えて2、3時間撹拌する。これを布で漉すか、30分以上放置した後、上澄み液を採取し、展着剤を加えて散布する。シアナミド同様、薬害には十分注意する。

3）シアナミドの2回処理

近年は温暖化により秋季が高温になり、ブドウの超早期加温などでは休眠打破剤を処理しても発芽率が低下するなどの問題が起きている。そのため、シアナミドの農薬登録ではブドウに限り2回処理を認めている。2回処理する場合は比較的薄めに希釈（シアナミド0.5％程度）し、1、2週間あけて2回散布する。2回処理は薬害発生の危険性が高いので、必要性が高い場合にのみ行う。

4）発芽促進剤

移行期の終わりから他発休眠期においては休眠打破剤の効果はなくなるが、他発休眠期の発芽促進技術として、窒素を有効成分とした葉面散布剤（窒素濃度2〜7％程度）の施用が普及技術となっている。ブドウなどの発芽促進や発芽揃いあるいは発芽率を向上させるために硝酸アンモニウムやメリット（青）などが散布もしくは塗布される。

5）高温高湿処理

ブドウの加温施設では、高温高湿処理が、高い休眠打破効果が得られる技術として普及している。これは被覆後、発芽開始まで、施設を密閉状態にするとともに昼温を35〜40℃まで上昇させ、高温の刺激で休眠打破するものである。極端な高温や湿度低下は発芽不良の原因となるため、40℃を越えそうな場合は換気をすることと、被覆開始当初に30mm以上の灌水をし、その後も毎日、十分に散水して、90％以上の高湿度を保つ必要がある。

高温高湿処理は自発休眠に深く入っている時期や、逆に低温要求性が満たされた後は効果がないので、シアナミド同様に自発休眠覚醒前後から移行期が処理適期となる。また、発芽が始まると芽枯れの原因になるので、直ちに処理を終了する。なお多くの場合、シアナミド処理と併用される。

6）休眠制御が可能な台木

モモでは台木の低温要求性が穂木に影響を与えることが知られている。低温要求性が小さい台木品種（オキナワなど）を用いると、共台などと比べて加温施設栽培や露地栽培の開花促進することが報告されている。

6．開花期以降の生育と環境条件

ここまで果樹の施設栽培のポイントとなる休眠制御、すなわち被覆してから開花期までについて述べてきたが、多くの作型では開花後も被覆を一定期間継続する。被覆することによって、露地と比べて高温となり、降水に触れることはなく、日射は20〜50％程度

遮光される。こうした条件下での果実などの生育について、多くの樹種で共通の基本的な事項についてポイントを概説する。

1）幼果期の果実肥大

ナシ、核果類、リンゴなどの果実肥大はその原材料（光合成産物）の出所という観点でみると養分転換期より以前と以後の2つの時期に分けられる。ここでは養分転換期以前を幼果期と呼ぶ。幼果期は基本的には幹や根など樹体に蓄えられていた貯蔵養分が果実に転流することにより果実は成長する。一方、養分転換期以後はその時点で生産された光合成産物が果実に転流して肥大する。

養分転換期以前の果実肥大速度は「貯蔵養分の量」および「貯蔵養分の転流速度」の2つに支配される。このうち貯蔵養分の量は、前年度の気象や栽培管理状況で決まるものであり、当年の気象とは無関係であるが、貯蔵養分の転流速度は、高温ほど速くなるため、気温が高いほど果実の肥大速度が速くなる。また高温ほど貯蔵養分は速く転流し尽くすため、養分転換期は早く訪れる。新梢も初期には貯蔵養分によって伸長するため、高温ほど成長は早くなる一方、新梢伸長停止期が早く訪れる。

果実の初期肥大がよいと大きな果実が収穫できるといわれているが、これは貯蔵養分量が多い場合に限られる。このような場合は細胞分裂期に相当する生育初期に大量の貯蔵養分が転流してくることになるため果実細胞数が増え、その後の果実肥大に有利である。

しかし、幼果期の気温が高い場合は単に貯蔵養分の転流速度が速くなるだけであり、貯蔵養分は早く枯渇してしまう。同じ満開後日数で比較すれば果実は大きいが、熟期が早まるだけで、大果生産にはつながらない。貯蔵養分の転流速度が速いため果実の細胞分裂速度も速まるが、細胞分裂停止時期も同様に早くなり、細胞数が増えるわけではない。施設栽培を行う場合、果実生育初期の気温を高めに管理すると初期肥大が良くなるようにみえるが、これは高温のためなので、最終的に大果が得られるとは限らない。

2）養分転換期以降の果実肥大

ナシ、核果類などの養分転換期以降や、ブドウなどのように開花期が養分転換期以降となる樹種の果実肥大を左右するのは光合成量と土壌水分量である。気象要素のうち光合成量を決めるのは光（日射量）、温度であり、土壌水分を決めるのは雨量と降水間隔である。果実は90％程度が水分であるため、土壌水分が不足すれば当然、果実肥大速度が遅くなる。これは肥大初期も同様であるが、肥大中・後期は葉面積が大きく、また気温も高いため蒸発散量が多い。このためとくにこの時期も被覆をしている作型では土壌水分に注意する必要がある。また水分が不足すると葉面からの蒸散を防ぐため気孔が閉じる。気孔が閉じてしまうと光合成はできなくなる。葉が萎凋し始めるころにはすでに果実肥大が停滞しているので、土壌水分計などを利用して早めの灌水につとめたい。

果実の乾物（水分以外の部分）は95％以上が光合成産物でできている（残りは根から吸い上げた窒素など）ため、養分転換期以降の果実肥大は光合成量に強く依存する。個葉の光合成速度は葉にあたる光が強いほど大きくなる。光合成速度には上限があり、ある明るさ以上の強い光を与えても一般に光合成速度は大きくならない。そのような明るさのことを光飽和点という。このことから一定の明るさ以上の光は不要であると誤解されることがしばしばある。しかしこれはあくまで個葉の場合である。個葉とは周りに葉などの障害物のない光合成には理想的な葉を意味するが、そのような理想的な葉は樹冠表面のごく一部の葉に限られる。また樹冠表面にあっても例えば東から光が当たる時刻では樹冠の西

側の葉は光飽和点に到達しない。樹冠内部の葉が光飽和点に到達するのは珍しいことである。樹冠内部であっても、外部の光が強くなればなるほど明るくなる。したがって強い光が当たるほど樹冠全体の光合成速度は大きくなり、成木では樹冠全体として光飽和することは決してないといえる。施設栽培で骨材やフィルムによって遮光されるため、夏季の光合成は露地栽培よりも不利となる。

一方、施設栽培では冬期に加温することによって落葉果樹は早期の出葉により光合成期間が長くなり、とくに常緑果樹では低温期に加温することで光合成速度が露地よりも著しく大きくなる。このことがウンシュウミカンでは露地よりも増収となる主原因である。

3）収穫期

暦日でみた場合は、果実の収穫期に最も大きく影響を与えるのは発芽期がいつであるかということである。発芽期が早ければ収穫期も早く訪れる。しかし発芽期から収穫期までの日数は毎年、一定というわけではなく、多少の年次差が現れる。

生育初期は上述のように高温ほど貯蔵養分は速く転流するため、養分転換期は早く訪れる。そのため養分転換期以前に気温が高いほど開花から養分転換期までの日数が短縮されることから、発芽期から収穫期までの日数が短くなる。

一方、養分転換期以降、果実生育の中期は、気温が果実の成熟に与える影響は比較的小さい。しかし、ブドウ、カキ、リンゴ、ウンシュウミカンなど果実生育後期に着色する樹種は、色素が発色するのに適した気温がそれぞれあるため、生育後期の気温が適温よりも高温でも低温でも着色が遅れ、収穫期が遅れる。

4）樹勢と花芽着生

落葉果樹の施設栽培では、樹勢低下が起きやすい。果実と同様に、新梢や葉も成長するには光合成産物が必要になる。このため、生育初期の新梢成長は貯蔵養分量に影響を受ける。養分転換期から新梢成長停止期までの新梢成長はその期間の光合成量に左右される。

新梢成長が停止した後の光合成量も貯蔵養分量を介して翌年の初期の新梢成長量に影響を及ぼす。光合成量は日射量に依存するので新梢成長量も日射量に強い影響を受ける。施設栽培における樹勢低下の原因は被覆による遮光が原因であり、樹勢維持のためにはできるだけ早期に、被覆をはずすのが望ましい。

花芽着生も同様に光合成量に左右されるため、日射量に依存する。花芽形成や花芽の成長、充実のために多くの光合成産物を必要とするからである。枝条に十分な光合成産物が行き渡らないと、樹種によって花芽分化しなかったり、花芽分化しても花芽が成長しなかったり、花芽とならず葉芽になってしまう。

5）二酸化炭素（炭酸ガス）濃度と生育

被覆が長い作型の場合は被覆による遮光期間が長く、果実肥大や樹勢などに悪影響が認められる。この問題を解決する方法の一つとして二酸化炭素施用がある。光合成速度は光や温度の他に炭酸ガス濃度にも依存しており、人工的に二酸化炭素濃度を高めることによって、遮光の影響を補うことが可能となる。

施設内の温度が高温になると光合成速度が低下するため、実際に二酸化炭素施用する場合は気温の低い早朝から高める。できるだけ長時間、二酸化炭素濃度を高く維持するために、施設内温度が30℃以上になるまで換気をせず施用を続ける。

(杉浦俊彦＝農研機構果樹研究所)

参考文献

1) 杉浦他（1997）：ニホンナシの自発休眠覚醒と温度の関係解明およびそのモデル化, 農業気象, 53, 285-290
2) 杉浦他（2010）：モモ'白鳳'の花芽における温度と自発休眠覚醒効果との関係, 農業気象, 66, 173-179

第4章　病害虫・生育(連作)障害

(1) 施設園芸におけるIPM

1. 施設園芸における有害生物とIPM

1) 施設園芸の有害生物と日本型IPM

　施設園芸の野菜類、花き類や果樹類には、多くの分類群にわたる有害生物が発生する。有害生物の存在や有害生物に寄生・加害されることで、植物の細胞や組織が有害生物に摂取・収奪される。この植物体の細胞や組織の摂取は、有害生物側にはエネルギーの獲得となり、植物側ではエネルギーの損失を生じる。
　有害生物による植物体の消費は、植物の光合成能力を低下させ、収量に損失をもたらすとともに品質や外観にも悪影響を及ぼす。葉菜類では有害生物による葉の損傷は品質低下と減収をもたらし、果菜類では有害生物による果実の被害は直接的な収量減をもたらす。
　このような品質低下や減収をもたらす有害生物には、雑草(藻類、蘚類と苔類、シダ類とトクサ類、裸子植物、被子植物)、植物病原体(ウイロイド、ウイルス、ファイトプラズマ、細菌、糸状菌等)、有害動物(線虫、軟体動物、昆虫綱、クモ綱、甲殻類、コムカデ類)が含まれる。
　施設栽培で発生する雑草、植物病原体、有害動物を対象とした日本型IPM(総合的病害虫・雑草管理(IPM)実践指針(2005年9月30日公表))は以下のように定義されている。

　「総合的病害虫・雑草管理とは、利用可能なすべての防除技術の経済性を考慮しつつ慎重に検討し、病害虫・雑草の発生増加を抑えるための適切な手段を総合的に講じるものであり、これを通じ、人の健康に対するリスクと環境への負荷を軽減、あるいは最小の水準に止めるものである」とされている。
　有害生物の防除に広く用いられてきた化学合成農薬一辺倒ではなく、人の健康に対するリスクや環境への負荷を低減させ、農作物を安定生産するという方向性が示されている。
　これらの考え方に基づいて、施設トマトと施設いちごのIPM実践モデルが作成され、各都道府県の現状に合わせて改訂され、都道府県版IPM実践モデルも作成されている。
　日本型IPMの実践においては、下記3点の考え方が特に重要であることが強調されている。
①病害虫・雑草が発生しにくい環境を整える【予防】
②病害虫が発生した場合には、その状況が経済的な被害が生じるかを観察する【判断】
③病害虫・雑草が発生した場合には、農薬だけに頼るのではなく天敵生物(生物農薬)や病害虫・雑草の特性を利用した資材(物理的防除)を適切に組み合わせた【防除】
を実施するという内容が示されている。
　施設園芸におけるIPMの推進においてもIPM実践モデルのチェック項目を参考に、各項目の実施状況を確認しながら病害虫・雑草に対する【予防】、【判断】、【防除】といった考え方を導入する必要がある。

2）主因、素因、誘因と IPM

（1）病害虫・雑草の主因・素因・誘因

病害虫や雑草の被害は、単に雑草、病原体や害虫といった主因だけで発生することはない。これらの主因に加えて、植物自体の感受性（素因）と施設内や植物周辺の環境条件（誘因）という3つの条件が揃って、始めて雑草や病害虫が植物に被害を与える（図—1）。

すなわち、主因、素因、誘因の3条件が施設園芸の現場で揃わないように、予防・判断・防除の対策を実施することで病害虫・雑草の被害を抑えることができる。

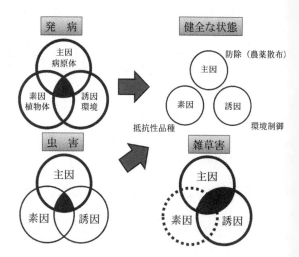

図—1　施設園芸にみられる病原体、害虫、雑草の主因・素因・誘因の関係

このように、病害虫・雑草を「主因」とし、植物自体の加害されやすさを「素因」とし、施設内外の光条件、温度や湿度といった環境条件の「誘因」といった3者の関係を踏まえながら日本型IPMの中心概念となる予防、判断、防除を考えることが重要となる。

特に、施設園芸は半閉鎖型や完全閉鎖型の栽培条件であることから、利用可能な予防手段・防除手段が露地作物に比べて多く、適切な対策を講じることで主因、素因、誘因のうち複数の条件を除去することができる。

この主因、素因、誘因といった考え方は植物病理学分野で広く用いられてきた概念であるが、近年では、害虫管理を含めて応用生態学でも主因、素因、誘因といった考え方が用いられている（根本，2012）。

そこで、雑草管理を含めて有害生物の主因、素因、誘因を明確にすることで施設園芸におけるIPMの考え方を整理する。

（2）雑草の主因・素因・誘因とIPM

雑草管理の対象は、藻類、蘚類と苔類、シダ類とトクサ類、裸子植物、被子植物であり、これらが主因となる。

施設園芸で問題となる主要な雑草は被子植物であり、主因である雑草種子を施設内に持ち込まないことが重要である。

育苗には雑草種子等の混入がない培土を使用し、育苗トレイや栽培棚といった資材の清浄・消毒によって、雑草種子の持ち込みを遮断する。風に運ばれる雑草種子は、施設の開口部から侵入するとともに、人や資材に付着して施設内に持ち込まれる。害虫防除のための防虫ネットの展張は、雑草種子の風による持ち込みにも有効な対策となる。

土耕栽培では雑草の埋種子や栄養繁殖体からの発生も多くなる。また、未熟な堆肥を使用することで外来雑草の種子を持ち込む可能性もある。土壌や栽培棚等の太陽熱処理や熱水土壌消毒、薬剤による消毒は主因である雑草種子の防除対策となる。

雑草対策に用いる除草剤の使用に当たっては、施設内ではガス効果による栽培植物の薬害等に注意する。また、雑草の多くは害虫の発生源となることから、除草剤を散布することで雑草に発生している害虫を作物に追い込むことがないように注意する。

雑草管理では、植物側の素因に対する明瞭

な予防対策はみられず、生育の進んだ苗の定植といった作物の生育が雑草よりも進んでいる状態を作ることで、光、水や肥料成分の収奪が生じないような対策が必要となる。

植え付けまでに、栽培ベンチや施設内の床や床土に雑草が発生した場合には、雑草種子の結実前に確実に除草を行う。

施設園芸の現場で雑草に対する有効な対策は、誘因の除去がもっとも効果的となる。施設内の雑草が光合成を行うための光、水分や肥料成分を与えない環境条件を作ることで雑草防除が可能となる。

大規模施設では、施設内全体のコンクリート敷設は雑草対策にもっとも有効な方法である。また抑草効果が高い黒マルチ、白黒マルチ、銀黒マルチ、グリーンマルチ等の使用も有効である。

施設内の不作付け地（施設内周囲や通路部など）や高設棚の設置下に防草シートを敷設することも重要な雑草対策となる。

雑草類は、野菜類や花き類と共通の病原体を有したり、害虫の発生源となる。そのため施設内の防草対策に加えて施設周縁にも防草シート等の敷設を行い、雑草の手取りや機械的除草等の除草対策を実施することで施設周辺の5～10mの範囲を除草することが望ましい。病害虫の発生源となる雑草類を施設周辺から除去することで、病害虫の侵入圧を低下させることも可能となる。

3）病害の主因、素因、誘因とIPM

（1）病害の主因・素因・誘因

植物に感染する病原体はそれぞれ固有の生活環、伝染環を持っている。病気が発生するかしないか、どの程度発生するかは病原体（主因）、寄主植物（素因）、環境条件（誘因）の3者によって決まる。

植物に病気を起こす病原体には、ウイロイド、ウイルス、ファイトプラズマ、細菌、糸状菌がある。これらの主因を防除する方法と

して、施設に病原体を持ち込まない予防、化学的防除法（農薬）や生物的防除法、環境条件の改善策といった非農薬的防除が挙げられる。

（2）病害の主因と防除対策

野菜類に発生する病害が種子伝染する場合、汚染種子の持ち込みは施設内に新たな病害の発生をもたらす。野菜類では、ほとんどの種子が種苗会社から供給されるため、採種栽培から種子消毒（温湯浸漬法、乾熱消毒法、殺菌剤）までは種苗会社の責任において実施されていることが多い。そのため、野菜類や花き類の種子では、種子消毒の有無とロットを確認し、消毒がされていない場合は殺菌剤の種子粉衣等の処理を行う必要がある。

野菜類の育苗には、病原体等に汚染されていない培土や資材を利用する。育苗資材や施設内で使用する支柱等の資材は、太陽熱消毒か資材消毒剤で処理する。

育苗施設を清浄に保ち、育苗中に病害の発生がみられたら、早期に防除、除去し、健全苗だけを定植する。

購入苗を利用する場合は、信頼できる業者から購入し、購入後の一定期間を隔離栽培したうえで、苗を良く観察して病害の発生がないことを確認して施設に導入する。

定植後は、施設内に病原体を持ち込まない対策が必要となる。多くの病害が施設の入口付近から発生する傾向にあることから、植物工場等の大規模施設では施設内をクリーンゾーンと位置付け、施設入口に消毒マットを設けることや病原体に汚染された土壌等の持ち込みがないように靴を履きかえる、衣服を着替えるなどの対策を講じる。

植物工場等で見学者を受け入れる場合にも病原体の持ち込みを可能な限り避けるために、簡易な防護服の利用や靴の履き替え、靴カバー等を利用する。他の植物工場や施設園芸の現場等を視察してきた見学者は、クリーンゾーンである施設内部に入れることなく、

外部からの見学に止めることも必要である。

　主因である病原体の蔓延を防止するため、トマト低段栽培のように定植時期が異なる場合には、定植後の生育期間が短い区画から作業を行うことで、生育が進んで病害が発生している可能性が高い区域からの病原体の持ち込みを防止するなどの注意が必要である。また、汁液感染する病害の蔓延を避けるため、管理作業に用いるハサミなどの消毒を行う。

　芽かきや整枝によって生じた植物体や収穫残渣は、病原体や害虫の発生源となることから、ビニル袋等に入れてクリーンゾーンとすべき施設内から持ち出し、適切に処理する。植物工場等では排出される茎葉や果実等の残渣も大量となることから、これらの残渣が短期間でも病害虫の発生源とならないように密閉・隔離して処分（産業廃棄物、土中埋設、堆肥化）する。

　栽培が終了した場合は、作物残渣を密閉容器やビニル袋で密閉して病害虫を分散させないようにして施設外に持ち出す。栽培に使用した資材等も施設から持ち出して、水洗・消毒等を行う。施設内の清掃を行い、病原体の発生源となる部分を中心に施設内全体を洗浄する。

　同様に、新たに栽培を開始する際にもクリーンゾーンを維持するために、持ち込む苗、栽培資材や管理資材等で病原体を持ち込まないように注意する。

　主因となる病原体が土壌伝染性病害の場合は、化学的消毒法（クロルピクリン剤など）、物理的消毒法（土壌還元消毒、熱水または蒸気土壌消毒など）、生物的消毒法（アブラナ科植物を鋤込むバイオヒューミゲーションなど）を実施する。

　主因である病原体の発生がみられた場合には、農薬による防除が必要となる。病害を対象とした農薬には、発病する前に使用する予防効果の高い農薬と発病後に病原体が蔓延することを防ぐ治療効果のある農薬に区別する

ことができる。

　農薬の特性を理解して使用する必要があるが、施設野菜の病害に対しては予防することが第一であり、予防剤の適切な利用で病原体の密度増加を抑制する。予防剤は、植物についた病原体が侵入を開始する前に効果を発揮する殺菌剤であり、胞子の発芽を抑制し、また菌糸の侵入を阻害する。

　予防剤（銅殺菌剤、無機殺菌剤、有機硫黄殺菌剤、有機塩素系など）は、糸状菌や細菌等の多くの病原体に効果のある汎用的な農薬であり、一般に耐性がつきにくく、残効性も長いとされている。

　治療剤（有機リン系、ベンゾイミダゾール系、酸アミド系、ステロール生合成阻害剤等）は、特定の病原菌に対して選択的に効果を示し、作物体内への浸透性に優れ、糸状菌の菌糸が侵入した後でも効果を示す。

　糸状菌や卵菌、細菌による病害の防除に使用される殺菌剤に対して、本来の'感受性'（ベースライン感受性）よりも感受性が低下した菌は耐性菌と呼ばれる。

　農業場面では実用濃度で効果が期待できないものを耐性菌とよび、まだ防除効果がみられる場合には感受性低下菌として区別されることもある。

　治療剤の多くは薬剤耐性がつきやすいので、薬剤耐性菌対策のガイドライン等にしたがって使用回数を制限する。予防剤の適切な使用により、病原体密度を高めない対策を中心に防除対策を考える。

　ウイルス病や細菌病等の回復が望めない発病株は、発見次第、早急に抜き取ってビニル袋等に密閉して持ち出し、土中深く埋設するか、産業廃棄物として適切に処分する。

（3）病害の素因とIPM

　病原体に感受性の植物がなければ、病原体が存在し、その病原体に好適な環境が揃っても発病しない。そのため、抵抗性の植物あるいは感受性の低い植物を栽培することで病

表—1 施設園芸の主要な野菜類で品種抵抗性が利用できる作物と対象病害

作物	病害
トマト	青枯病 萎凋病 根腐萎凋病 葉かび病 半身萎凋病 モザイク病（TMV ToMV） 黄化葉巻病 黄化えそ病 （ネコブセンチュウ）
ナス	青枯病 萎凋病 半身萎凋病
ピーマン	青枯病 疫病 モザイク病（PMMoV）
キュウリ	うどんこ病 褐斑病 つる割病 灰色かび病 斑点細菌病 べと病 モザイク病（ZYMV）
メロン	えそ斑点病 うどんこ病 つる枯病 つる割病
イチゴ	うどんこ病 炭疽病 萎黄病 疫病

の発生を予防することができる。

　野菜類では病害に対する抵抗性品種もしくは抵抗性が高い品種を作型と品質を考慮しながら選択する（表—1）。同時に、果菜類等の接ぎ木栽培では抵抗性の高い台木を利用することで病害の発生を予防する。

　野菜類の病害抵抗性には3つのタイプがあり、それらの違いを良く認識したうえで利用する必要がある。

　「感染阻止型」は、病原体の侵入を完全に阻止あるいはごく一部の侵入は許すが、病原体の増殖を封じ込めて、全身が感染するのを防ぐ品種である。品種カタログ等では一般に「抵抗性」と標記される。

　「増殖抑制型」は、病原体の侵入自体は許すが、その後の増殖を量的に抑える。その結果、全身が感染するのに時間がかかり、さらに施設内全体に蔓延する速度が遅くなり、発現する病徴も軽微となる。品種カタログ等では、「耐病性」と標記されることが多い。

　3つ目のタイプは、「トレランス」型で、植物体に侵入した病原体の増殖は感受性品種と同等となるが、感染状態であるにも関わらず病徴がまったく発現しないか、発現しても軽微であるものをいう。品種カタログ等では「耐病性」と標記され、「トレランス型」品種はウイルス病に対して多くみられる。

　虫媒性ウイルス病等に対する「トレランス」型」品種は、病原ウイルスを保持している場合にも激しい病徴を示さないため、耐病性をもたない品種に対して重要な感染源となることに注意する。

　抵抗性が崩壊する要因として新レースの出現が挙げられる。抵抗性品種が罹病化することで、初めて病原体にレースの分化が起こったことが認識される。地域によって優占するレースが異なるため、その地域に発生している変種やレースに対応した抵抗性品種を選択する。

　接ぎ木苗を利用する場合には、土壌病害等に抵抗性を持つ台木品種に望ましい形質を持つ穂木品種を接ぎ木することで高い病害抵抗性を付与することができる。台木品種と穂木品種は、対象とする病害ごとに専用の組み合わせがあり、品種の組み合わせを確認して接ぎ木を行うか、信頼できる種苗業者から購入する必要がある。

　また、抵抗性品種や抵抗性台木を利用する場合にも抵抗性の崩壊等を防止するために、主因である病原体密度を増加させないこと、誘因となる環境条件が病害発生を助長しない管理など、複数の要因に対する防除対策の実施が必要となる。

　抵抗性品種の利用以外に、病害の素因に対する防除対策として、光環境や灌水条件等を整えて軟弱徒長した草姿とならないように注意し、肥培管理や栽植密度を適切に保つことで病害に対する抵抗性の高い作物の状態を維持する必要がある。

　新たな防除法として、定植後のイチゴ株に紫外線（UV-B、波長域は280〜315nm）を照射することで、紫外線を受けたイチゴがキチナーゼ等の病害抵抗性に関与する物質を生成することにより、うどんこ病に対する抵抗性が誘導される。

（4）病害の誘因と防除対策

　土壌病害の発生には主因である病原体密度が大きく影響するが、土壌病害の種類によっては土壌pHの矯正を行うことで、発病が抑

制される。また、完熟堆肥などの有機質肥料の利用や砂質土の投入によって土壌の排水性を改善することで、好湿的な土壌病害（青枯病、疫病、根こぶ病、軟腐病など）の発生を予防する。施設周辺に排水路を整備して雨水が施設内に入らないように留意し、水はけの悪い施設では、高畝栽培とすることで好湿的な土壌病害の発生を予防する。

空気伝染性病害の発生は、施設内の温度、湿度および植物体表面の濡れ（水滴）に影響される。冬季に栽培される果菜類では、保温に重点が置かれることから、果菜類の栽培が可能な温度範囲であれば病原体の生育も可能となる。誘因の一つである温度条件が満たされる施設では、湿度と作物体表面の濡れといった誘因を制御する必要がある。

病害の発生と湿度・濡れとの関係を病原菌の伝搬・侵入から発病、さらに次の伝搬にいたるまでの過程から類別すると、炭疽病型・べと病型・さび病型およびうどんこ病型に分けられる。このうち、炭疽病型、べと病型とさび病型を含めて好湿性病害と呼んでいる。冬季の施設園芸で問題となる多くの病害がこの好湿性病害のグループに属する。

キュウリでは、斑点細菌病・べと病・灰色かび病・菌核病が好湿性病害に含まれ、トマトでは灰色かび病・菌核病・疫病・葉かび病などが含まれる。うどんこ病型は、好乾性病害とも呼ばれ、春または秋に施設内が乾燥すると発生が多くなる。

病害を伝染の型別にみると、炭疽病型の病原菌は風だけでは飛散せず、伝播には雨や灌水による飛沫が必要である。作物体上に付着した後も、侵入には作物表面が濡れていることが必要で、二次伝染等に重要な役割を演じる分生子の形成にも多湿を必要とする。

べと病型の病原菌の場合、伝播は風や天窓・側窓の開閉などによる急激な湿度の変化でも起こり、雨や水滴を必要としない。作物体への侵入には、多湿・濡れが必要であり、分生子の形成にも多湿が必要である。施設内で発生して被害が問題となる多くの病害がべと病型である。

さび病型の病原菌は、侵入時のみ多湿を必要とするが、伝播は風で行われ、病原菌の胞子は作物の表皮下で形成され、後に表皮が破れて胞子を飛散する。この型の病害には、各種のさび病が含まれる。

以上の好湿的な病害は、いずれも病原菌の侵入時に多湿・濡れを必要とするが、侵入時に必要な濡れ時間は個々の病害で異なる。植物体の表面を乾かし、濡れが生じないように管理することで病原菌は植物体に侵入することができない。

これに対して、うどんこ病型の病原菌は、分生子の発芽する一時期を除くと、むしろ水分を嫌う性質があり、施設内を多湿条件に長く保つことで病害の進展を防ぐことができる。

病原体の伝染や感染機構から、植物に応じて良好な日当たりを確保して健全な生育を促す。収穫時等の草姿を想定したうえで、密植を避けて適切な株間や条間を設けることで、日当たりと風通しを良好に保つことができる。葉が繁茂しすぎると植物体の内側に風が入らず、病害の発生を助長するため、葉が混み合った部分や下葉を刈り取ることで、風通しを良くする必要がある。

循環扇や送風ファンの利用によって、施設内の空気を循環させることで植物体の濡れ時間を短くして、病害の発生を予防する。

空気中に含まれる水蒸気は、冷たい物体上で結露する。露点温度は過剰な水分が結露し始める温度を意味し、植物体の温度が、空気の露点よりも低い場合に、植物体上に結露が生じる。

施設内の気温は、日の出により急上昇するが、比熱の高いトマト果実などの温度は気温よりも遅れて上昇するため、結露が発生しやすくなる。この果実等での結露が灰色かび病

など好湿性病害の発生を助長する。このように、病害発生に大きく影響する植物体上での結露を防止するため、冷暖房方法や空気を循環させることによって、施設内の温度較差を小さくする必要がある。

病害の発生に影響する高湿度を防止するために、ヒートポンプによる冷房除湿、暖房や換気窓の開閉による換気除湿を行う。換気によって急激な湿度変化が生じると、べと病型の病気を助長する可能性があるため、天窓を一気に開閉するような換気は避ける必要がある。

4）虫害の主因、素因、誘因に対するIPM

（1）虫害の主因・素因・誘因

野菜類や花き類を加害する有害動物には、線虫類、軟体動物、昆虫綱、クモ綱、甲殻類、コムカデ類が含まれる。これらの有害動物の多くは、広く害虫として認識されている。主因のうち線虫類は、土壌消毒や抵抗性品種の利用といった側面から見れば、病害に対する防除対策を念頭に置くことが必要である。

施設園芸における重要害虫には、アブラムシ類、ハダニ類、アザミウマ類、コナジラミ類などの微小害虫が多く、大型の害虫は露地栽培に比べて少ない。また、施設内の環境条件は世界的に共通なため、害虫の原産地にかかわらず、世界共通種が多い

施設の害虫は、施設内に侵入し、侵入後は急速に増加するとともに、施設内の不安定な環境下で生き続ける必要がある。このため、施設園芸で問題となる微小害虫には下記のようないくつかの共通点が認められる。

① 増殖能力が高い。

② 産雌単為生殖や産雄単為生殖により、侵入定着の可能性を高める。

③ 体サイズが微小であり、風による侵入の確立を高める。

④ 吸汁性であることにより、少数では被害が目立たないため、苗とともに侵入する確率を高める。

⑤ 休眠性を持たないことにより、高温短日という自然界に存在しない冬季の施設内環境を有効に利用できる。

⑥ 寄主範囲が広いことにより、栽培終了時に雑草を含む施設外の寄主植物に到達する可能性を高めるとともに、施設内への再侵入の確率を高める。

⑦ 各種の殺虫剤に対して高度の抵抗性を発達させている。

施設野菜で問題となる微小害虫といった主因に対する防除対策として、微小害虫にみられるこれらの共通点を発揮させない対策が求められる。同様に、素因である植物体の感受性に関しては害虫類の加害を受けにくい状態が求められ、施設内の衛生管理等によって害虫類が増殖しづらい環境となるように誘因を制御することが求められる。

（2）虫害の主因と防除対策

施設で問題となる微小害虫の増殖率は非常に高いことから、害虫の発生を定期的に確認して、発生初期に防除対策を講じる必要がある。化学的防除法の利用や天敵等の生物的防除法の利用も、多発してからの防除は非常に困難となる。

施設で栽培を開始する前に、微小害虫の侵入防止対策を徹底する。微小害虫の侵入防止には施設の開口部に目合い0.4mm以下の防虫ネットを展張することが不可欠となる。天窓や換気窓を含むすべての開口部に防虫ネットを展張することでコナジラミ類やアブラムシ類に対して高い侵入防止効果が得られる。

また、害虫は施設の出入口周辺から発生することが多く、出入口を二重にすることで施設内への害虫侵入を防止する。簡易なハウスにおいても出入口に二重扉の防虫ネットを設けることで害虫の侵入を防止する。

害虫の侵入防止には、複数の対策を採用することが望ましく、防虫ネットの展張以外にも近紫外線カットフィルムの利用や光反射資

材（タイベック等）を施設周縁に敷設することで、背中側に太陽光を受けて飛翔する昆虫の飛翔行動を攪乱することができる。

アザミウマ類の侵入防止には、目合い0.4mm防虫ネットの展張だけでは困難であり、光反射資材を施設周縁に敷設し、その外側に1mm目合い程度の防虫ネットを衝立状に設置することでアザミウマ類の侵入防止に高い効果が得られている。

施設開口部からの侵入以外にも苗による持ち込みや作業者等による微小害虫の持ち込みに注意する。

完全閉鎖型（苗テラス等）の育苗施設が利用できる場合は、種子で持ち込むことのない害虫の発生を防止することができる。半閉鎖型施設の場合には、色彩粘着板等を用いて害虫の早期発見を心がけ、害虫の発生がみられたら農薬散布などの対策を実施する。

購入苗については、隔離して栽培した後に病害虫の発生を確認して、健全苗だけを移植する。隔離栽培時に青色・黄色粘着板を設置してアザミウマ類やコナジラミ類の発生を確認することも有効である。

作業者等による持ち込みでは、衣服や靴のはき替え等の病害対策と同じ注意が有効となる。微小害虫は黄色や青色に誘引されることから、これら色彩の衣服は害虫の持ち込みや施設内での移動を助長する。施設内や施設周辺の雑草や野良生え作物等は、病害虫の発生源となることから雑草等が施設内や施設周辺に残らないように管理する。

施設園芸の栽培終了時には、アザミウマ類やコナジラミ類を施設外に出さないため、施設内のすべての株の収穫が終わってから閉め込みを行う。まず、熱に弱い電子機器やプラスチック製の資材などを持ち出し、施設内の雑草を除去する。施設の開放部を隙間なく密閉した後に、気温の低下する夕方等に一斉に野菜類を引き抜くか株元を切断する。5〜9月の快晴日であれば植物が枯れてから1週間程度の閉め込みを行う。気温の低い地域では土中のアザミウマ類の蛹を羽化・死亡させるため、閉め込みの期間を長くする。

施設園芸で問題となる微小害虫のコナジラミ類、ハダニ類、アザミウマ類、アブラムシ類は薬剤抵抗性の発達が著しく、薬剤の選択に苦慮する状態となっている。施設内での農薬散布によって薬剤抵抗性を発達させた害虫を外に出さないことで、地域全体で薬剤抵抗性の発達を抑制する。

施設内に発生した害虫に対しては、農薬の散布、天敵による生物的防除法や物理的防除法による対策を実施する。多くの微小害虫は薬剤に対して高度の抵抗性を発達させていることから、農薬だけに頼らず、複数の防除手段を効率的に利用する。

施設の野菜類には、多くの生物農薬（天敵昆虫製剤、天敵ダニ製剤、天敵微生物製剤）が利用できる。害虫が多発してからの生物農薬による防除は困難であり、害虫の発生初期から利用する必要がある。天敵昆虫製剤や天敵ダニ製剤の利用では、天敵類に影響の少ない農薬を使用する必要があり、長期にわたって悪影響を及ぼす非選択性農薬を使用しないことが求められる。

選択性農薬は対象とする害虫以外の他の有用生物に影響の少ない農薬であり、天敵生物と同時に使用できる。天敵生物に悪影響を及ぼす農薬でも悪影響を及ぼす期間が短い農薬は、生物農薬を導入する前に害虫密度を低くする目的で利用できる。

気門封鎖剤は薬液による「虫体の捕捉」と「呼吸阻害」の物理的作用で防除効果を発揮する。気門封鎖剤も微小な天敵ダニ類に直接かかれば悪影響を及ぼすが、天敵導入の直前まで薬剤抵抗性のハダニ類やコナジラミ類に高い効果を示す。また気門封鎖剤は、卵に効果がないため複数回の使用で防除効果を高める必要がある。

農薬には剤によってそれぞれ特性があり、

表—2　施設園芸の野菜類で問題となる主要な虫媒性ウイルス病と媒介虫

ウイルス和名	略称	ウイルス分類群	媒介昆虫
トマト黄化えそウイルス	TSWV	トスポウイルス	ミカンキイロアザミウマ　ヒラズハナアザミウマ ウスグロアザミウマ　ダイズウスイロアザミウマ
メロン黄化えそウイルス	MYSV	トスポウイルス	ミナミキイロアザミウマ
スイカ灰白色斑紋ウイルス	WSMoV	トスポウイルス	ミナミキイロアザミウマ
インパチェンスえそ斑点ウイルス	INSV	トスポウイルス	ミカンキイロアザミウマ　ヒラズハナアザミウマ
アイリス黄斑ウイルス	IYSV	トスポウイルス	ネギアザミウマ
トマト黄化葉巻ウイルス	TYLCV	ジェミニウイルス	タバココナジラミ
ウリ類退緑黄化ウイルス	CCYV	クリニウイルス	タバココナジラミ
キュウリモザイクウイルス	CMV	ククモウイルス	モモアカアブラムシ

天敵生物や花粉媒介昆虫に対する直接的な影響と影響を及ぼす期間を確認するとともに、それぞれの特性に合わせて使用時期を検討して、防除が必要と判断される場合に農薬を使用することを心がける。

(3) 虫害の素因と防除対策

　虫害の発生に関連する植物側の素因は、病害ほど明確ではないが、窒素成分の多い軟弱な植物体は、害虫の発生を助長することが広く知られている。適切な肥料成分や灌水に注意することで健全な植物体とする。また、健全な植物は、害虫の加害を受けると植物ホルモンであるジャスモン酸が生成され、害虫の食害に対して耐性を獲得するための遺伝子を発現させるシグナル物質として働いている。健全な植物体であれば、ジャスモン酸により害虫の摂食を阻害するプロテアーゼインヒビターを全身に誘導することで害虫の増殖を抑える。

　害虫類を含む有害生物に対する野菜類の品種抵抗性の例は非常に少なく、ネコブセンチュウ類に対する品種抵抗性を除けば、ワタアブラムシに抵抗性を示すメロン品種が実用化されている程度である。

　微小害虫のハダニ類やコナジラミ類は、植物の葉裏に生息する。このため、農薬は葉裏にかかるように散布する必要がある。これに関する植物側の素因としては、農薬の付着しやすい草姿や風通しのよい状態に保つことで農薬の付着を高めることができる。特に、イチゴでは下葉かきによってハダニ類を除去するとともに葉裏への農薬付着を高めることで防除効果が向上する。

(4) 虫害の誘因と防除対策

　温帯に生息する昆虫の多くは、厳しい冬を過ごすために特定のステージで休眠する。一方、施設園芸で問題となるミナミキイロアザミウマやタバココナジラミなどの微小害虫は休眠性をもたず、ほとんどの地域で露地越冬は不可能である。このため、施設内で越冬した微小害虫を出さない対策を地域全体で実施することが必要となる。

　施設の温度や湿度の環境要因は、施設園芸で問題となる微小害虫にとって一般的に好適な環境となる。生物農薬のカブリダニ類は高湿度を好むため、天敵の活動しやすい環境を維持することも有効である。

5) 虫媒性ウイルス病対策

　アザミウマ類が媒介するトスポウイルス、コナジラミ類が媒介するジェミニウイルスやクリニウイルスが世界の施設園芸で問題となっており、国内でも虫媒性ウイルス対策が重要となっている（表—2）。

　虫媒性ウイルス病の防除対策は、施設園芸IPMの基本となる「入れない、増やさない、出さない」の徹底が必要となる。特に、虫媒性ウイルス病の伝染環を絶つことを目標として、複数の入れない対策の実施、微生物製剤や気門封鎖剤といった薬剤抵抗性の発達が生じない防除法の利用、定植時の粒剤や効果の高い農薬のローテーション散布で増やさない

  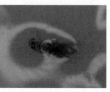

写真—1　黄色粘着板に捕獲されたハモグリバエ類、タバココナジラミ、ミナミキイロアザミウマ

対策を行い、栽培終了後は保毒虫を出さないように蒸し込み・閉め込みを行う。

抵抗性品種を利用する場合にも「トレランス型」の抵抗性であることを理解し、抵抗性遺伝子を長く利用するためにも「入れない、増やさない、出さない」の対策を徹底する。

虫媒性ウイルス病は、感染植物の残渣や野良生え作物で伝染環を維持する場合が多く、作物残渣の適切な処分や施設周囲に野良生え作物が残ることがないように注意する。

雑草も虫媒性ウイルス病に感染する可能性があり、害虫や虫媒性ウイルスの増殖源となる雑草の防除を徹底する。

6）病害虫のモニタリングと記録

施設園芸では、病害虫の発生を早期に発見することで、適切な防除対策の実施を判断することができる。そのため、週に一度は作物を良く観察して病害虫の発生状況を確認し、調査記録として残す必要がある。

病害虫防除を実施した場合にも防除効果を確認するうえで、定期的なモニタリングが不可欠である。

微小害虫をモニタリングするため、色彩粘着板の利用が効率的である（写真—1）。アザミウマ類は青色と黄色の両方に誘引され、コナジラミ類、アブラムシ類、ハモグリバエ類は黄色に誘引される。近紫外線カットフィルムが展張されている場合には、黄色に比べて青色の捕獲効率が低下する可能性がある。

粘着板を50〜100m²に1枚として、作物の10〜30cm上に吊り下げる。週に1度の間隔で粘着板上の微小害虫を確認して記録する。粘着板についた害虫をピンセット等で取り除くことで同じ粘着板を繰り返し使用できる。

粘着板の調査と同時に粘着板下の作物3株程度について病害虫の有無を確認する。害虫の多くは葉裏に生息することから、葉裏を良く観察する。微小害虫を観察するためには、ヘッドルーペ等の活用が有効である。

モニタリングで病害虫を早期に発見できれば、発生初期の低密度時に必要な防除対策を講じることができる。また、モニタリング結果を継続的に記録し、病害虫の発生時期や発生する病害虫の特徴を知ることで、入れない対策、増やさない対策を見直すことができる。

植物工場等では、年間を通じて病害虫の発生をモニタリングすることで、季節的に増加する病害虫、栽培の進展に応じて密度が高まる病害虫を把握することができる。前者は侵入防止対策の徹底によって侵入圧を低下させ、後者に対しては常に防除対策を検討することで病害虫密度を高めない対策を検討する必要がある。

（武田光能＝農研機構野菜茶業研究所）

参　考　文　献

1）ロバートEノリス、エドワード・カスウェル—チェン、マルコス・コーガン（2006）：IPM総論　有害生物の総合的管理（小山重郎、小山晴子訳）築地書館，449
2）植物防疫講座　第3版編集委員会編　病害編（2010）：日本植物防疫協会，397
3）根本　久（2012）：イラスト基本からわかる病害虫の予防と対策，家の光協会．160
4）寺見文宏（2012）：野菜の難防除病害に対するIPM技術，平成24年度農政課題解決研修テキスト，農研機構野菜茶業研究所編，1‐8．http://www.naro.affrc.go.jp/training/files/reformation_txt2012_c20.pdf

（2）臭化メチル剤から完全に脱却した産地適合型栽培マニュアル

1．はじめに

　農作物の持続的安定生産に土壌消毒は欠かせない。単一作物の連作では、土壌病害虫による連作障害が発生するためだ。土壌伝染性病害虫の発生を防ぐ最も効果的な薬剤として長年臭化メチル剤が広く使われてきた。本剤は土壌病害虫のみならず、雑草防除にまで効果を示す卓越した土壌くん蒸剤であったが、1992年に国際条約の一種である「モントリオール議定書」により本剤はオゾン層破壊関連物質に指定され、1995年以降、先進国では植物検疫用途を除きその製造・販売・使用が国際的に規制された。それ以降、日本では、国連管理の元の特例措置（不可欠用途）で、キュウリ、メロン、トウガラシ類、ショウガおよびスイカの特定の土壌伝染病害虫防除薬剤として継続使用が許可されてきた。しかし、それも2012年12月31日で全廃となってしまった。

　著者たちは、農林水産省の「新たな農林水産政策を推進する実用技術開発事業」において、農研機構を中心に13機関が参加する研究課題「臭化メチル剤から完全に脱却した産地適合型栽培マニュアルの開発」に2008年度から5年計画で取り組んできた。開発した新規栽培マニュアルでは、既存や新規開発の要素技術を体系化し、防除価が80以上、収量は臭化メチル使用時の栽培と比べて90％

図—1　臭化メチル剤全廃後のピーマンモザイク病の危機管理栽培基本方針

以上を確保することを目標にした。土壌伝染性ウイルス病を対象として開発した栽培マニュアルは、総合的病害虫管理技術（IPM）が基盤となっている。ショウガ栽培は、いくつかの代替農薬を組み合わせた総合薬剤防除体系である。わが国農業の持続的発展と国際的環境保護政策との狭間で、今後のこれら作物の栽培・生産技術開発において新たな展開が求められている。本項では、5年間をかけて開発した臭化メチル剤代替栽培マニュアルの概要を示し、今後の先進国における農業技術開発のたどるべき方向性を展望する。

2．ピーマン

ピーマンモザイク病は、発病した植物の残渣が土壌中に残存し、それが次作の感染源になることが知られている。そこで、新規栽培マニュアルでは土壌中の病原ウイルスの残存程度を血清学的診断法の一種であるエライザ法で測定し、その汚染程度に応じて幾つかの防除技術を体系化することを基本コンセプトとしている（図—1）。

これまでに、ピーマンモザイク病対策として開発された要素技術は、新規抵抗性品種、生分解性ポットやちり紙などを利用した根圏保護定植技術、土壌中の植物残渣の腐熟促進技術、植物ウイルスワクチン（弱毒ウイルス）を用いた生物防除技術などがある。さらに、それら要素技術の組み合わせにより起こる収量低下等のリスクを軽減するため、垂直2本仕立て法や、汚染土壌から完全に隔離した養液土耕を基礎としたプランター栽培法等も開発した。茨城県では半促成栽培と抑制栽培を対象に、また鹿児島県では長期促成栽培で有効な新規栽培マニュアルを開発した。

3．メロン

メロンえそ斑点病は、種子伝染でいったん侵入した病原ウイルスが土壌中に生息する絶対寄生菌の一種であるオルピディウム菌により定植後間もないメロンに媒介される病害である。幸いにも、本病害には病原ウイルスに対して抵抗性を示すメロン品種が数社から育生・販売されている。それらの中から、導入するメロン産地の地域性、栽培環境、果実品質等を比較検討し、その産地に適した品種を選択する。さらに、臭化メチル代替材として、クロルピクリンとD-Dの混合剤である土壌くん蒸剤が登録されている。これらの要素技術を組み合わせることで臭化メチル全廃後のメロンの安定生産を確保することが新規栽培マニュアルの骨格である。さらに、温暖な地域においては、トマトとメロンの輪作体系を導入することにより、病原ウイルスと媒介菌の両方を土壌中で増殖させない耕種的防除技術の導入も選択肢の中に入る。千葉県では、これら要素技術を体系化し、県内産地に適した新規栽培マニュアルを開発した（図—2）。

4．キュウリ

キュウリ緑斑モザイク病は、ピーマンモザイク病と同様に、前作の感染植物残渣が土壌

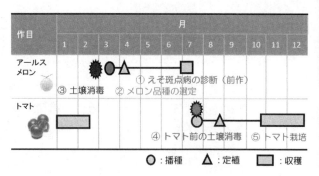

図—2　千葉県の地床アールス系メロンの新規栽培体系

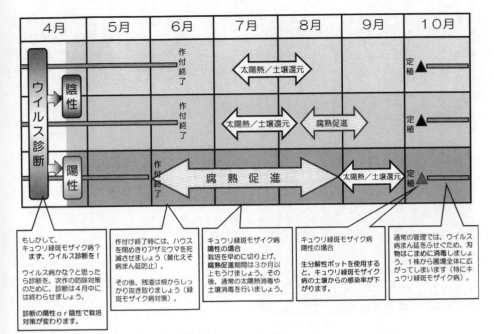

図―3　愛知県で開発した臭化メチルによる土壌消毒を行わないキュウリの栽培体系

中に残存し、それに含まれる病原ウイルスが次作で定植したキュウリ苗の根に土壌伝染することで発生する。新規栽培マニュアルの基本的考え方は、感染株の早期発見・早期除去、それに健全土壌の醸成である。圃場内で栽培中のキュウリ株に常に目を光らせ、疑わしい症状が認められた場合には直ちに血清診断、あるいは遺伝子診断で確定する。陽性反応が検出されたらその株を丁寧に抜き取り感染拡大防止に努める。収穫や摘心などの管理作業では、用いる摘果鋏の消毒や、適正な使い分け等で圃場衛生管理を徹底する。一作終了後、栽培圃場に牛ふん堆肥を導入し土壌中に残る前作の植物残渣を腐熟促進する。ウイルス診断で陰性結果だったとしても、夏の休耕期を利用して太陽熱消毒や土壌還元消毒、さらには牛ふん堆肥を利用した腐熟促進で圃場衛生に務めることが望ましい。宮崎県では、このような作業工程を基本とする新規栽培マニュアルを開発した。また、愛知県では、この工程に加え、定植苗の根圏を保護する生分解性ポリポットを用いた土壌伝染遮断技術も開発し栽培マニュアルに組み入れている（図―3）。

5．ショウガ

ショウガ根茎腐敗病

表―1　土壌くん蒸剤選定の目安

薬剤名	使用量	前年度の病害虫・雑草の発生量			参考経費
		根茎腐敗病	雑草	センチュウ	
ダゾメット粉粒剤	30kg/10a	無～少	少	少	低
ソイリーン	30ℓ/10a (3mℓ/1穴)	少～中	中～多	中～多	↕
クロールピクリン	3mℓ/1穴	少	少	少	
ダゾメット粉粒剤	60kg/10a	無～少	少	少	
ダゾメット粉粒剤 ＋ クロルピクリン錠剤	30kg/10a ＋ 1万錠/10a	中～多	中	少	高

注）ダゾメット粉粒剤は、商品名バスアミド微粒剤またはガスタード微粒剤を指す

写真—1 ショウガ根茎腐敗病の初期病徴

表—2 生育期に使用できる根茎腐敗病防除薬剤の特徴

薬剤名	使用量	防除効果		参考経費
		予防	治療	
ユニフォーム粒剤	18kg/10a	◎	○	低
ランマンフロアブル	1,000倍希釈 3ℓ/㎡	◎	△	↕
	500倍希釈 3ℓ/㎡	◎	◎	
プレビクールN液剤	400倍希釈 3ℓ/㎡	○	△	高

◎：効果がとても高い、○：効果が高い、△：効果が認められる

注）予防効果は病原菌接種4〜7日前に薬剤処理した場合、治療効果は病原菌接種1〜3日後に薬剤処理した場合の防除効果から判定した

は、土壌中に生息するカビ（糸状菌）の一種であるピシウム菌が引き起こす難防除病害である。本病は、ショウガの種イモに付着していた菌が定植とともに圃場に持ち込まれ、それが生育期間中の灌水や雨水の水流によって他のショウガに感染拡大する。また、一作終了後、土壌中の罹病ショウガ残渣に残ったピシウム菌が、次作の感染源になることも知られている。新規栽培マニュアルは、化学薬剤による防除体系を骨格として、圃場基盤整備、輪作および栽培衛生管理なども取り込んだ総合防除体系となっている。

1）露地ショウガ

ショウガでは定植前の土壌消毒は欠かせない。土壌消毒に使うくん蒸剤は病害虫・雑草に対する防除効果がそれぞれ異なるため、前作の発生状況に応じて適切な薬剤を選択しなければならない。ただし、価格も異なるので、防除経費も十分考慮して使用する薬剤を決定する必要がある。

(1) 土壌消毒

主な代替くん蒸剤を表—1に示す。これらの薬剤は病害虫・雑草に対する防除効果がそれぞれ異なるため、前作の発生状況に応じて適切な薬剤を選択しなければならない。ただし、価格も異なるため、防除経費も考慮する必要がある。

(2) 生育期の防除

根茎腐敗病には現在3薬剤が農薬登録されているが、いずれも予防的な効果が高い（表—2）。そこで、根茎腐敗病の発病前に予防的に1回薬剤を処理し、その後、発病したらすぐに発病株（写真—1）を除去し薬剤を追加処理する。ただし、前作で根茎腐敗病の発生が多かった圃場では、定期的な薬剤処理をする。

代替くん蒸剤の利用により雑草の発生が増加する場合もあるので、必要に応じて除草剤を使用する。ナブ乳剤は、イネ科雑草（スズメノカタビラを除く）を対象とし、畝上にも使用できる。バスタ液剤は非選択性除草剤で畝間の雑草に対してのみ使用する。なお、雑草の多発が予想される場合、植え付け直後にトレファノサイド乳剤または粒剤2.5を処理する。その他、土寄せや稲わら等のマルチも効果がある。

(3) その他

根茎腐敗病防除のためには、①健全種根茎

の利用、②収穫時の観察、③排水の改善、など環境整備も必要である。①は、植え付け前によく観察し、褐変など異常のある種根茎は使用しない。②は、圃場の被害状況を把握することで、次作での防除対策に資する。③では、圃場内外の排水路の整備・清掃や、排水を考えた勾配畦畔造成、深耕などによる圃場改良などである。

なお、圃場によってはネコブセンチュウの被害が発生することがあるが、発生状況に応じた土壌くん蒸剤を用いることで防除できる（表－1）。

2）施設ショウガ

(1) 定植前の土壌消毒

ヨーカヒュームは、使い方や特性が臭化メチルくん蒸剤と似ていることから、施設栽培における代替土壌消毒剤として期待されていたが、2013年に製造・販売が中止された。施設栽培の定植時期である低温期（2月）に施設内人工汚染圃場でクロルピクリンおよびソイリーンを処理して消毒効果を比較した。その結果、クロルピクリンとD-Dの混合剤であるソイリーンは低温期の処理でも他の土壌消毒剤と同等以上の防除効果を示した（図－4）。また、3月上旬に和歌山市内の農家圃場で処理したところ、臭化メチルくん蒸剤と同等の防除効果であった（データ省略）。

写真－2　二重被覆による太陽熱土壌消毒

(2) 収穫後の太陽熱土壌消毒

施設栽培では8月上旬までには1作を終える。低コスト、環境保全型農業を展開するには太陽熱土壌消毒を導入するのが好ましい。本技術は被覆を二重にすることで相当効果が高まることが知られている（写真－2）。試験圃場の土壌を農業用ビニルで二重被覆して処理した後には、処理前に病原菌が検出された深さ35cmのところまで菌は全く検出されなかった。一方、一重被覆では低密度ながら病原菌が検出された（図－5）。

6. おわりに

地球を取り巻くオゾン層を保護する「モントリオール議定書」が1987年に採択されてから昨年で25周年を迎えた。2000年頃に

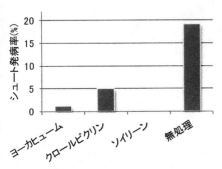

図－4　土壌くん蒸剤の低温期（2月）処理によるショウガ根茎腐敗病に対する効果

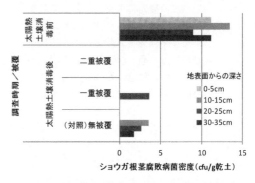

図－5　太陽熱消毒前後の土壌中のショウガ根茎腐敗病菌密度

最大となった南極上空のオゾンホールもこの10年間で徐々に減少し、2013年9月には一昨年の同時期より約20％減少していたことが判明した。1980年代以前の地球環境レベルにまで戻すためには後50年程度は必要と推測されているが、本議定書採択25周年を迎えた際に国連の潘基文（パン ギムン）事務総長は「生活、工業および農業から排出される地球上のオゾン層破壊物質の98％を削減できたことにより、オゾン層は、今、次の半世紀の間で回復する軌道上にあります。」と祝辞を述べた。この25年間、本議定書の元で活動した事務局員、各委員会役員並びに各国政府代表団の国際交渉における並々ならぬ努力があったことは言うまでもないが、一方、農業で臭化メチル剤を利用してきた生産現場の方々の環境保護と削減受諾に対する理解と協力、代替技術開発に尽力してきた農業行政や試験研究機関の関係者の努力も忘れてはならない。

わが国では、先進国として世界に範を示すため土壌用臭化メチル削減案となる国家管理戦略を定める一方、臭化メチル剤から脱却した栽培マニュアルを新たに開発してきた。これまでの道程は、順風満帆という言葉からは到底かけ離れたものであり、様々な場面で多くの障害にぶつかり、その都度大小様々な修正を余儀なくされた。しかし、本研究プロジェクトメンバーの努力により、実効性ある脱臭化メチル栽培マニュアルが開発された。これらのマニュアルは実証試験をした産地に適合したものであるため、全国の生産現場にいきなり導入するわけにはいかない。導入を計画する際には、導入する産地に合わせて微調整しなければならない点も多々あると思われる。今後は、これらの新規栽培マニュアルを基盤にし、これまで臭化メチルを利用してきた地域の生産者、農業関係機関、行政・普及部局さらに試験研究機関の間で大いに検討・評価し更なる発展をさせて頂きたい。

なお、本誌に紹介した新規栽培マニュアルの詳細は、農研機構ホームページ http://www.naro.affrc.go.jp/narc/contents/post_methylbromide/index.html で公開されているので、参考にして頂きたい。
（津田新哉＝農研機構中央農業総合研究センター）

（3）野菜の生育障害対策

1．はじめに

　植物が受けるストレスは、病害虫などによる生物的ストレスと、温湿度や養水分の欠乏、過多などによる環境ストレスがある。本項では、環境ストレスによる生育障害とその対策について説明する。

　環境ストレスによる障害は作物を取り囲む環境が作物の生育に適さないときに生じる障害であるため、完全人工光型植物工場のように、環境を自在に整えることができる条件では、条件設定により理論的には発生をゼロにすることが可能である。しかし、これまでの露地での栽培環境と異なることもあり、露地での情報がそのまま当てはまらないことがあるため、初めて栽培する品種などでは、いろいろな障害が起こりやすい。

　通常の施設園芸もこれまでいろいろな障害の発生が報告され、その対策技術も研究されている。今後、施設が高度になりいろいろな環境制御が可能になると予想されるが、これまでの障害発生のメカニズムとその対策を整理し学ぶことが、最適な環境を作り出すことにプラスとなる。

　環境ストレスは、温度、湿度、日射、風の物理的な要因や、根の周りの養水分の過剰や欠乏など化学的な要因により生じる。またそれぞれの要因が複雑に絡み合い、障害が生じることも多い。そこで本章では、施設園芸において不良環境下で共通して現れる障害と、代表的な施設野菜であるトマトの生理障害について解説する。

2．高温障害

　それぞれの作物には生育適温が存在する。メロン、キュウリなどのウリ科野菜は高温を好み高温には比較的強いが、夏の施設内では生育適温を超えることもあるため、高温障害を生じることがある。また、作物内でも品種により高温ストレスに対する耐性が異なる。表—1は生育適温により野菜を大まかに分類したものであり、それぞれの作物において、適温を超えると様々な障害が現れる。

　夏にハウスの天窓や側窓などが故障し施設内が異常な高温になると深刻な高温障害が生じる。高温障害は部位により出方が異なるが、地上部の葉や茎では萎れとして現れる。作物中の水は、葉からの蒸散による力で、水が茎内の道管を移動し葉へ運ばれる。高温になると道管中に気泡が発生し水が途切れ、水の移動が阻害され、葉は萎れる。萎れた葉は気孔が閉じ蒸散ができなくなるため、気化熱による冷却が働かなくなり、温度が上昇する。やがて水分がなくなるため、細胞が壊死し、症状としては水浸状となり、その後、褐変して枯れる。トマトなどでは果実は気孔がなく蒸散しないため、異常な高温下でさらに直射日光が当たる状況では、数時間内で果実表面が水浸状となり、細胞が壊死してしまう。

　このような事態を防ぐには、天窓、側窓、換気扇などの換気装置を日頃からチェックし、ハウス内の温度が異常にならないようモニターすることが重要である。特に台風対策としてハウス内を締めきった後は注意が必要である。台風が過ぎ去った後は、南方の暖かい空気が流れ込むため温度が上がりやすい。手動で閉めた場合などは、速やかに開けない

表—1　野菜の生育適温による分類

	適温（目安）	作物例
高温性野菜	25-30℃	メロン　キュウリ　スイカ　オクラ
中温性野菜	23-28℃	トマト　ナス　パプリカ　サヤインゲン
冷涼性野菜	18-23℃	イチゴ　ホウレンソウ　レタス　セルリ

と高温障害を生じやすい。

換気を十分に行っているハウスでも夏期高温条件が続くと作物は高温障害を受ける。適温を外れ温度が上昇すると、真の光合成はほとんど変わらないかやや減少するに対して、呼吸量が増加し、みかけの光合成は減少し、生育が抑制される。特に適温が低めの植物では高温で生育が阻害される。

生殖器官である花や蕾は、栄養成長の葉や茎に比べて高温ストレスを受けやすい。特に雄性器官である花粉の発達は熱に弱く、夏期高温下のハウス内では花粉稔性が低下し、受精能力が低下する。図—1はサヤインゲンにおける各ステージの高温によりどのような障害が生じるかまとめたものである。

花粉稔性が低下した場合の対策としては、ホルモン剤の利用が上げられる。また近年、トマトやナスで単為結果品種が育成されており、夏季高温下での安定した着果が期待されている。しかし高温下の生産現場では、ホルモン剤や単為結果品種を利用しても着果しない場合がある。これは、上記したような光合成の低下が生じて果実が肥大できないためだと考えられる。

根は高温により養水分の吸収が阻害される。養液栽培の場合、養液が高温になると水分中に含まれる溶存酸素量も減少するため障害は発生しやすい。

ハウスでの高温対策としては、ハウス内の温度を下げてなるべく適温に近づけることが第一である。そのためには、天窓や側窓の開口度を上げて換気量を増やす、細霧冷房やパット＆ファンなどの気化冷却を利用する、ヒートポンプやチラーなどで冷房するなどの対策がある。赤外線吸収フィルムや各種遮光カーテンを利用することも暑熱対策として有効

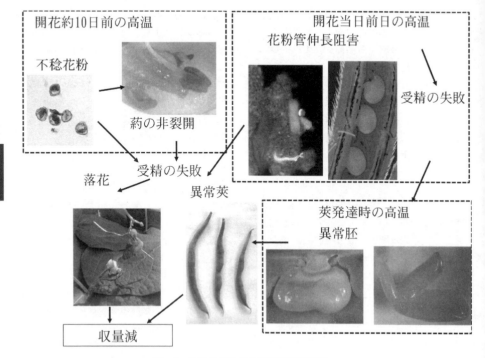

図—1　サヤインゲンにおける高温障害発生

であるが、光合成に必要な光透過率を低下させるため、常時展張せず、強光時のみ使用するなどなるべく光を遮らないように利用することが必要である。

3．低温障害

1）発生要因と対策

　施設内を適温内で管理できれば低温障害が生じることはないが、停電や暖房機の故障により施設内が低温になると作物に低温障害が起きる。また、燃料費を削減しようと暖房設定温度を下げることでも低温障害を生じることがある。暖房が停止し、作物体温が氷点下になるような場合では、細胞が凍結し凍死する。0～5℃では、根からの養水分の吸収が止まり、生体内の活動も止まるため、長時間低温下に置かれた場合には、作物は枯死する。

　凍結するような低温に対する耐性は作物によって異なり、キャベツやホウレンソウのように、内部に糖分を貯めることで、生き延びる作物もある。ホウレンソウでは、低温ストレスにより糖度が上がることを利用し、寒締めホウレンソウとして有利販売することが行われている。

　5～10℃の温度では、高温性の作物では障害がでるものの、低温性の作物では目立った障害がでないこともある。10℃付近で生じる低温障害としては、花粉稔性の低下、根の養分吸収阻害などがある。トマトでは夜温を低温で管理すると花粉稔性が低下し、着果が悪くなる。また、葉ではカリウム不足による葉先枯れや、マグネシウム不足による黄化が生じやすくなる。また、生育速度は温度に依存するため、低温になると生育が遅延する。作物によってはほとんど生育しないこともあるので、その作物の適温に近づけることが必要である。

　低温対策としては、暖房により温度を上げることであるが、コストの問題があるため、効率よく上げる必要がある。果菜類では、変温管理による省エネが行われている。

　トマトの生育適温を外れた場合の高温障害と低温障害についてまとめたものが図―2である。

2）局所温度管理

　高温および低温に対して障害を受けやすい部位として茎頂（成長点）や花や蕾などの生殖器官、根（特に根端部分）が上げられる。これらの部位では細胞分裂が盛んに行われ、若い細胞で構成されている。萎れが現れる場合も茎頂が先に萎れる場合が多い。このため、これらの部位を局所的に暖房や冷房する局所温度管理技術がナスやトマトなどで開発され

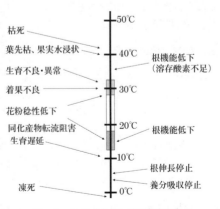

図―2　トマトの生育と温度（概念図）

図―3　イチゴのクラウン温度制御

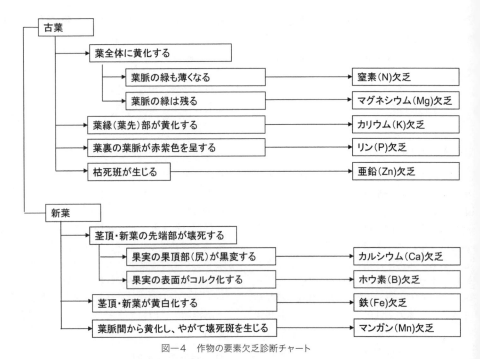

図—4 作物の要素欠乏診断チャート

ている。イチゴでは成長点が集中する株元(クラウン部)を、冷温水製造装置と2連チューブ配管によって20℃程度に制御することで、早期収量の増加、収穫の中休みの短縮、収穫ピークの平準化ができる技術が実用化されている(図—3)。この技術はガーベラなど、株元から成長する花き類でも応用可能であることが示されている。

4．養分不足が原因で生じる障害

生理障害の中では養分不足が原因で生じる障害が多い。養液栽培での試験により各種成分が過剰もしくは不足した場合にどのようなことが生じるか明らかになっている。生育に必要な元素(肥料)として、窒素(N)、リン(P)、カリウム(K)、マグネシウム(Mg)、カルシウム(Ca)、イオウ(S)、鉄(Fe)、ホウ素(B)、マンガン(Mn)、モリブデン(Mo)、銅(Cu)、亜鉛(Zn)がある。次に過剰、不足した場合の障害を説明したい。

1) 窒素（NO_3-N、NH_4-N）

タンパク質、酵素、葉緑素、ホルモン、核酸など生体内のあらゆるところで必要な元素であり、移動しやすい。過剰になるとクロロシス、カルシウム不足、過繁茂、生殖成長抑制などが起こる。欠乏すると下位葉から黄化し、生育抑制が起こる。

2) リン（PO_4-P）

遺伝子、細胞膜、酵素、ATPを構成する元素である。リンも移動しやすい。最近、キュウリの養液栽培ではリン過剰により、マグネシウム吸収が阻害されることで、葉の白化現象が起きることが報告されている。欠乏すると生育抑制、下位葉の葉先や葉裏の淡緑化、暗紫色〜紫紅色へ変化することがある。

3) カリ（K）

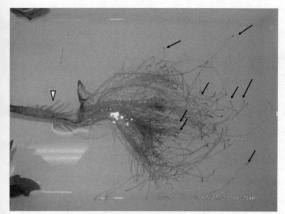

→：壊死した部位、△：茎から発生した不定根

図―5 溶存酸素不足で根の先端部分が壊死している様子
（エバンスブルー染色による）

細胞内のpH調節、浸透圧調節、代謝や合成に関与し、移動しやすい。欠乏すると、中位葉先端部から黄化するいわゆく葉先枯れを起こす。果実では着色不良が起きる。

4）カルシウム（Ca）

細胞壁、細胞膜を構成し、細胞内ではセカンドメッセンジャーとして働く。水とともに道管によって運ばれるが移動しにくい元素であるため、野菜栽培で欠乏症が出やすい。欠乏すると葉の周囲が枯死し褐変するチップバーンや葉先枯れ、果実では尻腐れ果となる。

5）マグネシウム（Mg）

葉緑素の構成元素であり、酵素活性、タンパク合成に関係し、移動しやすい。欠乏すると葉緑素にダメージを与えるため、葉脈だけ緑を残し、全葉が黄化する。

6）鉄（Fe）

呼吸、光合成、酵素に関係し、移動しにくい。養液栽培では鉄はキレート鉄として供給されるため、培養液を紫外線やオゾンで殺菌した場合など分解され、pHが高くなると不溶化し欠乏症を起こす。欠乏すると、上位葉の葉柄が黄化し、成長点が黄白化する。

7）ホウ素（B）

細胞壁の合成、細胞膜の完全性の維持、糖の膜輸送、核酸合成、酵素の補酵素として働く。欠乏すると上位葉の葉縁部周辺に黄化症状が起こる。

以上のような養分の過不足で生じる障害は、与える養液を正常に戻せば、時間がある程度かかるものもあるが、比較的速やかに正常に戻るため、日常の培養液組成のチェックが予防となる。図―4は要素欠乏についてまとめたものである。

5．根腐れ

養液栽培においては、根がダメージを受けた場合、培養液の組成が正常でも養水分を吸うことができなくなるため、萎れや上記したような障害が生じる。根腐れは地下部の病害や、酸素不足により生じる。

養液栽培における根域の酸素は、正常に育てるための、重要な要因である。培地を用いる場合には空隙率や水分含量に注意する必要がある。また、NFTや湛液水耕の場合には、培養液中の溶存酸素が低下しないようタンクに養液が戻る際に泡ができるように工夫するか、水槽で魚を育てる時と同じようにコンプレッサーなどでエアレーションを行い根に十分な酸素を供給する必要がある。もしくは霧状に根に培養液をスプレーするか、栽培ベッド内の培養液面とトマトを支えるパネルとの間に空間を作り、湿気中根を発生させ、酸素を取り込ませる必要がある。エアレーションが停止したり、湿気中根が培養液中に浸漬したりすると生育がとたんに悪くなる。溶存酸素が低下すると、トマトの根は先端部分から壊死する（図―5）。壊死は側根の先端でも生じ、細胞分裂が盛んで伸長する部位が死ん

表—2 果菜類の障害とおもな要因

作物名	障害名	おもな要因
トマト	乱形果	低温、養水分の過剰、鬼花が生育したもの
	空洞果	日照不足、高温や低温、不適切なホルモン処理
	尻腐れ果	カルシウム不足、乾燥や高温
	裂果	果実への直射日光、急激な水の流入、果実の濡れ
	着色不良果	高温、果実への直射日光、カリウム欠乏
ナス	乱形果	低温、養水分の過剰
	石ナス	受精障害、日照不足、低温、過繁茂
	がく割れ果	ホルモンの高温時の処理、高濃度処理
	つやなし果	水不足
ピーマン	尻腐れ果	カルシウム不足、乾燥や高温
	変形果・石果	種子形成のかたより
	着色不良果	果実への直射日光、低温
キュウリ	曲がり果	日照不足、低温、水分不足、着果過多、過繁茂
	尻太り果	株の老化、曲がり果と同じ
	尻細り果	高温乾燥による草勢の衰え、肥料不足
メロン	発酵果	カルシウム不足、窒素過多、カボチャ台木
スイカ	繊維質果	接ぎ木
	空洞果	果実肥大の遅れによる加熱
イチゴ	乱形果	花粉発達時の栄養過剰
	奇形果	受精不良によるそう果着生のかたより
	白ろう果	低温、日照不足、有機物の多用、土壌の低 pH

でしまうため、根が伸長できなくなる。

トマトの場合、湛液状態が続くと、トマト自身が湿害に対応するため、根と茎の基部あたりから不定根を速やかに発生させる(図—5)。不定根は培養液中に元々あった根と比べて太く、内部は空隙が多いため、地上部から空気を供給できるような構造になっている。不定根の発生により、開花前の苗のようなステージでは生育は悪くなるが、枯死することは避けられる。しかし、収穫期のトマトのように大きな株になると、不定根の発生による障害回避では追いつかず、深刻なダメージとなる。湿害回避のためには、根域環境を最適に管理することが重要となる。

トマトを栽培していると、茎にぼつぼつと不定根が現れることがある。これは、根がストレスを受けているサインであり、土耕の場合には直ちに灌水量を見直す。養液栽培の場合には培養液の濃度やエアレーションの有無をチェックするなど、根域を直ちに改善することが必要である。

6．果実の障害

花や果実は環境の養分や影響により様々な障害が発生する。表—2は果実の障害と主な要因についてまとめたものである。以下トマトの代表的な障害である尻腐れ果と裂果について発生要因と対策について説明する。

1) 尻腐れ果

トマトが受精後、急速に肥大を行うピンポン玉くらいの大きさになった際、果実の先端

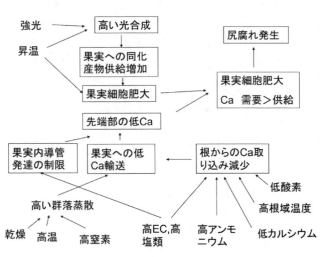

図—6 尻腐れ果実発生に影響する環境要因のまとめ

部分に水浸状として症状が現れ、やがて、先端部分が黒く変色する。尻腐れ果はカルシウム不足が主要因であることが明らかになっている。通常の栽培では、根域には十分なカルシウムを含む肥料を施用しているにも関わらず尻腐れ果が発生する。尻腐れ果は、低カルシウムのみならず、低リン、高マグネシウム、高窒素、高カリ、高塩類濃度（高EC）条件でも発生する（図—6）。また、土壌の乾燥や過湿により根がダメージを受け、カルシウムが吸収できない場合にも発生する。尻腐れ果発生率と土壌溶液中のアンモニア濃度との間には相関関係が認められている。夏期高温期など尻腐れ果が発生しやすい時期にアンモニア態窒素を窒素成分として使用すると尻腐れ果が発生しやすいため、硝酸態窒素のみを施用し、発生を抑制することが望ましい。

栽培中、灌水の失敗でトマトを萎れさせた場合、尻腐れ果が多発する。たとえば梅雨時などで、雨が続き、急に晴れた場合などトマトが萎れることがあるが、その後、尻腐れ果が多くなる。根から吸収されたカルシウムは導管を通り葉や果実に送られるが、葉は蒸散を盛んにしているため、導管の流れは果実より葉に流れる方が高い。萎れることで果実へのカルシウム流入が阻害され、尻腐れが発生すると考えられる。また果実（シンク）と葉（ソース）のバランスが偏り、果実に対して葉が多くなったいわゆる草勢が強くなった場合では尻腐れが発生しやすい。これも、相対的に多くなった葉へカルシウムが移動し、果実先端部分のカルシウムの移動が減少し、発生すると考えられる。

尻腐れ果は、以上のようなストレスにより、生育のバランスが崩れたときに発生するため、生育バランスを適切に保つことが重要である。肥料を適切に施肥することがもちろんであるが、温湿度などの環境を適切に保ち、一時的にも萎れさせないよう管理することが重要である。萎れなくても葉と果実のバランスが偏ると生じるため、肥料のやり方や葉かきなどを工夫するなど草勢を適切に管理することが重要である。

2）裂果・裂皮

裂果は、果実が割れる現象であり、トマト以外の果菜や果樹などでも問題となっている。裂果の症状については、果実の生育途中から深く亀裂が入るものや、収穫期間際になり果皮が裂けるもの、表面に細かな亀裂が入るものなど、様々な形態があるが、生産現場においては、果実表面に傷が入るものを全て裂果として呼んでいることが多い。また、皮だけが割れる症状や、表層の細かな亀裂は裂皮とも呼ばれる。

裂皮に関しては、表皮が裂けて、内部の組織が現れるタイプのもの

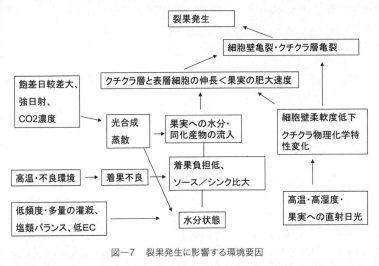

図—7　裂果発生に影響する環境要因

と、表面のクチクラ層のみが細かく裂けて、ざらざらした表面になるものがある。後者については、ラセッティングと呼ばれ、さめ肌、つやなし果、クチクラ裂果とも呼ばれる。

裂果は、果実へ流入する水および同化産物が多い場合、果実が肥大するスピードに、表面のクチクラと表層細胞の伸長が間に合わず、表層に亀裂を生じることで発生する（図—7）。果実表面の亀裂の入り方は様々で、表皮のクチクラ層および表皮細胞の間が裂けて広がり、ひどいものでは果実の上部半分に何本もの裂け目が入る。正常な果実では果実の肥大に伴い表層の細胞の肥大とクチクラ伸長のバランスがとれて肥大するが、裂果では果実への急激な水分流入によりバランスが崩れ、表面に亀裂を生じる。

裂果は果実肥大と果実への水と同化産物の流入のバランスが崩れたときに発生するため、果実肥大や同化産物の生産や転流に及ぼす環境要因が発生に影響する(図—7)。高温、高湿度、強日射条件などの環境下において発生しやすくなる。また湿度については、飽差の日較差が大きくなると裂果の発生が増加することが報告されている。

これらの環境要因と、葉の枚数に比べて果実数が少ない、つまり着果負担が低い場合、ソース／シンク比が大きい場合に、送り込まれる同化産物と水分に対して受け取り側の果実の容量が小さいために裂果が生じやすい。夏秋トマト生産では、夏期高温下で着果数が減り、秋になりトマトの生育に適した気温になり光合成量が増えると裂果が増加する。

放射状裂果の場合、果実の成熟期のみならず、果実発達中にも生じる。夏季栽培での放射状裂果は、茎葉や果実に日射が当たりやすい条件で発生しやすく、特に、幼果期～緑熟期頃までの積算日射量が多く肥大が旺盛な果実で生じやすいことが示されている。夏季高温期で果実温度が上昇した場合、表層組織の構造や果実表面を覆っているクチクラ層の発

達に影響を及ぼしていると考えられる。果実とがくの境目部分であるへたの部分が分離し、コルク層を形成した果実では裂果が多い。コルク層は内部の柔組織がコルク化したものであり裂けやすい。

裂果の発生を抑制するための対策技術として、生産現場で使用されているのが遮光である。遮光することで、光合成量を減らし果実数に見合った同化産物と水分を果実に流入させることができる。また、果実に直射日光が当たる悪影響を避けることができる。しかし、強日射を防ぐ遮光は裂果の発生を抑えることに確かに有効であるが、光合成を阻害するため果実の肥大、つまり収量が減収する場合がある。遮光資材を張りっぱなしで、曇天が続くような場合、裂果発生は少なくなるが、逆に果実の発達が悪くなり空洞果が発生するようになる。遮光は裂果対策として有効であるが、日射量や温度条件などの環境を考慮し、臨機応変に使用することが望ましい。

夏秋トマトの産地での試験では、果実に直接日光があたる誘引方法を、葉で果実が隠れる斜め誘引を行ったところ放射状裂果が抑制されたことが明らかになっている。なお、コルク層の形成抑制や、表面に細かい傷が入る裂皮や同心円状の裂果の発生抑制には、UVカットフィルムが有効であることが示されている。

7. 人工光型植物工場での生理障害

人工光型植物工場では完全に制御された条件下での栽培が行われるため障害発生は少ないが、レタスなどで生育を早めるため温度を上昇させた場合などでは葉の周辺部分が壊死するチップバーンが生じる。チップバーンの直接的な要因はカルシウム不足であるが、養液にはカルシウムが十分含まれていても生じる。チップバーンは、葉が急速に生育するときに必要なカルシウムの供給が追いつかない

ために生じる。チップバーン対策としては生育スピードをコントロールするために温度を調節することであるが、下げ過ぎると時間当たりの収量を下げるため、それぞれの品種や環境において、障害を発生させない条件を探し出す必要がある。これまでの研究では、培養液のECが低い、光周期が短いとチップバーンの発生時期が遅れる傾向が示されている。また、明暗周期を24時間に対し、3時間にすることで、チップバーンを抑制することが報告されている。

このほか、暗期をなくした連続光条件などでは葉に障害が生じ、光合成を阻害することが報告されている。自然条件ではあり得ない条件も植物工場内では作り出すことが可能であるが、作物によっては、これまで知られていなかった障害も発生する可能性がある。

(鈴木克己＝静岡大学大学院農学研究科)

参 考 文 献

1) 後藤英司・高倉直 (2003)：Reduction of lettuce tipburn by shorterning day/night cycle, 農業氣象, 59 (3), 219-225
2) 木村真美他 (2010)：夏秋雨よけトマト栽培における裂果軽減技術 (第I報), 大分県農林水産研究指導センター研究報告, 2, 23-42
3) 中野明正他 (2014)：キュウリ量管理養液栽培において発生した白化症状の原因, 野菜茶研報, 13, 1-8
4) 静岡県 (2009)：持続的農業を推進する静岡県土壌肥料ハンドブック, http://www.maff.go.jp/j/seisan/kankyo/hozen_type/h_sehi_kizyun/pdf/sdojo0.pdf
5) 孫禎翼・高倉直 (1989)：植物工場におけるサラダナの蒸散量とチップバーンに対する培養液の電気伝導度と光条件の影響, 農業氣象, 44 (4), 253-258
6) 鈴木克己他 (2003)：Localization of calcium in the pericarp cells of tomato fruits during the development of blossom-end rot.Protoplasma, 222, 149-156
7) 鈴木克己他 (2005)：湿害によるトマト根の壊死の可視化, 野菜茶業研究所2005年成果情報, http://www.naro.affrc.go.jp/project/results/laboratory/vegetea/2005/vegetea05-13.html
8) 鈴木克己他 (2013)：トマト果実着色不良の発生要因と対策方法に関する研究, 野菜茶研報, 12, 81-88
9) 鈴木隆志. 2010. 夏秋トマト雨よけ栽培における放射状裂果発生要因の解明と対策技術開発に関する研究, 岐阜県中山間農業研究所研究報告 6：26-49
10) 田中和夫 (1984)：省エネルギー栽培の基本的設計－トマトの栽培事例を中心として－. 農業および園芸, 1305-1310

第5章　野菜の品質・機能と成分変動要因

1．野菜の品質と機能

1）野菜に求められる基本的な品質

　農産物の品質は安全性、栄養・機能性、嗜好性といった本来備えているべき基本的特性と、用途性や保存性など流通や実際の使用の際に求められる付加的特性に分けられる（図－1）。その中でも、まず、重要となる項目は、食中毒を起す有害微生物が適切に管理されているかといった安全性であり、次に、ビタミンやミネラルの基本的な栄養であろう。しかし実際は、安全である程度の栄養価があっても、おいしさに対する要求（嗜好性）を満たさなければ、それを販売し経営を行うのは難しい。つまり、販売を考えた場合は、おいしさによる差別化、また、近年では、超高齢社会となり、国民全体に健康に対する志向がますます強くなり、健康・長寿に資するよう、機能性成分を多く含む、さらに、有害な成分をより少なく含む等の差別化戦略がとられる。

2）野菜の栄養成分・機能性成分

（1）野菜の栄養成分
　糖質、タンパク質、脂質は三大栄養素と呼ばれる。エネルギーや体を構成する成分となる。この三大栄養素に、ビタミンとミネラルが加わり五大栄養素と呼ばれる。最近では、食物繊維が第6の栄養素と呼ばれる。前3つの栄養素は、代謝の基本的な部分を担い、後3つの栄養素は、前者の代謝について、生体機能を調節する役割を担う。調節機能とはいえ、そのほとんどは体内で合成ができないため、不足により機能障害が起きる（表－1）。

　野菜から日々摂取する栄養素の割合をみると（図－2）、炭水化物、脂質、タンパク質は、野菜からの摂取は少ないものの、微量栄養素、食物繊維、ビタミンC、葉酸、ビタミンK、ビタミンA、カリウムは、野菜から多

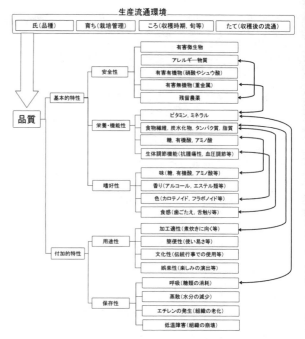

図－1　農産物の品質構成要素とそれに影響する要因

表―1 ビタミン、ミネラル、食物繊維の役割とそれを多く含む野菜等の例

	成分	役割	欠乏症	多く含む野菜等
ビタミン	ビタミンA（脂溶性）	β-カロテンが体内で分解されてビタミンAになる皮膚や網膜細胞を保護DNAの遺伝子制御にも関与	夜盲症など	緑黄色野菜（β-カロテンとして含まれる）
	ビタミンB_1（水溶性）	糖質、脂肪の代謝に利用される	脚気、神経炎など	緑黄色野菜、豆類
	ビタミンB_2（水溶性）	脂質、炭水化物、たんぱく質の代謝、呼吸、赤血球形成、抗体生産、皮膚・頭髪など、体全体の健康状態に不可欠	口内炎、舌炎、皮膚炎、てんかん発作など	緑黄色野菜
	ビタミンB_6（水溶性）	アミノ酸の代謝、神経伝達に用いられる	けいれん、てんかん発作、貧血など	
	ビオチン（水溶性）	ブドウ糖の再合成補助、核酸の合成促進、皮膚形成や脱毛との関わりが指摘	皮膚疾患、免疫機能不全、血液中の有機酸増加（※欠乏事例は少ない）	
	ビタミンC（水溶性）	コラーゲンの合成に深く関与スーパーオキシドラジカル、ヒドロキシルラジカルなどの活性酸素類を消去するほか、ビタミンEの再生、コレステロール代謝、鉄の吸収の促進など	壊血病	ブロッコリー、イチゴ、ホウレンソウ、パセリ、ジャガイモ、サツマイモ等
	ビタミンD（脂溶性）	紫外線にあたると皮膚に生成される血中のカルシウム、リン酸の濃度維持、骨密度の維持免疫反応などへの関与がん予防との関連が指摘	くる病、骨軟化症、骨粗しょう症	キノコ類
	ビタミンE（脂溶性）	体内での脂質の連鎖的酸化を防ぐ老化防止、病気予防に関与	通常の食生活で欠乏はないとされる	アーモンド、ピーナッツ、大豆など
	ビタミンK（脂溶性）	出血時の血液凝固や骨へのカルシウムの定着に関与	血液が難凝固、骨粗しょう症や骨折	緑黄色野菜
	葉酸（水溶性）	アミノ酸や核酸の合成や赤血球の形成がんリスク低減の可能性	貧血、免疫機能不全、消化管機能異常	緑黄色野菜
ミネラル	カルシウム（Ca）	主に骨や歯として成人男性の場合で約1kg存在細胞の情報伝達、筋肉の興奮抑制などに関与	筋肉の痙攣、くる病、骨軟化症、低カルシウム血症、骨粗しょう症	パセリ、モロヘイヤ、バジル、オオバ、ダイコン（葉）、カブ（葉）、コマツナ等
	鉄（Fe）	約70％は赤血球中のヘモグロビンの成分、約25％は肝臓などに貯蔵ヘモグロビンは、酸素を体内組織に運搬	貧血	パセリ、コマツナ、ソラマメ、エダマメ、ミズナ等
	マグネシウム（Mg）	カルシウムやリンとともに骨の形成に必要補酵素としてのはたらき、筋肉の動きを調整、神経の興奮を鎮めるほか、糖質代謝や高血圧との関係が指摘	慢性的に不足すると、不整脈や心疾患、糖尿病のリスクが高まる	エダマメ、オオバ、バジル、オクラ、モロヘイヤ等
	亜鉛（Zn）	多くの酵素の活性に関与発育を促し、傷の回復を早め、味覚を正常に保つとされる	子供では成長障害成人では貧血、味覚障害、免疫機能不全、うつ状態など	ソラマメ、エダマメ、オオバ、タケノコ
	ナトリウム（Na）	細胞内外の濃度バランスを調整	日本人は摂取過多高血圧への影響	生鮮野菜に含まれる量は少ない
	カリウム（K）	ナトリウムとともに、細胞内外の濃度バランスを調整神経伝達で重要な役割	脱力感、食欲不振等	アシタバ、モロヘイヤ、ニンニク、エダマメ、ホウレンソウ、カボチャ等
	セレン（Se）	がん細胞生成抑制、粘膜強化、免疫力向上	細胞障害（※欠乏は極めてまれ）	ネギ
	モリブデン（Mo）	肝臓や腎臓での補酵素、糖質や脂質の代謝の補助、鉄利用促進	頻脈、夜盲症、貧血など	ピーナッツ、エダマメ、セロリ等
	ホウ素（B）	ミネラル代謝を調節し、ビタミンDの活性化プロセスを強化	過剰摂取に注意	ブドウ、モモ等
	ケイ素（Si）	髪や爪の形成や骨の代謝、免疫システムなどに関与	早期の老化等	ゴボウ、ダイズ、ジャガイモ等
食物繊維		人の消化酵素では消化されない、肥満防止、コレステロール上昇防止、排便促進、ダイオキシン類をはじめ、誘拐物質の排出に寄与	便秘から痔の誘因	野菜全般、豆類、きのこ類

注）丹羽（2014）の情報をもとに作成

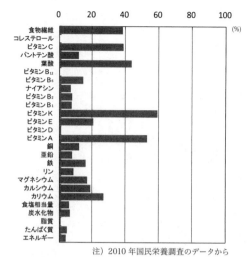

注）2010年国民栄養調査のデータから
図—2　野菜からの各種栄養成分の摂取割合

く取られ、野菜の重要性が認識できる。

（2）野菜の機能性成分とその役割

現在まで知られている、野菜の主な機能性成分と期待される生理機能の概要を整理した（表—2）。植物工場など高度な環境制御が可能となり、光や灌水制御によりこれらの成分を任意に制御できる可能性もある。生産から加工・流通を含め、これら有効成分の利用法にビジネスチャンスがある。

以下に、デリカスコアとして機能性を商業的に取り入れ成功している事例（デリカフーズ㈱）を中心に、機能性について解説する。なお、これらの評価は、in vitroでの事例であり、今後は、マウスを用いた動物実験、さらにはヒトにおける経口作用の検証実験、最終的には、ヒトでの日常摂取量の目安量の提示が必要である。

（3）野菜の機能性

述べてきた野菜（食品）の働きは、以下のように、3次の異なる機能として整理できる。1次機能は、前述のように生命を維持するための「栄養機能」である。2次機能は、おいしい等の感覚を満足させる「感覚・嗜好機能」、3次機能は、体調を整え、病気の予防につながるとされる「生体調節機能」である。

日本は世界の中でいち早く超高齢社会になり、健康長寿に関心が高まり、日々の食への関心は極めて高い。食品の3次機能においては、野菜の占める割合は高いと考えられるため、より注目されている。3次機能には大きく分けて、①抗酸化力、②有害物質の排出力、③免疫賦活化力の3つの機能がある。

①抗酸化力

機能性に関して、もっとも研究事例が多いのは、抗酸化力である。人間は大気中の酸素を利用してエネルギーを生産し生命活動を営んでいるが、その過程で活性酸素が発生し、それが、タンパク質や脂質を酸化し、いわゆる老化を招く。そして、DNAを酸化し場合によっては発がんを誘発すると考えられ、「酸化ストレス」と呼ばれている（矢野, 2014）。現代社会では、精神・肉体的ストレスや食品添加物、喫煙、排気ガス、紫外線等、活性酸素の発生原因となる酸化ストレスが多いため、それを消去するための抗酸化物質の摂取が注目されている。活性酸素には、スーパー

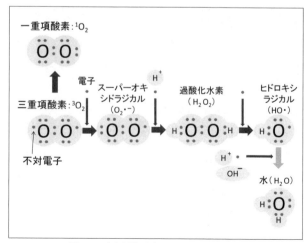

図—3　主な活性酸素の分子構造と関係

表-2 野菜等に含まれ機能性をもつといわれている成分

	分類	機能性	含有農産物食品例
ポリフェノール	アピゲニン	精神安定、頭痛改善、抗がん作用、食欲増進	セルリー、パセリ
	クロロゲン酸	抗酸化作用、ガン予防、老化防止、生活習慣病予防	サツマイモ、ゴボウ、ナス
	ラクチュコピクリン	鎮痛作用、食欲増進、肝臓・腎臓の機能向上効果	レタス、チコリ
	アントシアニン	目の機能向上・眼精疲労回復効果、抗酸化作用、生活習慣病予防	赤ジソ、紫キャベツ、ナス、スイカ、紫サツマイモ
	ケルセチン	抗酸化作用、抗炎症作用、発ガンの抑制、動脈硬化予防、毛細血管の増強、花粉症抑制、体内に摂取した脂肪の吸収を抑制	タマネギ、エシャロット
	ルチン	生活習慣病予防	ケール、ホウレンソウ、アスパラガス
	イソフラボン	更年期症状緩和、骨粗しょう症予防、冷え症予防、女性ホルモンの欠乏を補う	ソラマメ、エダマメ
	ジンゲロール	抗酸化作用、ガン予防、動脈硬化予防、老化予防、消化吸収促進、血行促進作用、発汗作用	ショウガ
アミノ酸	リジン	成長促進作用、皮膚炎予防	エダマメ、ソラマメ、ブロッコリー、ニンニク
	トリプトファン	不眠症予防・改善、抑うつ症状の緩和	エダマメ、ソラマメ、ニンニク、ホウレンソウ等
	アスパラギン酸	疲労回復作用、スタミナ増強作用	アスパラガス、トマト
	グルタミン酸	脳や神経の機能活性化、排尿作用	トマト、ハクサイ、ブロッコリー
オリゴ糖		整腸効果、便秘解消効果	ゴボウ、タマネギ
レシチン		老化予防、動脈硬化予防、脂肪肝予防	エダマメ
塩化メチルメチオニンスルホニウム(ビタミンU)		胃腸障害に有効	キャベツ、レタス、セルリー
キシリトール		虫歯予防効果	イチゴ、レタス、ホウレンソウ、カリフラワー
ムチン		胃壁保護、肝臓・腎臓の働きを助ける、高脂血症予防、糖尿病予防	ヤマノイモ、サトイモ、オクラ、レンコン
アスコルビン酸(ビタミンC)		抗酸化作用、ガン予防、抗ガン物質生成	野菜全般
カロテノイド	α-カロテン・β-カロテン	抗酸化作用、ガン予防	ニンジン、ホウレンソウ、ブロッコリー、カボチャ
	γ-カロテン	抗酸化作用	トマト、アンズ
	リコペン	抗酸化作用、ガン予防	トマト、スイカ
	カプサンチン	抗酸化作用、ガン予防、生活習慣病予防、老化予防	赤ピーマン
	β-クリプトキサンチン	骨粗しょう症予防、抗ガン作用	ミカン、トウモロコシ、ポンカン
	ルテイン・ゼアキサンチン	加齢性黄斑変性症予防、白内障予防	ホウレンソウ、パプリカ、トウモロコシ
含硫成分	アリシン	殺菌作用、ガン予防、疲労回復	ニンニク
	硫化プロピル	血糖値低下	タマネギ
	サイクロアリイン	血栓を溶かす	タマネギ
	その他の硫化アリル	肥満改善	タマネギ
	イソチオシアン酸類	ガン予防、生活習慣病予防、ガン予防、胃腸炎改善	キャベツ、ブロッコリー、カリフラワー、タマネギ、ネギ、ニラ、ニンニク、ラッキョウ
クロロフィル		ガン予防、コレステロール値低下作用、貧血予防効果、炎症鎮痛作用	ホウレンソウ、ニラ、ピーマン

注) 独立行政法人農畜産業振興機構の「野菜ブック」の情報から抜粋整理

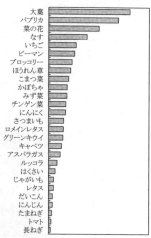
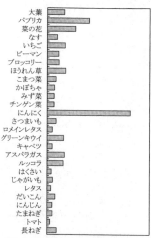
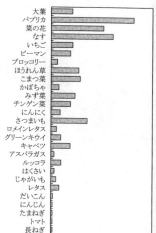
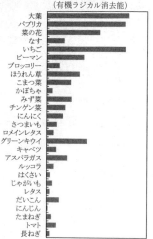
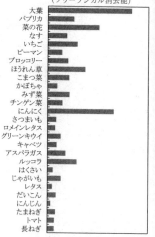

注) 丹羽（2014）の情報から作成、相対比較のため数値の単位は示していない

図—4 野菜の抗酸化力の各種測定法による違い

オキシドラジカル、ヒドロキシラジカルなどがあり（図—3）、前者は、スーパーオキサイドジスムターゼ（SOD）により無毒化されるので細胞内毒性はそれほど強くないとされる。体内で生産された過酸化水素が金属や光によりヒドロキシラジカルに変化する場合があるが、この酸化力は非常に強い。

食品の抗酸化力の評価に古くは安定な有機ラジカルに対する消去能を評価するDPPH法が用いられてきたが、最近ではUSDA（米農務省）で開発され、より生体内に近い反応系とされるORAC（Oxygen Radical Absorbance Capacity法（フリーラジカルの消去能を評価））が開発されている。電子スピン共鳴装置を使用したESR（Electron Spin Resonance（フリーラジカルの濃度を推定））は、実際に人の体内で発生する3種類の活性酸素、スーパーオキシドラジカル、

ヒドロキシルラジカル、一重項酸素の消去能を測定できる。

上記3種類の抗酸化能の測定方法から、抗酸化能の現れ方の違いを推定した事例がある（丹羽、2014；図－4）。これによると、例えば大葉は、DPPH法、ORAC法とも高い抗酸化能を示し、作物によりパターンも異なり非常に複雑であることがわかる。これらの手法以外にも、酸化能の評価法は様々開発されているが、各評価法の相関性は必ずしも高くない。つまり、それぞれの値の評価および解釈については、今後の重要な研究課題である。

②有害物質の排出力

ヒトは日常生活における呼吸や飲食により、様々な毒性物質を取り込んでいる。カドミウム（Cd）、ヒ素（As）、鉛（Pb）、アルミニウム（Al）、水銀（Hg）等の重金属、カビ毒やアセトアルデヒド等の化学物質が問題とされる。このような有害物質が体内に蓄積されると、腎臓や肝臓の障害、がんの発生等様々な健康被害を引き起こす。これらの物質を分解または排出するには、特に肝臓の働きが重要であり、この働きを補助するフィトケミカルとして、ダイコンやキャベツに含まれるグルタチオンや、タマネギに含まれるケルセチンが注目される。また、野菜全般に言えることであるが、食物繊維をはじめ繊維分を多く含み、大便のかさを増すことにより排便を促す効果がある。

③免疫賦活化力

免疫は、体内に侵入した細菌やウイルスまたは、体内で発生したがん細胞等を異物として認識し排除する仕組みである。レタスやハクサイなどは白血球を活性化する能力が高いとされる（丹羽、2014；図－5）。

（4）野菜の品質を総合的に見る

一般に、現状で考えられる農作物の品質は、ある程度、測定し数値化し、認識できるもの

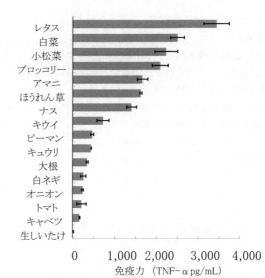

注）丹羽（2014）を元に引用、作成
図－5　各種野菜が免疫力の賦活化に与える影響

に限られている。認識が困難なものとして、後に詳述するが、例えば、有機農産物の品質がある。生物の多様性保全や人と人との信頼関係など複雑で曖昧な概念は有機農産物の根幹を構成するものと考えられるが、これらは客観化、数値化し、品質として農産物に表示することは困難である。

以下では、主に物理化学分析により数値化できる項目を中心に、人の食生活における好ましさの観点から、事例を挙げて解説する。

①増えることが好ましいとされる成分

糖：エネルギー源または甘みを構成する成分である。現状、多くの野菜で甘みは共通的に最も重要な要素である。トマトやニンジンなども糖度を増加させる方向で育種され、かつては子供の嫌いな野菜No.1のニンジンも今や好きな野菜の仲間入りをしている。

アミノ酸：うまみやコクの指標である。調理用のトマトは一般に生食用のトマトに比べグルタミン酸が多いが、調理用トマトを生で食べてもおいしいと感じる人は少ない。他の成分に関しても同じであるが、味には相乗効果

第5章　野菜の品質・機能と成分変動要因　　467

があり総合的に評価されるべきものである。

有機酸：クエン酸やリンゴ酸などがあり、酸味として認識される。果実類では糖と相俟って味覚を決定する重要な要素である。

機能性成分：上記（表-2）のように、野菜をはじめ農産物には病気の予防などの健康を維持するための機能が期待される。例えば、カロテノイドはガン予防機能のほかに、活性酸素の消去作用や免疫作用を賦活化することが知られている。各種野菜類の中でもニンジンやシュンギク、ブロッコリー、カボチャなどにはβ-カロテンが多く含まれている。血圧上昇抑制作用等で知られる機能性アミノ酸（γ-アミノ酪酸（GABA））も、野菜の中ではトマトに高濃度で含まれる（Saito et al.2008）。最近、GABAが酸味と塩味の増強効果を有することを示唆する官能評価結果も報告されている（佐々木ら、2011）。

ミネラル：日本では、厚生労働省によって12成分（Zn（亜鉛）、K（カリウム）、Ca（カルシウム）、Cr（クロム）、Se（セレン）、Fe（鉄）、Cu（銅）、Na（ナトリウム）、Mg（マグネシウム）、Mn（マンガン）、I（ヨウ素）、P（リン））が食品の栄養表示基準として定められている。健康な生活を営むために必要な成分であり、適切に摂取することが望まれている（表-1）。食物にはヒトにとって必須成分でないものも含まれる。また必須成分であっても、取りすぎれば過剰症も生じうる。つまり、サプリメントなどで、多めに摂取すれば良いということではない。

②減少することが好ましい成分

有害微生物・ウイルス：日本における食中毒の発生事例の中で、最も多いのがノロウイルス、次いで、カンピロバクターやサルモネラ菌である。農場から食卓までのどこででも汚染の可能性があり、付着した場合は除去または、増殖しないような管理が必要である。

アレルギー物質：アレルギーとは本来自分を守るための免疫反応が、自分自身を攻撃してしまい炎症反応を引き起こしている状態のことを指す。とくに食品アレルギーは幼小児で多いとされ、アレルギーを引き起こす原因となる物質であるアレルゲンとなる食品にはタンパク質を多く含む食品が多く認められている。

残留農薬：残留農薬については、2006年からポジティブリスト制に移行し、残留基準が設定されている農薬は当然であるが、設定されていない農薬も規制の対象となった。一般には動物実験での無毒性量に100分の1をかけた量が基準値であるが、栽培期間中に農薬を使用した場合、これらの基準値以下で野菜に残留する可能性はある。しかし、基準値自体が、実際に健康被害が生じる値よりはるかに低く設定されている。

硝酸・シュウ酸：野菜のえぐみの原因となる成分とされる。高濃度の硝酸は、とくに生後3ヵ月未満の乳児には有害で、体内で亜硝酸になり赤血球のヘモグロビンに結合し酸欠状態になる危険がある。また硝酸から生成した亜硝酸は二級アミンと反応し、発ガン性物質であるニトロソアミンを生成する。しかし、ビタミンCがあるところではニトロソアミンは生成しないとされ、ビタミンCが豊富で硝酸性窒素の少ない野菜を選んだり、調理により硝酸を低減させたりするなどの工夫で対応可能である。また、シュウ酸はホウレンソウなど一部の野菜にのみに含まれ、CaやFeの吸収を阻害する。

重金属：食品中には微量の重金属が存在する。CuやZnのように必須元素であるものでも、過剰摂取により中毒の可能性がある。As、Pb、Cd等は毒性が強く蓄積性もあり、食品衛生法に規格が定められている。

以上のように品質を構成する化学成分だけでも多数あり、それぞれの組み合わせ、また野菜ごとに違うことを考えると、"品質"と一言で言われるものは極めて複雑でその評価も一筋縄ではいかない。

表—3　野菜の品質と地下部の栽培条件

種類	品質と収量	窒素	リン酸	カリウム	微量要素	地温	土壌水分	土壌病害虫
果菜類	外観	◎	○	-	-	◎	◎	○
	日持ち性	△	-	○	-	◎	○	○
	糖度	◎	-	-	-	◎	◎	○
	酸度	◎	-	-	-	◎	◎	○
	ビタミン	◎	-	-	-	◎	◎	○
	収量	◎	○	○	○	◎	◎	○
葉菜類	外観	◎	-	-	-	◎	◎	○
	日持ち性	◎	-	-	-	◎	◎	○
	糖度	◎	-	-	-	◎	◎	○
	酸度	△	-	○	-	◎	◎	○
	ビタミン	◎	-	-	-	◎	◎	○
	収量	◎	○	○	○	◎	◎	○
根菜類	外観	◎	-	-	-	◎	◎	○
	日持ち性	◎	○	-	○	◎	◎	○
	糖度	◎	○	○	-	◎	◎	○
	酸度	△	-	-	-	◎	◎	○
	ビタミン	◎	-	-	-	◎	◎	○
	収量	◎	△	○	○	◎	◎	○

◎：深く関係する、○：関係がある、△：はっきりしない
注）野菜・果樹・花きの高品質化ハンドブックをもとに作成

2．野菜品質の変動要因

1）「氏、育ち、ころ、たて」

前述のように野菜の品質は多様である（図—1）。この多様性を引き出している、変動要因は「氏、育ち、ころ、たて」という言葉でまとめられる。つまり、"氏"、品目はもちろん品種、詳細には個体により異なる。"育ち"、光条件、温度湿度、肥料管理法等の生育条件、"ころ"、さらにはいつごろ収穫したのか？という旬、そして、"たて"、どれくらい流通過程を経たのか（とれたてなのかどうか）、場面ごとに大きく影響を受ける。

(1) 氏：品種による品質の違い

オランダのトマト生産性は年々上昇しており、近年は 60 t/10 a を超えている。これはわが国の一般的生産量 20 t/10 a をはるかに上回る水準である。この生産性の違いは、気象条件、栽培施設の規模、設備等による栽培環境のほか、品種によるとされる。オランダでは、専ら収量性と流通性を高めるための育種がなされてきたのに対し、'桃太郎'に代表される日本品種は、収量よりもむしろ食味に焦点を置いた育種がなされてきた。

実際 2013 年春季に収穫した'桃太郎ヨーク'（日本品種）、'Geronimo'（オランダ品種）のトマト果実に含まれる主要呈味成分を分析した結果からも（安藤ら、2015）、3 種類の遊離糖について日本・オランダ品種間で顕著な差があり、'桃太郎ヨーク'に含まれる果糖、ブドウ糖、ショ糖は、オランダ 2 品種を比べると各々 1.5 倍、1.6 倍、4.6 倍であった。その他の成分についても、おおむね日本品種のほうが高い傾向があった。このように、品質において、品種の影響は極めて大きい。

(2) 育ち：栽培環境における、品質変化のメカニズム

施設生産においては、基本的には、光、温度、湿度、養水分などの環境要因は、光合成を最大化させるように統合的に制御される。このうち、品質に限れば、高品質化のために良く取られる手法が、養分の制御であり、灌水の

制御である（表—3）。これらは、養液栽培においても土壌を使用する土耕栽培においても同様であり、特に日本の土耕栽培においては生産量を犠牲にしても、ストレスを付加して高品質化を求める例が多い。また、消費者の関心の中には、農薬の使用に関する事項が常に上位を占め、これらは消費の選択をする上で重要な項目である。

（3）ころ：収穫時期による差異

　京都府綾部市において、2003年6月～2004年5月までの1年間に毎月2～3回の間隔で購入した市販のホウレンソウ（合計127サンプル）に含まれるL-アスコルビン酸（AsA）と硝酸塩の周年変動が調査された（藤原ら，2005；図—6）。その結果、アスコルビン酸含量は、夏期（7～8月）に低く冬期から春先（1～3月）にかけて高い傾向が認められた。一方で、硝酸塩含量は、7～9月に高く、1～3月に低い傾向が認められた。このように、収穫時期（旬）が野菜の内部品質に大きく影響している。野菜の旬を把握して摂取することが大切である。

（4）たて：収穫からの時間経過

　一般に、トウモロコシや枝豆など若どりをして食用にする場合、ブロッコリーやアスパラガスなど花や芽を食用にする場合、それらの部分は成長途中であり単位重量当たりの呼吸速度も高いため、糖の集積も大きいが、収穫後はその消耗も早いとされる。食味を決める重要な因子である糖度は、このような作物においては、収穫後の時間が長くなるほど、大きく減少することが知られている。葉菜類でもほぼ同様であり、一般に、輸送により栄養素は減少する。例えば、ホウレンソウのビタミンC濃度は、収穫した日から3日後には7割、7日後には半分になるとする事例もある。国内産では1～3日ほどで店頭に並ぶが、輸入野菜は税関の検査などでさらに時間がかかり、栄養価は減っているであろう。野菜の品質を考える上では、収穫からの時間(鮮度)は極めて重要な問題である。

3．生産環境が品質に与える影響

　生産環境のうち、重要かつ対局にあると考えられる生産方法、有機農業と植物工場について、その品質特性について概要を述べる。

1）有機農産物の品質

　有機農業は本来、安全・安心な農産物を生産するにとどまらず、農村の環境・景観や生物多様性を保全あるいは創造し、遠くから運ばれてくる飼料や肥料よりも地域資源を循環利用し、生産者と消費者の信頼関係を構築する農業である。つまり総合的なシステムが広い意味での有機農業であり、それによる生産物が有機農産物である。一方で、より限定的に考えると、化学合成農薬、化学肥料を施用していない圃場で生産された農産物ということになる。このような農産物の品質にはどのような特徴

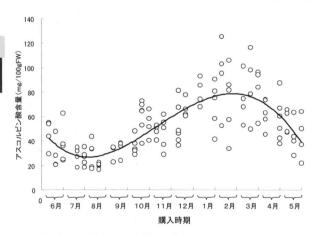

図—6　ホウレンソウのアスコルビン酸含量の周年変動
　　　（2003年6月～2004年5月、藤原，2005より）

があるのだろうか。
(1) 有機農産物の味、質、栄養価など総合評価

有機農産物等の種々の栽培法で生産された農産物の品質に関する70編あまりの研究報告から以下のような結論が得られている（堀田, 1999）。

栄養成分：有機農産物と慣行農産物との違いは、成分的な差として普遍的な結果は出ていない。有機農産物は慣行に比べ糖度が高く高品質であるとの説もあるが、そうとも言いきれない。

色、形、味、香り、硬さ等：有機農産物は慣行農産物に比べて良い、差がない、悪いと、する調査結果が出ており、作物や品質要素によってまちまちである。また、同じ作物でも違う結果が出ている場合もあり、やはり普遍的な結論は得られていない。有機農産物が良い場合でも、慣行農産物との差は大きくない。

機能性成分：有機農産物の機能性成分含量は、報告によって異なる。慣行農産物より多い、差がない、少ないとそれぞれの場合がある。

流通・加工特性：有機農産物の日持ち性は、作物により異なるが、慣行農産物に優るかまたは差がないという結果である。

一方で、個別的には、有機栽培で水分ストレスを負荷するとトマト果実のラジカル消去能が上昇することを示す例もある（寺沢ら, 2008）。これは、糖と同様に水ストレスによってアスコルビン酸濃度が高くなったためと考察され、有機農産物でなければ達成できない品質とは言えない。

(2) 海外の研究事例

Williamson（2007）は「有機農産物に栄養的なメリットはあるのか？」とする論文の中で、多くの消費者は、有機農産物が栄養価に富むために健康に良いと思っているが、このような見解を支持する研究は少ないと結論している。その原因は、1：研究計画や手法が不十分であるため結論が得られていない、2：土壌、気象、品種、熟度、家畜の場合には餌のやり方により大きく異なる、3：鮮度や、貯蔵条件も重要な要因である、としている。十分にコントロールされた試験が難しいことが大きな要因である。以上の結果を総合的に考えると、有機農産物（有機農法）についていくつかの示唆に富む結果は得られているが、有機農産物が慣行農産物に比べて極めて安全であり栄養価が高いとする明確な結果およびそれを説明できる根拠はない。健康を維持するためには、有機農産物かどうかに関係なく野菜と果物を多く含むバランスのとれた食事をすることの方が重要である。また、そもそも、甘さや栄養価などについて、有機農業に重点を置くのではなく、農薬を使用していない点、または、未利用有機質資源の利用を品質として訴求すべきである。

2）植物工場野菜の品質

植物工場については基本的には生産性を最大化することが目的であり、生産速度が速いため、成分量が低い場合も認められる。これは生産速度の問題と考えられ、適切な制御により投入エネルギーと資源の最大化をもたらす制御点が模索されている段階である。しかしながら、さまざま制御が可能であるという利点は、生産速度をあまり低下させずに高品質化も可能であることを示唆している。以下には、植物工場において実施された高品質化の事例について紹介する。

(1) 低カリウム（K）、植物工場において可能となる品質管理

わが国において近年増加傾向にある腎臓病透析患者は、Kを体外に十分排出できないためKの摂取を制限されている。養液栽培においてKの施肥量を制限することで、可食部の生育を維持しつつ、K含有量の少ないホウレンソウの栽培方法が確立されている（小川ら, 2007）。ホウレンソウの栽培は水耕法を用いて行い、栽培期間を通して水耕液中の

K濃度を減らして栽培した処理区と、栽培初期はKを減らさず栽培し、栽培期間の途中から水耕液中のK濃度を減らした処理区を設定した。その結果、K添加量を減少させた各処理区において、収穫時の可食部の新鮮重は対照区と比較して有意な差は認められないが、K含有量は、栽培期間を通して水耕液中のK濃度を減らして栽培した処理区で最大32％、栽培期間の途中から水耕液中のK濃度を減らした処理区で最大79％減少させることが可能であった。つまり、K施肥量を制限することにより、ホウレンソウ可食部の生育を維持しつつ、収穫時の体内のK含有量を減少させることは可能である。特に、栽培初期はKを減らさず途中からKを与えない栽培方法によって効率よくK含有量を減らせる。また、Kの減少を補うようにNaおよびMg含有量が増加した。このように養液栽培では、内容成分を制御できる可能性が高い。本栽培法は非結球レタスの栽培に応用され、低カリウムレタスとして商品化されている。

（2）K増量、抗酸化物質が増加

トマト果実の赤色の主成分であるリコペンはカロテノイドの一種であり、高い抗酸化作用を有し効率的に活性酸素を捕獲することにより発ガンの危険性を軽減するとされている。近年、消費者の健康志向の高まりからリコペン含量の高いトマト果実の需要が高まっており、このことが、リコペン高含有品種の育成やリコペン含量を増加させるための栽培技術の開発に対する研究意欲を亢進してきた。これまでに、トマト果実のリコペンを増加させる栽培方法として、養液栽培における培養液中のEC（電気伝導度）を高める方法が提案され、実際に果実リコペン含量が有意に高まることが示されている（Krauss et al.2006）。しかしながら高EC処理によってトマト果実収量が低下することも同時に認められ実用化にいたっていないのが現状である。一方、Taberら（2008）は、K施肥量を増加させることで果実収量を維持しつつリコペン含量を増進することを実験圃場レベルで明らかにした。しかしながら、K増施によるリコペン増進効果には品種間差があり、また、リコペン増進効果を誘導する適切なK施肥量は明らかになっていない。一方、水耕栽培した普通品種の'ハウス桃太郎'とβ-カロテンを蓄積させる変異品種である'Beta'に対してK増施を行うと、'ハウス桃太郎'ではリコペン含量が、'Beta'ではβ-カロテン含量が高まることが示され（名田ら，2012）、K増施は品種を問わずカロテノイド合成を促進する可能性が示唆されている。植物工場においては、養液中のKの制御が可能であるため、今後Kを制限因子とした機能性成分の向上技術の開発が期待される。

（3）植物工場産野菜の事例

植物工場産野菜については、品質が悪いとの指摘もある一方で、優れるという指摘もある。野菜の品質は前述のように、生産環境により異なるため、スーパーホルト協議会（2012）では、植物工場拠点で生産された生産環境が明確な野菜の成分評価、細菌検査、日持ち性の検査を実施している。具体的には、植物工場拠点のレタスと露地レタスとで、糖度、抗酸化力、ビタミンC、硝酸イオン、Ca、Kの6項目について、比較評価を行っている。野菜はレタス（フリルアイス）であり、夏、秋、冬の3回の調査、また、植物工場と露地品とで、大腸菌数と一般細菌数、日持ち性の試験が実施された。その結果、成分評価、日持ち性につては、各試験時期の露地品とほぼ同等であると結論されている。一方で、一般細菌については、植物工場産では露地産に比べ大幅に少なくなっていた。一般細菌であるので問題はないが、衛生面や日持ちなどにも影響する項目であり、植物工場がその優位性を訴求すべき品質の一つであろう。生育量を低下させず、機能性成分を蓄積させるための栽培条件を最適化し、その知見を集積し

ていく必要がある。

海外でも同様の研究が進んでいる。例えば、水耕と土耕で生育させたバジルにおける抗酸化物質と栄養価が評価されている（Sgherri, 2010）。バジルは、生鮮、冷凍、乾燥品の需要があり、年間を通じて需要がある。バジルの成分濃度は環境によりある程度異なることが想定されるが、土耕と水耕で抗酸化成分等を比較したところ、ビタミン C、ビタミン E、脂肪酸、総フェノール、ロスマリン酸について、含量は土耕に比べ水耕で高かった。特徴的なのは還元型のリポ酸が水耕で、土耕に比べ3倍も高くなった。これらは一例であり、栽培条件によりことなることも想定されるが、水耕栽培においても品質向上が可能であることを示す例である。

4）無農薬野菜のブランド

JFE ライフ株式会社は、土浦グリーンハウス等において、レタスの周年栽培を実施している（図―7）。栽培法は、太陽光型植物工場での養液栽培である。ハウスの中央にハウス全体の環境を制御するセンサーを設置し、日射、温度、湿度を情報から、天窓やカーテンを自動操作している。また、冬期の曇天は日照が不足するため、メタルハライドランプによる補光を実施している。特徴は、湛液型水耕栽培で農薬も使用していない点である。収穫後は速やかにパッケージ、出荷され雑菌量が極めて少ない。完全密封包装により日持ち性の向上と、パッケージから出して1枚目から安心して食べられるなどの利便性がセールスポイントである。「エコ作」としてレタスの商品開発が行われている。

4. 生産性と品質そして消費者の選択

1）トレードオフ

収量を追い求めない有機栽培と高生産性を追求する植物工場の事例について紹介した。ハウス栽培と露地栽培という環境と、化学肥料と有機質肥料という施肥条件を変えてトマトを生産しその収量と糖度を比較した場合、収量と品質は反比例の関係になる（図―8）。ハウス内は土壌水分などの変動ストレスが少なく生育が進むため収量が増えるが、糖度は露地に比べて低い。一方で有機質肥料のみで育てたトマトでは化学肥料に比べ、この事例では糖度は低くなる。これは肥料成分が不足し光合成が十分に進んでいないためと考えられる。

基本的には、生産量と品質はこのようなトレードオフの関係にある。生産量にせよ糖に代表される品質成分にせよ、そのもとは光合成産物である。それが、果実そのものの重量増加のためのセルロース等の多糖合成に振り

図―7　JFE ライフ㈱における生産と調整の現場

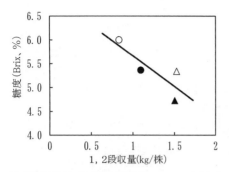

○:露地化学肥料、●:露地有機質肥料、△:ハウス化学肥料、
▲:ハウス有機質肥料

図─8 トマトの果実収量と品質（糖度）との関係
（中野ら，2006より）

分けられるか、食味や機能性に寄与する低分子成分に振り分けられるかは、ストレスの程度によるものであり、一義的には、光合成速度を増加させることが重要である。植物工場などで環境を適切に制御できれば、生産量をそれほど低下させずに、内容成分を充実させることも可能となる。そのような制御法（ストレスの強さと期間等）は今後蓄積されるべき知見である。

2）品質表示と消費者の選択

上記に述べたように施設野菜の品質は実に様々な要素がある。消費者は、このような状況のなかで日々の消費の選択を迫られる。判断には情報が必要である。生産・流通関係者は上記のような様々な品質をわかりやすく正確に伝える必要があり、消費者はそれを理解し消費する必要がある。行政にもこれに対応した動きがある。規制緩和として、農産物にも機能性表示を認め、トクホで表示されていない成分や作用についても認める方向で検討がなされ、2015年から施行される。表示にあたっては、企業が販売前、科学的根拠を立証した論文や製品情報などを消費者庁に届け出ればよく、特に国の審査による許可は必要ない。一方で、販売後のチェックで安全面の重大な問題が確認された場合には、企業に回収を命じるとされている。例えば、ミカンのβ-クリプトキサンチン、トマトのリコペンなど、量販店でも表示がなされそれを見て消費者が購入する時代が到来した。これにより、野菜においても、内容成分による差別化販売が加速される。

（中野明正＝農研機構野菜茶業研究所）
（安藤　聡＝農研機構野菜茶業研究所）
（上田浩史＝農研機構野菜茶業研究所）

参 考 文 献

1) 青木宏史（1995）：野菜の品質と栽培条件，野菜・果樹・花きの高品質化ハンドブック，施設園芸協会編，養賢堂，東京，12-24
2) 安藤聡・中野明正・金子壮・坂口林香・東出忠桐・畠中誠・木村豊（2015）：日蘭トマト品種の果実成分と収量性，野茶研研報．14，31-38
3) 藤原隆広・熊倉裕史・大田智美（2005）：，市販ホウレンソウのL-アスコルビン酸および硝酸塩含量の周年変動，園芸学研究，4（3），347-352
4) 中野明正（2012）：インテグレーテッド有機農業論，誠文堂新光社
5) 丹羽真清（2014）：おいしいものは体にいい：2万サンプル以上の野菜を分析してわかったこと，FB出版
6) 小川敦史・田口悟・川島長治（2007）：腎臓病透析患者のための低カリウム含有量ホウレンソウの栽培方法の確立，日本作物学会紀事，76（2），232-237
7) 寺沢なお子,・今井希美・野阪皆水・鯨幸夫（2008）：果房段位，熟度および根域制限水ストレスがトマトの品質およびラジカル消去活性に及ぼす影響，日本食品科学工学会誌，55（3），109-116
8) スーパーホルトプロジェクト協議会（2012）：平成23年度高度環境制御施設普及・拡大事業（環境整備・人材育成事業）報告書

第X部

園芸農産物の集出荷・流通・販売

第1章　集出荷施設

1．集出荷施設の機能

1）物的流通からみた機能

　集出荷施設の果たす機能のうち、第一に挙げる機能は、物的流通に関連する側面である。関係する多数の生産農家の生産物を集荷し、一定の品質・等級規格に従って選別秤量し、箱詰・包装を行い、必要に応じて予冷処理を施し、市場出荷に適する物的流通単位を構成する施設である。その役割は、集荷される農産物の種類と特徴に即して、運搬、保管、販売、加工、消費等の物的流通に適する形態とロット（単位）を付与することにある。

2）選別労働からみた機能

　生産農家との関連で重要なのが選別労力の軽減効果である。個選段階での選別作業は、収穫した生産物を家族全員で深夜まで選別することも稀ではない重労働であった。それが、生産農家は自己の収穫物をコンテナ等に入れて施設に搬入するだけですむようになり、出荷調製作業は大幅に軽減される。これは、収穫作業の時間延長を可能にし、作付面積の拡大にも結び付く。その他、集出荷施設に導入される設備は、高能率と科学的制度を実現し、選別作業の労働生産性を高め、選別コストの低減に貢献する。

3）マーケティングからみた機能

　品質・規格の揃った商品を、市場規模に応じて一定量、コンスタントに出荷することで価格形成を有利にすることがマーケティングの基本原則である。このような条件を満たすためには、一定の産地規模が必要となる。一方、産地規模が大きくなれば、同品種や作型で技術が統一されていても、圃場条件や個別農家の技術水準によって生産物に差異が出てくる可能性が大きい。このような生産物を、形状、重量、外観・着色、糖酸度、空洞等の要素について、一定の規格等級基準に即して先端技術を駆使して科学的に選別するのが近年の集出荷施設である。その結果、上述したような規格化された商品が施設を通じて生み出され、有利な価格形成に貢献することになる。

4）産地組織化からみた機能

　集出荷施設は、上記のようないくつかの機能を通して、多数の個別農家を一つの産地生産販売組織に統合する役割を果たす。生産過程は個々の農家が個別圃場で分担するとしても、その生産物は施設に集められて規格化され、一つの産地商品に仕上げられる。つまり、産地農家を束ねて、共通の産地意識を作り出し、共通の目標を設定するのに貢献しうるものである。それは、産地が小規模なものからしだいに大規模なものに発展する過程で、共通の利害と協同精神を醸成させる。それと同時に、効率の良い各種の選別機が統一されたブランド商品を作り出してゆくことになる。このことにより産地の司令塔的機能を集出荷施設が発揮してくる。このような役割を担う集出荷施設は、産地形成と組織化の要として、上記の機能を全体的に統合する拠点施設ということができる。

5）情報の発信・受信機能と戦略拠点

上記の1）～4）の機能をさらに近年の情報ネットワーク形成の問題意識から捉えてみると、集出荷施設は産地情報の収集センターであり、それを集約して市場に発信する戦略拠点施設である。また、施設には出荷市場からの市況や受給情報が時々刻々送られてくる。これらの情報は、市場対応のマーケティング戦略の前提として利用されるとともに、個別農家にフィードバックされ品種・作型選択、栽培技術指導の指針として活用されることになる。これらの情報受信・発信機能のコントロールタワーとして、産地間競争とマーケティング戦略拠点の施設となる。

6）新しい集出荷施設の役割

近年は農業労働力の減少が進み、高齢化の傾向が強まる状況の下では、その悪条件を効率の良い、先端技術を備えた施設で克服してゆく必要がある。このような施設の近代化は主要産地で推進されており、今後も全国的に普及していくものと思われる。

古くは選別方法が形状、長さ、重量等の要素による選別が中心であったが、近年は各種センサや近赤外線分析、音響解析等の技術の応用で色、味（糖酸度）、空洞等の品質面の選別が一般となっている。品質を一定の方法で評価し格付けを行うことによって、集出荷施設は品質競争を支える基礎条件となり、それは製品差別化の前提条件となっている。

施設は大規模化、重装備化、コンピュータ化、ロボット化が進み、再編も進みつつある。予冷設備、貯蔵設備、加工施設も併設されていることも多く、これらがシステム化を強め、作業工程や運営管理面でもいっそう工場的性格を強めてきている現状である。これからの集出荷施設はその運営管理に先端技術を備えた工場という感覚とセンスが求められる。

2．集出荷施設設置の効果

集出荷施設は前項で述べたように、各種の機能は備えているが、それぞれの個別機能が十分発揮されなければ、その全体効果が出現しにくい。その個別効果とは、①物的流通の改善、②省力・省コストの実現、③有利な市場対応と価格形成、④産地の形成発展が挙げられる。

1）物的流通の改善——間接的効果——

ここでいう物的流通の改善の意味は、①農家の収穫・調製、②施設内工程、③市場出荷の3段階において、種々の作業・工程が行われるということである。

例えば施設の設置・導入によって、個別農家は収穫物を粗選別するか、あるいはほとんど選別をしない状態でコンテナ等に入れて施設に搬入すればよく、このことは直接省力・省コストにつながる。また、作付面積、経営規模拡大にもつながることは先に機能として指摘したとおりである。

次に施設内工程の合理化は、パレットの使用、らくらくハンド、コンベア等の運搬機器の利用とそれを可能にする規格化されたコンテナ等の通い箱、段ボール箱使用等によって荷受・移動等の作業の合理化とシステム化が達成される。これは施設のシステムレイアウトの入念な検討等とあいまって実現されるものである。

市場出荷段階での合理化は、トラックの積込方法と積込量の適正化を通じて、輸送中の荷崩れの減少、荷傷みの低減、その他市場での荷下ろしや陳列等、包装段ボールの規格化によって実現する合理化は多い。

これらの効果は、集荷段階を除いて、施設設置の直接的効果というよりは、間接的効果である。施設設置の直接的効果は以降の諸効果を通じて発揮される。

2）省力・省コストの実現

集出荷施設の設置効果として最も大きいものは、省力効果と省コスト効果である。省力効果は、選別労働が個人選別手詰の段階では、通常目視手作業のため能率が悪く、しばしば深夜におよぶ過酷な重労働を強いられるのに対して、共同選別はそのような選別調製作業を高能率設備で代替する。それは、産地規模に応じた、大型施設の設備の能力と効率に支えられて実現するものである。選別作業は個人選別とは比較にならない高能率を達成し、個別農家の収穫調製作業を軽減させることになる。これが施設の発揮する直接的な省力効果である。

省コスト効果は、高能率設備で効率よく作業が遂行される結果として、選別コストが大きく低減されることである。選別コストの低減の程度は、施設の建物、設備、水道光熱費、労働費等の施設整備投資額（固定費）およびランニングコスト（変動費）と処理能力、稼働率、操業度等が関係する総合結果として実現される関係にある。

直接的な省力・省コスト効果は以上のようなものであるが、それと同時に、間接的に生活・社会的効果も出現する。例えば、選別作業を施設が肩代わりすることによって、個別農家はその分だけ労働時間を短縮することが可能となり、休息と睡眠時間を確保し健康な生活を送る条件が備わってくる。また、収穫物をコンテナ等で施設に搬入するだけですむことになると、個別農家の栽培管理、収穫作業への充当時間を拡げることに役立つ。自家選別手詰の場合には、個別農家は翌日出荷量に応じて選別作業に必要な時間を確保しなければならず、早めに収穫作業や管理作業を打ち切らざるを得ない。しかし施設を利用することになると、収穫作業や管理作業を継続することが可能となる。これによって、それまでの栽培面積規模を制約していた収穫・管理作業時間を延長させる効果が期待できる。ひいては、個別農家の栽培面積を拡大する効果が生じ、産地規模の発展拡大に資することになる。

3）有利な市場対応と価格形成

青果物市場に生産物を出荷販売する場合、有利な市場対応の条件として、①まとまった数量を、②継続的にコンスタントに出荷し、③出荷期間をできるだけ長期間保持することが要求される。このような産地は、産地規模も大きく、しかも品種・作型・栽培技術等も統一されていて、加えて産地組織が強力で統制がとれていることが上述のような市場対応をとり得る前提条件となる。

このような視点から集出荷施設を考えると、大型の出荷ロットを形成する拠点施設であり、共同利用に参加する個別農家の生産物が、一定の品質等級・形状重量規格に従って格付けされ、統一ブランド商品に生まれ変わることになる。

近年は消費者が安全性（使用農薬、肥料、食品添加物等）に敏感になり、また健康機能商品を追及する傾向が強い時代的背景の中で、単に外観・形状のみならずそれに加えて鮮度、糖酸度、外傷・空洞、その他の品質を先端技術により識別・格付けする集出荷施設は、時代の要求に適合するものである。このような品質管理の行き届いた商品が価格競争を有利にし、産地間競争力を強めることになる。

4）産地の形成発展

産地が市場対応を有利にするうえで不可欠な条件の一つに、産地規模が一定規模以上であることが重要である。一定規模というのは出荷市場によって異なるが、小規模な地方市場では小さく、人口の多い大都市近郊の中央卸売市場では大きくなってくる。したがって、産地はこのような市場対応を有利にする

ために、常に産地規模を拡大し、あるいは幾つかの産地が合併してまとまった産地として行動することを指向する。いいかえれば産地にとっては、生産物の品質競争を通じた産地間競争とともに、産地規模の拡大によるシェア競争が存在し、産地は常に拡大発展指向意識を持つことになる。

しかし産地規模を拡大する場合には、その制約条件を除去する必要がある。例えば、①産地規模（栽培面積）の拡大が可能な耕地があるか否か、②もし拡大の余地がある場合、その拡大を可能にする経営条件（労働力、資本等）はあるか、③労働力が不足するといった場合、それを解決する方法（機械化等による栽培技術の改善、収穫・調製労働力の省力・代替等）があるか、が検討されることになる。集出荷施設は、産地規模の拡大を制約する②、③の条件を除去する効果があるといえる。これは、さきに省力効果の項で述べた個別農家の収穫調製作業を肩代わりすることで可能になり、この省力効果が産地形成発展を促進するものである。

3. さいごに

集出荷施設の機能・役割は、農政の変化に伴いこれまでとは異なるものが期待され、その設置効果も多面的なものになるといえる。単に経済的合理性を追求するものとしてではなく、農村社会の活性化や、よりよい品質を保証し、消費者が求めるニーズに的確に応える流通拠点として、新しい機能・役割を担うことになるものである。

（和田聡一＝JA全農生産資材部）

参 考 文 献

1) ダイジェスト版共選施設のてびき：全農農機施設部

第2章 選果・選別技術

1. はじめに

　圃場で収穫された野菜や果実が流通・販売されて消費者の元に届くまでには、多くの場合いろいろな段階・作業を経る。市場へ出荷される野菜や果実は、多様化する消費者ニーズや地域の販売戦略などを反映して細分化された規格に合ったものとすることが求められている。そのため商品として包装・箱詰めして出荷する前に、野菜や果実について測定器やセンシング装置などを用いて、その大きさ、重量、長さ、形状、色、糖度や酸度など、階級や外部品質のみならず、内部品質に至るまで評価する必要がある品目も多く存在している。
　このような選果・選別を行う機械・装置については、農家が個別に使用する小さなものから、共同選別(以下、「共選」)施設などで使用される大型のものまで実に様々ある。
　農家が個別で行う手選別作業は収穫した野菜や果実を、限られた人数で長時間かけて行う重労働作業の一つであると考えられるが、一部の品目を除いて、農家が例えば通い箱のようなものに生産物を入れて共選施設など大型の施設に搬入し、選別は専門の作業者が一括で効率的に行い、箱詰め・出荷まで行う方式(共選共販)が取られている。
　このように、これまでは重労働で長時間を要していた選別以降の作業を別組織の作業者に任せて分業化することは、収穫までの各種作業に充てる時間に余裕を生み、労働負担の軽減やひいては作付面積の規模拡大などにもつながる可能性が出てくると考えられる。

　また、規格や品質のばらつきが少ない生産物を、必要とされる量を安定して市場に供給するというニーズや、地域独自の商品規格を設定して価格的に優位に立てる地域ブランドなどを生み出すといったような販売戦略に応えるためにも、選果・選別を細かい基準に則って大量に行うことができる共選施設の役割はますます大きなものとなっている。

2. 選果・選別の状況

　共選施設に搬入された生産物の選果・選別作業については、それら作業の省力化・効率化を図る目的で各種選別機械の導入が進んできているが、野菜や果実の品目によっては、大きさや形状が機械選別になじまないものや、表面がやわらかく、すり傷などによって品質低下が懸念されるという理由で選別の機械化が進んでいないものもある。表―1に農協などの出荷団体における野菜の選別状況、表―2に果実の選別状況について、手選別と機械選別の割合やその変化について示す。
　表―1は野菜を葉茎菜類、根菜芋類、果菜類の3つの分類にして、それぞれの手選別と機械選別の割合や個別選別(以下、「個選」)と共選の割合(出荷量ベース)について、1991年および2006年の統計データ(農林水産省「集出荷団体の選別方法別の組織数及び出荷量(野菜)」)を元に作成したものである。
　葉茎菜類については、共選における機械選別の割合に大きな変化はなく、タマネギが70～80%である以外は、ネギで若干増えてはいるもののほとんど機械選別が行われてい

表—1 出荷団体における野菜の選別状況（出荷量ベース）

分類	品目	1991年（平成3年）			2006年（平成18年）			増減割合（1991→2006）		
		個別選別	共同選別		出荷量野菜計(t)	個別選別	共同選別		個別選別	共同選別	
		手選別(%)	手選別(%)	機械選別(%)		手選別(%)	手選別(%)	機械選別(%)	手選別(%)	手選別(%)	機械選別(%)
葉茎菜類	キャベツ	52	48	-	874,700	3	97	-	-49	+49	-
	タマネギ	24	6	70	621,300	6	15	78	-18	+9	+8
	ネギ	68	31	1	166,800	8	87	5	-60	+56	+4
	ホウレンソウ	69	31	0	115,100	7	93	0	-62	+62	0
	レタス	33	67	-	373,100	8	92	-	-25	+25	-
	ハクサイ	47	53	-	350,600	5	95	-	-42	+42	-
根菜芋類	ダイコン	71	26	3	552,500	6	80	14	-65	+54	+11
	ニンジン	52	13	36	266,600	8	44	48	-44	+31	+12
	バレイショ	38	17	45	1,138,000	9	35	56	-29	+18	+11
	サトイモ	44	7	50	29,700	14	53	33	-30	+46	-17
果菜類	トマト	46	25	29	443,500	7	28	64	-39	+3	+35
	キュウリ	52	34	14	352,400	10	61	30	-42	+27	+16
	ナス	42	42	16	183,200	7	57	36	-35	+15	+20
	ピーマン	18	22	60	93,300	17	44	38	-1	+22	-22

注）農林水産省「集出荷団体の選別方法別の組織数及び出荷量（野菜）」より作成

表—2 出荷団体における果実の選別状況（出荷量ベース）

品目	1991年（平成3年）			2006年（平成18年）			増減割合（1991→2006）		
	個別選別	共同選別		出荷量果実計(t)	個別選別	共同選別		個別選別	共同選別	
	手選別(%)	手選別(%)	機械選別(%)		手選別(%)	手選別(%)	機械選別(%)	手選別(%)	手選別(%)	機械選別(%)
ミカン	6	3	91	589,900	1	7	92	-5	+4	+1
ナツミカン	2	3	95	28,300	1	5	94	-1	+2	-1
イヨカン	3	3	94	74,200	2	13	86	-1	+10	-8
リンゴ	7	13	80	264,200	1	11	88	-6	-2	+8
ブドウ	31	68	2	95,100	11	89	0	-20	+21	-2
ニホンナシ	17	8	75	167,500	1	14	85	-16	+6	+10
モモ	17	15	67	93,800	6	13	81	-11	-2	+14
オウトウ	78	19	3	6,080	3	97	-	-75	+78	-
ビワ	84	16	0	2,440	35	63	-	-49	+47	-
カキ	5	10	84	134,700	1	12	87	-4	+2	+3
クリ	9	4	87	4,820	7	16	77	-2	+12	-10
ウメ	39	16	45	36,400	1	15	84	-38	-1	+39
スモモ	21	62	17	13,600	10	82	9	-11	+20	-8

注）農林水産省「集出荷団体の選別方法別の組織数及び出荷量（果実）」より作成

表—3 選別の種類や測定項目、選別に用いる方式の例

選別種類	品質等	測定種類	測定項目	選別に用いる方式の例
階級選別	サイズ	重さ	重量	バネ・重錘・ロードセル
		大きさ	代表径・長さ・太さ	篩・ロール・画像処理・光電センサ
等級選別	外部品質	形状	曲がり・真円度	画像処理
		表面	色	色選別・画像処理
			傷・病虫害	色選別・画像処理・紫外線
	内部品質	成分	糖度・酸度・褐変・腐れ	近赤外線（反射・透過）
		熟度	硬度	打音
		内部構造	空洞	打音・比重・静電容量・近赤外線

ないという状況である（2006年時点）。個選の割合は2006年時点でいずれも一桁となっており、90％以上の葉茎菜類が共選で選別されていることになる。

根菜芋類については、共選の割合が30〜65％程度増えてこちらも90％程度となっており、また機械選別の割合はダイコン、ニンジン、バレイショで10％程度増えている。

果菜類については、トマト、キュウリ、ナスで機械選別の割合が15〜35％程度増えて、個選は10％以下に減っている。特にトマトでは機械選別の割合が35％の伸びとなっており、この15年の間に果菜類の選別機械化が進んだことが伺える。逆にピーマンでは個選の割合に変化はなく、共選における手選別が20％程度増加している（機械選別は同じく20％程度減少）。

果実については、ミカン、ナツミカン、カキなどは機械選別が85〜95％程度を占めるという状況や、ブドウ、オウトウ、ビワなどでほとんど機械選別が行われていない（2006年時点）という状況について、この15年間で変化はないようである。大きな変化については、オウトウで75％程度、ビワで50％程度個選が減少し、そのまま共選が増加していることや、ウメで個選が40％程度減少した一方で、機械選別が40％増加していることなどが挙げられる。

リンゴ、ニホンナシ、モモなどについては8〜14％程度ではあるが、機械選別の割合が増加している。表—2に示した13品目のうち実に8品目が80％以上の機械選別割合となっており、野菜に比べて果実の方が全体的に見て選別の機械化が進んでいる。

3．機械選別

野菜や果実の選別は、重さや大きさの基準、いわゆる「L・M・S」などの階級規格に従って選別する「階級選別」と、曲がりや表面の色、傷の有無などの外部品質、あるいは糖度や酸度、褐変、空洞の有無などの内部品質の基準、いわゆる「秀・優」などの等級規格に従って選別する「等級選別」に大別することができる（表—3）。

これらの選別を行う選別機は、野菜や果実のサイズ、内部品質および外部品質を非破壊で全数チェックすることを目的とし、設定された規格に従って分級するために用いる機械である。対象となる野菜や果実は、大きさや重さ、長さそして表皮のやわらかさなどの取扱性の難易度が品目ごとに異なり、選別機の種類や構造などは多種多様なものとなっている。

ここでは、重量選別機、長さや太さなどの形状選別機、曲がりや表面状態などの外部品質を測定する画像処理選別機や、色選別機、糖度、酸度および空洞など内部品質の測定機器について、従来使用されていたものも含めて以下に記す。

1）重量選別機・形状選別機（階級選別）

重量選別機は、野菜や果実をそれぞれ個体の重量で分級する装置であり、重錘の重さやバネあるいは両者を組み合わせたものが広く使われてきたが、これら重錘とのバランスやバネの張力を利用したいわゆるメカ的な仕組みから、ロードセルなどの重量センサとコン

写真—1　重量選別機の例（キク）

ピュータとを組み合わせた電子秤重量選別方式に移行してきた。写真―1に野菜や果実ではないが重量選別機の例として、キクの重量選別機を示す。

重量選別機の電子化により、測定速度の高速化、測定精度の向上や安定化が達成され、また重さの階級規格の変更なども任意で容易に行うことができるようになった。さらに、重さの測定データとトレイなどに載った対象物とを結び付けることによって、分級されたものの排出口への正確な搬送や、複数階級の対象物の混合排出、ミニトマトやピーマンなど複数個で袋詰めされる出荷形態がある野菜について定量袋詰めの省力化が図られた。

形状選別機は、篩（ふるい）などを用いて階級選別する接触式のものと、画像処理などによって階級選別する非接触式のものに大別できる。

前者は階級規格に沿った穴径を持つ篩（回転篩や平面篩など）や、隙間が規格に合うように設定されたロール（二条間隔型や多条間隔型など）を用いて機械的に分級する装置で、篩などとの接触や転がり、落下の場面などがあることから主に果皮や果肉が硬く傷つきにくい野菜や果実などでは、能率的で大量処理が可能な方式であると言える。

後者は例えばモノクロカメラなどを用いた画像処理や、光電センサなどにより対象物の代表径や長さ、太さなどの規格との比較を非接触で行うものであり、表面が傷つきやすい野菜などにも適用可能な技術である。ただし、画像処理方式については、カラーカメラを使用することにより上述の用途以外の外部品質（表面の色や傷など）の測定も行え、等級選別にもその適用場面が広がっている。

表―4および表―5は、野菜や果実の機械選別を行っている組織数とその選別内容（サイズ、外部品質および内部品質を実施している組織数）について、2006年の統計データ（農林水産省「選別内容別組織数及び出荷量」）を元に作成したものである。

機械選別を行っている組織数は、野菜ではトマトで最も多く、キュウリ、バレイショと続き、果実ではミカンで最も多く、ナシ、カキの順で続いている。この統計データでは、選別内容を階級選別である「重さ」と「大きさ」、等級選別である「外部品質（形状・色・傷）」と「内部品質（糖度・酸度・その他）」とに分けている。

ここで、階級選別（重さ・大きさ）を行っている組織数の全体に占める割合を見てみると、野菜ではニンジンやバレイショ、トマ

表―4　機械選別の内容別組織数（野菜）

分類	品目	機械選別実施組織数	選別内容（組織数）						全体に占める割合					
			サイズ		外部品質	内部品質			サイズ		外部品質	内部品質		
			重さ	大きさ	形状・色・傷	糖度	酸度	その他	重さ	大きさ	形状・色・傷	糖度	酸度	その他
葉茎菜類	タマネギ	73	13	66	39	-	-	2	18%	90%	53%	-	-	3%
	ネギ	38	12	27	21	-	-	-	32%	71%	55%	-	-	-
根菜芋類	ダイコン	19	10	12	16	1	-	4	53%	63%	84%	5%	-	21%
	ニンジン	84	54	35	38	-	-	1	64%	42%	45%	-	-	1%
	バレイショ	104	66	55	50	-	-	9	63%	53%	48%	-	-	9%
	サトイモ	43	8	38	29	-	-	1	19%	88%	67%	-	-	2%
果菜類	トマト	263	144	154	176	12	4	6	55%	59%	67%	5%	2%	2%
	キュウリ	111	49	82	87	1	-	2	44%	74%	78%	1%	-	2%
	ナス	55	29	32	40	-	-	3	53%	58%	73%	-	-	5%
	ピーマン	76	47	39	49	-	-	1	62%	51%	64%	-	-	1%

注）農林水産省「選別内容別組織数及び出荷量（野菜）」（2006年）より作成

表—5 機械選別の内容別組織数（果実）

品目	機械選別実施組織数	選別内容（組織数）						全体に占める割合					
		サイズ		外部品質	内部品質			サイズ		外部品質	内部品質		
		重さ	大きさ	形状・色・傷	糖度	酸度	その他	重さ	大きさ	形状・色・傷	糖度	酸度	その他
ミカン	208	23	198	144	76	72	17	11%	95%	69%	37%	35%	8%
ナツミカン	65	4	64	48	16	15	6	6%	98%	74%	25%	23%	9%
イヨカン	75	6	73	51	26	26	4	8%	97%	68%	35%	35%	5%
リンゴ	100	60	45	67	29	4	22	60%	45%	67%	29%	4%	22%
ニホンナシ	181	115	81	123	50	5	22	64%	45%	68%	28%	3%	12%
モモ	95	52	43	63	42	5	12	55%	45%	66%	44%	5%	13%
カキ	148	94	61	87	5	2	3	64%	41%	59%	3%	1%	2%
クリ	79	13	70	38	-	-	3	16%	89%	48%	-	-	4%
ウメ	93	6	88	56	-	-	-	6%	95%	60%	-	-	-
スモモ	18	4	14	11	1	-	-	22%	78%	61%	6%	-	-

注）農林水産省「選別内容別組織数及び出荷量（果実）」（2006年）より作成

ト、ナス、ピーマンなどでは5～6割程度の施設で重量の機械選別を行っており、ほぼ同割合（4～6割程度）で形状（大きさなど）の機械選別も行っていることがわかる。タマネギやネギ、サトイモ、キュウリでは7～9割の施設で形状（大きさなど）の機械選別を行っており、重量選別の割合はそれらを大きく下回っている。

果実では、リンゴやナシ、モモ、カキなどで6割程度の施設で重量の機械選別を行っており、4割程度の割合で形状（大きさなど）の機械選別も行っている一方で、カンキツ類やクリ、ウメなどでは9割以上という高い割合の施設で形状（大きさなど）の機械選別を行っており、重量選別は2割程度以下にとどまっている。

2）画像処理選別機・色選別機（等級選別）

画像処理や色選別などによって判断できる項目としては、階級選別における長さや太さなどの形状の特徴量だけではなく、例えばキュウリなどの曲がり度合や果実などの真円度、表面の着色の程度、傷や病虫害の有無など外部品質に関わるものまで含まれており、これらをもとに等級選別が行われる。

カラーCCDカメラなどを用いた画像処理技術による外部品質の検査においては、例えば上方向から得られる画像情報だけでは、着色の程度や傷等の評価をするのに十分とは言えないため、それに加えて前後左右の全周画像や下方向からの画像の取得や、画像処理に欠かせない安定したムラのない照明装置などが必要とされる。

これらの装置などによる外部品質（形状・色・傷）の野菜の選別状況（組織数）についての統計データ（表—4）を見ると、等級選別（外部品質）を行っている組織数の全体に占める割合は、特に全体施設数の多いトマトやキュウリで7～8割、それらに次ぐ施設数のバレイショ、ニンジン、ピーマン、タマネギなどでも5～6割程度と高い。果実では全体施設数の多いミカン、ナシ、カキ、リンゴ、モモ、ウメで6～7割程度となっており（表—5）、野菜や果実、そして品目に関わらず総じて外部品質（形状・色・傷）の機械選別を行っている組織数の割合は高い。

3）内部品質（等級選別）

測定機器の発達によって非破壊による内部品質の見える化が進んできた。野菜や果実の内部品質としては、糖度や酸度、熟度などの食味に関するものや、褐変や腐敗などの内部障害や空洞の有無などがある。

（1）近赤外分光分析法を用いた選別

表—6　近赤外線を用いた糖度選別機の開発の歩み

年	開発メーカー等	方式	対象	導入先等
1989	三井金属鉱業	反射型	モモ	山梨県西野農協
1995	果実非破壊品質研究所	透過型	温州ミカン等カンキツ類	一般に公開
1996	三井金属鉱業	透過型	温州ミカン	熊本市農協
1996	雑賀技術研究所	透過型	温州ミカン	長崎県琴海町農協

注）（社）日本施設園芸協会『五訂　施設園芸ハンドブック』（2003）を改編

写真—2　内部品質選別機の例（近赤外線透過光式）
（http://www.shibuya-sss.co.jp/product/miq.html、シブヤ精機株式会社HPより）

　内部品質である糖度を近赤外分光分析法によって非破壊で測定する糖度選別機が登場したのは1980年代後半である（表—6）。これは果実の糖度成分がある特定の波長域の光を吸収する特徴（糖分が多いほど吸収量が多くなり、少ないほど吸収量は少なくなる）を利用して、近赤外吸収スペクトルの中で果実の糖度と最も相関がある波長を選択し、それらの波長の吸光の度合いと糖度との検量線を予め作成して、測定時に使用することで糖度を推定する方法である。

　最初に選果施設に導入された糖度選別機は比較的皮の薄いモモを対象としたもので、コンベア上の果実の赤道部付近の表皮をランプで照射して、果実の表皮や果肉の浅い層から反射された光をレンズで集め、目的とする波長域の近赤外線を取り出して糖度を測定する反射型の装置である。

　反射型の装置では皮の厚いものへの対応は難しく、その後6〜7年の間に比較的皮の厚い温州ミカンなどのカンキツ類にも対応した透過型の糖度選別機が登場してきた。これは、果実の赤道部付近などをランプで照射して、果実内を透過して照射部とは異なる方向に抜けてきた光を集めて糖度を測定する方式である。これには大きく分けて2つの方式があり、コンベア上を流れてきた果実の片側に照射し、照射した地点の反対側から透過してきた光を分析するものと、底に穴の開いた搬送容器に載置されてコンベア上を流れてくる果実の側面に照射し、下方向に抜けてきた透過光を集めて分析するものである（写真—2）。ともに照射光が果実内を通過せずに受光部に達することのないような工夫や構造が必要となる。

　これらの糖度選別機についてはモモやカンキツ類以外にも対象とする果実や野菜の幅が広がっており、ナシ、リンゴ、スイカ、メロン、カキ、パイナップル、イチゴ、マンゴー、トマトなどにも対応可とする糖度選別機が市販されている。また、この近赤外分光分析法を用いた同様の原理によって、酸度、褐変、腐敗、浮き皮、空洞（スイカなどの内部空洞を検出する方法としては他に発生させた打音の波形を解析する方法がある）などの内部障害も測定・検出可能としている。

（2）卓上型・携帯型糖度計

　ここまで記したような糖度選別機は、大規模な選果施設の選果ラインに組み込まれて、コンベア上を流れてくる果実などの糖度（同時に酸度や内部障害なども測定可）を自動的にかつ高速で測定するためのものであるが、もっと小規模な利用形態におけるニーズというものも考えられる。

　消費者が店頭で果実などを購入する際に大きさ、色、形状や傷などは目で見て、重さは

写真—3　可搬型糖度計の例（近赤外線反射光式）

写真—4　搬送容器による搬送システム（イチゴの例）

果実を手にすることで判断できるが、内部品質である糖度や酸度などは（表示があるものを除いて）知ることができない。例えば卓上型の糖度計（酸度も測定可など）が売り場にあれば、消費者はそれぞれの好みに合った糖度や酸度の果実などを選択できるといった具合に、特徴的な販売手法を取ることができるかもしれない。市販されているものでは、糖度などと同時に重さも測定できる卓上型のものがある。

また、生産者の目線で見ると、果実などを収穫する前に糖度や酸度を知ることができれば、適期収穫による高品質な農産物出荷の可能性が広がる。また、生育中のそれらの内部品質情報を用いて栽培管理方法などに反映させるという使用方法も考えられる。生育中の果実などを測定の対象とする場合の糖度計としては可搬型のものがいくつか市販されている（写真—3、近赤外反射光式）。いずれの測定器も光ファイバー式の小型の検出部と、糖度などの演算や表示を行う本体部とから成っておりケーブルでつながっている。検出部は自由なとり回しが可能なため、圃場で生育中の果実などに対して、周囲の光が入らないような適切な角度で表皮に検出部を接触させることで糖度などの測定を実行できる。

4．搬送装置

野菜や果実は大きさや重さ、長さそして表皮のやわらかさなど、品目によって様々であるため、それらを搬送する装置も品目に最適化されたものである必要がある。また、前述の外部品質および内部品質の測定が可能となるような搬送方法でなければならないうえ、搬送の途中や等階級ごとに仕分ける段階で対象物の表面などを傷つけることがあってはならない。また、設置スペースの効率的利用など、搬送装置には多くの工夫が必要とされる。

特に表面がやわらかくて傷の付きやすい野菜や果実の取扱い・搬送には注意が必要である。これらについては、自由に転がって互いにぶつかるおそれのあるコンベアなどに代わって、連結された皿に人手によって1つずつ果実などを載せるような装置や、コンベア上を流れてくる搬送容器に果実などを個別に載せていく搬送システムなどがある（写真—4）。これらの方式では、糖度や酸度、重さ、形状などに関する個体情報を皿や搬送容器に結び付けることで、等階級ごとの仕分けが複雑化した時の対応や作業の高速化が可能となる。

搬送容器によるシステムでは、容器のくぼみで果実などがしっかり保持されることにより損傷の機会が特に少なくなるというメリットがある。また搬送容器は個々が独立して動作するため、例えば搬送中に搬送容器を回転

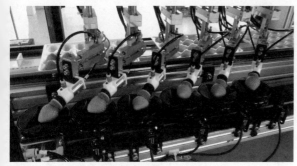

写真―5　イチゴパック詰め作業自動化の例

させて、載置された果実の向きをある一定方向に揃えることも技術的には可能となる。これを利用して、イチゴのパック詰め作業を自動化した例を写真―5に示す。これは、搬送中に搬送容器を自動で回転させて、イチゴのヘタ部分が同一方向を向くようにする仕組みを備えた装置であり、果実が傷つかないようにヘタ部分から吸着保持して、最大で6個の果実を同時にパック詰めする技術である。
（手島　司＝農研機構生研センター）

参 考 文 献

1）森嶋博（1994）：選別機の分類，選別の基礎知識，共選施設のてびき－青果物共同選別包装施設－，JA全農施設・資材部，113-130
2）相良泰行（1994）：選別機，共選施設のてびき－青果物共同選別包装施設－，JA全農施設・資材部，158-184
3）河野澄夫（2003）：選果・選別技術，五訂施設園芸ハンドブック，日本施設園芸協会，486-493
4）二宮和則（2011）：青果物の選果選別と品質評価技術の最前線，農業機械学会誌，73（3），169-173
5）橋本直史（2012）：青果物流通変容下における「内部規格」化の進展に関する研究，北海道大学大学院農学研究院邦文紀要32（2），115-194
6）シブヤ精機株式会社HP：選果・選別システム，2014年11月参照，http://www.shibuya-sss.co.jp/product/grading.html

第3章　品質保持技術

1. 収穫後の品質低下の要因

1）呼吸

　野菜、果樹、花き等の青果物では、「収穫」によって、その置かれた環境が激変する。栽培時には、光、水、養分のある環境から、収穫後には、光、水、養分のない環境へと質的な変化がもたらされる。しかし、どのような環境であっても青果物は生命活動を続けようとする。生命活動にはエネルギーが必要で、青果物は呼吸など様々な代謝を行うため、青果物が収穫後に行う生命活動そのものが品質低下の要因と言える。

　青果物は、収穫後も生命活動を維持するために、自らの体内にある糖や有機酸を有酸素的に分解して、生命活動に必要なエネルギーを作る。これらの典型的な反応は、糖と酸素から、二酸化炭素と水、ATPを作る、いわゆる呼吸反応である。野菜の生命活動に必要なエネルギーの供給は、呼吸に依存しているため、呼吸速度が青果物の生理的な変化の重要な指標となっている。

　また、酵素反応は化学反応の一種で、反応速度は温度の影響を大きく受ける。したがって、貯蔵温度は、青果物の品質保持では最も影響が大きい因子といえる。青果物の温度と呼吸の関係の概念を図―1に示す。この中で、温度が10℃変化した場合の呼吸量の比をQ_{10}（キューテン）と呼ぶ。図―1では、30℃における相対的呼吸速度（棒グラフ）は、20℃の2倍、即ちQ_{10}は2となる。このことは、30℃に比べて、20℃で貯蔵した場合には、呼吸速度は半分で、品質劣化の速度が半分になるため、相対的日持ち性は2倍になることを示している（折れ線グラフ）。他の温度間でも同様に相対的呼吸速度を比較したり、0℃の相対的日持ち性を100として各温度における日持ち性を推測することができる。ただし、個別の品目では、呼吸だけが品質低下の要因ではないので、実際に貯蔵試験を行って、品質変化の少ない条件を調べる必要がある。

2）蒸散

　青果物の多くは90％程度の水を含んでいる。野菜の中でもとくに表面積の大きな葉菜類は、果菜類や根菜類に比べて水分の蒸散が激しく、萎れやすい。野菜の場合、水分のおよそ5％が失われると光沢や張りがなくなって、商品性を失うとされている。そのため、貯蔵環境の湿度が高いほど蒸散が抑制され、青果物の品質保持期間が長くなる。また、カキなど一部の青果物では、低湿度で水分が失われやすい環境では、エチレン生成速度が増大し、軟化などの品質変化が促進されること

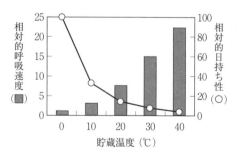

図―1　青果物の貯蔵温度と相対的呼吸速度および相対的日持ち性の関係 (Kaderら, 2002を改変)

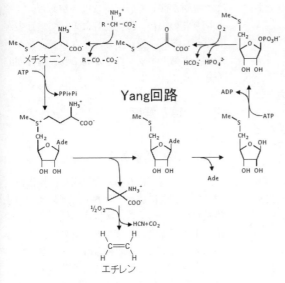

図―2 エチレン生合成経路

が知られている。青果物の品質保持では、温度に次いで湿度が重要な因子である。簡易な包装等によって高湿度に保つことは、日持ち性の延長に有効である。

3) エチレン生成

エチレンは、C_2H_4の化学式を持つガス状の植物ホルモンで、植物の老化や果実の成熟において重要な役割を示すため、老化ホルモンあるいは成熟ホルモンと呼ばれている。エチレンは、1 ppm以下の低濃度でも生理作用を示すことが知られている。

エチレン生合成経路は、発見者の名前から、Yang回路と呼ばれる。エチレンは、アミノ酸の一種であるメチオニンから作られる（図―2）。生成したエチレンが、植物の持つエチレン受容体タンパク質に結合すると、様々なエチレン作用が引き起こされる。その中には、トマト、メロン、バナナなどの果実の成熟（追熟）や、ブロッコリーやホウレンソウなどのクロロフィルの分解（黄化）、呼吸の増大や、二次代謝の促進、さらに、エチレンがさらにエチレン生成を促進する自己触媒的エチレン生成等がある。

また、青果物の場合、エチレン生成量だけでなく、エチレン感受性についても注意が必要である。例えば、エチレン生成量の多いメロンと、エチレン感受性の高いスイカを同じ貯蔵庫に入れると、メロンが出したエチレンの作用によってスイカの食感が著しく低下するため、エチレン生成量の多い品目とエチレン感受性の高い品目は、いっしょに流通（貯蔵）することは避ける。逆に、エチレン作用の積極的な利用法としては、リンゴとキウイフルーツを同じポリエチレン袋に入れることによって、リンゴから生成したエチレンで、キウイフルーツを追熟させることもできる。

4) ガス障害

青果物のまわりの酸素濃度が極端に低い場合には、無気呼吸によって、糖からエタノールが生成する。エタノールは発酵臭を有し、さらにアルコール脱水素酵素の作用でアセトアルデヒドに変化すると、強い異臭や異味の原因となる。低酸素に置いたイチゴでは、生じたエタノールが直ちにエステル化されてメロンのような臭いになることが知られている。また、低酸素に置かれたブロッコリーは、エタノールやアセトアルデヒドだけでなく、硫黄化合物も異臭成分として生成するが、外観には異常がなく、加熱調理する段階で強い異臭が発生することがあるので、注意が必要である。同様に、高二酸化炭素ではレタスやリンゴの内部に褐変が生じることがある。

このような、低酸素障害あるいは、高二酸化炭素（高炭酸ガス）障害は、貯蔵中の換気不足やガス透過性の低いプラスチックフィルムを用いた包装によって発生するため、青果

物の置かれたガス環境には注意が必要である。

5）成長

野菜や花きの収穫後の生理反応の一つに、背地性がある。これは、植物の茎が重力と反対方向に伸びようとするもので、アスパラガス、ネギ、シュンギクや、多くの切り花などでは、横に寝かせた状態で流通・貯蔵すると、茎や葉が立ち上がろうとして曲がり、商品性が損なわれる。そのため、背地性が顕著な品目は、段ボール等に詰める状態を工夫して、立てた状態で出荷する必要がある。

6）その他

上記以外にも、青果物の収穫後には、品目によって、クロロフィルの分解や、カロテノイドの蓄積、アントシアニンやポリフェノール類の蓄積などの変化が起こる。

また、収穫時や流通中の傷によって褐変が生じたり、振動によって呼吸が増大することがある。

さらに、貯蔵温度によっては、凍害、低温障害、高温障害が起きて、品質が著しく低下する場合がある。

青果物の表面あるいは内部には、ほとんどの場合、非病原性の細菌、酵母、カビなどが付着している。収穫してからしばらくは、これらの微生物の繁殖は抑えられているが、貯蔵によって青果物の細胞の活性が低下すると、低温であっても灰色カビなどが繁殖して、品質が著しく低下する場合がある。

切り花の場合、微生物等によって維管束がふさがれると、吸水できなくなって、花が下を向くベントネックなどが起こり、鑑賞期間が短くなる。

2．品質と鮮度

1）青果物の収穫適期

野菜、果樹、花き等の青果物を、植物の生育ステージ別に並べてみると、野菜は、発芽後数日のモヤシから、次世代の種（イモ、球根）まで、幅広い生育ステージの多様な形態のものが野菜として収穫され、利用されている（図－3）。また、主要な野菜の多くは、産地や品種、作型の組合わせにより、ほぼ周年供給が可能になっている。

それに対し、果樹の場合には、リンゴやニホンナシのように、軟化していない果実ある

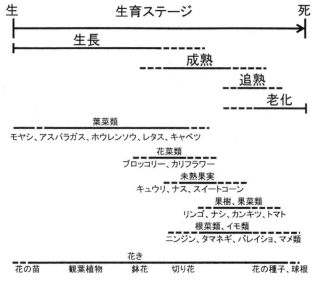

図－3　青果物の収穫時期と生育ステージの関係（Watada，1984を改変）

いは、モモやキウイフルーツのように軟化した果実を食用とする場合がある。ほとんどの果樹は1年のうち収穫可能な時期は限られているため、それ以外の時期には、ビニルハウス等を利用した促成栽培、貯蔵、あるいは輸入品が用いられる。

花きには、切り花、鉢花と球根がある。切り花の場合は、開花直前あるいは開花期に収穫され、出荷される。花きの場合には、電照栽培等、様々な生産技術により収穫期の拡大が行われているが、輸入も増加傾向にある。

2）青果物の品質

上記のように、青果物は生育ステージや、利用する部位が非常に多様性に富み、それぞれの品目で品質の評価項目やその重要度は大きく異なるため、各品目に応じた品質評価を行うことが重要である。野菜や果樹は、ビタミンAやビタミンC、ミネラル、食物繊維等の重要な供給源でもあるので、栄養的な側面（食品の一次機能）に基づく品質評価も必要である。とくにビタミンCは、収穫後に減少しやすいため、温度等の管理によって、収穫後の変化を少なくすることが望ましい。また、食味、香り、食感（食品の二次機能）などは、それぞれの品目を特徴付ける上で重要である。例えば、トマト、イチゴやカンキツでは、外観（色、形）、香り、糖（甘味）、酸（酸味）、テクスチャー（食感）等が重要な品質項目である。さらに最近では、これらの青果物が持つ生体調節機能や健康維持機能（食品の三次機能）などにも注目が集まっている。アントシアニンやカロテノイドなどの色素、エステル、テルペンやイソチオシアネートなど香り成分、さらにポリフェノール類や食物繊維など様々な物質が三次機能に関係していることが、ここ30年ほどの研究で明らかになってきた。また、同じ野菜でも、栽培条件が異なれば、品質に関与する成分の含量も大きく異なる。例えばホウレンソウ

（100g当たり）のビタミンCは、夏どりの場合20mgに対し、冬どりでは60mgなど、栽培条件によって大きく異なることが知られている。一方、人工光型植物工場では、特定の光波長を照射することによって、ポリフェノール等の成分を増強する研究も行われている。

切り花の品質では、色や形、香り以外にも、花持ち性に優れ、鑑賞期間が長いことが重要で、それらの特性を持った品種の育成が進められている。

3）青果物の鮮度

野菜、果樹、花き等の青果物は、収穫後の貯蔵条件、流通条件によって、品質が大きく変化する。とくに野菜の場合には、収穫後の品質劣化が激しいものが多いため、消費者が野菜を購入する際に重視する項目として、鮮度への関心が高い。

野菜の鮮度は、外観や持った際の硬さなど物理性を見て判断されることが多い。多くの野菜品目では、品種や産地を変えながら、ほぼ周年供給されるものも多いため、店頭では、鮮度が落ちたと判断されるものは、見切り処分あるいは廃棄になる。

果樹の場合には、リンゴのように、限られた時期に収穫されたものを大型の貯蔵施設を使って品質を保持し、国内産だけで、ほぼ周年供給可能となっている例もある。一方、ナシ、モモ、カキのように、旬の時期に多く出回るものも多い。一般に果樹の場合には、鮮度よりも品質そのものが重要と考えられる。

花きの場合には、花が咲き続ける状態が保たれることが鮮度保持と考えられ、カーネーションなどでは、日持ち性に優れた品種や、切り花保存剤の開発が進んでいる。

このように、野菜の場合には「鮮度」が重要であるが、「鮮度」についての定義や測定法はまだ定まっていないのが現状である。例えば、ホウレンソウのビタミンCは時間とと

もに減少するが、購入したホウレンソウでは、収穫時のビタミンC含量を知ることはできないため、流通中の減少量を知ることは不可能である。さらに、品質に関連する成分は、時間とともに減少するものだけでなく、例えばトマトの赤い色素であるリコペンは、時間とともに蓄積して、トマト果実の品質としては良くなっていくと考えられるケースもある。したがって、それぞれの野菜では、収穫後の特性に合わせて品質と鮮度を区別して評価する必要がある。

3．品質保持技術

1）予冷

呼吸量の多い青果物は、代謝も活発で、収穫後に急速に品質が低下する。そのため、軟弱野菜や切り花、高品質な果実の場合には、収穫後、速やかに冷却して、代謝の速度を遅くすることが品質保持に有効である。産地で出荷するまでに冷却することを予冷という。また、収穫してから流通、消費まで連続して低温を維持することを、一連の鎖に例えて、コールドチェーンと言う。とくに青果物のコールドチェーンでは、出発点となる予冷が重要である。予冷が不完全な場合には、初期に品質が低下してしまうので、その後に低温で流通させても品質は回復しない。

予冷の方法は、大きく分けて、冷風、真空、冷水の3つである。

（1）冷風冷却方式

通常の冷蔵庫よりも冷却能力の高い冷凍機と送風機（ファン）を組み合わせて、冷風を庫内に循環させて青果物を冷やす方式を強制通風冷却と呼ぶ（図－4〈A〉）。最もシンプルな冷却方法で、コストも比較的安い。冷却に適する品目も幅広く、貯蔵庫としても利用できるため、普及が進んでいる。生産者が個人で小型の予冷庫を設置している例も多い。

強制通風冷却では、段ボール箱に箱詰めしてから冷却する場合には、内部の冷却に時間がかかる。この点を改良したのが差圧通風冷却である（図－4〈B〉）。基本的な部分は、強制通風冷却と同じであるが、用いる段ボール箱の両側面に通気口を開け、冷気が一方から他方へ抜けるように段ボール箱を並べて積み、差圧ファンによって冷気が段ボール内の青果物にあたるように吸引することにより冷却効率を高めている。差圧通風冷却は、冷却の効率が高いが、毎回、段ボール箱の方向をそろえて積み、風の流れを整えるためにシート（差圧シート）をかけるなど運用上の手間が多くかかる。

（2）真空冷却方式

真空冷却は、減圧下における水の気化熱によって冷却する方式で、1サイクルが20～40分程度と冷却速度が早い。とくに、表面積が大きく、水分が蒸発しやすいレタス、ハクサイ、キャベツ等の葉菜類や、ス

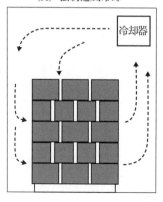

図－4　冷風冷却方式の模式図

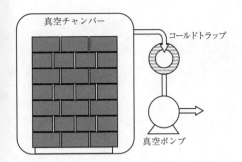

図—5　真空冷却方式の模式図

イートコーンなどに適している。夏に大量のレタスが出荷される長野県や群馬県等に大型の真空冷却設備が導入されている。構造的には、青果物を入れて減圧に耐える強度を持った真空チャンバーと、強力な真空ポンプの間に、蒸発した水蒸気を極低温で凍結して取り除き、真空ポンプへの負荷を下げるためのコールドトラップを設置している。設備が大がかりで、運転経費が高く、低温の保持には別の予冷庫が必要なことから、設置される場面は限られている。真空予冷装置をトレーラーの寸法に納め、季節に合わせて産地を移動できるようにしたものも開発されている。

（3）冷水冷却方式

冷水冷却は、設備が比較的単純で、冷却の効率もきわめて高い。アメリカでは、長距離輸送のために、木箱や耐水性段ボール等が普及しており、ブロッコリーやアスパラガスでは、冷水シャワーだけでなく、砕氷と水の混合物（リキッドアイス）を用いて、アメリカ国内の流通や、輸出にも用いられ、日本にもこの状態で届けられている。一方、日本では、市場が水濡れを好まないことや、耐水性段ボールや発泡スチロール容器のリサイクル等の問題などがあり、産地ではあまり普及していない。

2）キュアリング

サツマイモ、ジャガイモ、サトイモなどのイモを貯蔵する際に、収穫の際にできた傷口にコルク層を形成させて、病害菌の侵入を防ぐ措置をキュアリングという。サツマイモのキュアリングは、約35℃、100％近い高湿度で4日間程度保つことにより収穫時にできた傷口にコルク層が形成され、貯蔵中のカビの発生による腐敗を抑制することができる。

3）乾燥予措・高温予措

ウンシュウミカンを長期貯蔵する前に、貯蔵庫の扉や換気口を開放して1～2週間保持し、3～4％の重量が減るように果皮を乾燥させると貯蔵性が高まる。これを乾燥予措（よそ）という。また、温度を20℃程度に保って、着色の改善効果を目的とした高温予措も行われている。

野菜の予冷出荷が難しい場合には、収穫した野菜を風通しの良い日陰に置いて、わずかに萎れさせることにより、包装する際の葉の折れなどを軽減したり、流通中のムレを防止する。ハクサイ、レタス、ナバナ等に用いられる。

4）放射線処理

放射線のうち、高エネルギーの電磁波としての性質を持つガンマ線は、電離作用によってDNAや酵素など生命維持に不可欠な生体分子を損傷することによって、殺菌、殺虫、発芽防止などに用いられる。日本では、コバルト60のガンマ線を利用したジャガイモの発芽防止にのみ用いられている。

5）常温貯蔵

ニンニクやタマネギ、カボチャ、コンニャクイモ、ハクサイなどは、風通しの良い貯蔵施設で、常温で貯蔵されることがある。また、ウンシュウミカンでは、冬から早春の気候を利用して、専用の常温貯蔵施設を用いて庫内温度や湿度を調節しながら、貯蔵・出荷が行われる。

表—1　主な青果物の最適貯蔵条件

品目名（五十音順）	貯蔵最適温度（℃）	貯蔵最適湿度（%）	貯蔵限界（目安）	エチレン生成量	エチレン感受性
アスパラガス	2.5	95～100	2～3週	極少	中
アボカド	7～13	85～90	2～4週	多	高
イチゴ	0	90～95	7～10日	少	低
ウンシュウミカン	5～10	85～90	3～5月	極少	高
オウトウ	-1～0	90～95	2～3週	極少	低
オオバ（青シソ）	8	100	2週	データ無	中
オクラ	7～10	90～95	7～10日	少	中
オレンジ	0～9	85～90	2月	極少	中
カキ	-1～0	90～95	3～4月	少	高
カボチャ	12～15	50～70	2～3月	少	中
カリフラワー	0	95～98	3～4週	極少	高
キウイフルーツ	0	90～95	3～5月	少	高
キャベツ（早生）	0	98～100	3～6月	極少	高
キャベツ（秋冬）	0	98～100	3～4月	極少	高
キュウリ	10～12	85～90	10～14日	少	高
グレープフルーツ	10～15	85～90	6～8週	極少	中
サヤインゲン	4～7	95	7～10日	少	中
サヤエンドウ	0	90～98	1～2週	極少	中
シュンギク	0	95～100	14日	少	高
ショウガ	13	65	6月	極少	低
スイカ	10～15	90	2～3週	極少	高
スイートコーン	0	95～98	5～8日	極少	低
セルリー	0	98～100	1～2月	極少	中
トマト（完熟）	8～10	85～90	1～3週	多	低
トマト（緑熟）	10～13	90～95	2～5週	極少	高
ナシ	-1～0	90～95	2～7月	多	高
ナス	10～12	90～95	1～2週	少	中
ニラ	0	95～100	1週	少	高
ニンジン	0	98～100	3～6月	極少	高
ニンニク	-1～0	65～70	6～7月	極少	低
ネギ	0～2	95～100	10日	少	高
バナナ（黄熟）	13	90～95	4～5日	中	高
バレイショ（早生）	10～15	90～95	10～14日	極少	中
バレイショ（晩生）	4～8	95～98	5～10月	極少	中
パセリ	0	95～100	1～2月	極少	高
ピーマン	7～10	95～98	2～3週	少	低
ブドウ	-1～0	85～95	1～6月	極少	低
ブロッコリー	0	95～100	10～14日	極少	高
ホウレンソウ	0	95～100	10～14日	極少	高
モモ	0	90～95	2～4週	中	中
メロン（ネットメロン）	2～5	95	2～3週	多	中
メロン（その他）	7～10	85～90	3～4週	中	高
リンゴ	-1～0	90～95	3～6月	極多	高
レタス	0	98～100	2～3週	極少	高

注）UCDavis, POSTHARVEST TECHNOLOGY CENTER
（http://postharvest.ucdavis.edu/）等を参考に永田が作成

6）保温貯蔵

サツマイモ、ショウガ、サトイモなど、冬期に低温障害が発生しやすい品目では、地下に穴を掘って貯蔵する場合がある。呼吸熱によって凍結や低温障害を防ぐことができるが、気温が高くなる春先以降は腐敗しやすいので、長期貯蔵は難しい。

7）自然エネルギーを利用した貯蔵

自然エネルギーのうち、低温を利用して、貯蔵する方法が検討されてきた。採石場跡や廃坑、トンネルなどは年間を通じて安定した低温が得られる。また、雪中貯蔵や人工的な氷室の0℃、湿度100％という環境は、多くの野菜には理想的な貯蔵環境であるが、年間を通じての運用や、化石燃料による冷却（電気やガス、ヒートポンプ）等との組み合わせ効果は今後の課題である。

8）冷蔵

野菜、果樹、花きは、収穫後も呼吸などの生命活動を続けている。これらの生命活動は、多くの酵素が関わる化学反応と考えることができるので、温度が低いほど、反応の速度は遅くなる。生命活動のエネルギー

は、呼吸でまかなわれるため、呼吸の速度が遅くなるように貯蔵温度を下げて、品質の変化を少なくすることが冷蔵の目的である。通常、青果物は、5～10℃に保って品質の変化を少なくするが、凍結を避けながら0℃付近に精度良く温度制御できれば、品質保持期間をさらに延長することができる。その一方で、野菜や果樹（くだもの）の中には、10℃を下回る温度では、例えばキュウリ、トマトやナスの表面に小さなくぼみ（ピッティング）が生じたり、水浸状化、変色、異味、異臭などの低温障害が起きるものもあるので、貯蔵温度には注意が必要である。主な青果物の最適貯蔵条件を表—1にまとめた。

また、通常の冷蔵庫を用いて冷蔵する場合には、熱交換器に結露が生じて、庫内が乾燥する。乾燥による水分の減少を防ぐため、壁面冷却方式による高湿度冷蔵庫や、包装を併用した冷蔵が品質保持には望ましいが、間接的な冷却になるため、冷却の速度が遅くなる点に注意が必要である。

ホウレンソウやコマツナなどの葉菜類では、冷蔵する際に光（可視光）を照射すると、暗黒下の貯蔵に比べて、ビタミンCの含量が高く保たれることが知られている。また、850nm付近の近赤外光の照射によって、気孔開度を低下させ、水分蒸散を減らす試みも行われている。

9) CA(Controlled Atmosphere) 貯蔵

野菜、果樹、花き等の青果物では、まわりの空気に含まれる酸素の濃度を下げ、二酸化炭素の濃度を上げると、呼吸やその他の代謝が抑制されて、品質変化が遅くなる。

野菜や果樹では、それぞれの品目で品質保持に最適な酸素と二酸化炭素の条件が異なる。とくに、長期の貯蔵を目指す場合には、温度、湿度に加えて、酸素と二酸化炭素の濃度を適切に維持・制御する必要があり、酸素と二酸化炭素の濃度を制御する貯蔵方式を、Controlled Atmosphere貯蔵（CA貯蔵）と呼ぶ。

日本では、青森県等で、リンゴのCA貯蔵が行われている。貯蔵装置が稼働中は、ヒトが低酸素状態の貯蔵庫内に立ち入ると窒息の危険性があるため、大規模なCA貯蔵庫は、低温倉庫にガス制御装置と自動倉庫の機能が付加された施設となっている。

CA貯蔵の開始時に、所定の酸素濃度まで下げることをプルダウンと言い、触媒を利用した燃焼バーナーによって、プロパンガスを燃焼させて、酸素の減少とともに二酸化炭素を蓄積させる。中に貯蔵しているリンゴも、呼吸によって酸素を消費して二酸化炭素に変えるが、バーナーによって急速に庫内の酸素濃度を下げたほうが、品質保持効果が高い。また、貯蔵中に酸素濃度が下がりすぎた場合には、所定濃度まで外気を導入する。過剰な二酸化炭素は、活性炭等を用いたアドソーバに吸着除去して、最適な酸素と二酸化炭素の濃度に制御する。装置やランニングコストが高いため、主に高級リンゴの貯蔵に用いられている。

一方、低酸素ガスの発生装置として、PSA方式（圧力変動吸着）あるいはGSM方式（ガス分離膜）の装置と、気密性を持たせた冷蔵庫の組み合わせにより、比較的安価に小規模でCA貯蔵が可能な修正空気システムCA貯蔵装置が山下らによって開発された。低コストで、野菜や花きの貯蔵に効果があることが確認されているが、周年供給される野菜とのコストの競合や、運転中の安全確保等、解決すべき項目も残されている。

10) MA(Modified Atmosphere) 貯蔵

野菜、果樹、花き等の青果物を、適切なプラスチックフィルムで包装すると、水分の蒸散を抑制できるだけでなく、包装の中で行われる呼吸によって、包装内のガスが低酸素、高二酸化炭素になる。中に入れた青果物の呼

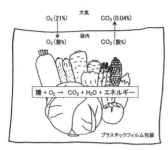

図—6 包装によるMA貯蔵

吸と、包装に用いたフィルムのガス透過性のバランスによって、品質保持に望ましい低酸素、高二酸化炭素状態に維持される包装をMA包装またはMAPと言う（図—6）。

MAPは、用いるフィルム資材と、包装方法の組み合わせで実現できるため、簡便で安価な品質保持方法といえる。

しかし、MAP内のガス組成は、中に入れた青果物の大きさや個体差に加え、温度や振動によって呼吸速度が変動するため、極端な低酸素や高二酸化炭素濃度になって、異臭の発生やガス障害が発生する可能性がある。したがって、包装による品質保持技術を開発する場合には、ある程度余裕を持った設計を行って、出荷のシミュレーション試験を行い、流通中にガス障害等が起きない包装条件を決めることが重要である。

包装に用いるフィルム素材によってガス透過性や水蒸気透過性が大きく異なるため、目的にあったフィルム素材や、適正な厚さを選択する必要がある。さらに、フィルムに微細な孔を開けた加工があるものや、包装のヒートシール（熱圧着）の際に0.5mm程度の間隔で圧着部と間隙部を連続的に設け、間隙部からのわずかな通気でMA状態を実現するパーシャルシール包装なども実用化されている。さらに、表面に曇り止め（防曇加工）をしたものや、フィルムに多孔質の鉱物や抗菌性の薬剤等を練り込んで機能性を持たせたもの、生分解性プラスチックの使用や、複数素材の組合わせなど、現在も様々な包装に関する研究開発が進められている。

11）切り花用品質保持剤

切り花の品質保持には、いくつかの制約はあるものの、食品に使うことができない様々な薬剤が利用されている。

チオ硫酸銀錯塩（STS）は、エチレン作用を阻害して花の老化を抑制する作用があり、カーネーション等に効果がある。8-ヒドロキシキノリン（8HQ）は、殺菌作用によって導管からの水揚げを確保する作用がある。ベンジルアデニン（BA）やジベレリン（GA）は、葉の黄化防止に使われる。

これらの薬剤は、使われる場面によって呼び方や配合が異なる。生産者が出荷前に処理する前処理剤では、エチレン生成やエチレン作用阻害剤の効果が高い。後処理剤は、小売店あるいは消費者が花持ちを良くするために使用するもので、主に糖、抗菌剤、界面活性剤から成る。また、つぼみ開花剤は、主にエチレン阻害剤、糖および抗菌剤から成る。

切り花は、種類によって日持ち性が低下する要因が異なるので、それぞれの種類に応じた前処理、後処理と温度管理を行うことが必要である。

12）エチレン除去・分解

青果物から発生するエチレンを、活性炭やゼオライトなどの資材に吸着・除去する様々な方法が考案されている。原理上、これらの資材では、吸着量に限りがあることや、高湿度では吸着量が低下することもあるので、使用にあたっては注意が必要である。

また、過マンガン酸カリウム等の酸化剤でエチレンを酸化分解する方法や、活性炭に担持させた塩化パラジウムの触媒作用でエチレンを分解したり、紫外線で発生させたオゾンによってエチレンを分解する方法、さらには酸化チタンを用いた光触媒による分解などが

知られている。これらの資材や装置の利用にあたっては、処理できるエチレンの量だけでなく、資材の廃棄も含めたコストを考える必用がある。

13）その他

上記以外にも、個別に新しい品質保持技術が開発されているので紹介する。

（1）1-MCP（1-メチルシクロプロペン）

1-MCPは、Sislerらのグループによって見いだされた強力なエチレン作用阻害剤で、低い濃度でもエチレン受容体タンパク質に強く結合し、エチレンの作用を阻害する（図—7）。エチレンによって、品質低下が促進される多くの青果物に効果がある。日本では、リンゴ、ナシ、カキに商業的な適用が認められている。今後、他の青果物にも適用の拡大が期待される。効果の持続性は、1-MCPが結合したエチレン受容体タンパク質の代謝回転（合成・分解の速度）に影響されると考えられ、エチレン受容体の分解が早い品目では、処理の効果が失われやすい。

図—7 1-メチルシクロプロペン（1-MCP）の化学構造

（2）ニンニクの新規貯蔵技術

収穫したニンニクを、1年を通じて安定的に出荷するため、ニンニク発芽抑制剤（マレイン酸ヒドラジド）が、芽止め剤として使われてきた。しかし、マレイン酸ヒドラジド製剤に不純物として含まれるヒドラジンに発がん性が疑われたため、メーカーが販売を中止し、その後、農薬登録も失効して使うことができなくなった。そこで、発芽抑制剤に代わる方法として、収穫したニンニクを、昼間は約35℃に加温・通風し、夜間は無加温・通風する「テンパリング乾燥」を約1ヵ月間行うことにより、その後、-2℃で約10ヵ月間の貯蔵が可能な技術が開発された。

（永田雅靖＝農研機構野菜茶業研究所）

参 考 文 献

1）A.A.Kader ed.（2002）：Postharvest biology and technology：An overview, Postharvest Technology of Horticultural Crops, University of California, pp.39-47
2）R.Nakano et al.（2001）：Involvement of stress induced ethylene biosynthesis in frui t softening of 'Saijo' persimmon, J.Japan.Soc.Hort.Sci, 70（5）, 581-585
3）S.F.Yang and N.E.Hoffman（1984）：Ethylene biosynthesis and its regulation in higher plants, Ann.Rev.Plant Physiol., 35, 155-189
4）山下市二（2003）：鮮度保持技術，五訂施設園芸ハンドブック，日本施設園芸協会，494-502
5）岩田隆（1993）：新蔬菜園芸学，朝倉書店，188
6）A.E.Watada et al.（1984）：Terminology for the description of developmental stages of horticultural crops, HortScience, 19（1）, 20-21
7）樽谷隆之，北川博敏（1999）：園芸食品の貯蔵，園芸食品の流通・貯蔵・加工，養賢堂，pp.111-165
8）鈴木芳ьる（2003）：新簡易包装（パーシャルシール包装）によるニラの鮮度保持技術の開発，日食保蔵誌，29（3），141-146
9）市村一雄（2000）：切り花の鮮度保持，筑波書房
10）UC Davis Postharvest Technology（2014）：http://postharvest.ucdavis.edu/
11）M.Serek et al.（1994）：Novel gaseous ethylene binding inhibitor prevents ethylene effects in potted flowering plants.J.Amer.Soc.Hort.Sci., 119（6）, 1230-1233
12）山崎博子ら（2013）：くぼみ症の発生を助長するニンニクの収穫後処理条件，園学研，13（2），169-176
13）大久保増太郎編著（1982）：野菜の鮮度保持，養賢堂
14）安井秀夫編著（1990）：青果物流通入門，技報堂出版
15）青果物予冷貯蔵施設協議会編（1991）：園芸農作物の鮮度保持，農林統計協会
16）大久保増太郎ら編（1998）：野菜の鮮度保持マニュアル，流通システム研究センター
17）茶珍和雄ら（2007）：園芸作物保蔵論，建帛社
18）山木昭平編（2007）：園芸生理学，文永堂出版
19）収穫後生理研究のページ（2014）：http://cse.naro.affrc.go.jp/mnagata/index

第4章　販売方式

1．販売方式の策定

　農産物の販売対応は、生産に先行することが望ましい。顧客の要望に応えた売れる商品の生産を計画し、生産する前に販売先をほぼ確保し、その一部は、数量、価格、品質、納品時期に関する取り決めや契約を締結する。そのとき、可能な限り売りにくい等階級の商品（いわゆる裾物）の販売先確保を優先する。生産前の契約が難しい場合は、生産と併行して出荷可能時期や数量、品質の情報を顧客に提供しながら営業活動を行い、出荷時にはほぼ販売先が確保できるように販売計画を立てる。施設栽培においては、出荷時期や品質、数量がある程度コントロール可能であり、経営の安定性を高めるために販売先の確保は優先事項である。農協や出荷組合等が販売を代行する場合もできる限り事前に販売先を確保し、顧客と生産者との間で数量や出荷時期、商品規格、荷姿等を調整する。さらに、周年供給体制を確立することができれば、顧客との交渉がしやすくなる。

　販売方式の策定は、自己の経営や産地を取り巻くマーケティング環境を把握し、現在および将来の環境下で経営や産地の目標（例えば、農業で楽しく生活するために所得1千万円を確保する、雇用50人の会社の社長になる、地域を維持するために地域の農地を管理するなど）が実現できるように、販売戦略を立案し、実行する（図—1）。マーケティング環境には、内部環境と外部環境がある。内部環境とは自己の経営や産地の内部のことであり、外部環境とは顧客や競合産地などの市場動向、政策や法規制の動向などである。経営や産地の目標とマーケティング環境を基に、ターゲットになる顧客を明確にして、製品計画、流通チャネル開拓、価格設定、コミュニケーション（プロモーション）などを組み合わせた販売方式を策定する。

2．マーケティング環境の把握

　内部環境と外部環境は、その環境要素を自己でコントロール可能かどうかの視点で区分することが多い。これは重要な視点であるが、この区分では農業生産要素の一部は外部要素に区分される。経営や産地の特徴や生産可能性、問題点を把握することが主眼であるから、単純に経営や産地の内部と、市場環境などの外部に分ける方が捉えやすい。経営内部や集落、産地などいくつかの段階で把握し、表形式にとりまとめる。地域外の人の視

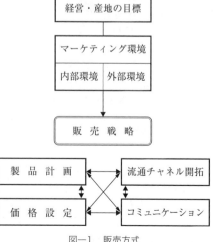

図—1　販売方式

点で見ることによって、地域の人が気づかない地域資源を発見することもある。また、目標に対してマーケティング環境を整理する場合には、SWOT分析がよく用いられる。内部環境を「強み」、「弱み」、外部環境を「機会」、「脅威」に分けて表形式で状況を記述し、目標の達成可能性の評価に活用する。

経営の内部環境には、土地、労働力、資本、技術水準に関することが含まれる。詳細に見ると、水利、排水、気温（地温）、日照、風、傾斜、土壌、市場や集荷場までの時間距離、農地の保有状況、労働力の保有状況、機械や施設の保有状況、生産や経営管理の技術水準・ノウハウ等である。地域の土地市場や労働力市場は、経営の外部環境であるが、産地としては内部環境とみることもできる。さらに、産地組織の内部環境として、販売組織の形態、各意思決定主体、生産者間の結びつき、生産者の分布（経営状況や地理的広がり）、生産者の意向等を把握しておく。産地の内部環境を把握することによって、当該産地組織の外部環境変化への対応力や機動力が明らかにできる。このような経営や産地の内部環境を整理することによって、どの作物（品種）が、いつの時期（時間）に、どの程度の品質で、どれくらいの量が生産・出荷できるかが推測可能となる。

産地の外部環境には、市場環境、政策的環境、技術的環境が含まれる。市場環境には、一般の経済情勢や人口動態的状況、経営や産地の顧客の動向、出荷している農産物の基本的な市場特性、他産地の動向、消費者の購買・消費動向等が含まれる。市場環境は基本的な競争構造や顧客動向であり、マーケティングの基本戦略を立案するために必要である。加えて、生産を左右する資材調達市場の動向も把握しておく必要がある。政策的環境は、生産、販売に関する法規制や政策的な支援などが含まれる。例えば輸入制限の撤廃などは、農産物の市場構造に大きく影響する。

また、生産資材の使用や食品の安全性、表示に関する規制の変更には、常に注意を払う必要がある。これらは、法律の施行自体も重要なターニングポイントとなるが、政府や行政の議論の動向にも注目し、今後の対策を検討しておく必要がある。技術的環境は、民間企業の研究所や国公立の試験研究機関を中心とした新技術の開発動向や篤農家の技術、ノウハウなどである。試験研究機関から出される技術データは、細かい条件が示されているため、まずは内部環境と照合して導入可能性を検討する。

経営や産地は、日頃より外部環境の変化を把握して今後の動向を予測した上で、内部環境と対比しながら、目標が達成できるように販売方式を策定していく必要がある。

3．製品計画

製品計画は、販売の根幹を担うものであり、その基本的な考え方は顧客志向、社会志向である。顧客や社会のニーズに合致したものを供給するために計画し、製品開発を行い、販売する。なお、本来の定義は異なるが、本章では、商品、製品、農産物、作物はほぼ同じ意味で用いている。

1）ニーズの把握

消費者を顧客とする場合は、人口動態や家族構成、ライフスタイル、多様性に着目する。人口、特に若年人口の減少、高齢夫婦世帯や単独世帯の増加、生涯未婚者の増加、所得格差の増大などである。物不足の時代にはすべての消費者の平均的ニーズを捉えて、これに応じた大量生産・大量マーケティングを行うことが消費者や社会のニーズに合致していた。しかし、ほとんどのものが過剰となった今日では、消費者の平均的ニーズを把握するだけではなく、質的・量的に異なった幾つかの部分市場（同一のニーズをもった消費者

層）を捉えて、それぞれの消費者層の健康的な食生活をターゲットにした製品計画や流通チャネル開拓が必要になっている。

まず、現在出荷している自己の農産物（商品）の特徴について、市場ニーズに適合しているか、他の経営や産地と比較してどの点が優れているか、どの点が劣っているかを把握する。調査方法は、消費者ニーズの場合はグループインタビューや質問紙調査（アンケート）、実需者の場合はアンケートや面接調査などである。グループインタビューとは、少人数（5〜7人）のグループを対象にしたインタビュー形式の調査のことである。アンケート等を実施する場合にも、最初にグループインタビューを実施し、重要な要素の抽出を行うことで、調査の方向性や目的が明確になり、有益な情報を得られる場合が多い（図—2）。さらに、これらを実施するときには、実際の農産物や自己および競合産地の商品を用いて比較しながら調査することが望ましい。競合産地の商品と比較することで、現在の市場における自己の商品の位置づけ（ポジショニング）がわかる。ポジショニングとは、顧客の選択対象となっている商品を顧客のイメージで、二次元または三次元の図上に知覚マップとして再現することであるが、顧客が思い描く理想的な商品や、類似商品が存在せずに空白域になっているニッチ市場などを見つけることができる。

把握したニーズや要望は、消費者層や顧客のカテゴリーごとに整理する。ニーズの異なる消費者層や顧客のカテゴリー分けをセグメンテーション（市場細分化）というが、一般には、消費者を性別、年齢、職業、所得、地域、消費行動や生活様式等で区分することが多い。ターゲットにする消費者層や顧客を明確にすることで、ターゲット層に支持される製品開発が可能になる。また、ターゲット層に限定したポジショニングを行うことも有益である。

2）製品開発

何が生産できるかは、ある程度は経営や産地の内部環境や外部環境に依存する。そのため、当初の主力となる品目や品種の選択の幅は限られるが、経営や産地を発展させるためには、それに続く製品開発が必要になる。

まず留意すべきことは、農業においては、全く新しい製品開発は難しいという点である。一部の民間育種家や農産加工に取り組んでいる六次産業化事業体を除くと、経営や産地での新品種開発や加工品の開発は資金面と技術力に制約がある。そのため、種苗会社や食品企業などの民間企業、国公立の試験研究機関の開発技術等を活用することか、または、それぞれの技術開発過程へ関与し、共同で

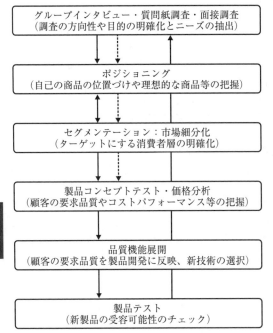

注）神田（1995）を基に加筆修正

図—2　消費者ニーズ把握のための調査の概要

の製品開発を働きかけることが重要である。一方、既存製品の改良や包装等の変更、新用途開拓、商標の付与、信用の獲得などは経営や産地単独でもある程度は取り組める領域である。

　顧客やターゲット層のニーズや要望を捉えて製品計画を立案する方法として、工業製品で用いられる品質機能展開がある。これは、顧客ニーズを要求品質として把握し、完成品の設計品質を定め、これを生産要素や工程の要素に至るまでの間の関連性を明確にしながら、系統的に展開するものである。ニーズ把握で得た情報をまとめ、製品開発に結びつけていくためには、品質機能展開のような顧客ニーズと技術との仲立ちをする手法が必要になる。農業の場合は、顧客の要求品質から新技術の評価を行い、顧客に支持される農産物を生産できる技術を選択することが重要である。しかし、実際にはすべての要求に応えることは困難である。そのため、第一に改善すべき要素は何か、第二に改善すべき要素は何か、どの程度改善すれば顧客が満足するか等の品質改善要素とその改善の程度を把握する。そして、それらの情報と、どの技術ならばどの要素をどの程度改善できるかを同一の表（品質表）の中に表示する。こうした表に整理することで、技術選択に関する意思決定が容易になる。

　次に留意すべきことは、農産物は生育期間が長いものが多く、その間に気象変動の影響を受けやすい点である。そのため、本来意図していた設計品質や生産量を実現できない場合がある。また、品種開発などが長期間を要するため、その当時の顧客ニーズと品種開発後の顧客ニーズが異なる可能性が高い。そうした条件を加味すると、ニーズ調査の結果としての製品開発は、短期的に対応可能なものと、中期的に対応可能なもの、対応するには長期間を要するものに分類して考える必要がある。短期的に対応できるものは、出荷容器やパッケージ、量目、表示、詰め合わせの変更などである。表示と中身の品質の信頼性を高めるために行う出荷時の検査強化等の対応も、短期的に行うことができる。中期的なものとしては、品種や栽培方法の変更による既存の商品の品質向上や用途転換、出荷時期の変更等が該当する。これらは当該地域への適合性や気象変動の影響など、技術導入に若干のリスクを伴うため、新技術の探索や技術情報の入手、技術及び技能の習得などについて、普及機関等の協力を得ながら試験栽培を実施する。GAPやISOなど、外部の認証機関を利用して製品の安全性等の信用を獲得することも中期的な対応に含まれる。長期的には、新たな技術開発、品種改良などの方向性を見いだし、試験研究機関等へ技術開発の要請を行い、将来の製品開発に結びつけるという対応になる。技術開発を民間企業や試験研究機関等に外部化することで、顧客ニーズの変化に伴う製品開発リスクを低減させることが可能になる。

3）製品コンセプトテストと製品テスト

　グループインタビュー等で把握した顧客ニーズや要望は、曖昧な定性情報であり、具体的な製品として目に見えないことが多い。そこで、製品コンセプトテストによって、具体的な製品として明示的に提示し、ニーズの定量化を行う必要がある。例えば、大きさ、外観、包装、栽培方法、価格などを組み合わせて製品コンセプトとして消費者に提示し、どの組み合わせが選好されるかを計測する。この製品コンセプトテストによって、顧客の要求品質や製品コンセプトのコストパフォーマンス（価格分析）、ブランド力等を把握することができる。この製品コンセプトテストは、農産物に対する消費者行動分析によく使われている。

　製品テストとは、製品を市場に送り出す前に、ターゲットになる消費者層に対して受容

可能性をチェックすることである。これは、現在市場にある商品または既存の自己の商品と比較して、試験的に生産した新製品のどの製品属性がどの程度優れているかを会場テストやホームユーステストなどにより明らかにする方法である。これらのテストを経て、当該農産物の新技術を産地に普及させる段階に入る。一般の製品では、市場に流す最終チェックポイントとして位置づけられている。特に、新しい形質をもった新品種などの評価には、この製品テストが重要である。

このように製品計画は、ニーズの把握から製品テストまでを含み、製品開発や改良、包装等の変更、新用途開拓、信用の獲得等について、顧客の要望やターゲット層のニーズに対応しながら、常に短中長期的視点をもって繰り返し実施する。その過程で、普及機関や試験研究機関、関係する民間企業と連携することも重要である。

4. 生産・販売組織と流通チャネル開拓

流通チャネル開拓は、自己の商品のターゲットであり、その価値を認めてくれる顧客に商品を届けるために実施する。自己の農産物を使用する全ての人に直接届けることが理想であるが、かえって流通コストや取引コストがかかる場合が多い。そのため、自己の経営や産地の特徴が活かせるように、いくつかの流通業者や加工業者、小売業者が介在する複数の流通チャネルを選択または開拓し、管理することになる。商品を消費者に直接届けるチャネル以外では、流通業者等が関与するため、それらのニーズにも対応し、良好な関係を構築する。また、特に産地においては、流通チャネルに応じた生産・販売体制の編成が必要になる。流通チャネルと生産・販売体制とは相互に規定的な関係にあるため、流通チャネルや顧客の要望に対応しながら生産・販売体制を再編成する。

1）生産・販売組織の再編

生産・販売組織の形態としては、地理的近接性をもった個人のグループや任意組合、農協の部会、先進的農家などの広域ネットワーク等がある。農協については、一作物（品種）で一つの生産部会、一作物（品種）で複数の生産部会、多作物（品種）の生産部会等の形態があり、販売についても共同輸送個別販売、個別選別共同販売、共同選別共同販売等の形態がある。作物（品種）の商品としての特性、地域の生産量や生産者の分布等の内部環境、流通チャネルによって適した販売組織の形態や販売形態が異なるため、それぞれに応じた販売組織を編成する必要がある。例えば、ある作物（品種）で品質格差が大きく、地域の生産者が専業農家から兼業農家、高齢専業農家まで様々に分布していて経営規模、経営や取引に対する考え方が異なる場合には、一つの生産・販売組織で一つの流通チャネルを通じて販売することは不合理となる可能性がある。そのため、複数の生産・販売組織に再編成することや、多数の流通チャネルを通じて販売するなどの工夫が必要である。

また、卸売市場や量販店対応を中心にした流通チャネルではロットを確保し、安定的に供給することが、それら流通・小売業者のニーズに応えることの一つであるため、農協系統の県組織段階による調整や複数産地間の連携が重要である。

2）流通チャネルの開発

現在出荷している農産物を前提にするならば、その農産物を求めている顧客に的確に販売される必要がある。流通チャネルとは、農産物とその所有権を生産者から顧客（流通業者、加工業者、外食業者、小売業者、消費者等）に移転させる諸活動の業者（チャネル構成員）の連鎖を指すものである。流通チャネ

ルの選択に際しては、販売金額や販売量、販売時期・期間、販売方法等の取引条件および販売コスト（物流コスト、顧客探索コスト、取引交渉に要するコスト）、リスクの程度（価格変動、数量変動、欠品補充や保証、代金回収等）を勘案し、貯蔵や鮮度保持等を含めて、経営や産地の目標を達成できる流通チャネルを選択する必要がある。加えて流通チャネルは、効率化させることや、製品開発と併せて価値を高めることなどを常に意識し、高度化させていく必要がある。それが、競争力の源泉の一つになる。

　卸売市場流通では、卸売業者や仲卸業者が生産者と連鎖しており、顧客との仲介役を果たしている。農産物においては、従来、委託販売型の卸売市場流通が中心であった。委託販売であるために販売量、販売時期は任意であり、顧客探索コストは比較的小さいが、価格変動リスクは大きい。この流通チャネルでは、生産者や産地の出荷団体は、どの地域のどの市場に出荷するかを選択することになる。また、近年増加している卸売市場を通じた量販店等との継続的な取引では、顧客である量販店等と、直接または仲介役である卸売業者や仲卸業者を介して、取引方法や納入方法等の契約を行う。契約によって販売成果とリスクの程度が大きく異なるため、取引交渉が重要になってくる。このチャネルでは、価格変動に伴うリスクは低減できるが、取引交渉に要するコストが必要である。口頭での約束が多いが、それでも、委託販売型の取引よりは安定的な取引が可能である。リスクをさらに低減させるためには、文書でかつ作付け前に契約を行う必要がある。

　顧客との契約型の取引では、価格変動に関するリスクがかなり低減され、さらに関係性を深めることで安定的な取引が可能であるが、生産過剰や欠品補充・補償、市場外流通では代金回収等のリスクが大きくなる場合がある。特に、単一顧客への依存率が高まるほど、代金回収不能や取引停止等に対する経営や産地のダメージは大きくなる。そのため、一企業に依存しないように流通チャネルを開拓しておく必要がある。

　直売所を利用した流通チャネルは、チャネルの長さが短く、取引コストや出荷コストは低減できるが、顧客層が限定される。ダイレクトメールやインターネットを利用した産直などでは、固定客を獲得すると安定的な流通チャネルとなるが、顧客探索コストや顧客管理コスト、出荷コストは一般に大きくなる。また、自らの農産物が、当該チャネルで相対する顧客のニーズと合致すればよいが、価格や数量、品質などの点で、生産者や産地と顧客との調整が難しい場合が多い。常に顧客の動向を注視し、商品形態や販売方法を見直す必要がある。

　このように、ここで示した流通チャネルの中で、どれが有利でどれが不利かは、経営や産地の目標、マーケティング環境、生産・販売組織の形態によって異なってくる。マーケティング成果とリスクを勘案しながら、流通チャネルを選択し、常に高度化の視点をもちながら新たな流通チャネルを開拓していく必要がある。

5．価格設定とコミュニケーション

　顧客との契約では価格交渉が必要であり、直売の場合を含めて経営や産地で取引条件や流通チャネルに応じた価格設定を行う。さらに、卸売業者や加工業者、小売業者、消費者等に対する情報伝達や販売促進等のコミュニケーションは、新規顧客が獲得できるように、また、既存の顧客が維持できるように実施する。

1）価格設定

　価格設定は、契約型取引の取引交渉や直売の場合に必要である。まず、経営や産地の目

標の下で生産コスト、需要、競争状況を把握し、価格に関する目標と価格設定方法を決定する。価格に関する目標とは、農産物の生産・販売によって達成しようとする目標のことであり、利益最大化、売上最大化、シェア最大化、目標利益、市場浸透等があり、これらの目標に応じて価格設定の方針を決める。価格設定方法は、生産コストや需要、競争状態を考慮して決める。生産コストを基準にする方法として、マークアップ価格設定や目標収益価格設定等がある。マークアップ価格設定とは、生産コストに一定の利率を乗じて価格設定する方式であり、目標収益価格設定とは、目標とする投資収益率を実現するように価格設定する方式である。

一方で、需要を基準にする方式として、知覚価値価格設定がある。これは、開発された製品コンセプト（価格を含む）から販売量を予測し、生産コストと比較して収益性を計算した上で、価格設定の妥当性を検証する方式である。競争状態によっては、競争関係にある経営や産地の価格を基準にして価格を設定する方法もある。直売所では、一般的に切りの良い単位で、量販店よりもやや低めの価格設定をしている場合が多い。

どの方法を選択するにしても、流通チャネルによって価格設定は異なる。例えば、問屋や小売業者を通すならば、それらの業者のマージンを考慮した価格設定が必要になる。そのため、価格設定は常に製品計画や流通チャネル開拓の一部として考える必要がある。

2) コミュニケーション

コミュニケーションは、顧客との双方向の対話である。プロモーションは、生産者から顧客への働きかけであり、顧客からのフィードバックの仕組みが重要である。

プロモーションには、広告やパブリシティ、人的マーケティング、販売促進等が含まれる。広告は有償であり、新聞、雑誌、テレビ、ラジオ、インターネット、メール等を利用する。広告は映像や音、文字による表現を反復的に提供することによって、顧客に商品や産地を認識させる。生産者団体レベルでなければコスト的に実施が難しい。一方で、パブリシティとは、マスメディア等によって無償で経営や産地、その商品が紹介されることである。パブリシティは経営や産地が情報を管理できないが、第三者的な側面があるため、消費者の信頼性は高い。コストもかからないため、経営や産地の価値を高める報道になるように関与する。ただし、報道された後に多くの発注が集中する可能性があるため、あらかじめ顧客対応を検討しておく。

人的マーケティングとは、一般にセールスマンによる商品宣伝と購入誘導のことであり、セールスマンの資質が効果を左右する。生産者が直接販売に携わることで、顧客とのコミュニケーションが可能になる。顧客の情報やニーズ把握のために、展示会や店頭キャンペーンなどの機会を確保し、顧客とコミュニケーションを行うことは重要である。

販売促進とは、ホームページ開設、ダイレクトメール送付、カタログ配布、小売店頭キャンペーンの実施、小売店頭POP（購買時点広告）の表示、プレミアムや懸賞、クーポンの付与等である。これらは、顧客に直接的かつ刺激的に情報を伝達するもので、短期間に成果をあげることができる。ただし、効果が長続きしないことや、場合によっては産地やブランドに対する顧客の信頼を低下させる可能性があるため、当初は専門書や専門家のアドバイスに従って実施する。

このようにプロモーションには様々な方法があるが、農産物では一部の生産者団体や企業を除くと消費者を対象にしたプロモーションはあまり実施されていない。また、実需者への営業活動も積極的には行われていない。そのため、顧客ニーズに合致した商品特性をもっていても、顧客がその商品を認識できな

いケースがみられる。製品計画の効果を確実なものとするためには、ターゲットになる消費者層への販売促進活動を積極的に展開する必要がある。そして、トレーサビリティ・システムなどをうまく利用して、できる限り顧客からのフィードバックの仕組みを作り、顧客との双方向コミュニケーションを確保して、そこから得られる情報やニーズを製品計画に反映させることが重要である。

6．マーケティング・ミックス

　販売方式は、経営や産地の目標の下に実施されるものである。そして、相互に関連した製品計画、生産・販売組織の編成、流通チャネル開拓、価格設定、コミュニケーション等のマーケティング対応を組み合わせたマーケティング・ミックスを策定し、実施する。加えて、生産・流通・販売のトータルで、品質や安全性、安定性を高めるなど、常に販売方式を高度化して、持続的により高い顧客価値が生み出せるような仕組みを構築する。目標が異なれば、販売方式が異なり、同じ目標の下でもマーケティング環境によってより効果的、効率的または戦略的な販売方式は異なる。どのような販売方式を選択するかは経営や産地で意思決定することであるが、意思決定に際して必要な情報は、日常的な営業活動や調査の中で入手し、製品計画や流通チャネル選択に結びつけていくことが重要である。
（河野恵伸＝農研機構中央農業総合研究センター）

参 考 文 献

1) 平尾正之・河野恵伸・大浦裕二編（2002）：農産物マーケティングリサーチの方法，農林統計協会
2) 佐藤和憲著（1998）：青果物流通チャネルの多様化と産地のマーケティング戦略，養賢堂
3) 神田範明編著（1995）商品企画七つ道具，日科技連出版社

資料編

① 園芸用施設面積等の推移

1. 園芸用施設の設置実面積及び栽培延べ面積の推移

(単位：ha)

区分		年次	昭和50年	60年	平成元年	5年	9年	11年	13年	15年	17年	19年	21年
ガラス室	設置実面積	野菜	383	793	841	879	901	1,042	869	889	911	873	811
		花き	579	898	1,019	1,103	1,201	1,278	1,232	1,242	1,206	1,145	1,096
		果樹	166	200	214	196	161	155	155	146	145	139	131
		計	1,128	1,891	2,074	2,178	2,264	2,476	2,255	2,277	2,262	2,157	2,039
	栽培延面積	野菜	967	1,846	1,938	1,961	2,108	2,313	2,042	1,938	1,930	1,717	1,758
		花き	694	1,096	1,310	1,451	1,704	1,761	1,893	1,711	1,572	1,440	1,369
		果樹	166	200	214	195	161	144	125	142	134	133	125
		計	1,827	3,142	3,462	3,607	3,973	4,218	4,060	3,791	3,636	3,289	3,251
ハウス	設置実面積	野菜	18,296	29,575	32,997	35,365	35,841	36,441	35,889	35,389	35,329	34,364	33,079
		花き	1,648	3,257	4,547	5,979	7,423	7,631	7,462	7,451	7,401	6,935	6,649
		果樹	1,429	4,364	5,263	6,159	7,044	6,969	7,563	7,172	7,217	7,153	7,282
		計	21,373	37,196	42,807	47,503	50,307	51,040	50,913	50,011	49,947	48,451	47,010
	栽培延面積	野菜	23,386	39,530	44,818	48,230	48,458	50,218	47,759	46,575	47,653	45,500	44,294
		花き	1,792	3,838	5,132	6,879	9,328	9,295	10,256	8,617	9,060	9,124	7,863
		果樹	1,430	4,375	5,196	6,135	7,230	6,793	7,489	7,068	7,517	6,967	6,773
		計	26,608	47,743	55,146	61,244	6,083	66,306	65,504	62,260	64,230	61,591	58,930
ガラス室・ハウス	設置実面積	野菜	18,679	30,368	33,838	36,244	36,742	37,484	36,758	36,278	36,240	35,237	33,890
		花き	2,227	4,155	5,566	7,082	8,623	8,909	8,693	8,693	8,607	8,079	7,745
		果樹	1,595	4,564	5,477	6,355	7,205	7,124	7,717	7,318	7,362	7,291	7,414
		計	22,501	39,087	44,881	49,681	52,571	53,516	53,169	52,288	52,209	50,608	49,049
	栽培延面積	野菜	24,353	41,376	46,756	50,191	50,566	52,531	49,801	48,513	49,565	47,217	46,052
		花き	2,486	4,934	6,442	8,330	11,032	11,057	12,149	10,328	10,632	10,564	9,232
		果樹	1,596	4,575	5,410	6,330	7,391	6,937	7,614	7,210	7,656	7,100	6,898
		計	28,435	50,885	58,608	64,851	68,989	70,525	69,564	66,051	67,853	64,880	62,182
雨よけ栽培	設置実面積	野菜	…	4,055	5,590	6,481	6,819	7,012	8,230	7,538	7,887	7,038	6,639
		花き	…	324	635	934	1,062	1,190	1,157	1,079	1,166	1,071	1,190
		果樹	…	3,040	3,931	4,472	5,068	5,370	4,869	5,112	5,141	5,330	5,709
		計	…	7,419	10,156	11,887	12,948	13,571	14,256	13,728	14,194	13,439	13,538
トンネル	ほ場面積	野菜	44,992	59,618	54,301	51,235	46,237	44,998	44,191	47,598	44,426	41,042	38,364
		花き	324	582	595	527	753	735	742	598	496	406	473
		果樹	62	—	—	—	—	—	—	—	—	—	—
		計	45,378	60,200	54,896	51,762	46,990	45,733	44,933	48,196	44,922	41,448	38,837

資料：農林水産省生産局編「園芸用施設及び農業用廃プラスチックに関する調査」。以下、この項において、特別に表記のあるものを除くすべての表において同じ。

注：トンネルには生食用かんしょ、ばれいしょを含まない。

2. 品目別施設野菜栽培延べ面積の推移

(単位：ha)

品目名＼年次	平成元年	5年	9年	11年	13年	15年	17年	19年	21年
野菜計	46,756	50,191	50,566	52,531	49,801	48,513	49,565	47,217	46,052
トマト	5,266	5,266	6,488	7,141	7,436	7,255	7,551	7,714	7,536
一般メロン	5,893	6,856	5,905	5,757	4,706	4,359	4,307	3,578	3,231
いちご	7,260	6,341	5,542	5,941	5,732	5,245	5,256	5,161	4,631
きゅうり	6,137	6,051	5,374	5,440	5,040	5,019	4,811	4,249	4,132
ほうれんそう	3,059	4,173	4,624	5,183	5,519	5,309	5,515	5,073	5,010
すいか	3,794	3,461	3,842	3,683	2,975	2,872	2,887	2,925	2,863
温室メロン	2,498	2,867	2,889	2,501	1,985	1,762	1,913	1,853	1,766
なす	1,720	1,646	1,738	1,785	1,728	1,518	1,500	1,410	1,276
ねぎ	−	1,122	1,632	1,844	1,779	1,777	1,725	1,613	1,649
ピーマン	1,324	1,376	1,448	1,486	1,347	1,237	1,340	1,189	1,108
にら	996	1,171	1,200	1,389	1,328	1,279	1,159	979	946
しゅんぎく	796	778	1,037	1,110	1,026	1,069	1,033	915	882
さやいんげん	704	598	459	451	374	384	392	339	330
アスパラガス	824	964	705	714	739	750	850	814	915
レタス	235	278	383	239	225	234	253	284	253
セルリー	383	473	309	301	299	291	296	267	259
さやえんどう	464	327	249	279	214	185	256	263	235
その他	5,403	5,741	6,743	7,289	7,348	7,969	8,521	8,591	9,031

3. ハウス被覆資材別設置実面積の推移

(単位：ha)

資材名＼年次	昭和50年	60年	平成元年	9年	13年	15年	17年	19年	21年
合計	21,862	37,197	42,806	50,307	50,913	50,011	49,947	48,451	47,010
塩化ビニルフィルム	20,450	34,184	38,263	42,160	37,928	34,421	32,028	28,967	25,672
ポリエチレンフィルム	1,000	2,005	2,515	4,951	9,232	12,208	14,603	16,268	18,205
硬質プラスチックフィルム	−	478	754	1,710	2,080	2,195	2,196	2,255	2,220
硬質プラスチック板	249	461	483	612	603	565	562	548	499
その他	163	69	791	874	1,071	622	557	413	416

4. 省エネルギー装置等の普及の推移

(単位：ha)

区分＼年次	昭和62年	平成元年	5年	9年	13年	15年	17年	19年	21年
① 加温設備のあるもの	15,455	17,025	19,551	22,233	22,792	22,828	22,712	22,308	21,608
② ①のうち変温装置のあるもの	7,547	7,886	8,793	8,981	9,836	10,458	10,644	10,573	10,516
③ 自動かん水装置のあるもの	14,551	15,239	14,808	15,038	13,759	13,564	13,720		9,127
④ 炭酸ガス発生装置のあるもの	809	727	827	773	911	1,081	1,162	1,369	1,422
⑤ カーテン装置のあるもの	20,685	21,951	22,704	23,144	19,461	18,344	18,693	17,924	17,510
⑥ ⑤のうち多層化しているもの								3,885	4,992
⑦ 自動天側窓開閉装置のあるもの	2,201	2,408	3,413	4,514	5,878	5,697	5,732	5,096	5,582
⑧ 換気扇のあるもの	6,490	7,092	8,197	8,995	9,308	9,444	9,275	10,028	9,592
⑨ ⑧のうち換気扇の自動化されたもの	4,170	4,153	…	…	…	…	…	…	…
⑩ ガラス室ハウス設置面積	41,432	44,881	49,680	52,571	53,169	52,288	52,209	50,608	49,049

5. 園芸用施設の都道府県別設置状況 (平成21年)

(単位：千㎡)

地方名		野菜用			花き用			果樹用			計		
		鉄骨（アルミニウム骨を含む）	金属パイプ等	計	鉄骨（アルミニウム骨を含む）	金属パイプ等	計	鉄骨（アルミニウム骨を含む）	金属パイプ等	計	鉄骨（アルミニウム骨を含む）	金属パイプ等	計
全国		61,036	277,866	338,901	31,246	46,205	77,451	6,749	67,388	74,137	99,031	391,459	490,490
北海道		1,937	22,743	24,680	224	3,417	3,641	－	4,002	4,002	2,161	30,162	32,323
東北	青森	148	4,354	4,502	99	718	817	－	1,218	1,218	247	6,290	6,537
	岩手	113	5,773	5,886	88	645	733	－	471	471	201	6,889	7,090
	宮城	1,612	6,351	7,963	608	614	1,222	3	60	63	2,223	7,025	9,248
	秋田	404	4,261	4,665	111	494	605	－	12	12	515	4,767	5,282
	山形	186	5,854	6,040	391	1,632	2,023	4	9,512	9,516	581	16,998	17,579
	福島	1,018	7,228	8,246	251	1,397	1,648	1	99	100	1,270	8,724	9,994
	小計	3,481	33,821	37,302	1,548	5,500	7,048	8	11,372	11,380	5,037	50,693	55,730
関東	茨城	3,069	30,590	33,659	736	1,164	1,900	119	544	663	3,924	32,298	36,222
	栃木	3,933	11,408	15,341	1,132	419	1,551	192	640	832	5,257	12,467	17,724
	群馬	4,131	9,597	13,728	779	561	1,340	8	498	506	4,918	10,656	15,574
	埼玉	3,476	4,226	7,702	1,373	979	2,352	46	36	82	4,895	5,241	10,136
	千葉	5,245	10,603	15,848	1,992	2,339	4,331	118	332	450	7,355	13,274	20,629
	東京	101	1,044	1,145	351	595	946	18	16	34	470	1,655	2,125
	神奈川	1,623	644	2,267	748	124	872	99	27	126	2,470	795	3,265
	山梨	205	615	820	183	198	381	42	2,364	2,406	430	3,177	3,607
	長野	619	3,982	4,601	716	2,062	2,778	63	2,806	2,869	1,398	8,850	10,248
	静岡	3,651	5,276	8,927	1,606	1,764	3,370	248	570	818	5,505	7,610	13,115
	小計	26,053	77,985	104,038	9,616	10,205	19,821	953	7,833	8,786	36,622	96,023	132,645
北陸	新潟	681	2,266	2,947	288	1,015	1,303	250	649	899	1,219	3,930	5,149
	富山	171	182	353	79	114	193	13	21	34	263	317	580
	石川	146	1,271	1,417	33	121	154	4	1,350	1,354	183	2,742	2,925
	福井	238	1,033	1,271	37	141	178	4	24	28	279	1,198	1,477
	小計	1,236	4,752	5,988	437	1,391	1,828	271	2,044	2,315	1,944	8,187	10,131
東海	岐阜	708	1,788	2,496	560	370	930	8	5	13	1,276	2,163	3,439
	愛知	8,829	8,441	17,270	10,018	1,523	11,541	1,249	947	2,196	20,096	10,911	31,007
	三重	470	600	1,070	460	114	574	117	230	347	1,047	944	1,991
	小計	10,007	10,829	20,836	11,038	2,007	13,045	1,374	1,182	2,556	22,419	14,018	36,437
近畿	滋賀	322	1,129	1,451	170	196	366	14	192	206	506	1,517	2,023
	京都	238	2,043	2,281	121	273	394	2	74	76	361	2,390	2,751
	大阪	591	1,079	1,670	135	404	539	18	2,340	2,358	744	3,823	4,567
	兵庫	309	2,177	2,486	325	707	1,032	3	180	183	637	3,064	3,701
	奈良	150	2,264	2,414	162	341	503	11	658	669	323	3,263	3,586
	和歌山	282	2,941	3,223	525	1,476	2,001	48	694	742	855	5,111	5,966
	小計	1,892	11,633	13,525	1,438	3,397	4,835	96	4,138	4,234	3,426	19,168	22,594
中国・四国	鳥取	743	1,770	2,513	33	167	200	95	762	857	871	2,699	3,570
	島根	151	1,951	2,102	85	483	568	74	2,921	2,995	310	5,355	5,665
	岡山	80	1,551	1,631	97	486	583	566	3,152	3,718	743	5,189	5,932
	広島	497	2,270	2,767	198	658	856	51	712	763	746	3,640	4,386
	山口	…	…	…	…	…	…	…	…	…	…	…	…
	徳島	404	2,420	2,824	173	948	1,121	46	682	728	623	4,050	4,673
	香川	813	1,359	2,172	328	349	677	273	261	534	1,414	1,969	3,383
	愛媛	378	2,648	3,026	222	332	554	63	1,983	2,046	663	4,963	5,626
	高知	2,646	9,989	12,635	612	1,240	1,852	108	842	950	3,366	12,071	15,437
	小計	5,712	23,958	29,670	1,748	4,663	6,411	1,276	11,315	12,591	8,736	39,936	48,672

	福岡	1,805	12,504	14,309	1,418	3,616	5,034	77	4,172	4,249	3,300	20,292	23,592
	佐賀	785	5,737	6,522	302	526	828	150	5,740	5,890	1,237	12,003	13,240
	長崎	535	8,285	8,820	427	1,159	1,586	39	1,702	1,741	1,001	11,146	12,147
九州	熊本	4,944	35,169	40,113	724	3,461	4,185	493	3,831	4,323	6,161	42,461	48,622
	大分	676	5,336	6,012	761	895	1,656	99	2,431	2,530	1,536	8,662	10,198
	宮崎	133	12,467	12,600	104	1,781	1,885	26	2,620	2,646	263	16,868	17,131
	鹿児島	481	7,880	8,361	588	3,158	3,746	198	2,953	3,151	1,267	13,991	15,258
	小計	9,359	87,378	96,737	4,324	14,596	18,920	1,082	23,449	24,530	14,765	125,423	140,188
沖縄		1,199	2,777	3,976	750	730	1,480	1,673	1,936	3,609	3,622	5,443	9,065

注）施設は栽培用のもののみ。平成21年は、平成20年7月1日～21年6月30日の間の栽培使用実績を表す。

6．加温設備の種類別設置実面積の推移

(単位：ha)

加温種類 \ 年次	昭和62年	平成元年	5年	9年	15年	17年	19年	21年
加温面積	15,458	17,026	19,551	22,233	22,828	22,712	22,311	21,581
石油利用等	14,568	16,055	18,594	21,341	22,037	21,891	21,493	20,610
石油利用	14,510	15,985	18,535	21,284	21,994	21,853	21,437	20,558
電熱	58	70	59	57	43	38	56	52
太陽熱利用	161	107	110	59	22	25	17	14
地中蓄熱	58	50	56	33	7	9	7	8
グリーンソーラー(水蓄熱)	33	29	19	13	6	5	7	4
ソーラーシステム	23	21	…	…	…	…	…	…
潜熱蓄熱方式	1	4	5	4	3	5	0	0
その他	46	3	30	8	5	5	3	2
地下水等利用	422	514	565	554	563	604	603	752
地熱水利用	64	59	198	81	80	91	75	92
ウォーターカーテン	231	303	254	403	460	500	506	497
棟上散水	34	31	…	…	…	…	…	…
ネットレイナー	1	0	…	…	…	…	…	…
グリーンソーラー	71	96	72	44	13	8	7	12
ヒートポンプ	19	22	26	13	6	3	13	148
その他	2	3	15	14	4	2	2	3
石油代替燃料の利用	307	350	282	279	206	193	197	206
石炭	3	3	…	…	…	…	…	…
コークス	88	66	28	11	13	3	4	5
ＬＰガス	122	170	181	189	147	160	148	145
もみがら	4	3	…	…	…	…	…	…
廃材	39	48	…	…	…	…	…	…
産廃	31	23	45	30	15	17	19	29
都市ゴミ	8	14	…	…	…	…	…	…
その他	12	23	28	49	31	13	26	27
石油利用等以外の加温面積	890	971	957	892	791	822	817	972

注）平成5年以降については、「ソーラーシステム」「棟上散水」「ネットレイナー」「もみがら」については、それぞれの「その他」に含めた。
　　また、「石炭」「コークス」をまとめ「石炭・コークス」、「廃材」「産廃」「都市ゴミ」をまとめ「廃材・産廃・都市ゴミ」とした。

7. 養液栽培施設の方式別設置実面積の推移（野菜用＋花き用）

(単位：ha)

資材名		平成元年	5年	9年	13年	15年	17年	19年	21年
水耕	たん液型	206	260	314	311	334	336	334	349
	NFT	69	102	109	126	115	123	115	127
固形培地	れき耕	18	26	23	29	28	28	41	44
	砂耕	4	8	10	17	20	18	16	15
	ロックウール栽培	66	213	427	584	609	622	587	583
	その他	5	8	14	162	268	339	392	412
噴霧耕		2	1	1	32	2	4	5	13
その他		4	8	18	76	133	164	196	199
計		374	626	916	1,337	1,508	1,634	1,686	1,741

8. 降雨防止品質向上施設（雨よけ施設）設置実面積の推移

(単位：ha)

区分	平成元年	5年	9年	11年	13年	15年	17年	19年	21年
野菜用	5,590	6,481	6,819	7,012	8,230	7,538	7,887	7,038	6,639
花き用	635	934	1,062	1,190	1,157	1,079	1,166	1,071	1,190
果樹用	3,931	4,472	5,068	5,370	4,869	5,112	5,141	5,330	5,709
合計	10,156	11,886	12,948	13,571	14,256	13,728	14,194	13,439	13,538

9. トンネル栽培延ほ場面積の推移　(単位：ha)

区分		平成元年	11年	19年	21年
施設露地別	合計	56,468	46,503	42,850	39,678
	施設内利用	10,269	7,996	10,644	6,560
	露地利用	46,199	38,507	32,206	33,118
資材別	合計	56,468	46,503	42,850	39,678
	塩ビフィルム	31,158	23,512	22,330	20,275
	ポリフィルム	21,889	20,343	18,180	17,236
	その他	3,421	2,648	2,340	2,167

10. マルチ栽培延ほ場面積の推移　(単位：ha)

区分		平成元年	11年	19年	21年
施設露地別	合計	155,161	143,008	119,448	132,522
	施設内利用	38,697	31,982	37,461	38,904
	露地利用	116,464	111,027	81,988	93,617
	トンネル内	36,809	30,610	22,967	23,056
	その他	79,655	80,418	59,021	70,561
資材別	合計	155,163	143,008	119,449	132,522
	塩ビフィルム	26,589	12,983	14,093	17,215
	ポリフィルム	126,512	127,425	102,790	111,697
	その他	2,062	2,600	2,566	3,610

11. べたがけ栽培延ほ場面積の推移　(単位：ha)

区分		平成元年	11年	19年	21年
施設露地別	合計	3,817	8,590	7,826	7,376
	施設内利用	472	745	601	548
	露地利用	3,345	7,845	7,225	6,828
	トンネル内	1,207	1,587	1,634	1,555
	その他	2,138	6,258	5,591	5,273
資材別	合計	3,818	8,590	7,826	7,376
	割繊維	1,102	2,030	1,400	1,219
	長繊維	1,511	4,672	4,488	4,140
	寒冷紗	560	838	949	759
	化繊ネット	266	474	589	487
	その他	379	576	400	770

12. 施設野菜における花粉交配用蜜蜂の利用状況

区分		平成13年	19年	21年
合計	延面積 (ha)	12,489	12,244	11,122
いちご	延面積 (ha)	5,003	4,700	3,985
メロン	延面積 (ha)	5,547	4,463	3,952
その他	延面積 (ha)	1,939	3,081	3,185

13. 施設設置農家数および面積

(単位：千戸、ha)

年次		項目 施設のある農家数	ビニルハウス		温室・ガラス室	
			農家数	面積	農家数	面積
昭和	50年	172	162	17,760	17	1,001
	55年	203	195	25,687	17	1,405
	60年	254	245	32,329	17	1,671
	60年	(247)	(239)	(32,765)	(17)	(1,659)
平成	2年	244	237	40,816	16	1,900
	7年	255	249	44,920	15	1,922
	12年	226	221	43,234	13	1,846
	17年	210	—	—	—	—
	22年	188	—	—	—	—

資料：農林水産省「農林業センサス」

注： 1. 昭和40年以前から出現していたガラス繊維強化ハウスは「ビニルハウス」に含めた。
 2. 平成2年に、農業事業体の定義が変更されたため、昭和60年以前との連続性はない。
 3. 60年の( )内数値は、平成2年の定義で再計算されたものである。
 4. 平成17年以降は、ビニルハウス及び温室・ガラス室別の統計はなくなったので、施設のある農家数の合計のみを示す。

14. 農林業用使用済プラスチック排出量の推移

(単位：t)

種類		年次 平成元年	5年	9年	13年	17年	19年	21年
フィルム①	塩化ビニルフィルム	101,616	105,915	104,954	84,443	66,860	52,429	42,852
	うち野菜用	77,211	79,497	78,049	63,125	49,875	39,992	32,604
	ポリエチレンフィルム	67,205	78,247	66,026	68,292	67,833	64,752	62,778
	うち野菜用	47,247	51,115	41,819	44,219	44,358	41,325	40,282
	その他プラスチックフィルム	6,288	5,332	6,105	8,401	7,065	6,952	9,588
	うち野菜用	3,744	3,087	3,985	5,181	3,559	3,544	4,553
	フィルム計	175,109	189,494	177,085	161,136	141,758	124,132	115,218
	うち野菜用	128,202	133,699	123,853	112,525	97,792	84,860	77,440
	その他プラスチック②	4,211	3,676	3,169	6,855	9,534	8,713	7,509
	うち野菜用	372	281	305	997	1,236	857	715
	合計(①+②)	179,320	193,170	180,254	167,991	151,292	132,846	122,726
	うち野菜用	128,574	133,980	124,158	113,522	99,028	85,717	78,155

15. 農林業用使用済プラスチック処理方法別処理量の推移

(単位：t)

種類	年次 平成元年	5年	9年	13年	17年	19年	21年
① 再生処理	39,949	49,965	50,356	61,620	86,151	81,021	80,013
② 埋立処理	38,698	40,434	43,564	53,332	31,711	22,431	25,336
③ 焼却処理	75,120	83,129	63,823	20,144	12,539	14,683	8,988
④ その他	22,653	15,623	19,133	32,895	20,891	14,710	8,388
⑤合計(①+②+③+④)	176,420	189,151	176,876	167,991	151,292	132,845	122,726
⑥回収業者による回収	2,900	4,019	3,378	…	…	…	…
総計(⑤+⑥)	179,320	193,170	180,254	167,991	151,292	132,845	122,726

注)「平成11年」から、「回収業者による回収」は「その他」に計上した。

2 次世代施設園芸の全国展開（資料）

オランダの施設園芸 と 我が国の次世代施設園芸

オランダの施設園芸

- 産学官連携によるクラスター形成。
- 機械化、ICTの活用の追求。
- トマト収量 10a あたり 50t 以上（日本平均 11t）。
- 豊富な天然ガスを活用し、熱、電気、CO_2 を供給。

集積された施設

自動化された生産
（コチョウランを移動させる様子）

日本型にアレンジ

★日本型へのアレンジポイント

オランダ		日 本
天然ガス	＜エネルギー＞	木質バイオマス等の地域資源
ハウスの柱を細くする（日照量の確保）	＜施　設＞	ハウスの柱を太くする（台風被害を懸念）
収穫量の向上が第一の目標	＜生　産＞	収穫量を求めながらも食味・品質にもこだわる

次世代施設園芸

「次世代施設園芸導入加速化支援事業」を創設
（平成25年度補正予算額：30億円　平成26年度当初予算額：20億円）

- 施設を大規模に集積し、木質バイオマス等の地域資源によるエネルギー供給から生産、調製・出荷までを一気通貫して行う拠点を整備。
- 化石燃料からの脱却を図るとともに、コスト削減や地域雇用の創出。
- ICT等他産業の知識やノウハウの活用のため、産業界と農業界が連携。
- 高度な環境制御により周年・計画生産を実現。

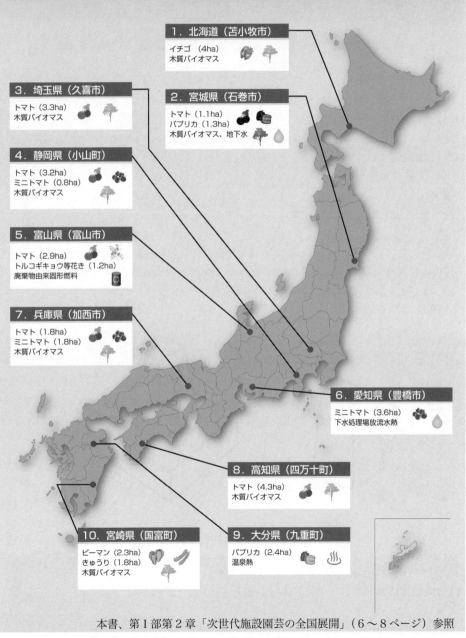

③ 低コスト耐候性ハウス

低コスト耐候性鉄骨ハウス施工マニュアル（風対策）
——抜粋——

1．目的

本マニュアルは、強風地域において鉄骨ハウス建設のコスト低減化を図ることを目的として作成しています。

設置コストは、園芸施設共済における型式区分のプラスチックハウスⅤ類本体工事費の70％以内を目標としています。

2．定義

低コスト耐候性鉄骨ハウスの定義は、次のとおりとします。

1）鉄骨ハウス型式については、表1の園芸施設共済における型式区分のプラスチックハウスⅢ類・Ⅳ類ハウスで、現行の構造では耐風速35m/sec程度の構造ですが改良・補強により50m/sec以上の耐風強度が確保することが可能なハウスとします。

（1）基礎については、埋め込み式の独立基礎とします。（図1、2）

図1

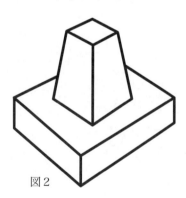
図2

（2）主要骨材は、角形鋼管・H形鋼・C形鋼・亜鉛メッキ鋼管とします。
（3）被積資材は、プラスチックフィルムとします。プラスチックフィルムとは、農ビフィルムおよび農POフィノルムです。
2）耐風強度については、50m/sec以上に耐えるものとします。

3）補強については、構造診断に基づく提案により次の方法により補強します。
　（1）本体が構造的に強度不足の場合には、次の方法等により補強します。
　　　①鉄骨・パイプ等の部材補強
　　　②接合部の補強
　　　③柱脚固定法による主骨材の強度アップ
　（2）セメント系固化材使用による基礎部の強化

3．手順
　低コスト耐候性ハウスの施工手順のフローチャートは図3に示しています。
1）最初に、定義に合致した建設予定（検討対象）のハウスを選定します。
　この場合、事前に目的について施主と十分協議する必要があります。
2）次に構造診断を実施します。
　（1）構造診断に必要な書類・図面は、次のとおりです。
　　　①〜④のうち、②と④は必須ですので診断先と相談して揃えて下さい。
　　　①建設場所の概況：建設場所（付近図）・交通アクセス・環境
　　　②土壌条件：地質および地盤の力学的性質（地耐力および粘着力・内部摩擦角等）
　　　③気象条件：風速・積雪・気温・その他気象
　　　④構造図面：基本設計図・基礎伏図・基本詳細図・各通りの軸組図・小屋伏図部材リスト・架構詳細部・接合部詳細図（柱脚・柱と梁の接合部その他）
　（2）一般的に構造診断は、次の内容になりますが必要に応じて診断先と相談して下さい。
　　　①「園芸設備安全構造基準（暫定基準）」に基づいて、風速50m/sec暴風時の構造計算（上部構造及び基礎）の実施
　　　②50m/secの耐風性を確保するための補強方法の提案
　（3）構造診断を依頼する先は、下記の①〜③が適当ですが県経済連建築事務所等でも可能ですので相談して下さい。
　　　①建築設計事務所：
　　　　　一般建設物に比べ園芸施設は特殊ですので、園芸施設に関しての構造計算実績の多少により診断指導が不得手の場合があります。
　　　　　このため「園芸施設安全構造基準（暫定基準）」についての理解度も確認したうえで目的を十分説明・協議の上依頼して下さい。
　　　②施工業者：
　　　　　実績も多く周囲の情報も十分な地元の施工業者に所属している建築士による診断は、適切に行われると現地に則した親切な対応も可能で有効ですが客観性に欠ける場合もあるので、留意して下さい。
　　　③（一社）日本施設園芸協会

「構造診断委員会」による構診断を実施しています。

園芸施設の構造診断が専門的で、園芸施設の診断数・経験とも豊富です。期間は、内容と委員会の開催日程の都合で約1ヶ月かかります。

（4）診断費用：

診断費用は、診断者・診断内容により異なりますが事前に確認して下さい。

（一社）日本施設園芸協会の「構造診断指導委員会」による場合は、一件につき45万円（現地指導の場合は、別途加算します）です。

3）構造診断結果に基づく対応

（1）ハウス本体の改良

構造的に強度不足で、本体を改良・補強する必要があると判断された場合には、構造診断者の指導に基づき補強・改良方法を選択し対応を検討します。

①新しい柱脚固定方法による補強

「柱脚固定方法による強化」（マニュアル全文参照）の方法により、柱脚と基礎の固定による補強・改良を行います。

この場合、従来の部材・基礎携帯の変更を伴う場合があるので方法等について十分理解の上検討する必要があります。

②接合部の補強

柱と梁や谷樋とアーチパイプ等の接合部について、接合方法が適当かどうか、接合部のプレートの厚みやボルト緩合方法などを検討し補強を行います。

③鉄骨及びパイプ部材の断面サイズの検討

ハウスの部材の厚み・大きさ等断面サイズの検討を行い、必要に応じてアップ等により補強を行います。

④全体構造の見直し

構造診断結果②、③の補強・改良により強度不足を解決できない場合は、全体構造を見直す必要があります。

⑤その他

診断結果によっては、鉄骨及びパイプ部材の断面サイズを軽減できる場合もあります。

（2）基礎の補強

本体構造の耐風強度の検討とともに、基礎部の強度を検討します。

もし、基礎部の強度が不足しており基礎路工方法の改良が必要と判定された場合、ソイルセメントによる基礎強化を実施します。

①施工試験

適切な基礎の補強を行うために施工の前に、施工試験（マニュアル全文参照）を実施して下さい。

この場合、既に同一地域で施工試験により配合割合等が決定していても、土壌条件

が明らかに異なる場合は、再度施工試験を実施して下さい。
　②施工方法
　　　従来の施工方法と異なる点は、塀削した土とセメント系固化材と水を施工試験で決定した配合割合により、出来るだけ均質に配合し基礎の周りに指定した量を指定した厚さに埋め戻すことです。
　　　その他は、従来の施工方法で変わりがありませんがソイルセメントが固まるまで(約一週間)基礎を動かさないで下さい。
　　　施工に当っては、施主への説明と承認を必ず実施してください。
4）設計図の作成
　設計図については、従来と特に変更はありませんが実施設計書には構造診断により指導を受けた内容及びその改善・改良の方法について記述してください。
　特に、「柱脚回定方法による強」「ソイルセメントによる強化」を実施する場合については、必ず本マニュアルを添付して下さい。
5）設置費用の積算
　設計図に基づき積算を実施して下さい。
　この結果、表1の園芸施設共済における型式区分のプラスチックハウスⅤ類本体工事費の70％以内であることを確認して下さい。
6）施工
　本施工マニュアルに基づき施工して下さい。

4．建設に当たっての留意事項
　建設に当っては、事後にトラブルにならないように下記事項について十分協議・確認を実施して下さい。
1）協力体制の整備
　（1）指導体制の確立
　（2）〇〇検討部会・〇協議会等の結成・運営
　（3）施工業者の体制整備
　（4）試験担当部署の協力確保
2）試験費用の確認
3）建設費用の確保
　（1）補助関係
　（2）自己資金
　（3）試験実施費用の分担

　※マニュアル全文は（一社）日本施設園芸協会のホームページからダウンロード出来ます。

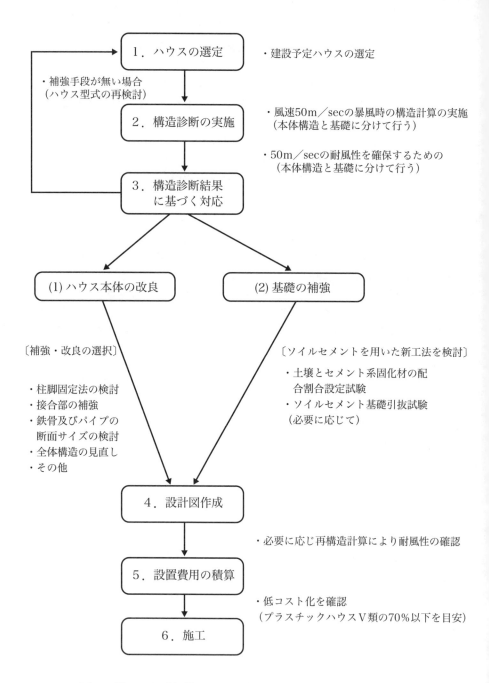

図3　低コスト耐候性ハウスの施工手順フローチャート

低コスト耐候性鉄骨ハウス（雪対策）施工マニュアル
——抜粋——

はじめに

1）検討経過
  （1）平成12年度農林水産省の補助事業において、千葉工業大学羽倉名誉教授を部会長とした検討部会で「低コスト耐候性鉄骨ハウス（風対策）施工マニュアル」を作成しました。
   マニュアルの作成は、平成11年に熊本県を直撃した台風18号による鉄骨パイプハウスの倒壊等被害が甚大であった九州各県からの「低コスト」で「暴風（50m/sec）に耐候性を持つ」ハウスの開発についての強い要望を受けて急遽実施したものでした。
   この風対策マニュアルの検討に当たっては、羽倉名誉教授の研究成果を活用し、普及面積が圧倒的に大きいハウスを対象に補強を加える事を基本としたため、ハウスの仕様が明確であり、かつ現地実証等に九州各県・特に宮崎県の協力体制が十分であったことから短期のうちに作成できたものです。
  （2）上記「風対策マニュアル」を作成後、農林水産省から13年度の事業として「低コスト耐候性鉄骨ハウス（雪対策）施工マニュアル」の作成依頼がありました。
  （3）協会としては、羽倉名誉教授と協議の上当協会の「構造診断指導委員会」の委員を中心とした検討部会を設置、開発目標を明確にするため東北農政局を中心として、積雪地域の県・JA等と検討会を開催したが、各県の現地事情の差が大きく具体的な要望はでてきませんでした。
  （4）このため検討部会では、「低コスト（従来のハウスに比し30％程度建設費が安い）」かつ「積雪（50kg/㎡）に耐候性を持つ」ハウスの開発を目標として協会会員の協力の下に検討を開始し、プラスチックフィルムを被覆資材として使用するハウスに工夫・改良を加えて硬質プラスチックハウスと同程度の耐候性を持っている低コストハウスの施工マニュアルを作成しました。

2）本マニュアル利用上の留意点
本マニュアルを使用するに当たり次の点について留意していただきたい。
  （1）建設地における施設園芸の運営適否について行政指導のもと十分検討してください。
   特に、建設地の気象条件（温度・日照時間・日射量）を重視し、経営面・栽培指導面・流通産面から無理のないように十分検討して下さい。
  （2）施設導入に当たっては、マニュアルの「5. 施設建設に当っての留意事項」を遵守して下さい。

1．目的

本マニュアルは、積雪地における鉄骨ハウス建設のコスト低減化を図ることを目的として作成しています。耐雪強度は、50kg/㎡とします。

設置コストは、園芸施設共済における形式区分のプラスチックハウスⅤ類（鉄骨上）本体工事費の70％程度とします。（低コスト耐候性鉄骨ハウス施工マニュアル（風対策）参照）

2．定義

1）低コスト耐候性鉄骨ハウス（雪対策）の要件

（1）ハウスの形式

　　ハウスの形式は、次の2種類とします。
　　Ａ型：両屋根式単棟ハウス（間口10m、軒高3m、桁行スパン3m）
　　Ｂ型：丸屋根式2連棟（間口6m×2連棟、軒高3m、桁行スパン3m、奥行50m以下）

（2）目標価格

　　単棟ハウスＡ型の価格は、硬質プラスチック板ハウス（園芸施設共済における形式区分のプラスチックハウスⅤ類、鉄骨上）本体工事費の70％程度とします。

　　連棟ハウスＢ型の価格は、硬質プラスチックハウス（園芸施設共済における形式区分のプラスチックハウスⅣ、Ⅴ類）の本体工事費の70％程度とします。

（3）ハウスの構造および装備

①被覆資材および固定方法：
　　被覆資材：長期展張タイプのプラスチックフィルムとし、硬質プラスチック板と同程度の耐候性を有するものとします。
　　固定方法：雪の滑落に支障が生じない展張・固定方法を用います。

②防蝕：主骨材の防蝕は、溶融亜鉛メッキ処理とします。

③屋根部換気：自動開閉式またはこれに準じるものを装備するものとします。

④側部換気：手動巻上げ式でも可とします。

⑤基礎：鉄筋コンクリート製独立フーチング基礎とし、根入れ深さは建設地の凍結深度以下、かつ60cm以上とします。

⑥出入口：作業に支障の無い構造とし、幅2.4m以上のものを2ヶ所設けます。

⑦その他：（本体工事費に含まれないが、必要なものとします。）
　　○二重カーテン
　　○除雪装置：ハウスの周囲には、滑落・堆積した屋根雪を有効に除雪できる幅員の通路または融雪・流雪溝を設けるものとします。（「園芸施設安全構造基準（暫定基準）」の「4．保守管理基準」による保守管理を適切に実施して下さい。）

（4）ハウスの必要耐雪強度

①ハウスを構成する各構造部分は積雪荷重50kg/㎡に安全に耐える強度・剛性を保有す

るよう「園芸用施設安全構造基準(暫定基準)」に従って設計するものとします。
②建設地の積雪荷重が50kg/㎡を超える場合は、ハウス形式はA型とし有効な融雪・消雪装置を装備する等の措置を講ずるものとします。

3．手順
1）ハウスの選定
　別図―1フローチャートに従って、建設地に適した構造及び装備のハウスを選定します。
2）構造診断の実施
　次の項目に留意して、構造診断を実施し適切な対応をして下さい。
　（1）構造診断に必要な書類・図面
　　　①建設現場の付近見取り図：交通アクセス・周辺環境等
　　　②土壌条件：土質および地盤の力学的性質（地耐力および粘着力・内部摩擦角等）
　　　③気象条件：風速・積雪・気温・その他の気象
　　　④構造計算書：
　　　⑤構造図面：基本設計図（平面図、立面図、断面図）・基礎伏図・基礎詳細図・各通りの軸組図・小屋伏図・部材リスト・架構詳細図・接合部詳細図（柱脚・柱と梁の接合部その他）
　（2）構造診断の実施
　　　①「園芸用施設安全構造基準（暫定基準）」に基づいて、50kg/㎡以上の耐雪強度であるかどうかの診断
　　　②50kg/㎡以上の耐雪強度が不足している場合は、その補強方法の提案
　（3）構造診断の実施先
　　　①建築設計事務所：園芸施設の構造計算の実施および補強方法の提案
　　　②施工業者：建築士による構造計算の実施および補強方法の提案
　　　③（一社）日本施設園芸協会：「構造診断指導委員会」による構造診断の実施および補強方法の提案
3）構造診断結果に基づく対応
　構造的に強度不足で、本体改良・補強の必要性があるとされた場合、構造診断者の指導にもとづいた補強・改良方法を選択し対応して下さい。
4）実施設計図作成
5）設置費用の積算
6）施工

4．標準仕様例（参考）
1）標準仕様例は、（一社）日本施設園芸協会会員のハウスメーカーが提案した低コスト耐候性

鉄骨ハウスで、同協会の構造診断指導委員会において、構造診断されたものです。
2）このため、標準仕様の設計内容をそのまま使用する場合は構造診断は不要です。
　なお、標準仕様例を使用しない場合は上記3-2）の手続に従って構造診断を実施して下さい。

5．施設建設に当っての留意事項（行政面）
1）農林水産省補助事業への対応：
事業要件の適合を当該行政（市町村は、県．県は農政局）の窓口と協議し、確認して下さい。
2）ハウスメーカーの選定：
技術力、施工力、保守管理能力のあるメーカーを選定して下さい。
3）営農指導：
　指導体制の確立（県試験場、普及センター等）により、生産者の経営・栽培技術等を指導して下さい。
4）資金の確保：
生産者の経営計画に基づき、建設・営農資金の確保について相談に応じて下さい。
5）保守管理の徹底：
　一般社団法人日本施設園芸協会発行の「園芸用施設安全構造基準（暫定基準）」の「4．保守管理基準」により、適切に実施するように指導して下さい。

※マニュアル全文は（一社）日本施設園芸協会のホームページからダウンロード出来ます。

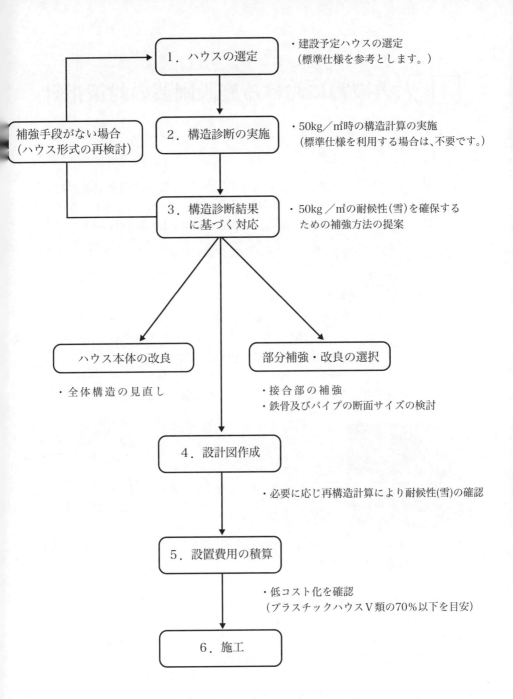

図—1　低コスト耐候性ハウス（雪対策）の施工手順フローチャート

4 大雪被害における施設園芸の対策指針

平成26年2月の大雪被害における施設園芸の被害要因と対策指針
【抜粋】
(全文URL: http://www.jgha.com/files/houkokusho/26/yuki.pdf)

第2章 補強対策

(1) まずは自分のハウスの耐雪強度を知る

まずは、自分のハウスがどのくらいの雪に耐えられるのか、確認してみましょう。
以下に、代表的なハウスとその耐雪強度を示しますので、ハウスの軒高、アーチスパンの数値を当てはめて、自分のハウスの耐雪強度を知っておくことが重要です。

地中押し込み式パイプハウス（耐雪強度：20kg/㎡）

間口：6.0m
アーチスパン：45cm
パイプ径：25.4φ×1.2
軒高：1.7m
ライズ比(屋根勾配)：$f/L = 1.2/6.0 = 0.2$(4寸勾配)
耐雪強度：20kg/㎡
(＊許容等分布荷重 20kg/㎡)

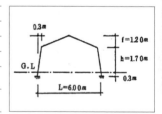

上記の耐雪強度は、地中押し込み式パイプハウス安全構造指針のP49の図－2の等分布荷重とたわみ・応力度関係2から算出

特記：
① 軒高2.0mで他は同条件の場合⇒ 20kg/㎡ － 3kg/㎡ ＝耐雪強度：17kg/㎡
（※軒高が約10cm高くなると耐雪強度は、約1kg/㎡低下する）
② アーチスパンを50cmとした場合⇒ 20kg/㎡ ×（45cm/50cm）＝耐雪強度：18kg/㎡
（※アーチ間隔を2倍にすると、強度は1/2に低下する（アーチスパンに反比例する））
③ アーチパイプの口径による耐雪強度は25.4φを1とすると（厚さ1.2mmの場合）
　　19.1φ→0.40　　22.2φ→0.65　　25.4φ→1　　28.6φ→1.50　　31.8φ→2.01
　　19.1φのパイプを使用した場合⇒ 20kg/㎡ ×0.40 ＝耐雪強度：8kg/㎡

④アーチパイプの肉厚による耐雪強度は1.2mmを1とすると
　0.8mm→0.70　　1.0mm→0.85　　1.2mm→1　　1.6mm→1.27　　1.8mm→1.40
　1.6mmのパイプを使用した場合⇒20kg/㎡×1.27＝耐雪強度：25kg/㎡

例)
軒高1.8m　アーチスパン40cm　パイプ径：22.2φ　肉厚：1.6　の場合
20kg/㎡×（45cm/40cm）×0.65×1.27－1kg/㎡＝17.6kg/㎡
基準耐雪強度×（45cm/アーチスパン）×パイプ口径比×肉厚比－軒高による変化＝ハウスの耐雪強度

鉄骨補強パイプハウス（耐雪強度：28kg/㎡）

| 間口：6.0m |
| 桁行：3.0m/1スパン |
| 軒高：1.9m |
| 棟高：3.2m |
| 柱・梁部材：□－50×50×2.3 |
| アーチパイプ：25.4φ×1.2（@50cm） |
| 耐雪強度：28kg/㎡（風速V＝32m/s） |

上記の耐雪強度は、園芸用鉄骨補強パイプハウス安全構造指針のP54、55の付図：鉛直荷重～棟部変位関係から算出

大屋根型鉄骨ハウス（耐雪強度：32～43kg/㎡）

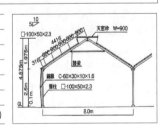

| 間口：8.0m |
| 桁行：3.0m/1スパン |
| 柱高：2.5m、棟高：4.6m |
| 柱・合掌材：□－100×50×2.3 |
| 母屋・胴縁：C－60×30×10×1.6 |
| タイバー：L－50×50×4、ブレース：9φ |
| 耐雪強度：32kg/㎡（風速V＝44m/s） |

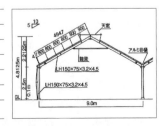

| 間口：9.0m |
| 桁行：3.0m/1スパン |
| 柱高：2.5m、棟高：4.6m |
| 柱・合掌材：LH－150×75×3.2×4.5 |
| 母屋・胴縁：C－60×30×10×1.6 |
| タイバー：□－75×45×2.3、ブレース：9φ |
| 耐雪強度：43kg/㎡（風速V＝50m/s） |

低コスト耐候性ハウス (風対策仕様) (耐雪強度：28kg/㎡)

間口：8.0m(2 屋根形状)
桁行：4.0m/ 1 スパン
柱高：3.5m、棟高：4.6m
トラス：上下材□－ 75×45×2.3、
　　　　ラチス材 16 φ
中柱・側柱：□ -125×75×2.3
胴縁：C － 75×45×15×1.6
ブレース：柱ブレース 13 φ、水平ブレース 9 φ
タルキ（アーチパイプ）：31.8 φ ×1.6 @800
耐雪強度：28kg /㎡ (風速V = 50 m /s)

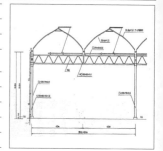

低コスト耐候性ハウス

　雪対策低コスト耐候性ハウスにおいては、単棟ハウスは「暫定基準」に基づく条件（軒下完全除雪、屋根材がガラス又は硬質プラスチック、屋根勾配が 20°以上、加温設備があるなど）をすべて満足しているものとし、荷重を低減して 30kg/㎡、連棟ハウスについては 50kg/㎡の積雪に耐えうる鉄骨ハウスとし、風対策低コスト耐候性ハウスにおいては、50m/sec 以上の風速に耐える強度もしくはその地域の過去の最大瞬間風速を耐風強度としても可とし、かつ、ハウス価格は従来の方法でその地域で上記の耐候性を持つ鉄骨ハウスの本体工事をした場合の費用の 70%程度であること。

注意

・ハウスの強度（耐雪性、耐風性）は、建設地の地盤やハウス構造等により大きく変化します。
・ハウス仕様（間口、柱高、桁行スパン、補強の有無、仕口、使用部材等）は、各ハウスメーカーにより異なり、その結果、各ハウスの強度も変化します。各ハウスのタイプ別の耐雪強度や台風強度等は、あくまでも一例ですので参考値としてください。
　・鉄骨ハウス等は設計図面やカタログに強度が記載されているので確認してください。
　・表示した耐雪強度は耐用年数を過ぎたものには適用されません。
　・正確な耐雪強度を知りたい場合は業者に依頼して算出してください（有償）。
　・水分をあまり含まないさらさらの雪（雪玉が作れるくらい）の場合
　　（50cm 以下の積雪）1 cm の積雪で1 kg/㎡の荷重がかかる。
　　（50 〜 100cm の積雪）1 cm の積雪で1.2kg/㎡の荷重がかかる。

（2）天気予報により降る雪の量を正しく理解する
　雪の予報が出たら、降水量から積雪量を計算し、ハウスにかかる雪の重さを推測します。雪水比が 1.0 の場合では、降水量 1 mm で積雪深は約 2 cm、積雪荷重は 1 kg/㎡となります。
　しかし、水分を多く含む雪の場合や積雪後に降雨やみぞれになるような場合は、積雪深よりも積雪荷重が大きくなるので、注意が必要です。
　また、大雪警報などが出ていなくても、今後の天気予報に注意し、自分のハウスの立地（傾斜地や風向き等）から、倒壊の危険性があると判断される場合には、早めに対策を行いましょう。

（3）新しくハウスを建築する場合の対策
　これからハウスを建築する場合の対策です。設置場所により、様々な条件がありますが、雪に強いハウスを作るためには、以下の対策が有効です。
（まず、地域の積雪量から必要なハウスの耐雪強度をメーカー等に確認してから、建設しましょう）
【共通対策】
・ハウスが自宅から遠く、豪雪時に保守管理が難しい場合は放置しても大丈夫な十分強度のあるハウスを建設する。
【パイプハウス対策】
・側圧によるハウスの倒壊を免れるために、除雪できる程度のハウスの間隔をとる。
・連棟は単棟に比べ雪がつもりやすいため、作業上、設置面積上支障がない場合は単棟とすることが望ましい。
【鉄骨ハウス対策】
・地耐力が小さいところはベースコンクリートなどで補強する。

パイプによる基礎部の補強*

（4）生産者自身が安価でできる対策
　生産者の方が自分でできる対策を紹介します。部材を購入する費用はかかりますが、比較的安価に耐雪強度を上げる方法です。今の自分のハウスの状態から、どの対策がよいかを検討しましょう。
【共通対策】
・次ページを参考に、ブレース、タイバー、水平ばり、中柱等により側面、妻面、屋根面に弱い箇所を作らないようにバランスよく補強する。
・傾斜地の谷側など荷重が集中すると思われるところを特に補強する。
・水平ばりなどを配置する場合、接合部が強度不足にならないよう、リブや方杖等を取り付け、接合部を強化する。補強する場所によって接合場所の位置も留意する。
【パイプハウス対策】
・ハウス間に融雪溝を設置する。（幅1m程度で素堀りで設置可能）

添え木による基礎部の補強*

【鉄骨ハウス対策】
・谷樋からの水のオーバーフロー（越流）を防ぐため、フィルムを留めるスプリングの2重留め、あるいはフィルムの谷部の捨て張りを行うなどの対策を講じる。
・基礎部の腐食を防ぐため、さび止めと腐食防止剤を塗布する。

（5）業者に依頼する対策

次に、業者に依頼して講じる対策を紹介します。工事が必要になりますので、時期、予算をよく検討しましょう。

・軒下堆積雪の処理のため融雪装置を設置する。
・停電時に加温機が止まってしまうことを防ぐため、非常用発電機を装備しておく。
・径が太いパイプ、鉄骨材に交換する。

地中ばりによる補強

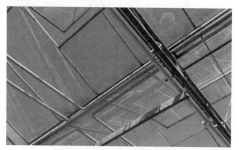

谷樋に設置された温湯配管

配管から融雪用の水が散布される

堆積雪の融雪配管*

注）* は農研機構　農村工学研究所　森山主任研究員提供

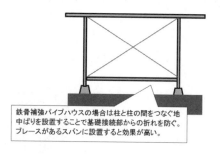

鉄骨補強パイプハウスの場合は柱と柱の間をつなぐ地中ばりを設置することで基礎接続部からの折れを防ぐ。ブレースがあるスパンに設置すると効果が高い。

水平ばり、桁ばりによる補強

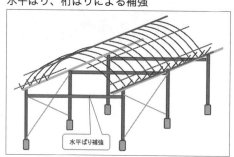

水平ばり補強

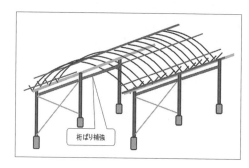

桁ばり補強

第3章　保守管理

　最後に、降雪前、降雪時のハウスの保守管理の方法について紹介します。

(降雪前)
- 降雪中、降雪後は人命優先です。できることは降り始める前に全てやっておきましょう。
- 夜中に雪が降る場合は、事前に以下の融雪対策を行います。

〜融雪対策〜
- 加温設備のあるハウスでは、できるだけ室温を高め、内部被覆(カーテン)を開放にして、屋根部分の雪を滑り落ちやすいようにします。降り積もってからでは遅いので、必ず積雪前から加温を行います。連棟ハウスの場合は設定温度を高めに設定し、ダクトを谷部分の融雪を促すように配置します。
- 加温設備の無いハウスでは、内部を密閉して機密性を高めることで、地熱により室温を上昇させ、屋根雪を滑り落ちやすくします。ハウス内部に家庭用ストーブなどを持ち込む場合はくれぐれも火災や一酸化炭素中毒に注意しましょう。
- 散水による除雪・融雪については、滑落目的で積雪前から行い、積雪後は実施してはいけません。

(降雪時)
- 降り始めで、ハウスの屋根に積雪が少ないときから安全を確認した上で、除雪を始めます。ただし、屋根に雪が積もり始めたら、施設倒壊の恐れがあるので、ハウス内に入らない。

(降雪後)
- 耐雪強度を超えた積雪があった場合は、倒壊の恐れがありますので、ハウスに近づかないようにしましょう。また、ハウスの片側だけ太陽光があたったり、風によって積雪が偏ると、ハウスのバランスが崩れ、倒壊する危険性がありますので十分に注意しましょう。
- 除雪を行う場合は、ヘルメット等をかぶり、滑りにくい履物をはくなどし、複数人で作業を行うなど安全確保に努めます。
- 施設倒壊の恐れがなくなったら、施設各部の損傷や被覆資材の緩み等を点検します。
- 屋根・軒下・ハウスの間に積雪がある場合は次回の降雪に備えて直ちに除雪するよう心がけましょう。

大雪になったときの注意
- ハウスの軒下に積もった雪は、屋根に積もった雪の滑落の妨げになるとともに、ハウスの側壁に圧力を加えます。また、降雪前に被覆材を剥いだ場合でも、施設全体もしくはハウスの軒高を超える積雪があった場合、大きな被害を受ける可能性があります。骨組が完全に雪に埋没しないうちに、除雪を行いましょう。湿った雪は骨組に付着するので、注意が必要です。

停電になったときの注意
- 電気が復旧したら、天窓やカーテンなどが正常に作業するか確認します。

5 施設の標準化

　（一社）日本施設園芸協会が事務局を行っていたスーパーホルトプロジェクト（SHP）協議会では、人工光型植物工場部会を設置し（部会長：千葉大学　後藤英司教授）、人工光型植物工場の普及のため、標準化・規格化について検討を行ってきた。以下に、同部会で取りまとめられた標準仕様書を掲載する。

人工光型植物工場　標準仕様書

スーパーホルトプロジェクト（SHP）協議会人工光型植物工場部会
文責：部会長　後藤英司

　人工光型植物工場（Closed Plant Factory with Artificial Lighting）は、光源に人工光を用い、空調を導入し、植物生育に必要な環境要因である光、温度、湿度、CO_2濃度、気流速を制御し、周年安定的に高品質の植物を栽培する施設である。また人工光型植物工場では、農林業においては葉菜類・果菜類などの野菜、果樹、野菜苗、花き苗、樹木苗などを栽培し、その他の植物生産業においては薬用植物、遺伝子組換え作物などを栽培することができる。

　本書は、人工光型植物工場の構築にあたり必要な材料、設備、工法、試験等の仕様や植物栽培施設としての性能を標準化するとともに、発注者と施工者に有用な技術情報の提供を目的としている。なお本書では、人工光型植物工場の仕様の記述に重点をおき、工場における作業者の安全管理については関連法規等を踏まえた設計・運用を行うことを前提としている。

1．対象とする植物栽培施設

　対象とする施設は、発芽、育苗、収穫までの栽培を行う部屋（以下、栽培室）とする。

1.1　規模と設置場所

　床面積が数㎡以下で作業者が立ち入らない規模の栽培室は、対象にしない。
また、従来から植物栽培装置（グロースチャンバーまたはインキュベータ）として実験機器等のメーカーが販売している装置は、対象にしない。
　また、居住空間や工場等内で照明付き栽培棚を設けて植物を栽培する場合で、環境管理を居住者・作業者用の空調に依存する場合は、通年、明暗期を通じて植物栽培に好適な環境を維持するのは難しいと考えられるため、対象にしない。

1．2　その他
　本書では、遺伝子組換え作物を栽培する工場に必要な物理的封じ込めについては記述しない。物理的封じ込めの要件については「遺伝子組換え生物等の使用等の規制による生物の多様性の確保に関する法律（カルタヘナ法）」を参照のこと。

2．建築・機器類ほか
2．1　建築
・空調のエネルギー効率と制御性を高めるために、密閉性・断熱性の高い仕様とすることが望ましい。
・高相対湿度の室内環境となるため、結露対策を講じること。特に既存施設を利用する場合は栽培室外部での結露についても考慮すること。
・結露または濡れやすい箇所には耐蝕性の材料を用いること。
・外部からの病害虫の侵入・増殖を防ぐために、以下①～⑤に留意することが望ましい。
　①床面に水たまりができない仕様とすること。
　②室内にごみがたまりにくい仕様とすること。
　③雑菌が繁殖しにくい材料、構造とすること。
　④できるだけ密閉性を高くすること。
　⑤病害虫防除のために燻蒸（くんじょう）等の 滅菌を行う可能性も考慮し、燻蒸後の排気機能を設けること。

2．2　機器類・栽培装置等
・高相対湿度の室内環境となるため、結露対策を講じること。
・結露または濡れやすい箇所には耐蝕性の材料を用いること。
・雑菌が繁殖しにくい材料、掃除しやすい構造とすること。

3．衛生管理
3．1　一般事項
・病害虫・雑菌の侵入および繁殖を防ぐために必要な清浄度を維持する以下①～④のような機能を有すること。
　①出入り口に前室、エアシャワー等を設けることが望ましい。
　②外部との換気設備には必要に応じて適切な機能のフィルターを設置すること。
　③排水口からの虫、小動物の侵入対策を講じること。
　④適切な清掃・消毒計画を立案し、実施すること。

3．2　培養液の水
・培養液に用いる水には、原則として水道水または井水（水道法に基づく水質基準に準ずる）を使用する。
・培養液等の水中菌の増殖に注意すること。

・必要に応じてフィルター処理、紫外線殺菌、オゾン殺菌等の殺菌処理を講じること。

3．3　加湿に用いる水
・加湿に用いる水には、原則として水道水または井水（水道法に基づく水質基準に準ずる）を使用する。
・必要に応じてフィルター処理、紫外線殺菌、オゾン殺菌等の殺菌処理を講じること。

3．4　ドレイン水
・冷却除湿により得るドレイン水を培養液または加湿に再利用する場合は、必要な水の処理を行い、水質を保持すること。

4．栽培用照明
4．1　一般事項
　植物栽培用の光源には蛍光ランプ、高輝度放電灯（高圧ナトリウムランプ、メタルハライドランプ）、LED等を使用する。
　蛍光ランプと高輝度放電ランプの機能、構造は、照明器具はJIS、JIL、安定器はJIS、ランプはJIS、JEL、ソケットはJISによる。
　紫外線（UV）を放射するランプの点灯時は、作業者の安全性に留意すること。
　照明器具の特性として、安定器・インバータ・電源および灯具などの寿命と交換頻度、防水レベルなどを記すこと。

4．2　植物栽培に関わる特性
　植物の光合成に有効な光波長（光合成有効放射域）は400nm～700nmである。葉の光合成速度は、一般に、受光面の光合成有効放射域の光量束密度の影響を受ける。光合成有効光量束密度（PPFD）の単位には μ mol m^{-2} s^{-1} を用いる。光形態形成に有効な光波長（生理的有効放射域）は300nm～800nmである。光源および照明器具の特性として、以下の電気－光変換効率および分光放射束（あるいは分光光量子束）を示すこと。

【参考】
　照度（lx）は単位面積に入射する光束（lm/m²）であり、放射照度(W/m²)を人間の明所視標準比視感度で重み付けした値である。したがって、植物の光環境を記述する物理量として照度を用いてはいけない。

①照明器具の電気－光変換効率（エネルギー）
　交流100Vまたは200Vの商用電源を用いる場合の消費電力に対する生理的有効放射域のエネルギーを　W/W　で示すこと。消費電力には、安定器、インバータ、直流変換器、その他の電子回路、放熱ファンなど全ての電気部品の消費電力を含めること。

【参考】
　照明器具の電気－光変換効率（エネルギー）は、植物の成長に必要な照明の消費電力量（Wh：消費電力［W］×使用時間［h］）の目安として、また異なる照明器具の比較に有用である。

② 照明器具の電気－光変換効率（光量子）

交流100Vまたは200Vの商用電源を用いる場合の消費電力量に対する光合成有効放射域の光量子束量（消費電気エネルギーに対する光量子数に等しい）をmol/Jで示すこと。消費電力量には、安定器、インバータ、直流変換器、その他の電子回路、放熱ファンなど全ての電気部品の消費電力量を含めること。

【参考】

照明器具の電気－光変換効率（光量子）は、単位時間あたりに照明器具が射出する光量子数（＝光量子束）（mol s^{-1}）を照明器具の消費電力（W ＝ J s^{-1}）で割った値である。この変換効率は、光合成に必要な照明の消費電力の目安として、また異なる照明器具の比較に有用である。

③ 分光放射束照度および分光光量子束密度

分光放射束照度の単位にはW m^{-2} nm^{-1} を用いる。分光光量子束密度の単位にはμmol m^{-2} s^{-1} nm^{-1} を用いる。

【測定】

分光放射束照度の測定には分光放射計（スペクトロラジオメータ）を用いること。分光放射計によっては分光光量子束密度を表示する機種があるが、そうでない場合は、分光放射束照度値から理論式で求めた分光光量子束密度を用いてもよい。

4．3　栽植面の光強度

栽培棚の栽植面における光強度はPPFDを用いること。

栽植面における光強度の均一度を示すために、無栽植時のPPFDの測定値±標準偏差(S.D.)。（例: 200 μmol m^{-2} s^{-1}±30 μmol m^{-2} s^{-1}）を示すこと。また、光源と栽植面の距離、栽植面の材質を記すこと。

【測定】

光強度は、1㎡当たり20ブロックに分けて各ブロックの中央点で測定する。20ポイントの測定値と標準偏差（S.D.)を求めて、測定値±S.D.と表す。なお、必要に応じてポイント数を増やしてよい。

【参考】

植物個体間の成長のばらつきを抑えるためには、栽植面の光強度のばらつきを小さくすることが重要である。たとえば、葉菜類を栽培する場合は、変動係数（CV ＝S.D./平均値）が10％以下であることが望ましい。

光強度の均一性を高めるために、側面に反射板を設置することが望ましい。

4．4　LEDの規格

栽培用のLED照明器具は開発途中であるため、JIS及びTS（標準仕様書）では一部の項目しか規定していない。植物栽培の照明は一般照明に準ずることから、その利用においては、特定非営利活動法人ＬＥＤ照明推進協議会、一般社団法人日本照明工業会、一般社団法人照明学会などの照明関係団体の活動およびそれらが公開している利用法、導入事例、留意点などの情報を参考にする。

4．5　LED照明器具の発光効率

　LEDは、チップの発光効率と器具組込み時の発光効率が大きく異なる。チップを100％とする場合の器具総合効率は70～75％である。植物栽培用に照明器具を特注する場合、器具の性能により、器具総合効率はこの範囲以下にも以上にもなり得る点に留意する。

5．空調
5．1　一般事項

　植物工場の栽培室における空調の目的は、気温、相対湿度、CO_2濃度、気流速度を植物生育に合う条件に調整し、その空気を栽植面に均一に分布させることである。空調設計においては、以降に示す気温、相対湿度、CO_2濃度、気流速度の条件に留意すること。なお、栽培室の規模、栽培棚の構成および空調負荷により空調方式、空調機、熱源などは異なるため、本書では詳述しない。

5．2　気温

　無栽植時、栽培棚の栽植面への給気温度は任意に設定できること。気温の可変範囲は栽培する植物の種類もしくは発注者の要求条件に応じて定めること。また、栽植面における気温の許容制御範囲は発注者の要求条件に応じて定めること。また、明期・暗期ごとのスケジュール制御が可能なこと。

【測定】

　気温は、測定対象の栽植面において、1分間隔で60分間以上連続して測定する。60ポイントの平均値を測定値とする場合、標準偏差(S.D.)を求めて、測定値±S.D. と表す。明期・暗期ごとに、気温変動の安定した状態で測定する。

5．3　相対湿度

　無栽植時、栽培棚の栽植面への給気相対湿度は任意に設定できること。相対湿度の可変範囲は栽培する植物の種類もしくは発注者の要求条件に応じて定めること。また、栽植面における相対湿度の許容制御範囲は発注者の要求条件に応じて定めること。また、明期・暗期ごとのスケジュール制御が可能なこと。

【測定】

　相対湿度は、測定対象の栽植面において、1分間隔で60分間以上連続して測定する。60ポイントの平均値を測定値とする場合、標準偏差(S.D.)を求めて、測定値±S.D. と表す。明期・暗期ごとに、相対湿度の変動の安定した状態で測定する。

5．4　CO_2濃度

　無栽植時、栽培棚の栽植面への給気CO_2濃度は任意に設定できること。CO_2濃度の可変範囲は栽培する植物の種類もしくは発注者の要求条件に応じて定めること。また、栽植面におけるCO_2濃度の許容制御範囲は発注者の要求条件に応じて定めること。

【測定】

　CO_2濃度は、測定対象の栽植面において、1分間隔で60分間以上連続して測定する。60ポイ

ントの平均値を測定値とする場合、標準偏差（S.D.）を求めて、測定値±S.D. と表す。明期・暗期ごとに、CO_2濃度の変動の安定した状態で測定する。

5．5 気流速度
無栽植時、栽培棚の栽植面の気流速度は任意の範囲に維持すること。

【測定】
気流速度は、無指向性プローブを用いる熱線風速計で測定する。

【参考】
気流速度が0.1 m/s以下の場合、空気流動が抑制されて、気温、相対湿度およびCO_2濃度の均一性が低下しやすい。また、葉の葉面境界層抵抗が増加して、葉面におけるCO_2と水蒸気の交換速度が抑制されて光合成速度や蒸散速度が低下する可能性がある。
1.0 m/s以上の場合、葉の葉面境界層抵抗は小さくなるが蒸散が過剰となり、水分ストレスや葉枯れが生じる可能性がある。

5．6 気流方式
栽培室内の気温・相対湿度などの環境を均一にするためには、気流の分布をよくすることが必要である。そのためには、空調空気の吹出し口と吸込み口の位置、開口面積などを考慮すること。なお、空調機のみで栽植面における目標風速の確保が達成できない場合は、室内設置のサーキュレーターや栽培棚に設置する小型ファン等を活用すること。

5．7 空調負荷
栽培室の熱負荷は次のように分けられ、これらが空調負荷となる。
　（1）外界から壁体を通り侵入する熱負荷
　（2）外気導入とすきまを通じての熱負荷
　（3）栽培室内で発生する熱負荷
　（4）栽培室内で発生する熱の発生源には、室内に置いてある照明器具・送風機・ポンプ・機械類、作業者などがありこれらは顕熱負荷となるが、このうち一部は植物から蒸散、培養液からの水分蒸発、作業者からの蒸発として潜熱負荷になる。

空調設計にあたっては、明期と暗期、生育ステージなどによって熱負荷が大きく異なる点に留意すること。

【参考】
植物に照射した光は、植物体で反射、吸収、透過される。植物が受光する光エネルギーのうち1～2%程度が光合成で化学エネルギーとして固定され、それ以外は植物体表面から空気中へ顕熱および蒸散作用による潜熱として放出される。そのため、植物体に照射した光はすべて空調負荷になるとみなしてよい。

【参考】
照明器具には、植物体への照射光以外に、発光面、ソケット、安定器等から発生する熱がある。ただし安定器やインバータが栽培室外に設置されている場合や、照射面側でない放熱部位からの熱を外気冷房等の方法で除去する場合は、これらを空調負荷に含めなくてよい。

【参考】
　植物は、根から吸収した培養液の水の95%以上を蒸散作用により葉などの器官から空気中に放出する。これは空気中の潜熱量を増加させる。明期中の蒸散による潜熱量増加は、居住空間の人間からの潜熱量増加よりもかなり大きい。そのため、温湿度を一定値に制御する場合、居住空間用のエアコンでは除湿能力が不足することがある点に留意する。

5．8　換気回数
　系の内外の空気交換の指標として、栽培室と空調系を含む閉鎖系の全容積を基準とする換気回数（単位：h^{-1}　または回/h）を示すこと。

【参考】
　換気回数は、系内空気の系外への漏気の多少の指標になる。最大冷房（暖房）負荷、平均冷房（暖房）負荷の算定に必要である。また、期間あたりに供給すべき給水量、CO_2量を推定するために必要である。

6．施設と生産量
　栽培施設の規模および生産量の記述は栽培装置や品目によって異なるが、例えば下記のように施設や生産量を定義して記述することが望ましい。

6．1　栽培施設の定義
　栽培室床面積・・・・・・・栽培棚などが設置されている栽培室の床面積
　栽培室容積・・・・・・・・その部屋の容積
　栽培総面積・・・・・・・・実際に栽培している栽培ベッドの総面積
　栽植密度・・・・・・・・・実際に栽培している栽培パネルにおける単位面積当たりの株数

6．2　生産量の定義
　日生産株数・・・・・・・・・・・その施設で1日に生産する株数
　　　例）リーフレタス　1,000株/日
　株生重量・・・・・・・・・・・・その株の可食部の生重量
　　　例）リーフレタス　90g/株
　日生産量・・・・・・・・・・・・その施設で1日に生産する総生重量
　　　例）リーフレタス　90 kg/日

6 諸外国の施設園芸事情

1. ヨーロッパ

 ヨーロッパの施設園芸は、夏季が涼しいイギリスやオランダと、冬が温暖な地中海沿岸のスペインや南フランスとでは異なる。ヨーロッパ地図に日本地図を重ねてみると、東京の緯度はアフリカ大陸の北端と同じであり、オランダからスペイン南部までの距離と北海道から沖縄までの距離がほぼ同じであることに気付く。そのためヨーロッパの施設園芸は日本同様に地域により栽培方法や栽培施設、作型が大きく異なる。

 オランダは、主にガラスハウスを用い化石エネルギーを積極的に利用した高度な栽培が行われている。トマトは1月に定植され、夏を越して12月まで栽培される夏秋栽培である。この栽培方法は近年、旧ソ連を含む東ヨーロッパやモスクワ近郊のロシアでも急速に増加している。理由としては自国での農産物の供給と、ガスエンジンや補光などの設備と技術が普及して、これらの低日射寒冷地域でも栽培が可能になったためである。

 スペインは、主に簡易なプラスチックハウスを用い、化石エネルギーを極力使用しない栽培が行われている。トマトは9月に定植され、冬を越して次の年の6月まで栽培される越冬栽培である。これらの地域では安価な労力を用いたり、施設経費を極力制限したりする栽培である。最近、ヨーロッパの市場には、より生産経費の安いモロッコなど北アフリカからの農産物も増加している。

 いずれの国も農産物は輸出が行われており、ヨーロッパでの農産物取引は国対国の競合となっている。

1）オランダ

 オランダの施設園芸の特徴は、常に新しい生産技術が開発され、それを生産者が実践して高い生産性を実現している。研究および生産技術ともに世界の施設園芸をリードしている国である。

 オランダの施設園芸の歴史は古く、1930年頃には現在一般的に用いられているフェンロータイプのガラスハウスが導入された。1990年代から4m程度の高軒高タイプの施設が建てられるようになった。その高さは年々高くなり、現在建設されるトマトハウスでは軒高7mが標準である（写真—1）。1960年頃には暖房のために石油ストーブが使われ始めた。のちに石油ストーブは熱だけではなく同時にCO_2が発生し、作物の生育促進に役立っていることがわかった。1980年代には環境制御コンピュータが導入され、温度や湿度などの地上部環境の制御が高度化した。同時にロックウールを中心とする養液

写真—1 建設中の軒高7mのトマト栽培用半閉鎖型ハウス

写真—2　LEDを用いた樹間補光

栽培が導入され、灌水や根圏の制御が高度化し土壌病害に関する問題が減少した。2000年頃には高圧ナトリウムランプを利用したトマト栽培が始まり、冬季の収穫が可能となり周年出荷が実現した。現在、トマトで25%、バラでは100%の施設で補光設備が導入されている。2007年からは光源にLEDを用いた栽培試験が開始され（写真—2）、現在一部の商業的トマト栽培施設で利用され始めている。最近は、環境問題や高騰するエネルギー対策として、熱、CO_2および電気を供給することが可能なガスエンジンの導入や、帯水層を利用した冷温水の長期貯蔵とヒートポンプの利用、地下数千mの地熱水を利用した暖房などが取り組まれている。

この間に面積当たり収量をはじめとする各種生産性が向上している（表—1）。例えば、トマトの収量は1980年から30年間で29kg/㎡から64kg/㎡と2倍以上に増加している。すでに1980年代には、このままトマト収量が増加し続けると2000年頃には60kg/㎡に達すると予想されていたそうである。トマト以外の果菜類も同様な収量向上となっている。現在のトップクラスのトマト生産者での収量は70kg/㎡に達している。このような生産者では毎年1kg/㎡の収量増加を目指しているという。前年比で約1.5%の増収である。この割合は誤差程度の増収だが、これを10年間継続すると10kg/㎡の増収となる。確かに10年前のオランダの平均収量は60kg/㎡であった。オランダの施設園芸で高く評価されるのは、高度化された施設ではない。このような継続的な収量増加を実現している栽培技術である。

オランダの高度化した栽培システムの導入は面積当たりの収量向上だけではなく、製造コストの低減や高品質化にも貢献している。オランダのトマト栽培の話題になると収量のみが注目されるが、現在の生産者の関心ごとは品質である。1990年代にはオランダのトマトは味がせず、ドイツからは「トマト爆弾」と称され誰も見向きもしなかった。ところが近年は房どりトマトや中玉トマトが導入され世界の注目を集めている。結果、2013年にはオランダのトマト輸出金額が18億ドルとなり世界一となった。

オランダの施設面積と生産者数の変動を図—1に示す。施設面積は特に花きの増加によって順調に増加していたが、2000年以降は若干減少しており、2013年には

表—1　オランダのトマト栽培における収量、エネルギーおよび労働時間の変化

年	収量 (A) kg／㎡	天然ガス 使用量(B)[z] m³／㎡	エネルギー 効率(A/B) kg／m³	労働時間 (C) 時間／1,000m²	労働生産性 (A/C) kg／時間
1950年	7.7	43	0.18	—	—
1960年	9.5	54	0.18	—	—
1970年	20	70	0.29	680	30
1980年	29	46	0.63	720	40
1990年	44	65	0.67	930	47
2000年[y]	55	55	1	950	58
2010年	64	40	1.6	1,025	62

Bakkerら、1995より一部改定
注）z：1950年から1970年は石油使用量を天然ガス使用量に換算している
　　y：2000年と2010年の数字はKwantitatieveInformatievoordeGlastuinbouwから作成

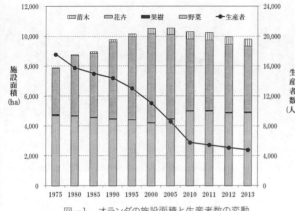

図―1　オランダの施設面積と生産者数の変動

9,817haとなっている。生産者数は年々減少しており、約40年間で1/3以下になった。これは、近年の施設面積の変化と合わせると、生産者当たりの施設規模が拡大していることを意味する。施設園芸での主要作物は、野菜はトマトとパプリカ、花きではバラとキクとなっている。

2）スペイン

　スペインの施設園芸は南部の地中海沿岸に位置するアンダルシア州とムルシア州に集中している。アンダルシア州の海岸線はコスタ・デル・ソル（太陽の海岸）と呼ばれ、ヨーロッパ人には人気の観光地であり、冬は温暖で夏は乾燥した湿度に強い日差しが特徴である。ムルシア州はブロッコリーやレタスなどの露地野菜も集中している（写真―3）。この2州だけで施設園芸面積は約50,000haとなる。

　アンダルシア州のなかでも施設園芸が集中しているのは東部のアルメリア県であるが、1960年代は現在のイメージと大きく異なっていた。当時のアルメリア県はスペインの中でも最も貧しい県の一つで多くの人が出稼ぎに出ていた。そのため、政府は出稼ぎ者を戻すために農家に土地を分け与え、地下水利用を許可することで農業が発展した。1970年代には施設園芸が始まった。施設構造はこの地域で元々栽培されていた生食用ブドウのパラル（parral）と呼ばれる棚にプラスチックフィルムを展張したものが原型である。この構造の施設は現在でも多くの生産者で用いられている（写真―4）。

　現在のアルメリア県の施設面積は26,000haとなり、夏期のメロンやスイカを除いた2013年から2014年作の生産額は14.8億ユーロになる。世界的に見ても稀な一極集中したハウス群は「プラスチックの海」と呼ばれたり、生産された農産物は遠くドイツや北欧まで輸出されることから「冬のヨー

写真―3　一面に広がるムルシア県でのレタスの露地型水耕栽培

写真―4　アルメリア県で一般的なハウス構造

写真—5 軒高6mのロックウールを導入した栽培施設

写真—6 砂利が敷きつめられたハウス内の様子

ロッパの野菜供給基地」などとも呼ばれたりする。結果、現在のアルメリア県の1人当たりの所得はイベリア半島で最も高くなっている。スペインのトマトの輸出額は12億ドルとなっており、メキシコに続いて第3位である。

　栽培の作型は、9月定植の年1作型とトマトやメロンを組み合わせた年2作型がある。この地域の特徴として、栽培施設は特にアルメリア県においてはパラル構造が主体である。一部の生産者では、養液栽培や環境制御コンピュータを備えた高度な丸屋根連棟のプラスチックハウスを導入しているが、その面積はまだまだ限定的である（写真—5）。もう一つの特徴は、99％の生産者が化石燃料を利用した暖房やCO_2施用を行っていないことである。温暖な地域といえども冬季の外気温は0℃程度まで下がることがあるが、越冬で栽培される多くのパラル構造のトマト施設にはカーテン装置すら設置されていない。それを可能にしているのは土耕と養液栽培を問わずにハウス内一面に敷かれた砂利である（写真—6）。ハ

ウス新設時、まず施設内に客土や堆肥を投入する。その後、直径5mm程度の川砂利を10cmほどの厚さで敷きつめる。定植作業は定植箇所の砂利を除けて行う。次作の定植は前作の株間の砂利を除けて定植するだけで、堆肥の投入や耕耘はしない。この砂利は日中の豊富な太陽エネルギーを蓄熱をして夜間に熱を放射することで施設内気温を維持することができる。

3）トルコ

　トルコの国土面積は日本の約2倍である。形はおおよそ南北に1,000km、東西に1,700kmと長方形で、海岸と内陸さらには

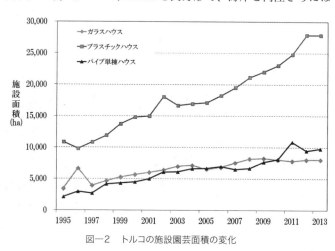

図—2　トルコの施設園芸面積の変化

標高が組み合わさり地域により気候が大きく異なる。

施設園芸が集中している地域として注目されるのが、南部の地中海沿岸のアンタルヤ県である。ここにはトルコ国内のほぼすべてのガラスハウス約8,000haが存在する。トルコ国内のプラスチックハウス面積は約27,800ha、パイプ単棟ハウスは約9,800haであり施設園芸面積は45,600haとなる（図ー2）。施設面積の95％は野菜で4％が花きである。野菜ではトマトの面積が最も大きく、キュウリ、メロンと続く。

トルコは世界で13番目に耕作面積を保有する国であり、その50％以上が穀類である。野菜に関しては多様な気候を利用して80種類以上を栽培している。今後トルコの施設園芸は、ヨーロッパへの野菜供給国として重要な位置になると考えられている。

（斉藤　章＝㈱誠和．経営戦略室）

参　考　文　献

1) 斉藤　章（2010）：平均単収70tのオランダの栽培システムと統合環境制御，最新農業技術野菜 vol.3，農文協，151-170
2) Land-en tuinbouw cijfers (2014) : http://www3.lei.wur.nl/ltc/
3) 稲吉洸太（2012）：スペイン・アンダルシアの風土と施設園芸，施設と園芸，158，47-51
4) New AG International (2009) : Spain. The largest and most advanced market for high tech agriculture in Europe, March, 56-70
5) New AG International (2012) : Turkey. Sustained growth and still a good potential!, November, 50-61
6) Turkish Statistical Institute (2014) : http://www.turkstat.gov.tr/

2．イスラエル

1）概要

イスラエルは、面積が四国とほぼ同程度の小さな国であるが、温暖で多様性に富む気候を生かして様々な作物が栽培されている。施設園芸は冬期に輸出用のバラやカーネーションなどの切り花類を生産するために始まったが、現在では施設の75％で野菜が生産され、果樹のネットハウス栽培も増加している。国土の約2/3が半乾燥および乾燥気候という厳しい自然条件を独自の灌水技術等で克服し、乾燥地農業の先進国となっている。

2）特徴

(1) 施設の種類

イスラエルの施設園芸は、60年代後半にオランダからガラス温室が導入されたことに始まる。しかし、その後、より低コストで温暖・高温の気候に適したプラスチックハウスへと移行していった（写真ー7）。

80年代後半には、遮熱、紫外線カット、防滴、光散乱等の多機能を持つ多層ポリエチレンフィルムが開発され、生産性の向上に寄与している。90年代になるとネット資材の品質向上と多様化が進み、遮光、節水（蒸散抑制）、品質向上、防虫、防ひょう等を目的としたネットハウスが増加した。特に夏期の

写真ー7　イスラエルの典型的なプラスチックハウス

写真—8　バナナのネットハウス

写真—9　スイカのトンネル栽培

日中の気温が40℃を超える南部の砂漠地帯ではネットハウスが多い。最近では野菜や花きだけでなく、果樹もネットハウスで栽培されるようになっている。現在、バナナはほとんどネットハウスで栽培（写真—8）されており、リンゴ、モモ、ザクロ、ブドウ等もネットハウスでの栽培が始まっている。

ネットの素材についても、散乱光発生（光合成促進）、紫外線カット（害虫対策）、カラーネット（光スペクトル変換による生育制御の試み）等、遮光以外の機能を持った製品が開発されている。高温対策としては、乾燥した気候条件を生かし、気化熱を利用した細霧冷房やパッドアンドファンが利用されている。また、メロンやスイカの春季の早出し栽培のためプラスチックマルチやトンネル栽培も行われている（写真—9）。

（2）水の効率的利用技術

水資源の少ないイスラエルでは、貴重な水を有効利用する技術が進んでいる。その中で最も威力を発揮しているのは1960年代にこの国で生まれた点滴灌水技術である。現在、国内のかんがい農地の約7割で点滴灌水が行われているが、施設栽培ではその割合はさらに高く75～80％となっている。

都市排水の農業への再利用（主に果樹での利用）も進んでおり、2014年には再利用率が95％に達する見込みである。また淡水化海水の利用、塩類濃度の高い地下水での栽培技術の研究も行われ、生産現場に生かされている。

これらの技術により年間降雨量5～35mmのアラバ砂漠がイスラエルの一大農業地帯となり、輸出野菜の60％がここで生産されている（写真—10）。

（3）育種・育苗分野

施設栽培の増加に伴い、専門業者による苗生産用の施設も増加している。最近は接ぎ木苗の重要性が認識され、日本の技術を導入した接ぎ木苗の生産も行われている。新品種の

写真—10　アラバ砂漠の集落とハウス群

開発も盛んで、収量や耐病性のみならず、市場での差別化を狙って、棚持ちや多様な外観（色・形、大きさ）、機能性等を備えた品種が開発され、輸出産業でもあるイスラエル農業を支えている。

3）施設面積

2014年現在、施設面積約15,000haで、野菜が約9,350ha（その内ネットハウスが1,950ha）、花きが2,500ha（その内ネットハウスが1,500ha）、果樹が約3,000ha（主にネットハウス）となっている。1生産者当たりの栽培面積は野菜の場合4～8ha、花きでは平均8haである。表—2に野菜の施設栽培面積の推移を示した。
（田川不二夫＝ネタフィムジャパン㈱）

参考文献

1）Omar Zaidan（2014）：イスラエルの施設園芸の現状と将来展望，施設園芸・植物工場展海外講演テキスト，日本施設園芸協会
2）Israel's Agriculture - The Israel Export & International Cooperation Institute（2012）

3．韓国

1）園芸施設

（1）園芸施設の面積

韓国の園芸施設の面積は、1980年から2000年まで急激な増加を示し、特に1990年代からウルグアイラウンド対策として補助事業などで関連産業も伸びているが、補助金など国の支援が1999年後半以降、突如中断され、2000年以降は横ばい状態となっている。

園芸施設の中では、野菜生産用施設が94.3％であり、プラスチックハウスが98.8％と圧倒的に多い。また、単棟パイプハウスが88.6％であり、低価格のプラスチックハウスにおける野菜栽培が施設園芸の中心となっている。

（2）施設園芸生産物の輸出

近年パプリカを始め、イチゴ、トウガラシ、トマトなどの輸出が増えてきた。それらの背景には、第1は、技術教育による農家の栽培技術が向上したことが挙げられる。第2は、施設園芸のエネルギー費用を減らすため、地熱ヒートポンプ支援普及（80％補助）や電気料金の低価格（日本の1/5～1/7）、第3は、輸出企業の経営合理化と思われる。

（3）施設園芸の政策

韓国の施設園芸は、1990年代に入ってからは、ウルグアイラウンドの対策として農業の中心になって、産・学・官の韓国式温室モデル開発チームを作

表—2 野菜の施設面積の推移（Zeidan, 2014）

作物名	1990	1995	1997	2000	2002	2006	2008	2010	2014
トマト	275	560	600	560	640	900	970	1,050	1,270
トマト（ネット）				150	180	300	300	300	650
ミニトマト		50	80	200	250	300	400	350	380
ピーマン	100	180	300	320	450	700	900	1,200	1,500
ピーマン（ネット）				300	630	800	1,000	1,300	1,300
ナス	17	17	20	50	80	100	120	200	500
メロン	180	250	350	400	350	300	300	300	500
スイカ			60	100	250	300	300	300	400
キュウリ	220	325	425	500	420	500	510	550	600
ハーブ類	50	140	180	220	270	400	520	400	500
葉菜類					130	100	200	200	500
イチゴ		20	25	40	45	55	60	150	150
有機野菜				150	170	250	500	500	500
その他			50	100	150	200	250	300	320	500
採種・育苗									300
合計	842	1,592	2,140	3,140	4,065	5,255	6,380	7,120	9,350

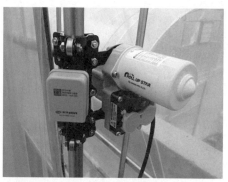

写真―11 巻取り式開閉機（友成ハイテック）

写真―13 ビル型植物工場（国立農業科学院）

写真―12 多層保温生地（(株)育日）

り、農家普及型自動化温室標準仕様の10種類のモデルを構築した。そのなかでは、主に1－2Wの連棟のパイプハウスモデルが普及に移された。

しかし、1999年に政権が変わると各種の支援事業が急に中断され、それに伴い多くの施設園芸メーカーが破産するなど、関連産業の打撃は極めて大きかった。

2009年から施設園芸品質改善事業と農漁業エネルギー利用効率化事業が導入され始め、施設複合環境制御施設、地熱および空気ヒートポンプ、多層保温カーテン（布団カーテン）などの施設の現代化が行われた。また、2013年からは新設施設について全額融資で支援することで、パプリカやトマト栽培の大規模の温室が増えてきた。

（4）主要研究開発

高級な温室で高品質の農産物を生産するのは当然であり、低コスト省力温室で高品質の農産物を生産する技術が望まれており、その技術を確立するいくつかの例を挙げる。

ビニルハウスの換気のため、天窓や側窓を開閉する巻取り式窓開閉機は、「写真―11」のような作動リングギヤ遊星歯車式減速機を用いる開閉機を使用する。近年日本でも良く使われるようになった。これは過去のウォームギヤ式の減速機と比べ、効率とトルクが高い。

温室経営費の40％に達する燃料費を減らすため、施設園芸試験場はハウスの保温性を高める布団のような多層保温カーテンを使用している。この場合、燃料消費量の46％の低減が図られるとともに、日陰が少なくなる。

多層保温カーテン（写真―12）は多層の保温生地を刺しぬいた資材（YI-W501）であるが、厚く重いので巻き取るトルクが大きいことがネックである。それで、3層の生地を一工程で製織できる技術（特許：登録番号101345899000）が開発され、薄く軽い保温カーテンで巻取り式開閉に便利な保温資材として普及されている。

2）植物工場

（1）研究開発

国立農業科学院では、スペーシング自動化など植物工場向きの機械開発で省力化を中心に進めた。また多層植物工場を建設し、機械システムを利用して自動化を図った植物工場を中心に研究開発を行っている（写真―13）。

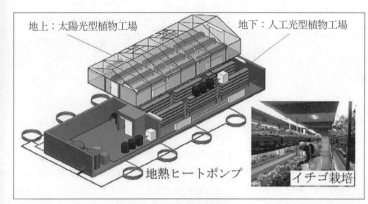

写真―14 ハイブリッド植物工場（(株)・新生GreenFarm）

写真―15 植物工場用総合制御システム（友成ハイテック）

写真―16 高麗人参の養液栽培（(株)アイファーム）

また、国立園芸特作科学院では、南極の世宗基地にコンテナ型の植物工場を設置したことを開発の契機として、コンテナ型植物工場での育苗や巻き野菜の栽培技術、高麗人参の植物工場での生産のため基盤技術について研究開発を行っている。

人工光型植物工場の研究開発は葉菜類中心に行って、ある程度成果を得ているが、人工光型植物工場でのイチゴなど果菜類の栽培は成果を得た事例が見当たらない。

最近、写真―14のようなハイブリッド植物工場モデルを開発し、イチゴの栽培試験を行っている。これは地下に人工光型植物工場、地上に太陽光型植物工場を組み合わせたモデルである。

写真―15は、小規模の人工光型植物工場向きの精密な制御ができる総合環境制御システムである。これは養液管理を始め、温・湿度、CO_2、照明などの制御ができるものである。

（2）商業的植物工場

国立園芸特作科学院が開発した高麗人参養液栽培技術（特許10-0959254、特許10-2010-0001539）を活用し、商業的に生産する企業が出始まった（写真―16）。また、養液による育苗が半年以内にできる技術開発が課題となっていると思われる。

（李　基明＝慶北大学名誉教授）

参 考 文 献

1）李基明（2012）：韓国の最新の施設園芸事情と植物工場の取組, GPEC2012テキスト, 日本施設園芸協会, 131-167
2）李基明（2014）：韓国の最新の施設園芸事情と植物工場の取組, GPEC2014テキスト, 日本施設園芸協会, 229-257

4．中国

1）中国の施設園芸の概況

中国は発展途上国として、施設園芸技術も経済発展に伴い、1978年以降、本格な発展段階に入った。施設園芸総面積は、1978年はわずか0.53万haであったが、30年後の2008年には350万haに急増した（施設対策組，2010）。中国の園芸施設の種類は、トンネル、プラスチックハウス、連棟温室および中国特有の日光温室などである。2008年統計データでは、各施設面積はそれぞれ130.67、139.40、1.73、78.26万haであり、全体中の比率はそれぞれ37.3、39.8、0.5、22.4%である。

栽培作物は主に野菜であり、近年は果樹と花きが増加している（表─3、張，2010）。

トンネル、プラスチックハウスおよび日光温室は、主に野菜、果樹および一部分の花き栽培に用いられている。連棟温室は主に花きなど付加価値が高い作物の栽培および新たな園芸技術の展示などに利用されている。最も先端的な植物工場は、近年、各地に見られるようになってきたが、主に研究や技術展示などに用いられている。

中国は、野菜消費大国として知られている。現在、施設栽培野菜は十数種類、100品種以上ある。2008年の施設野菜の生産量

表─3 中国の作物別の園芸施設面積（張，2010）

作物別	面積（万ha）	比率（%）
野菜	334.67	95.6
果樹	8.92	2.6
花き	6.40	1.8

は2.47億t、1人当たり185.66kgに達した（張，2012）。野菜の施設栽培の進展により、1990年代から寒冷地にある北部地域でも新鮮野菜の周年供給が確保されてきた。施設野菜の栽培地域分布は、遼寧省、山東省を始めとした東部地域と、江蘇省、安徽省などの長江流域で圧倒的な面積を有しており、各々57.2%と19.8%を占めている。その他、地域面積の広大な北西部は7.4%を占めている（張，2010）。北西部地域の園芸施設面積は多くはないが、主に砂漠、石・礫だらけのゴビ、アルカリ性土壌などの非耕地を開発利用したものであり、現在まさに発展途上にある地域である。

2）中国の日光温室

（1）日光温室の構造

北側の壁および東西両妻面を土や煉瓦や石などで、北側屋根を保温材で造り、南側の屋根を一体のアーチ型の透光面にして、フィルムなどの透光材を被覆する温室である。低温時期の夜間、透光面の外側に断熱材で作成した保温カーテンを被覆する（写真─17、写真─18）。

構造部材は木材、竹、金属パイプおよびア

写真─17 中国の日光温室（室外）

写真─18 中国の日光温室（室内）

ーチ型鋼材が多く用いられる。構造部材の強度および温室寸法によって、室内に補強柱を増設する場合もある。透光面には、普通、PE、EVA、POなどのフィルムが用いられ、良好な透光性、流滴性、防霧性および保温性などが要求される。保温カーテンとして、従来の「わらごも」の他に、綿類、発泡スチロール類、アルミ蒸着類反射材などで作ったものが急速に普及してきている。

（2）日光温室の熱環境形成のメカニズム

昼間では透光面の日射透過率、北壁と土壌の蓄熱性、夜間では壁面と土壌面の放熱性および全般的な保温性などの確保によって、良好な温室熱環境が形成されるのが基本である。夜間の温室の気密性と保温カーテンの適正管理も大事なことである。これらによって、冬季最低外気温－20℃～－10℃の地域にも、無加温の条件下で野菜および一部の花きが栽培できる。したがって、日光温室が最も省エネ型の園芸施設であると言える。

一般に、日光温室は南向きの単棟温室が多いが、一部の地域では南北方向２連棟の日光温室が多少ある。温室寸法と構造は室内環境と経済性にかかわるもので、地域によって異なっている。例えば、北方の遼寧省では、温室の間口7.5～10m、軒高2.5～4.0m、棟高3.5～5.8m、煉瓦と断熱材の壁構造などが普通である。他方、山東省では、間口9.0～12.0m、軒高2.0～3.5m、棟高3.0～4.8m、厚い土壁構造が一般であると同時に、保温性と蓄熱性を一層向上させるため、室内を半地下方式（深さ0.5～1.5m）としているのも特徴である。

3）中国の施設園芸の問題点と対策

中国の施設園芸は、急速な発展の勢いが持続しているが、キュウリやトマトなど果菜類の収量はわずか10～30kg/㎡に止まり、先進国との格差が大きく、生産効率と品質の向上を巡る課題が多く残っている。すなわち、①連棟温室以外の園芸施設では、環境制御技術および設備が少ないため、栽培環境の制御性が低い。例えば、日光温室における冬季の高湿とCO_2不足、夏場の高温などの問題が生産量と品質の向上に影響している。②連棟温室では、遮光、暖房、冷房、補光、CO_2施用などの主要な環境制御設備は揃っているが、初期投資額とランニングコストが高い。③土壌栽培の場合、塩類集積や連作障害などの土壌管理技術にかかわる問題がまだ解決していない。④施設園芸専用の農業機械が少なく、日光温室をはじめ多くの園芸生産が主に人力に頼り、労働負荷が高く、生産効率が低い。これらの問題を解決または緩和するために、様々な対策が考えられている。例えば、技術面では、地中熱利用ヒートポンプや太陽エネルギー利用を中心とする運営コストの低減、および省エネを図る環境制御技術の開発に取り組んでいる（柴, 2010、孫, 2013、馬, 2014）。新しい品種作出、育苗技術、高効率栽培技術、養液及び培地栽培技術、灌水同時施肥技術、土壌消毒技術ならびに生産管理省力化技術などの開発が重視されている（張, 2014）。

（趙　淑梅＝中国農業大学）

参考文献

1）施設園芸発展対策研究課題組（2010）：我国施設園芸産業発展対策研究, 長江蔬菜（学術版），（4），70－74
2）張真和（2012）：我国蔬菜産業発展現状, 山東蔬菜，（3），2－7
3）柴立龍（2010）北京地区温室地源熱ポンプ供暖能耗及び経済性分析, 農業工程学報, 26（3），249－254
4）孫維拓（2013）：主動蓄放熱－熱ポンプ聯合加温系统在日光温室中的応用, 農業工程学報, 29（19），168－177
5）馬承偉（2014）：パイプ太陽エネルギー集熱日光温室, 特許 ZL201210245992.5
6）張真和（2014）：我国発展現代蔬菜産業面臨的突出問題与対策, 中国蔬菜，（8），1-6

5. ベトナム

1）ベトナム農業の概要

ベトナム政府の農業農村開発省等の説明によれば、ベトナムの人口は約9千万人で、その約70％は農村人口であり、農業人口は2,500万人余りである。また、農地は約941万2,200haである。農業はベトナムの主要産業で、米、天然ゴム、コーヒー豆、カシューナッツ、こしょう等が主な輸出農産品目である。平均の農業経営面積は、0.5～1.0ha/戸で、小規模な家族経営が主体である。

農業地域区分は7つに分類されるが、重要な農業地域は、北部の紅河デルタ流域、中部高原、南東地域、メコンデルタの4地域で、園芸生産では、紅河デルタ流域、南東地域、メコンデルタは、それぞれハノイやホーチミンの大都市への野菜供給、中部高原はダラットを中心に大都市への野菜供給と、海外を含めた野菜と花きの生産地となっている。

2）ベトナムの施設園芸の状況

（1）ハウスの設置面積

政府の公式な統計はないので、正確なところは不明であるが、平成25年11月に行った（一社）日本施設園芸協会のベトナム施設園芸現地研修ツアーの際、ベトナムの中央政府機関（農業農村開発省）や地方の行政機関（ラムドン省農業農村開発局）等で聞き取った情報では、以下のとおりである。

①グリーンハウス（プラスチックフィルムを張ったハウス）は、ベトナム全体では約3,000～3,200ha程度あり、そのうちの約2割は鉄骨もの、約8割は竹骨ハウス（ハウスの支柱や梁等の材料に竹（幹の中が詰まったもの）を用いて作ったハウス）であると考えられる。

②竹やコンクリートの支柱にネットを張ったネットハウス（スクリーンハウス）が、ハノイ近郊で250haある（写真―19）。

③ホーチミン市では、プラスチックハウスが20～30ha、ネットハウスが150～160ha（うちラン栽培が110ha）程度存在する。

④ダラットを中心としたラムドン省では、プラスチックフィルムを張ったハウスが2,700ha、うち野菜生産で1,500ha、花き生産で1,200haである（写真―20）。これ以外にネットハウスが1,200haあり、ラムドン省には全国のプラスチックフィルムハウスの50％以上があると考えられる。

⑤ラムドン省の先進的生産者によれば、プラスチックフィルムハウスの約80％は竹骨ハウスである。

⑥以上から、プラスチックハウスの施設面積は約4,000～4,500ha程度と推計され、その内、竹骨ハウスはその約8割と推定される（一部に鉄材を使っているものもある）。また、ネットハウスはダラットとホーチミン市、ハ

写真―19　ハノイ近郊のネットハウス

写真―20　ダラットのハウス群

写真—21　竹骨ハウス

写真—22　ダラットの大規模ハウス

ノイ近郊だけで1,500ha以上あるとのことであるが、実際はさらに多いと考えられる。

(2) ハウスの構造・設備と建設費

①ダラット周辺では、台風も来ず、風速も60km/hr（= 17m/s）程度であり、雪も降らないので、ハウスの骨材は強い材料である必要はないとしている。このため、竹骨ハウスでは、竹骨が針金のようなもので結びつけられているだけであり、フィルムも釘などで竹骨に固定されている（写真—21）。鉄骨ハウスは、灌水設備等とともにイスラエルのものが入っているが、それをベトナム式により簡易なものに改良しているようである。

②竹のプラスチックハウスの耐用年数は4～5年と言われている。一方、原料の竹は、1haのハウスで1万本も必要なので、国内だけでは不足するため、最近はカンボジアから高いものを輸入しているとのことである。

③プラスチックフィルムは安価なベトナムのメーカーのもの（300円/kg程度）が普及しているが、品質が悪く（UVカットのフィルム等はなし）、多くのハウスでは2年目からフィルムが茶色に変色している。これは赤土が舞い上がってハウスの屋根につき、掃除をしないことが原因とも言われているが、フィルムの品質も関係しているとみられる。

④なお、ダラットには、グローバルGAPを取得して、トマト、トウガラシ、パプリカ等を栽培し、輸出している農業生産販売法人（1997年設立、社員46人、年間売上12～18億ドン/ha）、2,000人の従業員、300haのハウス、オートメーションによる大規模選花設備、100軒の委託生産農家を有し、日本等アジア、オーストラリア等へ花きの輸出を行っているオランダ資本の大規模農場（1994年に100％外資の出資で設立（写真—22））があるなど、他の省には見られない生産者がいる。

3) ベトナム政府の施設園芸に対する政策等

ハウスの建設には国からの特別の補助はなく、銀行も資産の少ない一般の農家には融資をしないので、農家は価格の高いプラスチックハウスを導入しようとせず、自前で資材を手当できる竹骨ハウスを作ることが一般的である。現状では、農家の年収は1億ドン/ha（= 5万円/10a）なので、高い資材を使ったハウスは普及していない。しかしながら、今後竹骨の価格が上昇すれば、近い将来、鉄骨のハウスが逆転すると見られるとの見解もあった（表—4）。

表—4　ベトナムのハウス建設費

ハウスの種類	建設費
オランダ製	50～60億ドン/ha=240～288万円/10a (8,700円/坪前後)
ポルトガル製	30～40億ドン/ha=144～192万円/10a (5,500円/坪前後)
鉄製ハウス（ベトナム製）	14～20億ドン/ha=67～96万円/10a (2,700円/坪前後)
竹骨ハウス（農家自作）	10～14億ドン/ha=46～67万円/10a (1,900円/坪前後)

注）ラムドン省農業農村開発局等での聞き取りを基に作成
　　換算レートは1億ドン=48万円（2014年3月時点）

((一社)日本施設園芸協会)

参考文献

1) 畔柳 武司 (2014年): 2013ベトナム施設園芸研修ツアーに参加して, 施設と園芸, (一社) 日本施設園芸協会, No.165, 50〜55

6. 南北アメリカ

1) はじめに

　南北アメリカの施設園芸事情は近年ダイナミックに変化している。なかでも、メキシコ北部、米国南西部における大型養液栽培施設の急速な発達、北米消費者の地産地消支持を背景とした都市型施設栽培、アメリカの花き産業の低迷を背景とする花き類から野菜への転向、北米各地での人工光型植物工場の発達など注目に値する。とくにメキシコ施設園芸の発展とその成功は中南米の国々にも大きな影響を与え始めている。

2) 各国概況

(1) アメリカ

　アメリカ農務省の統計値 (2009年園芸作物センサス) によると、アメリカの施設総面積は7,980ha、網室面積を加えると11,753haである。本統計は5年ごとに行われるが、統計項目の変化を通じてもアメリカの施設園芸業界の動きを知ることができる。例えば2007年およびそれ以降の農業センサスでは急速な施設面積の増大を反映して、初めて露地トマトとは別に「施設トマト」の統計値が掲載された。また同様に2012年の農業センサスではベリー類の施設栽培面積が報告されるようになった。しかしながら情報保護などの理由から、急速に拡大する施設の統計値は概して実際よりも小さいことが多く、注意が必要である。例えば、ラズベリー生産に使用されるハイトンネル (写真—23) の総面積は既に2,000haを超えていると言われているが、2012年農業センサスの統計値では100haに満たない。

　アメリカの施設園芸の大きな特徴であるが、施設生産面積のうち、花き・花木類生産に使われるものが9割を占め、野菜類の施設生産面積は1割程度と少ない。大規模な施設園芸野菜生産はアリゾナ、テキサスなどの南西部に集中し、花き・花木類生産は全国に分散する。地産地消 (ローカルプロダクション) の需要が高まるなか、都市近郊の花き温室の野菜栽培への転向もみられるようになった。

　野菜生産用の施設での主要作物はトマトであり、その大部分は養液栽培によるものである。また近年では、シカゴ、ニューヨークなどの都市部を中心に屋上温室 (写真—24) や人工光型の植物工場などが発展している。また、テラピアなどの淡水魚の養殖とレタス類などの養液栽培を組み合わせたアクアポニックスの商業生産が行われている。有機栽培、低農薬栽培の取り組みも盛んである。

(2) カナダ

　カナダの施設総面積は2,296ha (2011年現在) である。ガラス温室の比率が多く、その面積は865ha (総面積の38％) である。オンタリオ州とブリティッシュコロンビア州の施設園芸面積はそれぞれ、総面積の56％および23％を占める。近年ではアメリカ同様に都市部での施設園芸に注目が集まって

写真—23　カリフォルニアに広がるハイトンネル内でのラズベリー栽培

写真—24 ニューヨーク市ブルックリンの屋上温室（屋上でレタス、ハーブ、トマトを生産し、階下のスーパーマーケットで販売を行っている）

おり、モントリオール市の屋上温室、バンクーバー市近郊の人工光型植物工場などはその例である。カナダは、花き類および施設野菜ともにアメリカの重要な供給地である。近年ではアメリカおよびメキシコで利用される数千万本のトマト接ぎ木苗の供給源としても重要な役割を果たしている。

（3）メキシコ

　北米自由貿易協定締結（1994年）以降、メキシコ、とくに北部各州での施設園芸の発達はめざましい。メキシコ農務省SAGARPAの報告によると、施設園芸生産面積は2010年現在で9,948haである（F. Villarreal氏提供）。平均年率で39％の高い増加率を示している。プラスチックフィルム被覆、土耕栽培のものが多いが、オランダ式のガラス温室での養液栽培も行われている。施設生産面積の7割ほどが野菜類生産に使われている。

　主要作物はトマトであるが、トマト以外の作物も次第に増えつつある。最近、大規模な養液栽培イチゴの施設がバハ・カリフォルニア州に導入され、冬期出荷のイチゴ栽培を開始した。かつてバハ・カリフォルニア州では露地トマト栽培が盛んであったが、長年の集約的生産で地下水の塩類濃度が上昇し、逆浸透法による脱塩処理なしでは果菜類などの栽培は困難となった。水資源節約の立場から養液栽培への転向が進んでいる。北米の果菜類サプライチェーンにおけるメキシコの重要度は高く、今後も養液栽培面積が広がることが予測される

（4）グアテマラ、コロンビア、その他

　1980〜90年代に急速に発達したコロンビアの切り花産業はアメリカの生産者に大きな打撃を与えた。また、近年急速に増えた栄養繁殖系花き品目には、中南米（コロンビア、グアテマラなど）で増殖された挿し穂をアメリカやカナダに空輸し、発根後苗として販売する生産形態が普及した。例えばグアテマラからであれば、植物検疫地マイアミ（フロリダ州）まで3時間、挿し穂採取の2日後にはアメリカ国内の発根・鉢上げを担当する生産者に挿し穂が届くという。

　園芸作物のサプライチェーンにおいて、人件費が低く地理的に消費大国に近いこれら中南米の国々の重要性は高い。ただし、国境をまたいだ苗生産は常にウイルスなどの病原菌伝播のリスクを追うことになる。いったんそのような病害虫の大発生が問題となると生産基地を汚染されていない他国に移動するほかはない。白さび病伝播を原因とするキク挿し穂生産地のアメリカへの完全Uターンは記憶に新しい。近年では中南米諸国においても施設面積の拡大しつつあるようであるが、全体像の把握はできていないようである。

（久保田智恵利＝アリゾナ大学農学生命科学部）

参 考 文 献

1) USDA (2010): 2007 Census of Agriculture. Census of Horticultural Specialties (2009). National Agricultural Statistics Service (NASS)
2) USDA (2014): 2012 Census of Agriculture. National Agricultural Statistics Service (NASS)
3) 久保田智恵利（2013）：米国における野菜苗生産事情，施設と園芸,，60巻，53-58
4) Statistics Canada (2012): Greenhouse, sod and nursery industries. Statistics Canada Catalogue no. 22-202-X

一般社団法人　日本施設園芸協会会員名簿
（平成29年1月現在）

アキレス株式会社
〒169－8885
東京都新宿区北新宿2－21－1
新宿フロントタワー
TEL　03－5338－9289
ホームページ　http://www.achilles.jp/

アグリコンサルティング株式会社
〒262－0033
千葉県千葉市花見川区幕張本郷2－5－10
TEL　090－7507－4954
ホームページ　http://agriconsulting-jp.net/

株式会社アグリセクト
〒300－0506
茨城県稲敷市沼田2629－1
TEL　029－840－5977
ホームページ　http://www.agrisect.com/

株式会社アシストジャパン
〒320－0846
栃木県宇都宮市滝の原2－4－42
TEL　028－635－8718
ホームページ　http://www.japan-as.com/

有光工業株式会社
〒537－0001
大阪市東成区深江北1－3－7
TEL　06－6973－2001
ホームページ　http://www.arimitsu.co.jp/

株式会社 イーエス・ウォーターネット
〒206－0024
東京都多摩市諏訪4－24－1
TEL　042－355－7701
ホームページ　http://www.es-waternet.co.jp/

株式会社 イーズ
〒105－0004
東京都港区新橋4－7－2　第6東洋海事ビル6F
TEL　03－5777－1345
ホームページ　http://www.esinc.co.jp/

株式会社 いけうち　東京営業所
〒108－0022
東京都港区海岸3丁目9番15号　LOOP-X14階
TEL　03－6400－1978
ホームページ　http://www.kirinoikeuchi.co.jp/

イノチオアグリ株式会社
〒441－8123
愛知県豊橋市若松町字若松146
TEL　0532－25－1411
ホームページ　http://www.ishiguro.co.jp/

井関農機株式会社
〒116－8541
東京都荒川区西日暮里5－3－14　FSビル
TEL　03－5604－7637
ホームページ　http://www.iseki.co.jp/

AGCグリーンテック株式会社
〒101－0032
東京都千代田区岩本町3－5－8
岩本町シティプラザビル9F
TEL　03－5833－5451
ホームページ　http://www.f-clean.com/

エスペックミック株式会社
〒572－0072
大阪府寝屋川市池田3－11－17
TEL　072－801－7805
ホームページ　http://www.especmic.co.jp/

OATアグリオ株式会社
〒779-0301
徳島県鳴門市大麻町姫田下久保12-1
TEL　088-685-2890
ホームページ　http://www.oat-agrio.co.jp/

近江度量衡株式会社
〒525-0054
滋賀県草津市矢倉3-11-70
TEL　077-562-7111
ホームページ　http://www.omiscale.co.jp/

オカモト株式会社
〒113-8710
東京都文京区本郷3-27-12
TEL　03-3817-4171
ホームページ　http://www.okamoto-inc.jp/

カネコ種苗株式会社
〒371-8503
群馬県前橋市古市町1-50-12
TEL　027-251-1615
ホームページ　http://www.kanekoseeds.jp/

株式会社　関東農産
〒325-0001
栃木県那須郡那須町大字高久甲字道西2691-3
TEL　0287-63-6213
ホームページ　http://www.kantoh-ap.co.jp/company.html

クボタアグリサービス株式会社
〒556-8601
大阪府大阪市浪速区敷津東1-2-47
TEL　06-6648-2151
ホームページ　http://www.kubota-agri-service.co.jp/

株式会社　ケーアイ・フレッシュアクセス
〒164-0011
東京都中野区中央1-38-1
住友中野坂上ビル15階
TEL　03-3227-8675
ホームページ　http://www.kifa.co.jp/

小泉製麻株式会社
〒657-0864
兵庫県神戸市灘区新在家南町1-2-1
TEL　078-841-9345
ホームページ　http://www.koizumiseima.co.jp/

株式会社　サカタのタネ
〒224-0041
神奈川県横浜市都筑区仲町台2-7-1
TEL　045-945-8806
ホームページ　http://www.sakataseed.co.jp/

株式会社　サタケ
〒101-0021
東京都千代田区外神田4-7-2
TEL　03-3253-3156
ホームページ　http://www.satake-japan.co.jp/ja/

佐藤産業株式会社
〒811-2126
福岡県粕屋郡宇美町障子岳南3-1-26
TEL　092-932-5431
ホームページ　http://www.satohnet.co.jp/

サンキンB＆G株式会社
〒348-0038
埼玉県羽生市小松台2-705-19
TEL　048-561-5200
ホームページ　http://www.sankin.co.jp/bg/index.html

三秀工業株式会社
〒262-0012
千葉県千葉市花見川区千種町236-24
TEL　043-286-4666
ホームページ　http://www.3shu.co.jp/

サンテーラ株式会社
〒103-0016
東京都中央区日本橋小網町1-8
茅場町髙木ビル4階
TEL　03-6837-9030
ホームページ　http://www.santerra.jp/

株式会社 サンホープ
〒153-0061
東京都目黒区中目黒1-1-71
KN代官山4階
TEL 03-3710-5660
ホームページ http://www.sunhope.com/

シーアイ化成株式会社
〒104-8321
東京都中央区京橋1-18-1　八重洲宝町ビル
TEL 03-3535-4571
ホームページ http://www.cik-agri.jp/

シーアイマテックス株式会社
〒104-0031
東京都中央区京橋1-18-1　八重洲室町ビル
TEL-03-5159-3768
ホームページ http://www.ci-matex.co.jp/

株式会社 GTスパイラル
〒860-0823
熊本県熊本市中央区世安町138
TEL 096-288-0781
ホームページ http://www.gt-spiral.com/

JA三井リース株式会社
〒104-0061
東京都中央区銀座8-13-1
銀座三井ビルディング
TEL 03-6775-3000
ホームページ https://www.jamitsuilease.co.jp/

JFEエンジニアリング株式会社
〒100-0005
東京都千代田区丸の内1-8-1
丸の内トラストタワーN館19階
TEL 03-6212-0251
ホームページ http://www.jfe-eng.co.jp/products/comfortable/smartagri/sma01.html

ジャパンドームハウス株式会社
〒922-0401
石川県加賀市新保町ロ3-17
TEL 0761-44-2525
ホームページ http://www.dome-house.jp/

新日鐵住金株式会社
〒100-8071
東京都千代田区丸の内2-6-1
TEL 03-6867-5323
ホームページ http://www.nssmc.com/index.html

住友電気工業株式会社
〒554-0024
大阪府大阪市此花区島屋1-1-3
TEL 06-6466-5679
ホームページ http://sei.co.jp/

株式会社 誠和。
〒329-0412
栃木県下野市柴262-10
TEL 0285-44-1751
ホームページ http://www.seiwa-ltd.jp/

全国農業協同組合連合会
〒100-6832
東京都千代田区大手町1-3-1　JAビル
TEL 03-6271-8322
ホームページ http://www.zennoh.or.jp/

仙台農建株式会社
〒989-4203
宮城県遠田郡美里町練牛字二十号30番地2
TEL 0229-58-1220
ホームページ http://www.s-nouken.co.jp/

株式会社 ソーワテクニカ
〒509-9132
岐阜県中津川市茄子川中垣外1646-45
TEL 0573-78-0302
ホームページ http://www.sowanet.co.jp/

株式会社 多田ビニール工業所
〒290-0016
千葉県市原市門前412
TEL　0436-63-3365
ホームページ　http://www.tadavinyl.com/

ダイオ化成株式会社
〒104-0044
東京都中央区明石町8-1　聖路加タワー13階
TEL　03-6830-3010
ホームページ　http://www.dionet.jp/

ダイキン工業株式会社
〒530-8323
大阪市北区中崎西2-4-12
TEL　06-6374-9331
ホームページ　http://www.daikin.co.jp/

株式会社 大 仙
〒440-8521
愛知県豊橋市下地町字柳目8
TEL　0532-54-6521
ホームページ　http://www.daisen.co.jp/

株式会社 デンソー
〒448-8661
愛媛県刈谷市昭和町1-1
TEL　0532-34-2670
ホームページ　https://www.denso.com/jp/ia/

東海物産株式会社
〒512-0923
三重県四日市市高角町2997
TEL　059-326-3931
ホームページ　http://www.tokaibussan.com/

東罐興産株式会社
〒105-0013
東京都港区浜松町1-2-14　ユーデンビル
TEL　03-5472-5111
ホームページ　http://www.tokan.co.jp/tokankousan/

東京インキ株式会社
〒114-0002
東京都北区王子1-12-4　TIC王子ビル
TEL　03-5902-7627
ホームページ　http://www.tokyoink.co.jp/

東都興業株式会社
〒104-003
東京都中央区京橋1-6-1
三井住友海上テプコビル3階
TEL　03-3566-0210
ホームページ　http://www.toto-vp.com/

トキタ種苗株式会社
〒337-8532
埼玉県さいたま市見沼区中川1069
TEL　048-683-3435
ホームページ　http://www.tokitaseed.co.jp/

トミタテクノロジー株式会社
〒236-0004
神奈川県横浜市金沢区福浦1-1
横浜金沢ハイテクセンターテクノタワー16階
TEL　045-783-6161
ホームページ　http://www.tomitatechnologies.com/site/index.html

トヨタネ株式会社
〒441-8517
愛知県豊橋市向草間町字北新切12-1
TEL　0532-45-4137
ホームページ　http://www.toyotane.co.jp/

日東紡績株式会社
〒102-8489
東京都千代田区麹町2-4-1　麹町大通ビル
TEL　03-4582-5260
ホームページ　http://www.nittobo.co.jp/

日本農民新聞社
　〒101－0048
　東京都千代田区神田司町2－21　光和ビル
　TEL　03－3233－3581
　ホームページ　http://www.agripress.co.jp/engei/

日本ロックウール株式会社
　〒104－0042
　東京都中央区入船2－1－1　住友入船ビル3階
　TEL　03－4413－1223
　ホームページ　http://www.rockwool.co.jp/

ネタフィムジャパン株式会社
　〒103－0008
　東京都中央区日本橋中洲5－10
　第16シグマ日本橋ビル5階
　TEL　03－3663－6510
　ホームページ　http://www.netafim.jp/

ネポン株式会社
　〒150－0002
　東京都渋谷区渋谷1－4－2
　TEL　03－3409－3122
　ホームページ　http://www.nepon.co.jp/

ハウスのイシイ農材株式会社
　〒371－0215
　群馬県前橋市粕川町深津1878－2
　TEL　027－285－6140
　ホームページ　http://www.ishiinouzai.com/

長谷川興業株式会社
　〒289－0516
　千葉県旭市米込1299
　TEL　0479－68－1066

パナソニック株式会社
　〒105－8301
　東京都港区東新橋1－5－1
　パナソニック東京汐留ビル
　TEL　03－3574－5618
　ホームページ　http://panasonic.co.jp/index3.html

平林物産株式会社
　〒298－0295
　千葉県夷隅郡大多喜町森宮138
　TEL　0470－82－2611
　ホームページ　http://www.hirabayashi-all.co.jp/

福井シード株式会社
　〒918－0842
　福井県福井市開発5－2004
　TEL　0776－52－0262
　ホームページ　http://www.fukuiseeds.co.jp/

富士電機株式会社
　〒141－0032
　東京都品川区大崎1丁目11番2号
　ゲートシティ大崎イーストタワー
　TEL　03－5435－7093
　ホームページ　http://www.fujielectric.co.jp/

フルタ電機株式会社
　〒467－0862
　愛知県名古屋市瑞穂区堀田通7－9
　TEL　052－872－4111
　ホームページ　http://www.fulta.co.jp/

ホリー株式会社
　〒103－0027
　東京都中央区日本橋3丁目10番5号
　オンワードパークビルディング12F
　TEL　03－3276－3920
　ホームページ　http://www.hory.asia/

株式会社 丸昇農材
〒785-0009
高知県須崎市西町2-9-26
TEL 0889-42-0513
ホームページ　http://www.marusyo-n.co.jp/

株式会社水沢農薬
〒023-0001
岩手県奥州市水沢区卸町3番地3
0197-24-7733
ホームページ　http://www.greenjapan.
co.jp/mizsawa.htm

三菱樹脂アグリドリーム株式会社
〒103-0021
東京都中央区日本橋本石町1-2-2
三菱樹脂ビル3階
TEL 03-3279-4651
ホームページ　http://www.mpia.co.jp/

三菱マヒンドラ農機株式会社
〒340-0203
埼玉県久喜市桜田2-133-4
TEL 0480-58-9514
ホームページ　http://www.mam.co.jp/

みのる産業株式会社
〒709-0892
岡山県赤磐市下市447
TEL 086-955-1121
ホームページ　http://www.agri-style.com/

株式会社 柳川採種研究会
〒319-0123
茨城県小美玉市羽鳥256
TEL 0299-46-0311
ホームページ　http://www.yanaken.com/

株式会社 山本産業
〒438-0833
静岡県磐田市弥藤太島532
TEL 0538-32-9211
ホームページ　http://yamasan.jp/

八女カイセー株式会社
〒834-0114
福岡県八女郡広川町太田1024
TEL 0943-32-1148
ホームページ　http://yamekaisei.jp/

ヤンマーグリーンシステム株式会社
〒530-0014
大阪府大阪市北区鶴野町1-9
梅田ゲートタワー7階
TEL 06-6376-6339
ホームページ　https://www.yanmar.com/jp/
about/company/associated_company/
group_ygs.html

ユニチカ株式会社
〒103-8321
東京都中央区日本橋本石町4-6-7
日本橋日銀通りビル8階
TEL 03-3246-7563
ホームページ　http://www.unitika.co.jp/

株式会社 ユニック
〒105-0001
東京都港区虎ノ門1-4-9　ユニックビル3階
TEL 03-3519-6084
ホームページ　http://www.unyck.co.jp/bp_
jigyou01.html

渡辺パイプ株式会社
〒104-0045
東京都中央区築地5-6-10
浜離宮パークサイドプレイス5階
TEL 03-3549-3079
ホームページ　http://www.sedia-green.co.jp/

索引

【英数字】

1-MCP……497
APハウス……45
CA貯蔵……495
CEC（陽イオン交換容量）……288
CFD……199
CHPシステム……311
CO_2施用……179・310・315・319・332・395
DIF（ディフ）……420
EC……247・283・294
GAP……11・20・280
ICT……303・321・346・357
IEEE1888……225
IPM……313・437
LED……5・325・330
MA包装……496
MEMS……349
NFT……272・308
ORAC法……466
PDCAサイクル……18・341
pF……210・287
pH……247・285
PID制御……333
RMR……242
SHP（スーパーホルトプロジェクト）……5
TDR……212
UECS……225・303・351
UVCフィルム……62
VETH（Ventilation, Evaporation, Temperature, Humidity）線図……144

【ア】

アクチュエータ……222
アスパラガス……411

【イ】

圧力型……203
雨よけ施設……427
アルゴリズム……222
アンチフロリゲン……417

【イ】

イオン濃度制御……280
育苗施設……377・391
イチゴ……278・406
イチゴ収穫ロボット……261
移動栽培装置……243

【ウ】

浮きがけ……77
浮き根式水耕……274
内張り……57・68

【エ】

衛生管理……333
栄養診断……298
栄養成長……217・316・360
液肥混入機……246・296
エチレン……489
園芸用施設安全構造基準……39
塩類集積……294

【オ】

オイルタンク……128
屋上温室……552
温室環境……96
温床育苗……376
温水暖房……128
温泉熱水……228
温度逆転……122

温度差換気	196
温風暖房	126・207
オンラインセンサ	360

【カ】

カーネーション	421
カーボン・オフセット	10
カーボンフットプリント	10
開花調節	415
階級選別	482
快適化	238
外面被覆	118
価格設定	503
化学的防除	257
夏季の高温対策	320
かけ流し方式	277
加湿	173・256
ガスエンジン	540
カラーグレイダー	371
ガラス	59
ガラス温室	24
カロテノイド	472
簡易処理	88
換気	191
換気回数	191
換気計画	191
換気設備	192
換気扇	202
換気窓	192
乾球温度	138
環境制御システム	310・319・348・350
換気率	191
換気量	191
間隙率	80
灌水開始点	215
灌水制御	255
灌水方法	213
感染機構	442
完全循環方式	277
貫流伝熱	111・112

貫流熱負荷	145

【キ】

気温分布	198
機械換気	192
機械収穫	93
期間暖房負荷	123
キク	16・421
気孔	180・364
規制緩和	5
キネクト	361
機能性	465
機能性表示	474
休眠	418
キュウリ	14・404・448
強制換気	192・201
業務・加工仕向けの野菜	307
キレート鉄	279
近赤外分光分析法	484

【ク】

空気熱源ヒートポンプ	155
空気膜2重	117
空気流動	206
空調	330
クラウドコンピューティング	349・356
クラウド処理	225
クロロフィル	366
クロロフィル（Chl）蛍光画像計測	323
クロロフィル蛍光計測	367
群落	363

【ケ】

経営管理	17
蛍光ランプ	335
計測データ	343
結露現象	170
原水	244
顕熱交換器	173

【コ】

高温高湿処理	434
高温障害	453
孔隙率	287
光合成	366
光合成機能診断	325
光合成速度	179・310
抗酸化力	464
光質制御	108
高設栽培	242
構造形式の選定	36
構造部材の選定	36
高付加価値苗	384
光量子束比（R/FR比）	109
呼吸	488
国際競争力の強化	5
固形培地	269・287
固定レール走行式	263
こもがけ	118
豪雪対策	53

【サ】

サーマルリサイクル	88
再生可能エネルギー	227・234
最大暖房負荷	123
最大夜間冷房負荷	146
最適貯蔵条件	494
財務・資金管理	17
細霧冷房	140
作業・労務管理	16
作業環境	241
作業強度	241
作業姿勢	242
作業別労働時間	238
作型	397・414
砂耕	273
殺菌	249
雑草管理	438
サブストレート苗	384・387
三相分布	210・287
産地情報	477
産地組織化	476
残留農薬	468

【シ】

シアナミド	433
シードテープ	374
じかがけ	75
自家中毒	279
次世代施設園芸	5・6・315・514
施設園芸の発祥	3
施設ショウガ	451
施設の構造計画・構造設計	36
自然換気	191
湿球温度	138
湿度	187
湿度制御	163
自動播種機	378・392
自発休眠期	429
湿り空気線図	165
霜取運転（デフロスト運転）	156
遮光	57・69・101
収穫適期	490
臭化メチル剤	447
集出荷施設	476
重炭酸	285
集中管理型システム	351
種子処理技術	372
種子精選技術	370
旬	470
循環扇	206
昇温抑制	103
蒸気暖房	132
省コスト効果	478
蒸散	167・190・488
使用済み生分解性プラスチック	86
使用済みプラスチック	82
植物の樹勢とバランス	317
照明	395

省力化	238	赤外線ガス分析計	183
省力効果	478	赤外線カット資材	103
植物工場専用品種	308	積雪荷重	40
植物工場実証・展示・研修事業	9	セグメンテーション（市場細分化）	500
植物成長調節物質	419	絶対湿度	138
植物ホルモン	420	セル成形苗	379
除湿	171	ゼロ濃度差CO_2施用	5・187・313
除湿機	175	選果・選別	480
尻腐れ果	458	選択性農薬	444
自律分散型システム	351	鮮度	491
自律分散制御システム	350	全熱交換器	173・336
シンク能	188		
人工光型植物工場	328・335・460	【ソ】	
人工光閉鎖型苗生産システム	383	相関休眠	429
		草勢	326
【ス】		相対湿度	138
水圧	245	速成床土	377
水分管理	214	底面灌水	253
水分ストレス	364	外張り	56・65
隙間換気速度	312	損益分岐点	22・338
隙間換気伝熱	111		
隙間換気伝熱負荷	145	【タ】	
ストック	425	大規模経営	12
スプリンクラー	250	耐候性	66
スマート施設園芸	347	タイマー	248
スリークォーター型	26	太陽光型植物工場	306・314・319
		太陽電池	234
【セ】		ダウンレギュレーション	189
静圧	202	高接ぎ木苗	389
制御盤	223	竹骨ハウス	550
生産・流通管理	321	多層保温カーテン	546
生産工程	336	他発休眠期	429
生産条件の管理と適正化	341	多量要素	282
生殖成長	316	湛液型水耕	267・270
成績係数（COP）	150	断根苗	388
生体情報	323	短日植物	416
製品開発	500	暖房	123
生物的防除	257	暖房負荷	123
生分解性プラスチック	90・91	暖房負荷計算	123
生分解性マルチ	94		

【チ】

地中押し込み式パイプハウス……………… 42
地中灌水……………………………………… 253
地中熱………………………………………… 228
窒素形態……………………………………… 285
チップバーン……………… 280・286・460
地熱…………………………………………… 228
地表灌水……………………………………… 253
地表伝熱……………………………………… 111
地表伝熱負荷………………………………… 145
中性植物……………………………………… 416
虫媒性ウイルス病…………………………… 445
チューブ……………………………………… 251
長日植物……………………………………… 416
長繊維不織布………………………………… 75

【ツ】

接ぎ木……………………… 380・389・396
接ぎ木装置…………………………………… 382
接ぎ木苗…………………… 379・389・396
強い農業……………………………………… 2

【テ】

低温障害……………………………………… 455
低温遭遇時間………………………………… 430
低温要求性…………………………………… 428
抵抗性品種…………………………………… 441
低段密植栽培……………… 306・396・404
摘心2本仕立苗……………………………… 388
鉄骨補強パイプハウス……………………… 45
電気伝導度…………………………………… 283
電照…………………………………………… 104
天井移動式細霧システム…………………… 258
点滴灌水…………………………… 252・544
点滴チューブ……………………… 252・296
電熱暖房……………………………………… 132
電力………………………………… 208・236

【ト】

透過性………………………………………… 66

統合環境制御……………………… 218・310
統合環境制御システム… 2・223・314・360
統合環境制御装置…………………………… 315
糖度選別機…………………………………… 485
土壌診断……………………………………… 298
土壌溶液……………………………………… 299
トマト… 13・214・273・306・314・325・401
ドライミスト………………………………… 5
ドリッパー…………………………………… 252
トルコギキョウ……………………………… 424
トレードオフ………………………………… 473
トンネル栽培………………………………… 432

【ナ】

苗生産業……………………………………… 385
苗生産業界………………………… 384・396
苗テラス…………………… 383・390・394
ナエピット…………………………………… 381

【ニ】

匂い成分計測………………………………… 323
日光温室……………………………………… 548
日射比例…………………………… 255・296
日本型IPM…………………………………… 437

【ネ】

根腐れ………………………………………… 457
熱環境形成…………………………………… 549
ネット………………………………………… 58
ネットハウス………………………………… 543

【ノ】

農業用ポリ塩化ビニルフィルム(農ビ、PVC) … 60
農業用ポリオレフィン系フィルム………… 60
農地の流動化………………………………… 5
ノズル………………………………………… 251

【ハ】

バーナリゼーション（春化）…………… 417
廃棄物処理…………………………………… 92

廃棄物の処理及び清掃に関する法律 ……	84
培地 ………………………………………	209
培地の処理 ………………………………	291
ハイドロポニック・ファーム …	3・266・307
配風ダクト ………………………………	128
廃プラ ……………………………………	82
廃プラ適正処理 …………………………	85
ハイブリッド植物工場 …………………	547
ハイブリッド方式 ………………………	157
培養液 ……………………………………	282
培養液管理 ………………………………	290
培養液処方 ………………………………	283
鉢育苗 ……………………………………	377
発育速度 …………………………………	431
発芽揃い …………………………………	375
バッグカルチャー ………………………	276
パック詰め ………………………………	487
パッシブ水耕 ……………………………	275
パッドアンドファン ……………………	143
バラ ………………………………	362・421
反射性資材 ………………………………	120
搬送装置 …………………………………	486
販売管理 …………………………………	16

【ヒ】

ヒートポンプ ……………………	149・336
ピーマン …………………………………	448
比エンタルピ ……………………………	165
光環境 ……………………………………	99
光強度 ……………………………………	395
光反射資材 ………………………………	81
光崩壊性マルチ …………………………	94
ビジネスモデル …………………………	21
微小害虫 …………………………………	443
ビタミン …………………………………	463
ビッグデータ ……………………………	359
病害虫のモニタリング …………………	446
病害の主因・素因・誘因 ………………	439
微量要素 …………………………………	282
品質 ………………………………………	491

品質機能展開 ……………………………	500
品種 ………………………………………	469

【フ】

フィードストックリサイクル …………	88
風圧力 ……………………………………	41
風量 ………………………………………	203
風量型 ……………………………………	203
風力換気 …………………………………	196
フェンロー ………………………………	539
フェンロー型 ……………………………	27
複合環境制御盤 …………………………	186
複層板 ……………………………………	120
物理・機械的防除 ………………………	257
布団資材 …………………………………	121
プラグ苗 …………………………………	378
プラスチックハウス ……………………	24
プロモーション …………………………	504
フロリゲン ………………………………	417
噴霧耕 ……………………………………	272

【ヘ】

閉鎖型苗生産 ……………………………	394
閉鎖型苗生産システム ………	254・310・329・383・394
べたがけ …………………………	57・75
ベル・クランクレバー方式 ……………	194
ペレット種子 ……………………………	373

【ホ】

飽差 ………………	164・181・187・281・319
防除ロボット …………………	258・316
防虫ネット（網）………………	78・200
保温被覆 …………………………………	114
補光 …………………………	104・107・473
保温 ………………………………	68・111
保水性 ……………………………………	287

【マ】

マーケティング・ミックス ……………	505

マーケティング環境の把握……… 498
巻き野菜…………………………… 547
マテリアルリサイクル…………… 86
窓換気……………………………… 192
マルチ……………………………… 72

【ミ】
見える化………… 323・341・347・484
水ストレス………………………… 324
ミスト・細霧……………………… 250
ミネラル…………………………… 463

【ム】
無農薬……………………………… 473

【メ】
目合い……………………………… 79
メロン……………………………… 448

【モ】
木質系バイオマス………………… 230
木質ペレット……………… 133・231
木質ペレット焚き暖房機………… 231
有機農産物………………………… 471

【ユ】
ユビキタス環境制御システム（UECS）
………………… 225・303・351
ユリ………………………………… 423

【ヨ】
養液栽培………… 209・266・307・332
養液栽培専用品種………………… 309
養液土耕栽培……………………… 292
葉温………………………………… 190
葉菜類水耕栽培…………………… 396
要素欠乏…………………………… 456
溶存酸素濃度……………………… 271
幼苗斜め合わせ接ぎ……………… 380
葉柄汁液…………………………… 300

葉面境界相………………………… 180
葉面コンダクタンス……………… 168
葉面積指数 (LAI, Leaf Area Index) … 361
予冷………………………………… 492

【ラ】
ラジカル…………………………… 466
ラック・アンド・ピニオン方式… 194

【リ】
流通チャネル……………………… 502
流量………………………………… 246
量管理……………………… 279・286
両屋根型…………………………… 25

【レ】
冷房………………………………… 137
冷房負荷…………………………… 144
礫耕………………………………… 273
レタス……………………… 318・335
裂果………………………… 280・459

【ロ】
露地ショウガ……………………… 450
ロゼット化………………… 396・418
ロックウール……… 216・289・308・314
ロックウール耕…………… 268・273
露点温度…………………………… 169

【ワ】
ワクチン苗………………………… 389
割繊維不織布……………………… 75

執筆者一覧

安　東赫	農研機構　野菜茶業研究所　野菜生産技術研究領域　主任研究員	
安藤　聡	農研機構　野菜茶業研究所　野菜病害虫・品質研究領域　主任研究員	
石井　雅久	農研機構　農村工学研究所　農地基盤工学研究領域　主任研究員	
板木　利隆	板木技術士事務所　所長	
岩崎　泰永	農研機構　野菜茶業研究所　野菜生産技術研究領域　上席研究員	
上田　浩史	農研機構　野菜茶業研究所　野菜病害虫・品質研究領域　主任研究員	
大山　克己	みのりラボ(株)　代表取締役（千葉大学　環境健康フィールド科学センター　特任准教授）	
奥島　里美	農研機構　農村工学研究所　農地基盤工学研究領域　上席研究員	
加島　洋亨	日東紡績株式会社　環境・ヘルス事業部門　グリーン事業部	
狩野　敦	株式会社　ダブルエム研究所　代表取締役（千葉大学　環境健康フィールド科学センター　特任教授）	
川合　豊彦	農林水産省　生産局　農産部　園芸作物課　花き産業・施設園芸振興室長	
川嶋　浩樹	農研機構　近畿中国四国農業研究センター　傾斜地園芸研究領域　上席研究員	
久保田　智恵利	アリゾナ大学　農学生命科学部　教授	
河野　恵伸	農研機構　中央農業総合研究センター　農業経営研究領域　上席研究員	
後藤　英司	千葉大学大学院　園芸学研究科　教授	
斉藤　章	株式会社誠和。　経営戦略室　主幹研究員	
坂井　久純	株式会社　ユニック　執行役員（農業用生分解性資材普及会　会長）	
迫田　登稔	農研機構　中央農業総合研究センター　農業経営研究領域　上席研究員	
佐瀬　勘紀	日本大学　生物資源科学部　教授	
篠原　温	一般社団法人　日本施設園芸協会　会長	
渋谷　俊夫	大阪府立大学　生命環境科学研究科　准教授	
嶋津　光鑑	岐阜大学　応用生物科学部　准教授	
嶋本　久二	株式会社　ひむか野菜光房　取締役	
清水　耕一	ベルグアース株式会社　取締役営業本部長	
杉浦　俊彦	農研機構　果樹研究所　栽培・流通利用研究領域　上席研究員	
鈴木　克己	静岡大学大学院　農学研究科　教授	
高市　益行	農研機構　野菜茶業研究所　野菜生産技術研究領域長	
高山　弘太郎	愛媛大学　農学部　准教授	
田川　不二夫	ネタフィムジャパン株式会社　アグロノミスト	
武田　光能	農研機構　野菜茶業研究所　野菜病害虫・品質研究領域　上席研究員	
竹谷　裕之	名古屋大学　名誉教授	
伊達　修一	京都府立大学大学院　生命環境科学研究科　講師	

趙　淑梅	中国農業大学　副教授	
塚越　覚	千葉大学　環境健康フィールド科学センター　准教授	
津田　新哉	農研機構　中央農業総合研究センター　病害虫研究領域　上席研究員	
手島　司	農研機構　生物系特定産業技術研究支援センター園芸工学研究部	
	施設園芸生産工学研究単位　主任研究員	
寺林　敏	京都府立大学大学院　生命環境科学研究科　教授	
中　正光	京和グリーン株式会社　取締役専務	
永田　雅靖	農研機構　野菜茶業研究所　野菜病害虫・品質研究領域　上席研究員	
中野　明正	農研機構　野菜茶業研究所　野菜生産技術研究領域　上席研究員	
林　真紀夫	東海大学　工学部　教授	
東出　忠桐	農研機構　野菜茶業研究所　野菜生産技術研究領域　主任研究員	
久松　完	農研機構　花き研究所　花き研究領域　主任研究員	
布施　順也	三菱樹脂アグリドリーム株式会社　生産・技術部　開発センター守谷	
星　岳彦	近畿大学　生物理工学部　教授	
町田　剛史	千葉県農林総合研究センター東総野菜研究室　上席研究員	
丸尾　達	千葉大学大学院　園芸学研究科　教授	
森山　友幸	福岡県農林業総合試験場　野菜部長	
森山　英樹	農研機構　農村工学研究所　農地基盤工学研究領域　主任研究員	
安場　健一郎	岡山大学大学院　環境生命科学研究科　准教授	
谷野　章	島根大学　生物資源科学部　教授	
山口　智治	筑波大学　前教授　（農研機構　農村工学研究所　農地基盤工学研究領域）	
大和　陽一	農研機構　九州沖縄農業研究センター　園芸研究領域　上席研究員	
吉田　征司	日東紡績株式会社　環境・ヘルス事業部門　グリーン事業部　部長代理	
李　基明	慶北大学　名誉教授　（株式会社　新生Green Farm　代表理事）	
和田　聡一	全国農業協同組合連合会　生産資材部　施設農住課　調査役	
渡邊　勝吉	富士通株式会社　ソーシャルクラウド事業開発室　マネージャー	
渡辺　慎一	農研機構　九州沖縄農業研究センター　園芸研究領域　主任研究員	

（注）1．五十音順．
　　　2．所属と役職は原稿執筆時のものである．
　　　3．「独立行政法人　農業・食品産業技術総合研究機構」は「農研機構」と略記した．

■編　集　委　員■

（五十音順、敬称・職名略）

〈編 集 委 員〉

後藤英司　　　千葉大学

篠原　温　　　日本施設園芸協会（編集委員長）

高市益行　　　野菜茶業研究所

林真紀夫　　　東海大学（編集幹事兼務）

丸尾　達　　　千葉大学

〈編 集 幹 事〉

石井雅久　　　農村工学研究所

中野明正　　　野菜茶業研究所

東出忠桐　　　野菜茶業研究所

施設園芸・植物工場ハンドブック

2015年5月30日　　第1刷発行
2024年6月30日　　第6刷発行

企画・編集　一般社団法人　日本施設園芸協会

〒103-0004　東京都中央区東日本橋3丁目6-17
　　　　　　山一ビル4階
電話　03（3667）1631（代表）　FAX　03（3667）1632

発行所　一般社団法人　農山漁村文化協会
郵便番号　335-0022　埼玉県戸田市上戸田2-2-2
電話　048（233）9351（営業）　048（233）9355（編集）
FAX　048（299）2812　　振替　00120-3-144478
URL　https://www.ruralnet.or.jp/

ISBN978-4-540-15101-9　　DTP製作／(株)農文協プロダクション
〈検印廃止〉　　　　　　　印刷／藤原印刷(株)
Ⓒ日本施設園芸協会 2015　製本／(株)渋谷文泉閣
Printed in Japan

定価はカバーに表示

乱丁・落丁本はお取り替えいたします。